LUSHENGYESHENGDONGWUYIYUANYIBINGJIANCE

陆生野生动物疫源疫病监测

国家林业局野生动植物保护与自然保护区管理司
国家林业局野生动物疫源疫病监测总站 主编

辽宁科学技术出版社
沈阳

图书在版编目（CIP）数据

陆生野生动物疫源疫病监测／国家林业局野生动植物保护与自然保护区管理司，国家林业局野生动物疫源疫病监测总站主编. 沈阳：辽宁科学技术出版社，2007. 7（2013.11重印）

ISBN978－7－5381－5104－6

I. 陆… Ⅱ.①国…②国… Ⅲ.野生动物病－疫情管理 Ⅳ. S855

中国版本图书馆 CIP 数据核字(2007)第 100715 号

出版发行：辽宁科学技术出版社
（地址：沈阳市和平区十一纬路 29 号　邮编：110003）
印 刷 者：沈阳市新友印刷有限公司
经 销 者：各地新华书店
幅面尺寸：184mm×260mm
印　　张：33.75
插　　页：16
字　　数：800千字
印　　数：1001～2000
出版时间：2007年 7 月第 1 版
印刷时间：2013年 11月第 2 次印刷
责任编辑：郭　健
封面设计：冯守哲
封面图片：孙玉剑
版式设计：于　浪
责任校对：刘　庶

书　　号：ISBN 978－7－5381－5104－6
定　　价：75.00 元
联系电话：024-86801526，23284536

郑　序

在本书即将出版之际，我们迎来了第36个世界环境日。野生动物、生态环境等正成为最受人们关注和讨论的热点话题，而且，越来越多的人开始认识到野生动物是构成生物多样性的基本单元之一，是维系自然生态系统能量流动和物质循环的重要环节。保护野生动物资源，更好地发挥其生态价值，对促进社会可持续发展具有十分重要的意义，是一件利在千秋的大事。

我国野生动物资源十分丰富，仅脊椎动物就有6 400多种，其中鸟类1 332种、兽类581种、爬行类412种，它们分布在森林、草原、荒漠、湿地等不同类型的生态系统中。由于各种野生动物的生活习性不同，生存环境多样，感染的疾病和携带的病原体也极其复杂，从而导致野生动物疫病复杂化、多样化，甚至成为许多人兽共患病的病源，也给野生动物资源和公共卫生安全带来严重威胁。随着人类活动范围不断扩大，局部地区生态失衡、环境污染加剧，病毒变异加速，人类与野生动物接触也更加频繁，野生动物疫病向人类、家禽家畜传播的潜在威胁和风险不断加大。近年来，多次从野生鸟类体内检出H5N1禽流感病毒，尤其是2005年暴发的候鸟高致病性禽流感疫情，不仅对公共卫生安全造成极大的威胁，还在一定程度上引起了社会恐慌，影响了经济的发展。同时，也让人们更为清楚地认识到防范野生动物疫病，保护野生动物资源，维护生态平衡的重要性和紧迫性。

国家林业局从加强动物疫病防疫的大局出发，根据候鸟等野生动物分布、活动规律，科学规划，因地制宜，充分整合现有资源，启动建设了全国野生动物疫源疫病监测体系，全面开展野生动物疫源疫病监测防控工作。两年多的实践证明，这一重大举措对保障畜禽养殖业健康发展、维护公共卫生安全和生态安全具有十分重要的意义。

本书全面概括了近几年我国野生动物疫源疫病监测工作开展情况，总结了许多科学的工作方法和先进的工作理念，同时系统地介绍了鸟类、兽类及疫病方面的基础知识，涉猎范围广泛，条理清晰，语言简洁流畅，是一本集培训、科普于一体的专业化书籍，对提高监测工作者、野生动物爱好者的业务能力和认知水平，增强疫病防范意识具有较强的作用，对从业人员的实际监测工作也有较高的指导意义。

中国科学院院士
北京师范大学教授

2007年6月于北京

夏　序

野生动物疫病具有持续时间长、变异速度快、危害范围广、死亡率高、预见准确性差、防治难度大等特点。目前，世界上已证实的人兽共患病至少有250种，包括病毒病、细菌病、衣原体病、立克次体病、真菌病、寄生虫和其他种类的疾病，其中对人类有严重危害的约有90种，其直接和间接经济损失巨大。野生动物疫病成为影响生态平衡和人类经济发展、生命安全的巨大隐患。2005年全球暴发的禽流感，正是由于鸟类等野生动物疫病与人类交叉感染而形成的，造成大量的家禽类死亡，也波及到了人类。这些野生动物疫病对整个生物界造成了巨大影响，并直接威胁着人类社会，使得整个社会对野生动物疫源疫病重新有了更为清醒和正确的认识，对野生动物疫源疫病的防控也更为谨慎、合理、科学。

国家林业局本着“以生态建设为主”的发展战略，切实从保护野生动物安全、社会经济发展和公众安全高度出发，优化配置，整合资源，全面启动了全国野生动物疫源疫病监测体系，并不断增加投入，加强基础设施建设和能力建设，使我国野生动物疫源疫病的监测预警、防控和科研工作进入了跨越式发展阶段。

野生动物疫源疫病监测、预警是贯彻《中华人民共和国野生动物保护法》和《重大动物疫情应急条例》的主要内容之一，也是保护野生动物安全的前提和基础。根据全国监测预警工作的需要和监测体系建设的要求，国家林业局野生动物疫源疫病监测总站组织有关单位共同编写了《陆生野生动物疫源疫病监测》一书，这是我国野生动物疫源疫病监测工作中的第一本指导用书，也是第一本系统分析、讲述野生动物疫源疫病的专业书籍，是我国野生动物监测工作科学化的最新成果。此书不仅有很高的学术价值，更重要的是为基层监测工作者提供了简便实用的工具，直接指导其工作的各个环节，同时，对监测人员自身业务能力的提升有着极大的辅助作用。随着此书的出版发行，必将加速我国野生动物疫源疫病监测工作的规范化、科学化和标准化进程，同时也将对我国野生动物生态保护工作发展起到积极作用。

我有幸先睹此书，在此书正式推出和出版之际，我由衷表示祝贺，并为之作序。

中国工程院院士
军事医学科学院研究员　夏咸柱

2007年5月于长春

重印前言

自陆生野生动物疫源疫病监测防控行业第一本培训教材——《陆生野生动物疫源疫病监测》2007年正式出版以来，受到了全国监测防控工作人员的广泛欢迎和好评。近年来，全国陆生野生动物疫源疫病监测防控工作取得了长足的进步，监测防控体系逐步完善，突发事件应急处置能力逐步加强，成功处置了青藏高原候鸟高致病性禽流感等数十起疫情。继2005年颁布实施的《重大动物疫情应急条例》首次明确林业部门的陆生野生动物疫源疫病监测职责后，今年，国家林业局在总结8年来监测防控工作的成效和经验的基础上，颁布实施了《陆生野生动物疫源疫病监测防控管理办法》（以下简称《管理办法》）。按照《管理办法》的有关规定，为了适应全国陆生野生动物疫源疫病监测防控事业发展的需要，满足各级监测防控工作人员的需求，进一步推进监测防控工作的规范化、程序化和制度化建设，我们在充分总结近几年监测防控实践的基础上，对本书部分内容进行了修改，并重新印刷。

此次修改保留了原书的结构与框架，主要在以下几方面进行了修改：一是根据全国陆生野生动物疫源疫病监测防控工作的发展需求和法规要求，对第一篇"组织管理篇"做了较大的改动，进一步充实了监测工作管理、应急管理和监测预警技术等方面的内容；二是为方便读者了解和掌握《管理办法》的要求和内涵，专门对《管理办法》进行了解读，并将《管理办法》全文收入附录；三是删除了一些不规范、不必要或过时的内容，新增了一些理论上必需、实务中需要、法规上规定的内容。

重印的《陆生野生动物疫源疫病监测》，不仅增强了理论体系的科学性，同时也增强了方法体系的规范化，具有很强的实用性和可操作性，更加适合广大陆生野生动物疫源疫病监测工作者的需要。

参加此次修改的同志，因种种原因，并非都是原作者。但原来参与编写的作者为本次修改奠定了良好的基础，在此我们对他们表示衷心的感谢。这次重印参与修改的同志分别是：徐钰负责重印前言、第一章、第二章，张晓田负责第三章，耿海东负责第四章，孙贺廷负责第五章，张国钢负责第六章、第十一章，初冬负责第十三章，苏宏钧、解林红负责第十四章，孙玉剑提供了封面照片。全书由初冬统稿，徐钰、解林红进行了勘误校核。

由于水平有限，书中错误和不当之处，恳望广大读者提出批评和修改意见。

编　者

2013年11月

前　言

人兽共患病一直是备受人类关注的热点问题。从6世纪大流行的鼠疫到近几年暴发的SARS、禽流感，野生动物疫病发生的范围不断扩大，种类不断更新，破坏性也有愈演愈烈的趋势，严重威胁了野生动物安全和生态安全，也给经济发展和公共卫生安全带来了巨大的影响，已经成为制约全球经济发展、公共卫生安全和野生动物保护工作发展的重要因素。党中央、国务院十分关注我国野生动物资源的保护和管理工作，特别是对于重大的野生动物疫情给予高度重视，并多次做出专题部署和重要批示。国家林业局从保护野生动物资源、维护公共卫生安全和生态安全的大局出发，于2005年4月率先建立了全国野生动物疫源疫病监测体系，全面开展野生动物疫源疫病的监测工作，并取得了显著的效果。根据当前野生动物疫情频发的严峻形势，为了进一步贯彻落实《中华人民共和国野生动物保护法》、《重大动物疫情应急条例》和《陆生野生动物疫源疫病监测规范(试行)》，推广普及野生动物疫源疫病监测知识，系统强化监测技术人员的专业知识和业务技能，国家林业局野生动植物保护司和国家林业局野生动物疫源疫病监测总站协同中国科学院动物研究所、全国鸟类环志中心、浙江大学和东北林业大学的专家共同编写了《陆生野生动物疫源疫病监测》一书。

全书共分为五部分。(1) 组织与管理篇主要讲述了野生动物疫源疫病监测工作的任务、职责、管理流程、应急处置、监测预警和相关法规的释义等。(2) 疫源篇由鸟类和兽类两部分组成，涵盖了鸟类结构与功能、鸟类识别、我国候鸟迁徙与研究和我国大陆野鸟的迁徙动态，系统地阐述了食虫目等十个目野生动物的鉴别特征、地理分布、生活习性。(3) 疫病篇主要包括野生动物疫病概述和主要疫病各论。(4) 技术篇由安全防护、鸟类环志、野生哺乳动物捕捉、样本采集及处理等技术。(5) 附录收集了《中华人民共和国野生动物保护法》等9个法律法规及规章。全书配有400余幅图片。

本书是我国野生动物疫源疫病监测行业正式出版的第一本专业书籍，以满足当前野生动物疫源疫病监测工作的需要为目的，体现了科学性、知识性、适用性、可操作性、普及性的原则，可作为野生动物疫源疫病监测行业的培训教材和社会科普性读物。

由于作者水平有限，编写时间紧迫，难以概括野生动物疫源疫病监测工作全貌，尤其是监测组织与管理篇，由于监测工作尚处于起步阶段，可借鉴经验较少，其涉及的内容仅供参考。书中如有不当之处，敬请读者批评指正。

编　者

2007年5月8日

目 录

第一篇 组织管理篇

第二篇 疫源篇

第三篇 疫病篇

第四篇 技术篇

第五篇 附 录

第六篇 附 表

ZUZHIGUANLIPIAN

第一篇

组织管理篇

第一章
陆生野生动物疫源疫病监测概述

自 SARS、高致病性禽流感连续暴发以来，野生动物源性疫病越来越受到国际和国内社会各界的广泛关注。在自然界，野生动物源性疫病随着野生动物的迁徙而具有大范围传播的潜在危险，不仅直接威胁人类生命健康和经济社会发展，还严重威胁珍稀濒危野生动物的生存和生物物种安全。20 世纪 80 年代以来，我国至少新发现了 18 种动物传染病和人兽共患病，包括禽流感、鸡传染性贫血、肾病变型传染性支气管炎、禽网状内皮增殖症、J 型淋巴白血病、鸡病毒性关节炎、包涵体肝炎、雏鸭病毒性肝炎、鹅副黏病毒感染、鸭疫里默氏杆菌病、猪繁殖和呼吸综合征、猪圆环病毒感染、猪萎缩性鼻炎、猪密螺旋体痢疾、牛传染性鼻气管炎、黏膜病、绵羊痒病、山羊关节性脑炎、梅迪—维斯纳病、肝炎等。

陆生野生动物疫源疫病监测是指调查疫源陆生野生动物活动规律，掌握陆生野生动物携带病原体本底，发现、报告陆生野生动物感染疫病情况，研究、评估疫病发生、传播、扩散风险，分析、预测疫病流行趋势，提出监测防控和应急处理措施建议，预防、控制和扑灭陆生野生动物疫情等系列活动的总称。其中，疫源是指携带危险性病原体，危及野生动物种群安全，或者可能向人类、饲养动物传播的陆生野生动物。疫病是指在陆生野生动物之间传播、流行，对陆生野生动物种群构成威胁或者可能传染给人类和饲养动物的传染性疾病。例如，野犬向人、其他动物传染狂犬病，猪通过蝙蝠而感染尼帕病。这里，野犬和蝙蝠就是疫源，狂犬病和尼帕病就是疫病。

第一节　陆生野生动物疫源疫病监测面临的形势

随着人口增长和经济的发展，野生动物与人、与饲养动物之间的接触日渐频繁。由于野生动物及其携带的疫病具有广布性、多样性、流动性等特性，其监测防控是一个世界性的难题。

一、疫源和疫病种类多

我国是世界上野生动物资源最为丰富的国家之一，约有兽类 581 种、鸟类 1 371 种、爬行类 412 种、两栖类 295 种，这些野生动物由于各自的生活习性不同，生存环境多样，所携带的病原体极其复杂，如病毒、细菌、立克次体、衣原体、寄生虫等，形成一个庞大的天然病原体库。资料表明，许多畜禽和人类的疫病，如艾滋病、禽流感、新城疫、鼠疫、口蹄疫、狂犬病、尼帕病、猴天花病、西尼罗河热、登革热等都来源于野生动物，或者其主要宿主和传播媒介就是野生动物，如翼手类的蝙蝠是尼帕、SARS 等病毒的主要携带者，啮齿类的老鼠携带有鼠疫杆菌，雁鸭类的水鸟体内广泛存在着禽流感病毒等。据统计，在已知的 1 415 种人类病原体中，62% 是人兽共患的；在畜禽身上发现的病原体中，77%都与其他宿主物种共有，而至今尚未发现的人兽共患病病原体的种类、数量，更是难以估测。这些疫病不仅可以直接或间接传播给人和畜禽，而且可反向传播，实现在野生动物、畜禽、人类间的跨界传播甚至循环传播和扩散蔓延，监测防控十分困难。

二、由野生动物引发的人兽共患病危害大

人兽共患病（Zoonoses）是指脊椎动物和人之间自然传播和相互感染的疾病，即人类和脊椎动物由共同病原体引起的，在流行病学上又有联系的疾病。

由野生动物引发的人兽共患病的危害主要表现在对公共卫生、饲养动物和野生动物自身安全三个方面。

1. 对公共卫生的危害

20世纪全球暴发了3次流感，其中50年代末和60年代末暴发的两次流感均源自禽流感，共导致175万人死亡。源自非洲黑猩猩的艾滋病病毒，已经给无数家庭造成深重的灾难，并成为严重的社会问题。狂犬病作为一种古老的人兽共患病，对人类生命健康安全的威胁始终存在，世界上每年因狂犬病死亡的病人达35 000～50 000例。据世界卫生组织（WHO）统计，2002年年底开始发生的SARS疫情冲击了全球32个国家和地区，发病总数8 422例，死亡916人，全球因此损失了590亿美元，其动物传播来源至今尚未完全查清。自2003年年底开始暴发的高致病性禽流感（HPAI）疫情，已横扫了包括我国在内的亚洲、非洲和欧洲的几十个国家和地区。这不仅给各国的公共卫生安全和经济建设造成了极大的损失，而且严重影响了国际贸易。

世界卫生组织提出，H5N1亚型高致病性禽流感病毒（HPAIV）对人类健康的影响受到了极大的关注基于以下两个原因：一是1997年香港发生的禽流感疫情，已发现禽流感病毒在人群中导致严重疾病，死亡率近60%；二是H5N1亚型病毒有可能发展成引发流感大流行的毒株，对全球的公共卫生安全构成严重的威胁。

2. 对饲养动物安全的危害

根据联合国粮农组织（FAO）统计，自2003年年底至2006年年初，因禽流感暴发，约有2亿只家禽被宰杀或死于禽流感。仅在欧洲，禽流感的蔓延已给当地禽类养殖业造成420亿美元的损失。2005年，我国因高致病性禽流感发病家禽16.31万只，死亡禽类15.46万只，捕杀家禽2 257.12万只，国家财政补偿2亿多元。2012年，墨西哥因H7N3亚型高致病性禽流感疫情，宰杀家禽近2 000万只，经济损失达46亿比索（约合3.5亿美元）。

源自非洲的非洲猪瘟，发病率和死亡率高达100%，目前尚无有效疫苗。据世界动物卫生组织（OIE）统计，截至2012年年底，全球共有48个国家报道发生过非洲猪瘟疫情。目前，该疫情在俄罗斯南部和北高加索地区不断，并呈继续扩散蔓延态势，2011年，俄罗斯因非洲猪瘟疫情造成30万头家猪死亡，带来经济损失约2.4亿美元。

又如口蹄疫，在一个新的流行地区，牛的发病率可达90%～100%，但病程一般呈良性经过，成年牛致死率为3%～5%，而犊牛致死率可达50%～70%。英国在1922—1924年大规模暴发了口蹄疫，共捕杀了27.3万头家畜，其中，牛13.6万头、羊7.6万头、猪6.1万头。

3. 对野生动物的危害

由于野生动物栖息的生境偏僻，具体死亡数据不易统计，经济损失更不易计算。

2005年5—6月，我国青海省青海湖发生候鸟死亡，经国家禽流感参考实验室确诊为H5N1亚型禽流感病毒所致，造成斑头雁、棕头鸥、渔鸥等6 000多只候鸟死亡。这起疫情是我国乃至世界历史上第一次正式记载候鸟因感染高致病性禽流感而大批死亡。

截至目前，已有斑头雁 *Anser indicus*、棕头鸥 *Larus brunnicephalus*、渔鸥 *Larus ichthyaetus*、普通鸬鹚 *Phalacrocorax carbo*、赤麻鸭 *Tadorna ferruginea*、黑颈鹤 *Grus nigricollis*、红脚苦恶鸟 *Amaurornis akool*、灰喜鹊 *Cyanopica cyanus*、灰背伯劳 *Lanius tephronotus* 等百余种野生鸟类因感染高致病性禽流感病毒死亡。

野生动物疫病危害性大的根本原因在于长期以来人类对源自野生动物的病原体认知较少，没有研究出应对措施，一旦暴发和迅速传播，一些烈性传染病就可能肆虐，待人类认识其特性并掌握其防控措施时，往往已经造成极为严重的危害。

三、野生动物疫病传播渠道广

疫病的传播方式主要分为自然传播和人为传播两种。疫病在种内的传播方式主要分为水平传播和垂直传播两种。水平传播主要通过种内的直接或间接接触而实现。垂直传播是通过繁殖，将疫病从上一代传染给下一代。

自然传播是人兽共患病的主要传播渠道，风险最大的是通过野生动物远距离迁徙而实现疾病的大范围传播、暴发。自然传播主要通过直接或间接接触，如撕咬、捕食、饮水以及媒介昆虫的叮咬等实现。1998—1999年马来西亚暴发的尼帕病毒脑炎，就是由于尼帕病毒随着其主要宿主——蝙蝠的排泄物和呼吸道分泌物污染了果园和猪圈，并最终由猪传染给了人类，致使265名养猪工人发病，其中105人死亡，还有116万头猪被捕杀；也有学者认为，尼帕病毒在猪群中的传播可能与椋鸟类如椋鸟、八哥等有关，这些鸟通常会在猪场觅食，且常常停留在猪的身上，啄食其背部上的蜱，并可在不同的猪群间或养猪场间活动。

人为传播是不可忽视的传播渠道，即通过人类有意或无意的活动，如贸易、交往和不安全的携带病料造成疫病的传播扩散，造成2006年非洲尼日利亚、尼日尔等国暴发高致病性禽流感疫情的一个重要原因就是禽类的非法贸易。

野生动物中有一些兽类和鸟类有季节性迁徙的习性，其中候鸟的迁飞可达数千公里甚至上万公里，中途停歇数次，致使疫病的传播更加难于控制。据全球鸟类环志的研究结果，全球有8条候鸟迁徙通道，迁徙候鸟活动范围几乎覆盖了除南极洲以外的六大洲所有国家，原发于非洲的西尼罗河出血热随着鸟类的大规模迁徙，传播至世界各地。2005—2006年，世界上几十个国家和地区先后发生候鸟高致病性禽流感疫情，候鸟发病地点数和死亡数量为历年之最，再加上全球化进程加速了世界各国人员的交往、动物及其产品贸易，经济的发展加大了对自然资源的掠夺，特别是对自然生态环境的破坏性开发，加快了动物病原向人类传播的速度。由于人类与自然的不协调发展，新发传染病出现频率明显加快，人的传染病来自动物的比例明显增高，据报道，1940—2004年全球335例新发传染病，其中动物源性占60．3%，而动物源性疾病中的71．8%来源于野生动物。亨德拉、尼帕、西尼罗河热、疯牛病、猴痘、高致病性禽流感、SARS等由动物传播给人类的烈性病毒性传染病的出现，使过去的 5～10 年才出现一种新传染病，加快到现在的 1～2 年就出现一种新型传染病。

经专家分析，禽流感病毒可以通过多种途径感染人。一是直接接触、食用发病死亡禽只；二是通过呼吸道吸入含有高浓度禽流感病毒的飞沫及粪便粉尘；三是接触被禽流感病毒污染的污染物和水源；四是接触带毒的候鸟、留鸟和观赏鸟。所以说，人类感染高致病性禽流感的传染途径不仅仅是接触病鸡，也可能接触野鸟的尸体或者接触被候鸟污染的一些环境，比如说水源、羽毛、粪便等，也可能成为传染的渠道。另外，在一些地方尚未找到疫源，即未知疫源，以香港地区为例，1997 年感染禽流感 18 例中，大约有 1/3 没有找到传染源。

2013 年 3 月，我国暴发了人感染 H7N9 禽流感疫情，截至 2013 年 7 月 31 日，我国内地共报告 133 例人感染 H7N9 禽流感确诊病例，其中死亡 44 人，康复 86 例，分布于上海、浙江、江苏等 11 省市的 41 个地市。目前研究表明，该病毒是发生重配的新亚型流感病毒，主要是禽源性，人感染该病毒在全球范围内尚属首次。值得引起重视是该病毒与 H5N1 病毒传染模式不同，其毒力和致病性在动物中是低致病的或无致病性，但对人其毒力很强。这就要求我们在监测工作中，既要从大局出发开展严密监测，又要做好规范的防范措施，对我们的监测防控工作提出了更高的要求，不能因野鸟无症状就忽视了个人防护，造成了疫病感染传播。

四、野生动物携带的病原体变异速率加快

疫病病原体寄生在野生动物、饲养动物和人类等宿主体内，在与宿主机体相互斗争中，通过突变和渐变两种基本方式来实现自身的变异和进化，以适应自身生存、繁殖的需要。同时由于人类一些盲目、破坏性活动的影响，造成全球生态环境的恶化，生态失衡、环境污染等，加剧了自身变异，对野生动物病原体变异起到了催化剂的作用，导致各种新的野生动物病原体不断出现。如 SARS 冠状病毒从流行开始，很快就发生了变异，从果子狸中分离到的 SARS 病毒，同早期感染病例中分离到的病毒是一致的，但与后期病人中分离到的病毒有 29 个核苷酸就不一致，病毒发生变异，造成较大范围的人间传播。禽流感病毒基因也很容易发生漂移和重组，致病力也可能随着病毒的变异而变化。以往公认抵抗力较强的候鸟和水禽带毒但很少发病，而 2005 年以来候鸟和水禽均出现大批死亡现象，并且喜鹊、麻雀、红脚苦恶鸟等留鸟也出现死亡。从目前来看，高致病性禽流感主要集中在禽流感病毒 H5 和 H7 亚型上，但并非其他亚型不致病，而且病毒基因经过重组后，可以使低致病性病毒转变为高致病性。自 1966 年以来，国内外科学家曾多次发现 H9N2 亚型禽流感病毒引发禽类发病的情况。同时，野生动物及其产品的过度利用和自身迁徙以及频繁贸易，也增加了人类、家禽家畜与野生动物接触并被感染的机会，并促使一些病原体因交叉传染而发生快速变异。

五、自然疫源性疾病分布广泛，自然疫源地种类繁多

自然疫源性学说是由 20 世纪 30 年代后期，前苏联科学院院士巴甫洛夫斯基提出。自然疫源性疾病是指一种疾病的病原体不依赖于人而能在自然界生存繁殖，并只在一定的条件下才能传染给人与家畜。存在自然疫源性疾病的地域称为自然疫源地。

我国幅员辽阔，生态类型复杂多样，野生动物（包括媒介昆虫）以及人兽共患病病原体种类繁多且非常活跃，因而我国自然疫源性疾病分布广泛，自然疫源地种类繁多，并有扩大和复燃之势。如新疆地区的出血热、钩体病、恙虫病，东南地区的鼠型斑疹伤寒，东北地区的流行性斑疹伤寒，南方的血吸虫病，三北地区的鼠疫、森林脑炎、莱姆病等。据《我国重要自然疫源地与自然疫源性疾病》一书对我国主要自然疫源性疾病的统计，22 种自然疫源性疾病的自然疫源地遍布全国各省（区、市）的多种生态类型之中。

同时，一些新的自然疫源性疾病病原体在我国又不断被发现，如粒细胞埃立克体、查非埃立克体和布尼亚病毒感染等，还可能存在一些未知的自然疫源性疾病，这些都会给人类造成潜在的危害。另外，人类的生产、生活对自然环境干扰、破坏，可能会导致原有的自然疫源地消失或形成新的自然疫源地，使自然疫源性疾病得以扩展和蔓延，甚至引来本地不存在的自然疫源性疾病。如围湖（海）造田（地）、毁林垦荒、兴修水利、旅游探险等活动破坏或改变原来的生物群落，使病原体赖以生存、循环的宿主和媒介的生存环境发生了改变，从而能够导致自然疫源性疾病的增强、减弱或消失，同时，也可能使人们感染的概率增加。莱姆病的出现与城镇化导致人类和鹿、鹿鼠、蜱的接触增加有关。随着气候转暖，中国的莱姆病由南方向山东、河南、河北、辽宁等中原和北方地区扩展。

六、相关工作基础薄弱

我国陆生野生动物疫源疫病监测工作刚刚起步，基础薄弱，加之野生动物分布区大多处于偏远落后、人烟稀少地区，地方财力、物力有限。因此，应对野生动物疫病的能力非常弱，具体表现在：

（一）陆生野生动物疫源疫病研究工作滞后

目前，我国对陆生野生动物疫源疫病没有组织开展过全面系统的研究，有限的研究也仅局限于大熊猫、朱鹮、扬子鳄、梅花鹿等部分重点保护野生动物物种。农业动物防疫、卫生等部门在这一领域组织的研究同样局限于某些特定的疫病，且这些研究与野生动物生物学、生态学研究缺乏有机结合，对陆生野生动物疫源疫病监测工作支持力度有限。陆生野生动物疫源疫病现有的研究资料十分零散，基础资料和相关信息积累有限，难以适应陆生野生动物疫源疫病监测工作的需要。

（二）缺乏完善科学的监测预警体系和管理制度

目前，欧美等一些发达国家已建立了较为完善的野生动物疫病监测预警技术体系、管理体系和相关制度，收集了大量野生动物病原体样本，积累了丰富的研究资料。一旦野生动物野外种群出现异常病症，有关监测取样站点将立即进行标准化取样、送检，其技术依托机构可在较短时间内将样本与储备的各种病原体样本进行比较分析，确定疫病的病原体种类并提出其传播特点、途径和趋势，预警机构能够及时向受威胁范围内的公众发出预警信息，并协助动物防疫、卫生机构及时将疫情控制在最小范围内。而我国在这方面刚刚起步，目前，仅能开展事后被动监测，尚达不到主动预警，距离监测工作的目标还有很大的差距。

（三）基础条件差，投入和能力不足

目前，国家依托于现有的部分林业有害生物防治、野生动植物资源管护、鸟类环志

等机构，初步建立了陆生野生动物疫源疫病监测防控体系，但由于监测工作技术要求高，监测实施单位编制内人员偏少，尤其是既懂野生动物又懂疫病知识的专业技术人员匮乏。国家在监测基础设施方面的资金投入有限，必备的仪器、设备、交通、通讯、人员防护等基础设施需要加强和改善，致使监测实施单位在短期内还不具备全方位监测野生动物疫情的条件和能力。

（四）相关的法律法规有待完善

我国现行的《中华人民共和国野生动物保护法》、《中华人民共和国动物防疫法》和《中华人民共和国传染病防治法》等法律法规对野生动物野外种群疫源疫病的监测防控均未作出明确规定。《重大动物疫情应急条例》，虽然明确了县级以上人民政府林业主管部门和兽医主管部门按职责分工，加强对陆生野生动物疫源疫病的监测，但在一些具体职能上还需进一步细化和明确。

加强陆生野生动物疫源疫病监测，及时发现野生动物疫情，从而将疫情控制在最小范围，是确保野生动物种群安全、维护公共安全和生态平衡的迫切需要，也是保障国民经济可持续发展和人民生命健康的必然要求。全面开展陆生野生动物疫源疫病监测工作，是新形势下林业工作中一项重要而紧迫的任务，是全面加强野生动物保护管理工作的一项重要内容。

第二节　陆生野生动物疫源疫病监测工作的现状

党中央、国务院高度重视陆生野生动物疫源疫病监测防控工作，温家宝总理等中央领导同志曾明确要求，林业局要会同有关部门加强对野生动物的疫情监测，尤其是加强对野鸟驯养繁殖场等重点区域的病毒监测和隐患排查。在有关部门的大力支持下，陆生野生动物疫源疫病监测防控体系建设分别纳入了《全国动物防疫体系建设规划（2004—2008 年）》和《“十一五”期间国家突发公共事件应急体系建设规划》，监测防控工作取得了长足的进展。

一、发展历程

1982 年，原林业部成立了全国鸟类环志中心，在全国范围内开展鸟类环志工作，基本掌握了涉及我国的 3 条世界性候鸟迁飞路线在我国的分布情况，明晰了 100 多种候鸟在我国的分布、迁飞、越冬等规律。

1995—2003 年期间，国家林业局组织完成了以数量调查为主要目的的第一次全国陆生野生动物资源调查，基本查清了 252 个珍稀濒危物种的种群数量、分布、栖息地状况及主要受威胁因子；首次掌握了 191 个物种的基础数据，填补了资源数据方面的空白；首次掌握了 61 个物种的种群动态；基本掌握了野生动物驯养繁育状况。调查成果为我国实施全国野生动植物保护及自然保护区建设工程和履行有关国际公约等提供了重要科学依据。

2003 年，在抗击 SARS 和禽流感的工作中，国家林业局与全国防治非典型肺炎科技攻关组密切配合，派专家参加科技攻关组流行病学工作组，参与野外果子狸和人工驯养繁殖果子狸等野生动物的采样工作。协调中国科学院动物研究所、东北林业大学等相关机构和协作单位承担了“SARS 疫情预测预报”、“SARS 病毒宿主溯源”、“SARS 基因疫苗研制”和“野生鸟类禽流感的流行性病学调查”等项目研究，研究和掌握了许多野生动物生活习性、活动规律。其技术和成果不仅可有机结合到陆生野生动物疫源疫病监测预警工作之中，而且为解决可能面临的技术难题提供技术指导。

2004 年，在防控高致病性禽流感工作中，国家林业局严格按照党中央、国务院要求，针对鸟类可能传播疫情的隐患，及时部署，采取了保护珍贵、濒危鸟类、密切关注各地鸟类疫情信息、严厉打击乱捕乱猎违法行为、加强鸟类保护管理和协助开展科学研究等一系列积极措施，强化野生动物保护管理，有力地配合了防治高致病性禽流感工作，并为逐步开展陆生野生动物疫源疫病监测工作积累了一定的经验。同时，国家林业局与中国科学院动物所、中国疾病预防控制中心等单位和相关大专院校建立了良好的协作关系和联合攻关机制，储备了大量人才和技术力量，为陆生野生动物疫源疫病监测工作的开展提供有效的技术保障和支持。同年，国家林业局和中国科学院针对陆生野生动物携带、传播人兽共患病的现状，共同研究提出了在全国建立陆生野生动物疫源疫病监测体系的构想，联合向国务院呈报了《关于建立全国陆生野生动物疫源疫病监测预警体系的请示》，组织专家编制了《全国陆生野生动物疫源疫病监测预警体系建设总体规划》，即通过整合现有资源，以现有林业有害生物防治体系、自然保护区管理体系、鸟类环志网络、野生动物保护体系、野生动物救护繁育体系和森林生态系统定位观测体系为主体，在野生动物疫病多发区域，人与野生动物、饲养动物密切接触区域，野生动物迁徙通道、迁飞越冬（夏）地、停歇地和繁殖地等野生动物集中分布区域建立陆生野生动物疫源疫病监测站点，对野生动物疫情进行有效的监控。

2005 年 3 月 15 日，国家林业局组织召开了全国野生动物疫源疫病监测工作视频电话会议，标志着陆生野生动物疫源疫病监测防控工作和体系建设工作正式启动。各级林业部门切实加强组织领导，积极落实各项措施，扎实开展监测防控，确保第一时间发现、第一现场处置突发野生动物异常情况，为维护公共卫生安全、保障经济社会发展、促进生态文明建设作出了新贡献。11 月 10 日，国家林业局正式成立了野生动物疫源疫病监测总站（以下简称“监测总站”），具体负责全国陆生野生动物疫源疫病监测的组织与管理。

2005 年 11 月 18 日，国务院出台了《重大动物疫情应急条例》（以下简称“《应急条例》”），其中第一章第四条第三款规定“县级以上人民政府林业主管部门按照职责分工，加强对陆生野生动物疫源疫病的监测。”这是国家首次以法律的形式确定了林业部门在防控重大动物疫情中所承担的职责，肩负着陆生野生动物疫源疫病监测工作的重任。

2006 年 3 月 7 日，国家林业局下发了《陆生野生动物疫源疫病监测规范（试行）》（以下简称“《监测规范》”）。它的发布是我国陆生野生动物疫源疫病监测工作中的一件大事，对于满足当前候鸟高致病性禽流感监测工作的迫切需要，对于规范全国陆生野生动物疫源疫病监测工作，保障监测体系高效有序运行，提升监测水平和应急处置能力具有重要的指导意义和深远的历史意义。

2011 年，国家林业局全面开展第二次全国陆生野生动物资源调查，计划通过 5 年时间，基本查清全国 528 种重点陆生野生动物资源现状与动态变化，包括种群数量、分布、栖息地状况；掌握重点保护陆生野生动物种群和栖息地保护管理现状、受威胁状况与变化趋势以及主要养殖陆生野生动物物种的种群扩繁、饲养繁殖、贸易及其他利用状况等。

2011 年，国家林业局分别与中国科学院、中国人民解放军军事医学科学院合作，在中国科学院动物研究所、中国人民解放军军事兽医研究所挂牌成立了国家林业局中国科学院野生动物疫病研究中心和国家林业局长春野生动物疫病研究中心，标志着我国陆生野生动物疫源疫病监测防控科技支撑上升到了一个新的台阶。

2013 年 1 月 22 日，陆生野生动物疫源疫病监测防控工作的第一部部门规章——《陆生野生动物疫源疫病监测防控管理办法》（以下简称"《管理办法》"）以国家林业局第 31 号令公布，自 2013 年 4 月 1 日起正式施行。该办法共 28 条，就加强陆生野生动物疫源疫病监测防控管理，防范陆生野生动物疫病传播和扩散的具体管理措施做出了规定，该办法的颁布实施对全国陆生野生动物疫源疫病监测防控工作有着重要的指导作用。

二、陆生野生动物疫源疫病监测工作成效

自 2005 年正式启动全国陆生野生动物疫源疫病监测防控体系建设工作以来，各级林业部门，克服困难，创造条件，积极争取资金、政策支持，监测站网络、规章制度、人员能力、科技支撑等方面的建设工作都取得了重要进展。

（一）艰苦创业，陆生野生动物疫源疫病监测防控体系建设稳步推进

陆生野生动物疫源疫病监测防控经历了从无到有、逐步发展的历程。在国家深化机构改革的大潮中，在不能新建机构的情况下，各地按照"整合资源、节约高效"的原则，发扬了艰苦创业、开拓创新的精神，结合实际，依托野生动植物保护管理站、自然保护区、森林病虫害防治检疫站等现有机构，建成了由 350 处国家级、768 处省级和一大批市县级监测站组成的陆生野生动物疫源疫病监测站网络，为监测防控工作的顺利开展奠定了坚实的基础。在国家林业局的积极争取和国务院及有关部门的大力支持下，陆生野生动物疫源疫病监测防控体系建设被纳入了《全国动物防疫体系建设规划（2004—2008 年）》和《"十一五"突发公共事件应急体系建设规划》，完成了 350 处国家级监测站的基本建设投资 1.4 亿元，落实中央和地方财政经费超过 2.2 亿元，为监测防控工作的正常开展创建了有利条件。为进一步推进监测防控体系建设，按照国家发改委的有关要求，组织完成了《全国陆生野生动物疫源疫病监测防控体系建设工程规划（2010—2013 年）》的编制，为监测防控体系后续发展夯实了基础。为实现信息化、数字化管理，组织研发并正式启用了野生动物疫源疫病监测信息网络直报系统，初步解决了现行监测信息上报过程中存在的时效性差、安全性低和运行成本高等问题。

（二）建章立制，监测防控工作行为逐步规范

完善的规章制度，是确保陆生野生动物疫源疫病监测防控工作规范有序、科学发展的前提。为规范监测防控工作行为，强化监测防控工作管理，国家林业局先后颁布实施了《监测规范》和《管理办法》。首次科学系统地对野生动物疫病进行了分类，发布实施了《陆生野生动物疫病分类与代码》（LY/T 1959—2011）行业标准。立项起草了《陆生野生动物疫源疫病监测技术规范》、《野生动物疫病危害性等级划分》等行业技术标准和行业工程建设标准《陆生野生动物疫源疫病监测工程项目建设标准》，为监测防控工作的标准化和监测防控工程项目建设的标准化提供了技术保障。指导督促各地逐步建立了领导责任、岗位责任、应急值守、保密管理、人员安全防护、应急响应等制度，为监测防控工作的规范开展提供了制度保障。

（三）强化培训，陆生野生动物疫源疫病监测防控能力稳步提升

结合林业工作实际和陆生野生动物疫源疫病监测防控工作特点，组建了一支多元化、

专兼结合、总数约15000人的监测防控工作队伍，为确保监测防控工作的顺利开展提供了人员保障。组织编辑并出版了《陆生野生动物疫源疫病监测》、《禽流感防治与野生动物疫病》、《中国大陆野生鸟类迁徙动态与禽流感》、《野生动物疫病学》等培训教材和书籍，举办了上百期不同层面的专业培训和应急演练，对上万人次的人员进行了技术培训，使监测防控和应急处置能力不断提高。创建了陆生野生动物疫源疫病监测网，编印了《野生动物疫源疫病监测简报》，及时反映陆生野生动物疫源疫病监测防控工作动态。印制下发了近30万份陆生野生动物疫源疫病监测防控宣传挂图、海报和折页，多层次、多渠道、多形式广泛开展了科普宣传教育，引导社会积极参与，提高了公众自我防范野生动物疫病的意识和能力，以及主动报告野生动物异常情况的自觉性，初步形成了群防群控的良好局面，壮大了监测防控力量。

（四）凝聚力量，陆生野生动物疫源疫病监测防控科技支撑能力显著增强

科技是先导，面对新的职能，在林业部门普遍缺乏陆生野生动物疫源疫病专业技术人才和科技支撑平台的情况下，各级林业主管部门主动加强与科研机构的联系与合作，充分依托社会公共资源，初步建立了陆生野生动物疫源疫病监测防控科研队伍和技术平台。特别是国家林业局中国科学院野生动物疫病研究中心和国家林业局长春野生动物疫病研究中心的成立，标志着我国陆生野生动物疫源疫病监测防控科技支撑上升到了一个新的台阶，必将极大地促进我国陆生野生动物疫源疫病监测防控科研工作的快速发展。近年来，国家林业局还组织分析了我国20多年的鸟类环志及迁徙研究成果，基本掌握了我国东部、中部、西部迁徙区主要疫源候鸟的基本情况；组织开展了重点疫源候鸟迁徙规律与主动预警研究、禽流感溯源、禽流感病毒生态学、细小病毒疫苗研制等基础研究、应用研究和技术攻关，并取得了重要突破，为开展疫病风险评估、疫情流行趋势预测等奠定了基础。

（五）联防联控，突发野生动物疫情得到了有效控制

强化疫情防控，防止疫情的扩散和蔓延，不是一个部门和一个单位能够做到的事情，必须在政府的统一领导下，部门分工、各司其职、密切协作才能实现。为此，林业主管部门特别重视联防联控和跨区域合作，积极会同农业、卫生、质检、工商等部门，研究分析了高致病性禽流感、甲型H1N1流感、鼠疫、小反刍兽疫、非洲猪瘟等疫病的传播风险和防控措施，联合对市场高致病性禽流感、北部边境地区非洲猪瘟疫病防控进行了专项督查，强化了市场监管和隐患排查，努力降低疫病发生和传播风险。加强重点地区、重点时节陆生野生动物疫源疫病监测防控，开展了驯养繁殖场所野生动物疫源疫病监测防控专项督查。各地“第一时间发现、第一现场处置”突发野生动物异常情况，有效控制了候鸟高致病性禽流感、旱獭鼠疫、小反刍兽疫、野鸟禽霍乱、鼬獾犬瘟热等多起突发野生动物疫情，为维护公共卫生安全和社会稳定作出了重要贡献。

（六）交流合作，负责任大国的地位和形象逐步树立

2005年青海湖发生候鸟高致病性禽流感疫情之后，国际社会对野生动物疫病所造成的危害愈加重视，迁徙物种公约、湿地公约和世界动物卫生组织、联合国粮农组织等诸多国际公约与组织涉足陆生野生动物疫源疫病领域，尤其对我国禽流感等野生动物疫病问题十分关注。对此，国家林业局严格按照国家有关规定和局领导要求，一方面，严格审视国际合作项目，切实维护国家利益；另一方面，积极参与相关国际活动，争取国际社会的理解和支持，提升国际影响力。通过派出去、请进来等方式，学习国外先进的监测防控经验和做法，不断提高我国监测防控管理水平。联合美国、泰国、越南、柬埔寨、俄罗斯、日本、韩国等亚太国家，举办了“亚太地区野生动物疫病国际学术研讨会”，初步建立了“亚太地区野生动物疫病监测和防控网络”，使疫情信息、防控经验等方面的交流与合作更加通畅。通过谈判，中美陆生野生动物疫源疫病监测防控合作项目，纳入了中美自然保护议定书附件十一；与联合国粮农组织等国际组织的沟通、协商更加深入，并就野生动物疫病工作组相关事宜和合作调查研究项目达成共识；与保护国际、国际野生生物保护学会签署了合作备忘录，发展空间不断拓宽。认真落实国务院要求，在广西、云南开展了边境联防联控试点，为做好边境联防联控工作摸索途径与经验。

监测防控实践证明，陆生野生动物疫源疫病监测防控密切关乎着野生动物资源保护、野生动物产业和畜牧业健康发展，尤其是关乎着公众的生命健康安全，在公共卫生安全大局中具有十分重要的“前沿哨卡”地位和“屏障”作用。

第二章
陆生野生动物疫源疫病监测的任务和职责

第一节　陆生野生动物疫源疫病监测的主要任务

一、陆生野生动物疫源疫病监测的现实意义

加强陆生野生动物疫源疫病监测，就是在疫病传播、扩散环节中，建立起一道前沿哨卡，通过监测，及时发现野生动物疫情，对疫情发生、发展趋势做出预测预报，及时采取有效措施，阻断疫情向人类、家禽家畜传播，从而将疫情控制在最小范围。陆生野生动物疫源疫病监测是维护公共卫生安全的前沿屏障，是保护生物多样性、维护生态平衡，全面提升生态林业和民生林业发展水平，建设生态文明和美丽中国的重要保证。

（一）加强陆生野生动物疫源疫病监测，是贯彻落实法律法规和党中央、国务院领导同志重要指示批示的需要。健全陆生野生动物疫源疫病监测防控体系，更好地开展监测防控工作，是认真贯彻落实《应急条例》、《国家林业局主要职责内设机构和人员编制规定》和《全国动物防疫体系建设规划（2004—2008 年）》、《“十一五”期间国家突发公共事件应急体系建设规划》的客观要求和具体行动。随着工作的逐步深入，陆生野生动物疫源疫病监测在疫情防控和公共卫生安全大局中的地位凸显。2009 年初，温家宝总理等国务院领导同志批示指出，“林业局要会同有关部门加强对野生动物的疫情监测，尤其是加强对野鸟驯养繁殖场等重点区域的病毒监测和隐患排查。”连续几届全国人大会议，政府工作报告均强调要加强重大动植物疫病防控。

（二）加强陆生野生动物疫源疫病监测，是维护人民生命健康安全的需要。疫源野生动物处于人兽共患病发生和传播的重要环节，甚至首要环节，作为疫病宿主一直是威胁人民生命健康安全的重大隐患。在人类活动范围不断扩大，人与野生动物接触方式多样化和接触距离不断缩小甚至零距离的情况下，野生动物疫病向人传播扩散的隐患越来越大。这些疫病轻则引起人间散发病例，重则危及公共卫生安全，扰乱正常的社会生活秩序，引发严重的社会问题。历史上，有多起野生动物疫病导致人间疫情流行，造成重大伤亡和财产损失的惨痛教训。加强陆生野生动物疫源疫病监测，是屏蔽和阻断野生动物疫病向人传播，有效保障公共卫生安全的内在要求。

（三）加强陆生野生动物疫源疫病监测，是保障经济社会持续稳定健康发展的需要。我国是世界上野生动物繁育利用和畜禽饲养最多的国家之一，野生动物繁育利用与畜牧业的安全直接关系到经济发展和社会稳定。我国有野生动物驯养繁殖单位 2 万余家，野生动物繁育利用不仅关系到我国传统医药的传承和发扬，而且密切关联着许多产业的发展，在改善膳食结构、保障食品供给、提供中药原料、增加就业岗位、繁荣农村经济、促进农民增收等方面都发挥着极其重要的作用。野生动物一旦出现重大疫病流行，不仅会危

及野生动物繁育利用业自身的发展，还将威胁畜牧业的发展。SARS 使果子狸繁育利用业遭到毁灭性打击，产生了一系列经济和社会问题，教训十分深刻。加强陆生野生动物疫源疫病监测，是防范和控制疫病在野生动物间流行蔓延，屏蔽和阻断疫病向畜禽传播，促进经济社会持续稳定健康发展的必然要求。

（四）加强陆生野生动物疫源疫病监测，是保护生物多样性，维护生态平衡，促进国际履约的需要。野生动物是宝贵的自然资源，在维护生态平衡中发挥着不可替代的作用。重大野生动物疫病的暴发流行，将严重危害野生动物资源，甚至危及种群安全，导致生态失衡。特别是对于珍稀濒危野生动物，尤其是种群数量小、分布区域狭窄的物种，一旦感染重大疫病，可能导致物种的灭绝，多年的野生动物保护成果将毁于一旦，给自然生态系统造成无法修复的损害。此外，由于我国陆生野生动物疫源疫病监测防控能力和水平较低，在涉及共同承担防控源自野生动物疫情的国际义务时，一些国际组织或机构借此对我国相关工作进行蓄意攻击，诋毁我国国际声誉和负责任大国形象，造成不利影响。加强陆生野生动物疫源疫病监测，有利于加强珍稀濒危野生动物保护，巩固生态建设成果，提高我国地位，树立负责任大国形象。

二、陆生野生动物疫源疫病监测的主要内容

陆生野生动物疫源疫病监测工作要坚持“边建设边工作、边探索边完善”的工作方针，突出抓好“建章立制、体系建设、队伍建设、科学监测、信息报告”五个重点环节，建立健全规章制度和科技支撑体系，进一步完善监测站网络和信息报告体系，大力加强人才队伍建设，全面提升我国陆生野生动物疫源疫病监测水平。

1. 建立健全规章制度

根据《中华人民共和国野生动物保护法》、《应急条例》等法律法规赋予的权利和义务，从实际出发，制定相关的标准、操作细则、管理制度等，逐步形成监测技术有规范、监测管理有办法、应急处置有预案、体系建设有方案、考核评比有标准等，使监测工作法治化、规范化、制度化。

2. 优化监测站网络

目前，我国已经建成了由350 处国家级、768 处省级和一大批市县级监测站组成的陆生野生动物疫源疫病监测站网络，奠定了监测防控工作顺利开展的基础。但是还有许多野生动物集中分布区、重要的边境地区、家禽家畜密集区、野生动物驯养繁殖密集区和集散地等区域，尚未纳入有效的监测覆盖范围，还存在着大量监测盲区。需要进一步优化监测站点布局，科学设立巡查路线和固定观测点，逐步提高监测覆盖率。

3. 加强监测信息管理

监测信息及时准确的报告是监测工作的重要环节之一，快捷、全面、准确、保密是监测信息报告系统的基本要求。首先，要获取科学、全面的监测信息；其次，监测信息的报告要及时、准确、保密。为此，要通过多种途径提高工作人员的野生动物识别等方面的水平和能力，加强监测信息的管理，充分利用先进的科技手段，进一步优化报告方式，提高监测信息报告的准确率、时效性。

4. 开展陆生野生动物疫源疫病监测防控工作

按照《监测规范》的规定，在每年的重点监测时段和重点监测区域，实行监测信息

日报告制度。各级监测站对所承担的监测区域和设立的巡查线路和固定观测点，及早部署，调配人员，到岗到位，严密监测，一旦发现各种野生动物异常情况要按规定报告。做到“勤监测、早发现、严控制”，在第一时间发现异常情况并按规定向上级监测管理机构和当地林业主管部门以及有关检测机构报告，采取严格措施控制第一现场，禁止无关人员、家禽家畜靠近、接触异常死亡动物，防止可能的疫情扩散和蔓延。在监测中，发现大量野生动物死亡事件，无论是否为疫情，均以快报的形式报告。

要达到上述要求，就要做好以下工作：一是确定陆生野生动物疫源疫病监测的范围、对象和重点区域以及重点监测时段。二是在野生动物迁徙通道、迁飞停歇地和集群活动区等重点区域设立固定监测点、巡查线路，开展监测工作，及时准确地掌握野生动物迁徙、集群活动和异常情况等（即从哪里来，何时来，异常种类、数量和症状，到哪里去，何时走；有哪些种类、数量等）。三是加强巡护，制止无关人员、畜禽进入上述区域与野生动物接触或从事其他干扰野生动物的活动。四是加强对鸟类和其他动物异常死亡或疫症的采样和报检工作。五是规范监测信息报告内容，认真填报野生动物种类、种群数量、特征、生境、地理坐标、异常情况和报检情况以及尸体、现场处理情况等信息。

一旦发现疫病，应在政府领导下，立即启动应急预案，采取有效防控措施，防止疫情扩散，阻断疫情向人类、饲养动物的传播，将疫情控制在最小范围，尽力减少疫病给野生动物种群特别是给珍贵濒危野生动物造成灾难性伤害，保护生物多样性，维护生态平衡，维护公共卫生安全。

5．提高陆生野生动物疫源疫病监测防控科技水平

为加强对监测防控的科学指导，国家林业局成立了陆生野生动物疫源疫病监测防控工作专家委员会，由有关野生动物、人兽共患病专家和监测管理人员组成，指导全国的监测工作。同时，国家林业局还依托相关科研院所，充分利用社会公共科研技术力量和设施设备，开展横向协作，对野生动物宿主、疫病流行、传播规律和暴发机理等基础内容进行研究，对野生动物与重大人兽共患病的关系、重点陆生野生动物疫病监测预警技术等进行重点攻关，积极开展超前研究，预先掌握野生动物携带的病原体的种类、特点和传播途径，同时，注重引进、开发监测工作中先进、实用的技术，提高监测预警水平。基层监测单位应建立跨部门、跨行业、跨领域、跨学科的协同攻关机制，引进人才，培训人员，夯实基础，解决制约陆生野生动物疫源疫病监测工作的瓶颈问题，提高监测预警的科学性。

6．做好陆生野生动物疫源疫病本底调查

本底调查是由林业主管部门组织，全面收集掌握辖区内野生动物种类、资源情况、活动规律和野生动物疫病的种类、发生、流行及危害状况等基本信息，准确掌握自然疫源地、陆生野生动物疫病宿主及易感野生动物种类、分布等基本情况，为确定重点监测区域（巡查线路、观测点）和重点监测物种提供科学依据。同时，通过本底调查所获得的资料、数据，应逐步建立起野生动物资源数据库、野生动物迁徙数据库和野生动物疫病数据库，有的放矢开展监测工作，提高监测和预警的准确性。

7．组织开展技术培训和宣传工作

国家林业局负责国家级监测站和监测管理机构的技术培训，各省监测管理机构负责辖区内省级、市县级监测站等从事监测工作的人员的培训，以提高监测人员的业务素质

和技术水平，保障监测工作的顺利进行。监测技术培训的重点是野外巡查、定点观测和野生动物捕捉技术、采样技术、环志（跟踪）技术、初步检测、样品保存、运输技术、防护技术和监测信息报告以及应急处置等。

宣传工作要遵照“科学宣传，宣传科学”的原则，通过多种形式，广泛宣传《中华人民共和国野生动物保护法》、《应急条例》和《管理办法》、《监测规范》等法律法规以及重大动物疫情防治政策，要积极宣传国家关于动物疫情防控的方针政策，普及野生动物疫病和防疫知识，减轻不必要的恐慌，引导群众科学监测防控，发现野生动物死亡等异常情况要及时报告，提高监测工作人员和群众的监测防范意识。

8. 提高突发事件应急处置能力

根据本地区野生动物种类、分布、迁移迁徙规律和疫病发生特点等具体情况，针对可能出现的各种野生动物疫病，制定应急预案。做到职责分工明确，运转协调，部署周密，安排科学，确保对各种疫情的快速处置和有效隔离防控。同时要做好必要的应急物资储备。

在应急预案的制定过程中，应按照《应急条例》有关规定，参照《国务院有关部门和单位制定和修订突发公共事件应急预案框架指南》的要求，做到统一领导、分级管理，条块结合、以块为主，职责明确、规范有序，结构完整、功能全面，反应灵敏、运转高效，整合资源、信息共享，平战结合和公众参与等原则。在制定应急预案时要考虑到监测防控工作涉及林业以外的其他部门，要有人民政府的组织和协调。应急预案要经人民政府的审批或备案。

要定期组织开展应急演练，通过演练检验应急预案的操作性，提高人员的应对能力。

第二节　全国陆生野生动物疫源疫病监测防控体系

全国陆生野生动物疫源疫病监测防控体系是由监测站网络、科技支撑、信息管理、决策指挥和应急响应等几部分组成的，是一个以监测站网络为基础、以科学技术为支撑、以信息管理为平台、以决策指挥为核心、以应急响应为目标的有机整体（见图2－1）。

一、监测站网络

监测站网络由国家级和地方级陆生野生动物疫源疫病监测站组成，是开展监测防控工作的基础。主要承担巡护监测、采样送检、信息报告、异常情况应急处置等工作。根据承担的主要职能和任务，监测站主要分为以下三类。

（一）基层类监测站

依托基层野生动物保护管理站、自然保护区、林业工作站、森林病虫害防治站、鸟类环志站等机构建设。主要承担辖区内陆生野生动物分布区域的巡护，陆生野生动物种群动态的监测、异常情况的发现、监测信息的报告、样品的采集和送检，并做好陆生野生动物突发疫病（情）的处置等。

基层类国家级监测站主要配备野外巡护监测、样品采集保存和运输、个人防护、信息采集传输、无害化处理等设备。

（二）科技支撑类监测站

主要依托大专院校、科研院所等林业机构和公共资源建设。承担陆生野生动物疫源疫病监测防控的技术指导、疫病早期诊断、相关数据的分析、应用研究和技术推广等工作。

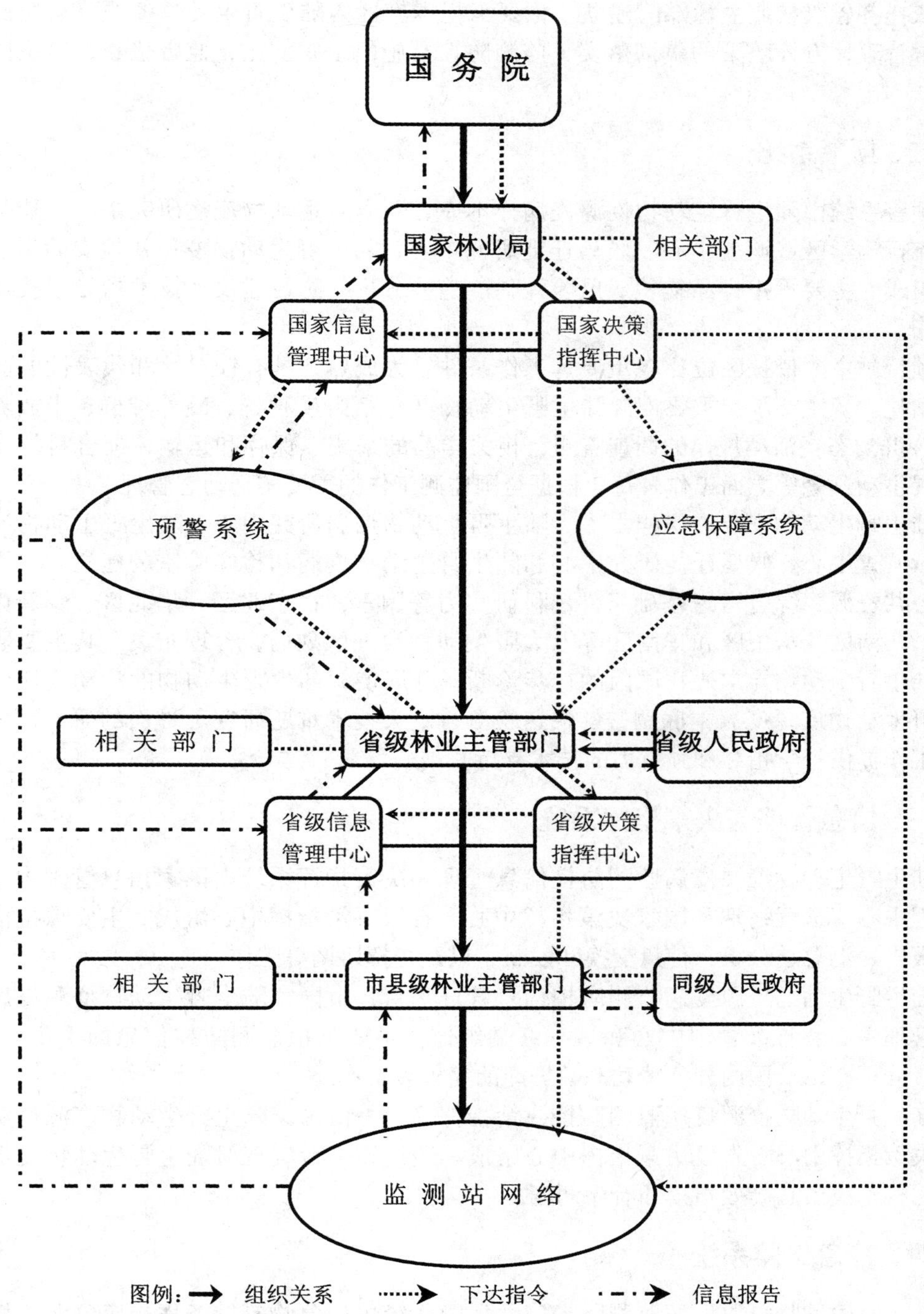

图 2－1 全国陆生野生动物疫源疫病监测防控体系框架结构示意图

(三)管理类监测站

管理类国家级监测站是监测防控体系中的重要环节，具有承上启下、组织协调等作用。依托各省级林业主管部门建立。主要承担本辖区内陆生野生动物疫源疫病监测防控的日常管理，方针政策的贯彻落实，监测防控措施的组织实施，监督检查，组织协调等工作。

二、预警系统

预警系统由陆生野生动物疫源疫病样本库、陆生野生动物疫病研究中心、陆生野生动物流行病学区域调查中心、候鸟迁徙研究中心、陆生野生动物疫病初检实验室、预警站等组成。主要承担样品初检、风险评估、趋势分析、防控建议、技术指导、技术攻关等工作。

预警站主要依托区位比较重要、工作条件较为成熟，具有针对性和代表性的基层类监测站建立。主要承担重要疫源陆生野生动物（包括野生种群、圈养种群、半放养种群等）种群动态、活动规律的调查监测，相关样品的采集、保存和运输，配合科技支撑单位开展主动预警等方面工作。每年根据全国监测工作的需要实行动态管理。

陆生野生动物疫源疫病样本库、陆生野生动物疫病研究中心、陆生野生动物流行病学区域调查中心、候鸟迁徙研究中心和陆生野生动物疫病初检实验室的建立，主要依托社会公共资源，综合考虑基础条件、科研实力等因素，在东北区、华北区、蒙新区、青藏区、西南区、华中区和华南区等七大野生动物地理区划内，合理布设。其主要职能是进行陆生野生动物异常死亡原因的初步诊断，开展疫源陆生野生动物的活动规律研究和陆生野生动物疫源疫病本底调查、快速检测、重大技术难题研究等方面的研究，为监测防控工作提供科学指导和强有力的技术支持。

三、信息管理与决策指挥系统

陆生野生动物疫源疫病监测防控信息管理和决策指挥系统由国家信息管理中心、省级管理中心、远程终端和国家决策指挥中心、省级决策指挥中心组成。主要承担信息传输、报告、汇总、分析，信息交换和发布，以及指挥协调等工作。

陆生野生动物疫源疫病监测防控信息管理平台，由国家陆生野生动物疫源疫病监测信息管理中心、省级管理中心和远程终端组成。主要承担监测防控信息的采集、报告、汇总、分析，以及国内外疫情动态数据库的完善等工作。

陆生野生动物疫源疫病监测防控决策指挥平台，由国家陆生野生动物疫源疫病监测防控决策指挥中心、省级决策指挥中心组成。通过该平台实现对陆生野生动物疫病应急处置的科学决策、高效指挥和有序调度。

四、应急保障系统

陆生野生动物疫源疫病监测防控应急保障系统由应急物资储备库、应急演练培训基地和陆生野生动物突发疫病（情）应急处置预备队组成。主要承担应急物资储备、培训和应急演练以及陆生野生动物突发疫病（情）的应急处置等工作。

第三节　《陆生野生动物疫源疫病监测防控管理办法》解读

《陆生野生动物疫源疫病监测防控管理办法》是于2012年12月25日经国家林业局局务会议审议通过，并于2013年1月22日以国家林业局第31号令公布的，自2013年4月1日起正式施行。该办法对陆生野生动物疫源疫病监测防控工作做了较为明确的规定，有利于监测防控工作的规范化、程序化和制度化，对加强陆生野生动物疫源疫病监测防控工作，防范陆生野生动物疫病传播和扩散，维护国家公共卫生安全和生态安全，保护野生动物资源，具有重要的现实意义和深远意义。

一、关于主管部门和机构的规定

第三条是对国家林业局的职能和职责的规定，即“国家林业局负责组织、指导、监督全国陆生野生动物疫源疫病监测防控工作。县级以上地方人民政府林业主管部门按照同级人民政府的规定，具体负责本行政区域内陆生野生动物疫源疫病监测防控的组织实施、监督和管理工作。”“陆生野生动物疫源疫病监测防控实行统一领导，分级负责，属地管理。”

第四条是针对国家林业局陆生野生动物疫源疫病监测机构的规定，即“国家林业局陆生野生动物疫源疫病监测机构按照国家林业局的规定负责全国陆生野生动物疫源疫病监测工作。”这事实上就是针对目前国家林业局野生动物疫源疫病监测总站的规定，给它一个在法律上的地位。

第五条是对地方林业主管部门的规定，即“县级以上地方人民政府林业主管部门应当按照有关规定确立陆生野生动物疫源疫病监测防控机构，保障人员和经费，加强监测防控工作。”一般情况，在规章中不宜规定人员和经费的问题，但是为了加强这方面的工作，县级林业主管部门在这方面又是薄弱环节，主要工作也是在县级层面上，为使县级的机构和人员、经费有保障，便于向政府申请，所以《管理办法》就做出了“应当按照有关规定确立陆生野生动物疫源疫病监测防控机构，保障人员和经费。”这样的规定。

二、关于监测防控具体措施的规定

第六条是监测控制体系的规定，要求“县级以上人民政府林业主管部门应当建立健全陆生野生动物疫源疫病监测防控体系，逐步提高陆生野生动物疫源疫病检测、预警和防控能力。”

第七条是对有关人员的在监测方面的职责的要求。规定“乡镇林业工作站、自然保护区、湿地公园、国有林场的工作人员和护林员、林业有害生物测报员等基层林业工作人员应当按照县级以上地方人民政府林业主管部门的要求，承担相应的陆生野生动物疫源疫病监测防控工作。”作为规章，只能对林业系统管理的有关人员职责作出规定，对这些人员来说，也是硬性的要求。

第八条是县级以上林业主管部门的要求，即开展调查、掌握情况，为制定规划和预案提供依据。调查、掌握情况，是基础性工作。即“县级以上人民政府林业主管部门应当按照有关规定定期组织开展陆生野生动物疫源疫病调查，掌握疫病的基本情况和动态变化，为制定监测规划、预防方案提供依据。”

第九条是对省级、国家级林业主管部门的要求，即开展预测预报、趋势分析。提出预警信息和防控措施建议。即“省级以上人民政府林业主管部门应当组织有关单位和专家开展陆生野生动物疫情预测预报、趋势分析等活动，评估疫情风险，对可能发生的陆生野生动物疫情，按照规定程序向同级人民政府报告预警信息和防控措施建议，并向有关部门通报。”

三、关于监测站和监测站职责的规定

第十条是对那些地方应当建站的规定，即“县级以上人民政府林业主管部门应当按照有关规定和实际需要，在下列区域建立陆生野生动物疫源疫病监测站：（一）陆生野生动物集中分布区；（二）陆生野生动物迁徙通道；（三）陆生野生动物驯养繁殖密集区及其产品集散地；（四）陆生野生动物疫病传播风险较大的边境地区；（五）其他容易发生陆生野生动物疫病的区域。”

第十一条是关于监测站级别和命名的规定。第一款“陆生野生动物疫源疫病监测站，分为国家级陆生野生动物疫源疫病监测站和地方级陆生野生动物疫源疫病监测站。”第二款“国家级陆生野生动物疫源疫病监测站的设立，由国家林业局组织提出或者由所在地省、自治区、直辖市人民政府林业主管部门推荐，经国家林业局组织专家评审后批准公布。”第三款“地方级陆生野生动物疫源疫病监测站按照省、自治区、直辖市人民政府林业主管部门的规定设立和管理，并报国家林业局备案。”第四款“陆生野生动物疫源疫病监测站统一按照‘××（省、自治区、直辖市）××（地名）××级（国家级、省级、市级、县级）陆生野生动物疫源疫病监测站’命名。”之所以对监测站的命名做了规定，是为了便于信息统计，及时发现疫源和疫病。

第十二条是对监测站和监测员的规定。即“陆生野生动物疫源疫病监测站应当配备专职监测员，明确监测范围、重点、巡查线路、监测点，开展陆生野生动物疫源疫病监测防控工作。”“陆生野生动物疫源疫病监测站可以根据工作需要聘请兼职监测员。”“监测员应当经过省级以上人民政府林业主管部门组织的专业技术培训；专职监测员应当经省级以上人民政府林业主管部门考核合格。”

四、关于监测方式及报告制度的规定

陆生野生动物疫源疫病监测方式包括日常监测和专项监测。日常监测是最基本的监测制度，主要是通过巡护、观测等方式，对是否发生陆生野生动物疫情提出初步判断意见。专项监测是对特定的陆生野生动物疫源疫病或者重点区域进行的监测。第十三条做了明确规定，即“陆生野生动物疫源疫病监测实行全面监测、突出重点的原则，并采取日常监测和专项监测相结合的工作制度。”“日常监测以巡护、观测等方式，了解陆生野生动物种群数量和活动状况，掌握陆生野生动物异常情况，并对是否发生陆生野生动物疫病提出初步判断意见。”“专项监测根据疫情防控形势需要，针对特定的陆生野生动物疫源种类、特定的陆生野生动物疫病、特定的重点区域进行巡护、观测和检测，掌握特定陆生野生动物疫源疫病变化情况，提出专项防控建议。”“日常监测、专项监测情况应当按照有关规定逐级上报上级人民政府林业主管部门。”

第十四条规定，日常监测分别实行重点时期监测和非重点时期监测。重点时期和非重点时期由省级林业主管部门规定；重点时期监测实行日报告制度，非重点时期监测实行周报告制度。但是发现异常情况的，应当按照有关规定及时报告。

五、关于重点监测陆生野生动物疫病种类和疫源物种目录的规定

制定目录是监测的需要，种类多，不可能全部监测，所以要有重点。因此第十五条规定，即“国家林业局根据陆生野生动物疫源疫病防控工作需要，经组织专家论证，制定并公布重点监测陆生野生动物疫病种类和疫源物种目录；省、自治区、直辖市人民政府林业主管部门可以制定本行政区域内重点监测陆生野生动物疫病种类和疫源物种补充目录。”有了这个目录，县级以上人民政府林业主管部门应当根据前款规定的目录和本辖区内陆生野生动物疫病发生规律，划定本行政区域内陆生野生动物疫源疫病监测防控重点区域，并组织开展陆生野生动物重点疫病的专项监测。

六、关于陆生野生动物异常情况应急处置的规定

发现陆生野生动物疫病，如何处理是这样的顺序：报告、调查核实、评估、采取措施、应急预案、防控。关于报告，是在第十六条规定的，即“本办法第七条规定的基层林业工作人员发现陆生野生动物疑似因疫病引起的异常情况，应当立即向所在地县级以上地方人民政府林业主管部门或者陆生野生动物疫源疫病监测站报告；其他单位和个人发现陆生野生动物异常情况的，有权向当地林业主管部门或者陆生野生动物疫源疫病监测站报告。”

关于核实，是第十七条规定的，即“县级人民政府林业主管部门或者陆生野生动物疫源疫病监测站接到陆生野生动物疑似因疫病引起异常情况的报告后，应当及时采取现场隔离等措施，组织具备条件的机构和人员取样、检测、调查核实，并按照规定逐级上报到省、自治区、直辖市人民政府林业主管部门，同时报告同级人民政府，并通报兽医、卫生等有关主管部门。”

关于评估，是省级林业主管部门应当做的，第十八条明确规定，即“省、自治区、直辖市人民政府林业主管部门接到报告后，应当组织有关专家和人员对上报情况进行调查、分析和评估，对确需进一步采取防控措施的，按照规定报国家林业局和同级人民政府，并通报兽医、卫生等有关主管部门。”

关于防控措施，第十九条是这样规定的，即“国家林业局接到报告后，应当组织专家对上报情况进行会商和评估，指导有关省、自治区、直辖市人民政府林业主管部门采取科学的防控措施，按照有关规定向国务院报告，并通报国务院兽医、卫生等有关主管部门。”

七、关于应急预案和实施方案的规定

第二十条规定，即“县级以上人民政府林业主管部门应当制定突发陆生野生动物疫病应急预案，按照有关规定报同级人民政府批准或者备案。”“陆生野生动物疫源疫病监测站应当按照不同陆生野生动物疫病及其流行特点和危害程度，分别制定实施方案。实施方案应当报所属林业主管部门备案。”“陆生野生动物疫病应急预案及其实施方案应当

根据疫病的发展变化和实施情况，及时修改、完善。”同时第二十一条规定“县级以上人民政府林业主管部门应当根据陆生野生动物疫源疫病监测防控工作需要和应急预案的要求，做好防护装备、消毒物品、野外工作等应急物资的储备。”

第二十二条规定了应急预案的启动，即“发生重大陆生野生动物疫病时，所在地人民政府林业主管部门应当在人民政府的统一领导下及时启动应急预案，组织开展陆生野生动物疫病监测防控和疫病风险评估，提出疫情风险范围和防控措施建议，指导有关部门和单位做好事发地的封锁、隔离、消毒等防控工作。”

八、关于陆生野生动物疫源疫病监测防控与野生动物保护的规定

第二十三条规定“在陆生野生动物疫源疫病监测防控中，发现重点保护陆生野生动物染病的，有关单位和个人应当按照野生动物保护法及其实施条例的规定予以救护。”“处置重大陆生野生动物疫病过程中，应当避免猎捕陆生野生动物；特殊情况确需猎捕陆生野生动物的，应当按照有关法律法规的规定执行。”

九、其他的规定

第二十四条规定“县级以上人民政府林业主管部门应当采取措施，鼓励和支持有关科研机构开展陆生野生动物疫源疫病科学研究。”“需要采集陆生野生动物样品的，应当遵守有关法律法规的规定。”第二十五条规定“县级以上人民政府林业主管部门及其监测机构应当加强陆生野生动物疫源疫病监测防控的宣传教育，提高公民防范意识和能力。”第二十六条规定“陆生野生动物疫源疫病监测信息应当按照国家有关规定实行管理，任何单位和个人不得擅自公开。”第二十七条规定“林业主管部门、陆生野生动物疫源疫病监测站等相关单位的工作人员玩忽职守，造成陆生野生动物疫情处置延误，疫情传播、蔓延的，或者擅自公开有关监测信息、编造虚假监测信息，妨碍陆生野生动物疫源疫病监测工作的，依法给予处分；构成犯罪的，依法追究刑事责任。”

第四节　相关法律法规解读

目前，与陆生野生动物疫源疫病监测防控有关的法律法规包括《中华人民共和国野生动物保护法》、《中华人民共和国传染病防治法》、《中华人民共和国动物防疫法》和《重大动物疫情应急条例》等。

一、重大动物疫情应急条例

针对近几年重大动物疫情防控工作中出现的新情况、新问题，特别总结了 2004 年以来预防、控制、扑灭高致病性禽流感的经验，为了进一步明确各级人民政府及其有关部门在重大动物疫情应急工作中的职责，建立起信息畅通、反应快捷、指挥有力、控制有效的重大动物疫情快速反应机制，提高各级政府和全社会应对和处置高致病性禽流感等重大动物疫情的能力，2005 年 11 月 18 日，国务院以第 450 号令颁布了《重大动物疫情应急条例》。

在此条例中，首次明确了各级林业部门开展陆生野生动物疫源疫病监测防控的法律

地位。

（一）主要条款解读

在《应急条例》第四条第三款中规定“县级以上人民政府林业主管部门、兽医主管部门按照职责分工，加强对陆生野生动物疫源疫病的监测。”如何理解这条规定？在《中华人民共和国动物防疫法》的第三条中规定“本法所称动物，是指家畜家禽和人工饲养、合法捕获的其他动物”，即兽医主管部门的法定职责是负责家畜家禽和人工饲养、合法捕获的其他动物的疫病监测，而林业主管部门的职责应是负责陆生野生动物野外种群的疫源疫病监测和检测。

解读这款规定，可以得到四方面的信息：一是明确了县级以上人民政府林业主管部门开展陆生野生动物疫源疫病监测工作的合法性，确定了其法律地位。二是县级以上人民政府林业主管部门可根据此款的规定协调有关部门在监测机构和人员编制以及经费投入等方面予以支持。三是在赋予权利的同时，也要承担起相应的义务和职责。四是在《应急条例》中能够确定林业部门承担陆生野生动物疫源疫病的监测工作，是对前一阶段监测工作的充分肯定。

（二）主体框架

《应急条例》坚持以人为本和保护人民群众利益的指导思想，遵循“加强领导、密切配合，依靠科学、依法防治，群防群控、果断处置，及时发现、快速反应，严格处理、减少损失”的原则，在重大动物疫情的应急准备，重大动物疫情的监测、报告和公布以及重大动物疫情的应急处理等方面确立了一系列制度；进一步明确了各级政府和政府有关部门在防控重大动物疫情工作中的职责以及不履行职责应当承担的责任。

1. 重大动物疫情的应急准备制度

在《应急条例》第二条中规定：“本条例所称重大动物疫情，是指高致病性禽流感等发病率或者死亡率高的动物疫病突然发生，迅速传播，给养殖业生产安全造成严重威胁、危害，以及可能对公众身体健康与生命安全造成危害的情形，包括特别重大动物疫情。”

重大动物疫情出现的突然性、发展的迅猛性和危害的严重性，要求各级人民政府居安思危，在平时就必须做好充分的资金、物资储备以及人员和技术等方面的应急准备。这种应急准备，是预防、控制、扑灭突发的重大动物疫情的前提、基础和保障。《应急条例》对应急准备主要规定了三项制度：

一是应急预案制定制度。《应急条例》规定，县级以上人民政府应当制定重大动物疫情应急预案。

二是建立物资储备制度。根据高致病性禽流感等重大动物疫情防治工作的实践经验，《应急条例》规定，国务院有关部门和县级以上地方人民政府及其有关部门，应当按照应急预案的要求，做好疫苗、药品、设施设备和防护用品等物资储备。

三是建立应急预备队制度。应急预备队是控制和扑灭重大动物疫情的重要力量，《应急条例》对应急预备队的建立、任务、人员组成等作了明确规定。

2. 重大动物疫情的监测、报告和公布制度

建立和完善疫情监测、报告制度，是发现和迅速控制重大动物疫情的重要途径和手段；健全疫情公布制度，体现了我国政府对重大动物疫情处置的公开、透明和对公众身体健康与生命安全的高度负责。疫情的监测、报告和公布对于启动应急机制，迅速控制

和扑灭突发重大动物疫情也具有重要意义。为此,《应急条例》确立了以下五项制度:

一是监测网络和预防控制体系制度。《应急条例》规定,县级以上地方人民政府应当建立和完善重大动物疫情监测网络和预防控制体系,特别强调要加强动物防疫基础设施和乡镇动物防疫组织建设,并保证其正常运行,提高对重大动物疫情的应急处理能力。

二是重大动物疫情监测制度。《应急条例》规定,动物防疫监督机构负责重大动物疫情的监测,饲养、经营动物和生产、经营动物产品的单位和个人应当配合,不得拒绝和阻碍。

三是重大动物疫情报告制度。《应急条例》规定,有关单位和个人发现动物出现群体发病或者死亡的,应当立即向所在地的县(市)动物防疫监督机构报告。同时对各级动物防疫监督机构、兽医主管部门向本级人民政府和上级主管部门报告重大动物疫情的内容、程序和时限作了明确规定。

四是重大动物疫情的确认程序、权限和公布制度。《应急条例》规定,重大动物疫情由省级人民政府兽医主管部门认定;必要时,由国务院兽医主管部门认定。重大动物疫情由国务院兽医主管部门按照国家规定的程序,及时准确公布;其他任何单位和个人不得公布。这样规定,从程序上保证了疫情公布的及时性和准确性。

五是重大动物疫情通报制度。《应急条例》规定,国务院兽医主管部门应当向国务院有关部门和军队有关部门以及省、自治区、直辖市人民政府兽医主管部门通报重大动物疫情的发生和处理情况;尤其是发生重大动物疫情可能感染人群时,卫生主管部门和兽医主管部门应当及时相互通报情况。同时规定,疫情发生地人民政府与毗邻地区的人民政府要通力合作,相互配合。

3. 重大动物疫情的应急处理制度

重大动物疫情应急处理是一项复杂、艰巨的工作,关系到控制、扑灭重大动物疫情目标的实现。《应急条例》对此规定了以下四项制度:

一是建立应急指挥系统制度。突发重大动物疫情应急工作是一项系统工程,必须在各级政府的统一领导、指挥下才能顺利完成。因此,《应急条例》规定,重大动物疫情发生后,国务院和有关地方人民政府应当建立应急指挥系统。

二是应急预案的启动制度。《应急条例》规定,重大动物疫情发生后,由兽医主管部门提出建议,本级人民政府决定启动应急预案。《应急条例》同时明确规定了疫点、疫区、受威胁区应当分别采取的应急处理措施。

三是基层组织的群防群控制度。重大动物疫情的控制和扑灭离不开基层政府和群众性自治组织的协助和配合,《应急条例》规定,乡镇人民政府、村民委员会、居民委员会应当组织力量,向村民、居民宣传动物疫病防治的相关知识,协助做好疫情信息的收集、报告和各项应急处理措施的落实工作。

四是有关单位和个人的配合制度。对重大动物疫情采取控制和扑灭措施,既需要政府的全力投入,统一指挥,也需要有关单位和个人的积极配合。因此,《应急条例》规定,重大动物疫情应急处理中采取的隔离、捕杀、销毁、消毒、紧急免疫接种等控制、扑灭措施,有关单位和个人必须服从;拒不服从的,由公安机关协助执行。

此外,《应急条例》对违规行为规定了严格的法律责任,并明确规定构成犯罪的,依法追究刑事责任。

二、中华人民共和国野生动物保护法

在 1988 年颁布，2004 年修订的《中华人民共和国野生动物保护法》的第一条中就规定了立法的宗旨是“为保护、拯救珍贵、濒危野生动物，保护、发展和合理利用野生动物资源，维护生态平衡。”并对野生动物的定义进行了阐述：“野生动物是指珍贵、濒危的陆生、水生野生动物和有益的或者有重要经济、科学研究价值的陆生野生动物。”

在第十一条中规定了“各级野生动物行政主管部门应当监视、监测环境对野生动物的影响。由于环境影响对野生动物造成危害时，野生动物行政主管部门应当会同有关部门进行调查处理。”

第十五条中规定了“野生动物行政主管部门应当定期组织对野生动物资源的调查，建立野生动物资源档案。”

在 1992 年颁布的《中华人民共和国陆生野生动物保护实施条例》中对野生动物资源管理、保护等也有明确的规定。

第七条中规定了国务院林业行政主管部门和省、自治区、直辖市人民政府林业行政主管部门，应当定期组织野生动物资源调查，建立资源档案，为制定野生动物资源保护发展方案、制定和调整国家和地方重点保护野生动物名录提供依据。

野生动物资源普查每 10 年进行一次，普查方案由国务院林业行政主管部门或者省、自治区、直辖市人民政府林业行政主管部门批准。

第八条中规定了县级以上各级人民政府野生动物行政主管部门，应当组织社会各方面力量，采取生物技术措施和工程技术措施，维护和改善野生动物生存环境、保护和发展野生动物资源。

禁止任何单位和个人破坏国家和地方重点保护野生动物的生息繁衍场所和生存条件。

第九条中规定了任何单位和个人发现受伤、病弱、饥饿、受困、迷途的国家和地方重点保护野生动物时，应当及时报告当地野生动物行政主管部门，由其采取救护措施；也可以就近送具备救护条件的单位救护。救护单位应当立即报告野生动物行政主管部门，并按照国务院林业行政主管部门的规定办理。

三、中华人民共和国动物防疫法

在 1997 年颁布，2007 年修订的《中华人民共和国动物防疫法》中，对动物、动物疫病等的概念、疫病分类及管理措施进行了详细规定。有关内容节录如下：

本法所称动物，是指家畜家禽和人工饲养、合法捕获的其他动物。

根据动物疫病对养殖业生产和人体健康的危害程度，将动物疫病分为下列三类：

（一）一类疫病，是指对人与动物危害严重，需要采取紧急、严厉的强制预防、控制、扑灭等措施的；

（二）二类疫病，是指可造成重大经济损失，需要采取严格控制、扑灭等措施，防止扩散的；

（三）三类疫病，是指常见多发、可能造成重大经济损失，需要控制和净化的。

一、二、三类动物疫病具体病种名录由国务院兽医主管部门制定并公布。

采集、保存、运输动物病料或者病原微生物以及从事病原微生物研究、教学、检测、诊断等活动，应当遵守国家有关病原微生物实验室管理的规定。

国务院兽医主管部门负责向社会及时公布全国动物疫情，也可以根据需要授权省、自治区、直辖市人民政府兽医主管部门公布本行政区域内的动物疫情。其他单位和个人不得发布动物疫情。

从事动物疫情监测、检验检疫、疫病研究与诊疗以及动物饲养、屠宰、经营、隔离、运输等活动的单位和个人，发现动物染疫或者疑似染疫的，应当立即向当地兽医主管部门、动物卫生监督机构或者动物疫病预防控制机构报告，并采取隔离等控制措施，防止动物疫情扩散。其他单位和个人发现动物染疫或者疑似染疫的，应当及时报告。

接到动物疫情报告的单位，应当及时采取必要的控制处理措施，并按照国家规定的程序上报。

同时，明确规定了发生动物疫情时，航空、铁路、公路、水路等运输部门应当优先组织运送控制、扑灭疫病的人员和有关物资。

人工捕获的可能传播动物疫病的野生动物，应当报经捕获地动物卫生监督机构检疫，经检疫合格的，方可饲养、经营和运输。

四、中华人民共和国传染病防治法

在2004年颁布的《中华人民共和国传染病防治法》中，部分内容涉及野生动物疫病，节录如下：

《中华人民共和国传染病防治法》中将传染病分为甲类、乙类和丙类。

甲类传染病是指：鼠疫、霍乱。

乙类传染病是指：传染性非典型肺炎、艾滋病、病毒性肝炎、脊髓灰质炎、人感染高致病性禽流感、麻疹、流行性出血热、狂犬病、流行性乙型脑炎、登革热、炭疽、细菌性和阿米巴性痢疾、肺结核、伤寒和副伤寒、流行性脑脊髓膜炎、百日咳、白喉、新生儿破伤风、猩红热、布鲁氏菌病、淋病、梅毒、钩端螺旋体病、血吸虫病、疟疾。

丙类传染病是指：流行性感冒、流行性腮腺炎、风疹、急性出血性结膜炎、麻风病、流行性和地方性斑疹伤寒、黑热病、包虫病、丝虫病，除霍乱、细菌性和阿米巴性痢疾、伤寒和副伤寒以外的感染性腹泻病。

上述规定以外的其他传染病，根据其暴发、流行情况和危害程度，需要列入乙类、丙类传染病的，由国务院卫生行政部门决定并予以公布。

对乙类传染病中传染性非典型肺炎、炭疽中的肺炭疽和人感染高致病性禽流感，采取本法所称甲类传染病的预防、控制措施。其他乙类传染病和突发原因不明的传染病需要采取本法所称甲类传染病的预防、控制措施的，由国务院卫生行政部门及时报经国务院批准后予以公布、实施。

省、自治区、直辖市人民政府对本行政区域内常见、多发的其他地方性传染病，可以根据情况决定按照乙类或者丙类传染病管理并予以公布，报国务院卫生行政部门备案。

各级人民政府领导传染病防治工作。县级以上人民政府制定传染病防治规划并组织实施，建立健全传染病防治的疾病预防控制、医疗救治和监督管理体系。

国务院卫生行政部门主管全国传染病防治及其监督管理工作。县级以上地方人民政府卫生行政部门负责本行政区域内的传染病防治及其监督管理工作。县级以上人民政府其他部门在各自的职责范围内负责传染病防治工作。军队的传染病防治工作，依照本法和国家有关规定办理，由中国人民解放军卫生主管部门实施监督管理。

各级疾病预防控制机构承担传染病监测、预测、流行病学调查、疫情报告以及其他预防、控制工作。

在第十三条中规定了“各级人民政府农业、水利、林业行政部门按照职责分工负责指导和组织消除农田、湖区、河流、牧场、林区的鼠害与血吸虫危害以及其他传播传染病的动物和病媒生物的危害。”

国家建立传染病监测制度。国务院卫生行政部门制定国家传染病监测规划和方案。省、自治区、直辖市人民政府卫生行政部门根据国家传染病监测规划和方案，制定本行政区域的传染病监测计划和工作方案。各级疾病预防控制机构对传染病的发生、流行以及影响其发生、流行的因素，进行监测；对国外发生、国内尚未发生的传染病或者国内新发生的传染病，进行监测。

对各级疾病预防控制机构在传染病预防控制中履行的职责为：实施传染病预防控制规划、计划和方案；收集、分析和报告传染病监测信息，预测传染病的发生、流行趋势；开展对传染病疫情和突发公共卫生事件的流行病学调查、现场处理及其效果评价；开展传染病实验室检测、诊断、病原学鉴定；实施免疫规划，负责预防性生物制品的使用管理；开展健康教育、咨询，普及传染病防治知识；指导、培训下级疾病预防控制机构及其工作人员开展传染病监测工作；开展传染病防治应用性研究和卫生评价，提供技术咨询。

国家、省级疾病预防控制机构负责对传染病发生、流行以及分布进行监测，对重大传染病流行趋势进行预测，提出预防控制对策，参与并指导对暴发的疫情进行调查处理，开展传染病病原学鉴定，建立检测质量控制体系，开展应用性研究和卫生评价。

国家建立传染病预警制度。国务院卫生行政部门和省、自治区、直辖市人民政府根据传染病发生、流行趋势的预测，及时发出传染病预警，根据情况予以公布。县级以上地方人民政府应当制定传染病预防、控制预案，报上一级人民政府备案。

传染病预防、控制预案应当包括以下主要内容：传染病预防控制指挥部的组成和相关部门的职责；传染病的监测、信息收集、分析、报告、通报制度；疾病预防控制机构、医疗机构在发生传染病疫情时的任务与职责；传染病暴发、流行情况的分级以及相应的应急工作方案；传染病预防、疫点疫区现场控制，应急设施、设备、救治药品和医疗器械以及其他物资和技术的储备与调用。

在第二十二条中规定了“疾病预防控制机构、医疗机构的实验室和从事病原微生物实验的单位，应当符合国家规定的条件和技术标准，建立严格的监督管理制度，对传染病病原体样本按照规定的措施实行严格监督管理，严防传染病病原体的实验室感染和病原微生物的扩散。”

第二十五条中规定了“县级以上人民政府农业、林业行政部门以及其他有关部门，依据各自的职责负责与人兽共患传染病有关的动物传染病的防治管理工作。与人兽共患传染病有关的野生动物、家畜家禽，经检疫合格后，方可出售、运输。”

疾病预防控制机构、医疗机构和采供血机构及其执行职务的人员发现本法规定的传染病疫情或者发现其他传染病暴发、流行以及突发原因不明的传染病时，应当遵循疫情报告属地管理原则，按照国务院规定的或者国务院卫生行政部门规定的内容、程序、方式和时限报告。

在第三十六条中规定了人兽共患传染病疫情以及相关信息，各部门要相互通报。

国务院卫生行政部门定期公布全国传染病疫情信息。省、自治区、直辖市人民政府卫生行政部门定期公布本行政区域的传染病疫情信息。传染病暴发、流行时，国务院卫生行政部门负责向社会公布传染病疫情信息，并可以授权省、自治区、直辖市人民政府卫生行政部门向社会公布本行政区域的传染病疫情信息。

第三章
陆生野生动物疫源疫病监测防控管理

陆生野生动物疫源疫病监测防控管理是指在监测过程中组织、实施、监督和协调等所进行的行政管理活动的总称。在监测工作中应坚持“加强领导、密切配合、依托体系、科学监测、专群结合、快速反应”的方针，在监测工作管理中应坚持分级负责、属地管理的原则。

国家林业局主管全国陆生野生动物疫源疫病监测防控工作，国家林业局野生动物疫源疫病监测总站具体负责全国陆生野生动物疫源疫病监测工作的组织与管理工作。省级及以下各级林业主管部门主管本辖区的陆生野生动物疫源疫病监测防控工作，成立相应的机构具体负责本辖区的陆生野生动物疫源疫病监测防控工作。

陆生野生动物疫源疫病监测防控工作是一项必须常抓不懈的法定工作。各地林业主管部门要根据陆生野生动物疫源疫病监测工作需要和实际情况将野生动物疫源疫病监测、野生动物资源监测和鸟类环志等功能整合为一体，实现一站多能，逐步提高监测预警的针对性、时效性、准确性，逐步实现由被动监测向主动预警的转变。加强野生动物资源监测，明晰辖区内陆生野生动物种类、数量、分布情况以及自然疫源地情况；积极通过环志、日常监测等手段，准确掌握陆生野生动物集群动态和活动规律；积极加强与相关科研单位合作，强化科技支撑，提高监测工作的科技含量；有条件监测站要积极开展取样和初检的试点工作。县级以上林业主管部门按照同级人民政府的要求，并按照《应急条例》、《管理办法》的规定和监测工作的需求，具体负责本行政区域内陆生野生动物疫源疫病监测防控的组织实施、监督和管理工作。各级林业部门应积极协调落实各级监测站基础设施基本建设投资，将监测站所需经费纳入地方财政预算，加强对资金和物资使用情况的监督检查，同时，各级林业主管部门要组建一支相对稳定、专兼职结合的监测队伍，并开展技术培训，提高监测技术水平和应急处理能力。在具体工作中，应遵循《管理办法》和《监测规范》的要求，开展监测、信息报告和应急处置等工作。为加强对监测工作的科学支持，省级以上林业主管部门应建立陆生野生动物疫源疫病监测防控专家委员会，为监测工作提供技术咨询和指导。在发生突发陆生野生动物疫病时，在当地政府组织下，做好应急处置、监测和防控工作。为了营造监测工作良好工作氛围，要加大宣传普及陆生野生动物疫源疫病监测防控和防控知识的力度，引导社会各界力量参与监测防控工作。

第一节　监测人员的职责和管理

监测人员按其职责和隶属关系分为专职监测员和兼职监测员。

专职监测员为监测站工作人员，应具备一定学历或有相关工作经历，并经过省级以上林业主管部门岗位培训，合格后方可上岗。专职监测员的职责是负责监测区域的陆生野生动物资源、陆生野生动物安全状况的调查，组织、指导兼职监测人员开展监测工作。每次野外调查要将观测到的陆生野生动物资源情况填入调查记录表格，报告调查信息；发现陆生野生动物异常情况（行为异常或异常死亡，包括猎杀、机械伤害和中毒等）按要求记录监测信息，并及时上报。

兼职监测员为监测站聘请的林业系统内职工或当地群众，应经过省级以上林业主管部门组织的专业技术培训。兼职监测员的职责是在日常监测工作中，发现、报告陆生野生动物异常情况，做好现场的隔离并配合专职监测员开展监测、应急处置等工作。

为了保证监测工作的顺利开展，各级监测站应积极争取编办和上级主管部门的支持。国家级监测站需配备专职监测员不少于3人。省级监测站需配备专职监测员不少于2人。

各省级监测管理机构要建立监测人员登记管理制度。各级监测站点的监测人员要保持相对的稳定，人员变更需报上级监测管理机构备案。

乡镇林业工作站、自然保护区、湿地公园、国有林场的工作人员和护林员、林业有害生物测报员、野生动植物保护员等基层林业工作人员，是林业工作顺利实施的最基础的保障队伍，其日常巡查、巡护等工作的区域也是野生动物集中分布或者人与野生动物密切接触地区，因此，上述人员也应该承担监测的职责，在做好本职工作的同时，发现并报告陆生野生动物突发异常情况。

第二节　陆生野生动物疫源疫病监测站建设和管理

陆生野生动物疫源疫病监测站建设和管理包括了监测站点布设、仪器设备配备和监测资金管理等内容。

一、陆生野生动物疫源疫病监测站建设

陆生野生动物疫源疫病监测站建设应坚持“统一规划、科学布局、节约高效、功能齐备”的原则。

（一）监测站的布局

陆生野生动物疫源疫病监测站具体承担陆生野生动物疫源疫病监测防控职责，通过巡护、观测等方式掌握陆生野生动物种群动态，发现陆生野生动物异常情况，并对陆生野生动物疫病发生情况做出初步判断，及时报告陆生野生动物疫病情况，并开展应急处置的单位，是开展陆生野生动物疫源疫病监测防控工作的基础。因此，监测站的设置必须根据陆生野生动物的生活活动特性、我国陆生野生动物资源分布特点和我国野生动物疫病发生特点等情况。

《管理办法》第十条规定：县级以上人民政府林业主管部门应当按照有关规定和实际需要，在下列区域建立陆生野生动物疫源疫病监测站：

（一）陆生野生动物集中分布区；

（二）陆生野生动物迁徙通道；

（三）陆生野生动物驯养繁殖密集区及其产品集散地；

（四）陆生野生动物疫病传播风险较大的边境地区；

（五）其他容易发生陆生野生动物疫病的区域。

各监测实施单位原则上必须是现有林业系统中具有独立法人资格的非行政管理机构，并尽可能将野生动物保护、自然保护区管理、鸟类环志、检测鉴定、生态观测、宣传教育等功能与疫源疫病监测防控整合一体，实现一站多能，促使其在野生动物保护和疫源疫病监测防控工作中发挥最大效能。

陆生野生动物疫源疫病监测站，分为国家级陆生野生动物疫源疫病监测站和地方级陆生野生动物疫源疫病监测站。国家级陆生野生动物疫源疫病监测站的设立，由国家林业局组织提出或者由所在地省、自治区、直辖市人民政府林业主管部门推荐，经国家林业局组织专家评审后批准公布。地方级陆生野生动物疫源疫病监测站按照省、自治区、直辖市人民政府林业主管部门的规定设立和管理，并报国家林业局备案。

（二）监测能力建设

1．站务管理

各监测实施单位应具有经当地编办批准成立的机构和人员等基础工作条件，要有专用的办公室、资料档案室和储备应急物资、交通工具的库房，有条件的监测站应设立初检实验室。

监测站要正式挂牌，名称为“××（省、自治区、直辖市）××（地名）××级（国家级、省级、市级、县级）陆生野生动物疫源疫病监测站”。

各监测站要明确监测范围、重点、巡查线路、监测点，其监测范围必须与其监测能力相适应。要绘制辖区内的野生动物分布、迁徙路线和巡查线路、固定监测点图。

2．规章制度

制定《监测员岗位职责》、《日常监测值班、巡查制度》、《监测信息报告制度》、《档案管理制度》等规章制度，规范监测工作。

监测工作所形成的文件、监测信息和图片等实行专人管理，对于涉密文件要按照国家有关要求进行管理和保管。

二、基础设施、仪器设备和资金

基础设施的建设包括办公用房、公共服务用房、工作用房和辅助用房等的新建和改扩建。

监测站购置的仪器设备应满足信息采集、信息报告、野外监测巡护、野生动物取样跟踪、野生动物远程监控和个人防护等需要。仪器设备应设立台账，明确专人管理和保管，定期进行维护。

表3－1是不同类型国家级陆生野生动物疫源疫病监测站的详细建设内容建议。

表3－1　不同类型国家级陆生野生动物疫源疫病监测站建设内容建议

类别	项目	内容	单位	数量	性能要求
常规监测站	设施建设	办公用房	m^2	按专职人员数量确定	标准：6～12m^2/人
		会议室、档案室等公共服务用房	m^2	15～30	
		库房、车库、食堂等辅助用房	m^2	40～80	
		定点观测用房等工作用房	m^2	20～40	

续表

类别	项目	内容	单位	数量	性能要求
常规监测站	信息采集设备	地理信息定位仪	台	1~4	有数据线或带有地理定位功能的PDA
		数码照相机	套	1~4	像素≥1 000万
		单反数码照相机	套	1~4	像素≥1 800万，配标准镜头、200~500mm变焦镜头及配套设备
		摄像机	台	1	
		存储设备	个	1~2	容量≥1TB
	信息报告设备	台式计算机	台	2~4	硬盘≥500G、内存≥4G
		便携式计算机	台	1~2	硬盘≥300G、内存≥2G
		野外信息传输设备	台	3~6	具有无线传输、定位、查询等功能
		打印机	台	2	激光打印机，A4幅面
		扫描仪	台	1	A3高速文档数字化扫描仪
		传真机	台	2	A4打印/复印/扫描/传真一体机
		网络设备	套	2	
	野外监测巡护设备	陆地交通工具	台	1	具有越野工作用车，配备笼箱
		水上交通工具	艘	2~4	载人数≥4，吃水浅
		单筒望远镜	台	2~4	物镜口径：65~80mm 对焦范围：∞~3或5m 焦距：460m 光学系统：高清晰 防水性：4m
		双筒望远镜	台	2~4	放大倍率：8~10倍 实视野：6.4°~8.0° 眼视野：60°~65° 1 000m之视野：95~140m 防水性：4m
		夜视仪	台	1~2	光圈：可调，强光自动关闭 观察距离：1~1 500m 物镜调焦距离：1~∞ 光线增强：15 000倍 可接摄像机、照相机，防水
		激光测距仪	台	2	放大倍率：8倍 微光系数：16 屈光度补偿：-5~+14 最近对焦距离：4m
		对讲机	对	1~4	发射功率≥4W 通话距离≥10km
		卫星电话	台	2~4	
	取样跟踪设备	捕捉工具	套	2~4	
		液氮罐	个	1~2	10~30L
		环志工具	套	2	
		便携式保存箱	个	3~6	
		遥感设备	套	4	无线信号发射和接收器
	个人防护设备		套	100	
	应急处置设备	消毒药剂	吨	0.1~0.2	生石灰、火碱
		喷雾（粉）机	台	2	
		焚烧炉	台	1	
		野外工作服	套	根据工作需要确定	防水、防风、耐磨、保温
		帐篷	顶	根据工作需要确定	2~3人 多人

续表

类别	项目	内容	单位	数量	性能要求
常规监测站	应急处置设备	睡袋	套	根据工作需要确定	-10℃或-25℃
		发电设备	台（套）	1	汽油 5kW 柴油 5kW 汽油变频 太阳能
		隔离警戒带	条	3~6	100m
专项监测站	设施建设	会商分析室等公共服务用房	m^2	30~50	
		远程监控工作用房	m^2	20~40	
		样品预处理实验室	m^2	20~40	
	监测设备	单筒望远镜	台	2~4	物镜口径：65~80mm 对焦范围：∞ -3 或 5m 焦距：460m 光学系统：高清晰 防水性：4m
		双筒望远镜	台	2~4	放大倍率：8~10 倍 实视野：6.4°~8.0° 眼视野：60°~65° 1 000m 之视野：95~140m 防水性：4m
		单反数码照相机	套	1~4	像素≥1 800 万，配标准镜头、200~500mm 变焦镜头及配套设备
		视频监视系统	套		
		捕捉工具	套	2	黏网、围网、扣网、抛射网等
		监测防控专用车	辆	1	
		监测防控专用船	艘	1	载人数≥4，吃水浅
	样品初步检测	解剖工具	套	4	
		移液器及配套枪头等	套	1	0.1~2.5μl、0.5~10μl、2~20μl、10~100μl、20~200μl、100~1 000μl 各 1 把
		显微镜	台	1	电视显微镜
		灭菌锅	台	1	蒸汽灭菌，立式 蒸汽消毒，不锈钢手提式，电热
		冰箱	台	1	-20℃或-70℃
		台式离心机	台	1	转速精度：< ±50rpm 转速范围（r/min）：3 000~18 000rpm
		天平	台	2	高精度电子电平，精度 0.001g
		生物安全柜	台	1	Ⅱ级，100% 排风，双人单面
科技支撑站	设施改扩建	办公用房	m^2	根据工作需要确定	
		实验室等工作用房	m^2	根据工作需要确定	
	信息采集设备	地理信息定位仪	台	1	有数据线或带有地理定位功能的 PDA
		数码照相机	台	2	像素≥1 000 万
		单反数码照相机	套	1	像素≥1 800 万，配标准镜头、200~500mm 变焦镜头及配套设备
		摄像机	台	1	
	信息报告设备	便携式计算机	台	1	硬盘≥300G、内存≥2G
		打印机	台	1	
		扫描仪	台	1	A3 高速文档数字化扫描仪
		传真机	台	1	A4 打印/复印/扫描/传真一体机
		网络设备	套	2	

续表

类别	项目	内容	单位	数量	性能要求
科技支撑站	检测设备	生物安全柜	套	1	Ⅱ级，100%排风，双人单面
		灭菌锅	台	1	蒸汽灭菌，立式 蒸汽消毒，不锈钢手提式，电热
		PCR 仪及配套 PCR 管等	套	1	样本容量：96×0.2ml 温控范围：4~99℃变温速度：升温 3℃/s、降温 2℃/s
		低温离心机	台	1	转速精度：<±50rpm 转速范围（r/min）：2 000~18 000rpm
		移液器及配套枪头等	套	1	0.1~2.5μl、0.5~10μl、2~20μl、10~100μl、20~200μl、100~1 000μl 各 1 把
		凝胶成像仪	台	1	像素不低于 140 万，紫外波长 254、302、365nm 等规格
		电泳设备	台	1	样孔数≥12
		微波炉	台	1	普通家用微波炉
		解剖台	个	1	大动物解剖台
		解剖镜	台	1	数字解剖镜，放大倍数 200 倍
		显微镜	台	1	电视显微镜
		天平	台	2	高精度电子电平，精度 0.001g
	取样跟踪设备	捕捉工具	套	2~4	
		解剖工具箱	套	4	
		液氮罐	个	1~2	10~30L
		环志工具	套	4~8	
		遥感设备	套	4~8	无线信号发射和接收器
		取样工具车	台	1	具有越野工作用车，配备笼箱
	个人防护设备		套	200	
管理站	设施建设	办公用房	m^2	根据工作需要确定	
		会商指挥室等工作用房	m^2	15~30	
		库房等辅助用房	m^2	20~40	
	信息采集设备	地理信息定位仪	台	2	有数据线或带有地理定位功能的 PDA
		数码照相机	台	2	像素≥1 000 万
		单反数码照相机	套	2	像素≥1 800 万，配标准镜头、200~500mm 变焦镜头
		摄像机	台	2	
	信息报告设备	台式计算机	台	2	硬盘≥500G、内存≥4G
		便携式计算机	台	2	硬盘≥300G、内存≥2G
		存储设备	个	1~2	容量≥1TB
		打印机	台	1	
		扫描仪	台	1	A3 高速文档数字化扫描仪
		传真机	台	1	A4 打印/复印/扫描/传真一体机
		投影仪	台	1	会商分析用
	应急处置设备	野外工作服	套		防水、防风、耐磨、保温，衣服和鞋
		消毒药剂	吨	0.5~1.0	生石灰、火碱、消毒水
		喷雾（粉）机	台	4~8	
		远程视频实时监测设备	套	1	无线传输信号，具有远距离采集影像功能
		应急工作车	辆	1	
	样品保存设备	超低温冷冻储存箱	台	1	-70℃
	个人防护设备		套	300	

监测经费主要用于日常监测、办公、添置和维修仪器设备、应急处置等工作。各监测站应根据《管理办法》的规定，多方筹集经费，拓宽资金来源渠道，保证监测工作的顺利开展。监测经费实行专款专用，不得私自截留、挪用。

第三节　陆生野生动物疫源疫病监测的具体内容

根据《管理办法》和《监测规范》的规定，各级监测站需要明确监测范围、监测对象和监测区域等。

一、监测对象

按照“全面监测，突出重点”的原则，监测工作可分为全面监测和重点监测。

（一）全面监测

1．疫源野生动物

哺乳类、鸟类、两栖类和爬行类的陆生野生动物。

2．疫病

（1）已知的野生动物与人类、饲养动物共患的传染性疾病。

（2）对野生动物种群自身具有严重危害的传染性疾病。

（3）我国尚未发现的或者已消灭的，与野生动物密切相关的人或饲养动物的传染性疾病。

（4）突然发生的未知传染性疾病。

（5）国家要求监测的其他疾病。

在《监测规范》中，按宿主分列出了一些重要的、野生动物易发生的疫病。

①鸟类

细菌性传染病：巴氏杆菌病（禽霍乱）、肉毒梭菌中毒、沙门氏杆菌病、结核、丹毒等。

病毒性传染病：禽流感、冠状病毒感染、副黏病毒感染、禽痘、鸭瘟、新城疫、东部马脑炎、西尼罗病毒感染、网状内皮增生病毒感染等。

衣原体病：禽衣原体病（鸟疫）等。

立克次体病：Q 热病等。

②兽类

细菌性传染病：鼠疫、猪链球菌病、结核、野兔热、布鲁氏菌病、炭疽、巴氏杆菌病等。

病毒性传染病：流感、口蹄疫、副黏病毒感染、汉坦病毒感染、冠状病毒感染、狂犬病、犬瘟热、登革热、黄热病、马尔堡病毒感染、埃博拉病毒感染、西尼罗病毒感染、猴 B 病毒感染等。

（二）重点监测

1．纳入国家林业局公布的重点监测陆生野生动物疫病种类和疫源物种目录的疫病和物种。

2．纳入各省、自治区、直辖市人民政府林业主管部门公布的本行政区域内重点监测陆生野生动物疫病种类和疫源物种补充目录的疫病和物种。

在制定疫病种类和疫源物种目录时，应遵循以下原则和程序：首先，根据陆生野生动物疫病的危害程度、宿主范围、社会关注程度、国内野生动物种群流行情况、对宿主野生动物种群安全影响等，提出重点监测陆生野生动物疫病种类和疫源物种目录和补充目录。其次，要通过有关专家论证。然后，由组织制定的林业主管部门公布实施。这个目录应包括重点疫病种类、重点疫源物种、重点区域等内容，指导具体监测工作。

人类对病原体特别是某种新出现的病原体的认知需要一定的过程，其致病性、潜在危害程度、流行范围等的认知都须依赖于科技的进步。那些可引起野生动物发病或死亡的不明原因的疫病，除可能给野生动物种群带来灾难外，也可能危及人类的健康和养殖业的发展，也需要加强监测。

二、陆生野生动物疫源疫病监测的区域

全国有陆生野生动物分布、活动的区域均为监测的范围。在具体监测工作中，实施重点区域监测，包括以下区域：

(1) 陆生野生动物集中分布区域。如集中繁殖地、越冬（夏）地、夜栖地、取食地及迁徙中途停歇地等。具体生态类型包括湿地、滩涂、林地等。

(2) 陆生野生动物或者其产品与人、饲养动物密切接触区域。如鸭、鹅等家禽易与候鸟接触的湖区、库区，喜鹊、乌鸦和麻雀等伴人鸟活动区域。

(3) 曾经发生过重大动物疫情的地区。如发生过高致病性禽流感疫情的青藏高原，处于口蹄疫危险期的西北部分地区，流行性出血热高发期的东北部分地区等。

(4) 某种疫病的自然疫源地。如西南、西北地区的鼠疫自然疫源地。

(5) 陆生野生动物疫病传播风险较大的边境地区。

(6) 国家要求监测的其他区域。

各监测站应将上述区域划为重点监测区域予以重点监测。

三、监测内容

在线路巡查或定点观测时，实时记录发现的陆生野生动物种类、数量及其地理坐标以及陆生野生动物的死亡、行为和形态等异常情况。

(1) 掌握监测区域内和周边地区陆生野生动物的种群动态和活动规律。无论是否发现陆生野生动物异常情况，每次固定观测、线路巡查都要按照《监测规范》要求记录所发现的陆生野生动物的地理坐标、分布状况以及种群动态变化等情况，为陆生野生动物资源数据库和监测预警提供支持。

(2) 当发现监测区域内和周边地区陆生野生动物的非正常死亡情况时，应首先向监测站点报告，并立即采取封锁隔离措施，制止无关人员和家禽家畜接触死亡现场和陆生野生动物活动区域，直至排除或解除封锁为止。同时，还应关注监测区域和周边地区家禽家畜种群的动态变化，如有疫情立即采取封锁隔离措施。其目的一是防止陆生野生动物疫病传播扩散。二是防止家禽家畜将疫病传染给陆生野生动物。

(3) 准确记录监测区域内和周边地区陆生野生动物行为异常、外部形态特征异常变化或种群数量严重波动等异常情况。对非疫病因素造成的异常情况，如机械伤害、中毒

（环境污染、投毒等）也要调查记录，并逐级上报，视其起因按林业系统内职权划分进行处理。

（4）根据陆生野生动物驯养繁殖场操作规程，对场内陆生野生动物生存状况予以详细记录，如动物感病情况、免疫情况、尸体无害化处理情况等。

四、陆生野生动物疫源疫病监测防控预警技术的相关研究

开展陆生野生动物疫源疫病监测防控预警技术研究是监测预警工作发展的动力，决定着我国陆生野生动物疫源疫病监测防控预警工作水平的高低，各级林业主管部门应积极组织其技术支撑单位和各级监测站，在上级林业部门的指导下，开展相关研究工作。

（1）开展主要的陆生野生动物疫源生态学研究，尤其是当地本底调查、自然疫源地的调查，掌握疫源动物的活动规律。

（2）开展陆生野生动物疫病的流行病学调查、陆生野生动物迁徙规律与监测预警相关技术的研究。

（3）依法开展陆生野生动物疫病病原学鉴定。

（4）开展陆生野生动物有关的重大人兽共患病急需技术难题的攻关。

（5）收集、汇总和分析国内外陆生野生动物疫源疫病信息和数据，提供跨区域陆生野生动物疫病预报基础性材料。

第四节　陆生野生动物疫源疫病监测的方法和要求

一、监测形式

（一）日常监测

日常监测根据陆生野生动物迁徙、活动规律和疫病发生规律等分别实行重点时期监测和非重点时期监测。

1. 重点时期监测

每日一次开展线路巡查和定点观测。突发陆生野生动物疫病应急处置期间，对重点区域和路线实行24小时监控。

重点时期监测确定的原则：

（1）根据国家和本省的重点监测疫源动物在本辖区分布变化节点（繁殖、越冬、迁徙等）来确定。

（2）可能在本辖区发生国家和本省的重点监测疫病的易发病时间来确定。

（3）自然灾害的灾后防疫，如冰雪、地震、洪水等。

（4）根据监测防控形势需要来确定，可多时段。

2. 非重点时期监测

每7天至少进行一次线路巡查或定点观测。

野外监测人员可使用PDA等监测设备进行实时监测、记录、上报，或者也可在监测工作结束后及时将监测情况填入野生动物疫病野外监测记录表，回到监测站后，将信息录入监测直报系统内上报。监测信息应妥善保管。

野生动物疫病野外监测记录表填写要求：

（1）监测人：应为经过相关专业培训且具备上岗资格的监测员。

（2）监测站点：应说明为某国家级或省级野生动物疫源疫病监测站及所属的某监测点或巡查线路名称，如青海省青海湖国家级陆生野生动物疫源疫病监测站－黑马河监测点；巡查线路用起止名称表示。

（3）监测区域：监测点所负责的监测区域，以当地地名为准。

（4）地理坐标：每次外出监测时GPS给出的地理坐标数据，要求出发时即开机，发现野生动物集群活动或有异常情况时，在保证安全的前提下，尽可能靠近野生动物或异常死亡的动物并用GPS仪定位记录数据，将GPS数据可通过手持监测设备实时上报，或在监测工作结束后，转入计算机保存并上报。

（5）种类：野生动物的种类应为学名，必要时可请相关方面的专家进行鉴定。

（6）种群数量：记录观测到的某野生动物种群数量。

（7）生境特征：按《全国陆生野生动物资源调查与监测技术规程（修订版）》执行。野生动物生境分为森林、灌丛、草原、荒漠、高山冻原、草甸、湿地及农田8大类型。

（8）种群特征：是指该物种种群是否具有迁徙习性以及其年龄垂直结构、性别情况等，如3成体、2亚成体、1幼体，3雌3雄。

（9）异常情况记录：如在监测过程中发现野生动物异常情况，需注明死亡前（或死亡后）的外观症状（如皮肤有无出血、精神状态、行为状况等），死亡或发病数量等。

（10）现场初步检查结论：应由监测人员或当地动物防疫部门的兽医人员作出。明显可判定为非疫病因素的可由监测人员作出结论，其他均由动物防疫部门的兽医人员作出。

（11）现场处理情况：填写是否采取现场消毒（包括消毒药剂和方法）、隔离等现场处理措施。

（12）异常动物处理情况：对初步检查发现异常的野生动物是否取样、进行掩埋、焚烧等《监测规范》规定的处理措施。

（二）专项监测

主要包括针对某种或某类陆生野生动物疫源疫病的本底调查、某种或某类疫病的预警等。

专项监测由国家林业局根据监测防控工作的需要，制定计划、实施方案组织实施。

二、监测方法

按照《管理办法》的规定，各级监测站点应根据辖区内陆生野生动物分布活动的具体情况，采取点面结合的监测方式，分线路巡查、定点观测和群众举报等方法开展监测工作。

（一）线路巡查

即在监测站点所辖区域内根据陆生野生动物种类、习性及当地生境特点科学设立陆路、水路巡查线路，定期对沿线的陆生野生动物资源情况进行观察记录。

巡查线路的布设应根据辖区内陆生野生动物资源分布情况、生态环境类型，综合考虑人员、交通等因素而科学设计样线；样线应根据陆生野生动物资源随季节动态变化及时调整，应覆盖辖区内陆生野生动物主要分布区，相同生态类型的应安排在同一样线；

样线宽度的设置应使监测人员能清楚观察到两侧的陆生野生动物及活动痕迹；样线长度应使监测人员当天能够完成一条样线的监测工作，并用GPS进行定位。

1．森林生态系统

在森林生态系统中，样线布设应考虑野生动物的栖息地类型、活动范围、生态习性和透视度。

南方森林生态系统样线长度以2 000～5 000m为宜，样线单侧宽度两栖类5～15m、爬行类10～15m、鸟类25～30m、兽类20～25m，在原始森林内单侧宽度可以适当提高到5～10m。

北方森林生态系统中的针叶林、针阔混交林以及阔叶林样线长度为3 000～10 000m。在实际调查中，根据地形条件以及植被状况，确定5 000～8 000m的样线长度。样线宽度基于调查动物特性，一般应为两栖类5～15m、爬行类10～15m、鸟类20～30m（冬季视野开阔可以增加到30～40m）、兽类25～30m。

2．草原生态系统

监测样线应按随机布设，样线间隔一般不少于2 000m；实际行进路线长度根据具体情况确定，样线宽度左右各125m。原则上，样线方向须横截山体走向，由此覆盖山体中上部。

样线上行进的速度根据调查工具确定，步行宜为每小时2 000～3 000m，不宜使用摩托车等噪音较大的交通工具进行调查。

3．荒漠生态系统

考虑尽量沿道路布设样线。样线宽度，平原可达到1 000～2 000m；在山区则受到山体的限制，一般为100～250m。

4．湿地生态系统

样线长度以3 000～5 000m为宜，样线单侧宽度根据生境类型和调查对象而定，一般为50～200m。步行宜为每小时1 000～2 000m。

（二）定点观测

在陆生野生动物种群聚集地（如越冬地、越夏地、繁殖地）或迁徙通道（如停息地）等重点监测区域设立专人执守的固定观测点进行定点观测，记录野生动物异常情况。

固定观测点主要设置在陆生野生动物种群集中分布、活动区域或者迁徙通道的重点地区。监测人员应使用大比例尺地形图、GPS或借助森林资源调查固定样地的标桩等对监测点进行定位。使用直接计数法进行监测记录。

1．野外监测发现野生动物实体或动物痕迹时，记录其种类、数量及其所在的栖息地类型。

2．对于野鸟调查时间宜为清晨（日出0.5小时至3小时）或傍晚（日落前3小时至日落）。到达样点后，宜安静休息5分钟后，以调查人员所在地为样点中心，观察并记录四周发现的鸟类名称、数量、距离样点中心距离等信息，每个个体只记录一次，能够判明是飞出又飞回的鸟不进行计数。

3．对于爬行类、两栖类调查季节宜为出蛰后的1～5个月内，因不同种类活动时间不同，调查时间应分为白昼监测和夜晚监测。

（三）群众报告

各级林业部门和陆生野生动物疫源疫病监测站应设立并向社会公布应急值守电话，

建立应急值班制度。接到群众报告野生动物异常情况后，应立即组织专职监测员赶赴现场，调查核实情况，如不能排除疫病因素，要立即封锁现场，向当地动物防疫部门报（送）检。

驯养繁殖场监测。按照国家有关繁殖场防疫的规定，对繁殖场内野生动物种群情况变动情况进行监测，及时发现异常变化，并做好无害化处理工作。

三、样本采集

具体的样本采集方法，在技术篇中详细讲解。这里只重点强调样本采集的原则以及需要填报的表格要求。在取样调查前，一定要备足所有必要的物品及仪器设备（人员安全防护用具、采样用品、尸体剖检用品、保存器皿、调查记录表格等）。

（一）样本采集原则

（1）怀疑为重大动物疫情的应立即报告当地动物卫生防疫部门，由其组织开展取样；确认非重大疫病致死的，各级监测站点可根据自身条件组织取样，送相关具有检测能力的实验机构进行检测。但怀疑炭疽的尸体或个体，需要有专业技术人员按照国家有关规定进行取样和尸体无害化处理以及消毒。

（2）对于国家级或省级重点保护野生动物，紧急情况下实行死亡动物采样与报批同步；正常情况下，应在获得国家相关部门的行政许可后，根据国家有关要求确定具体采样方式和强度。

（3）对于非重点保护野生动物，采样强度可根据野生动物种群大小，结合疫源疫病调查的需要进行确定。

（二）样本采集的其他要求

（1）活体野生动物的样本采取无损伤采样方式，如拭子、粪便和大型动物血样的采集。

（2）野生动物尸体的样本采取损伤采样方式，如脾、肺、肝、肾和脑等组织的采集。特殊情况下，活体野生动物也可采取损伤采样方式取样。也适用于垂死或表现出典型症状的野生动物。尸体采样必须在动物死亡24小时内进行。

（3）野生动物被无损伤采样后，应根据野生动物健康状况及时放归自然生境或进行救护。

（4）采样所用物品需进行消毒，死亡野生动物需无害化处理。

（三）样本采集强度

（1）病原检测样本必须采集不低于2~5个样本，珍贵、濒危野生动物不低于2个样本。

（2）非重点保护野生动物的血清学检测样本不低于30个有效样本，且必须保证每个样本有一个复制品。珍贵、濒危野生动物根据具体情况决定。

（四）捕捉和采样要求

陆生野生动物的捕捉，根据监测取样的需要，针对不同的野生动物特点，采用不同的方法进行。为了从业人员和野生动物的安全，野生动物的捕捉必须由专业人员进行。

陆生野生动物疫源疫病监测样本的采样方式包括活体野生动物的非损伤采样方式，如拭子、粪便和血样的采集。活体野生动物和尸检野生动物的损伤采样方式，如脾、肺、肝、肾和脑等组织的采集。

国家重点保护物种、珍贵濒危野生动物活体原则上不采用损伤性采样方式。

陆生野生动物疫源疫病监测样本的采集种类，根据监测疫病的种类可采集血液、组织或脏器、分泌物、排泄物、渗出物、肠内容物、粪便或羽毛等。

采样人员可根据记录仪器内预设模式，及时准确地填入监测数据；或者填写野外样本采集记录表（见附录5，附件2）。

野外样本采集记录表填写要求：

（1）动物种类：指需要采集样本的野生动物名称，以学名为准。

（2）采样地点：指野外捕捉采样的地点。

（3）地理坐标：为采样地点的具体经纬度数据。

（4）生境特征：按《全国陆生野生动物资源调查与监测技术规程（修订版）》执行。野生动物生境分为森林、灌丛、草原、荒漠、高山冻原、草甸、湿地及农田8大类型。

（5）样本类别：为尸体、血液、组织或脏器、分泌物、排泄物、渗出物、肠内容物、粪便或羽毛等。

（6）样本数量：即每一种样本类别的取样数量。

（7）样本编号：可参照以下格式进行，××（日）/××（月）/××（年）－发生异常地点－采样野生动物名称及编号（1、2、3）－样本类别（多头份样本可编号予以区别）。

（8）包装种类：样本的包装材质，如 eppendorf 管、西林瓶、离心管、塑料袋等。

（9）野生动物来源情况：采样动物如为驯养繁殖的野生动物应说明该种群人工养殖的时间、地点，饲料、饮水来源及其品质状况，饲养区周围有无野生动物或其他的饲养动物及与家禽家畜的接触情况。

（10）野生动物免疫情况：驯养野生动物自身及与之密切接触的动物的免疫情况等，这些基本要素对疾病的流行病学诊断有重要价值。

（11）采样动物处理情况：如无损伤采样，放飞；损伤采样尸体的无害化处理等。

四、报（送）检

发现野生动物异常死亡时，应根据现场检查结果，采取报告当地动物防疫部门处理或自行采样，并将样本移交至检测单位时，应填写《报检记录表》（见附录5，附件3）。样本移交时应与样本接受单位办理移交手续。报检或移交样本后，应密切关注检测结果，及时上报并归档。

认真收集、整理动物取样检测结果，可为开展野生动物疫源疫病预警监测工作提供数据支持。

报检记录表填写说明：

（1）日期：为报告当地动物防疫部门或办理样本移交手续的日期。

（2）现场检测结果：为当地动物防疫部门现场诊断的结论。

第五节　陆生野生动物疫源疫病监测信息报告

监测信息报告是指监测站将监测过程中采集到的陆生野生动物种类、种群数量、分布情况、行为异常和异常死亡信息，以及样品采集信息、检验检测报告等逐级上报的过程。信息报告分为日报告、快报和专题报告三种形式。陆生野生动物疫源疫病监测信息通过全国野生动物疫源疫病监测信息网络直报系统报送。

监测信息处理是指对采集到的信息进行汇总、分析，得出野生动物疫病传播扩散趋势的过程。

实行监测信息报告的目的是便于林业主管部门全面、准确、及时地掌握辖区内野生动物疫源疫病发生动态和监测工作进展，为预警分析、应急决策提供科学依据。

一、术语

（1）重大野生动物疫情是指野生动物突然发生重大疫病，且传播迅速，导致野生动物发病率或者死亡率高，给野生动物种群造成严重危害，或者可能对人民身体健康与生命安全造成危害的，具有重要经济社会影响和公共卫生意义。考虑到野生动物活动范围较大，疫情涉及的范围以县级行政区划叙述。

（2）野生动物异常死亡事件是指在某一地点、在一特定时间内发生野生动物异常死亡。

（3）突发事件是指在一定区域，短时间内发生波及范围广泛、出现大量患病野生动物或死亡病例，其发病率远远超过常年的发病水平。

（4）野生动物生境是指野生动物赖以生存的环境条件。它由一定的地理空间（非生物环境）、植物和其他生物（生物环境）构成，其中由植物组成的植被是野生动物生境的主要因子，是地理空间条件的综合反映。野生动物生境类型的划分按照原林业部1995年制定的《全国陆生野生动物资源调查与监测技术规程》的8种类型划分，即森林、灌丛、草原、荒漠、高山冻原、草甸、湿地及农田8大类型。

（5）小生境是指各种野生动物在大的生态环境中，选择最适合其生活的具体环境条件，这些条件构成了野生动物生活的小生境。它是某种野生动物取食、活动、做巢、隐蔽的具体地点。在调查中，应给予充分的重视。小生境应以一定的地物特征加以说明，如：林缘、林间空地、火烧迹地、采伐迹地、未成林造林地、林下、林冠、溪岸、沟边、湖岸、河岸、沟谷、阳坡、阴坡、山崖、峭壁、洞涵、村边、林丛、草丛、灌丛、水泡、沼地、田间地头、果园庭院、居民点等。

（6）地理坐标是指发现野生动物异常情况地点的经纬度数据，用GPS取得。

（7）种群是由同种生物的个体组成，是分布在同一生态环境中能够自由交配、繁殖的个体群，但又不是同种生物个体的简单相加。在自然界，种群是物种存在、物种进化和表达种内关系的基本单位，是生物群落或生态系统的基本组成部分。

种群特征包括种群密度、年龄组成、性别比例、出生率和死亡率等。种群的核心特征是种群密度。出生率、死亡率、年龄组成和性别比例，直接或间接地影响种群密度。

（8）快报是在无论是否实行日报告制度，只要发现野生动物大量行为异常或异常死亡或确诊为疫情等情况时就立即实时实施。

（9）专题报告内容包括野生动物疫源疫病本底调查、专项监测、科学研究成果和总结报告等。

《管理办法》中规定，在日常监测中，根据陆生野生动物迁徙、活动规律和疫病发生规律等分别实行重点时期监测和非重点时期监测。

日常监测的重点时期和非重点时期，由省、自治区、直辖市人民政府林业主管部门根据本行政区域内陆生野生动物资源变化和疫病发生规律等情况确定并公布，报国家林业局备案。

重点时期内的陆生野生动物疫源疫病监测情况实行日报告制度；非重点时期的陆生野生动物疫源疫病监测情况实行周报告制度。但是发现异常情况的，应当按照有关规定及时报告。

二、重点监测时期的报告制度

按照《管理办法》的要求，重点监测时期的监测信息报告实行日报告和快报制度。

日报告制度是指在重点时期内，各国家级野生动物疫源疫病监测站的巡护、观测频次是每日一次，并在每日 14 点前将当日（或前一日）监测到的陆生野生动物种类、种群数量、活动地点、行为异常和异常死亡等信息按要求逐级上报。

快报是在发现野生动物异常死亡或得到检测结果等，不按规定时间及时报告信息的报告制度。

三、非重点时期的报告制度

非重点时期原则上实施周报告和快报制度。

在此时期各级野生动物疫源疫病监测站每周至少开展一次巡护、观测，并在每周五 14 点前将本周监测到的陆生野生动物种类、种群数量、活动地点、行为异常和异常死亡等信息填报信息报告，逐级上报。但在此时期内，如有特殊情况，应以快报形式报告。

当然，各级林业主管部门如果有更严格的工作要求，巡护及信息上报也应从严。

四、突发事件快报的实施

实施突发事件快报制度是在无论是否实行日报告制度，只要发现野生动物大量行为异常或异常死亡或确诊为疫情等情况时就立即实时实施。

各监测站点当发现野生动物大量行为异常或异常死亡时，必须立即组织两名或两名以上专业技术人员赶赴现场，进行流行病学现场调查和野外初步诊断，确认为疑似传染病疫情后立即向当地动物防疫部门报告，并在 2 小时内，将情况（见附录 5，附件 7）报送监测总站和省级监测管理机构以及当地林业主管部门，并按照《监测规范》的规定要求进行处理。监测总站接到《监测信息快报》后，应在 2 小时内向国家林业局报告。

每例突发异常事件填报一份，快报信息还应包括以下内容：

（1）现场封锁。监测信息报告中应有对野生动物异常死亡的现场采取封锁措施的内容。

（2）现场消毒和尸体处理。监测信息报告中还应说明现场消毒处理情况。

（3）报检。监测信息报告中要有报检内容、受理单位和初步检测结果等。

如确诊为传染病疫情，报检单位应在 2 小时内将情况向监测总站和省级监测管理机构报告；监测总站应在 1 小时内向国家林业局报告。

五、陆生野生动物疫源疫病监测信息报告填写要求

野外监测人员可使用PDA等监测设备进行实时监测、记录、上报，或者也可在监测工作结束后及时将监测情况填入野生动物疫病野外监测记录表（见附录5，附件1），回到监测站后，将信息录入监测直报系统内上报。监测信息应妥善保管。

野生动物疫病野外监测记录表填写要求：

（1）监测人：应为经过相关专业培训且具备上岗资格的监测员。

（2）监测站点：应说明为某国家级或省级野生动物疫源疫病监测站及所属的某监测点或巡查线路名称，如青海省青海湖国家级陆生野生动物疫源疫病监测站－黑马河监测点；巡查线路用起止名称表示。

（3）监测区域：监测点所负责的监测区域，以当地地名为准。

（4）地理坐标：每次外出监测时GPS给出的地理坐标数据，要求出发时即开机，发现野生动物集群活动或有异常情况时，在保证安全的前提下，尽可能靠近野生动物或异常死亡的动物并用GPS仪定位记录数据，将GPS数据可通过手持监测设备实时上报，或在监测工作结束后，转入计算机保存并上报。

（5）种类：野生动物的种类应为学名，必要时可请相关方面的专家进行鉴定。

（6）种群数量：记录观测到的某野生动物种群数量。

（7）生境特征：按《全国陆生野生动物资源调查与监测技术规程（修订版）》执行。野生动物生境分为森林、灌丛、草原、荒漠、高山冻原、草甸、湿地及农田8大类型。

（8）种群特征：是指该物种种群是否具有迁徙习性以及其年龄垂直结构、性别情况等，如3成体、2亚成体、1幼体，3雌3雄。

（9）异常情况记录：如在监测过程中发现野生动物异常情况，需注明死亡前（或死亡后）的外观症状（如皮肤有无出血、精神状态、行为状况等），死亡或发病数量等。

（10）现场初步检查结论：应由监测人员或当地动物防疫部门的兽医人员作出。明显可判定为非疫病因素的可由监测人员作出结论，其他均由动物防疫部门的兽医人员作出。

（11）现场处理情况：填写是否采取现场消毒（包括消毒药剂和方法）、隔离等现场处理措施。

（12）异常动物处理情况：对初步检查发现异常的野生动物是否取样、进行掩埋、焚烧等《监测规范》规定的处理措施。

第六节　规章制度建设

为了加强陆生野生动物疫源疫病监测工作的管理，使监测工作规范化、制度化，制定相关的规章制度是十分必要的。

一、责任制度

陆生野生动物疫源疫病监测工作已成为法定的、日常性工作，事关国家公共卫生安全、经济发展和生态安全的大局，责任非常重大。因此，建立健全责任制度，落实岗位职责是监测工作的一项重要内容。

首先，要建立各级领导的责任制。在政策、机构、人员、资金等方面予以大力支持。监测工作无小事，要树立大局观念，不能有丝毫麻痹、松懈的想法，要本着对国家、对人民、对子孙后代负责的原则，按照国家的要求，扎实组织开展监测工作，认真履行法定职责。

其次，要在各级监测站和监测人员中建立责任制。监测人员要按照《监测规范》的要求，根据所负责的监测区域、野生动物种类、生活习性等，划定责任范围和监测重点区域，明确第一责任人，科学合理设置固定观测点和巡查路线，从机制上保障监测工作的有效性、针对性和准确性。做到“勤监测、早发现、严控制”，在第一时间发现，在第一现场控制，保证监测信息报告及时和准确，保证对发生野生动物异常死亡的现场和尸体进行严格处理，保证疫情不扩散，严格落实岗位职责制，做好监测工作。

第三，要以人为本，制定个人防护要求，并严格执行，同时，要定期组织监测人员进行体检，有条件的地区还可为监测人员办理医疗保险，保证监测工作的顺利开展。

二、工作制度

为了使野生动物疫源疫病监测、报告、应急处置等工作环节规范、有序，应制定一系列制度，加以规范管理。

首先，各省级监测管理机构应根据《监测规范》的精神，结合当地实际情况制定《监测实施细则》，以规范当地的监测工作。

其次，根据《监测规范》线路巡查和定点观测的规定，制定具体的要求和制度，保证工作落到实处。

第三，制定监测值班和信息报告制度，明确责任，以保证监测信息的及时准确上报。

第四，为了应对突发重大野生动物疫情，应制定当地的应急预案，并报当地政府备案，同时，做好应急物资储备计划或方案。

三、管理制度

管理制度涉及布设监测站点、人、资金、物资和档案等方面的管理。

首先，制定监测站建设方案或规划。监测站点合理地布设和科学地建设方案是开展监测工作的基础，有计划地减少监测盲区和逐步提高监测设施设备是监测质量的保证。

其次，制定监测员管理制度。监测人员要经过技术培训，并且要保持相对的稳定，省级监测管理机构要做好监测人员备案管理。

第三，加强监测资金的管理。做到监测资金专款专用，不许挪用、占用。

第四，制定仪器设备管理制度。仪器设备要登记账册，使用和维护要有登记，要有专人保管。

四、宣传通报制度

陆生野生动物疫情信息由国家林业局通报国家相关部门，依法予以发布。其他任何单位和个人不得以任何方式公布陆生野生动物疫情。

五、监督考核制度

随着野生动物疫源疫病监测工作的开展，需要制定有效的监督考核制度以确保各项工作按照法律法规、规章制度、规划方案和上级要求落到实处。一是通过监督考核，总结表扬先进，推广行之有效的监测技术和管理方法。二是通过监督考核，及早发现问题，把问题消灭在萌芽状态，杜绝各类不规范、不到位的行为。三是通过制定监督考核制度，使这项工作制度化、公正化，以促进监测工作健康发展。

第四章

突发陆生野生动物疫病应急管理

目前，源自野生动物的人兽共患病已经成为影响全球公共卫生安全的重大问题，野生动物在人兽共患病发生、传播中的作用正在成为医学、公共卫生、病原学家们探讨的热点话题，更是传染性疾病预防和控制不可回避的问题。来自动物防疫和生态领域的专家提醒，“动物的健康就是人类的安全”，随着人口增加和人类社会经济活动日趋频繁，人们接触野生动物的机会越来越多，原来在野生动物种群内部发生的疾病有可能加速向人类传播。各国政府越来越清楚地认识到，野生动物疫病带来的危害已经不仅局限于对动物本身及畜牧业生产造成的危害，更关系到公共卫生安全与人民群众生命健康，关系到社会的和谐与稳定。有效应对和科学处置突发陆生野生动物疫病已经成为各国政府一项重要而艰巨的任务。

第一节　突发陆生野生动物疫病应急处置概述

突发陆生野生动物疫病具有高风险的特征，即具有造成重大损失的可能性。陆生野生动物突发疫病通常还表现出结果上的高度不确定性以及高度的偶然性。突发野生动物疫病应急管理的结果取决于我们采取什么行动，然而，我们却无法确切知道究竟什么是最佳行动，这意味着处理突发野生动物疫病的人始终是在高度紧张的状态下运行。

一、突发事件的类型

突发事件可分为“常规型”与“危机型”两类。

当一种突发事件在人们有（或应当有）资源来进行事先组织和准备的地方发生的次数足够频繁时，这类突发事件便转化为一个常规型的事件。当突发事件的规模不同以往、突发事件的成因前所未知、资源的结合与以往不同，响应者们所面临的便是危机型或异常型突发事件所带来的挑战。

在这两类突发事件中，由于常规型突发事件性质决定了在对突发事件的理解认识、应对准备和响应措施是有准备的，而危机型突发事件则在这三个方面有很多不确定性。2003 年，一名从香港飞抵加拿大的感染者将 SARS 传播至加拿大时，当地的医务工作者仅仅意识到这是一种已经在中国南方报告的尚未命名、十分神秘、能够致人死的肺炎。在多伦多公共卫生官员控制住疫病之前，仅仅数月，SARS 的感染者上升至 375 人，其中 44 人死亡。这些人中很多都是在医院里被感染的。医院里预防呼吸道传染的常规措施，尽管足以预防普通的肺炎或流感，却远远无法阻止 SARS 的传播。目前，突发陆生野生动物疫病如候鸟高致病性禽流感也属于危机型突发事件，随着人们认识的提高、应对能力的增强、对其发生规律的了解不断深入，其逐步向着常规型突发事件转变。但总有新发、新传入的疫病即危机型突发事件发生，这是我们积极应对的，也是认识逐步提高和能力增强的一个过程。

二、如何开展应急处置

突发陆生野生动物疫病具有突然暴发、起因复杂、难以判断、迅速蔓延、危害严重、影响广泛的特点，而且相互交织，处置不好会产生连锁反应。具有“突发性”与“隐蔽性”、“偶然性”与“必然性”，其间存在着辩证的关系，在有效应对和处置时，必须搞清楚突发事件背后的隐蔽原因，探索偶然性背后的必然性；必须坚持预防与应急并重，用系统、综合的办法去应对，用科学的手段快速处置；必须坚持常态与非常态相结合，加强预防工作，整合应急资源，全面提高应对突发疫病的综合能力；必须归纳总结出大量的实践经验，找出普遍规律以指导实践工作。

中共中央在《关于构建社会主义和谐社会若干重大问题的决定》中，明确指出：“建立健全分类管理、分级负责、条块结合、属地为主的应急管理体制，形成统一指挥、反应灵敏、协调有序、运转高效的应急管理机制，有效应对自然灾害、事故灾难、公共卫生事件、社会安全事件，提高危机管理和抗风险能力。按照预防与应急并重、常态与非常态结合的原则，建立统一高效的应急信息平台，建设精干实用的专业应急救援队伍，健全应急预案体系，完善应急管理法律法规，加强应急管理宣传教育，提高公众参与和自救能力，实现社会预警、社会动员、快速反应、应急处置的整体联动。”这其中包含了应急管理的指导原则即“分类管理、分级负责、条块结合、属地为主”。在各级政府职能中要遵循“预防与应急并重、常态与非常态结合的原则”，开展应急信息平台的建立、应急救援队伍的建设、健全应急预案体系、完善应急管理法律法规、加强应急管理宣传教育等方面的工作。

各级林业主管部门在应对突发陆生野生动物异常情况时，首先要制定好突发陆生野生动物疫病应急预案。其次要做好应急准备，在加强监测工作的同时，积极开展重大野生动物疫病突发事件的预警工作。第三是要做好应急宣传教育，提高全社会的防控意识。

三、应急预案

应急预案是指各级人民政府及其部门、基层组织、企事业单位、社会团体等为依法、迅速、科学、有序应对突发事件，最大程度减少突发事件损失而预先制定的工作方案。《管理办法》第二十条规定“县级以上人民政府林业主管部门应当制定突发陆生野生动物疫病应急预案，按照有关规定报同级人民政府批准或者备案。”

预案编制单位可根据实际情况编写应急预案操作手册。操作手册一般包括风险隐患分析、处置工作程序、响应措施，应急队伍和装备物资情况，以及相关单位联络人员和电话等。

应急预案应根据有关法律法规和制度要求，结合本地区、本部门和本单位实际，科学确定内容，提高针对性；合理设计响应分级，明确具体应对措施，提高操作性；明确责任分工，确保责任落实；文字简洁规范、通俗易懂。

应急预案按照制定主体划分，包括政府及其部门应急预案、基层组织和单位应急预案两大类。

政府及其部门应急预案是指各级人民政府及其部门为规范和指导本行政区域、本系统突发事件应对工作制定的应急预案，包括总体应急预案、专项应急预案和部门应急预案。总体应急预案是应急预案体系的总纲，是政府组织应对突发事件的总体制度安排，主要规定突发事件应对的基本原则、组织体系、运行机制等，明确相关各方面的职责和任务，由各级人民政府制定并公布实施。专项应急预案是政府及其有关部门为应对某一类型或某几种类型突发事件，或者针对某项重要专项工作而预先制定的涉及多个部门职责的工作方案，由有关部门牵头制定，报本级人民政府批准后实施。部门应急预案是政府有关部门根据总体应急预案、专项应急预案和部门职责，为应对本部门（行业）突发事件或者为突发事件应对工作提供队伍、物资、装备、资金保障而预先制定的工作方案，由各级政府有关部门制定印发，报本级人民政府备案。

基层组织和单位应急预案是指居委会、村委会和机关、企业、事业单位、社会团体等为规范本地区、本单位突发事件应对工作制定的应急预案，侧重明确应急响应的责任人，风险隐患监测、事故防范措施、信息报告、预警响应、应急处置、人员疏散撤离组织和路线、现有应急资源情况以及相关单位联络方式等，体现自救互救和先期处置特点。

第二节　突发陆生野生动物疫病的分级和管理原则

一、突发陆生野生动物疫病的分级、分期

重大陆生野生动物疫病是指在一定区域，短时间内，陆生野生动物突然发生疫病，且迅速传播，导致陆生野生动物发病率或者死亡率高，给陆生野生动物资源造成严重危害，具有重要经济社会影响，或者可能对饲养动物和人民身体健康与生命安全造成危害的事件。事件的分级和分期是应急预案中最重要最基础的部分，科学的、合理的分级是应急管理的基础。

（一）分级

世界上大多数国家通行的做法是，对突发疫病实行分级管理，不同级别的疫病采取不同的应对措施。其难点在于：是按疫病的客观属性（产生原因、影响范围、损失后果等）来分，还是按照疫病管理的主观属性（疫病的影响程度、政府应对能力的强弱等）来分。分级的意义在于为疫病管理所需要动员的资源和能力提供指导。例如，有些疫病损失和影响重大，但控制事态发展比较容易，政府处理快速简单，这类疫病就不一定有很高的级别，如动物园内珍贵濒危野生动物发病死亡；相反，有些疫病起初危害和影响不大，但潜在危害很大，波及迅速，难以控制，这类疫病就应当被列为较高级别，如野生动物野外种群暴发的传染病。

疫病的实际级别与预警级别密切相关，但由于识别疫病的性质和程度经常会随着疫病发展变化的过程而定，预警级别并不完全等于疫病的实际危害程度和影响范围。在疫病发生后，会根据实际情况确认和调整疫病的级别。

我国根据突发动物疫情的性质、危害程度和受害对象等情况，将突发动物疫情分为四级：特别重大（Ⅰ级）、重大（Ⅱ级）、较大（Ⅲ级）、一般（Ⅳ级），分别用红色、橙色、黄色和蓝色表示预警级别。

由于陆生野生动物活动范围大、多种栖息一地、生境复杂、疫病种类多、受外界影

响大等特点，突发陆生野生动物疫病的分级标准应有别于饲养动物的分级标准。这里拟从突发陆生野生动物疫病的危害程度、疫病种类和受害对象等方面综合考虑，提出分级标准。此分级标准是一种尝试，仅供参考：

1. 特别重大陆生野生动物疫病（Ⅰ级）

（1）陆生野生动物疫病在一个平均潜伏期内导致国家重点保护陆生野生动物野外种群死亡率达30%以上，并呈扩散趋势。

（2）陆生野生动物种群暴发卫生部《人间传染的病原微生物名录》所列一类病原微生物引起的疫病，并呈扩散趋势，且可能对公共卫生安全造成威胁。

（3）陆生野生动物种群暴发农业部《动物病原微生物分类名录》所列一类病原微生物引起的疫病，并呈扩散趋势，且可能对饲养动物安全造成威胁。

（4）我国尚未发现的或者已消灭的动物疫病在陆生野生动物种群中发生，或者监测到尚未发现的动物疫病的病原学阳性样品。

（5）全国2个以上省（区、市）内发生同种重大陆生野生动物突发疫病（Ⅱ级），并有证据表明其存在一定关联。

（6）国家林业局认定的其他情形。

2. 重大陆生野生动物疫病（Ⅱ级）

（1）陆生野生动物疫病在一个平均潜伏期内导致国家重点保护陆生野生动物野外种群死亡率介于20%～30%间，或导致其他保护陆生野生动物野外种群死亡率达30%以上，并呈扩散趋势。

（2）陆生野生动物暴发卫生部《人间传染的病原微生物名录》所列二类病原微生物引起的疫病，并呈扩散趋势，且可能对公共卫生安全造成威胁。

（3）陆生野生动物暴发农业部《动物病原微生物分类名录》所列二类病原微生物引起的疫病，并呈扩散趋势，且可能对饲养动物安全造成威胁。

（4）我国已消灭的动物疫病在陆生野生动物种群中监测到病原学阳性样品。

（5）一个省（区、市）的2个以上市（地）发生同种较大陆生野生动物突发疫病（Ⅲ级），并有证据表明其存在一定关联。

（6）省级以上人民政府林业主管部门认定的其他情形。

3. 较大陆生野生动物疫病（Ⅲ级）

（1）陆生野生动物疫病在一个平均潜伏期内导致国家重点保护陆生野生动物野外种群死亡率介于10%～20%间，或导致其他保护陆生野生动物野外种群死亡率介于20%～30%间，并呈流行扩散趋势。

（2）陆生野生动物暴发卫生部《人间传染的病原微生物名录》所列三类和四类病原微生物引起的疫病，并呈扩散趋势，且可能对公共卫生安全造成威胁。

（3）陆生野生动物暴发农业部《动物病原微生物分类名录》所列的三类病原微生物引起的疫病，并且呈扩散趋势，且可能对饲养动物安全造成威胁。

（4）1个市（地）的2个以上县（市）发生同种一般陆生野生动物疫病（Ⅳ级），并有证据表明其存在一定关联。

（5）市（地）级以上人民政府林业主管部门认定的其他情形。

4. 一般陆生野生动物疫病（Ⅳ级）

（1）陆生野生动物疫病在一个平均潜伏期内导致国家重点保护陆生野生动物野外种群死亡率介于5% ~10%间，或导致其他保护陆生野生动物野外种群死亡率介于10% ~20%间，并呈流行扩散趋势。

（2）县级以上人民政府林业主管部门认定的其他情形。

（二）分期

突发事件通常遵循一个特定的生命周期。每一个级别的突发事件都有发生、发展和减缓的阶段，需要采取不同的应急措施。因此，需要按照突发陆生野生动物疫病的发生过程将每一个等级的突发陆生野生动物疫病进行阶段性分期，以此作为政府采取应急措施的重要依据。根据突发陆生野生动物疫病可能造成的威胁、实际危害已经发生、危害逐步减弱和恢复三个阶段，可将突发陆生野生动物疫病总体上划分为预警期、暴发期、缓解期和善后期四个时期。各时期管理的任务与能力要求见表4－1。

表4－1 疫情分期管理的任务与能力要求

分期	发生阶段	能力要求	主要任务
预警期	事前	预警预备	防范疫情的发生，尽可能控制疫情发展
暴发期	事中	快速反应	及时控制疫情并防止其蔓延
缓解期	事中	恢复重建	保持应急措施的有效并尽快恢复正常秩序
善后期	事后	评估学习	从危机中学习

1. 预警期

主要是指陆生野生动物疫病发生之初，疫病征兆已经出现的时期。此时期的管理任务是防范和阻止疫病的发生，或者把疫病控制在特定的区域内，其关键在于预测预报能力。

2. 暴发期

此时疫病进入紧急阶段，疫病已经发生，该阶段的管理主要任务是及时控制疫病并防止其蔓延，其关键在于快速反应能力。

3. 缓解期

此时疫病进入相持阶段，仍然有可能向坏的方向发展，该阶段的管理主要任务是保持应急措施的有效性并尽快恢复正常秩序。

4. 善后期

此时疫病得到有效解决，该阶段的管理主要任务是对整个事件处理过程进行调查评估并从事件中获益，其关键在于善后学习能力。

当然，由于突发陆生野生动物疫病演变迅速，各个阶段之间的划分有时不一定很容易确认，而且很多时候是不同的阶段相互交织、循环往复，从而形成突发陆生野生动物疫病应急管理特定的生命周期。

二、突发陆生野生动物疫病应急管理的基本原则

突发陆生野生动物疫病应急管理必须实现体制建设与激励机制、责任机制的有机结合，实现预警与应急管理、常态管理和非常态管理的有机结合，实现一个全面整合的政府突发陆生野生动物疫病管理循环过程，从而不断提升政府的应急管理能力。

第一，完善体制、分级响应。在国家突发陆生野生动物疫病应急管理的纵向关系上，

需要依法规范中央与地方的职能权限。全国突发陆生野生动物疫病应急管理应当在国务院统一领导下，各地方、各部门按照分级管理、分级响应的原则，建立健全管理机构，明确各级管理机构的工作职责。强化地方政府的“属地管理、就地消化”能力，使地方政府能反应迅速、处理及时。鉴于目前我国陆生野生动物疫源疫病监测工作处于起步阶段，应对突发陆生野生动物疫病的工作原则是：“勤监测、早发现、严控制”，在第一时间发现，在第一现场控制。

第二，健全法治、完善制度。突发陆生野生动物疫病应急管理工作，包括信息采集和汇总分析、发布预警、应急指挥、资源动员、社会保障等。在这一系列管理过程中，需要整个监测体系和多个相关部门密切配合，为了协调上述单位的工作，明确各自职责和义务，需要建立健全有关的法律法规规章制度，以规范应急管理工作。由于在应急处理过程中，需要大量资金、物资的支持，因此，要把监测预警和应对突发事件所需经费纳入年度财政预算，保障经费投入。

第三，明确责任、分类管理。突发陆生野生动物疫病应急管理需要根据疫病的特点，明确相应的管理原则。特别重大突发陆生野生动物疫病应急管理工作由国务院林业主管部门牵头组织实施；重大、较大和一般突发陆生野生动物疫病按照属地管理的原则，分别由省级、市级和县级林业主管部门组织实施。上级林业主管部门要做好对应急管理工作的督导检查、技术指导和支持。

第四，夯实基础、预防为主。在突发陆生野生动物疫病管理机构的功能定位上，要把体制建设与观念更新结合起来。突发陆生野生动物疫病管理机构最大的功能其实就是在日常管理中加强体系制度的建设，把疫病化解于萌芽之中。在突发陆生野生动物疫病应对方式上，在国家层面要按照长期准备、重点建设的要求，重点做好加强应急管理的准备、预备和预警等基础性工作，提高政府的疫病预警和防范能力，做好日常的疫病管理教育、培训、演练以及其他各项基本制度建设，充分实现预警与应急、常态管理和非常态管理的有机结合，使得突发陆生野生动物疫病管理工作基于制度，成于规范。

第三节　突发陆生野生动物疫病应急处置

《管理办法》中第二十二条规定：“发生重大陆生野生动物疫病时，所在地人民政府林业主管部门应当在人民政府的统一领导下及时启动应急预案，组织开展陆生野生动物疫病监测防控和疫病风险评估，提出疫情风险范围和防控措施建议，指导有关部门和单位做好事发地的封锁、隔离、消毒等防控工作。”

应对突发陆生野生动物疫病时，应急处理采取边调查、边处理、边核实的方式，以有效控制疫病的发生。一般情况下，按以下程序进行处置。

一、信息报告

野生动物异常情况是指野生动物行为异常或异常死亡。

任何单位和个人发现野生动物行为异常或异常死亡等情况，应立即向当地陆生野生动物疫源疫病监测站报告，监测站在接到报告或了解上述情况后，应立即派人员进行调查、核实。

各级陆生野生动物疫源疫病监测站在监测工作中，发现野生动物行为异常或异常死亡等情况，应立即派专业人员进行调查、核实。

在进行上述工作时，监测站应将调查、核实情况按规定上报。同时，对疑似染病的野生动物报国家林业局指定的实验室或当地动物防疫部门取样检测，以确认病因。

突发陆生野生动物疫病信息应按照《管理办法》、《监测规范》的有关规定，通过全国野生动物疫源疫病监测信息网络直报系统进行报告。

县级以上人民政府林业主管部门、各级野生动物疫源疫病监测站和科技支撑单位为突发陆生野生动物疫病的责任报告单位；责任报告单位的法定代表人为突发陆生野生动物疫病的责任报告人。

任何单位和个人应当向当地林业主管部门或野生动物疫源疫病监测站报告突发陆生野生动物疫病信息及隐患。

二、预警

预警是根据疫病的发生、发展规律及相关因素，用分析判断和数学模型等方法对可能发生疫情的发生、发展、流行趋势作出预测，对于提高疫病防控工作预见性和主动性，减少损失具有重大的意义。

《管理办法》第九条规定："省级以上人民政府林业主管部门应当组织有关单位和专家开展陆生野生动物疫情预测预报、趋势分析等活动，评估疫情风险，对可能发生的陆生野生动物疫情，按照规定程序向同级人民政府报告预警信息和防控措施建议，并向有关部门通报。"预警内容包括事件基本情况、级别、起始时间、可能影响的范围和应采取的措施的建议等。

省级以上人民政府林业主管部门应当向发生地及毗邻和可能涉及的地区的林业主管部门发布预警信息，必要时报告同级人民政府。

三、先期处置

为了防止异常死亡的野生动物可能携带的人兽共患病病原体传播扩散，造成潜在的损失，需要采取一系列措施进行应急处置。首先，经现场初检疑似或不能排除疫病因素的突发陆生野生动物异常情况，应对发生地点实行消毒并隔离封锁。其次，对陆生野生动物尸体及其产品、其他物品应作无害化处理，运送动物尸体及其产品、其他物品应采用密闭、不渗水的容器，装卸前后必须要消毒。第三，对病弱的陆生野生动物应及时隔离、救护。

在日常监测巡查工作中，发现野生动物异常情况后，要立即采取下列应急处理的措施：一是要对发生地点周围设立醒目的警戒旗或用警戒带进行隔离封锁，防止无关人员和家禽家畜进入现场引起可能的疫病传播扩散。二是对野生动物死亡地点进行消毒处理，消毒药剂可用火碱、生石灰等。三是报有关检测机构取样检测，并办理报检手续。监测站应加强与检测机构的联系，确保第一时间掌握检测结果，并及时上报检测结果。四是异常动物尸体应作无害化处理。

确诊为重大野生动物疫病后，事发地林业主管部门要进一步加强封锁隔离措施，防止无关人员和家禽家畜靠近，以控制事态发展，组织开展应急救援工作，并及时向同级和上级林业主管部门报告。

事发地的各级林业主管部门在报告特别重大、重大疫病信息的同时，要根据职责和规定的权限启动相关应急预案，及时、有效地进行先期处置，控制事态。

四、应急响应

发生突发陆生野生动物疫病时，各级林业主管部门在同级人民政府的领导和上一级林业主管部门的技术指导下，按照早发现、快反应、严处置的原则，迅速开展应急处置工作。要根据突发陆生野生动物疫病的发生规律、发展趋势以及防控工作的需要，及时调整预警和响应级别。

（一）分级响应

根据野生动物疫病发生情况和分级标准，分别启动不同级别的预案。

Ⅰ级响应：确认特别重大陆生野生动物疫病后，国家林业局立即采取相应响应措施，开展应急处置工作，必要时将工作情况报告国务院。省级人民政府林业主管部门在国家林业局的指导和同级政府的领导下，立即组织协调有关部门采取相应响应措施，开展应急处置工作。

Ⅱ级响应：确认重大陆生野生动物疫病后，省级人民政府林业主管部门立即组织协调有关部门，采取相应响应措施，开展应急处置工作，并将工作情况及时报告国家林业局和同级人民政府。国家林业局应当加强技术支持和协调工作，协助开展应急处置工作。

Ⅲ级响应：确认较大陆生野生动物疫病后，市（地）级人民政府林业主管部门立即组织协调有关部门，采取相应响应措施，开展应急处置工作，并将工作情况及时报告上一级林业主管部门，同时报送同级人民政府。省级人民政府林业主管部门应当及时组织专家对应急处置工作提供技术支持和指导。国家林业局根据工作需要及时提供技术支持和指导。

Ⅳ级响应：确认一般陆生野生动物疫病后，县（市）级人民政府林业主管部门立即组织协调有关部门，采取相应响应措施，开展应急处置工作，并将应急工作情况及时报告上一级林业主管部门，同时报送同级人民政府。市（地）级人民政府林业主管部门应当及时组织专家对应急处置工作进行技术支持和指导。省级人民政府林业主管部门应当根据工作需要提供技术支持和指导。

（二）响应措施

1. 组织协调

各级林业主管部门在同级人民政府或其成立的突发应急指挥部的统一领导和上级主管部门的业务指导下，调集林业应急专业队伍和应急资金、应急物资等相关资源，开展突发陆生野生动物疫病应急处置工作。

2. 现场处置

各级突发陆生野生动物疫病应急处置预备队和其他具备有效防护能力、现场处置知识和技能的人员承担突发陆生野生动物疫病现场应急处置工作。

（1）封锁隔离

应急处置人员按照指挥部的要求，根据突发陆生野生动物疫病应急处置工作的需要及专家委员会的建议，设置相应的封锁隔离区域，维持现场秩序，保障人员、物资安全，防止家禽家畜进入，确保应急处置工作的正常开展。

为防止致病因子通过人员、器具或物资向外传播，要对所有与之接触过的人和物品都要消毒。消毒剂可使用10%的漂白剂（0.5%次氯酸盐）、来苏尔、70%的乙醇。

要对离开疫病发生区域的车辆底部进行消毒。

（2）样品采集和快速检测

专业人员在完成发生区域基本情况的调查后要尽早进行样品采集工作。有条件时，应当尽早开展现场快速检测，以便根据检测结果指导开展现场处置工作。

（3）无害化处理

①焚毁

将动物尸体及其产品、其他物品投入焚化炉或用其他方式烧毁碳化。

②深埋

掩埋地应远离学校、公共场所、居民住宅区、村庄、动物饲养和屠宰场所、饮用水源地、河流等地区。

掩埋前应对需掩埋的动物尸体、产品或其他物品实施焚烧处理。

掩埋坑底铺2cm厚生石灰。

掩埋后需将掩埋土夯实。动物尸体、产品或其他物品上层应距地表1.5m以上。

焚烧后的动物尸体、产品或其他物品表面，以及掩埋后的地表环境应使用有效消毒药喷、洒消毒。

但此方法不适用于可能或者确诊为感染炭疽等芽孢杆菌类疫病，以及牛海绵状脑病、痒病的陆生野生动物及其产品、组织的处理。

3．病弱陆生野生动物救治

对病弱陆生野生动物的救治要以确保不造成疫情的扩散蔓延为前提。救护单位要做好救护场所的隔离、消毒和救护人员的个人防护等。

4．分析评估

突发陆生野生动物疫病专家委员会要对疫情发生趋势进行分析预测，对应急处置工作进行评估。

5．紧急措施制定

各级林业主管部门根据评估结果及时调整应急处置措施，可以在本行政区域采取限制或者停止陆生野生动物及其产品的收购、出售、运输、携带、邮寄、加工、利用和猎捕野生动物等紧急措施，必要时发布预警信息。

6．应急处置人员的防护

参与应急处置的人员，要了解各类防护装备的性能和局限性，选择适宜的防护装备，在没有适当个体防护的情况下不得进入现场工作。

要设立现场洗消点，注意对人员、车辆、工具等的消杀处理。

7．信息发布

突发陆生野生动物疫病信息发布要严格按照国家有关规定执行。通过授权发布、发新闻稿、接受记者采访、举行新闻发布会和专业网站、官方微博等多种方式、途径，及时、准确、客观、全面向社会发布森林火灾和应对工作信息，回应社会关切。发布内容包括疫情发生时间、地点、范围、流行病学调查情况和疫情应急处置工作开展情况等。

8. 宣传教育

利用广播、电视、报刊、互联网等多种媒体，采取多种形式，向社会公众开展野生动物疫源疫病监测防控知识、突发陆生野生动物疫病应急知识、相关法律法规的科普宣教，提高群众的防控意识和自我防护能力，引导群众科学认识、科学对待突发陆生野生动物疫病。

要充分发挥有关社会团体在陆生野生动物疫源疫病监测和应急处置方面的科普宣教作用。

（三）应急响应的终止

当突发陆生野生动物疫病发生区域内所有陆生野生动物及其产品按规定处理，且经过该疫病的至少一个最长潜伏期无新的病例出现时，启动应急响应的部门应当组织有关专家对疫病控制情况进行评估，提出终止应急响应的建议，按程序报批宣布，并向上级主管部门报告。

五、非事发地区的应急措施

接到预警信息后，有关地区林业主管部门要密切关注事件进展，及时获取相关信息，要加强重要疫源野生动物和重点疫病的监测工作；要组织好本行政区域人员、物资等应急准备工作，并根据上级主管部门的统一指挥，支援突发陆生野生动物疫病发生地的应急处置工作；要有针对性地开展野生动物疫源疫病监测防控知识的宣传教育，提高公众自我保护意识和能力。

六、调查评估

突发陆生野生动物疫病扑灭后，承担应急响应工作的部门应当组织有关人员对突发陆生野生动物疫病应急处置工作进行评估。评估的内容主要包括：陆生野生动物资源状况、生境恢复情况，流行病学调查结果、溯源情况，疫情处置经过、采取的措施及效果评价，应急处置过程中存在的问题、取得的经验和建议。

评估报告报上级主管部门和同级人民政府。

第四节　应急工作的监督管理

一、预案演练

应急预案的演练是应急准备的一个重要环节，相关法律法规和应急预案对预案的演练都有明确的要求。通过应急预案的演练可以检验预案的可行性和应急反应的准备情况。通过应急预案的演练，可以发现应急预案存在的问题，完善应急运行工作机制，提高应急反应能力。

应急预案的演练分为桌面演练、功能演练和全面演练。

（1）桌面演练是指相关应急单位的代表和关键岗位的人员，按照应急预案的运作程序讨论紧急情况时应采取的行动计划。桌面演练一般在会议室进行，通过讨论，解决应急预案存在的问题，锻炼应急管理人员解决问题的能力。桌面演练主要解决各部门的协调行动，检查各单位的应急准备情况。通过演练，评估预案存在的问题，提出改进的措施和建议。桌面演练结束后提出书面报告，根据报告中的改进意见，要对应急预案进行修订完善。桌面演练的成本低，通常也为功能演练和全面演练做准备。

（2）功能演练是针对应急预案中的某项应急响应措施或其中某些保障功能进行的演练。功能演练一般在应急指挥中心举行或模拟事件现场进行。根据事件功能要求，调用必要的设备和人员，检验应急响应人员以及应急管理体系的反应能力。功能演练比桌面演练规模要大，需要调用和组织一定的人员和设备。因此，功能演练要进行认真的计划，提出演练方案，经相关部门领导确认后执行。功能演练后要分阶段进行评估，提出书面建议，完善应急预案，并送有关部门完善应急响应工作机制。

（3）全面演练是针对某类事件发生而开展的整个预案演练。

二、宣传和培训

应急预案是应对突发陆生野生动物疫病的经验教训的总结。预案能否行之有效，有赖于实践的检验和各行为主体之间的密切协作以及对于预案的深刻认知和熟练掌握，这些都需要在预案的培训和演练中得到锤炼。为此，各级林业主管部门和各级监测站应根据制定的应急预案，要有计划地对各级指挥员、应急处置和管理人员进行培训，提高应急管理水平和专业技能；要通过图书、报刊、音像制品和电子出版物、广播、电视、网络等媒体，广泛宣传应急法律法规和预防、避险等常识，增强公众的忧患意识、社会责任意识和规避风险、个人防护等能力。

应急预案操作性很强，不仅涉及部门职能和运作程序，而且涉及一些关键部门和领导的联系方式和方法。因此，一些预案具有一定的保密性。这就对应急预案的发布提出了要求，就是该公布的公布，不该公布的不公布。

三、责任、奖惩、补偿和灾后恢复

陆生野生动物疫病应急处置工作实行行政领导负责制和责任追究制。

对应急管理工作中作出突出贡献的先进集体和个人要给予表彰和奖励。对在突发陆生野生动物疫病的监测、报告、调查、防控和处置过程中，有玩忽职守、失职、渎职等违纪违法行为的，依据国家有关规定追究当事人的责任。对因参与突发陆生野生动物疫病应急处置工作致病、致残、致死的人员，按照有关规定给予相应的补助和抚恤。

因应急处置工作需要扑杀人工驯养繁殖陆生野生动物的，按照有关规定和程序给予补偿。

突发陆生野生动物疫病扑灭后，应采取有效措施促进陆生野生动物资源和生态恢复。

第五节　预案管理

一、应急预案的制定

突发陆生野生动物疫病应急处置需要各职能部门的协调与合作，建立协调联动的应急工作机制，动员社会力量参与。因此，应急预案的编制工作需要政府各职能部门的参与。尤其我国应急预案的制定工作刚刚起步，应急管理体制和应急工作机制不健全，很多部门对应急管理工作不熟悉，各部门共同参与制定应急预案，可以加强部门间的合作，建立和完善应急工作体制，形成携手联动的工作机制，提高应急反应能力。

应急预案是在现有管理体制下，充分利用现有资源编制的应急工作计划。因此，需要对过去的疫病应对工作进行评估，对即将发生的疫病进行分析和预测，对现有的应急资源进行调研，获得足够的信息和建议，协调好部门关系，避免不必要的重复投入。

在制定突发陆生野生动物疫病应急预案时，要把握以下几个方面：一是假定突发陆生野生动物疫病肯定发生。二是突发陆生野生动物疫病具有不可预见性和严重破坏性。三是应急预案的重点是应急响应的指挥协调。四是应急指挥的核心是控制。五是应急预案应覆盖应急准备、初级响应、扩大响应和应急恢复全过程。六是应急预案只规定能做到的。七是强调应急预案的培训、宣传和演练。

二、应急预案的评估与修订

应急预案是根据以往的经验和可能出现的疫病的特点等事前编制的，带有一定的主观性，与事实可能存在一定的差距，而且疫病在不同的历史时期也具有不同的特征。因此，需要定期对疫病应急预案进行评估与修订，使之更加完善，更加符合实际工作的需要。基本的评估工作流程如下：

（一）制定评估方案

评估方案中要有评估的目的、评估组的牵头部门、参加单位和专家、评估工作的原则、时间、内容和方法。评估方案在实施中可以根据需要进行必要的调整。

1. 确定评估原则

评估工作要坚持客观、公正、准确的原则。不能带着观点去寻找支持的依据，评估的意见和结论应在评估过程中逐渐形成。同时，评估要及时，应力争在应急工作结束的同时开展评估。

2. 确定评估的标准

评估标准既要有衡量应急工作总体效果的标准，又要有衡量具体应急措施的分项标准。总体标准是指从整体看应急工作的时效性；分项标准是指从每项应对措施看时效性。评估标准要有操作性，能量化的一定要量化。由于疫病种类不同，评估标准不可能千篇一律、一个标准。一般情况下，可分为刚性标准和柔性标准。刚性标准是法律法规、规范性文件和应急预案有明确规定的，或者是约定俗成的；柔性标准是对比性标准，要通过对比或者分析推理得出结论。

3. 确定评估的重点

在全面了解疫病的基础上，要围绕重点环节进行评估。一般情况下，以下几方面的内容必须要进行评估：应急组织指挥体系和职责方面，监测、检测、预警等方面，监测信息收集、汇总分析和报告等方面，应急响应（包括分级响应、现场指挥、上下级之间、同级不同部门之间的应急响应中的关系）等方面。要评估这些方面的应对工作是否及时、准确、有效。其他方面，要根据疫病的特点，确定评估的内容。

4. 确定评估的方法

评估的方法应当具有针对性、实用性和操作性。一般情况下，以下几种方法是应当采用的：实地考察调查，阅读资料，召开不同形式、不同类型、不同层面的座谈会，问卷调查或抽样调查，自下而上或自上而下，点面结合等。上述方法既可以单独使用，也可以结合起来使用。

（二）全面了解疫病的真实情况

主要包括：疫病发生的起止时间、地点、疫病种类、传播扩散的途径、过程、等级、受害物种种类、数量、对当地影响的范围及潜在的危害程度。

（三）全面了解应急工作的真实情况

主要了解监测、预警、应急反应的过程以及应急保障的情况。描述上述过程，在全面、真实的前提下，要注意以下几个方面：在反映应急速度时，要以时间次序纪实；在反映应急工作运行机制状况时，要从纵向应对工作关系、横向应对工作关系以及纵、横向应对工作关系三个方面纪实；在反映应急效果时，从疫病的危害程度、控制效果等方面纪实。

（四）全面分析应急工作

分析要坚持实事求是的原则，要结合应急处置中的具体事例，有针对性，要符合逻辑，有说服力，用事实说话。要对应急措施逐项进行分析，哪些应急措施是及时、准确和有效的，还有哪些应急措施不及时、不到位。例如，分析“应急响应”，可采取调阅工作记录，与有关部门座谈，走访基层干部和群众，并跟踪决策的形成、落实的全过程和效果。分析“监测、预警”，可采取查看监测部门的监测工作记录、会商会议、预警信息报告的记录，听取其他有关部门和群众对其工作的评价，考察工作效果。分析“信息报告和反馈”，可采取将报告内容与了解到的真实情况进行对比的方法来衡量其真实性和及时性。分析“应急准备”，可采取实地查看应急物资和装备、同应急人员座谈、调阅相关应急预案的方法考察其应急准备工作是否充分。分析应急处置，可通过了解应急处置人员、应急物资到达现场的时间来考察应急处置工作的及时性，通过走访有关部门和群众来考察应急处置的实际效果。

（五）全面评估应对工作

评估要客观、公正和全面，既要对应急工作作出总体评价，又要对重点应急工作作出评价。评估既要肯定成绩，又要指出存在的问题，还要提出有针对性的改进建议和意见。对成功经验，要逐条简要阐述；对存在的主要问题，要依据事实逐条列举；对建议和意见，要结合实际问题提出。在评估时要充分听取评估组每位成员的意见，对不同意见进行讨论，达不成一致意见的，采纳多数人的意见。必要时，重新核实、重新评估。

（六）撰写评估报告

评估报告主要内容有：前言、疫情发生的全过程、应急处置工作的全过程、分析和评价、结论和建议。参加评估的成员都应在评估报告上签字。如对评估报告有不同意见，可在签字时表明意见。评估报告中还应包括相关的附件。

第六节 陆生野生动物疫病应急保障

应急保障是应急管理的重要组成部分，是保障应急处置行动及时、有序进行的基本条件，是保障人民群众生命安全，减少财产损失和及早控制疫病的重要举措。应急保障应包括法律法规、组织机构、人员队伍、经费和物资等方面的支持与保障。

《管理办法》中第二十一条规定："县级以上人民政府林业主管部门应当根据陆生野生动物疫源疫病监测防控工作需要和应急预案的要求，做好防护装备、消毒物品、野外工作等应急物资的储备。"

一、法律法规

应对突发陆生野生动物疫病，依据的现行法律法规包括《中华人民共和国野生动物保护法》、《中华人民共和国陆生野生动物保护实施条例》、《重大动物疫病应急条例》、《国家突发公共事件总体应急预案》和《陆生野生动物疫源疫病监测防控管理办法》等。

二、组织机构

突发陆生野生动物疫病应急管理机构包括应急指挥部、专家委员会和应急处置预备队。

应急指挥部一般设立在各级林业主管部门，主要负责组织、协调突发陆生野生动物疫病应急处置工作，其成员单位可包括办公室、野生动植物保护管理、自然保护区管理、湿地管理、计划财务、国际合作、宣传、森林公安局等部门。

专家委员会由各级林业局主管部门根据突发陆生野生动物疫病应急处置工作需要组建，其主要职责为：提出突发陆生野生动物疫病防控策略和方法建议；参与突发陆生野生动物疫病相关应急预案和技术方案的制订、修订；对确定突发陆生野生动物疫病预警和事件分级及采取的措施提出建议；对突发陆生野生动物疫病应急处置进行技术指导，对突发陆生野生动物疫病应急响应的终止、后期评估提出咨询意见；承担指挥部和日常管理机构交办的其他工作。

应急处置预备队的主要作用是确保突发陆生野生动物疫病的高效处置。

各级人民政府尤其是林业主管部门应当将提高突发陆生野生动物疫病应急管理能力作为政府建设和工作的重要任务，纳入重要的议事日程。首先，各级政府要有忧患意识、危机意识，把野生动物疫源疫病监测预警工作提高到重要的议事日程中。其次，健全应急管理体制，完善应急管理机构，加强全国陆生野生动物疫源疫病监测预警体系建设。第三，夯实应急管理的基础，尤其是在资金投入和监测信息平台、监测应急处理设施、应急队伍建设等方面打好基础。第四，加强宣传，提高公众防灾减灾的意识。

三、经费保障

充足的经费支持是有效控制突发陆生野生动物疫病的重要保障。目前，我国已将口蹄疫、禽流感等一些重大动物疫病防控工作经费列入财政预算。处置突发陆生野生动物疫病所需要的财政经费，应当按照财政应急保障预案执行，建立陆生野生动物疫源疫病监测防控经费分级投入机制，将突发陆生野生动物疫病应急处置经费纳入财政预算，建立突发陆生野生动物疫病应急处置准备金制度，为应急处置工作提供合理而充足的资金保障。要协调有关部门确保监测防控经费及时、足额到位，共同加强对监测防控经费使用的管理和监督。

四、物资保障

各级林业主管部门根据日常掌握的情况和野生动物疫病流行的趋势，储备应急所需的消毒药剂、施药器械、车辆油料、防护服和封锁隔离设备及其他物资。

因突发陆生野生动物疫病应急处置需要，可向同级人民政府和上级主管部门申请应急物资紧急调运。

第五章 突发陆生野生动物疫病预警

在当前全球生态失衡、环境污染致使野生动物病原体变异加快的趋势下，防范重大传染性疫病的任务日益加重，迫切需要在现有被动事后监测的基础上采取措施，开展主动事前监测，即加强野生动物疫源疫病监测预警工作，实现对突发陆生野生动物疫病及其蔓延趋势的提前测报和有效防范。这不仅将为发现、防范重大野生动物疫情，避免珍稀濒危野生动物因染病受到重大损失，维护生态平衡，提供又一有效手段，并将为防止野生动物疫源疫病向畜禽、向人类传播设立一道新的屏障，从而在保障畜禽业稳定发展、维护公共卫生安全、促进国民经济和社会可持续发展等各个方面，产生积极而深远的综合效益。

第一节　突发陆生野生动物疫病预警原理

一、突发陆生野生动物疫病预警的内涵

“预警”一词起源于军事领域，原指通过预警来提前发现、分析和判断敌人的进攻信号，并把这种进攻信号的威胁程度报告给指挥部门，以便提前采取应对措施。后来，这一概念被逐步应用到政治、经济、社会、自然等多个领域。在疫病领域，目前为大多数学者接受和认可的定义为：在缺乏确定的因果关系和缺乏充分的剂量—反应关系证据的情况下，促进调整监测预防行为或疫病威胁发生之前即采取措施的一种方法。

突发陆生野生动物疫病预警，是指承担野生动物疫源疫病监测预警的单位，根据本辖区有关过去疫病资料的收集和现在获取疫病的有关数据、情报和资料，运用逻辑推理和科学预测的方法技术，对本辖区疫病出现的约束性条件、未来发展趋势和演变规律等作出科学的估计和推断，并发出确切的警示信号，使政府和民众提前了解疫病发展的状态，以便及时采取相应对策，防止和消除因疫病带来的不利后果的活动。

二、突发陆生野生动物疫病预警的分类

（一）预警分类

不同野生动物疫病具有不同的发生发展规律，有些野生动物疫病在发生之前即可出现征兆；而有些则很难发现征兆，控制工作或应急处置只能在疫病发生初期启动。根据这一区别，可将突发陆生野生动物疫病预警分为征兆预警和早期预警。此外，气候异常以及地震、洪涝等自然灾害有时也会对野生动物疫病的发生造成重要影响，这种情况下的预警称之为次生灾害预警；野生动物疫病发生后，可能会导致疫病在家禽家畜或人间流行（如人兽共患野生动物疫病），该情况下的预警称为衍生灾害预警；野生动物的重要特点之一就是有些野生动物具有远距离迁徙迁移的习性（如候鸟），携带病原体的这类野

生动物在迁徙迁移途中可能引发新的疫病流行，此时的预警称为跨区域预警，这种预警对预防野鸟高致病性禽流感具有重要意义。

（二）预警方式

根据野生动物疫病的不同特点和危害程度，突发陆生野生动物疫病预警分为直接预警、定性预警、定量预警以及长期预警。

1. 直接预警：当野生动物种群中发生重大人兽共患病（如炭疽）且野生动物与人接触机会较多时，应直接进行突发陆生野生动物疫病衍生灾害预警。

2. 定性预警：采用综合预测法、控制图法、Bayes 概率法等多种统计方法。借助计算机完成对野生动物疫病的发展趋势和强度的定性估计，明确流行是上升还是下降，是流行还是散发。目前应用较为普遍的是控制图法。

3. 定量预警：采用直线预测模型、指数曲线预测模型、简易时间序列、季节周期回归模型等对野生动物疫病进行定量预警。

4. 长期预测：采用专家咨询（会商）法对野生动物疫病的长期流行趋势进行预警。

三、突发陆生野生动物疫病预警的方法与原理

（一）预警指标

要及时有效预防或应对各种突发陆生野生动物疫病，需要建立灵敏高效的预警系统。而预警指标是预警系统的重要组成部分，构建灵活、完善、有效的预警指标体系是预警系统构建成功的保障。

预警指标是具有潜在预警价值的指标，指标的波动幅度在一定程度上与疫病的流行或暴发相关联。一旦指标的波动范围超过了规定的警戒线，即可发出警报，启动相应的流行病学调查或人工干预手段。因此，预警指标需具备及时性、准确性和可操作性强的特点。

1. 及时性：即指标能够尽可能早地发现野生动物疫病或者其前兆，对疫病发生前、发生、发展中的相关情况能及时反映，为应对措施的启动赢得时间。

2. 准确性：指通过指标可以尽可能准确地对疫病作出预测，避免不必要的应对措施启动。指标反映的情况、信息与疫病的实际流行情况尽可能保持一致。

3. 可操作性：指标所需要的数据、信息和资料容易收集得到。

由于各种传染发生所涉及的各个阶段的主要因素、影响过程及指标性质不同，因此所构建的指标体系往往不能涵盖所有相关的影响因素，并且针对不同传染病的相应指标体系也不尽相同。如莱姆病、疟疾、血吸虫病等虫媒传染病发生的预警研究应充分考虑环境地貌、土壤类型、森林分布、气候、植被等因素的作用，综合评价适合蜱类、蚊类、钉螺类生物生存的程度，科学确定各指标的预警界限，提高对传染病的预警能力；对于SARS、结核病等呼吸道传染而言，平均气压、平均蒸发量和平均降水量等与呼吸道传染病密切相关的多种气象因素会通过影响传染病发生的各个环节，简介影响传染病的分布与传播。因此，气象变量应作为指标体系的主要指标变量。根据实际工作中逐渐丰富的指标体系并在此基础上尽可能全面、客观地对指标体系进行评价，才能提高传染病预警工作的及时性与有效性。

（二）预警模型

流行病学对制定和完善监测、预防、控制策略与措施有重要意义，基于数学模型的

理论流行病学研究是其重要方向之一。传染病分析与预测模型的研究和应用在人类健康防控领域开展较为广泛，也较为深入。借鉴该领域的成功做法，加强在突发陆生野生动物疫病预警中的应用研究，对监测防控野生动物疫病有很好的促进作用。

按预警所需的数据、信息和资料类型可将预警模型分为时间预警模型、空间预警模型及时空预警模型。

1. 时间预警模型：时间预警模型包括基于控制图的预警模型、时间序列模型、线性回归模型、马尔科夫链模型等。此类模型的特点在于，根据过去一段时间监测变量值的大小，利用上述统计模型预测未来该变量值的大小。根据预测值的大小，按时间资料的分布特点确定备选预警阈值，并结合实际情况，调整预警阈值的大小。当实际水平超过阈值，则发出预警报告。

2. 空间预警模型：目前应用较多的空间预警模型有广义线性混合模型、小区域回归分析检验法、空间扫描统计等模型。

3. 时间－空间预警模型：目前使用较为普遍的有：WSARE（What's Strange About Recent Events）、PANDA（Population – Wide Anomaly Detection And Assessment）、时空扫描统计（Space – Time Scan Statistic）等。

目前，应用较多的有数理分析方法和现代信息技术方法等。

1. 数理分析方法。即通过大量样本数据的处理与分析，研究传染病病例数量与时间或其他因素的关系，建立模型并对传染病发展趋势进行预测。如回归模型、时间序列模型、灰色理论模型、马尔科夫链、神经网络模型以及蒙特卡洛算法模型等，这些模型已被广泛应用于传染病预测预警。

（1）回归预测法。即运用回归分析的方法，找出预测对象与影响因素之间的数量关系，包括一元回归、多元回归和非线性回归预测。线性回归或非线性回归模型的缺点是无法模拟有季节规律的时间序列，无法反映随机扰动和周期波动的影响。而结合空间信息将样本数据与相关风险因子进行逻辑回归或泊松分布回归分析，进而找出传染病的流行规律，是回归分析研究的热点。

（2）时间序列模型。它反映的是时间动态依存关系，可以揭示研究对象与其他对象随着时间的发展变化，其数量关系变化规律。其中博克斯－詹金斯模型（Box – Jenkins mode，BJ）是具有代表性的时间序列分析和预测方法。该模型由4种基本模型组成，即自回归模型、滑动平均模型、ARMA 模型以及 ARIMA 模型，此模型应用较其他模型更为广泛。时间序列模型对无季节性疫病、季节性疫病及周期律疫病均有相应的预测方法（若时间序列无明显的季节性，则一般使用线性、非线性或多次曲线等趋势拟合模型；若随时间的推移呈明显季节性，常用季节周期律分析法；若时间序列以周期波动为主，多采用方差分析滤波法）。

（3）灰色理论模型。它是把一般系统理论、信息论及控制论的观点和方法同数学方法相结合，发展出的一套解决不完全系统（灰色系统）的理论和方法，其中一次累加 GM 模型是最常用的一种灰色动态预测模型。灰色模型的突出特点是：建模过程简单，模型表达式简洁，便于求解，因而被广泛应用。但灰色模型中的指数变化是单调的（单调上升或单调下降），当发展系数绝对值较大时，模型偏差较大，无法用于中长期预测，特别是随着时间的推移以及一些波动因素对系统的影响，对随机性、波动性较大的数据拟合效果较差，预测精度降低，这是灰色模型预测的不足之处。针对灰色模型的不足，许多学者在各个环节进行了改进，如针对原始序列作方根转换、采用等维递补灰数动态预测，对原始数据进行“幂函数－指数函数”复合转换或对原始数据作指数变换与优化灰导数相结合的办法。这些办法都不同程度地提高了灰色模型的长期预测精度。

（4）马尔科夫链。它是一种随机时间序列，其下一刻的取值只与现在有关，而与过去无关，即在马尔科夫链的每一步，系统根据概率分布，可以从一个状态变到另一个状态，也可以保持当前状态。状态的改变叫做过渡，与不同状态改变相关的概率叫做过渡概率。随机漫步就是马尔科夫链的例子。随机漫步中每一步的状态是在图形中的点，每一步可以移动到任何一个相邻的点，在这里移动到每一个点的概率是相同的（无论之前漫步路径如何）。研究结果表明，马尔科夫链的短期预测精度高，特别适合应用于具有波动性改变的资料。目前应用多状态马尔科夫链预测传染病，使用基于随机过程的马尔科夫链研究慢性病流行病学具有广阔研究前景。

（5）神经网络模型。又称为人工神经网络模型，它是由大量简单的基本元件—人工神经元相互连接，通过模拟人大脑神经处理信息的方式，进行信息并行处理和非线性转换的复杂网络系统，以模拟生物的神经网络结构和功能为出发点，逐渐演变为一门对信息处理的方法学。其理论较为完善，发展较为成熟。目前包括反向传播算法的多层前馈网络称 BP 神经网络、径向基函数 RBF 神经网络、单层反馈性非线性 Hopfield 神经网络、单层反馈性输入延迟性 Elman 神经网络等一系列模型。神经网络可以根据数据，通过加入隐含层的神经网络逼近任意非线性映射，避开复杂的参数估计过程。但神经网络模型需要的初始数据量较大，在网络设置、神经元节点数的确定上多依赖于经验，且网络训练结果存在不稳定性。

（6）蒙特卡洛算法模型。也称为统计模拟方法，是一种以概率统计理论为指导的一类非常重要的数值计算方法，使用随机数（或更为常用的伪随机数）来解决很多计算问题的方法。简单来说，蒙特卡洛方法是基于人工创造一个随机事件或“实验”（常是通过计算机）的分析方法。当运行到指定的次数，可以获得任何特定目标的概率。蒙特卡洛方法预测传染病在国内研究中应用较少，在国外的研究中常常是结合马尔科夫链一起使用，称为马尔科夫链－蒙特卡洛方法（markov chain monte carlo，MCMC）。

上述这些书里分析方法基于严密的数学推理，能够可靠预测传染病流行强度以及发展趋势，但分析过程缺乏空间属性，对于一些传染病的风险因子也无法识别和判断，也缺乏对传播区域的预测能力。而现代信息技术方法可很好地弥补这一缺陷。

2．现代信息技术方法。利用现代信息技术能动态分析传染病的时间与空间分布特征，而且可以从全新的角度和方式来研究与认识传染病，从其发生和流行的环境来观察传染病。这不仅可以深化传染病的监测和预警，有利于发现重点疫区，为制定适宜的监测防控策略和措施奠定基础，而且可以为大范围的疫病监测提供经济有效的方法，为突发疫情的应急处置提供决策依据。其技术框架主要包括地理信息系统（GIS）、遥感（RS）、空间数据库及空间分析技术等。

GIS 是综合计算机技术、信息论和系统工程理论方法等新技术，用以研究地理空间数据信息的技术系统。在系统建设过程中，将 GIS 应用到数据分析中，提供了多级别的统计查询分析，并可直接通过地图穿透到个案信息，以直观便捷的方式满足了管理人员对数据分析的需要，可为早期发现传染病的暴发和流行提供了强大的支持作用。

传统的、基于单机的 GIS 是较封闭、孤立的系统，由于无法直接与较大范围内其他系统之间进行数据共享，较难满足传染病预测预警工作所要求的时效性、快速性、全局性等要求。而随着计算机技术、地理信息处理与分析手段等日趋先进，以 GIS 为核心、RS 和 GPS（全球定位系统，global positioning system）技术的发展和相互渗透，使得 GIS 在传染病预测预警方面正朝着可运行的、分布式的、开放的、网络化的方向发展。目前，我国应用 3S 技术研究传染病的预测预警上处于起步和探索阶段，往往仅针对多种影响传染病发生重要因素中的单个因素分析来对进行预警。因此，从单因素或少因素向多因素的更综合的分析、更全面和更大范围的信息收集、更精确的监测预警将是今后 3S 技术应用于传染病预测预警的重要内容。在网络环境及通信技术的支持下，网络 GIS、移动 GIS 及多维 GIS 等技术逐渐发展起来。另外，GIS 亦可与专家系统结合起来，或根据不同的需要建立不同的专家系统，所形成的智能系统也将为未来解决传染病预测预警方面的复杂空间提供重要途径。

现代信息技术的特点之一是需要对多种技术进行综合的运用。构建疫病信息机研究区空间数据库，依靠 GIS 软件强大的空间分析功能探究传染病与风险因子的内在联系。如应用 GIS 和 RS 等多学科的方法和手段，建立传染病传播的数学模型，研究血吸虫病与肾综合征出血热（HFRS）在空间分布和流行性的地理环境主导因素；以及基于 GIS 软件和空间分析软件 SaTScan 针对 HFRS 进行的一系列研究，通过重排时空扫描统计量对疫区疫病的时空聚集性分布以及用地类型相关性进行分析，发现 HFRS 发病与其宿主鼠类的生存环境及栖息地分布存在显著联系。现代信息技术研究方法强于传染病与风险因子的分析，可以直观地展示出流行病的时空分布，分析传染病传播的环境和社会等主导因素，缺点是缺乏对传染病时间与流行强度的预测手段。

3. 传染病预测模型研究前沿。

（1）仿真模型方法。即基于空间数据库对研究区地理环境进行建模，使用疫病数据模拟传播过程，研究流行病学特征。该模型方法需要大量的实测数据以及环境数据作为基础，并要求研究者具有地理环境建模经验和一定的编程基础。其强于分析传染病的传播机制、推算各种尺度的感染率及传播速度，缺点是建模工作量较大，往往滞后于传染病的流行周期，难以对突发传染病进行及时研究和预测。

（2）复杂系统方法。它包括多智能体系统（muti - agent system，MAS）、元胞自动机（cellular automata，CA）技术等方法。

CA 是一种动态模型，具有灵活的转换原则，可以通过制定规则来模拟的负责现象，十分适合模拟传染病在空间上的流行过程，CA 由以下 5 个主要部分组成：元胞（cell）、状态（state）、临域（neighbornhood）、转换规则函数（transfer function）、时间（temporal）。元胞 t + 1 时刻的状态由 t 时刻该元胞的状态机临域元胞的状态决定。

MAS 是复杂系统理论、人工生命以及分布式人工智能技术的融合，具有主动性、交互性、反应性、自主性等特点。MAS 的基本模拟单位是智能体（agent），一个 agent 是一个系统的任何参与者，任何能产生影响自身和其他 agent 时间的实体。这些模拟由许多互相作用的 agent 构成。可将 MAS 模拟归纳为下列元素的集合：agent、行为（behaviors）、对象（objects）、环境（environments）和通信（communication）。由于 MAS “自上而下”

的研究思想和强大的计算功能和时空特征，使其在传染病动态传播模拟上具有突出的优势，弥补了单独应用 CA 模拟的不足。

仿真模型方法与复杂系统方法可以实现预测传染病的传播区域与流行强度，但由于缺乏严密的数理模型推导，传播区域的流行强度预测结果往往不稳定。

（三）预警模型展望

从目前研究现状看，传染病传播模拟研究中仍然存在一些难题，一是传染病传播的实际那动态模型与空间动态模型不同步。二是传染病流行强度预测与传播区域预测的结合问题。如何将他们有机地结合起来，实现时空连续的流行强度与传播区域预测是需要解决的问题。

近年来，基于现代信息技术研究传染病发病与传播规律是流行病学研究的热点，结合流行病学现场调查与分析，可以对流行病进行更加深入的研究。制约计算地理学（自动化地理学）与流行病学进一步合作与发展的重要障碍是统计学合理的正确应用，空间统计学研究水平将是制约空间流行病学发展与研究的重要影响因素。仿真模型方法与复杂系统方法将是未来研究的重点，它具有其他模型无法比拟的优点，但是这类方法还处在发展之中，理论上还不够完善成熟。

第二节　突发陆生野生动物疫病预警系统

预警是突发陆生野生动物疫病管理的第一道防线，建立突发陆生野生动物疫病预警机制，就是要使突发陆生野生动物疫病预警成为政府日常管理中的一项重要职能，对可能发生的各种疫情事先有一个充分的估计，提前做好应急准备，选择一个最佳应对方案，最大限度地减少资源和经济损失。建立和完善突发陆生野生动物疫病监测预警机制，是维护社会稳定，促进我国政治、经济、社会、自然协调发展的必然要求，是建立现代化应急管理体系的前提基础，也是实现我国政府从被动型应对向主导型防范转变，从“事后救火”管理向“事前监测预警”管理转变，从过去担任的“救火员”角色向“监测预警员”角色转变的需要。

一、突发陆生野生动物疫病预警系统的基本功能

突发陆生野生动物疫病预警系统具有三项基本职能：信息收集与分析、疫病预报、疫病监测。

1. 信息收集与分析。掌握全面、准确的疫病相关信息对于突发陆生野生动物疫病管理是最重要的。突发陆生野生动物疫病预警系统首先应该具有一个多元化、全方位的信息收集网络，能够将真实的信息以完整的形式收集、汇总起来，并加以分析、处理，并通过快捷、高效的信息网络将疫病的信息和事态发展情况传送到应急指挥系统和相关部门，从而保证信息的时效性、准确性和全面性，为疫病应对与处理提供可靠的信息基础。收集的信息包括野生动物资源情况、活动规律，尤其是携带病原体情况和传播途径和范围，以及潜在影响区域的气象数据、易感动物情况（家禽家畜饲养量、饲养方式）、当地经济发展数据等。

2. 疫病预报。在信息收集与分析的基础上，对得到的信息进行鉴别和分类，全面清

晰地预测各种野生动物疫病，捕捉疫病征兆，对未来可能发生的疫病类型、涉及范围及其危害程度做出估计，并在必要时向决策者建议发出疫病警报，启动应急处理程序。

3. 疫病监测。在确认可能发生陆生野生动物疫病后，对引起疫病的各种因素和疫病的发展进行严密的监测，及时搜集疫病状态的有关信息，特别是要监控掌握能够表示疫病严重程度和进展状态的特征性信息，对疫病的演化方向和变化趋势作出分析判断，以便使突发陆生野生动物疫病应急指挥机构能够及时掌握疫病动向，调整对策，使疫病处置决策有据可依。

突发陆生野生动物疫病预警系统最主要的目标是要对疫病发生、发展趋势进行准确预测，而要实现这一主要目标，就必须要保证陆生野生动物疫源疫病监测预警系统具备四项基本特征：即科学研究正规化、组织结构动态化、法规体系周延化、技术装备信息化。

（1）科学研究正规化。是指要有专门研究机构、专门研究人员、专项研究经费，政府和社会的研究机构要精诚合作，信息沟通，取长补短。

（2）组织结构动态化。一是指监测预警体系要根据监测预警工作需要，逐步调整、补充各级监测站点，实现全方位的监测预警。二是指监测预警体系要履行平战结合的管理职能，各级监测站和科技支撑单位在进行日常管理、科研工作的同时，也要开展陆生野生动物疫源疫病监测预警的有关工作。

（3）法律体系周延化。是指建立健全预防和处置突发陆生野生动物疫病的各类法律、法规和规章制度，各种法规之间形成相辅相成、相得益彰的耦合联系。

（4）技术装备信息化。一是指运用信息技术建立陆生野生动物疫病暴发前的疫病管理知识系统、信息系统和分析、评估系统。数字化网络技术大大提高了信息保真率，从而改变政府现行信息传递模式与组织结构，实现信息跨层级、跨行业、跨部门的流动，消除信息割据的危害，提高信息的完整性和可靠性。网络环境下的数据库建设和计算机决策支持系统，最大限度消除信息与决策层之间的人为阻滞，使信息传递准确、及时，避免信息传递失真，全面提高政府的疫病决策水平。二是运用新技术、新方法开展陆生野生动物种群动态监测、疫病流行病学等研究，尤其是迁徙规律和疫病快速检测方面的应用，实现监测预警的目的。

二、建立陆生野生动物疫病监测预警系统的原则

1. 以人为本原则。面对突发陆生野生动物疫病的严重性和持久性，各级林业主管部门必须从“以人为本”和保护人们生命安全的高度，做好预警工作，尽可能地收集到监测预警所需要的信息。充分保证信息收集的全面性、真实性，确保预警功能的准确性。

2. 长抓不懈原则。建立突发陆生野生动物疫病管理常设机构，承担疫病监测预警和处置的重任，把突发陆生野生动物疫病预警工作纳入到国家、地区、城市日常管理体系当中，在人、财、物、政策等方面给予大力支持。

3. 分级预警原则。借鉴国外好的经验和做法，依据对可能出现的陆生野生动物疫病事件的范围、影响程度进行科学分级，依法规范相关信息和数据的分级处理，科学应对，达到预防和控制的目的。

4. 信息来源多元化。一是发挥各级林业主管部门和各级监测站的获取第一手监测信

息的主力军的作用，保证监测信息的全面、及时、准确。二是要充分利用现有的社会信息收集节点和社会公共科研平台，如媒体报道、群众监督、科研资料等。这样才能提高信息收集的可靠性，保证信息的全面性和准确度。

三、陆生野生动物疫源疫病监测预警工作面临的难题

陆生野生动物疫源疫病监测防控关系到经济社会平稳健康发展、生物多样性保护和生态平衡，是一项利在当今、功在千秋的公益性事业。而且，它涉及动物学、生态学、微生物学、疫病控制与应急管理等多个学科和领域，是一项复杂的系统工程。要想做好突发陆生野生动物疫病主动预警工作，促进监测防控事业的科学发展，减轻陆生野生动物疫病的危害，使其为保障经济发展、生态安全作出更大贡献，就应了解和把握陆生野生动物疫源疫病监测预警的影响要素。这些因素大致可归纳为监测防控机构、队伍、经费和科学技术四个方面。

（一）监测防控机构

监测防控机构是组织开展野生动物疫源疫病监测防控工作的基本单位，根据其性质，可分为管理型监测防控机构和实施型监测防控机构。前者主要负责野生动物疫源疫病监测防控工作的组织和管理，包括各级林业主管部门及受其委托具体承担监测防控工作组织和管理职能的专门机构（如国家林业局野生动物疫源疫病监测总站）。后者负责监测防控工作的实施，主要包括国家级、省级和市县级野生动物疫源疫病监测站。经过近年的建设和发展，我国已初步搭建了全国野生动物疫源疫病监测防控网络的主体框架。但由于该项工作起步晚，还有许多野生动物集中分布区、重要的边境地区、家禽家畜密集区、野生动物驯养繁殖密集区和集散地等区域，尚未纳入有效的监测覆盖范围，还存在着大量监测盲区，监测防控机构建设亟需进一步加强和完善。

（二）人员队伍

人员队伍是落实各项监测防控措施、组织和实施监测防控工作的核心要素，是衡量监测防控工作水平的重要指标。各地林业部门通过内部调剂、引进人才等方式，组建了一支专兼结合、总数约15 000人的监测防控队伍。通过举办期专业技术培训和应急演练，大幅提高了人员队伍的监测防控和应急处置能力。但由于该项工作专业性较强，加之队伍的不稳定因素较多，当前人员队伍的整体水平还较低，尚不能满足监测防控工作的实际需要。

（三）经费

经费是保障监测防控工作开展的重要因素，它包括基本建设投资和运行经费两部分。在国家发展改革委、财政部等相关部门的大力支持下，野生动物疫源疫病监测体系建设被纳入《全国动物防疫体系建设规划（2004—2008年）》、《国家中长期动物疫病防治规划（2012—2020年）》等相关规划，落实了一定的基本建设投资和财政运行经费，为野生动物疫源疫病监测防控工作的正常开展创建了条件。但更要清醒地认识到，野生动物疫源疫病监测防控作为一项社会公益事业，尚未完全纳入国民经济和社会发展规划予以通盘考虑，运行经费投入渠道还不畅通，制约了监测防控体系的正常运行和工作的高效开展。

（四）科学技术

一直以来，我国对野生动物疫源疫病没有组织开展全面系统的研究，有限的研究也

是林业部门挤占其他的林业经费委托科研院所，相对局限于大熊猫、朱鹮、扬子鳄、梅花鹿等部分重点野生动物物种进行的，动物防疫、卫生等部门在这一领域组织的研究同样局限于特定的一些疫病，且疫病研究与有关野生动物活动规律的生物学、生态学研究没有得到有机结合。近年，国家林业局组织分析了我国20多年的鸟类环志及迁徙研究成果，初步掌握了我国东部、中部、西部迁徙区主要疫源候鸟的基本情况，组织开展了重点疫源候鸟迁徙规律、禽流感溯源等基础研究和技术攻关，并取得了一些突破，为评估疫病风险、开展疫情预警等奠定了基础。但总体而言，该领域现有的研究资料还较为零散，基础资料缺乏，科技水平较低，尚没有为监测防控特别是疫情预警提供有效的支撑。

做好突发陆生野生动物疫病的预警工作需要解决两方面技术难题，才能真正实现野生动物疫病监测预警的目的。

1. 要了解面临何种疫病的威胁，即需要掌握病原体的快速诊断技术。在日常监测或按计划采样时，对发现或取得的样品需要经过快速检测，以确定野生动物携带的病原体种类和程度，为综合分析提供最基础的数据，为实现监测预警奠定基础。

2. 要掌握疫病可能影响的范围，即需要野生动物野外跟踪技术。由于野生动物尤其是候鸟可携带某种病原体而不发病，随着野生动物的迁徙活动而可能传播疫病，其潜在疫病的影响范围可能很大，需要实时掌握野生动物活动情况，包括迁来迁走的时间、方向、线路和停息地等，这就要靠野外跟踪技术的支持。如卫星定位装置、遥感定位等。

四、突发陆生野生动物疫病预警系统的框架体系

在日常工作中，要建立突发陆生野生动物疫病监测预警系统，对可能发生的疫病进行预警和监控。完善的预警系统包括疫病的监测预警系统、咨询系统、组织网络和法规体系，以保证疫病的科学识别、准确分级、严格处置、及时发布。

（一）监测预警系统

建立监测预警系统的主要目的是及时发现疫病征兆，准确把握疫病诱因、未来发展趋势和演变规律以及影响范围。相应的预警流程是：信息收集、信息分析或转化为指标体系；将加工整理后的信息和指标与疫病预警的临界点进行比较，从而对是否发出警报进行决策，发出警报。

1. 信息收集子系统。该系统的任务是对有关野生动物资源、迁徙规律、气象信息、疫病风险源和疫病征兆等信息进行收集。根据这个要求，预警系统要收集两个方面信息：一是监测预警物种对象选择，即这种信息收集工作以哪种或类疫源动物为重点，收集其相关的信息资料。二是监测预警疫病目标选择，即初步判断这些物种可能携带或传播哪类疫病，哪一种潜在的疫病可能构成重大影响（程度、范围）。

2. 信息处理子系统。该系统的任务是对收集来的信息进行整理和归类、识别和转化，以保证信息的准确性和及时性。首先，要排除信息中的干扰信息和虚假信息，将信息进行“去粗存精、去伪存真”；然后，分析识别信息所预报的事件类型、对决策的参考价值、预警时间、发生概率、获取的可能性、稳定性、可靠性等；最后，对各种分析的结论进行总结，转化为预测性、警示性的信息。

3. 决策子系统。该系统的任务是根据信息处理子系统的结果决定是否发出疫病警报和疫病警报的级别，并向警报子系统发出指令。在制定决策依据时，要决定疫病预警各

个级别的临界点，这些临界点需要指标达到何种水平。如果无法直接显示疫病是否发生，而只是表明疫病发生有多大的可能性，那么也可以根据疫病发生的可能性大小确定不同疫病预警级别的临界点。在具体决策中，系统根据信息处理子系统的结果判断是否达到了疫病警报的临界点，达到哪一个临界点，从而决定是否发出疫病警报和疫病警报的级别。

4. 警报子系统。该系统的任务是当监测信息经分析得出的结果显示为某种疫病的征兆时，立即向疫病报告者和潜在受威胁者以及应急管理决策机构发出明确无误的警报，使他们采取加强监测做好预防的正确措施。只有当疫病报告者和潜在受威胁者在接到警报信息后，在事件发生之前作出有效的预防和准备，才能说预警是有效的。

（二）监测预警的咨询系统

该系统主要承担的功能是定期信息沟通，在监测总站、省级监测管理机构、各监测站和科技支撑单位之间建立信息网络联系，提供与疫病有关的研究报告和疫源疫病识别的远程诊断服务，提出疫病处置的建议和意见等。

（三）监测预警系统的组织网络

目前，承担我国野生动物疫源疫病监测预警的主体是已建立的各级监测站和县级以上林业主管部门以及科技支撑单位。要保证监测预警系统的组织网络高效运转，一要设立专门的机构和工作人员，长期从事疫病预警的分析、研究与及时报告工作。二要建立规范化、制度化的监测预警、防控体系。三要建立畅通准确的信息沟通与处理渠道。

（四）监测预警系统的法规体系

建立和健全重大野生动物疫病监测预警的法规体系，目的在于保障监测预警“有法可依”，明确监测预警工作的法律依据。这包括两方面内容：一是明确开展野生动物疫病监测预警的法律地位，明晰权力与义务。二是制定出相关的制度与法规，规定监测预警系统有从相关部门、单位等获取有关信息的权限，相关部门、单位等也有向预警机构通报信息的义务和权限。

第三节 开展突发陆生野生动物疫病预警的重要性与必要性

2005 年 5 月，在青海省青海湖国家级自然保护区暴发了世界范围内首次大规模候鸟类高致病性禽流感疫情，共造成 12 种 6 345 只候鸟死亡。栖息在这个鸟之天堂的鸟类几乎面临“覆巢”之灾。面对诸如此类的突发陆生野生动物疫情，全世界尚没有现成的经验和模式可以借鉴，如何进行科学预警和主动防范？这是摆在各级政府和林业主管部门面前的一个新的重大课题。

（一）突发陆生野生动物疫病预警的重要性

随着人类活动不断拓展、经济全球化发展，使人类时刻面临着许多现实存在和潜在的威胁、风险。突发陆生野生动物疫病就是其中之一，特别是在当前气候变化、生物多样性保护压力加大，野生动物生境破坏严重、野生动物与人和畜禽的接触日渐频繁的大背景下，这种威胁和风险正成迅速增加之势。

SARS 的危害和影响是全方位的，教训更是十分深刻，它警示了加强突发事件预警、提高应急能力的紧迫性。突发陆生野生动物疫病预警作为应急管理的重要内容，密切关系到生态安全、经济发展和社会稳定，亟需引起各级政府和主管部门、相关部门的重视和加强。

近年来，国家相继颁布了《应急条例》、《突发事件应对法》、《国家突发重大动物疫情应急预案》等法律法规，党中央、国务院领导同志多次就陆生野生动物疫病监测和防控做出重要批示指示，加强突发陆生野生动物疫病预警能力建设是贯彻落实法律法规和领导部署精神的客观要求和具体行动。

（二）突发陆生野生动物疫病的现实危害凸显了预警工作的紧迫性

近年，陆生野生动物疫情发生情况较为严重。一是疫情整体呈多样化和多点散发态势，疫情预警、野外防控难度大。2005—2009 年间野鸟高致病性禽流感疫情在青藏高原连年发生，特别是2006 年的疫情曾波及青海、西藏 2 个省区、5 个地市、8 个县，2012 年的藏羚羊传染性胸膜肺炎波及 4 个县（区）、7 个乡（镇）、14 个村（塘）之多。二是自然疫源性疾病在个别地区时有发生，多种疫病在国内野生动物种群中首次发现，疫情对野生动物资源特别是珍稀濒危野生动物资源造成了较大危害，对种群安全的潜在威胁巨大。三是寄生虫病的危害不容忽视，特别是在野外恶劣的自然条件下野生动物体质下降，容易染病、导致死亡。如 2005 年，新疆塔什库尔干自然保护区发生的羊疥螨感染，在伴有全身营养不良的情况下，累计导致约 7 000 只岩羊、北山羊死亡。四是野生动物突发公共卫生事件值得格外关注。野生动物驯养繁殖业规模发展迅猛，从业人员数量庞大，关系到农民增收致富，但由于野生动物与人类接触的机会远大于野外条件下的接触机会，驯养繁殖及其下游环节发生公共卫生事件的风险较高。

监测防控工作开展九年多的实践证明，陆生野生动物疫病是且业已较为影响了公共卫生安全、经济社会发展、生物多样性保护与生态安全，这也要求各地监测防控机构以更高的责任感和使命感来进一步做好陆生野生动物疫病监测和主动预警工作。

（三）陆生野生动物疫病未来流行趋势对预警工作提出了更高要求

陆生野生动物疫病未来流行趋势对预警工作的要求突出表现在以下几个方面：

1．陆生野生动物疫源种类多，疫病情况复杂，潜在威胁巨大。我国仅陆生疫源野生动物就有 2 600 多种，它们携带 600 余种病原体。这些病原体不仅可通过直接或间接方式传播给人和畜禽，而且可反向传播，实现在野生动物、畜禽、人类间的跨界传播甚至循环传播和扩散蔓延。如经野生动物传播的狂犬病是威胁人类生命健康安全的一大疫病，每年造成的死亡病例高达 3. 5 万 ~5 万例；食肉类动物嗜患的犬瘟热曾使美国黄石国家公园的美洲狮种群濒临灭绝；2005 年的青海湖候鸟高致病性禽流感疫情，仅关停鸟岛景区一项，参观考察人数同比减少 12 万人（次），直接经济损失 770 万元，全省旅游收入同比下降了 11%，周边地区家禽养殖业也受到严重冲击。

2．病原体变异加快，致病力增强。随着全球气候转暖，环境污染的加剧，生态环境的改变，人类活动范围的扩展，自然灾害的频发，不仅使一些从未在人身上发现的野生动物疫病在人间流行，而且使许多病原体变异加速，致病力增强，新发传染病不断出现，或使曾经得到有效控制的传染病重新流行。在全球 175 种新发传染病中，约 75% 是人兽共患的，来源与野生动物联系密切。以前新发传染病的出现速率约为每年 1 种，现在则是每 8 个月就出现 1 种。

3．周边国家疫情不断，增大了我国的监测防控压力。2003 年以来，高致病性禽流感疫情已波及到亚洲、欧洲和非洲的60多个国家和地区。研究表明，疫情发生的时间、地点与候鸟迁徙时间和路线基本重叠。与我国毗邻的越南、孟加拉国、印度、蒙古国、俄罗斯等周边国家的禽流感、口蹄疫、马流感等疫情时有发生，对我国的威胁还将继续存在。尤其值得关注的是，一些新发、重发传染病可能经野生动物传入我国。2007年，在西藏西部首次暴发了小反刍兽疫，并在藏原羚个体中检测到病毒。目前，尼帕、西尼罗河热、非洲猪瘟等可能传入的外来病流行范围持续扩大，传入风险加大。

第四节　建立陆生野生动物疫源疫病监测预警系统的可行性

陆生野生动物疫病特别是发生于野外种群的疫病，难以适用免疫、扑杀等预防控制措施，疫情发生后的可用人工干预手段较少。因此，开展突发陆生野生动物疫病预警，将疫情控制或扑灭在萌芽状态，对最大限度减少疫情危害的意义显得尤为突出。突发陆生野生动物疫病预警是今后野生动物疫源疫病监测防控工作的重要发展方向。

虽然我国当前野生动物疫源疫病监测预警工作基本处于起步阶段，但已在我国野生动物聚集分布的森林、湖泊、湿地、荒漠等主要区域，已建立了陆生野生动物疫源疫病监测体系，并且有关科研院所开展了野生动物资源调查和野生动物疫源疫病基础研究，储备了一定的人才力量，自2010年，国家林业局在内蒙古图牧吉保护区开展了预警试点工作，目前，试点已扩大到河北、内蒙古、上海、江西等地，对陆生野生动物疫病监测预警工作进行了探索，从而为建立全国陆生野生动物疫源疫病监测预警体系和开展野生动物疫病预测预报，奠定了组织基础、人员力量基础和科研技术基础。

一、具备了开展这项工作的组织体系

在党中央、国务院的关心和重视下，经过近几年的努力，目前，成立了国家林业局野生动物疫源疫病监测总站，并已在野生动物聚集活动区域建立350个国家级监测站和大批的省级、市县级监测站，这些机构基本覆盖了我国野生动物分布的森林、草原、荒漠、湖泊、湿地等栖息地，为在上述区域展开野生动物疫源疫病监测预警工作提供了相应的组织基础。

二、储备了一定的科研力量

为提高野生动物保护科技水平，加强野生动物科研力量，国家林业局先后组建了全国野生动植物研究发展中心、野生动植物检测中心、国家濒危野生动植物种质基因保护中心、全国鸟类环志中心、中国科学院野生动物疫病研究中心、长春野生动物疫病研究中心等研究机构，建立了相应的人才队伍，并在野生动物资源调查和生态学习性、繁育技术、候鸟迁飞动态等研究方面取得了一系列成果。中国科学院所属动物研究所、微生物所、病毒所，多年从事野生动物生物生态学、病原学等基础研究，已达到较高的研究水平，储备了较强的技术力量。此外，还与东北林业大学、浙江大学、中国农业大学、西北农林科技大学、中国农业科学院、中国疾病预防控制中心等科研院所建立了良好的协作关系和共同攻关机制，在病原体的快速检测和疫源动物活动范围的跟踪技术等方面取得了可喜的进展，为开展野生动物疫源疫病监测预警工作打下了基础。通过共同建设、

协调运行的方式整合资源，进一步确立“统一指导、分工协作、信息共享”制度，将为野生动物疫源疫病监测预警工作的开展提供有效的技术保障。

第五节　陆生野生动物疫源疫病监测预警工作的任务

建立陆生野生动物疫源疫病监测预警系统，在前期监测工作的基础上做好疫源疫病的本底调查、动态监测、样本采集、研究分析和预测预报等工作，构建陆生野生动物资源数据库、陆生野生动物迁徙数据库和陆生野生动物疫病数据库，达到掌握基本情况、及时提出预警信息、确保动物安全和人民健康的目的。

突发陆生野生动物疫病预警与监测的关系。从过程和内在联系上看，陆生野生动物疫源疫病监测防控可分为两个阶段：即预防阶段和应急（或控制）阶段，这两个阶段不是孤立的，而是相辅相成、互相补充的。预防是控制的前提，为控制服务的；控制是预防的延伸，是为了更好地预防陆生野生动物疫情在更大范围内发生和蔓延。

加强预防是降低甚至避免陆生野生动物疫情造成损失的重要手段。预防阶段包括监测和预警两个环节，监测具体是指调查疫源陆生野生动物活动规律，掌握陆生野生动物携带病原体本底，发现、报告陆生野生动物感染疫病情况等活动。疫源陆生野生动物活动规律的探索需要一个逐步积累的过程，它是预警更是预防的基础。尤其对于陆生野生动物疫病，监测工作不深入、不到位，则预警就没有根据、缺乏有效支持，预防也就无从谈起。预警包括研究、评估疫病发生、传播、扩散风险，分析、预测疫情流行趋势，提出监测防控和应急处理措施建议等，它是综合利用模型方法对监测数据和结果的总结、分析，是监测工作的深入和提升。由此可以看出，监测和预警是相互支持、互为依托的关系。

一、样本采集

按照《监测规范》的要求，全面开展对陆生野生动物疫病的监测预警，进行重点监测对象的样本采集，随时检测陆生野生动物携带和种群感病状况，为尽早发现疫病提供第一手资料。

衡量某一陆生野生动物种群的携带或染疫病况用以下指标表示：

种群死亡率是指在某一陆生野生动物种群中，因某种疫病死亡个体数量占种群数量的百分率。

种群死亡率（%）＝死亡个体数量/种群数量×100%

种群带菌（毒）率是指在某一陆生野生动物种群中，经检测携带有某种疫病个体数量占种群数量的百分率。

种群带菌（毒）率（%）＝带菌（毒）数量/种群数量×100%。

二、研究分析

开展陆生野生动物疫源疫病分析研究，需制订陆生野生动物疫源疫病调查方案和实施细则，统一样本采样、分析、检测鉴定技术标准和操作规程。

针对陆生野生动物流行病学调查和疫源疫病监测过程中发现的一些未知情况，开展重要野生和人工繁育陆生野生动物疫病病原学、病原生态学、诊断检测技术、综合控制技术等的研究，为有效地预防和控制陆生野生动物疫病的发生和流行提供科学的依据。

三、预警

建立陆生野生动物疫病数据库、陆生野生动物资源数据库和陆生野生动物迁徙数据库，加强信息数据的横向、纵向交流，保证监测预警机构和行政主管部门在第一时间获取各种信息，及时把握疫病动态变化，对疫病可能蔓延的范围和潜在的危害进行综合评估，及时提出预测、预报信息，为制定危害陆生野生动物安全和人民健康的疫病防控措施提供依据。

四、陆生野生动物疫源疫病监测预警工作流程

开展陆生野生动物疫源疫病监测预警工作首先要在陆生野生动物迁徙通道的重点地区，开展有计划的采样（拭子样、血清样、组织样、粪便样以及水样、土壤样），利用社会上已建立的公共检测平台，进行检测，收集有关检测信息。其次检测出可能为重大疫病后，在陆生野生动物资源数据库、陆生野生动物疫病数据库和陆生野生动物迁徙数据库以及日常监测、人为活动和社会经济状况等信息支持下，综合分析各种信息，建立陆生野生动物疫源疫病多因素耦合致灾的快速模拟预测模型，利用地理信息系统（GIS）实现可视化，向当地和潜在受威胁地区发布发生期、发生范围、危害程度和经济损失的预警。接到预警信息的各级林业主管部门应启动应急预案，严密防范可能的疫病扩散和危害（见图5－1）。

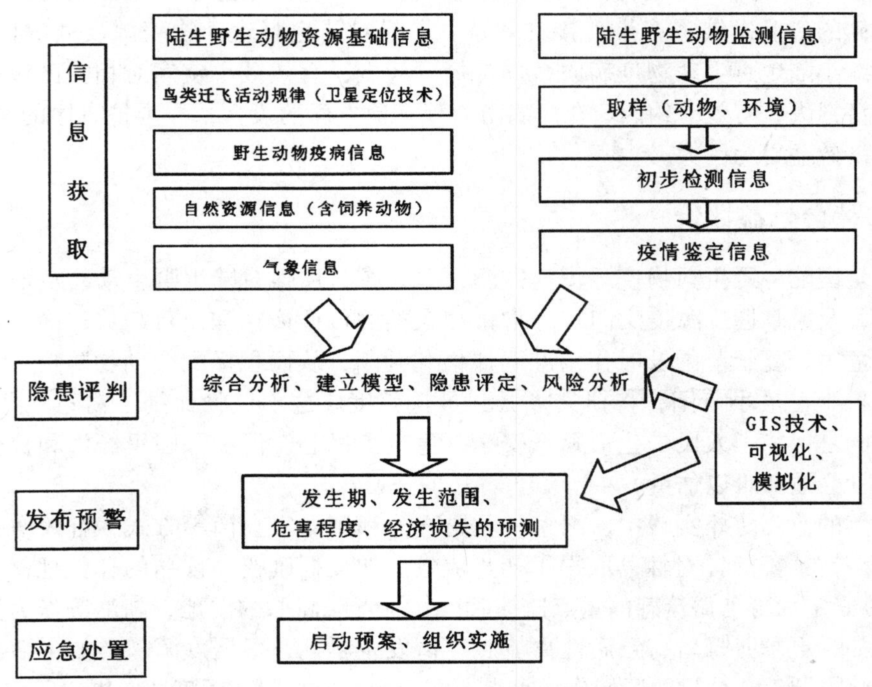

图5－1　陆生野生动物疫源疫病监测预警框架图

第六节 陆生野生动物疫源疫病监测预警系统的效益评价

建立全国陆生野生动物疫源疫病监测预警系统，及时发现、掌握陆生野生动物疫病及蔓延趋势，不仅为保护野生动物资源和维护生态平衡提供新的有效手段，并为防范陆生野生动物疫源疫病向畜禽、向人类传播树立起一道新的屏障，其生态效益、经济效益和社会效益难以估量。

一、生态效益评价

全国陆生野生动物疫源疫病监测预警系统建成后，通过对重要的陆生野生动物疫源疫病的监测预警，可实现对流行性疫病的早认识、早发现、早报告，一旦出现疫病的苗头，即可立即采取预防、监控和救治措施，控制陆生野生动物疫病的传播与流行，保护陆生野生动物种群资源，维护生物多样性，特别是对避免濒危珍贵陆生野生动物因染病而遭受重大损失，防止出现濒危物种种群因重大疫病导致物种灭绝、生态失衡的灾难性后果。因此，建立全国陆生野生动物疫源疫病监测预警系统，具有巨大的直接的生态效益。

二、经济效益评价

当前，我国有许多陆生野生动物驯养繁殖业依赖野生资源作为其产业发展种源的基础，而建立全国陆生野生动物疫源疫病监测预警系统，加强对陆生野生动物疫源疫病的监测与预警，将为陆生野生动物资源的增长提供又一保障措施，对以陆生野生动物资源为物质基础的产业发展将产生直接的效益。加强对陆生野生动物疫源疫病的监测预警，还将极大缩小陆生野生动物疫病向畜禽传播的范围，有效减小疫病对相关区域畜禽业的影响和经济损失，有效节约国家在疫病防治等其他方面的投入，并维护有序的经济秩序，其间接经济效益更为巨大。

三、社会效益评价

建立全国陆生野生动物疫源疫病监测预警系统，加强对陆生野生动物疫源疫病的监测与预警，及时掌握疫源疫病向家养禽畜和人类的传播途径和流行趋势，确保对疫源疫病的潜在危害、蔓延范围及时作出准确评估和判断，从而积极配合动物防疫、卫生等部门将疫病控制在最小范围，将损失降低到最低程度。这不仅将保护了禽畜产业的发展，更为重要的是保障了人民的生命财产安全，稳定了民心，保证了国民经济和社会的稳定发展，其社会效益难以估量。

在近年的监测防控实践中，国家林业局充分利用专家会商等方式，有效增强了陆生野生动物疫情预警的针对性，取得了初步成效。如根据雁鸭类候鸟的迁徙规律，将每年的3—5月确定为野鸟禽流感的重点监控时段，将青藏高原的湿地、湖泊等作为重点监控区域；再如，更尕海野鸟高致病性禽流感疫情发生早期，根据疫源鸟类的生活习性和活动范围，将方圆100公里的区域作为重点布控区域，成功阻止了疫情向周边区域的流行和蔓延，确保了青海湖地区无重大疫情发生，有效减少了疫情危害。

鉴于陆生野生动物疫情预警的突出作用，该环节在整个陆生野生动物疫源疫病监测防控中具有重要地位，是今后监测防控工作的发展方向之一。由于林业部门开展监测防控工作的时间还很短，监测对预警的支撑还远远不够，对陆生野生动物疫情预警方法的研究尚处于研究、探索阶段，尚未建立有效的预警指标体系，预警的及时性、准确性还有待提高。

第七节 地理信息系统在预警中的应用

地理信息系统（geographical information systems，GIS）是一个用于输入、存贮、检索、分析和输出空间信息的计算机程序系统。GIS 由于其具有强大的空间信息管理和空间分析功能，被广泛地应用于几乎一切与空间信息相关的领域。近年来，由于与 GIS 相关的硬件和软件的迅速发展，以及不同比例尺的国家和世界电子地图逐渐广泛利用，GIS 的应用范围和程度进一步扩展，其在疫病控制中的应用价值逐渐被大家所认识，进而成为疾病流行病学研究、监测预警和控制决策中必不可少的工具。

一、疫病数据可视化分析与处理

疫病数据除了具有常规的流行病学数据，如感染率、带毒率、死亡率和易感动物数等之外，还有与这些数据密切相关的属性——疫病的空间分布，即每个疫病数据都有与之相关的地理位置（疫病暴发地点或样品采集地点），因此，对疫病数据的分析除了对常规的数字数据进行统计分析之外，还需要对其空间数据进行系统分析。鉴于以上原因，当前世界范围内疫病控制及流行病学研究中都将空间分析和建模作为重要内容之一，其研究的基本手段则是 GIS。GIS 不但可以将疫病准确地可视化显示在电子地图上，通过对不同阶段疫病分布范围的扩大或缩小情况，来研究疫病的发展趋势；而且可以通过与不同专题图层（水系、植被、交通线路、家禽家畜饲养点、陆生野生动物分布和迁徙状况以及携带病原体情况等）的重叠，来研究这些因素对疫病的影响。基于 GIS 的疫病预警模式图见图 5－2。

疫病数据的空间分布属性通常有两种表示形式：一种是以行政区划作为一个疫病数据的空间分布参考，如某个省、市、县或者乡的疫病数据；另一种则是以实际的空间坐标作为参考，如受影响的陆生野生动物的具体位置（以经度和纬度来描述）。两种疫病数据在 GIS 中进行可视化显示时其表现形式不同，以行政区划为参照的数据在电子地图上将以面或区域的形式显示，而以空间坐标为参照的数据，则在电子地图上可视化显示为点。以行政区划为参考的疫病数据通常用于研究疫病从一个区域向另外一个区域扩散的规律与趋势；以空间坐标作为参考的疫病数据在电子地图上可视化显示为一个点，这种数据通常研究一个区域内病例在空间的分布模式，如这些病例在空间上的分布是否呈“簇状”。当前我国家禽的高致病性禽流感疫病数据通常以行政区划作为空间位置参考，因此，只能在全国范围内对其向不同地区扩散的趋势进行研究，并在此基础上分析环境危险因素对其扩散的影响。基于 GIS 的疫病预警模式图见图 5－2。

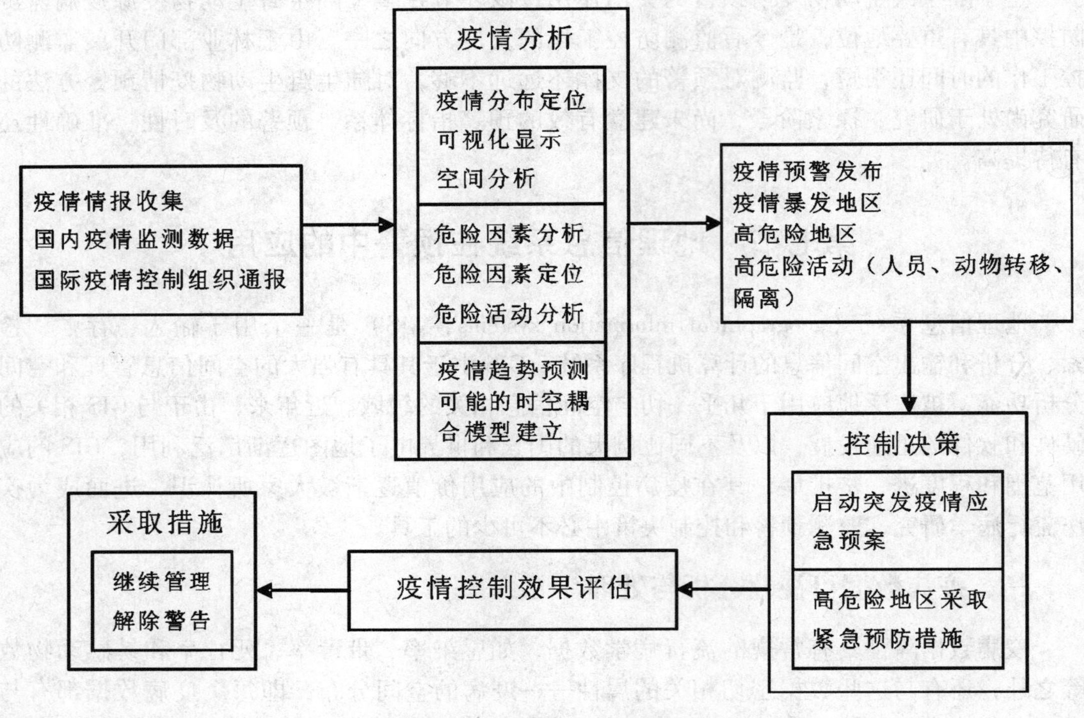

图 5－2　基于 GIS 的疫病预警模式图

二、基于 GIS 的疫病监测信息系统应用于疫病信息管理

对高致病性禽流感等陆生野生动物疫病的监测、流行病学研究和控制决策无一例外地都涉及到疫病的空间分布和环境影响因素。因此，在控制决策时需要处理大量的疫病信息，同时又要基于这些信息做出科学、合理的控制和扑灭决策。基于 GIS 的疫病监测信息系统，以 GIS 为基础，结合网络技术设计，做到对疫病和相关信息进行网络实时更新，地理定位。同时通过对疫病和各种相关信息进行综合分析和科学管理，为防治疫病的指挥工作提供更加高效、直观、快速的决策支持。

（一）系统结构

信息系统从结构上主要分析信息管理模块，包括对信息的搜集和分析；信息查询模块，主要根据疫病控制的需要，提供疫病、人员、单位等因素的查询信息；辅助决策和空间分析模块，主要管理基于 GIS 的疫病控制紧急预案和控制计划、进行疫病流行趋势和危险因素分布的空间分析和建模；结果输出模块，对专题地图、统计结果和分析模拟结果进行输出（见图 5－3）。

（二）功能说明

1．信息收集

疫病信息是信息系统所要处理的基本数据，主要包括确诊病例和疑似病例的数量、地区分布、疫病的流行病学调查数据和相关的危险因素数量、分布以及危险程度数据。除此之外，各监测站分布、疫病控制物资的贮备数量和地点是关系到疫病控制决策的主要因素，在疫病信息管理系统中，对这些信息和数据要进行广泛地搜集，以帮助有效地疾病控制决策。信息系统可以在任何时间、地点，通过网络按权限进行信息的添加、修改、删除、统计等数据上报工作，数据上报后可以立即反映到系统中并可立即查询，实现数据的实时更新。这些信息结合 GIS 所提供的基础空间信息，为决策、管理提供最实际有效的信息支持。

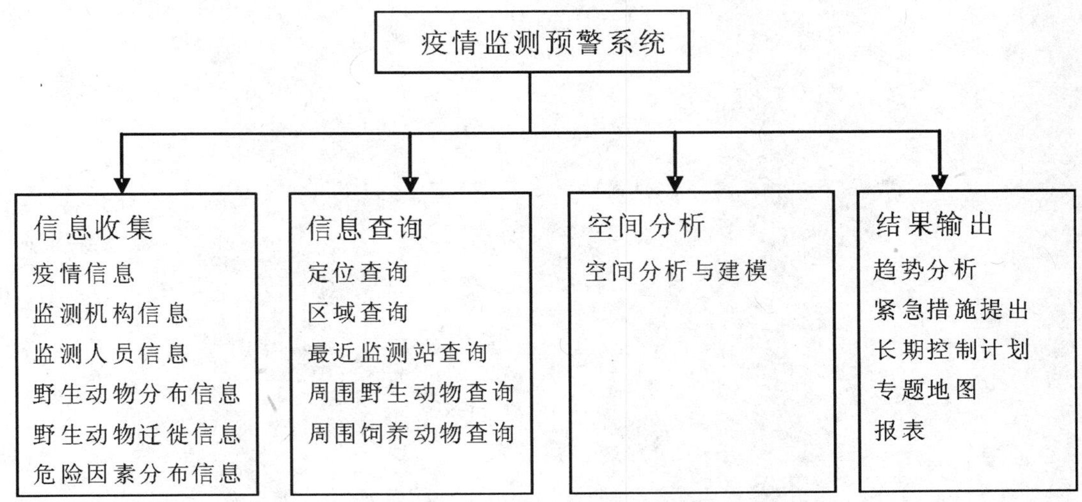

图 5－3　基于 GIS 的疫病信息管理系统结构图

2. 信息查询

作为疫病控制信息系统，基于 GIS 的信息系统除了常用的信息查询外，还可以结合 GIS 技术查询（实时的主题显示，定位查询，区域查询，最近单位查询，邻近单位查询）。这种查询结果通常以专题地图的形式直观地显示给用户，同时具有实时性，能非常有效地支持疫病控制决策。另外，该系统可以通过电子地图，对查询到的结果可以进行准确的空间定位，并且以电子地图的形式反映出来，便于决策人员对与其相关的空间要素进行分析。

3. 空间分析

空间分析是指“能以不同的方式操作空间数据，并提取其中的额外信息作为结果的能力”，它包括从地理学、统计学和其他学科发展起来的方法和手段，用于分析和关联空间信息。那些基于在分布上处于近邻和相联的空间关系构成了空间分析的核心。空间分析过程涉及许多方面，从简单的地图操作到复杂的统计模型（如空间交互和融合模型）。

4. 决策与结果输出

决策与结果输出主要包括疫病发生发展趋势分析报告，提出紧急措施和长期控制计划，输出专题图、表。

GIS 作为当前国际范围内动物疫病控制及流行病学研究的一个基本工具，在该领域的研究和应用价值已经得到广泛的认可，然而，由于我国信息技术发展水平和陆生野生动物疫源疫病监测预警工作起步晚且信息化程度较低，应该说 GIS 在陆生野生动物疫源疫病监测预警领域的应用应该有比较好的发展前景，将在我国的陆生野生动物疫病控制和相关研究中发挥重要作用，实现提高预防和处置突发陆生野生动物疫病事件能力的目的，将目前的“被动监测”逐步转变为“主动监测预警”。

YIYUANPIAN

第二篇
疫源篇

第六章

鸟类学基础知识

鸟类（Aves，Birds）是体表被覆羽毛，有翼，恒温和卵生的高等脊椎动物。鸟类学是研究鸟类的生命科学，一般可分为两大类，一类是以学科为主的基础鸟类学，主要是研究鸟类的形态、分类、生理、行为、遗传、进化、生态等的科学；另一类是以应用专题为主的应用鸟类学，主要是研究鸟类同人类经济活动的关系等的科学。所谓进化观点，即现存生物都是古代生物经过长期进化而来的，从水生到陆生，从简单到复杂，从低级到高级。适应观点表现在结构与功能相适应，生物机体与环境相适应。

结合陆生野生动物疫源疫病监测和鸟类环志的实际需要，本章主要围绕鸟类识别，介绍鸟类的结构和分类。

第一节　鸟类的结构与功能

鸟类是从爬行类进化而来的，在进化过程中获得一些新的进步性特征，如旺盛的新陈代谢和高而恒定的体温，完善的繁殖方式和较高的后代成活率以及独特的飞行运动。长期适应飞行使鸟类的躯体结构发生了重大改变，独特的运动方式使鸟类在生存竞争中占有优势，成为陆生脊椎动物中分布最广、种类最多的一个类群。

一、体被

鸟的体被包括皮肤及皮肤的衍生物，其主要功能是保护体内环境稳定，防止机械的、化学的损伤以及细菌等微生物的侵袭，另一个主要功能是保持和调节体温。

鸟类的皮肤薄而纤细，松动地覆于肌肉、皮下组织或皮下的气囊之外。在某些部位，如喙、跗蹠、脚、翅骨等，皮肤几乎是紧贴在骨骼表面。鸟类的皮肤衍生物包括皮肤腺和角质皮肤衍生物。

鸟类皮肤缺乏腺体，唯一可见的大型皮肤腺是尾脂腺，其分泌物主要是油脂。鸟类角质皮肤衍生物包括羽毛、鳞片、距、爪、喙、额板、蜡膜、肉冠、肉垂及孵卵斑等，其中羽毛是表皮的角质化衍生物，是鸟类所特有的结构。主要功能是保护皮肤不受损伤，保持和调节体温，是鸟类完成飞翔的重要结构，有触觉功能。

原始鸟类的羽毛可能均匀地着生在体表，绝大多数鸟类的体羽只着生在体表的一定区域内，称为羽区，各羽区之间不着生羽毛的地方称为裸区（见图6－1）。

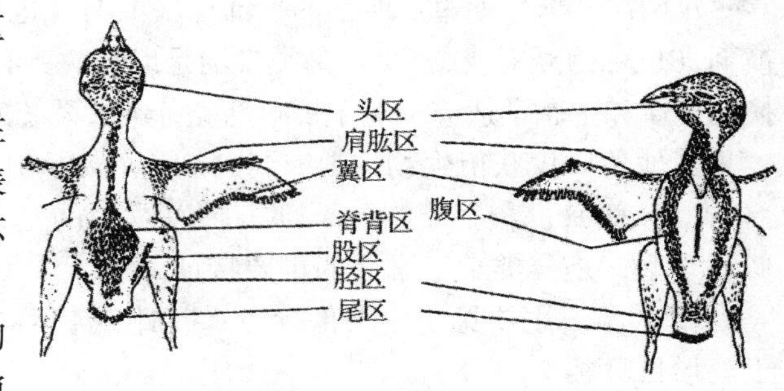

图6－1　典型雀类的羽区

鸟翼后缘所着生的一列强大而坚韧的羽毛称为飞羽。其着生在手部（腕骨、掌骨和指骨）上的飞羽称初级飞羽，一般为9～12枚。着生在前臂部（尺骨）上的飞羽称次级飞羽，通常为10～20枚（见图6－2）。

飞羽的数目和形态是鸟类分类的重要依据（见图6－3）。鸟翼的背、腹面都有一系列不同大小的羽毛呈覆瓦状将飞羽基部覆盖，称为覆羽。尾区着生一列强大的尾羽，左右对称，一般10或12枚，多者可达24枚。尾羽的背、腹面也有覆羽。鸟类的飞羽及体羽有多种多样的色泽、斑纹和光泽，不同区域可能差别较大，是鸟类识别的重要特征。参见鸟类的飞羽与体羽分区（见图6－4）。鸟类的尾羽在飞行中起平衡和舵的作用，因飞翔特性不同以及生活习性的差异，尾羽的形态也多种多样，是分类的重要依据（见图6－5）。

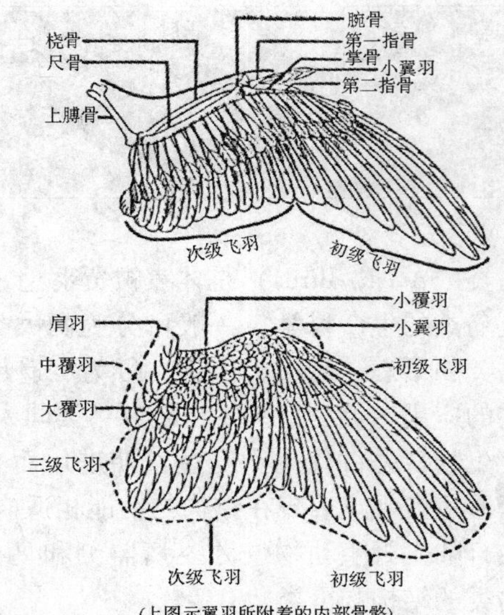

(上图示翼羽所附着的内部骨骼)

图6－2 鸟类翅膀上的羽毛

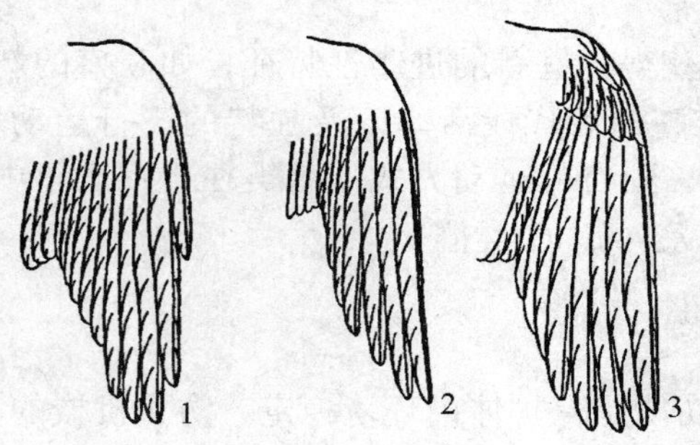

1.圆翼(黄鹂); 2.尖翼(家燕); 3.方翼(八哥)

图6－3 鸟类翅膀类型示意图

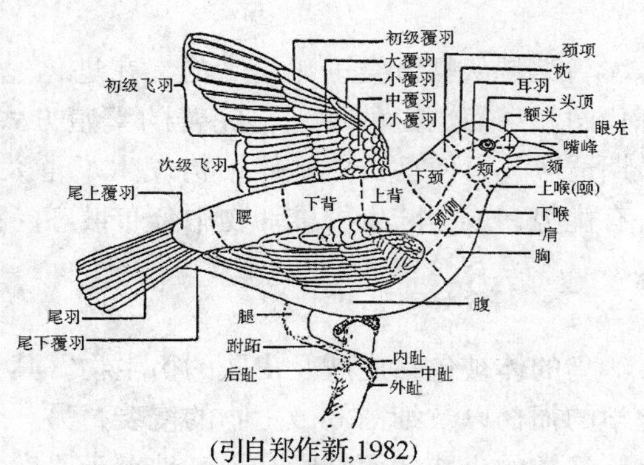

(引自郑作新,1982)

图6－4 鸟类的飞羽与体羽分区

换羽：羽毛的定期更换称为换羽（见附图1）。换羽是鸟类十分重要的生物学现象，使之能常年保持完好的羽饰，以适应飞翔生活的需要，并能应付如迁徙、求偶炫耀、育雏活动等对羽毛造成的损伤。从雏鸟出壳到性成熟要经历多次换羽，然后每年仍要规律性换羽，通常一年两次。繁殖期过后所换的羽饰称基本羽（也称为冬羽），晚冬至早春所换的新羽称替换羽（也称为夏羽或婚羽）。鸟类换羽是以逐次、有序、左右对称的方式进行。研究鸟类的换羽规律和生态学适应，对于了解鸟类分类、系统发育、进化与适应具有重要意义。

其他角质皮肤衍生物主要有：

（1）鳞片。覆盖于腿的下部、脚以及喙的基部，形状多样。亲缘关系较近者具有类似的鳞型，是分类学上常用的重要特征。

（2）距。主要见于跗蹠部后方，是跗蹠骨后方突起的骨棍，在雄鸟较发达，普遍见于鸡形目鸟类。

（3）爪。足趾端部的角质结构，由于生活方式的不同，鸟爪在形态上多种多样（见图6－6）。

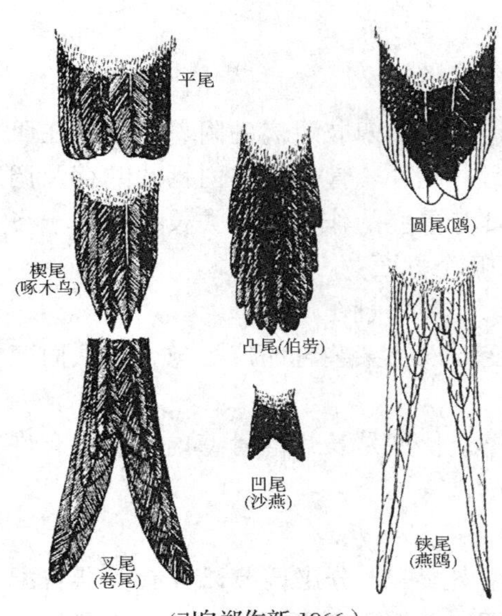

(引自郑作新,1966)

图6-5 鸟类的尾羽类型

(4) 角质喙。角质喙是包被鸟类喙部的硬角质鞘。喙是鸟类取食器官，因取食方式不同而在喙的形态上有很大变异（见图6-7）。雁鸭类的角质喙较柔韧，外有皮膜覆盖，在喙尖处另有加厚的部分称为嘴甲。鸽、鸮类的上喙基部为柔软的皮肤，即为蜡膜。犀鸟的上喙基部形成巨大的头盔。许多秧鸡科鸟类的上喙基部向后延伸并形成宽阔的额板，如骨顶鸡 *Fulica atra*。许多鸟类的雏鸟在破壳之前，其上喙顶端生有一个向上的角质突起，称为卵齿。其作用是破壳，孵出1~2日即脱落。

(5) 肉冠、肉垂和肉裙。一些鸟类，特别是鸡形目鸟类，由其头颈部皮肤特化而成，裸露，能迅速充血，雄鸟的肉冠、肉垂和肉裙特别发达，用以在求偶炫耀时向雌鸟展示。

(6) 孵卵斑。大多数孵卵鸟类在孵卵期间胸部的真皮加厚,血管增多,羽毛脱落,形成孵卵斑。有利于孵卵期间体温传递,也可据此判断亲缘关系。

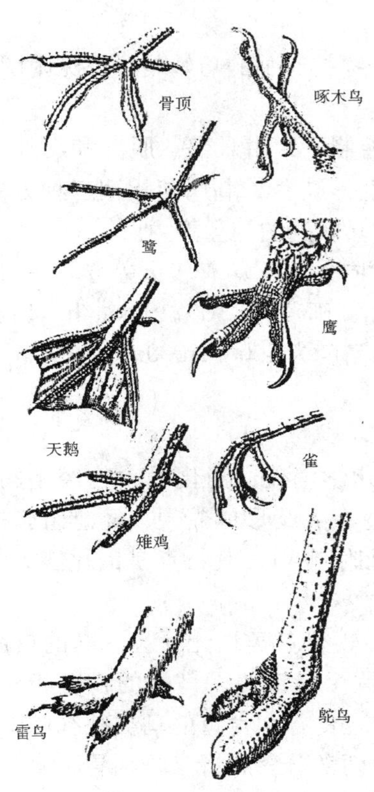

图6-6 鸟类的足与爪类型

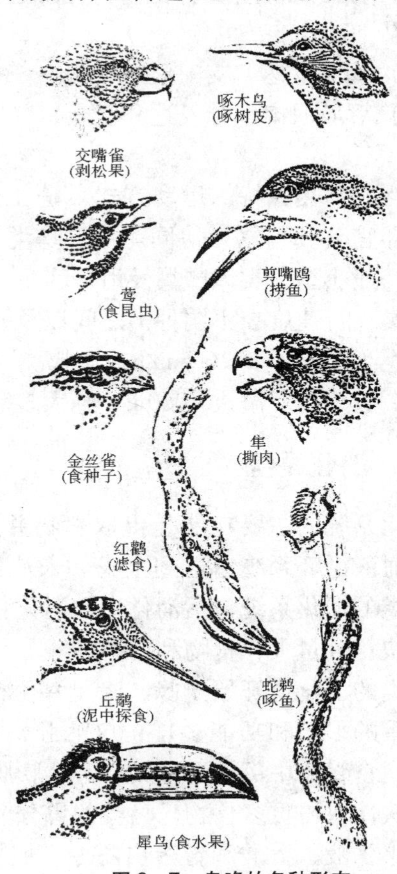

图6-7 鸟喙的各种形态

二、骨骼及肌肉系统

1. 骨骼系统

骨骼系统具有支持躯体和保护内脏的功能，也是躯干和四肢肌肉的附着点，能在肌群的操纵下完成杠杆运动，共同构成鸟类的运动器官。此外，骨骼在体内钙的贮存及调节血液中钙、磷代谢以维持正常的生理活动方面，具有重要的作用。鸟类长期适应于飞翔生活，骨骼系统发生了显著变化。主要表现在以下几个方面：

（1）鸟类骨骼轻便，骨壁很薄，大多数骨骼内有气囊或气腔。

（2）骨骼的愈合与变形。鸟类许多骨骼退化，变形以及某些骨骼广泛愈合，从而变得十分坚固（见附图2）。

（3）骨壁薄而轻，但十分坚固。一些承力的骨骼，特别是长骨的骨壁内墙，常有许多纵横交错的骨质梁架加固，能获得最大的支撑和抗力。

2. 肌肉系统

肌肉系统由骨骼肌、内脏肌和心肌组成。在神经支配，内分泌调节以及有关器官配合下，共同完成躯体运动，内脏器官蠕动和血液循环。鸟类适应飞翔生活，躯体和运动器官显著变形，在肌肉特征方面表现为：

（1）骨骼肌发生显著变化：背肌趋于退化，颈肌复杂，使头部能够完成多方向和多方位的精细动作。

（2）胸肌发达，支配扇翅运动。

（3）后肢肌肉十分发达和复杂，并发展了与栖止抓持有关的巧妙装置（见附图3）。

3. 飞行

飞行是鸟类独特的运动方式，是在神经系统的控制下，由骨骼、肌肉和羽片所构成的飞翔器官（翼与尾）协同完成。鸟类飞行时基本上是鼓翼、滑翔和翱翔三种方式交替使用。一般小型鸟类以鼓翼及滑翔为主，大型鸟类多具较好的翱翔能力。

鸟类飞行速度在不同种类之间以及同一种类在不同条件下均有较大差异。一般来说，小型雀类为32.2～59.6 km/h，雁鸭类95～115 km/h，雨燕为110～190km/h。鸟类的飞行高度一般不高于海拔5 000m，绝大多数鸟类的飞行高度为400～1 000m。

三、消化系统

消化系统的主要功能是摄取食物并进行物理和化学消化，消化的食物经小肠吸收，再通过血液循环系统输送到全身。未消化吸收的残渣在大肠形成粪便，经泄殖腔排出体外。鸟类的消化系统包括消化道和消化腺两部分（见附图4），其特点是消化能力强，消化过程快；食量大，食物利用率高。

鸟类的消化道开始于喙，喙是鸟类的取食器官，现代鸟类均无牙齿。鸟的口腔只有硬腭，舌的形态和功能多样，口咽腔黏膜上分布有许多唾液腺。鸟类的食管相对更长，更宽大，食管的中部或下部具有一个膨胀部，即嗉囊。食谷和食鱼的鸟类往往嗉囊发达，便于一次性取得更多食物。鸟类的胃分为腺胃和肌胃两部分。腺胃又称前胃，容积较小，主要分泌黏液、胃酸和胃蛋白酶原。肌胃又称砂囊，中央较厚边缘较薄，主要功能是机械性地研磨食物并进行酶和酸的水解。鸟类的肠道由小肠、大肠和泄殖腔组成。小肠分为十二指肠、空肠和回肠，大肠由盲肠和直肠构成，直肠的末端膨大部分是泄殖腔。鸟类的消化腺主要是肝脏、胰脏。

四、呼吸系统与发声器官

呼吸系统通过摄入氧气和排出二氧化碳的气体代谢方式来维持机体的新陈代谢活动。呼吸系统在完成气体交换的同时，也实现了对体内环境的热调节。鸟类特殊的肺结构及复杂的气囊系统，使呼气及吸气时均有富含氧气的气体通过肺，为旺盛的新陈代谢提供保证（见图6-8）。气囊系统是鸟类特有的结构，在保证高效呼吸和散热方面起着重要作用。鸟类呼吸的基本特征是，不论吸气还是呼气，均有富含氧气的气体从肺的平行支气管连同微气管中流过，这种与其他陆栖脊椎动物不同，习惯上称为“双重呼吸”。此外，鸟类具有特殊的发声器官——鸣管及鸣肌。

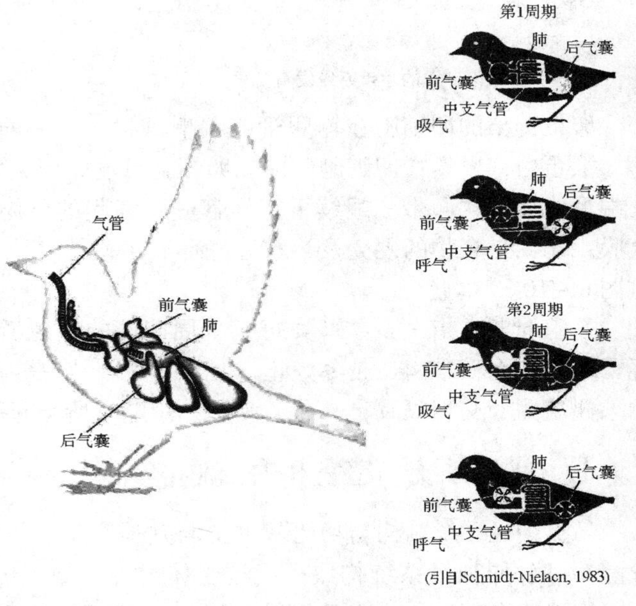

图6-8 鸟类的气囊结构、呼吸周期及气流流向

五、循环系统

循环系统的主要功能是运送血液和淋巴，把营养物质、氧和激素送到身体各器官、组织和细胞，进行新陈代谢；同时又将代谢产物带到肺、肾等器官排出体外。还可调节组织的水分含量，维持机体内环境的稳定及保护机体免受细菌、病毒等微生物或其他有机大分子的侵袭。

鸟类的循环系统反映了较高的代谢水平。心脏四腔，具有右体动脉弓，动、静脉血液完全分开，心脏容量大，心跳频率快，动脉压高，血液循环迅速。具尾肠系膜静脉，肾门静脉趋于退化（见附图5）。

鸟类淋巴系由淋巴管、淋巴组织和淋巴器官组成。

六、泌尿生殖系统

泌尿系统由肾脏、输尿管和泄殖腔组成。肾脏为泌尿场所，经输尿管导尿到泄殖腔。绝大多数鸟类无膀胱，这与排泄产物尿酸为半固体状态，以及适用于飞翔生活、减轻体重有关。

生殖系统由生殖腺、生殖导管及附属腺体组成。雄性生殖系统是精巢、附睾、输精管、泄殖腔与阴茎。鸟类大都不具阴茎，在某些低等鸟类尚有痕迹，如雁形目的雄鸟。雌性生殖系统由卵巢和输卵管组成，末端开口于泄殖腔内的泄殖道。鸟类的卵巢和输卵管在成熟期仅左侧发育，进入繁殖期才增大，繁殖期过后又缩小（见图6-9）。

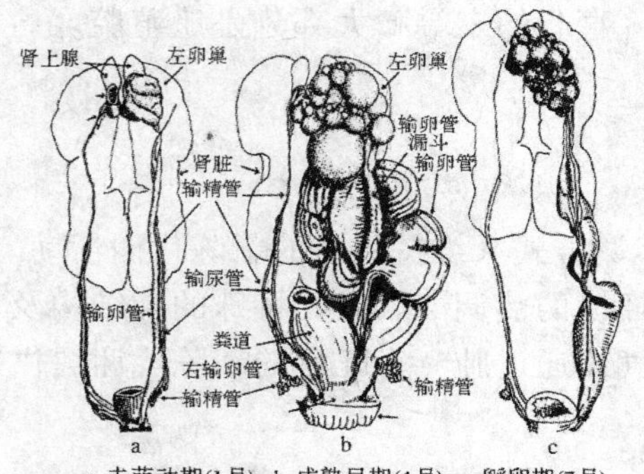

a. 未萌动期(1月) b. 成熟早期(4月) c. 孵卵期(7月)

图6-9 雌家麻雀的生殖系统发育阶段

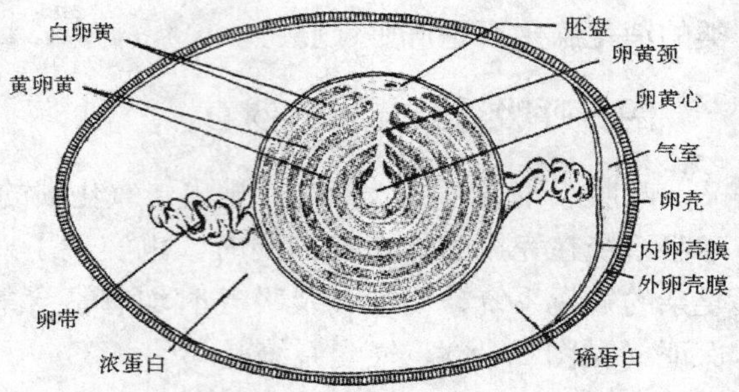

图6-10 鸟蛋的结构模式图

卵巢排出的卵细胞在输卵管前端喇叭状开口后面的卵带区停留、受精，此区分泌一薄层浓蛋白，紧裹在卵细胞周围。卵细胞沿输卵管旋转下行，被不断包裹浓蛋白，同时，两端形成螺旋状卵带。继续下行，管壁腺细胞的分泌物构成卵细胞几丁质成分的内、外壳膜。含钙化合物的硬壳及色素在输卵管下端的膨大部（子宫）形成。鸟蛋的基本结构见图6-10。

繁殖周期是指大多数鸟类每年呈周期性的繁殖活动，北半球鸟类的繁殖周期开始于春季北迁，至秋季南迁越冬为止（见附图6）。它是在外源性因素（如光照、温度、雄鸟的求偶炫耀、交配以及巢、卵的刺激）影响下所引起的内源性繁殖周期性活动。

七、神经系统、感官和内分泌

鸟类神经系统结构与功能基本上与其他高等脊椎动物相似，由中枢神经系统（脑与脊髓）和外周神经系统构成。能接受体内外刺激，经过中枢的整合而发出适当的反应，从而维持体内环境的稳定及应付多变的外界环境，并能选择性地将一些信息以记忆和学习的形式贮存于大脑，最终形成多种有利于机体的、复杂的行为。

鸟类的自主神经系统由交感神经和副交感神经组成。主要功能是调节内脏活动和新陈代谢过程，以保证体内环境的平衡和稳定。

适应鸟类飞翔的特征包括中脑视叶十分发达，眼球大，视力发达；小脑十分发达。眼球大，大多数鸟类的双眼为侧位，少数不同程度双眼向前。眼球对远视和近视有强大的调节能力；一般下眼睑比上眼睑大，有较大的活动性，通过向上运动而闭眼。不具外耳廓，耳孔通常被耳羽所覆盖，嗅觉不灵敏。

生命活动是在神经系统以及内分泌系统的控制和协调下实现的。内分泌系统分泌的活性物质称为激素，分泌激素的腺体称内分泌腺。鸟类的主要内分泌腺有脑下垂体、甲状腺、甲状旁腺、后腮腺、肾上腺、胰岛、性腺、松果腺和胸腺。

八、小结

鸟类独特的飞行运动方式，需要旺盛的新陈代谢供给能量，保持体温恒定。进化形成一系列特殊的结构：体表被覆羽毛，保持温度和体形，飞羽和尾羽是飞翔的利器；骨骼轻而有气腔，广泛的愈合。前肢演变为翅；胸大肌发达；以喙取食，牙齿退化；复杂的气囊系统与肺通连，高效呼吸，重要的冷却装置；心脏容积大，心搏速度快，血流迅速；感官及神经系统高度发达。鸟类完善的繁殖方式和较高的后代成活率使其在生存竞争中获得优势，广泛分布于地球上的各个角落。

第二节　鸟类识别

依据生活状态，可以将全世界的鸟类分为两类：野生鸟类和笼养鸟类。野生鸟类自由自在地在自然界生活，而笼养鸟类则受到鸟笼的限制。有的鸟笼可能较大，如野生动物园或百鸟园的鸟笼，鸟在里面可以飞行；有些鸟笼很小，刚刚容许鸟在里面转身和蹦跳。笼内的鸟可能是刚从野外捕获，有些可能已被囚禁多日或多年。还有许许多多的观赏鸟、家鸽和家禽生活在人类提供的笼舍内，完全依赖人类生活。然而追溯它们的祖先，都来自野生鸟类。

形形色色的鸟类需要人们去欣赏和识别。了解和认识鸟类是鸟类爱好者最先遇到的问题，也是鸟类环志、疫源疫病监测、保护、管理面临的基本问题。中国鸟类 24 目 101 科 429 属1 371种，约占世界鸟类种类数量的 13.7%。中国地域辽阔，横跨多个温度带，地形复杂，不仅迁徙鸟类的种类多，也有许多特有的种类。本节主要结合多年野外工作体会，简要介绍一下鸟类的识别。

在中国，许许多多人喜欢鸟类，熟悉当地鸟类的习性和土名（当地名）。大部分土名已经抓住了该种鸟类与其他鸟类相互区别的形态特征或行为特征，达到识别鸟类的目的。可见，鸟类识别并不难，只要留心观察，长期实践，了解和认识当地鸟类是可以办到的。

虽然土名能够识别鸟类，但不是十分科学。首先，土名描述的特征不够严密，较少反映不同种类之间的亲缘关系。其次，不便于研究人员之间的交流，特别是国际交流。例如，种与亚种的科学名称普遍使用双名制（属名 + 种名）和三名制（属名 + 种名 + 亚种名），这涉及分类学基本原理与方法，即运用多学科交叉的研究成果来阐述有关物种或类群的起源、进化历史以及各类群间的亲缘关系。

自 18 世纪以来，世界主要国家的博物馆，大学都有自己的标本馆，藏有本国乃至全球各地的鸟类标本，主要是假剥制标本，其中最宝贵的是模式标本，即首先发现并定名的剥制标本。英国最古老的标本已经 300 余年，中国首个由中国人制作的鸟类剥制标本也超过 100 年。凭借这些标本，鸟类分类学研究进展迅速。研究内容以种类鉴定为主，在不断识别和鉴定物种的基础上研究种的系统分类以及系统发育。

鸟类分类学的基本单位是物种（通常简称为“种”）。种是分类学的基本单元，其定义是能够（或可能）相互配育的自然种群的类群，这些类群与其他这样的类群在生殖上相互隔离着。确定物种应同时考虑形态的、地理的和遗传学的特征，即同一种必须具有相对稳定的、一致的形态学特征，一定的地理分布区以及特定的遗传基因，表现为同种可配育，不同种不可配育，偶然杂交后代不育。

分类阶元是指分类体系中的各单元，如科、属、种等。在鸟类中采用的有：亚种、种、属、科、目、纲、门、界，用来表示物种在进化中的地位、亲缘关系。例如“属”的定义是：聚合的分类阶元，包括一个或一群推测在系统发育上有共同起源的种。确定属名需指定一个模式种，其属名作为同属内所有物种学名的第一个名称。再如“科”的定义是：属上分类阶元，包括一个属或一群在系统发育上有共同起源的属。概括各属的形态、适应，归纳出科的特征。其他更高阶元的确定以此类推。

分类学特征以形态和比较解剖学资料为基础，结合显微形态学、生理生态学、行为学、细胞遗传学和生物化学等领域的技术成果，提出表型鉴别方案。由于科学不断发展与进步，特别是细胞遗传学的进步，为分析鸟种之间的亲缘关系提供新的证据。所以，比较抽象的分类体系之间多少有差异。目前中国境内出版的书籍，分类体系主要有三种：《中国鸟类系统检索》（郑作新，1964），《中国鸟类野外手册》（约翰·马敬能等，2000）以及《中国鸟类分类与分布名录》（郑光美等，2011）。其中，郑光美等采用的体系比较与国际接轨。

以鸟类假剥制标本为主建立起鸟类分类学，出版了许多检索表、图谱和名录。直到现在，《中国鸟类系统检索》对于识别手中鸟还有重要参考价值。

最近的几十年，随着环境保护、生态平衡等观念的普及，野外观鸟有了较大的发展。特别是高倍、清晰的望远、摄像设备的普及以及高质量鸟类图版的印刷，更有利于野外鸟类识别。现代鸟类的野外识别可能无需丰富的鸟类分类学知识，但依据的图鉴和描述却是鸟类分类学长期积累的结果。

一、手中鸟的识别

手中鸟是指被捕获或救护的鸟，可在近距离或拿在手中仔细观察，更可以与图鉴仔细对照。通常的识别过程是先判别到类群（如雉鸡、雁鸭、鸻鹬、鸥、燕鸥、伯劳、燕、鹎等），再与该类群内各个种的图形对照。图鉴中的类群相当于分类学中的科。如果能够识别到科，已经是比较有经验的人员，完全有可能依照图鉴和种类分布图查检索到种。

对于初学人员，建议利用《中国鸟类系统检索》中的检索表，结合适当的图鉴，对照识别鸟类。例如，先看目别检索表（见附表 6－1），将鸟识别到目，再由目到科（相当于类群）。比较难的是雀形目，许多描述模棱两可，需要经常反复和试探才能找到正确的科。最后对照图谱和文字描述，确定种类。为了使用方便，我们将每一目所包括的类群标在附表 6－1 的括号内。例如，检索手中的斑头雁。最先看 1，蹼是否发达？斑头雁的蹼较发达；看 2，鼻是否成管状？不清楚，先认为鼻成管状，结果是鹱形目，指的是鹱、信天翁、海燕这类鸟，明显与手中鸟不符，所以，继续看 3，“趾间具全蹼”及“趾间不具全蹼”，斑头雁的蹼明显与图 6－11 中的全蹼不同。因此，继续看检索表的 4，“嘴扁”，“先端具嘴甲”与手中鸟相符，

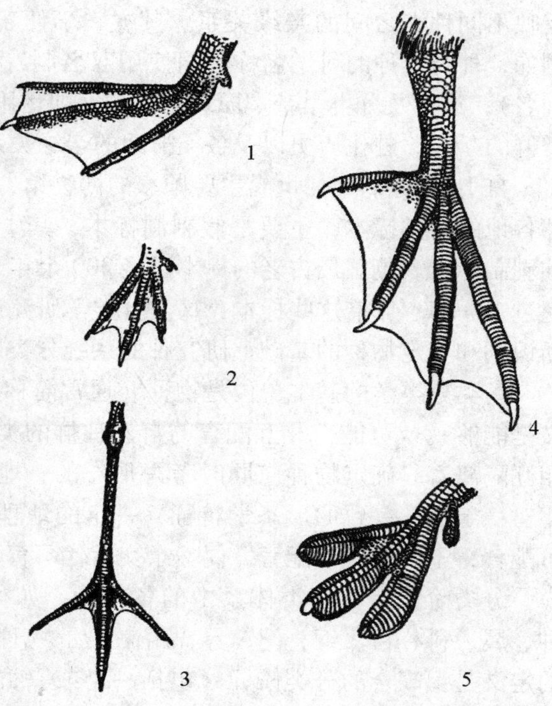

1．蹼足　2．凹蹼足　3．半蹼足　4．全蹼足　5．瓣蹼足

图 6－11　鸟蹼的各种类型

应属雁形目。翻看雁鸭类图鉴，可以查出斑头雁。最后，还必须对照文字描述，核实是否相符。

约翰·马敬能（John Mackinnon）等人认为已故鸟类学家郑作新先生采用的分类系统已经陈旧，建议使用《中国鸟类系统检索》一书时应与现行采用的分类系统相比较。例如，《中国鸟类分类与分布名录》中有24目。而《中国鸟类系统检索》只有22目，其中的鸥形目（Lariformes）和海雀目（Alciformes）变为鸥科（Laridae）和海雀科（Alcidae），并入鸻形目（Charadriiformes），增加红鹳目（Phoenicopteriformes）。此外，鸽形目（Columbiformes）中的沙鸡科（Pteroclidae），佛法僧目（Coraciiformes）中的戴胜科（Upupidae）和犀鸟科（Bucerotidae）已经分别提升为沙鸡目（Pterocliformes）、戴胜目（Upupiformes）和犀鸟目（Bucerotiformes）。

中国雀形目鸟类44科188属764种，约占中国鸟类种类数量的55.7%。多是生活在山野、林地、荒漠、草原上的小型鸟类。许多鸟类色彩鲜艳，繁殖期鸣声悦耳，更有许多迁徙性鸟类，是主要的观赏和环志对象。近几年，中国每年的环志鸟数量20万只左右，其中90%为雀形目鸟类。

使用雀形目检索表（见附表6－2）难度更大。首先，专业词汇多，如“靴状鳞”，“盾状鳞”。其次是字意抽象，如“嘴粗健而侧扁”，“嘴强壮而侧扁”。最后，常遇到“例外”的情况，只能凭经验和试探。初次使用检索表的人常有共同感觉：认识的鸟一查就到，不认识的鸟难于检索到。只有经常使用，不断摸索，才会有一定指导意义。

还要说明，雀形目检索表（郑作新，1964）与现行的分类体系有些差别，使用时应留心比较。

二、野外鸟的识别与观鸟

对于从事野生动物疫源疫病监测、野生动物资源保护和调查的人员，野外观鸟首先是本职工作。对于其他行业的人员，野外观鸟是娱乐，业余兴趣或爱好，这类高雅的爱好也可为野生动物保护管理或环境保护服务。业余观鸟人员发现周围鸟的种类或数量减少，可向政府部门提出质疑，是否人类居住的环境受到威胁和影响。

无论何种人员，野外观鸟的根本目的是了解和认识鸟类。人类从狩猎，采摘发展到现代文明经历漫长的年代，其中物质丰富是最重要的基础。经过改革开放富裕起来的中国人，已经开始形成业余观鸟人群。实践表明，野外观鸟需要经验，经验越多观察越准确。许多业余观鸟人员，甚至刚刚从事野生动物保护、管理、监测的人员可能都不是专业鸟类学工作者，但经过一段实践，他们的野外识别能力，野外摄影技术，甚至鸟类生态学知识都可与专业人员比高低。

本节主要介绍野外观鸟的装备与器材以及野外鸟类识别方法。每个人的学识和经历不同，体会也不尽相同，不必追求方法的一致。

（一）装备与器材

通常的观鸟活动都在居住地点附近，一般不远行，也不在野外过夜。这时，最基本的装备和器材相对比较简单。主要有：（1）望远镜（见图6－12）；（2）背包；（3）笔记本和铅笔（见图6－13）；（4）与季节相应的衣物（见图6－14）；（5）野外图鉴（见图6－15）。

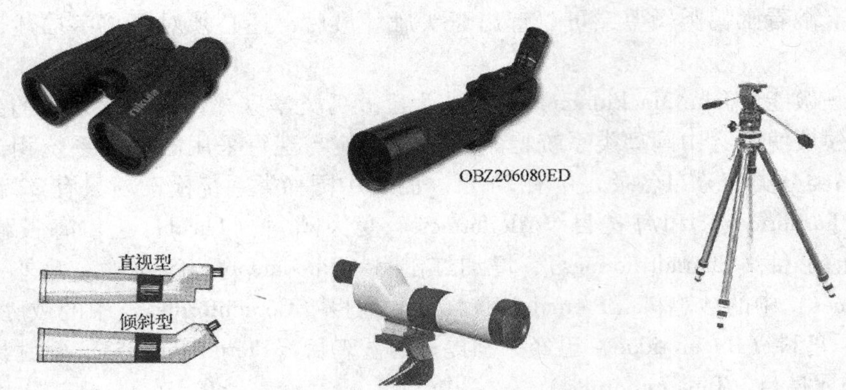

图6-12 望远镜

双筒望远镜的倍数不宜太高，以8或10倍最好。倍数越高，要求越稳定，没有支架很难办到。在经济条件允许的前提下，尽量选购高清晰度望远镜。此外，必须注意正确的清洁和保养，防止受潮发霉。

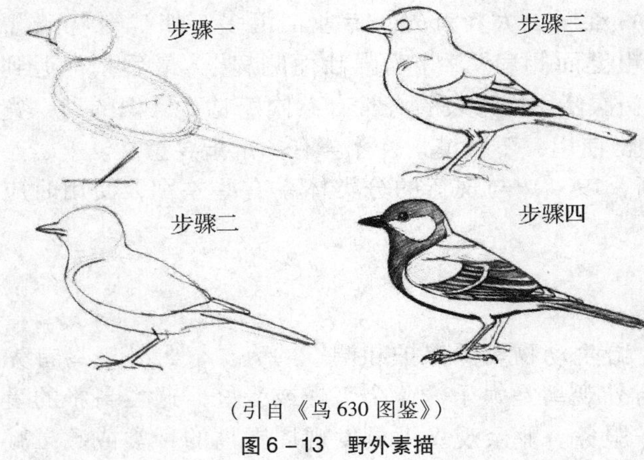

（引自《鸟630图鉴》）

图6-13 野外素描

单筒望远镜（镜头20倍定焦或20~60倍变焦）在鸟类识别中作用很大，应尽可能购买。日本、德国、奥地利等许多国家都生产，质量都不错。以前，有些单位曾用靶镜代替单筒镜观鸟，效果并不理想。如果已经购买到单筒镜，务必选择合适的三角架。不要只图轻便，三脚架的重量应与单筒镜的重量相适应，避免头重脚轻，不稳定。

双肩背包在野外必不可少。各类物品，包括吃、喝等生活用品都在其内。有人喜欢用斜挎包，方便取出、送回物品，特别是经常使用的物品。但容积不如双肩背包。

图6-14 观鸟衣物

《中国鸟类野外手册》PDA版
马敬能、菲利普斯、何芬奇等著

图6-15 野外图鉴

图鉴最好随身携带，便于随时翻阅和对照。

记录本和笔一定要有。笔记本最好放在防水袋中，铅笔或圆珠笔都可，不要用墨水笔，以防遇水变模糊。记录的内容除时间、地点以外，更应记录鸟的栖息环境，特殊的行为，鸟的突出特征，以及伴生物种等。如果能够画出素描图，更便于鸟类的识别。

合适的衣物很重要。最好是适宜野外的服装和鞋帽，避免蛇、虫叮咬。颜色不要过于艳丽，与绿色环境不要反差太大。

以上是观鸟的基本装备和器材。如果经济条件可能，建议提高装备和器材的质量。其他装备，如GPS、照相机，特别是数码相机和录像机，能够及时拍摄带有特殊标记（带有发射器、彩环、旗标等）的鸟，具有特殊重要意义。

（二）观鸟前的准备

开始观鸟之前，应该首先了解周围地区的鸟类，至少了解本省、区、市应该分布的鸟类。也要了解当前季节，特定栖息地应该出现的鸟类。依据这些基本分析，列出当地鸟类名录。有针对性地检索应该识别的鸟类，翻阅有关的图鉴描述。记忆各类鸟的野外特征。

观鸟应注意天气状况。天气恶劣（大风、大雨、浓雾等）不仅影响观察和倾听的效果，鸟类本身也会躲避，不易见到。此外，应根据鸟的习性安排最佳观鸟时间，包括每日的最佳时间。用夜视仪观察夜间鸟类的活动，一定很有吸引力。

（三）野外鸟类识别方法

对于初学者或刚刚对观鸟感兴趣的人员，最简便快速的鸟类识别方法是“看图识鸟”法。此类方法常见于日本各观鸟点和保护区，特别是水鸟保护区（如湖边）。在观鸟窗口架有单筒望远镜，下面有彩色图版，画有当前季节水面上可能出现的鸟类，包括不同年龄、性别个体的差异。观鸟人员只要按图对照，就可以识别水中鸟类。

附图7是日本野鸟联合会出版的水面鸟图鉴，曾多次赠送给全国鸟类环志中心收藏。图中有绿头鸭、针尾鸭、鸳鸯、琵嘴鸭、斑嘴鸭、绿翅鸭、赤膀鸭、赤颈鸭、凤头潜鸭、红头潜鸭、斑背潜鸭、黑水鸡、白骨顶以及小鸊鷉等14种。其他鸟类，包括水边的鸟和山林、荒野中的鸟类也可用“看图识鸟”的方法练习野外识别（见附图8）。山林和荒野鸟类一般体型较小，很少长时间栖落在同一地点且周围经常有遮蔽物。也许正是半遮半掩不易观察，才更有趣味性。

另一值得推广的鸟类识别经验是：仔细观察，记住特征，迅速翻阅图鉴，与记忆对照，找出可能的种类。再通过多次观察、对照，最后确定种类。

与手中鸟的识别完全不同，野外识别鸟类只能用眼，或借助望远镜，通过观察鸟的轮廓和形状，鸟的大小，标志性特征，以及对鸟的行为、习性、鸣声、栖息地利用等方面的综合分析，确定鸟的种类。以下我们将分别举例说明。

1. 鸟的轮廓和形状

鸟的轮廓和形状既能反映鸟的总体特征，也可反映头、喙（嘴）、尾、腿等部位的局部特征。一种轮廓和外形代表一类鸟，有经验的观鸟人员甚至可判别到种。例如，水边鸟外形：根据嘴的长短和形状（见图6－16），头、颈的长短和形状（见图6－17），腿、脚的长度（见图6－18），水面游泳姿势（见图6－19）以及飞行姿态（见图6－19下半图）来识别不同的鸟类。

p145 黑腹滨鹬 p127 斑尾塍鹬 p149 沙椎
p129 大杓鹬 p47 夜鹭 p45 小白鹭 大白鹭
p43 苍鹭 p105 鹤

图 6－16 嘴的长短和形状比较

p47 夜鹭 p45 小白鹭 大白鹭 p43 苍鹭
p105 鹤 p73 天鹅 p75 雁 p33 潜鸟 p39 鸬鹚

图 6－17 头、颈的长短和形状比较

p47 夜鹭 p45 小白鹭 大白鹭 p43 苍鹭 p105 鹤 p119 鸻
P121 凤头麦鸡 灰头麦鸡 p113 白骨顶 黑水鸡 p109 红胸田鸡

图 6－18 腿的长度比较

p73 天鹅 p75 雁 p33 潜鸟 p39 鸬鹚 p85 斑嘴鸭 针尾鸭 p35 䴙䴘 凤头䴙䴘
p95 中华秋沙鸭 p89 凤头潜鸭 p19 信天翁 p25 鲣 p41 鲣鸟 p37 军舰鸟
p31 海燕 p181 海雀 p157 鸥 p165 鸥 p173 燕鸥

图 6－19 水面游泳姿势比较

水鸟嘴（喙）的形状和长短变化很大，头与喙的比率更能反映喙的长短。例如，大杓鹬喙的长度约是头宽的3倍（见图6-16 p129），而斑尾塍鹬（见图6-16 p149）的喙约为头宽的2倍且略有弯曲。还可以看到，鹭、鹤、天鹅、雁、潜鸟和鸬鹚的脖子弯曲程度和弯曲的形状有差异（见图6-17）。与麦鸡、田鸡、骨顶鸡相比，鹤、鹭的腿更修长（夜鹭除外）（见图6-18）。

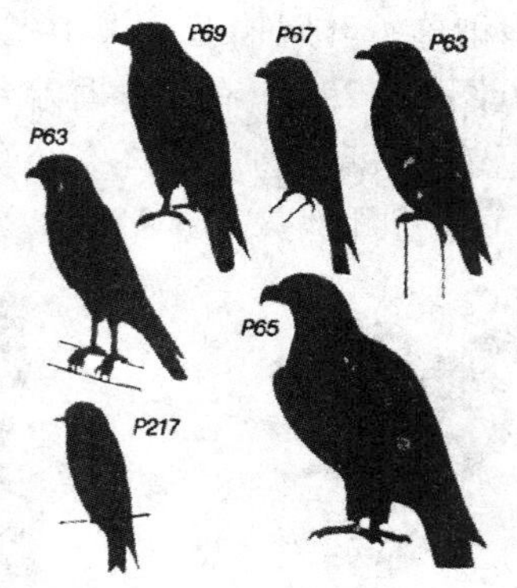

p63 普通鵟 灰脸鵟鹰 p67 黄爪隼
p69 游隼 p65 金雕 p217 崖沙燕

图6-20 嘴形短的鸟

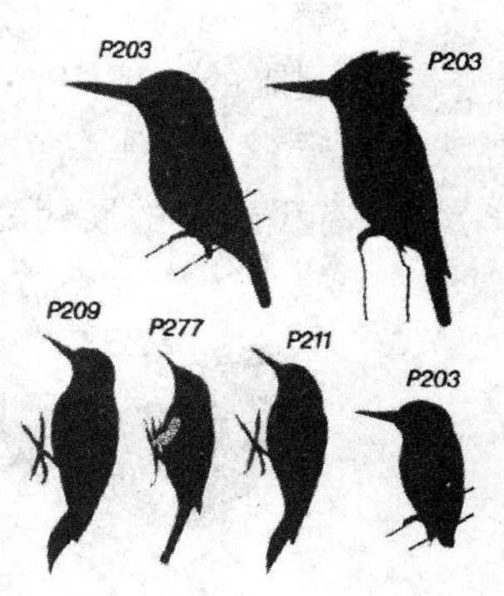

p203 冠鱼狗 赤翡翠 普通翠鸟
p209 啄木鸟 p277 旋木雀
p211 绿啄木鸟

图6-21 嘴形长的鸟

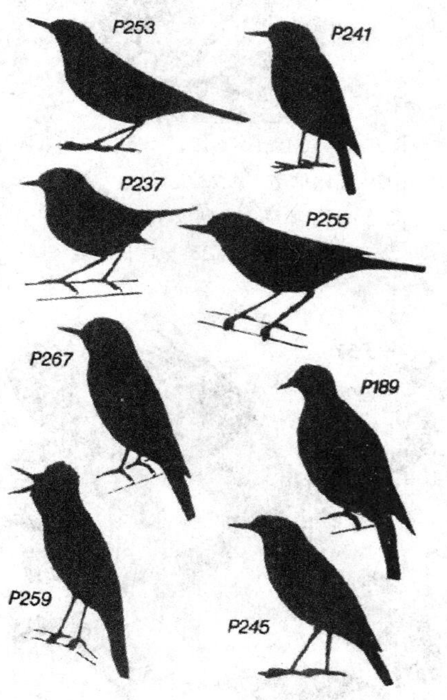

p253 红尾鸫 p241 北红尾鸲 p237 琉球歌鸲
p255 日本树莺 p189 绿鸠 p267 白腹蓝姬鹟
p259 东方大苇莺 p245 蓝矶鸫

图6-22 嘴形细的鸟

p303 蜡嘴雀 麻雀 p299 燕雀 p281 鵐
p206 蚁䴕 p277 山雀 p315 乌鸦

图6-23 嘴形异的鸟

林地内小型鸟较多，嘴的长短和形状变化较大。猛禽的嘴通常较短（见图6-20），冠鱼狗、赤翡翠、普通翠鸟、啄木鸟、旋木雀的嘴长直（见图6-21），鹟、莺、鸲、鸫的嘴较细（见图6-22），蜡嘴雀、燕雀、麻雀、鵐、蚁䴕、山雀和乌鸦的嘴形各有特点（见图6-23）。

许多山野、林地鸟的尾部差异较大，褐河乌、鷦鹩、鹌鹑、灰椋鸟的尾部短（见图6－24），鹎、鹡鸰、紫寿带、灰山椒鸟、红尾伯劳、大山雀、大杜鹃、金腰燕、灰喜鹊、喜鹊、长尾雉的尾部相对较长（见图6－25）。有的鸟耳羽突出（长耳鸮）、羽冠明显并特殊（黄喉鹀、太平鸟、云雀、冠鱼狗、戴胜），或体态与众不同（长尾林鸮）（见图6－26），还有飞翔时的展翅姿态（雕）（见图6－27），都是鸟类识别的重要依据。

p233 褐河乌 鷦鹩
p103 鹌鹑 p305 灰椋鸟

图6－24 尾短的鸟

p227 鹎 灰山椒鸟 p221 鹡鸰 p267 紫寿带
p229 红尾伯劳 p273 大山雀 p193 大杜鹃
p215 金腰燕 p311 灰喜鹊 喜鹊 p101 长尾雉

图6－25 尾长的鸟

p199 长耳鸮 长尾林鸮 p285 黄喉鹀
p233 太平鸟 p213 云雀 p203 冠鱼狗
p205 戴胜

图6－26 头部特殊的鸟

p67 隼 p61 鹰 p65 雕 p315 乌鸦 p205 三宝鸟
p201 白腰雨燕 p215 金腰燕 p193 大杜鹃

图6－27 飞翔时展翅姿态

2. 鸟的大小和羽色

鸟的大小是相对的（见图 6-28）。现代最大的鸟是鸵鸟，最小的鸟是蜂鸟。常见的斑头雁 70cm，喜鹊 40cm，麻雀 10cm。特别在望远镜中，没有参照物比较很难看出鸟的真实大小。用望远镜观鸟，不同强度和角度的太阳光照下颜色可能失真，最常出现的是红色看成黑色。应多看几次，从不同方向观察。

乌鸦　　旅鸫　　家麻雀

图 6-28　鸟的外形大小比较

3. 鸟的野外识别特征

许多鸟都有其特殊的形态特征，有时，只要抓住 1~2 点，足以确定物种名称，称为该种鸟的野外识别特征（见附图 9）。鸟的轮廓和外形有时代表一类鸟的特征，如雁和鸭。再仔细观察，还可以发现一些特征，如斑嘴、斑头或凤头等，可以识别到种。

4. 鸟的习性

鸟的许多习性，包括巢址选择、觅食环境、觅食方法、身体部位的摆动、集群与否以及飞行姿态都是某种鸟或某类鸟的特征，足以达到野外识别的目的或供鸟类识别参考。如鹡鸰，尾细长，外侧尾羽具白色，常做有规律的上下摆动（山鹡鸰为左右摆动）（见图 6-29）；啄木鸟凿洞筑巢（初级巢洞利用），大山雀利用旧树洞作巢（次级巢洞利用）；鸻、鹬、黑脸琵鹭都在海滩取食，鸻类个体小，疾行急走；鹬类走走停停；黑脸琵鹭的嘴端是否呈勺状以及面部黑色是否超过眼睛等特征不容易看清，但左右横扫的取食姿态十分清楚。孤沙椎常独自在水塘边活动，燕子抄掠过水面，百灵扶摇直冲蓝天。

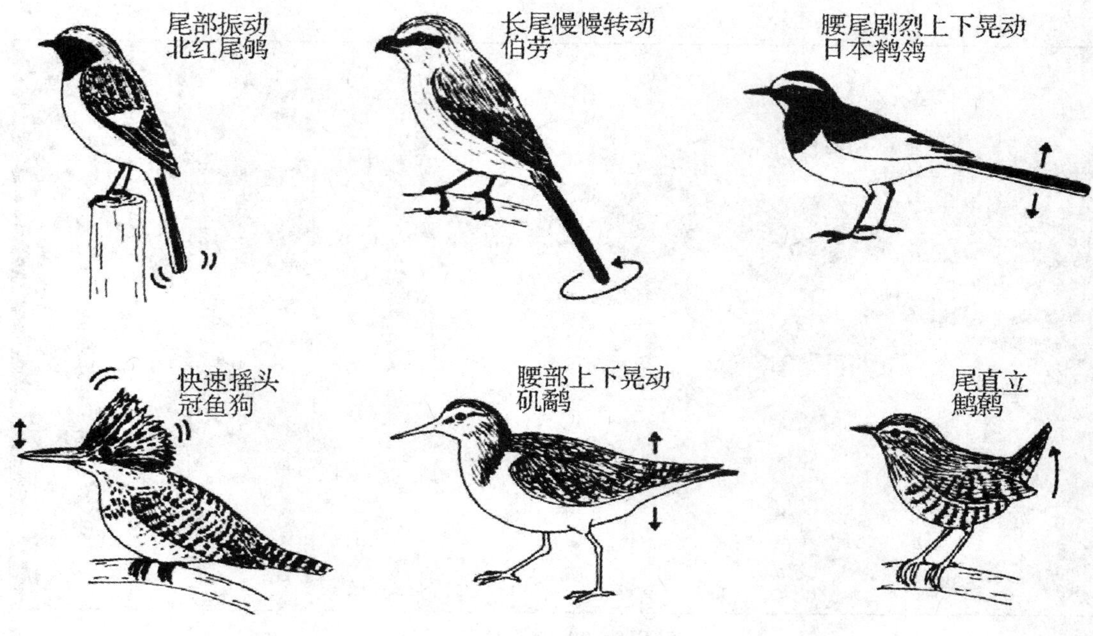

图 6-29　停落时特有的动作

5. 鸣叫

鸟的叫声和鸣声具有种类特性。有些雀形目鸟类鸣肌发达（鸣禽），繁殖期鸣声悦耳（雄鸟）。当然，并不是所有鸟的叫声都令人喜爱。野外经验丰富的人，只听叫声就可识别种类或统计数量。观鸟时应仔细聆听（见图6－30），有条件可以录音（见图6－31）。许多国家都有鸟鸣的录音带公开出售，而我国本土鸟类的鸣声还没有出版。

图6－30 仔细聆听鸟的叫声

图6－31 野外录鸟的叫声

6. 栖息地

动物栖息地的环境，如地貌、气候、水文、土壤、植被等称为生境。对于野生动物，最好称栖息地。鸟类与栖息地有不可分割的关系。长期的历史演化和自然选择，鸟类的形态、行为已经适应特定的环境和生态位因子。因此，每种栖息地类型都有其特有的鸟类。或者说，有些鸟类不可能在某种栖息地生活。

在全球范围内，鸟类栖息地常分为11种主要类型。近几年湿地保护的迅速发展，湖泊、池塘、河流、海滨和沼泽都已经划入湿地范畴。所以，地球表面至少应该有10种天然栖息地类型：极地、苔原、高山区、针叶林、阔叶林、热带雨林、草原、荒漠、湿地和海洋。当然，在局部范围内，栖息地类型还可继续进一步分类（见图6－32，图6－33）。

图6－32 市区公园

图6－33 郊区农田

总之，无论鸟类环志，疫源疫病监测，还是野外观鸟，鸟类识别都是最基础的手段。只要付出努力，无论文化程度高低，是否具备野生动物专业经历，都能够达到专业水准。如果说短期内认识全球的、全国的鸟类可能有一定难度。但是，认识当地的鸟类应该没问题。以当地（本省、区、市）鸟类名录为依据，多听多看，对照实物和图鉴反复实践，用不了几年，不仅认识常见的鸟类，还可以发现当地新记录，即以前没有记录到的种类。

手中鸟不是死的标本，不让鸟类受伤，甚至不让鸟类受委屈，才能体现人类的仁慈和爱心。当我们握鸟时、看鸟时、展翅时都要小心，顺其自然。切记及时将鸟放飞，以免鸟儿过于紧张和饥饿。

鸟类相似或近似的特征太多，观察鸟类务必仔细和认真。认识手中鸟会有助于识别野外的鸟类。由于网捕并不能将所有的鸟类都捕到，所以，手中鸟的种类有限，许多鸟只能靠观察。有些鸟在望远镜下能够识别，但拿在手中倒不知何物，这是由于手中鸟信息太多，一时不知从何入手。

鸟类识别能力的提高需要浓厚的兴趣、坚持不懈和认真踏实的态度。识别的方法也因人而异。

三、各目主要鸟类介绍

本节参照《鸟类学》的描述，结合《中国鸟类野外手册》的图谱，简要介绍中国鸟类24目和101科的主要特征。

1. 潜鸟目（Gaviiformes）

外形似䴙䴘。大多背黑腹白；喙长而尖；腿短而后移，前3趾具蹼，后趾退化；多在淡水生活。广泛分布于全北区的高纬度地带，冬季南迁，多沿海岸分布。本目只有潜鸟科（Gaviidae）1科1属5种，中国有4种。代表种类有红喉潜鸟 *Gauia stellata*（见附图

10)。

2. 䴙䴘目（Podicipediformes）

外形似鸭。嘴尖，眼先多具一窄条裸区，颈细长而直，尾甚短，各趾具瓣蹼。世界性分布，以温、热带居多，淡水生活。本目仅䴙䴘科（Podicipeddae）1科5属22种，中国有2属5种。代表种类有小䴙䴘 *Tachybaptus ruficollis*（见附图11）。

3. 鹱形目（Procellariiformes）

海洋性鸟类。体型似鸥，大、小不等，体羽以黑、白、灰或暗褐色为主；喙粗壮而侧扁，末端具钩，鼻孔开口于角质管内，可为1或2个管孔；前趾具蹼，后趾退化或阙如；翅细长而尖，擅在海面翱翔。均为世界性分布，全球共4科23属110种，中国有3科7属13种。

（1）信天翁科（Diomediedae）大型鹱类，鼻孔侧位，不愈合。代表种类有短尾信天翁*Diomedea albatrus*（见附图12）。

（2）鹱科（Procellariidae）中型鹱类，鼻孔背位，左右分离。代表种类有钩嘴圆尾鹱 *Pterodroroma rostrata*（见附图13）。

（3）海燕科（Hydrobatidae）小型鹱类，鼻孔背位，在中央愈合为一。代表种类有黑叉尾海燕 *Oceanodroma monorhis*（见附图14）。

4. 鹈形目（Pelecaniformes）

大型游禽。翅长而尖，喙长而末端具钩，适于啄捕鱼类；大多具喉囊；4趾间具一完整的蹼膜。多在树上筑巢，少数在岩崖地面筑巢。大多分布于温带及热带沿海及内陆，共6科7属68种，中国有5科5属17种。

（1）鹲科（Phaethontidae）喙短而钝，末端微下弯；中央尾羽极长，约等于体长；分布限于热带海洋。代表种类有短尾鹲 *Pheathon aethereus*（见附图15）。

（2）鹈鹕科（Pelecanidae）大型游禽。喙长，上喙末端下弯成钩；下喙下缘有巨型喉囊；体羽白、灰或褐色。广布于各大陆的温暖水域。代表种类有斑嘴鹈鹕 *Pelecanus philippensis*（见附图16）。

（3）鲣鸟科（Sulidae）中等游禽。喙短钝、锥形，喉囊不显；体羽以白色具黑为多。分布限于温带海洋。代表种类有红脚鲣鸟 *Sula sula*（见附图17）。

（4）鸬鹚科（Phalacrocoracidae）大型游禽。喙呈圆柱状，末端具钩；喉囊不显；体羽大多黑色，少数下体白色。广布于温热带的内陆及沿海。代表种类有普通鸬鹚 *Phalacrocorax carbo*（见附图18）。

（5）军舰鸟科（Fregatidae）中等游禽。喙形似鸬鹚，但上、下喙的末端均显著下弯成钩；雄鸟具鲜艳的红色带黑斑的喉囊；尾长，末端明显分叉（叉形尾）。海洋生活，飞行灵敏迅 捷。代表种类有小军舰鸟 *Fregata minor*（见附图19）。

5. 鹳形目（Ciconiiformes）

大、中型涉禽，喙、颈、腿均长，以适应涉水取食；胫部常部分不被羽，趾细长，趾间基部微具蹼（少数种类蹼发达），后趾若存在时与前3趾在一水平面上；羽色多样但均缺乏鲜艳色泽。广布于全球内陆及沿海地带，共5科38属115种，中国有3科18属34种。

（1）鹭科（Ardeidae）小型至大型涉禽。喙较细长而直，末端尖细；中趾长超过跗跖之半，爪具栉缘，中趾与外侧趾间基部具微蹼。广布于温、热带。代表种类有池鹭 *Ardeola bacchus*（见附图 20），栗苇鳽 *Ixobrychus cinnamomeus*（见附图 21）。

（2）鹳科（Ciconiidae）喙粗壮而直，头部常不完全被羽，体羽为白、黑色或全为黑色。广布于温、热带地区。代表种类有黑鹳 *Ciconianigra*（见附图 22A）和白鹳 *Ciconia ciconia*（见附图 22B）。

（3）鹮科（Threskiornithidae）喙细长而下弯（鹮类）或先端扁平如匙状（琵嘴鹭）；头部近喙基处有裸皮；一般体羽为纯色，或白或黑。广布于温、热带地区。代表种类有朱鹮 *Nipponia nippon*（见附图 23）。

6. 红鹳目（Phoenicopteriformes）

全球只 1 科 1 属 5 种，分布于除澳洲以外的大陆温暖水域。体羽多红色，颈长，嘴长而下弯；腿极长，前 3 趾具蹼，后趾退化。中国只有 1 种，可能是在中亚繁殖后进入我国。代表种类有大红鹳（又称火烈鸟）*Phoenicopterus ruber*（见附图 24）。

7. 雁形目（Anseriformes）

游禽。喙扁平似鸭，先端有“嘴甲”，喙缘具栉板以滤食；前 3 趾间具蹼，后趾退化、较前趾位高；翅部有绿、紫或白色翼镜。广布于全球，共 2 科 44 属 160 种。繁殖在北半球，南迁越冬。中国只有鸭科（Anatidae），共 20 属 50 种。包括所有的天鹅、雁和鸭。代表种类有大天鹅 *Cygnus cygnus*（见附图 25）、鸿雁 *Anser cygnoides*（见附图 26）、针尾鸭 *Anas acuta*（见附图 27）。

8. 隼形目（Falconiformes）

昼行性猛禽。嘴、脚强健并具利钩，喙基具蜡膜；翅强而有力，善疾飞及翱翔；广布于全球。全世界有 5 科 80 属 311 种。中国有 3 科 24 属 63 种。

（1）鹗科（Pandionidae）鹗为鱼鹰，趾下满布刺状鳞片，外趾可后转成“对趾型”以抓持鱼类，较罕见。代表种类有鹗 *Pandion haliaetus*（见附图 28）。

（2）鹰科（Accipitridae）中、大型猛禽。上喙边端具弧形垂突，种类甚多，广布全球，代表种类有鸢 *Miluus korshun*、苍鹰 *Accipiter gentilis*（见附图 29）、雀鹰 *Accipiter nisus*、白尾鹞 *Circus cyaneus*、普通鵟*Buteo buteo*、金雕 *Aquila chrysaetos*、白尾海雕 *Haliaeetus albicilla*、秃鹫 *Aegypius monachus*、高山兀鹫 *Gyps himalayensis*（见附图 30）。

（3）隼科（Falconidae）中、小型猛禽。喙较短，侧方有齿突；种类较多，遍布全球。代表种类有小隼 *Microhierax melanoleucos*，为最小的猛禽。此外，尚有红隼 *Falco tinnunculus*（见附图 31）、红脚隼 *Falco amurensis* 等。

9. 鸡形目（Galliformes）

体型大多似鹑或鸡，为地栖性鸟类。喙短钝似鸡；腿 、脚健壮，爪钝，适于奔走及挖土寻食；本目鸟类为世界性分布，大多为留鸟。全世界有 7 科 76 属 285 种。中国有 2 科 2 属 63 种。

（1）松鸡科（Tetraonidae）中、大型鸡类。喙较短，鼻孔被羽；跗跖全部或局部被羽，雄鸟无距；两性多异型，雄鸟求偶期有复杂的炫耀，大多一雄多雌。遍布于古北界的高纬度地带。代表种类有黑嘴松鸡 *Tetrao paruirostris*（见附图 32）。

（2）雉科（Phasianisae）小到大型鸡类。喙粗而强，鼻孔被羽；跗跖多不被羽，雄鸟多具距；世界性分布。代表种类有雉鸡（环颈雉）*Phasianus colchicus*（见附图 33）。

10. 鹤形目（Gruiformes）

小到大型涉禽（少数例外），一般具有涉禽的外形（喙长，颈长，腿长）。本目主要依内部形态结构的相似性而将亲缘关系较近的各类组合在一起，它们适应于不同的生活方式，外观相差甚多。一般后趾趋于退化并显著高于前趾。世界性分布，繁殖于北半球，南迁越冬。全球有 11 科 58 属 203 种。中国有 4 科 17 属 34 种。

（1）三趾鹑科（Turnicidae）体型及生活习性似鹌鹑，但后趾阙如，腿较细长。雌雄异型，雌鸟体大、羽色较鲜艳。代表种类有黄脚三趾鹑 *Turnix tanbi*（见附图 34）。

（2）鹤科（Gruidae）体型似鹭，但后趾小而高位，不能栖树握枝。喙长而直，头部常有裸皮。全世界 15 种有 9 种在中国有分布，其中黑颈鹤 *Grus nigricollis* 为中国特有种；丹顶鹤 *Grus japonensis*（见附图 35）主要在中国东北繁殖，长江流域为白鹤 *Grus leucogeranus* 的世界最大的越冬种群栖息地。

（3）秧鸡科（Ralldae）中小型涉禽。喙较长而直或短钝，有些种类具白或红色额甲；腿及脚趾细长。少数（例如骨顶）体以黑为主，外形似鸭，趾间具瓣蹼，为适应于游泳生活的一支。代表种类有灰胸秧鸡 *Gallirallus striatus*（见附图 36）、白骨顶 *Fulica atra*（见附图 37）。

（4）鸨科（Otididae）体型略似鸵鸟，适应于在草原上奔走，喙粗短；腿长而健，趾短粗，后趾退化消失；许多种类的颈、肩披有长羽。代表种类有大鸨 *Otis tarda*（见附图 38）。

11. 鸻形目（Charadriiformes）

中、小型涉禽。翅狭而长；一般有涉禽的外观，但嘴形变异较大；后趾退化，存在时位置较高，前趾间或具微蹼；体背羽色以斑驳的黑、白、褐色为主，很少鲜丽。世界性分布，在北半球繁殖，春、秋季大群迁徙。全球有 18 科 90 属 350 种，中国有 14 科 48 属 126 种。

（1）雉鸻科（Jacanidae）中、小型涉禽。喙长直，末端略下弯似鸡；腿及趾特长；翼角处有 1 枚角质长刺状距；许多种类的中央尾羽特长。广泛分布于各大陆的温、热带淡水水域。代表种类有水雉 *Hydrophasianus chirurgus*（见附图 39）。

（2）彩鹬科（Rostratulidae）中小型涉禽。喙长直，先端膨大；腿及脚、趾均细长。两性异型，雌鸟体大而且羽色较雄鸟华丽，一雌多雄，雄鸟孵化及育雏。广泛分布于旧大陆南部以及中南美洲的淡水水域。代表种类有彩鹬 *Rtratula benghalensis*（见附图 40）。

（3）蛎鹬科（Haematopodidae）中型涉禽。体羽多为黑色或黑、白二色；喙与腿、脚、趾均为红色，后趾缺失，前趾基有微蹼。广布于各大陆的沿海地带。代表种类有蛎鹬 *Haematopus astralegus*（见附图 41）。

（4）鹮嘴鹬科（Ibidorhynchidae）中型涉禽。全球只 1 属 1 种。鹮嘴鹬 *Ibidorhyncha struthersii*（见附图 42），见于中国西部高原，罕见留鸟或垂直迁移。腿及嘴红色，嘴长且下弯。胸部一道黑白色的横带。

（5）反嘴鹬科（Recurvirostridae）中、大型涉禽。喙长而直，先端上翘或下弯；腿一般更为细长；后趾短小，前趾间有微蹼。广布于各大陆的温、热带淡水水域。代表种类有黑翅长脚鹬 *Himantopus himantopus*（见附图 43）。

（6）石鸻科（Burhinidae）中型涉禽。喙短而钝。头和眼相对比例较其他鸻类显著为大；胫跗骨与跗跖骨之间的关节显著膨大；不具后趾，前3趾之间有微蹼。代表种类有大石鸻 *Esacus recurvirostris*（见附图44）。

（7）燕鸻科（Glareolidae）小型涉禽。喙短、基部宽阔似燕，先端下弯；翅长而尖，尾叉形；上体褐或灰色，下体白色。以昆虫为主食。代表种类有普通燕鸻 *Glareola maldiuarum*（见附图45）。

（8）鸻科（Charadriidae）中、小型涉禽，喙短而直，先端较宽；体色以褐、黑、灰、白为基本色，腹羽白；后趾多缺失。广布于世界各地沿海及淡水水域，种类及数量众多。代表种类有凤头麦鸡 *Vanellus vanellus*，金眶鸻 *Charadrius dubius*（见附图46），剑鸻 *Charadrius hiaticula*。

（9）鹬科（Scolopacidae）中、小型涉禽。喙形多样，有短直、长直以及长而下弯；体羽大多暗淡或具斑驳，适于隐蔽；多具4趾，跗跖前、后均被盾状鳞。在北半球高纬度地带繁殖，迁徙及越冬时遍布各地；种类及数量繁多。代表种类有矶鹬 *Actitis hypoleucos*（见附图47）。

（10）贼鸥科（Stercorariidae）中、大型涉禽，擅游泳。喙粗壮而侧扁，先端具钩；翅长而尖，中央1对尾羽特长；腿短，前趾间具蹼，后趾小而高位；具黑头顶，背羽褐色，腹白。代表种类有中贼鸥 *Stercorarius pomarinus*（见附图48）。

（11）鸥科（Laridae）小至大型涉禽，擅游泳。喙强状，侧扁，远嘴端具钩；翅狭长而尖，尾圆形；腿较短，前3趾间具蹼，后趾小而高位；雌雄同色，体羽以灰、褐色为主，腹多白色。在沿海及内陆水域活动，分布遍及全球。代表种类有红嘴鸥 *Larus ridibundus*（见附图49）。

（12）燕鸥科（Sternidae）小至大型涉禽，善于游泳。喙强状，侧扁，远嘴端不具钩；翅狭长而尖，尾叉形（如燕鸥）；腿较短，前3趾间具蹼，后趾小而高位；雌雄同色，体羽以灰、褐色为主，腹多白色。在沿海及内陆水域活动，分布遍及全球。代表种类有普通燕鸥 *Sterna hirundo*（见附图50）。

（13）剪嘴鸥科（Rynchopidae）中型涉禽，擅游泳。外形似燕鸥，翅狭长而尖；尾较短，叉形尾；喙侧扁，下喙显著长于上喙（约35mm），上喙端部平齐似铲；分布于亚、非、美洲的亚热带及热带海域及淡水流域。代表种类有剪嘴鸥 *Rynchops albicollis*（见附图51）。

（14）海雀科（Alcidae）中型涉禽，善于游泳及潜水。海洋生活，外形略似企鹅；腿后移，在陆上近于直立；前趾间具蹼，后趾缺失；喙短、宽而侧扁；翅短，适于水下划行，也能快速扇翅飞行。典型羽饰是背黑、腹白色，喙部有鲜艳色泽。栖息于北半球的亚极地和冷水水域，偶尔进入中国水域。代表种类有扁嘴海雀 *Synthliboramphus antiquus*（见附图52）。

12．沙鸡目（Pterocliformes）

全球只有沙鸡科（Pteroclididae）1科2属16种。内部形态结构和外形似鸽，为栖息于荒漠及半荒漠草原的类群，体羽以沙黄色为主，适于隐蔽；喙短而强，形似鸡喙，嘴基不具蜡膜；腿短，趾粗壮，基部连并，跗跖及趾被羽，后趾缺失。除澳洲外，广布于旧大陆的荒漠草原地区。中国有1属5种。代表种类有毛腿沙鸡 *Syrrhaptes paradoxus*（见附图53）。

13．鸽形目（Columbiformes）

小型至中型鸟类，体型似鸽。体羽密而柔软，以褐、灰色为主，少数华丽闪光；喙短而细弱，基部大都柔软并具蜡膜；腿短，脚强健，具钝爪；翅长而尖，飞行迅捷；嗉囊发达。栖息于森林或山崖，在平原地面取食。广布于世界各地，只有鸠鸽科（Columbidae）1科41属309种，中国有7属31种。代表种类有山斑鸠 *Streptopelia orientalis*（见附图54）。

14．鹦形目（Psittaciformes）

小型至中型攀禽。喙短钝，先端具利钩，适于剥食种子硬壳并衔枝攀缘；上颌与头骨间有可动关节；腿短，对趾型足，爪强健具钩；树栖性强，很少落地；体羽大多带有红、绿色泽。雌雄相似。本目有2科84属353种，中国只有鹦鹉科（Psittacidae）3属7种。代表种类有绯胸鹦鹉 *Psittacula alexandri*（见附图55）。

15．鹃形目（Cuculiformes）

中型攀禽。喙较纤细，先端微下弯，常具鲜艳色泽；腿短而弱，对趾型或转趾型足（又称半对趾型），适于攀缘及栖树握枝；翅尖长，尾长而呈圆形；雏鸟晚成性。一些种类（主要是旧大陆的杜鹃科、杜鹃亚科的种类以及少数几种鸡鹃亚科种类）有寄生性繁殖习性，产卵于其他鸟类的巢中，由义亲代孵及哺育。鹃形目鸟类主食昆虫，属森林益鸟。分布遍及全球，但以温热带种类居多，有迁徙习性。全球有2科34属159种，中国只有杜鹃科（Cuculidae）1科8属20种。代表种类有大杜鹃 *Cuculus canorus*（见附图56）。

16．鸮形目（Strigiformes）

夜行性猛禽，体型大小不一。具钩嘴、利爪以抓捕、撕食猎物；嘴基具蜡膜；眼大；双眼向前，眼周多具面盘，耳孔特大且常左右不对称；足为转趾型，脚、腿健壮，常被羽。广布于各地。全球有2科27属205种，中国有2科13属31种。

（1）草鸮科（Tytonidae）头骨狭长；面盘为心脏形；中趾爪的内侧具栉缘；腿长，在树上栖止时清晰可见；跗跖部的被羽不达于趾部。代表种类有草鸮 *Tyto capensis*（见附图57）。

（2）鸱鸮科（Strigidae）头骨宽大；面盘如存在时为圆形；腿短，在栖止时不可见；跗跖被羽达于趾部。世界性分布。代表种类有红角鸮 *Otus scops*、长耳鸮 *Asio otus*（见附图58）。

17．夜鹰目（Caprimulgiformes）

夜行性攀禽。喙短而宽、口裂极大，有极发达的口须；翅长尖，飞行迅速灵便；尾长呈圆形；腿短而弱，跗跖被羽；并趾型，中趾爪内侧具栉缘；体羽松软，色似枯枝落叶，适于昼间隐蔽。全球有5科20属117种，中国有2科3属8种。

（1）蟆口鸱科（Podargidae）中型种类。口裂极大，喙宽阔，先端具钩；似三宝鸟那样在空中翻飞追捕昆虫。分布于东南亚及澳洲热带林区。中国只1种，黑顶蟆口鸱 *Batrachostomus hodgsoni*（见附图59）。

（2）夜鹰科（Caprimulgidae）体型小。喙短而宽。广布于全球，有季节性迁徙。代表种类有普通夜鹰 *Caprimulgus indicus*（见附图60）。

18．雨燕目（Apociformes）

小型攀禽。喙形多样，或短宽似燕，或细长；翅尖长适于疾飞或短圆可“悬停”飞行；腿短而弱，跗跖大部被羽；广布于全球，共2科19属96种，中国有2科5属10种。

（1）雨燕科（Apodidae）体型似燕但尾叉较小；喙短宽、口裂大；跗跖被羽或裸露，腿、脚短弱，四趾朝前或后趾能前、后转动；体羽大多黑褐色。代表种类有金丝燕 *Collocalia fuciphaga*、普通楼燕 *Apus apus*（见附图61）。

（2）凤头雨燕科（Hemiprocnidae）体型似雨燕但额部有明显冠羽。后趾不能转动，可抓持物体或树枝栖止；翅长而尖；尾长具深分叉。分布于东南亚及新几内亚，不迁徙。我国只有凤头雨燕 *Hemiprocne coronata*（见附图62）1种，云南西部留鸟。

19. 咬鹃目（Trogoniformes）

小型攀禽。喙短而粗壮，先端具钩；腿短而弱，异趾型足（第1、2趾向后，第3、4趾朝前），适于攀树握枝；翅短圆，尾长而呈楔形；腿长，四周有一圈鲜艳的裸皮；体羽松软而密，常有鲜艳色泽及金属闪光，雌雄异色。本目仅咬鹃科（Trogonidae）1科6属39种，中国有1属3种，代表种类有红腹咬鹃 *Harpactes wardi*（见附图63）。

20. 佛法僧目（Coraciiformes）

小型至大型攀禽。喙形多样，适应于多种生活方式，腿短，脚弱，并趾型；翅短圆；大多在洞穴中筑巢，雏鸟晚成性。广布于全球，以温热带为多，共7科34属152种，中国有3科11属20种。

（1）翠鸟科（Alcedinidae）体型小至中等。喙粗长而直，先端尖锐，常具红色；腿短而弱，并趾；翅圆，尾短或中等；体羽紧密，以蓝、绿、栗、白色为主，有的具点斑。代表种类有普通翠鸟 *Alcedo atthis*（见附图64A）、蓝翡翠 *Halcyon pileata*（见附图64B）。

（2）蜂虎科（Meropidae）小型攀禽，喙细长、侧扁而下弯；翅长而尖；尾长；有些种类为方形尾，有些种类的中央尾羽伸长呈细尖；前趾基部并合；体羽华丽，以绿色最普遍，也有红、蓝、黄、栗色；多数种类自眼先过眼至耳羽有一宽黑带。代表种类有栗喉蜂虎 *Merops philippinus*（见附图65）。

（3）佛法僧科（Coraciidae）中等攀禽。喙粗壮而宽，呈锥形但先端微下弯具钩；第二、第三趾基部并连；翅长而尖；尾长，多为方形；典型羽色为蓝、绿色，代表种类有三宝鸟 *Eurystomus orientalis*（见附图66）。

21. 戴胜目（Upupiformes）

中等攀禽。喙细长而尖，先端下弯，第三、第四趾基部并连；尾长，方形。全球有2科3属10种，中国只有戴胜科（Upupidae）1属1种，即戴胜 *Upupa epops*（见附图67）。头顶具扇状冠羽；体羽土棕色，在翅及尾羽上有显著的黑、白斑。

22. 犀鸟目（Bucerotiforms）

热带森林鸟类。只犀鸟科（Bucerotidae）1科9属53种，中国有4属5种，皆为留鸟。中、大型攀禽。喙极大，下弯并有沟纹，常为红色或黄色；喙基顶部常具盔突，雄者比雌者大；趾基部连并；翅大而强健，飞时有声；尾长，多为圆形；典型羽色为黑、白，少数为黑、灰色。代表种类有冠斑犀鸟 *Anthracoceros coronatus*（见附图68）。

23. 鴷形目（Piciformes）

中、小型攀禽。喙粗壮、长直如凿状；对趾型足；尾羽大多具坚硬的羽干，在啄木时起支撑作用；分布遍及各地，多不迁徙。全球共6科63属408种，中国有3科14属39

种。

（1）须䴕科（Capitonidae）小型攀禽。喙粗大，稍下弯，在嘴的上、下有发达的口须；大多具有鲜艳羽饰；在树干或沙岸凿洞为巢。代表种类有大拟啄木鸟 *Megalaima uirens*（见附图 69）。

（2）响蜜䴕科（Indicatoridae）小型攀禽。喙短钝似雀，雄鸟的眉、头顶及颊黄色，腰背部为鲜亮的金黄色及三级飞羽具白色条纹为识别特征。寄生性繁殖，产卵于翠鸟、食蜂鸟等的洞巢内。分布于非洲及南亚热带森林内。中国只有黄腰响蜜䴕 *Indicator xanthonotus*（见附图 70），西藏南部，云南西部留鸟。

（3）啄木鸟科（Picidae）中、小型攀禽。喙凿状，具特化的舌器以钩食树皮下的昆虫；尾羽羽干坚硬，末端突出；对趾型足；雌雄羽色相似，但雄羽常有特殊红色斑。广布于世界各地。代表种类有大斑啄木鸟 *Picoides major*（见附图 71A）、灰头绿啄木鸟 *Picus canus*（见附图 71B）。

24. 雀形目（Passeriformes）

中、小型鸣禽，喙形多样，适于多种类型的生活习性；鸣管结构及鸣肌复杂，大多善于鸣啭；离趾型足；跗跖后缘鳞片常愈合为整块鳞板；种类及数量众多，适应辐射到各种生态环境内，占鸟类的绝大多数，全球共 100 科 1158 属 5700 余种，约占世界鸟类种数的 59%。中国有 44 科 188 属 764 种，约占我国鸟类种类数量的 55.7%。

（1）阔嘴鸟科（Eurylaimidae）小型热带森林鸟类，喙短、宽而平，口裂大，喙端具钩；翅中等；尾圆形或楔形；后趾发达，前趾基部连并，跗跖较强健，后缘为网鳞。中国有 2 种，长尾阔嘴鸟 *Psarisomus dalhousiaehe*（见附图 72A）和银胸丝冠鸟 *Serilophus lunatus*（见附图 72B），皆为留鸟。

（2）八色鸫科（Pttidae）地栖性小鸟，色彩绚丽具闪光。喙短，基部宽阔，先端窄而下弯；头大，颈短，尾极短；腿较长；趾爪较大，适于在地面穿行及奔跑。分布于非洲、东南亚和澳洲的亚热带、热带地区。在西藏东南部，云南南部，广西西南部等地为留鸟，代表种类有仙八色鸫 *Pitta nympha*（见附图 73），在黄河中下游以南地区为夏候鸟。

（3）百灵科（Alaudidae）小型鸣禽。体型及多数种类的羽色略似麻雀，腿、脚强健有力，后趾具一长而直的爪；跗蹠后缘具盾状鳞；喙短而近锥形；翅尖而长，内侧飞羽（三级飞羽）较长；尾羽中等长度，具浅叉，外侧尾羽常具白色。世界性分布，中国有 6 属 15 种，多分布在草原、荒漠、半荒漠等地，大多具有迁徙习性。代表种类有百灵 *Melanocorypha mongolica*、凤头百灵 *Galerida cristata*（见附图 74）和云雀 *Alauda aruensis*。

（4）燕科（Hirundinidae）小型鸣禽，体似家燕。喙短扁，基部宽阔，上喙近先端有一缺刻；翅狭长而尖；叉形尾；腿短而细弱；雌雄羽色相似。世界性分布，北方者有迁徙。中国有 4 属 12 种，代表种类有灰沙燕 *Riparia riparia*、岩燕 *Ptyonoprogne rupestris*、家燕 *Hirundo rustica*（见附图 75）、毛脚燕 *Delichon urbica*。

（5）鹡鸰科（Motacillidae）小型鸣禽。体型较纤细。喙较细长，先端具缺刻；翅尖长，内侧飞羽（三级飞羽）极长，几与翅尖平齐；尾细长，外侧尾羽具白色，常做有规律的上下摆动（山鹡鸰为左右摆动）；腿细长，后趾具长爪。广布于全球，在高纬度地区繁殖者有迁徙。中国有 3 属 20 种，代表种类有山鹡鸰 *Dendronanthus indicus*、白鹡鸰 *Motacilla aiba*、树鹨 *Anthus hodgsoni*（见附图 76）。

（6）山椒鸟科（Campephagidae）中、小型鸣禽。体型较纤细；喙短宽，先端下弯，微具缺刻；翅中等；尾细长；腿较短弱，适于树栖。体羽松软，腰羽羽干坚硬。分布于欧亚大陆的温、热带地区，有迁徙行为。中国有3属10种，代表种类有赤红山椒鸟 *Pericrocotus flammeus*（见附图77），雌雄异型，雄鸟红、黑两色，雌鸟为橄榄褐、黄色。

（7）鹎科（Pycnonotidae）中、小型鸣禽。喙形较细尖，先端微下弯；翅短圆；尾细长，方尾或圆尾；腿短；体羽较松软，后颈部见有纤羽。树栖性；主要分布于非洲、南亚至菲律宾的热带和亚热带地区。中国有7属22种，代表种类有白头鹎 *Pycnonotus sinensis*（见附图78），近年已经向北扩散到河北和北京。

（8）雀鹎科（Aegithinidae）外形与叶鹎相似，过去为同一科。树栖性绿色小鸟，下体黄色。中国有1属2种，代表种类有黑翅雀鹎 *Aegithina tiphia* 和大绿雀鹎 *Aegithina lafresnayei*（见附图79），云南南部留鸟。

（9）叶鹎科（Chloropseidae）中、小型鸣禽。体型似椋鸟；喙基较宽阔，前部渐成细长，上喙微下弯或具钩；翅短而圆；尾短，方形；腿较短。两性异色。体羽以绿、蓝、黄色为主，常具金属闪光。中国有1属3种，西藏东南部，云南西南部，长江以南地区留鸟。代表种类有橙腹叶鹎 *Chloropsis hardwicbii*（见附图80）。

（10）和平鸟科（Irenidae）体型中等，体羽为蓝色及黑色。中国只有和平鸟 *Irena puella*（见附图81）1属1种，西藏东南部，云南南部林栖留鸟。

（11）太平鸟科（Bombycillidae）小型鸣禽。体羽松软，以粉褐色为主，头顶具长冠羽。嘴短，基部宽阔，尖端微具缺刻；鼻孔圆形，被以盖膜；太平鸟与小太平鸟易区别，不同处在于尾尖端为黄色而非绯红。尾下覆羽栗色，初级飞羽羽端外侧黄色而成翼上的黄色带，三级飞羽羽端及外侧覆羽羽端白色而成白色横纹。成鸟次级飞羽的羽端具蜡样红色点斑。广布于古北界北部，具迁徙性。全球共1属3种，中国有2种，太平鸟 *Bombycilla garrulus*（见附图82）和小太平鸟 *Bombycilla japonica*。

（12）伯劳科（Laniidae）中、小型鸣禽。喙粗壮而侧扁，先端具利钩和齿突；翅短圆；尾长，圆形或楔形；跗跖强健，趾具钩爪。头大，自嘴基过眼至耳羽区有一宽的过眼纹。为“雀中猛禽”，大型伯劳可捕食鼠类及小鸟。分布于除澳洲和中、南美洲以外的所有大陆，有迁徙行为。全球共3属31种，中国有1属13种。代表种类有红尾伯劳 *Lanius cristatus*（见附图83）、棕背伯劳（*Lanius schach*）。

（13）盔鵙科（Prionopidae）外形似伯劳，中等体型（20cm），体色灰褐，具深色眼纹，嘴尖端带钩。北纬25°以南地区的留鸟。全球共3属11种，中国1属1种，钩嘴林鵙 *Tephrodornis gularis*（见附图84）。

（14）黄鹂科（Oriolidae）中型鸣禽。喙长而粗壮，约等于头长，先端稍下曲，上喙端有缺刻；鼻孔裸露，盖以薄膜；翅尖长；尾短圆，跗跖短而弱。体羽鲜丽，多为黄、红、黑等色的组合，雌鸟与幼鸟多具条纹。分布于欧洲、亚洲、澳洲的温带和热带地区，共2属29种，中国1属6种，代表种类有黑枕黄鹂 *Oriolus chinensis*（见附图85），具迁徙性。

（15）卷尾科（Dicruridae）中型鸣禽。喙基较宽阔，嘴强健，上喙先端稍下弯并具锐钩，有较发达的口须；鼻孔被羽掩盖；翅尖，尾叉形；许多种类的外侧尾羽或向上卷曲，或极度延长且中段仅具羽干，飞时有如飘舞的蝴蝶；腿、脚强健，爪钩状。性格凶猛，领域性强。分布于欧亚大陆的热带地区，共2属23种，中国有1属7种，代表种类有发冠卷尾 *Dicrurus hottentottus*（见附图86）、大盘尾 *Dicrurus paradiseus*，部分种类具迁徙性。

（16）椋鸟科（Sturnidae）中、小型鸣禽。喙一般较长而直，上喙先端稍有下弯，端部微具缺刻；翅圆或尖形；尾中等长，方尾；脚健壮；大多具有黑色金属闪光的羽饰，少数有白、粉红、灰褐色等，有的在头部具黄色肉垂。集群性强，杂食性。广布于欧亚大陆，有迁徙行为。全球共28属114种，中国有8属18种，代表种类有灰椋鸟 *Sturnus cineraceus*、北椋鸟 *Sturnia sturnina*（见附图87）、八哥 *Acridotheres cristatellus*、鹩哥 *Gracula religiosa*。

（17）燕鵙科（Artamidae）中、小型鸣禽。喙基宽阔，口裂大，喙短；翅长而尖，尾短圆，腿短而健壮。体型似椋鸟，体羽多为灰、褐、白、黑色等的不同组合。分布于亚洲热带地区及澳洲，全球共1属11种，中国有1种，灰燕鵙 *Artamus fuscus*（见附图88）。

（18）鸦科（Corvidae）中、大型鸣禽。体型似乌鸦或喜鹊，体羽以黑、褐、灰、蓝色为主，常具金属闪光；雌雄同色。喙粗壮而长直，先端下弯，嘴尖锐或具微钩与缺刻；翅短圆；尾短圆或长凸形；腿、脚健壮，适于地面行走及栖树握枝。多集群活动，杂食性。鸦科鸟类分布遍及全球，共23属117种，中国有14属30种。代表种类有松鸦 *Garrulus glandarius*、星鸦 *Nucifraga caryocatactes*、红嘴山鸦 *Pyrrhocorax pyrrhocorax*、黑尾地鸦 *Podoes hendersoni*、秃鼻乌鸦 *Corvus frugilegus*（见附图89）。

（19）河乌科（Cinclidae）中、小型鸣禽。喙长而直，先端稍下弯；鼻孔被盖膜覆盖；翅短而圆；尾短；腿较长而健壮；趾、爪长而有力，适于在水边奔走。在欧、亚、美洲呈分散的不连续分布，共1属5种，中国有1属2种，留鸟。代表种类有褐河乌 *Cinclus pallasii*（见附图90）。

（20）鹪鹩科（Troglodytidae）小型鸣禽。喙较细长而侧扁，端部稍弯；翅短圆；尾羽极短；腿脚强健，趾、爪较大，适于在水边奔走。体羽大多褐色具黑褐色横斑，栖止时尾竖立。全球共16属79种，绝大多数种类限在美洲分布，只有1种广泛分布于欧、亚、非洲大陆，即鹪鹩 *Troglodytel troglodytes*（见附图91）。在中国有多个亚种，不迁徙。

（21）岩鹨科（Prunellidae）中、小型鸣禽。喙细尖，上嘴先端微具缺刻，喙的中部更为侧扁；鼻孔斜形，具盖膜；翅较尖；尾长，端部微凹；腿、脚健壮，后趾有长爪。体羽大多橄榄褐色，有杂斑纹。广布于古北界，共1属13种，中国有9种。代表种类有棕眉山岩鹨 *Prunella montanella*（见附图92）。

（22）鸫科（Turdidae）中型鸣禽。喙较健，略侧扁，上嘴先端微具缺刻；鼻孔不被羽掩盖；翅短圆至长尖；尾短或适中；跗蹠长而强健。广布于全球，共59属335种，中国有20属92种。体型及生活方式差异很大。代表种类有红点颏（红喉歌鸲）*Luscinia calliope*（见附图93A），北红尾鸲 *Phoenicurus auroreus*，黑背燕尾 *Enicurus leschenausti*、漠鹏 *Oenanthe deserti*、蓝矶鸫 *Monticola solitarius*、斑鸫 *Turdus naumanni*（见附图93B），乌鸫 *Turdus merula*。

（23）鹟科（Musciapidae）小型鸣禽，善在空中飞捕昆虫。口裂大，喙宽阔而扁平，一般较短，上喙下中有棱嵴，先端微有缺刻；鼻孔覆羽；翅一般短圆；腿较短，脚弱；尾一般为中等，方形或楔形，少数种类中央尾羽特长。遍布于旧大陆，以非洲、印度、东南亚及澳洲种类最多，共 17 属 116 种，中国有 9 属 34 种，有迁徙行为。代表种类有白眉姬鹟 *Ficedula zanthopygia*（见附图 94）。

（24）扇尾鹟科（Rhipiduridae）具鹟科特征，扇形尾。全球只 1 属 43 种，中国有 3 种，分布在西藏，云、贵、川、两广及海南等地，留鸟。代表种类有黄腹扇尾鹟 *Rhipidura hypoxantha*（见附图 95）。

（25）王鹟科（Monarchidae）具鹟科特征，有些种类尾羽甚延长。全球共 17 属 98 种，中国有 2 属 3 种，具迁徙性。代表种类有黑枕王鹟 *Hypothymis azurea*、寿带 *Terpsiphone paradisi*（见附图 96）、紫寿带 *Terpsiphone atrocaudata*。

（26）画眉科（Timaliidae）中、小型鸣禽。喙细直而侧扁，先端有不同程度的下弯，上喙多有缺刻；鼻孔被羽或须毛覆盖；翅短圆；尾长，呈圆形或楔形；腿长，脚趾强健；善鸣啭及效鸣。广布于旧大陆，但主要分布于东洋界的亚热带及热带地区，共 47 属 263 种，中国有 27 属 118 种，是全球画眉科种类最多的国家。代表种类有棕颈钩嘴鹛 *Pomatorhinus ruficollis*、白颊噪鹛 *Garrulax sannis*、画眉 *Garrulax canorus*、红嘴相思鸟 *Leiothrix lutea*（见附图 97）。

（27）鸦雀科（Paradoxornithidae）群栖性小型鸟类。喙厚似鹦鹉，本科共 3 属 20 种，中国有 3 属 18 种，除文须雀外多为留鸟。代表种类有棕头鸦雀 *Paradorornis webbianus*（见附图 98）。

（28）扇尾莺科（Cisticolidae）从莺科划分出来的一大类，包括扇尾莺和鹪莺，全球共 14 属 111 种，中国有 3 属 10 种，多为留鸟。代表种类有棕扇尾莺 *Cisticola juncidis*（见附图 99）。

（29）莺科（Sylviidae）小型鸣禽。体型纤细；喙细尖，上喙先端多有缺刻；翅短圆；尾短至中等；腿短而细。羽色以灰、褐及橄榄绿为主，雌雄羽色相似。多栖息于灌木或稀疏林内，鸣声清脆、多变、悦耳。广布于旧大陆但主要在欧、亚、澳洲，共 48 属 281 种，中国有 16 属 99 种，许多种类具有迁徙习性。代表种类有大苇莺 *Acrocephalus arundinaceus*、灰林莺 *Syluia communis*、黄腰柳莺 *Phylloscopus proregulus*（见附图 100），长尾缝叶莺 *Orthotemus sutorius*。

（30）戴菊科（Regulidae）形似柳莺的小型鸟，头顶具艳丽斑纹。全球共 1 属 6 种，中国有 2 种，戴菊 *Regulus regulus*（见附图 101）和台湾戴菊 *Regulus goodfellow*，前者有迁徙种群，后者为留鸟。

（31）绣眼鸟科（Zosteropidae）小型鸣禽。体多绿色，眼周具一圈白羽。喙细小而稍下弯；鼻孔被膜掩盖；翅尖形，尾短而平；腿脚强健。雌雄羽色相似。分布于非洲、东洋界和澳洲，共 14 属 94 种，中国有 1 属 3 种，部分种群迁徙。代表种类有暗绿绣眼鸟 *Zosterops japonica*（见附图 102）。

（32）攀雀科（Remizidae）小型鸣禽。体型介于鹟与山雀之间，喙尖锥形；鼻孔被须掩盖或裸出；翅短而尖；尾短，方形或凹形。主要分布于古北界，共 5 属 13 种，中国有 2 属 3 种，部分种群迁徙。代表种类有攀雀 *Remiz consobrinus*（见附图 103），在水边的树枝上编织下垂的袋状巢。

（33）长尾山雀科（Aegithalidae）小型鸣禽。形态与习性似山雀。区别在于尾甚长，呈楔形；羽松软。两性羽色相似。遍布于欧、亚大陆，共 3 属 9 种，中国有 1 属 5 种。代表种类有银喉长尾山雀 *Aegithalos caudatus*（见附图 104），多不迁徙。

（34）山雀科（Paridae）小型鸣禽。喙短钝，略呈锥状；鼻孔略被羽覆盖；翅短圆；尾适中，方形或稍圆形；腿、脚健壮，爪钝。羽松软，雌雄羽色相似。分布于古北界以及北美洲，共 3 属 55 种，中国有 3 属 20 种。代表种类有大山雀 *Parus major*（见附图 105）。

（35）鳾科（Sittidae）小型鸣禽。形态结构和习性似山雀。喙强直而尖，适于凿啄树皮；翅短圆，尾短；脚、趾强健，爪长弯适于抓持，可在树上攀缘。体羽以蓝灰色为主，常具黑色过眼纹；雌雄同色。分布于全北界、东洋界及澳洲界，共 1 属 24 种，中国有 11 种。代表种类为普通鳾 *Sitta europaea*（见附图 106），多不迁徙。

（36）旋壁雀科（Tichidromidae）体型略小（16cm），体羽灰色。尾短而嘴长，翼具醒目的绯红色斑纹。可在岩崖峭壁上攀爬。全球只 1 属 1 种，红翅旋壁雀 *Tichodroma muraria*（见附图 107），中国有分布，有迁徙种群。

（37）旋木雀科（Certhiidae）小型适于在树干攀爬觅食的鸣禽。喙细长而下弯，尖端具缺刻；鼻孔呈裂缝状；翅短圆；腿短，趾、爪强健；尾楔形，各羽的羽干坚韧并成尖羽形，很似啄木鸟的尾，用以支撑啄食或攀爬，常沿树干绕圈螺旋上行觅食。全北界及非洲分布，共 2 属 7 种，中国有 1 属 5 种，皆为留鸟。代表种类有旋木雀 *Certhia familiaris*（见附图 108）。

（38）啄花鸟科（Dicaeidae）体小，为旧大陆最小的鸟类。喙细尖，先端喙缘有众多锯齿；翅、尾均短。两性多异色，雄羽鲜艳具闪光。分布于东洋界及澳洲界，共 2 属 44 种，中国有 1 属 6 种，多不迁徙。代表种类有红胸啄花鸟 *Dicaeum ignipectus*（见附图 109）。

（39）花蜜鸟科（Nectariniidae）小型鸣禽。体纤细；喙细长而尖，有的并下弯，先端有锯缘；舌管状，富伸缩性，先端分叉；翅短圆；尾型多样，有的短而平，有的中央尾羽特长；腿细长。雌雄异色，雄鸟羽色华丽且具金属闪光，雌鸟多橄榄绿色。分布于非洲、东洋界和澳洲，共 14 属 130 种，中国有 5 属 12 种，皆为留鸟。代表种类有叉尾太阳鸟 *Aethopyga christinae*（见附图 110）。

（40）雀科（Fringillidae）小型鸣禽。喙多为粗壮的圆锥形，上、下喙缘紧密接合，适食植物种子；翅具 9 枚初级飞羽，12 枚尾羽；羽色多样；脚、腿强健，适于栖树及地面觅食。分布遍及全球，共 4 属 35 种，中国有 5 属 13 种，皆为留鸟。代表种类有红交嘴雀 *Loxia curuirostra*、黑尾蜡嘴雀 *Eophona migratoria*、锡嘴雀 *Coccothraustes cocothraustes*、黄雀 *Carduelis spinus*（见附图 111）。

（41）织雀科（Ploceidae）中、小型鸣禽。喙似麻雀，适于啄食植物种子；翅圆形，具 10 枚初级飞羽，最外侧者显著退化；尾羽 12 枚，最外侧尾羽常短于最内侧者；脚强健，适于栖树及在地面行走。多集大群，营建球状巢或在洞穴内筑巢。织雀科的自然分布（不包括引入种的分布）限于旧大陆，多在非洲，共 16 属 114 种，中国有 1 属 2 种，黄胸织雀 *Ploceus philippinus*（见附图 112）和纹胸织雀 *Ploceus manyar*，均为留鸟。

（42）梅花雀科（Estrididae）小型鸣禽。以植物种子为食，喙及体型均与鹀、雀相似。羽色华丽，多具长尾。分布于澳洲以及旧大陆的热带地区，共 28 属 140 种，中国有 3 属 5 种，皆为留鸟。代表种类有红梅花雀 *Amandava amandava*（见附图 113）。

（43）燕雀科（Fringillidae）中、小型鸣禽。形似织雀但尾较长，呈凹形，嘴小而厚，以种子为食。分布于古北界，印度次大陆，中南半岛及太平洋诸岛，共20属135种，中国有16属56种，许多种类可长距离迁徙。代表种类有燕雀 *Fringilla montifringilla*（见附图114），金翅雀 *Carduelis sinica* 、普通朱雀 *Carpodacus erythrinus*、白腰朱顶雀 *Carduelis flammea*（见附图115）。

（44）鹀科（Emberizidae）小型鸣禽。一般主食植物种子。喙大多为圆锥形，较雀科为细弱，上下喙边缘不紧密切合而微向内弯，因而切合线中略有缝隙。分布在古北界的典型种类，体羽大多似麻雀，外侧尾羽有较多的白色。遍布全球，共72属321种，中国有6属31种，许多种类具迁徙习性。代表种类有黄喉鹀 *Emderiza cioides*（见附图116）。

第三节 中国的候鸟及迁徙研究

一、中国鸟类

移动是野生动物的基本特征之一。为了寻找适宜的生活条件，具有运动条件的野生动物都要移动。由于绝大多数鸟类能够飞行，鸟类移动的距离相对较大。

迁徙是指特殊的鸟类移动。即每年春、秋两季，鸟类在繁殖地与越冬地之间有规律地大规模地移动。

一般来讲，绝大多数鸟类的繁殖地与越冬地之间都有一定的距离。有些种类，两种栖息地之间的距离可以长达几千千米，有些种类只有几千米或几十千米。就某一地区而言，有些鸟类可常年见到，另一些鸟类只能在特定季节才能见到。根据鸟类活动范围和移动距离，将鸟类分为留鸟和候鸟。候鸟还可分为夏候鸟、冬候鸟、旅鸟和迷鸟。

1. 留鸟（resident）

终年栖息于同一地区，不进行远距离迁徙的鸟类，如喜鹊、花尾榛鸡、麻雀 *Passer montanus*（见附图117）和普通䴓（见附图118）等。

2. 候鸟（migrant）

又称“迁徙鸟”，系指春秋两季沿着比较稳定的路线，在繁殖区和越冬区之间迁徙的鸟类。如雁、鸭、鸻、鹬类以及家燕 *Hirundo rustica* 、斑鸫 *Turdus eunomus*、黄腰柳莺 *Phylloscopus proregulus*、燕雀等。

根据候鸟到达某一地区的时间及停留情况，又可分为以下类型：

（1）夏候鸟（summer resident）：夏季在某一地区繁殖，秋季离开到南方较温暖地区过冬，翌年春又返回这一地区繁殖的候鸟。就该地区而言，称夏候鸟。如小杜鹃 *Cuculus poliocephalus*（见附图119）、家燕等为北京的夏候鸟。

（2）冬候鸟（winder resident）：冬季在南部某地越冬，翌年春季飞往北方繁殖，至秋季又飞临这一地区越冬的候鸟，就该地区而言，称冬候鸟。如灰鹤 *Grus grus* 为北京的冬候鸟，大天鹅 *Cygnus cygnus* 为山东荣成的冬候鸟，灰背鸫 *Turdus hortulorum* 为长江以南的冬候鸟（见附图120）。

（3）旅鸟（traveler）：迁徙途中经过某一地区，不在此地区繁殖或越冬，只作短暂停留，这些种类就成为该地区的旅鸟。如大滨鹬 *Calidris tenuirostris*，春天去西伯利亚繁殖和秋天返回澳大利亚越冬时都在上海崇明东滩短暂停留，成为上海地区的旅鸟。

由此可见，候鸟的划分因地区而异，同一种鸟在一个地区是夏候鸟，而在另一个地区则可能是冬候鸟。如灰鸻 *Pluvialis squatarola*（见附图121）在西伯利亚为夏候鸟，在澳大利亚则为冬候鸟，在中国丹东为旅鸟。燕雀是黑龙江的夏候鸟，长江以南的冬候鸟，北京地区的旅鸟。

（4）迷鸟（straggler bird）由于各种气候因子，迁徙过程偏离通常的路线和通道（Flyway），出现在偶然地区的鸟。如埃及雁 *Alopochen aegyptiaca* 偶见于北京，美洲鹤 *Grus americana* 偶见于云南等。

一般来讲，鸟类的迁徙习性，包括迁徙路线和迁徙策略相对比较稳定。但是，不同种类之间变化较大，有时，同一物种的不同种群常常也有区别。因此，长期和深入细致的迁徙研究，将不断揭示不同物种之间及不同种群之间的迁徙特性。

依据《中国鸟类分类与分布名录》的记载，中国1371种鸟类中，完全留鸟618种，具有迁徙习性的鸟类753种，约占种类数量半数以上。如果按类（目）统计，我国的潜鸟、鸊鷉、信天翁、鹱、海燕、鹲、鹈鹕、鲣鸟、鸬鹚、军舰鸟等科皆为当地留鸟。鸊鷉中，除小鸊鷉为当地留鸟外，其他几种具有迁徙性。

鹭科中的1种鹭，2种鳽，鹮科中的朱鹮不迁徙，其他种类以及鹳科的所有种类都迁徙。鸡形目大多为留鸟。鸻形目鸟类中只有4～5种不迁徙，鸽形目大都不迁徙，只有4～5种具有部分迁徙习性。鹦鹉一般不迁徙。杜鹃科鸟类有迁徙行为，如红翅凤头鹃 *Clamator coromandus*（见附图122）。但普通鹰鹃 *Cuculus varius*、紫金鹃 *Chrysococcyx xanthorhynchus*、绿嘴地鹃 *Phaenicophaeus tristis*、褐翅鸦鹃 *Centropus sinensis*、小鸦鹃 *Centropus bengalensis*（见附图123）是当地留鸟。鸮形目和夜鹰多不迁徙，只有几种具部分迁徙习性。附图124为中国罕见的猛鸮 *Surnia ulula*，2003年在黑龙江嫩江环志站获得。

只分布在中国的海南、云南、西藏南部的雨燕为留鸟，其他几种为迁徙鸟。咬鹃目中国有1属3种，不迁徙。佛法僧目的翠鸟科大多为当地留鸟。犀鸟和啄木鸟不迁徙。

雀形目的中、小型鸣禽，种类及数量众多，中国有764种。其中422种为当地留鸟，约占雀形目种类数量的55%。

以上粗略统计的主要依据是长期的调查和观察。由于鸟类标记、鸟类环志工作在我国刚刚起步，研究成果尚不明显，因此，随着研究工作的深入，对中国鸟类迁徙的认识将逐渐全面和深刻。

二、鸟类迁徙研究的基本方法

人们通过传统的野外观察感知到鸟类的迁徙现象，在野外观察的基础上，候鸟研究发展了一些有效的方法和手段。鸟类迁徙研究的基本方法可以分为两类：标记法和跟踪法。

1. 标记法

标记法是将个体进行标记。依据标记的材料和方法，又可分为环志法和彩色标记法。

（1）环志（Ringing or Banding）。环志法首先是捕捉鸟类，将刻有唯一号码的金属环戴在鸟腿上（见附图125），将环志鸟的现场观察信息（环型、环号、年龄、性别、体重等）详细记录，通过在其他地方的回收研究候鸟的迁徙情况。通过环志回收可以获得许多候鸟迁徙信息，包括繁殖地、越冬地、中途停歇地以及迁徙速度、迁徙路径等资料，还可以研究鸟类寿命、性成熟年龄、羽毛更换情况等。通过环志鸟的年龄和性别鉴定，可以推断种群的数量变化趋势，为鸟类资源保护和管理提供了科学依据。

环志法简单易行，但需要付出很大的劳力，因为一般来讲再次发现环志鸟的几率不大。此外，环志研究需要世界性的广泛协作。早在20世纪30年代，许多国家就已建立了鸟类环志研究的专门机构。中国环志研究工作起步较晚，直到1982年，才在中国林业科学研究院成立了“全国鸟类环志中心”，负责全国鸟类环志的研究工作。

（2）彩色标记法（Color Marking）。彩色标记法首先也需要捕捉鸟类，将彩色塑料环戴在腿上，也可以戴在其他部位，如翅膀（翅环），颈部（颈环）（见附图126）。复层彩色塑料环（简称彩环）可以刻有号码，单层彩色塑料环一般无号码。由于单层彩色塑料环一端留有突起，形似旗帜，又称“彩色旗标”（color leg flag）。

带有号码的彩环可以用作个体标记，而彩色旗标不能区别个体。实际应用中，彩色旗标用来标记“东亚－澳洲迁徙通道”上不同地点的鸻鹬鸟类。为了保证结果的准确性及不互相干扰，澳大利亚提出了“东亚－澳洲迁徙通道彩色旗标建议书”，得到沿迁徙通道各国政府和环志管理部门的支持。该建议书规定了使用彩色旗标的申报程序和管理方式，并具体规定沿“东亚－澳洲迁徙通道”各地点的旗标组合方式和彩色（见附图127）。例如，辽宁丹东周围地区使用的彩色旗标组合为橙色和绿色，绿色旗标在上，橙色旗标在下，共同戴在右腿胫部裸露处。而上海崇明周围地区使用黑、白彩色旗标组合，白色旗标在上，黑色旗标在下，共同戴在右腿胫部裸露处。

2. 跟踪法

跟踪法是应用现代科学技术研究鸟类迁徙。随着科学技术的进步，人们曾经使用过不同的方法。

（1）雷达跟踪（radar）。第二次世界大战以后，雷达技术得到迅速发展。鸟类学工作者曾经与大型机场和气象站合作，利用他们的监视雷达开展鸟类迁徙研究。迁徙的大型鸟或迁徙群在雷达荧光屏上显示为不同大小的亮点，能够知道100km以内候鸟群的体积、迁徙方向、高度及速度等。但雷达不能辨识候鸟的种类，遇到候鸟集群迁移时，亦难分辨其个体情况，因为一个亮点可能代表一只大型候鸟，也可能是几只小型候鸟。

（2）无线电跟踪（radiotelemetry）。无线电遥测是研究鸟类生态学的有效方法，也曾用来研究鸟类迁徙。候鸟被捕捉后安装上无线电信号发射器，再利用汽车上或飞机上的无线电接收器接收该鸟发出的信号，可以追踪其迁徙的整个过程（见附图128）。如美国1967年曾利用此方法追踪一只灰颊夜鸫 *Catharus minimus*，通过一夜连续8小时的飞机追踪，发现该鸟从伊利诺州一直迁飞到650km以外的威斯康星州北部。

（3）卫星跟踪（satellite transmission）。20世纪80年代末期，国际上开始尝试利用人造卫星对候鸟的迁徙进行研究，并取得了成功。与环志法及雷达跟踪法相比，卫星跟踪技术具有跟踪范围广，时间长，可以准确地得到跟踪对象的迁徙时间、地点及迁徙路径等优点。目前，在我国卫星跟踪方法已被广泛运用于研究大天鹅（附图129）、雁鸭，如中华秋沙鸭、绿头鸭、斑嘴鸭、斑头雁、豆雁、灰雁；鸥类，如遗鸥、渔鸥等；鹤类，如黑颈鹤、白头鹤；猛禽，如苍鹰、猎隼等；以及其他物种，如东方白鹳、黑脸琵鹭、普通鸬鹚、红腰杓鹬的迁徙路线的研究。

卫星跟踪的原理：首先将研究对象安装上卫星发射器，发射器按照用户的设定时间间隔每隔一段时间发射一次信号；然后当卫星经过研究对象的上空时，传感器接收到发射器传来的信号后将信号转送到地面接收站处理中心；再经计算机处理，得到跟踪对象所在地点的经纬度、高度、温度等信息，最后将这些信息通过英特网传送给用户。

限制卫星跟踪技术广泛使用的因素主要在于发射器的重量。卫星跟踪信号发射器的寿命至少应该半年以上。早期的信号发射器比较重，成本也较高，只能用于大型鸟类。近几年，由于芯片技术的发展，发射器的重量大大减轻，已经研制出适用于中、小型鸟类的发射器。目前，卫星信号的接收是国际普遍采用的 Argos 系统。1978 年，美国海洋与大气局（NOAA）、美国国家航空航天局（NASA）和法国空间站（CNES）达成协议，成立了基于人造卫星的定位数据收集系统，它将用于海洋学、气象学和生物学的位置数据卫星系统，包括对野生动物活动进行监测在内的许多研究，这个卫星系统称为 Argos 系统。我国目前还没有自己的卫星接收系统，只能租用外国的卫星接收信号，其费用相对较高。

三、中国大陆鸟类迁徙研究的历史和现状

自 1889 年丹麦鸟类学家马尔顿逊（Martnson H. C.）用特殊标志的金属环标记候鸟以来，鸟类环志工作几乎普及到世界上所有发达国家和一些发展中国家。在 100 多年的时间里，全世界环志的鸟类上亿只。通过大量的环志及回收记录，许多国家摸清了本国迁徙鸟的种类、主要迁徙路线和规律，每年的数量变化、季节性分布及死亡的原因等。环志成果所揭示的内容（规律），为保护鸟类及其生活环境提供了重要依据。

中国利用统一的特殊标记的金属环开展候鸟迁徙研究开始于 1983 年。至今为止，历经了 3 个阶段：创业、艰难维持和起步。

1985 年以前为创业阶段。1982 年前后，为了适应“中日候鸟保护协定”的需要，国务院十分重视全国的候鸟保护和迁徙研究，成立了候鸟环志办公室，设在当时主管野生动物的林业部。同时，在中国林业科学研究院成立了“全国鸟类环志中心”，负责候鸟研究具体事务及规划和培训。首任“全国鸟类环志中心”主任张孚允教授主持工作，确定了中国大陆金属鸟环的制作、使用办法、鸟类环志站的建立和管理、鸟的捕捉及环志技术等一系列规定，开始了中国大陆鸟类环志事业。值得庆幸的是环志当年就见成果，青海湖环志的斑头雁在印度被回收。1985 年，出版了中国大陆第一本鸟类环志专著《中国鸟类环志年鉴 1982—1985》。

1985—1995 年，中国大陆的鸟类环志艰难维持。仅有少数几个环志地点开展工作，年平均环志数量只有4 000 ~ 5 000只，仅是邻国日本年环志数量的 1/40。其原因多种多样，但基本限制因素是缺少开展鸟类环志的动力，缺少热爱环志的人员及没有稳定的专项经费。

1995 年以后，国内外野生动物保护的氛围极大加强。各种国际保护组织纷纷到大陆开展工作，双边和多边国际合作比较频繁，极大地促进了大陆野生动物保护的宣传教育、资源调查、保护研究等各项工作。特别是确立了加强全国生态环境建设的基本国策以后，从国家林业局到基层林场，希望开展鸟类环志，增加野生动物保护科技含量的热情大大加强。国家林业局保护司通过多种渠道，增加鸟类环志的资金投入，加强法律法规的建设和工程建设的规划，全国鸟类环志及候鸟研究有了长足进步，进入起步阶段。

到2006年年底，全国先后开展鸟类环志工作的单位约90余个，东北地区和环渤海湾基本形成鸟类环志网络。

截至2006年年底，中国大陆地区共环志鸟类600余种165余万只。从2002年开始，中国大陆的年环志数量超过20万只，位居亚洲先列（见图6－34）。

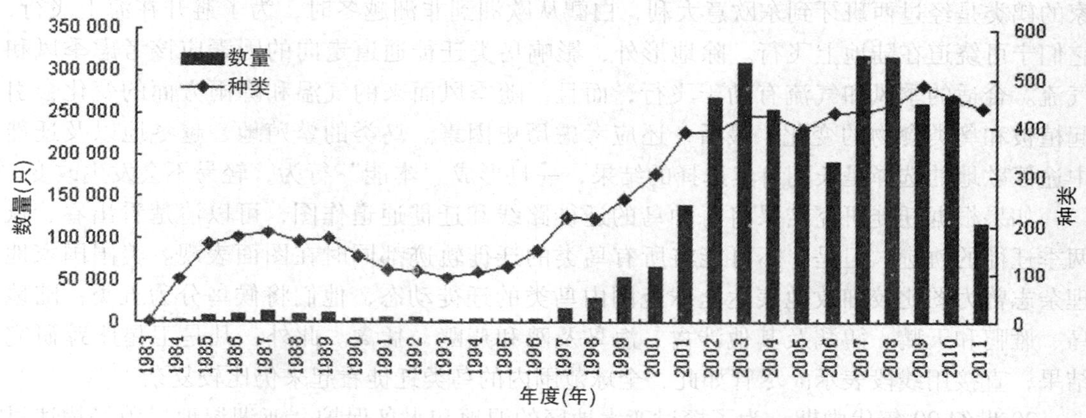

图6－34 中国大陆历年鸟类环志的种类和数量（1983—2011年）

第四节 中国大陆野生鸟类迁徙动态

一、世界鸟类迁徙的基本趋势

1. 鸟类迁徙的方向

鸟类迁徙的方向取决于越冬地和繁殖地之间的位置，由于大多数迁徙鸟类在北方高纬度地带繁殖，到南方越冬，因此，鸟类多是南北迁徙。一般来说，越是气候严酷的北方地带，迁徙鸟类的比例愈大。以美洲为例，美国的候鸟比例比加拿大小，墨西哥则更小。到了亚马逊热带雨林地区，鸟的种类很多，但大部分是不迁徙的留鸟。

温度并不是鸟类越冬地的唯一条件，优越的取食条件应该是鸟类选择越冬地的重要因素。很可能，光照时间，雨雪等方面的差异决定鸟类迁徙，迁徙的方向是赤道方向，但不一定到达赤道。如果存在着更为优越的取食条件，鸟类的迁徙方向可能偏离或与正常方向相反。尽管如此，鸟类迁徙的基本趋势是南北迁徙。少数种类先是东西方向迁徙，然后再南北方向迁徙，如极北柳莺。环志结果表明，还有个别种类基本是东西方向迁徙。

2. 迁徙路线或通道

鸟类的迁徙路程是漫长的，沿途需要经过许多森林、草原、高山、大川、沙漠、岛屿和海滩。往返于繁殖地和越冬地之间的迁徙个体或迁徙群都有自己的迁徙路线和停歇地点，这些迁徙路线和停歇地点可能相同，也可能不同。许许多多鸟类迁徙经过某些特定的地理区域，形成所谓的“通道”。“通道”可以比喻为“高速公路”，迁徙路线好比是一条又一条的“车道”。只不过高速公路的车道比较少，一般每侧只有2～3条车道。而“迁徙通道”内的“迁徙路线”却许许多多。

迁徙通道的宽度及走向取决于多种因素。首先是繁殖地和越冬地的面积，如果繁殖地和越冬地仅限于狭窄地区，迁徙通道不会很宽；反之，则不会很窄。其次是地形，有些从繁殖地起飞的鸟类为了避免飞越沙漠或大洋，而绕过这些障碍到达它们的越冬地。例如，欧洲中部的一些鸟类迁徙时是从地中海的两侧沿岸绕过而不是直接飞过宽阔的海面；有的绕到地中海的东部，再沿尼罗河向南飞以避免条件恶劣的撒哈拉沙漠。中欧国家的鹤类是经过西班牙到东欧意大利，白鹳从欧洲到非洲越冬时，为了避开在海上飞行，它们宁可绕道在陆地上飞行。除地形外，影响鸟类迁徙通道走向的因素应该考虑季风和气流。合适的季风和气流有助于飞行，而且，随季风而来的气温和降雨方面的变化会引起植被和鸟类食物的变化。最后，还应考虑历史因素。鸟类的繁殖地、越冬地以及迁徙中途停歇地的选择是长期自然选择的结果，一旦形成“本能”行为，轻易不会发生改变。

如果根据迁徙研究结果将每种鸟的迁徙路线和迁徙通道作图，可以清楚看出春、秋两季迁徙的轨迹。但是，不可能将所有鸟类的迁徙轨迹都同时在图面表现。美国国家地理杂志曾力图比较细致地表达全球范围内鸟类的迁徙动态，他们将候鸟分为五类：陆地鸟、雁鸭和天鹅、鸻鹬及其他涉禽、海鸟及鸥和燕鸥、猛禽。此外，凡是卫星跟踪研究结果，直接用线段表示。尽管如此，全球范围内的鸟类迁徙看起来仍比较复杂。

20 世纪 90 年代中期，为了探讨亚太地区的湿地和水鸟保护，亚洲湿地局曾经描述过全球候鸟迁徙趋势。2005 年，随着禽流感在全球范围内出现，有些人怀疑候鸟可能散布流感病毒。此时，湿地国际（Wetlands International）与世界卫生组织（FAO）合作，又提出一份全球候鸟迁徙趋势图，提出全球八条主要迁徙通道。应该说，八条迁徙通道主要集中了各国候鸟迁徙研究的成果，包括中国的部分研究成果，基本反映了全球候鸟的迁徙趋势，尤其是水鸟的迁徙趋势。但是，由于许多国家和地区缺乏全面和系统的研究，尤其缺乏雀形目鸟类和猛禽的迁徙研究，全球范围内候鸟迁徙通道的描述还将不断改进。

二、中国鸟类迁徙的三大通道

中国地域辽阔，自然环境条件复杂，迁徙鸟类数量众多。但是，对中国候鸟迁徙通道的研究，长期局限于一般观察基础上。经过 20 多年的环志研究，对途经中国的候鸟迁徙通道开始有了新的认识。

1985 年以前，中国鸟类学界一般认为中国境内有 3 条迁徙通道：

1. 西部通道

包括在内蒙古西部干旱草原、甘肃、青海、宁夏等地的干旱或荒漠、半荒漠草原地带和高原草甸草原等生境中繁殖的夏候鸟，如斑头雁 *Anser indicus*、渔鸥 *Larus ichthyaetus* 等。它们迁飞时可沿阿尼玛卿、巴颜喀拉、邛崃等山脉向南沿横断山脉至四川盆地西部、云贵高原直至印支越冬，西藏地区候鸟除东部可沿唐古拉山和喜马拉雅山向东南方向迁徙外，估计大部分大中型候鸟亦可能飞越喜马拉雅山脉至印度、尼泊尔等地区越冬。

2. 中部通道

包括在内蒙古东部、中部草原，华北西部地区及陕西地区繁殖的候鸟，冬季可沿太行山、吕梁山越过秦岭和大巴山区进入四川盆地以及经大巴山东部到华中或更远的地区越冬。

3. 东部通道

包括在东北地区、华北东部繁殖的候鸟，如鸳鸯、中华秋沙鸭、鸻鹬类等。它们可能沿海岸向南迁飞至华中或华南，甚至迁到东南亚各国，或由海岸直接到日本、马来西亚、菲律宾及澳大利亚等国越冬。

1995 年以后，结合当时全球范围的水鸟迁徙研究成果，特别是中国青海湖斑头雁、渔鸥的环志回收结果，提出亚太地区迁徙水鸟 3 条迁徙通道，分别是中亚 - 印度迁徙通道，东亚 - 澳洲迁徙通道以及西太平洋迁徙通道。各通道之间并不完全独立，互相之间有交叉和重合。

最近，湿地国际又提出一份全球候鸟迁徙通道图。全球 8 条主要迁徙通道，仍是更多地反映水鸟的迁徙。通过中国的 3 条通道有所改变，分别是：东亚 - 澳洲迁徙通道，中亚 - 印度迁徙通道以及西亚 - 东非迁徙通道。这 3 条迁徙通道基本代表中国鸟类，特别是水鸟的迁徙通道，而陆地鸟的迁徙通道比较复杂。

总之，由于中国复杂的自然地理条件，辽阔的疆域以及种类众多的候鸟，必然存在着多种多样的候鸟迁飞类型。要确切掌握这些候鸟的迁徙规律，还需要通过环志以及更先进的手段（如卫星跟踪）来获得大量资料予以证实。

三、中国大陆水鸟迁徙研究概况

依照湿地国际的定义，水鸟是生态上依赖湿地生活的鸟类。中国主要水鸟有 8 目 28 科，约 262 种。

全世界 15 种鹤，中国记录到 9 种。黑颈鹤是仅在中国繁殖的高原种类，丹顶鹤、白枕鹤等在中国广大湿地繁殖和越冬，大多数鹤类具有跨国迁徙特性。

全世界鸭科鸟类约 150 种，中国记录到 46 种，绝大多数跨国迁徙。东亚 - 澳洲迁徙路线列出的 47 种和亚种，中国记录到 43 种和亚种。

海滨鸟包括雉鸻类、蟹鸻类、蛎鹬类、反嘴鹬类、燕鸻类以及鸻类和鹬类等鸻形目鸟类，我国约有 64 种。

中国还有丰富的鹭科鸟类（约 20 种）、鹳科鸟类（5 种）、鹮科鸟类（6 种）和鸥科鸟类（约 34 种），以及潜鸟、鹈鹕和鸬鹚。其中许多是珍贵濒危鸟类或特有鸟类，如朱鹮、黄嘴白鹭、海南虎斑鳽、东方白鹳、黑脸琵鹭、遗鸥、黑嘴鸥等，在亚太地区乃至全世界具有特殊保护意义。

报道中国大陆各种水鸟数量动态的资料较少，近几年结合全国野生动物资源调查和湿地资源调查积累了一些资料。例如，1997—1999 年期间，中国境内越冬黑嘴鸥的数量为4 700多只，繁殖黑嘴鸥的数量约为4 300只。

中国大陆正规的鸟类环志工作开始于 1983 年。首次环志便是青海湖自然保护区的斑头雁和渔鸥。环志初期，中国大陆的年平均环志数量只有5 000 ~ 6 000只。1997 年起环志数量大幅度增加，2002 年环志 387 种 26. 6 万只，2003 年环志近 29 万只。截至 2004 年年底累计环志鸟类近 669 种 124 万余只，其中水鸟环志数量约为 4. 21 万只，仅占环志总数的 3. 4%。

难以捕捉是限制水鸟环志数量的主要因素。中国大陆目前只有少数几个地点开展水鸟环志，如辽宁双台河口、丹东鸭绿江口、江苏盐城、山东黄河三角洲、上海崇明东滩和青海青海湖等自然保护区及河北沧州海兴湿地等地区。其中，许多水鸟的环志，特别是鸥类和鸻鹬类的彩色环志和彩色旗标研究，都是结合中日、中澳政府间候鸟保护合作进行的。

中国大陆环志最多的水鸟是鸻形目（22 074 只），其次是鹳形目（7 647 只）、鹤形目（5 246 只）和鹱形目（3 189 只），分别占环志水鸟总数的52. 32%、18. 12%、12. 56%和7. 56%。数量最多的是遗鸥 *Larus relictus*，其次为黑叉尾海燕 *Oceanodroma monorhis*、池鹭 *Ardeola bacchus*、黄脚三趾鹑 *Turnix tanki* 和黑嘴鸥 *Larus saundersi* 等，分别占环志总数的13. 49%、6. 46%、6. 2%、6. 17%和5. 82%。

黑嘴鸥环志开始于1991年6月，环志黑嘴鸥雏鸟144只（金属环）。从1996年6月起为了落实中日政府间候鸟保护定期工作会议的精神，中国鸟类环志中心与日本北九州市政府和日本山阶鸟类研究所合作，在辽宁双台河口国家级自然保护区对繁殖黑嘴鸥种群数量、栖息地现状开展了联合调查。同时，对黑嘴鸥的成鸟和雏鸟开展环志和彩色标记，以期进一步掌握其迁徙规律。2000年以后，合作区域逐渐扩大到江苏盐城和山东黄河三角洲国家级自然保护区。截至2004年年底，辽宁双台河口（红底白字）（见附图130）、江苏盐城（蓝底白字）（见附图131）和山东黄河三角洲（绿底白字）3个国家级自然保护区内共环志黑嘴鸥2456只。1996—1997年冬季日本北九州曾根滩涂环志黑嘴鸥22只，其中成鸟20只、幼鸟2只，并全部进行了彩色标记（黄底黑字）。

1998年6月，全国鸟类环志中心与WWF（香港）合作，在内蒙古东胜泊江海子环志遗鸥雏鸟579只（见附图132，附图133），其中500只佩戴了由WWF（香港）提供的黄色彩环（无编码）。之后连续3年进行环志，1998—2001年共环志遗鸥雏鸟4 877只。2004年全国鸟类环志中心在陕西省榆林市的红碱淖环志遗鸥雏鸟816只。

红嘴鸥环志最早开始于1986年，在昆明省翠湖公园环志16只，1987年环志24只，之后中断多年，从1999年起又零零散散环志了几只，到2004年年底累计环志596只，其中：2003年环志179只，2004年环志366只，是过去20年环志总数的10倍。

中国最早的鸻鹬类环志开始于1985年（8种55只），截至2004年年底，中国大陆共环志鸻鹬类53种9 765只。为了加强中国与澳大利亚之间的水鸟保护，1988年澳大利亚派员到中国上海崇明举办培训班，培养中方人员识别鸻鹬类鸟类的能力，培训班期间环志鸻鹬类鸟14种150只。培训班结束后，上海崇明环志站成立并陆续开展一些鸻鹬类环志。1996年中澳第二次鸻鹬类调查研讨会继续在上海崇明东滩举行，用当地手动拉网法捕捉鸻鹬类20种303只，其中3只带有不同颜色的旗标。2002年4月中澳迁徙涉禽捕捉及彩色旗标研讨会在辽宁丹东顺利进行，首次用粘网捕到鸻鹬类5种92只。还观察到来自澳大利亚、新西兰、日本等地的个体。当年，带有“丹东彩色旗标组合”（见附图134）的个体陆续在澳大利亚、新西兰、阿拉斯加等地被观察到。2002年秋季和2004年春秋两季上海崇明东滩环志站环志水鸟3 930只，其中有2 454只佩戴了上白下黑组合的彩色旗标（见附图135）。

中国大陆最早开始普通鸬鹚（见附图136）环志于1985年，到2003年年底，共环志普通鸬鹚2099只。初期的环志数量很少，1985—1989年环志155只，其中青海省青海湖保护区117只、黑龙江省扎龙保护区38只，1999年6月中国科学院西北高原生物所在青海省青海湖保护区环志1 946只。

除上述水鸟以外，还环志其他水鸟9科77种17 923只，数量较多的有鹭科（7 115只）、秧鸡科和鸭科（1 815只）鸟类。有些水鸟通过专项环志获得，如安徽省皇甫山自然保护区 1984—1995 年环志鹭科鸟类 8 种 1 500 余只。有些水鸟是通过夜间捕捉与环志获得的，如云南省巍山隆庆关、南涧凤凰山及江西遂川等地开展夜间鸟类环志时也捕获环志了一定数量的鹭科鸟类。鸭科鸟类环志开始于 13 年首次环志 304 只斑头雁，到 1995 年年底共环志 1 500 余只，1996—2003 年每一年都有少量环志（30 ~ 50 只），2004 年环志有所增加，环志数量为 238 只。秧鸡科鸟类环志数量不多，累计环志 14 种 2 400 余只。

截至 2004 年年底，全国鸟类环志中心已经弄清的水鸟回收记录是 63 种 523 只。其中，回收到大陆环志水鸟 24 种 142 只，台湾 5 种 6 只，香港 5 种 5 只。还回收到澳大利亚、新西兰、日本、俄罗斯、印度等其他国家和地区环志的水鸟 43 种 370 只。

中国大陆环志并回收的 24 种 142 只水鸟中，大陆回收到 18 种 33 只，台湾地区回收 1 只，国外回收到 17 种 108 只。其中日本 3 种 78 只，俄罗斯 6 种 11 只，韩国 2 种 8 只，印度 3 种 6 只，澳大利亚 2 种 2 只，泰国、孟加拉和越南各为 1 种 1 只。

中国大陆回收的 43 种 370 只外国环志水鸟中，澳大利亚环志水鸟 15 种 235 只，回收种类全是涉禽，以鹬类为主。大滨鹬数量最多（98 只），其次是斑尾塍鹬 *Limosa lapponica*（40 只）和弯嘴滨鹬 *Calidris ferruginea*（31 只）。

中国大陆共回收到俄罗斯（包括苏联）环志水鸟 15 种 101 只。大陆回收的俄罗斯环志鸟与澳大利亚环志鸟不同，主要是鸥、鹭和鹤。银鸥 *Larus argentatus* 数量最多（48 只），其次是红嘴鸥（16 只）和苍鹭 *Ardea cinerea*（8 只）。大陆地区的 20 多个省（市）都有回收记录，最远达广西和云南。

中国大陆共回收到日本环志水鸟 16 种 22 只。回收的种类有鹭、野鸭和海滨鸟。上海地区回收的数量相对较多。

中国境内还回收到其他周边一些国家的环志水鸟 12 种 12 只。如美国 4 种各 1 只，印度 2 种各 1 只，新西兰 1 种 3 只，马来西亚、蒙古和菲律宾各 1 只。美国环志的一只黑腹军舰鸟 *Fregata Fregata andrewsi* 系广西大学的早年（1964 年）标本，具体回收日期和地点不详。

彩色标记观察包括两类：带有号码或字母的彩环观察及无有号码或字母的彩色旗标观察。有些种类，如鹤类及黑嘴鸥，其彩环上有编号或字母。如果观察到彩环上的编号或字母，应将其归入与金属环相同的回收。还有一些种类，如遗鸥及一部分黑嘴鸥，其彩环之上没有字母和编号。一般来说，用于鸻鹬类标记的彩色旗标也没有字母和编号。

四、中国大陆水鸟迁飞动态

应该说明，仅仅根据环志研究结果，还不能准确、全面地反映中国大陆水鸟的迁徙状况，急需更全面深入地研究。为了描述主要水鸟的迁飞动态，需要参考大陆鸟类学家的研究和调查。

1. 雁鸭类

雁鸭类是广布于全球的游禽，全世界共有 2 科 45 属 165 种，其中中国分布的为 1 科（鸭科）20 属 50 种。

中国分布的雁鸭类全部为迁徙物种，国外繁殖地主要在欧亚大陆的北部、地中海和西亚。国内繁殖地主要集中在东北，少数物种在北部的内蒙古和西北部的新疆、青海、西藏、甘肃繁殖。另外极少数的广布种，如斑嘴鸭的繁殖地从东北一直延伸到长江以南地区。

雁鸭类的越冬地相当广泛，主要集中在长江以南。一些广布种，如绿头鸭、绿翅鸭、赤颈鸭等越冬地的北限超过黄河，到东北越冬。值得注意的是，大天鹅的越冬地往南一般不超过黄河。少数种类，如白眉鸭，冬季可迁至北纬35°以南直达海南岛。与绝大多数物种不同的是，斑头雁（见附图137）繁殖于青海湖，向西南迁徙到达西藏南部雅鲁藏布江流域、孟加拉和印度越冬。赤嘴潜鸭在俄罗斯、哈萨克斯坦和中国新疆繁殖，主要越冬于印度、孟加拉、缅甸和长江中游的部分地区。

雁鸭类的主要迁徙通道是“东亚－澳洲迁徙通道”，部分种类利用“中亚－印度迁徙通道”，少数种类也可能利用“东非－西亚迁徙通道”，但目前尚无迁徙到非洲的记录。

中国境内重要的雁鸭越冬地包括江苏盐城、湖北洪湖、湖南洞庭湖、江西鄱阳湖、安庆沿江湿地、香港米埔（雁鸭网络点）、云南拉市海、西藏南部等。其中，江西鄱阳湖仅保护区内越冬的雁鸭类33种，数量15万~20万只。最常见的有小天鹅、白额雁、鸿雁、豆雁、灰雁、赤麻鸭、翘鼻麻鸭、罗纹鸭、绿翅鸭、绿头鸭、斑嘴鸭、针尾鸭、白眉鸭等，其中数量超过全球总数1%的有小天鹅、白额雁、鸿雁、赤麻鸭、翘鼻麻鸭等。

云南拉市海是中国西南部的重要雁鸭越冬地，经常越冬的雁鸭类26种，约5万只，主要包括斑头雁、赤麻鸭、普通秋沙鸭、绿翅鸭、凤头潜鸭、花脸鸭、青头潜鸭等，其中数量超过全球总数1%的有斑头雁、赤麻鸭、绿翅鸭、青头潜鸭和凤头潜鸭。

在安庆沿江湿地越冬的雁鸭类总数通常超过6万只，常见种为鸿雁、豆雁、灰雁、小天鹅、绿翅鸭、斑嘴鸭、绿头鸭等。

西藏南部雅鲁藏布江流域是黑颈鹤、赤麻鸭和斑头雁重要的越冬地，其中黑颈鹤越冬数量4 000余只，斑头雁50 000余只。

雁鸭类飞行能力较强，迁徙时一般选择环境干扰较少、沿海或内陆湖泊湿地较多的路线，高空，白日飞行。春季北迁开始于3月，4月基本到达繁殖地。秋季南迁开始于9月，随气温降低陆续南移。11月中旬大部分已到达越冬地点。例如，在湖北洪湖保护区仅在其中一个观察点，就发现灰雁、豆雁、绿头鸭、斑嘴鸭、针尾鸭、绿翅鸭、赤颈鸭、琵嘴鸭、凤头潜鸭等，数量4 000~5 000只。同期在上海崇明东滩的监测点则发现豆雁、斑嘴鸭、绿翅鸭等雁鸭类，多的时候达上万只。

2. 鹤类

全世界共有15种鹤类，中国有记录的鹤类共有9种，其中，沙丘鹤属于偶见种，赤颈鹤可能已在我国灭绝。

黑颈鹤主要分布在中国的西部地区，繁殖地在中国青藏高原的西藏北部、青海、新疆、甘肃和四川，越冬于西藏的一江两河流域、云南北部、贵州西北部，总数约在8 000只，只有少量个体飞越喜马拉雅山，到不丹越冬。黑颈鹤主要在国内迁徙，在四川西北部的若尔盖湿地，青海玉树及其通天河流域与云南的东北部和贵州西北部之间定期移动。只有在新疆东南部、青海西部繁殖的黑颈鹤通过唐古拉山口，在藏北繁殖的鹤则由高海拔向南或东南迁徙到西藏南部的雅鲁藏布江中游流域河谷越冬，其中一部分飞越喜马拉雅山脉至不丹越冬。

黑颈鹤以外的其他鹤类，其繁殖地主要在俄罗斯的东南部和西伯利亚。除白鹤以外，其他5种鹤可在中国东北和西北地区繁殖。除少量个体在朝鲜半岛越冬外，大部分在中国江苏盐城的沿海地区、长江流域的鄱阳湖和洞庭湖、升金湖、沿江湿地、上海的崇明东滩以及黄河三角洲越冬。

繁殖于中国三江平原和黑龙江中下游地区的丹顶鹤，沿乌苏里江南下，越过兴凯湖、图们江口和朝鲜半岛北部东海岸（金野地区）等地，越冬于汉江流域（南北朝鲜分界线非军事区），另一条迁徙路线是繁殖于嫩江流域湿地（扎龙、向海等地）和内蒙古东部的丹顶鹤，迁经辽宁盘锦湿地、河北北戴河、天津、山东黄河三角洲，到达江苏沿海地区越冬。

中国东北松嫩平原湿地、辽东湾湿地、渤海湾湿地是白鹤迁徙期重要的中途停歇地。长江中下游的一些湿地，如江苏洪泽湖、安徽升金湖、湖南洞庭湖等湿地既是少量白鹤的越冬地，也是白鹤迁徙时重要的中途停歇地。

卫星跟踪表明，繁殖于俄罗斯达乌斯基的白头鹤和白枕鹤，经中国吉林、辽宁锦州、河北唐山、山东东营、安徽寿县、六安，到达鄱阳湖越冬。另一只白枕鹤经内蒙古的查干诺尔（乌兰盖戈壁）、内蒙古赤峰市附近、天津、山东的黄河口、山东荣成、安徽瓦埠湖附近，最终到达江苏太湖越冬。

鹤类在迁徙策略上有共同特点。一般来说，9 月下旬开始离开繁殖地，10 月份大部分种群处于迁徙阶段，11 月份陆续到达越冬地，至第二年 2 月底开始春季迁徙，3 月底基本离开越冬地，4 月至 5 月处于春季迁徙阶段，繁殖的个体一般在 4 月初即可到达繁殖地，以便完成占区和营巢。

3．鹳类

世界有鹳类 19 种，中国分布有两种，分别是东方白鹳和黑鹳。东方白鹳主要分布在中国的东部地区，繁殖地主要集中在东北黑龙江的松嫩平原和三江平原，近年来，在山东的黄河三角洲保护区、安徽的安庆沿江湿地保护区、江西鄱阳湖也有零星繁殖的报道；迁徙时经过辽宁辽河三角洲、山东黄河三角洲，越冬地主要分布在长江中下游地区的江西鄱阳湖、湖南洞庭湖、安徽升金湖和安庆沿江湿地、湖北的沉湖和龙感湖。

中国境内分布的黑鹳可分为两个不同的种群，西部种群在中国西部的新疆地区繁殖，越冬地可能在印度，具体迁徙路线不明；东部种群在中国的山西、河北、北京和辽宁等地繁殖，迁徙时经过河北、天津以及山东的沿海地区，最南的越冬地可达江西鄱阳湖和湖南洞庭湖，近年来，在北京房山区十渡据马河也有十余只越冬群体。

鹳类与鹤类的繁殖地、越冬地以及迁徙停歇地不仅仅在区域上大致重叠，在采取的迁徙策略上也基本相同。鹳类的迁徙时间大致与鹤类相同，每年 12 月基本已到达越冬地，秋季迁徙活动结束。

4．鹮类

世界有鹮类 26 种，中国分布有 4 种，分别是黑头白鹮、白肩黑鹮、朱鹮和彩鹮。其中白肩黑鹮和朱鹮为留鸟。

黑头白鹮繁殖于中国的东北地区和俄罗斯的远东地区，迁徙经过辽宁的辽河三角洲、山东的黄河三角洲和江苏沿海，在浙江、福建、广东、香港、海南和台湾等地沿海越冬。

彩鹮繁殖于俄罗斯的远东地区，迁徙经过辽宁的辽河三角洲和山东的黄河三角洲等地，偶见于我国江苏以南的沿海地区。

黑头白鹮的迁徙策略同鹤类。11 月初已有黑头白鹮迁徙到达浙江杭州湾。

5. 琵鹭类

世界有琵鹭6种，中国有2种，为白琵鹭和黑脸琵鹭。具最新调查统计，白琵鹭在中国的越冬种群可达16 000余只，主要分布在长江中下游的鄱阳湖和洞庭湖，以及安徽沿江各大湿地。黑脸琵鹭在中国的主要越冬地是在台湾西部沿海地区，种群数量可达1 000余只，其次是香港的米埔和后海湾，数量为200余只，广东100余只，福建100余只，澳门50余只，海南40余只。

东北地区松嫩平原和三江平原是白琵鹭的繁殖区域，迁徙经过辽宁辽河三角洲，河北、天津沿海，山东沿黄河三角洲，到长江中下游地区的各大湖泊湿地，如江西鄱阳湖、湖南洞庭湖以及安徽升金湖等地越冬，在浙江、福建、广东和香港沿海地区也有一定数量的个体越冬，西部的云南、青海等地也有白琵鹭的越冬记录。西部地区的繁殖区域可能在新疆天山，具体情况不详。黑脸琵鹭的繁殖地分布在中国辽宁东部沿海和朝鲜半岛西部沿海的岛屿上，迁徙时经过山东黄河三角洲、江苏盐城、上海崇明东滩、浙江沿海、福建沿海、广东沿海和广西沿海，中国的越冬区域主要在台湾西部沿海、香港米埔、澳门沿海、福建沿海、广东沿海、海南西部沿海。

6. 鹭类

全球鹭科鸟类共93种，包括48种鹭和15种鳽。中国有14种鹭和9种鳽，均为迁徙鸟。

许多种鹭类在西伯利亚繁殖。中国主要的繁殖地除新疆和西藏外，在东北、华北、华中、华南和西南等许多地方都可繁殖。鹭类的停息地和越冬地在全国分布也较为广泛，在东南沿海如浙江、福建、广东、广西和海南沿海以及内陆湖泊如湖南洞庭湖和江西鄱阳湖，均可看到大量的鹭类群体停歇和越冬的壮观景象。

根据鹭类的环志和回收记录，鹭类均呈南北向迁徙。不论是西伯利亚繁殖的群体或在中国东北繁殖的群体，均南迁到中国的华北和华南地区、东南亚或更南的地区越冬。并可能存在北方群体迁往华北，华北群体迁往华南，这种现象称为“替代型迁徙现象”。也就是说，在中国各地不论是繁殖期、迁徙期或是越冬期，都可在不同的湿地类型如沿海滩涂、水库、内陆湖泊等见到鹭类，但这不表明鹭类是留鸟，这就是鹭类替代型的迁徙。

鹭类每年8月下旬开始南迁。北迁的顺序与鹭的年龄有关，成鹭离开越冬地早而幼鹭稍迟，这一现象可能与成鹭尽早北迁，进行繁殖有关。

7. 鸻鹬类

鸻鹬类是典型的水鸟，全世界约54属220余种，广布世界各地。中国约有31属76种。估计种群数量3万～500万只。鸻鹬类大多生活在沿海滩涂及内陆湖泊沼泽的水边，只有丘鹬经常在森林栖息。

中国的鸻鹬类大都有迁徙的习性，只有彩鹬、鹮嘴鹬、铜翅水雉、距翅麦鸡、肉垂麦鸡等少数几种为罕见留鸟或短距离迁徙鸟。金眶鸻、环颈鸻的部分种群为留鸟。

在中国境内繁殖的鸻鹬类约30余种，大多喜爱栖居在河流、水塘沿岸以及沼泽和稻田等淡水环境。有的种类也能在沿海生活，如黑尾塍鹬、白腰杓鹬、林鹬、金眶鸻、环颈鸻等。只有蛎鹬、蒙古沙鸻、铁嘴沙鸻，主要在沿海滩涂繁殖。鸻鹬类的主要繁殖地在古北界北部，欧洲北部以及西伯利亚。越冬地主要在非洲、印度、东南亚、南亚以及澳大利亚和新西兰。因此，中国鸻鹬类的迁徙基本是南北走向，纵贯中国境内的三条迁徙通道都被鸻鹬类利用。

研究资料表明，主要是来自澳大利亚、新西兰、印度尼西亚、菲律宾、日本等地越冬的鸻鹬类去西伯利亚繁殖，至少14种（斑尾塍鹬、大杓鹬、大滨鹬、翻石鹬、红腹滨鹬、红颈滨鹬、灰尾漂鹬、尖尾滨鹬、金斑鸻、蒙古沙鸻、翘嘴鹬、三趾鹬、铁嘴沙鸻、弯嘴滨鹬）于迁徙途中经过中国东南沿海，约占澳大利亚和新西兰鸻鹬类总数量的80%。

中国境内繁殖的鸻鹬类，繁殖地主要在黑龙江北部、新疆西部及西北地区。越冬在长江以南，远至澳大利亚、新西兰、印度以及非洲。个别种类去地中海、里海越冬。每年春季3—4月向北迁徙，中国整个东南沿海的23个地区都曾回收到来自澳大利亚和新西兰的个体。一只在澳大利亚布鲁姆环志的大滨鹬，1周后即在上海崇明被回收。到达崇明东滩的鸻和鹬，经过几天的取食，补充营养后继续向北迁徙。除上海崇明东滩以外，环渤海湾以及鸭绿江口也是重要的中途停歇地点。

春季向北迁徙的鸻鹬类在中国沿海登陆后，也有许多个体沿内陆江河湖泊迁徙。有些在中国东北繁殖（如白腰杓鹬），有些在西北繁殖（如红脚鹬），相当多的个体仍然到古北界北部、欧洲北部以及西伯利亚繁殖。

不同停歇地点之间的距离很不相同，因种类而异。一般来说，个体大、飞行能力强的种类，停歇地点之间的距离较长，反之则较短。

秋季南迁开始于8月，并不完全受气温的影响。南迁的路线并不完全与北迁路线相同，许多个体经阿拉斯加，跨越重洋返回澳大利亚或新西兰。

中国监测东亚－澳洲迁徙通道鸻鹬鸟类迁徙动态的主要监测点是辽宁丹东、河北秦皇岛、山东黄河三角洲保护区、上海崇明东滩鸟类保护区以及长江中下游的湖区等地。

8. 鸥类

鸥类为广布全球的水鸟，世界上共8属53种，中国有4属19种。其中全球关注的种类有黑嘴鸥和遗鸥，常见种有黑尾鸥、海鸥、西伯利亚银鸥、黄腿银鸥、灰背鸥、渔鸥以及红嘴鸥，罕见种有北极鸥、银鸥、小黑背银鸥、棕头鸥、细嘴鸥、小鸥以及三趾鸥，迷鸟有楔尾鸥、叉尾鸥及灰翅鸥。

鸥科鸟类均具有南北迁徙习性，除银鸥、黄腿银鸥、棕头鸥及红嘴鸥部分种群在中亚－印度迁徙通道迁徙外，其余均在东亚－澳洲迁徙通道内活动。

黑嘴鸥繁殖于江苏、山东、辽宁沿海及韩国的松岛等地，迁徙途经华北及华中区，越冬于江苏以南的东部沿海地区、韩国以及日本北九州等地。遗鸥集群繁殖于内蒙古西部及陕西北部，冬季迁徙到我国渤海湾一带越冬。

黑尾鸥繁殖于日本及俄罗斯的东南部，中国境内繁殖地见于山东沿海及福建沿海，越冬于中国华北及华南沿海地区以及日本北部。其他常见种繁殖于中国青藏区、蒙新区以及东北地区北部，包括俄罗斯及西伯利亚北部、欧洲甚至包括阿拉斯加及北美洲东部；越冬向南迁移，在中国西南地区以及华南沿海，直至印度、东南亚、菲律宾等地越冬，红嘴鸥，繁殖于古北界，南迁至印度、东南亚及菲律宾越冬，中国主要繁殖于东北地区，越冬于东部地区及北纬32°以南所有湖泊、河流及沿海地带（青海省除外）。

棕头鸥繁殖于亚洲中部，中国的西藏中部及青海，冬季至印度、中国西部、孟加拉湾及东南亚越冬。北极鸥及三趾鸥繁殖于北极周围，越冬南迁。其他鸥类繁殖于北非、欧洲、俄罗斯北部以及北美洲等地，越冬南迁，很少在中国东部沿海发现。

繁殖于中国东部沿海的有黑尾鸥及黑嘴鸥，一般越冬于中国华北及华南沿海，属于东亚—澳洲迁徙区，一般每年3月中旬抵达繁殖地，4月中旬至7月上旬为繁殖期，9月下旬至10月上旬陆续迁飞至越冬地。繁殖于中国北方（包括东北、青藏和蒙新区）的有海鸥、黄腿银鸥、渔鸥、棕头鸥、红嘴鸥以及遗鸥，迁徙部分经过华北、华中、西南以及华南地区，越冬见于华中、西南以及华南地区，部分越冬于东南亚其他地区，一般每年3月下旬抵达繁殖地，4月下旬至7月中下旬为繁殖期，9月下旬至10月上旬陆续迁飞至越冬地。仅在中国东部沿海越冬的有北极鸥、银鸥、西伯利亚银鸥、小黑背银鸥、灰背鸥以及细嘴鸥，繁殖地主要集中在西伯利亚的东北部以及日本的北部地区，一般于9月下旬至10月上旬陆续由西伯利亚东北部以及日本的北部等繁殖地，途经中国北方大部分地区，进入东部沿海部分地区越冬。

9. 燕鸥类

燕鸥类为广布全球的水鸟，世界上共10属44种，中国有7属19种。全球极度濒危的燕鸥有中华凤头燕鸥，目前，全部繁殖种群均在中国，仅30~50只。常见种有鸥嘴噪鸥、红嘴巨燕鸥 *Hydroprogne caspia*、大凤头燕鸥、普通燕鸥、白额燕鸥、须浮鸥以及白翅浮鸥 *Chlidonias leucopterus*，不常见（罕见）种有小凤头燕鸥、河燕鸥、粉红燕鸥、黑枕燕鸥、黑腹燕鸥、白腰燕鸥 *Sterna aleutica*、褐翅燕鸥、乌燕鸥、黑浮鸥 *Chlidonias niger*、白顶玄燕鸥以及白燕鸥。

根据历史资料及现有的环志回收信息，除河燕鸥及黑腹燕鸥为中国云南省西部留鸟外，其他燕鸥科鸟类具有南北及东西迁徙的习性。具有东西迁徙习性的有乌燕鸥和红嘴巨鸥。

中华凤头燕鸥繁殖于中国东部，现唯一的繁殖地位于福建马祖岛。冬季向南迁徙至南沙群岛等地。

鸥嘴噪鸥、大凤头燕鸥、普通燕鸥、白额燕鸥以及须浮鸥等常见种繁殖范围几乎遍布全世界，包括美洲、欧洲、非洲、亚洲及澳大利亚，冬季越冬南迁至南美洲、亚洲、非洲、印度洋、印度尼西亚及澳大利亚，在中国大多繁殖在北方，迁徙至东部沿海越冬。红嘴巨燕鸥繁殖于中亚、西伯利亚中部以及中国的东部，越冬于中国东部、台湾以及印度支那。白翅浮鸥，繁殖于南欧及波斯湾，横跨亚洲至俄罗斯中部及中国，冬季南迁至非洲南部，并经印度尼西亚至澳大利亚，偶至新西兰。

河燕鸥及黑腹燕鸥，仅分布于云南西部，为留鸟。小凤头燕鸥、河燕鸥、粉红燕鸥、褐翅燕鸥及乌燕鸥，广布于大西洋、印度洋及太平洋至澳大利亚，越冬很少见于中国东部沿海岛屿。黑枕燕鸥、白顶玄燕鸥及白燕鸥繁殖于太平洋西部沿海的热带岛屿及澳大利亚北部岛屿，夏季少见于中国华南近海岸岛屿，越冬很少见于中国南沙群岛以南的近海岛屿。白腰燕鸥，繁殖于西伯利亚、阿留申群岛及阿拉斯加，越冬于南方海域，仅在中国香港有过记录。黑浮鸥，繁殖于北美洲、欧洲至里海及俄罗斯中部的淡水水体，冬季南迁至中美洲、南非及西非，漂鸟远至智利、日本及澳大利亚，中国极为罕见。在新疆西部繁殖，内蒙古东部可能也有繁殖种群分布。华北及华中区有迷鸟记录。

繁殖于中国华南沿海的有大凤头燕鸥、小凤头燕鸥、粉红燕鸥、黑枕燕鸥、褐翅燕鸥、乌燕鸥、白顶玄燕鸥及白燕鸥，越冬南迁，其中绝大多数为罕见种，繁殖期为3—5月份，9月份开始南迁。繁殖于中国北方（或更北的地区）的有鸥嘴噪鸥、须浮鸥及黑浮鸥，大多在中国东部沿海越冬。每年 3 月下旬迁到繁殖地，4 月下旬至 7 月上旬为繁殖期，9 月中下旬陆续迁飞至东部沿海越冬。繁殖范围广布的物种有普通燕鸥、白额燕鸥及白翅浮鸥，繁殖期为 4 月下旬至 7 月中下旬，9 月中下旬陆续迁飞至越冬地。红嘴巨鸥繁殖于中国的东部沿海，越冬期也见于东部沿海大部分地区。仅在云南西部繁殖越冬的有河燕鸥及黑腹燕鸥。

中国的燕鸥类，除河燕鸥及黑腹燕鸥在云南西部或西南部为留鸟外，其他均具有长距离迁徙习性。鉴于大多数燕鸥属于海洋性鸟类，在内陆湿地或水域不易发现，仅白额燕鸥、普通燕鸥、须浮鸥以及白翅浮鸥等越冬地需要重点监测。

10. 鸬鹚

全世界鸬鹚共有 1 属 39 种，中国有 1 属 5 种，分别为普通鸬鹚、绿背鸬鹚、海鸬鹚、红脸鸬鹚和黑颈鸬鹚。其中，普通鸬鹚为最常见种，全球种群约 150 万只，在亚太迁徙路线上的 40 万～80 万只。2001 年亚洲水鸟调查在东亚发现普通鸬鹚 13 839 只，绿背鸬鹚约 10 万只，但 2001 年在东亚只统计到 783 只。红脸鸬鹚全球种群约 20 万只，海鸬鹚 2001 年在东亚统计到 543 只。

除黑颈鸬鹚外，其余 4 种鸬鹚均为迁徙鸟。普通鸬鹚在中国主要繁殖于长江以北的适宜地区，其中，中国西部的青海和西藏为大群聚集繁殖场所，如青海湖鸟岛每年 4 月上旬至 6 月中旬在此繁殖的普通鸬鹚约4 200对。此后，普通鸬鹚陆续迁徙经过中国中部，到达南方各省、海南岛及台湾越冬。其中，洞庭湖、鄱阳湖均为重要的越冬地。根据环志研究的结果，青海湖繁殖的普通鸬鹚向西南的印度阿萨姆邦方向迁徙越冬，而在东北繁殖的普通鸬鹚则迁徙到台湾附近越冬。绿背鸬鹚全部种群分布于东亚，主要繁殖于朝鲜半岛、日本、库页岛及萨哈林岛，迁徙途经沿海海域至中国东南部沿海，为罕见或不定期冬候鸟。红脸鸬鹚繁殖于西伯利亚东部、日本、库页岛及阿留申群岛，在中国非常罕见，仅在渤海及台湾海域有零星记录。海鸬鹚繁殖于阿拉斯加至西伯利亚及日本越冬于美国加州、日本南部和中国。在中国不常见，主要迁徙经过中国东北，越冬于渤海、辽东湾至东部沿海、广东越冬。

11. 翠鸟与雨燕

中国有翠鸟 7 属 11 种，大部分为当地留鸟，少数种类具有迁徙习性，如普通翠鸟和蓝翡翠。

目前，翠鸟科的种群数量不详。截至 2004 年年底，中国大陆共环志普通翠鸟1 058只，蓝翡翠 829 只，没有回收记录。

据记载，普通翠鸟指名亚种繁殖于中国新疆天山，在西藏西部较低海拔处越冬；*bengalensis*亚种在东北地区繁殖，在华北、华东、华中、华南、西南、海南及台湾越冬地，同时分布于这一地区的部分普通翠鸟为留鸟。繁殖于中国黑龙江北部、内蒙古东部、北部地区的普通翠鸟每年 8 月下旬至 9 月中旬开始南迁，9 月中旬至 10 月上旬到达辽宁大连、河北北戴河、山东长岛。翌年4 月上旬至下旬从南方迁至山东长岛、河北北戴河、辽宁大连、吉林吉林和珲春等地，4 月下旬至 5 月上旬返回黑龙江北部、内蒙古东部、北部地区；西部地区，9 月中旬至 10 月中旬到达云南西部的巍山和南涧。

蓝翡翠分布于中国东北、华东、华中及华南地区，从辽宁至甘肃的大部分地区以及东南部包括海南岛。北方亚种南迁至印度尼西亚越冬。繁殖于中国黑龙江北部的蓝翡翠鸟每年8月中旬开始南迁，8月下旬至9月下旬到达河北北戴河、山东的长岛和青岛、上海崇明、江西遂川等地。翌年5月初至下旬返回山东青岛和南四湖、河北北戴河及黑龙江等地，9月中旬至10月中旬到达云南西部的巍山、南涧、新平。

中国境内有雨燕4属9种，其中5种具有迁徙习性。金丝燕属 *Aerodramus* 3种，仅有短嘴金丝燕 *Aerodramus brevirostris* 为候鸟；针尾雨燕属 *Hirundapus* 2种，其中白喉针尾雨燕 *Hirundapus caudacutus* 为候鸟；雨燕属 *Apus* 3种，雨燕 *Apus apus*、普通楼燕 *Apus apus*、小白腰雨燕 *Apus nipalensis* 均为候鸟或季节性候鸟。目前，雨燕科所有鸟种的种群数量不详。截止到2004年年底，中国大陆环志的雨燕共4种：白喉针尾雨燕28只，雨燕1 051只，其中，北京重捕90只，天津回收1只；环志白腰雨燕1 296只，回收到1只，该鸟1984年7月8日在江苏省连云港市车牛山岛环志放飞（F00－0405），20天后在山东省日照市回收；小白腰雨燕环志数量为63只。

中国的雨燕科鸟类主要有两条迁徙通道。一条与东亚－澳洲迁徙路线重合，主要包括3条路线：在东北地区、俄罗斯和蒙古国东部繁殖的个体，经过中国东部沿海地区到达印度尼西亚、新几内亚、澳大利亚及新西兰；内蒙古中部及蒙古国繁殖的个体，途经太行山、吕梁山越过秦岭和大巴山区进入四川盆地以及经大巴山东部向华中、华南地区到达印度尼西亚、新几内亚、澳大利亚及新西兰越冬；西藏地区候鸟可沿唐古拉山和喜马拉雅山向东南方向迁徙至泰国越冬。另一条迁徙通道是向西南迁徙，到非洲南部越冬，主要是在西部地区、俄罗斯和蒙古国西部繁殖的个体向西南迁飞经阿拉伯半岛到非洲南部越冬。

五、中国大陆陆地鸟的迁飞动态

（一）鸠鸽类

中国的鸠鸽科鸟类约7属31种，绝大多数为当地留鸟。到目前为止，中国大陆环志的鸠鸽类11种6 200多只。环志数量最多的是山斑鸠5 431只，其中山东长岛环志2 409只，山东青岛1 309只，辽宁大连295只，云南巍山129只，云南南涧314只。其他一些环志站，如河北北戴河、黑龙江帽儿山、嫩江高峰、兴隆青峰、三江平原、内蒙古乌尔旗汉、吉林珲春、江西遂川等都曾捕捉和环志，只是数量很少。

回收记录只有山斑鸠7只。环志时间都在秋季9月，环志地点分别是山东的青岛（4只）和山东长岛（3只）2个环志站。回收时间有夏季7月（2只），大多在冬季（5只）。分析认为，山斑鸠有迁徙习性，山东应该是山斑鸠的迁徙途经地。春季北迁可以到黑龙江，秋季南迁可以经山东到江苏、广东和广西。从回收的日期看，山斑鸠的迁徙时间相对比较稳定。每年9月途经山东，10月到达江苏，11月以后在江苏以南的江西，广东和广西等地越冬。

（二）鸨

鸨类是典型的草原荒漠鸟类，全世界有9属22种，分布在非洲、欧洲、亚洲和澳洲。中国有3种，大鸨 *Otis tarda dybowskii* 和 *Otis tarda tarda*、小鸨 *Tetrax tetrax orentalis* 和波斑鸨 *Chlamydotis undulata macqueenii*。其中，大鸨东方亚种的数量700余只，大鸨指名亚种数量约1 200只，小鸨种群数量约200只，波斑鸨种群数量6 000余只。

中国的鸨科鸟类都有迁徙的习性，其中，大鸨东方亚种的繁殖地在东北的中、西部以及内蒙古的中部地区，包括黑龙江、吉林、内蒙古东北部、中东部和西部；越冬地在黄河中下游、长江中下游以及东北松嫩平原地区，包括陕西和山西的交界处、河南、河北、山东黄河两岸的局部地区，湖南、湖北、安徽和江苏四省局部地区，内蒙古东部、吉林西部及黑龙江西部。

大鸨指名亚种在中国为夏候鸟，繁殖地在中国新疆西北部地区，越冬地主要在印度和巴基斯坦。

小鸨的繁殖地在中国新疆准噶尔盆地东侧、甘肃西部、内蒙古西部和宁夏的西部地区及蒙古国境内的部分地区，越冬地在阿富汗、巴基斯坦和印度等南亚国家。

波斑鸨的繁殖地在中国新疆准噶尔盆地周边区域、甘肃西部和内蒙古西部，越冬地在阿拉伯半岛和巴基斯坦等南亚国家。

中国的鸨科鸟类主要有两条迁徙通道，一条是大鸨东方亚种自北向南迁徙，其中包括两条路线：一是在中国东北地区和俄罗斯及蒙古国东部繁殖的个体，经河北的北戴河到长江中下游地区；二是内蒙古中部及蒙古国繁殖的个体，经宁夏、甘肃、陕西北部到达陕西渭河流域和黄河流域及长江中下游地区越冬。另一条迁徙通道是向西南迁徙，与中亚印度迁徙路线重合，其中也包括两条路线：一是沿中国的张掖、酒泉、巴里坤、木垒、玛纳斯、乌苏、精河从阿拉山口进入哈萨克斯坦；二是从木垒、奇台沿准噶尔盆地向富蕴、福海、和布克赛、塔城、进入哈萨克斯坦，最终都经由乌兹别克斯坦、土库曼斯坦，至阿富汗、巴基斯坦及印度越冬，或从土库曼斯坦转向伊朗南部及阿拉伯半岛越冬。在西部通道上迁徙的鸨类有大鸨指名亚种、小鸨和波斑鸨。

鸨科鸟类迁徙时很少翻越高山，通常沿山脉走向飞行。向西迁徙的鸨类每年9月中旬至11月上旬离开中国，10月末至11月底到达越冬地；次年3月初至4月初陆续抵达中国，留居时间为150~190天。

向南迁徙的鸨类10月中旬开始向南迁徙，约在11月上旬到达越冬地，迁徙时间为15~45天；次年3月上旬开始离开越冬地，4月初抵达繁殖地。

每年12月，向西迁徙的鸨类已经基本全部离开了中国境内，向南迁徙的鸨类也已经到达了越冬地点。值得注意的是，向南迁徙的鸨类，其主要的繁殖地和越冬地都在中国境内，因此，需要加强越冬地的监测工作。

（三）猛禽

猛禽涵盖了鸟类传统分类系统中隼形目和鸮形目的所有种，包括鹰、雕、鵟、鸢、鹫、鹞、鹗、鸮、鸺鹠等次级生态类群，均为掠食性鸟类。

隼形目的猛禽嘴强大，尖端钩曲；翅稍短而宽阔，且强有力；善于空中翱翔，能较长时间盘旋于高空。脚和趾均强壮粗大，趾端具锐利而钩曲的爪。为昼间活动的猛禽。多数捕食啮齿类动物或食腐食、尸体，也捕食鸟类。

鸮形目的猛禽，如鹰鸮（见附图138）头部宽大，嘴短而硬，先端具钩状尖，蜡膜略被硬羽覆盖；眼大而位于前方，眼周围有放射细羽构成的“脸盘”；耳孔特大，耳孔周缘具皱襞或耳羽；脸形似猫，故俗称“猫头鹰”。双翅宽阔；尾羽短圆。双脚粗壮强健，多数全部被羽毛。昼伏夜出，黄昏时飞出捕食，以食啮齿类为主。

中国隼形目和鸮形目分别有50种和31种。隼形目如金雕、普通鵟、苍鹰等34种在中国为候鸟，鸮形目如红角鸮、领角鸮 *Otus bakkamoena*、长耳鸮等10种在中国为候鸟。

所有猛禽均为国家重点保护的野生动物。

据文献记载，猛禽的繁殖地主要在俄罗斯和中国的东北大、小兴安岭和长白山和新疆及西藏等西北地区，辽宁、山东以及浙江沿海是猛禽主要的停歇地，长江以南主要是猛禽的越冬地，或更远至东南亚、马来西亚半岛和巽他群岛，韩国和日本也有猛禽越冬。部分猛禽如雀鹰在中国华北也有越冬的记录。

还有一些猛禽繁殖地和越冬地比较特殊，如赤腹鹰 *Accipiter soloensis* 在华南均有繁殖，迁徙经过台湾及海南岛；金雕繁殖于内蒙古东北部，越冬在东北长白山区。燕隼 *Falco subbuteo* 繁殖于中国北方及西藏，越冬于西藏南部，有时在广东及台湾越冬。猎隼 *Falco cherrug* 繁殖于新疆阿尔泰山及喀什地区、西藏、青海、四川北部、甘肃、内蒙古及至呼伦池，越冬在中部及西藏南部。拟游隼 *Falco pelegrinoides* 繁殖于天山及青海；越冬于新疆西部喀什地区。雪鸮在东北及西北越冬；短耳鸮 *Asio flammeus* 繁殖于中国东北，越冬时见于华北、华中和华南地区。

中国大陆猛禽的迁徙研究相对开始较早。环志初期的 1984 年，环渤海湾的山东长岛、青岛、大连老铁山等地就建立了以猛禽捕捉和环志为主的环志站。20 多年来，捕捉和环志一直没有间断，积累了丰富的资料和经验。截至 2004 年年底，中国大陆共环志隼形目鸟类 32 种 4 万余只，鸮形目鸟类 17 种 3 万余只，环志数量最多的猛禽是松雀鹰 *Accipiter virgatus*（22 879 只）、雀鹰（16 504 只）和红角鸮（26 030 只）。

成功回收中国大陆环志的猛禽 132 只，其中雀鹰（58 只）最多，其次是松雀鹰（25 只）。苍鹰和红角鸮各 13 只，长耳鸮 8 只，其他 6 种（大𫛭、红隼、领角鸮、普通𫛭、秃鹫、纵纹腹小鸮）的回收数量为 1 ~ 5 只。几种猛禽的迁徙趋势如下：

1. 雀鹰

成功回收近 60 只雀鹰（见附图 139），其中 50 只回收鸟的环志地点在山东长岛，6 只在辽宁大连老铁山，其余在山东青岛。除 3 只回收雀鹰为春季（4—5 月）环志外，其余都是秋季（9—10 月）环志的。

半数以上的回收地点都在环志地点周围，时间分别在春季和秋季，说明山东半岛和辽东半岛是雀鹰春、秋两季迁徙的必经之路。

逐月分析雀鹰的回收，发现 3—4 月的回收地点有江西、安徽和山东。5 月到了辽宁，有 2 只飞越国境到了俄罗斯，说明繁殖地点应在黑龙江以北。秋季回收包括 9—10 月环志地点的回收。此外，12 月的回收地点有广西、浙江、江苏，1 月回收地点有安徽。说明雀鹰主要在中国南方越冬。

2. 松雀鹰

松雀鹰（见附图 140）的环志与回收情况与雀鹰相似。成功回收的 20 余只鸟中，山东长岛是主要环志地点，其次是山东青岛和辽宁大连老铁山。回收分析表明，4—5 月松雀鹰主要在山东和辽宁回收，7 月初山东境内还回收 1 只同年 5 月在青岛环志的个体。但是，8 月在俄罗斯阿穆尔地区也回收到头年秋季在山东长岛环志的个体，说明繁殖地点应在俄罗斯。10 月以后陆续在湖南、江西和江苏有松雀鹰回收，说明其越冬地点仍在中国南方。

3. 苍鹰

被回收的苍鹰，其主要环志地点仍是山东长岛，大连老铁山环志的只有 2 只。5—7

月，俄罗斯回收到2只，分别是大连和长岛秋季环志的个体。说明苍鹰的繁殖地至少在黑龙江以北的俄罗斯。与雀鹰和松雀鹰迁飞趋势相似，但春季回收地点新增河南，冬季回收地点新增湖北。

4. 红角鸮

可供环志回收分析的红角鸮只有13只，都于1985—2000年间秋季在山东长岛（10只）、青岛（1只）和辽宁大连老铁山（2只）环志。3—5月的回收地点有山东、辽宁和日本北海道。10—11月的回收地点有江苏和广西。说明红角鸮的繁殖地点仍在北方，越冬地点可达广西。

5. 长耳鸮

长耳鸮与其他猛禽一样，回收鸟的环志地点仍以山东长岛环志为主，青岛和辽宁大连老铁山各环志1只，且环志时间都在10—11月。

长耳鸮的春季（4—6月）回收地点在中国的山东长岛和吉林，另1只在前苏联的托木斯以西，说明繁殖地点至少在托木斯和吉林省以北。冬季回收地点也有山东长岛，说明山东仍是南、北迁徙的通道。与其他猛禽不同是冬季回收地点包括山东省日照市，安徽、江西以及韩国的骊州，说明越冬地在山东以南（包括山东）。

仅仅依据目前的环志回收记录尚不能完全反映中国猛禽的迁徙通道，只是以环渤海湾为中心的猛禽迁飞趋势。可以看出，猛禽均呈南北向迁徙。国际上对猛禽迁徙的研究大多集中在东亚迁徙通道上，即在西伯利亚至东南亚如马来西亚半岛等地区间的迁徙的研究。这条迁徙通道可细分为3条，其中一条途经中国的东部及其沿海，经东南亚的北部和马来西亚半岛，然后通过马六甲海峡到苏门答腊岛，最后进入巽他群岛。由此可见，中国东部渤海沿岸地区是全球最重要的猛禽迁徙通道之一。通过这些研究成果，可以勾画出猛禽在中国较为详细的部分迁徙路线图，即从繁殖地俄罗斯或中国东北地区，经过东部内陆或沿海一带，迁徙至韩国和日本，或继续向南到华南或更远的地区。

猛禽在9月份开始南迁，隼形目的猛禽大多白天迁徙，而鸮形目的猛禽往往在夜间迁徙。迁徙过程中常常形成比较松散的群体，并借助于上升的热气流进行飞行。大多数体形较大的猛禽如金雕是单独迁飞的，体形较小的猛禽如灰脸𫛭鹰 *Butastur indicus* 和雀鹰也有成对迁飞和结群迁飞的。猛禽开始迁飞的时间与其食性密切相关，以昆虫、食虫鸟类为猎物的猛禽开始迁徙的时间较早，以鼠类、野兔、有蹄类动物等为食者，开始迁徙的时间较晚。有些翅较狭长的猛禽迁徙顺序存在着年龄差异，如苍鹰、雀鹰、松雀鹰等的亚成体比成体迁徙时间稍早一些。

在每年的春（3—5月）秋（9—11月）两个迁徙季节，在中国东部海岸，秋季约有11 000只以上的猛禽经过河北省北戴河，其中包括约6 000只鹊鹞 *Circus melanoleucos*；在经过日本、中国东部海岸到台湾的迁徙路径上，约有70 000只赤腹鹰和10 500只灰脸𫛭鹰在秋季可以观察到。可见每年迁徙通过中国东部渤海沿岸地区的猛禽的数量和密度极大。每年7月份是猛禽的繁殖季节，活动区较为稳定，为了喂养幼鸟，成鸟将经常外出寻找猎物，而在每年的1月份，猛禽已经迁徙至越冬地。

（四）雀形目

雀形目为中、小型鸣禽，适应辐射到各种生态环境内，种类及数量众多，占鸟类种类和数量的绝大多数。全球共100科1 158属5 700余种，约占世界鸟类种数的59%。中国有44科188属764种，约占中国鸟类种类数量的55.7%，全球雀形目种类数量的13%。

中国的阔嘴鸟科、雀鹎科、叶鹎科、和平鸟科、盔鵙科、燕鵙科、河乌科、鹪鹩科、扇尾鹟科、画眉科、扇尾莺科、长尾山雀科、䴓科、旋木雀科、花蜜鸟科、雀科、织雀科、梅花雀科等18科200种鸟，一年四季皆可在当地见到，认为是留鸟。

另外9科，大多数种类为当地留鸟（157种），只有一部分种类具迁徙习性。如八色鸫科在西藏东南部，云南南部，广西西南部等地为留鸟，只有代表种类仙八色鸫 *Pitta nympha* 在黄河中下游以南地区为夏候鸟。又如鹎科，中国7属22种之中只有3种的部分种群有迁徙性；椋鸟科的八哥，鹩哥等10种不迁徙。鸦科30种，只有4~5种的个别种群有迁徙性。岩鹨科9种，4种不迁徙。鸫科39种为各地留鸟，约占中国93种的42%。鸦雀科鸟类中国有3属20种，除文须雀外多为留鸟。莺科99种，其中29种不迁徙。山雀科20种鸟类，只1种部分迁徙。中国啄花鸟科1属6种，只1种有迁徙种群。

大部分种类具有迁徙习性的有百灵科、燕科、鹡鸰科、山椒鸟科、太平鸟科、伯劳科、黄鹂科、卷尾科、鸫科、鹟科、王鹟科、绣眼鸟科、旋壁雀科、燕雀科和鹀科。鸫科迁徙种类约占种类数量的2/3，燕雀科半数以上的种类可长距离迁徙，鹀科6属31种之中只有4种为留鸟。

雀形目也是中国历年环志数量最多的鸟类。截至2004年年底，全国共环志鸟类669种124余万只，其中雀形目鸟类402种约110万只。成功回收到雀形目鸟类14科47种200余只。由于回收资料很少，且约半数回收种类每种仅1只鸟，所以，通过重点分析回收数量超过6只的10种鸟（见表6-1），根据这些鸟的环志与回收资料，初步分析雀形目鸟类的迁徙趋势。

表6-1 回收数量超过6只的雀形目鸟类

编号	科名	物种编号	物种	回收数量（只）
1	鸫科（20属93种）	1	红胁蓝尾鸲	6
2	长尾山雀科（1属5种）	2	银喉长尾山雀	13
3	山雀科（3属20种）	3	煤山雀	13
4	燕雀科（16属57种）	4	燕雀	8
		5	北朱雀	12
		6	白腰朱顶雀	28
		7	黄雀	21
5	鹀科（6属31种）	8	田鹀	15
		9	黄喉鹀	15
		10	灰头鹀	10

1. 红胁蓝尾鸲

中国大陆1996年以前环志的红胁蓝尾鸲 *Tarsiger cyanurus* 只有1千余只，1997年以后每年的环志数量逐渐增加，2004年年底累计达6万余只。成功回收的6只鸟中，2只由山东青岛环志站于10月和11月环志，1~2年后的5月和6月在北戴河和辽宁的锦州被回收。黑龙江帽儿山环志站于9月和10月环志的3只红胁蓝尾鸲（见附图141），分别于当年10月至次年1月期间在辽宁、贵州和广西被回收。俄罗斯的1只红胁蓝尾鸲于2003年10月13日被环志，1周后在中国吉林珲春环志站被捕获，两地距离约200km，估计正在秋季南迁途中。

分析认为，红胁蓝尾鸲在中国辽宁以北繁殖，越冬地至少在中国南方，或更南地区。春季北迁季节5月经山东到河北，6月到辽宁。秋季南迁经辽宁、山东，到贵州和广西。

2．煤山雀

煤山雀 *Parus ater*（见附图142）是环志数量最多的山雀，至今已累计环志3万余只。成功回收的13只鸟中，黑龙江环志5只，分别是兴隆林业局青峰环志站1只、嫩江林场高峰环志站3只、洪河保护区1只，内蒙古乌尔旗汉1只，辽宁大连4只，山东长岛和青岛分别为2只和1只。于春季环志的只有大连1只，其余都是9—10月环志。

回收地点有内蒙古乌尔旗汉和黑龙江嫩江高峰环志站。两个环志站在秋末冬初互有回收，说明煤山雀在两地游荡。其余回收地点在山东，辽宁大连，吉林及黑龙江鹤岗。分析认为，黑龙江环志的煤山雀秋季经过吉林、辽宁大连到山东。山东和辽宁大连的煤山雀于春季北迁，3月在山东，4月到大连，5月达黑龙江。有些个体可能到更北的地方繁殖。

环志研究表明，煤山雀有迁徙习性。秋季，有些个体可能在内蒙古和黑龙江两地游荡，然后向南迁徙，10月中下旬到达山东。至于是否继续向南越冬，应该继续研究。

3．银喉长尾山雀

银喉长尾山雀（见附图143）是环志数量较多的长尾山雀，目前已经累计环志2万余只，成功回收12只。除北京小龙门原地回收以外，黑龙江帽儿山环志的5只及黑龙江青峰环志站环志的4只分别在本省被回收。另外两只俄罗斯同日环志的银喉长尾山雀，20天后在中国吉林被同时回收。北京小龙门环志和回收都发生在6月份，可能在当地繁殖。其他11只鸟的环志和回收大都在9—11月份，有1只在12月份。此外，都是在秋冬季节，回收地点的方向并不一致。分析认为这些鸟的运动应属于冬季游荡，虽然跨过国界，但距离只有几百千米。

4．燕雀

雀形目鸟类环志数量最多的是燕雀，至今环志数量已达9万余只。1988—2002年间回收燕雀8只，其环志地点分别是山东青岛环志站和山东长岛环志站各2只，黑龙江嫩江林场高峰环志站3只，日本北海道环志1只。春季3—4月只环志2只，其余6只为秋季的9—10月环志。根据回收日期，可以推断，燕雀的繁殖地应该在中国黑龙江以北及日本的北海道或更北的地区。春季3—4月以及秋末冬初的10—12月，燕雀在山东境内停留。黑龙江省嫩江高峰环志站9月下旬环志的燕雀于10月到达江苏和山东，到达山东后有些个体继续南迁，于1月到达湖南。日本10月份环志的个体，12月份在山东被青岛环志站捕捉，很可能继续向南迁徙，今后应该密切注意。

5．北朱雀

2001年以后，北朱雀 *Carpodacus roseus*（见附图144）的环志数量有所增加，到2004年年底共环志3万余只。1997—2004年间共回收北朱雀12只，都在黑龙江省环志。其中帽儿山环志站环志9只，嫩江高峰环志站2只，兴隆青峰环志站1只。春季环志3只，其余9只于10月份环志。10月份环志的个体，直到次年4月在黑龙江省内都有回收。其他2只分别于11月和12月在吉林省被回收，还有1只于11月在山东被青岛环志站回收。帽儿山春季（3月）环志的北朱雀，当月即被嫩江高峰环志站和兴隆青峰环志站回收，说明它们尚未离开越冬地。结合辽宁、河北和山东有关环志站的分析表明，北朱雀是生活在黑龙江与吉林的冬候鸟，少数个体可以向南经辽宁、河北到山东越冬。4 月份以后迁徙到黑龙江以北的地区繁殖。

6. 白腰朱顶雀

早在 1985 年，中国黑龙江便回收到芬兰环志的白腰朱顶雀。1998—2004 年间，黑龙江省有多个地点陆续开展鸟类环志，每年环志的雀形目鸟类由几万只增加到几十万只。截至 2004 年年底，白腰朱顶雀的环志数量已达 6 万多只。成功回收的 28 只白腰朱顶雀中，北欧 3 国（芬兰、瑞典、挪威）环志的各 1 只，其余 25 只分别由兴隆林业局青峰环志站（13 只）、嫩江高峰环志站（8 只）和帽儿山环志站（3 只）环志。辽宁大连秋季环志的 1 只白腰朱顶雀，11 天以后在铁岭回收，认为该鸟 11 月份仍在辽宁停留。

部分回收鸟（5 只）于 3 月份在青峰环志站、高峰环志站和帽儿山环志站被环志，其他回收鸟的环志日期在秋季的 10—11 月。帽儿山 3 月份环志的 1 只白腰朱顶雀，5 天以后被青峰环志站回收，其余 4 只都是 11—12 月份回收。吉林、黑龙江、俄罗斯和瑞典各回收 1 只。秋季环志的回收鸟，直到次年 4 月在内蒙古、黑龙江和吉林都有回收，其中 1 只于 2 月份在挪威被回收。北欧环志的 3 只白腰朱顶雀，环志日期分别在 3 月、9 月和 12 月。2 只在黑龙江被回收，回收日期是 10 月和 11 月。1 只在吉林市被回收，回收日期在 11 月中旬。

以上的环志回收结果表明，白腰朱顶雀在中国的内蒙古、黑龙江和吉林一带越冬，向南可到达辽宁，来年 4 月以前飞往繁殖地。每年 9 月下旬秋季迁徙到中国，中国的黑龙江、吉林以及北欧的挪威、芬兰和瑞典等地都是越冬区。北欧与中国黑龙江之间似乎存在一条越冬带，繁殖过后的白腰朱顶雀可以经北欧到黑龙江和吉林越冬，也可经黑龙江和吉林到北欧越冬。

7. 黄雀

黄雀也是中国大陆环志数量相对较多的雀形目鸟类，到 2004 年年底已经环志近 4 万只，成功回收 21 只。回收地点从东北的黑龙江、内蒙、吉林、辽宁、河北、山东，直到江苏和上海，更有 1 只在陕西西安被回收。回收鸟的环志地点共 7 处，分别是：青岛环志站（6 只）、长岛环志站（5 只）、北戴河和大连环志站（各 1 只）、黑龙江高峰环志站（4 只）、帽儿山（2 只）及青峰环志站（1 只）。

春季，中国山东境内环志和回收过黄雀，其他的环志和回收地点已经到了吉林和黑龙江。回收鸟的秋季环志时间大都在 10 月份，秋季回收时间在 10 月至次年 2 月。同是 2003 年 10 月，黑龙江嫩江高峰环志的黄雀（A29 - 2688），半月后到达山东青岛，另一只黄雀在辽宁大连环志，48 天后在陕西被回收。同样，2002 年 10 月在山东青岛环志的黄雀，10 天以后在江苏被回收，秋季南迁的趋势十分明显。由于回收时间尚未进入相对稳定的季节，应该继续调查是否往更南的地方迁徙。

8. 田鹀

田鹀 *Carduelis spinus*（见附图 145）是中国大陆近年来环志数量较多的雀形目鸟类之一。自 1998 年以来，年环志达到 2 万只，累计环志近 7 万只。成功回收的 15 只田鹀中，有北欧（芬兰和瑞典）环志的 2 只，其余 13 只分别由中国黑龙江高峰（5 只），黑龙江青峰、帽儿山和山东长岛（各 2 只），以及黑龙江大庆和吉林珲春（各 1 只）等环志站环志。回收鸟的环志时间有春季（4 只），也有秋季（11 只）。回收时间多在春季的 3—4 月

（9只），秋季回收（6只）时间在10月至次年1月。春季回收的地点都在黑龙江，说明田鹀在黑龙江或黑龙江以北的地方繁殖。秋季回收地点除黑龙江以外，还有吉林和天津，山东长岛曾回收过来自黑龙江的田鹀，说明在中国越冬的田鹀往南可以到达山东。

春季4月，黑龙江回收到芬兰秋季环志的田鹀，吉林于初冬回收到瑞典秋季环志的田鹀，说明北欧的田鹀秋季横跨欧亚大陆，向东偏南方向迁徙6 000km到中国东北越冬。此外，吉林珲春秋季环志的田鹀，第二年春季在韩国回收，说明韩国也是田鹀越冬地。

9. 黄喉鹀

中国大陆黄喉鹀（见附图146）的环志数量与田鹀相似，都将近7万只。成功回收的15只黄喉鹀中，大陆环志并回收的10只，大陆环志日本回收1只。国外环志（俄罗斯）大陆回收4只。俄罗斯的环志地点（海参崴）距离中国边境很近，秋季环志8～38天后分别在中国吉林及河北北戴河回收，说明秋季迁徙向中国南部移动。日本北海道春季回收到辽宁大连秋季环志的黄喉鹀，说明春季迁徙达到北海道或更北的地区繁殖。

中国大陆其他地点的环志与回收信息是：北京小龙门6月环志的1只黄喉鹀，第二年6月原地回收（归家），说明黄喉鹀可在北京繁殖。山东青岛秋季环志的个体，春季在山东长岛和黑龙江都有回收，说明山东是黄喉鹀南北迁徙经过的地区。值得注意的是，云南巍山环志站秋季环志的黄喉鹀，第二年春季在黑龙江被回收。

10. 灰头鹀

灰头鹀*Emberiza spodocephala*（见附图147）是中国大陆环志数量最多的雀形目鸟类之一，环志数量与燕雀相同，都是9万余只。成功回收的10只灰头鹀中，都是中国大陆环志的个体。其中山东青岛环志站春季（4—5月）环志2只，山东长岛环志站秋季（10月）环志4只，黑龙江帽儿山环志站春、秋季各环志1只，黑龙江兴隆青峰环志站秋季（9月）环志1只。

黑龙江春季环志的2只灰头鹀，当年5月在黑龙江其他地点回收1只，一年后的4月在原地回收1只。山东春季环志的2只，1年后的春季在黑龙江回收1只，另1只5年后的4月在俄罗斯的海参崴被回收。分析认为，春季北迁季节，灰头鹀从山东向黑龙江迁徙，并在黑龙江停留，繁殖地可能在黑龙江或黑龙江以北。秋季南迁季节，许多灰头鹀可能经过山东向南迁徙，最远到达广东。

附表6－1　中国鸟类目别检索表

1. 脚适于游泳；蹼较发达……………………………………………………………………2
   脚适于步行；蹼不发达或付缺…………………………………………………………8
2. 鼻成管状　……………………………………………鹱形目（鹱、信天翁、海燕）
   鼻不成管状………………………………………………………………………………3
3. 趾间具全蹼…………………………………………鹈形目（军舰鸟、鹲、鹈鹕、鸬鹚、鲣鸟）
   趾间不具全蹼……………………………………………………………………………4
4. 嘴通常扁平，先端具嘴甲；雄性具交接器　…………………雁形目（雁、鸭、天鹅）
   嘴不扁平，雄性不具交接器……………………………………………………………5
5. 翅尖长；尾羽正常发达　…………………………………………………鸥形目（鸥、燕）
   翅短，或尖或圆；尾羽甚短……………………………………………………………6
6. 翅尖，无后趾　……………………………………………………………海雀目（海雀）

翅圆，后趾存在……………………………………………………………………………………7

7. 向前三趾间具蹼 ……………………………………………… 潜鸟目（潜鸟）

前趾各具瓣蹼 ……………………………………………… 䴙䴘目（䴙䴘）

8. 颈和脚均较短；胫全被羽；无蹼 ……………………………………………… 11

颈和脚均较长；胫的下部裸出；蹼不发达……………………………………………… 9

9. 后趾发达，与前趾同在一个平面上；眼先裸出 ……………………… 鹳形目（鹭、鹳、鹮）

后趾不发达或完全退化，存在时位置亦较他趾稍高；眼先常被羽 ……………………… 10

10. 翅大都短圆，第一枚初级飞羽较第 2 枚短；眼先被羽或裸出；趾间无蹼，有时具瓣蹼………

…………………………………………………………… 鹤形目（三趾鹑、鹤、秧鸡、鸨）

翅形尖，或长或短，第一枚初级飞羽较第 2 枚长或等长（Vanellus 例外）；眼先被羽；趾间蹼不发达或付缺 ……………………………… 鸻形目（雉鸻、鸻、鹬、反嘴鹬、瓣蹼鹬、燕鸻）

11. 嘴爪均特别锐弯曲；嘴基具蜡膜……………………………………………… 12

嘴爪形或平直或仅稍曲；嘴基不具蜡膜（鸽形目例外） ……………………………… 14

12. 足呈对趾型；舌厚而为肉质；尾脂腺被 ……………………………………… 鹦形目（鹦鹉）

足不呈对趾型；舌正常；尾脂腺被或裸出……………………………………………… 13

13. 蜡膜裸出；两眼侧置；外趾不能反转（Pandion 例外）；尾脂腺被羽 …… 隼形目（鹰、鹗、隼）

蜡膜被硬须掩盖；两眼向前；外趾能反转；尾脂腺裸出 ……………… 鸮形目 （草鸮、鸱鸮）

14. 三趾向前，一趾向后（后趾有时付缺）；各趾彼此分离（除极少数外） ……………… 20

趾不具上列特征……………………………………………………………………… 15

15. 足大都呈前趾型；嘴短阔而扁平，无嘴须 ……………………………… 雨燕目（雨燕）

足不呈前趾型；嘴强而不扁平，（夜鹰目例外）常具嘴须 ……………………………… 16

16. 足呈异趾型 ……………………………………………………………… 咬鹃目（咬鹃）

足不呈异趾型……………………………………………………………………… 17

17. 足呈异趾型 ……………………………………………………………………… 18

足不呈异趾型……………………………………………………………………… 19

18. 嘴强直呈凿状，尾羽通常坚挺尖出 ……………………… 䴕形目（拟啄木鸟、啄木鸟）

嘴端稍曲，不呈凿状，尾羽正 …………………………… 鹃形目（杜鹃、噪鹃、地鹃）

19. 嘴长或强直，或细而稍曲，有时更具盔突；鼻不呈管状；中爪不具栉缘 ……………

………………………………… 佛法僧目（翠鸟、蜂虎、三宝鸟、戴胜、犀鸟）

嘴短阔；鼻通常呈管状；中爪具栉缘 ……………………………………… 夜鹰目（夜鹰）

20. 嘴基柔软，被以蜡膜；嘴端膨大而具角质（沙鸡除外） ……………… 鸽形目（沙鸡、鸠鸽）

嘴全被角质；嘴基无蜡膜……………………………………………………………… 21

21. 后爪不较他趾的爪为长，雄常具距 ……………………………………… 鸡形目（松鸡、雉）

后爪较他趾的爪为长，无距 ……………………………………… 雀形目 （松鸦、黄雀）

附表 6－2 雀形目检索表

1. 嘴形粗厚而宽阔；向前三趾的基部相并着；跗蹠大部由单列大型的卷形鳞所包被着 ……………

…………………………………………………………………… 阔嘴鸟科 Eurylaimidae

嘴形不呈上列特征；趾不并合；跗蹠不由单列卷状鳞所包被……………………………… 2

2. 跗蹠后缘钝，具盾状鳞 ……………………………………………… 百灵科 Alaudidae

跗蹠后缘侧扁成棱状，光滑无鳞……………………………………………………… 3

3. 上下嘴前段的嘴缘具细形锯齿 ……………………………………………………… 4

嘴缘无锯齿……………………………………………………………………………… 5

4. 翅端圆形；初级飞羽10枚 ………………………………………… 太阳鸟科 Nectariniidae
翅端方形；初级飞羽仅9枚（除1种外） ……………………………… 啄花鸟科 Dicaeidae
5. 翅端圆形；初级飞羽10枚，其第1枚较最长者略短 ………………………………………… 6
翅端尖形或方形；初级飞羽大都9枚，若为10枚时，其第1枚特别短小，通称为退化飞羽，其长度一般不超过初级复羽（少数例外） ……………………………………………… 23
6. 足攀型；后趾（连爪）与中趾（连爪）等长，或则更长；嘴不具缺刻 ……………………… 7
足非攀型；后趾（连爪）较中趾（连爪）为短；嘴常具缺刻 ………………………………… 8
7. 嘴形直或下曲；无嘴须；鼻孔裸出；尾羽坚挺…………………………… 旋木雀科 Certhiidae
嘴形直；有嘴须；鼻孔有稀疏羽须掩覆着；尾羽短而软 ………………………… 鳾科 Sittidae
8. 跗蹠被以靴状鳞（除少数例外） …………………………………………………………… 9
跗蹠前缘具盾状鳞（有时不很明显） ………………………………………………………… 13
9. 体羽柔长而疏松；颈项具纤羽如发；跗蹠短弱 ……………………… 鹎科 Pycnonotidae
体羽稠密而结实；颈项不具发状纤羽；跗蹠粗长 ………………………………………… 10
10. 嘴形较粗，最外侧初级飞羽达其内侧者4/5的长度……………………… 八色鸫科 Pittidae
嘴形似鸫或较细，最外侧初级飞羽较短，不及其内侧者4/5的长度 ……………………… 11
11. 无嘴须，尾短……………………………………………………………… 河乌科 Cinclidae
有嘴须，尾较长………………………………………………………………………………… 12
12. 嘴粗健而侧扁，缺刻明显；翅长而平 ………………… 鹟科：鸫亚科 Muscicapidae：Turdidae
嘴形细尖，缺刻不显著；翅短而凹 …………… 鹟科：莺亚科 Muscicapidae：Sylviidae（部分）
13. 鼻孔全被羽或须所掩盖着……………………………………………………………… 14
鼻孔裸露，或仅有少数须遮蔽着（除少数例外） ………………………………………… 17
14. 第1枚初级飞羽超过第2枚长度的一半……………………………………………… 15
第1枚初级飞羽不及第2枚长度的一半……………………………………………… 16
15. 体型较大；翅长超过120mm；嘴形粗长；体羽结实而有光泽 ……………… 鸦科 Corvidae
体型较小；翅长不及100mm；嘴形短厚；呈似鹦鹉嘴状；体羽较松 …………………………
……………………………………………………… 鹟科：鸦雀属等 Muscicapidae：Paradoxornis
16. 巢呈杯状，营于树洞或岩隙间……………………………………………… 山雀科 Paridae
巢呈囊状，悬于树枝梢端 ……………………………………………… 攀雀科 Remizidae
17. 鼻孔完全裸露………………………………………………………………………………… 18
鼻孔多少有羽或须遮蔽着（莺亚科中有例外） …………………………………………… 19
18. 体型较大，翅长超过100mm，尾长超过60mm，嘴须存在 ………………… 黄鹂科 Oriolidae
体型较小，翅长不及60mm，尾长不及50mm，无嘴须 …………………… 鹪鹩科 Troglodytidae
19. 腰羽的羽轴坚硬 ………………………………………………… 山椒鸟科 Campephagidae
腰羽的羽轴正常………………………………………………………………………………… 20
20. 嘴强壮而侧扁；上嘴具钩与缺刻，并常有齿突 …………………………… 伯劳科 Laniidae
嘴形较细；常具缺刻，钩与缺刻均存在时，嘴多少呈平扁状……………………………… 21
21. 体羽纯黑或暗灰色；尾羽10枚，呈深叉状 ……………………………… 卷尾科 Dicruridae
体羽非纯黑或暗灰色；尾羽12枚，不呈深叉状 ………………………………………… 22
22. 体羽主要为蓝色，或为绿或黄绿色；颈项常有纤羽如发；跗蹠较嘴（从嘴角量起）为短 ……
………………………………………………………………………………… 和平鸟科 Irenidae
羽色各异，颈无发状纤羽；跗蹠较嘴（从嘴角量起）为长 ………………………………………
……………………………………………… 鹟科 Muscicapidae（主要为画眉亚科 Timaliinae）
23. 第1枚飞羽（最外侧的退化飞羽若存在时亦不计入）最长，其内侧数羽突形短缩，因成尖形翼

端……………………………………………………………………………………………………… 24

第1枚飞羽（最外侧的退化飞羽除外）与其内侧数羽几相等长，因成方形翼端 ………… 27

24. 嘴短阔而平扁；初级飞羽仅9枚，脚细弱 ……………………………… 燕科 Hirundinidae

嘴短强而不平扁；初级飞羽10枚，其最外侧非常退化；脚正常 ……………………… 25

25. 翅长达于尾羽之后 ……………………………………………………… 燕鵙科 Artamidae

翅长不达于尾羽之后…………………………………………………………………………… 26

26. 翅与尾无辉斑 ………………………………………………… 椋鸟科 Sturnidae（部分）

翅与尾均具辉斑………………………………………………………… 太平鸟科 Bombycillidae

27. 初级飞羽9枚；最长的次级飞羽接近翼端；后爪常特长 ………………… 鹡鸰科 Motacillidae

初级飞羽10枚（雀科及部分文鸟科例外）；其最外侧者非常退化；最长的次级飞羽仅达翅长之半或稍超过；后爪正常……………………………………………………………………… 28

28. 嘴粗端，呈圆锥状 ………………………………………………………………………… 32

嘴不呈圆锥状……………………………………………………………………………………… 29

29. 嘴形平扁 ……………………………… 鹟科：鹟亚科 Muscicapidae：Muscicapinae（部分）

嘴不呈平扁状……………………………………………………………………………………… 30

30. 体形纤小，翅长不及60mm；退化飞羽形小而具锐端，呈镰刀状；上体几纯绿色；眼周具白环 ……………………………………………………………………………… 绣眼鸟科 Zosteropidae

体形适中，翅长超过60mm；退化飞羽稍大而具圆端；上体无绿色；眼周无白环 ………… 31

31. 鼻孔被以盖膜，完全裸露；嘴须存在 ……………………………… 岩鹨科 Prunellidae

鼻孔盖膜被羽掩覆着，无嘴须（鹩哥属除外） ……………………… 椋鸟科 Sturnidae（部分）

32. 初级飞羽10枚（麻雀等属除外）；巢非呈曲瓶状，即营置于窟窿或树洞间 …………………………………………………………………………………… 文鸟科 Ploceidae

初级飞羽9枚；巢无覆盖，置于地面上 ………………………………………… 雀科 Fringillidae

第七章
兽类学基础知识

兽类又称哺乳动物，由爬行类演化而来，可分为原兽类、后兽类和真兽类。原兽类是兽类中最原始的一类，它们卵生，无胎盘，体表被毛，以乳汁哺幼，如鸭嘴兽和针鼹。后兽类虽然进化程度高于原兽类，但仍属于古老低等的类群，胎生，无胎盘，幼兽在母兽的育儿袋中才能发育成熟，如有袋类动物。真兽类是现生兽类中最高等的哺乳动物，是脊椎动物乃至整个动物界中进化地位最高的类群。主要特征表现在：①体内有一条由许多脊椎骨连接而成的脊柱；②体表被毛；③胎生（鸭嘴兽、针鼹除外）、哺乳；④恒温，在环境温度发生变化时也能保持体温的相对恒定，从而减少了对外界环境的依赖，扩大了分布范围；⑤脑颅扩大，大脑相当发达，在智力和对环境适应上超过其他动物；⑥心脏左、右两室完全分开；⑦牙齿分为门齿、犬齿和颊齿。

中国疆域辽阔，地跨寒、温、热各气候带，具有高山、高原、峡谷、盆地、平原、海滩和海域等多种地形地貌，还有森林、草原、荒漠、农田和耕地等多种多样的生态环境。中国兽类的物种多样性十分丰富，共计 13 目 55 科 235 属 607 种另 968 亚种。

为满足陆生野生动物疫源疫病监测工作的需要，本章选择了与其关系较紧密的目和物种进行介绍。

第一节　食 虫 目

食虫目是真兽类中最早出现、最原始的一目。体型较小，最小体重仅 2g，是最小的兽类。头小，吻尖细呈管状，较灵活，眼和耳小，四肢短，多具五趾，有爪，跖行性。第一对门齿常呈铲状，犬齿缩小或退化，臼齿多尖，外缘呈 W 形，为瘤切型，适于食虫。脑小，大脑表面缺沟回。雌兽具双角子宫或对分子宫，盘状胎盘，乳头 3 ~ 6 对。雄兽无阴囊，睾丸留于会阴部，具阴茎骨。大多为夜行性。生活方式多样，有地面生活、穴居或半水栖者。除澳洲和南美洲外，广泛分布于全球。全世界有 6 科 60 属 365 种，中国有 3 科 25 属 72 种。

1. 鼩猬 *Neotetracus sinensis*

（1）鉴别特征：外貌颇似毛猬而体型明显较大，皮质差。成体体重约 40g，体长 100 ~ 130mm。头骨吻部微短，颧弓较细弱，缺少一对前臼齿。成年体背色调为暗橄榄绿并多杂黑褐色长毛；腹毛茶黄或乌黄色。足外侧白色，其背中部较深暗。尾细长，一般超过头体长之半，尾上黑下白，前、后足均具五趾，且前足印略显短宽，而后足印明显较细长（见附图 148）。

（2）地理分布：本种系横断山及其邻近地区的特有类群。中国境内主要见于四川、云南西部、西南部和东南部；国外仅见于缅甸、越南及泰国等地的北部。

（3）生活习性：属典型的亚热带、温带兽种。栖于海拔 800 ~ 2 500m 的阴湿常绿阔叶林中。穴居于大树根下、茂密竹丛和蕨类及腐叶或苔藓覆盖地、营夜间独行。主食昆虫，兼食果类。

2. 东北刺猬 *Erinaceus amurensis*

(1) 鉴别特征：体型矮小肥壮，成体体重约500g，体长250mm左右，是刺猬类群中体型较大且耳较短的种类。头宽、吻小。眼、耳均较小。体背、体侧具相对短小密布并呈土棕色的棘刺（短于30mm），自尖端至基部分为黑、淡棕、黑棕和白色四段，其白色段约占刺长的2/3；头前部、体腹无刺而被细密乳黄或灰白色刚毛、四肢短小、尾短而外观难见。头部、体侧、四肢及尾部的色彩变化较大，通常可呈现污白、棕白或棕色。趾印相对较长，一般前足印显著大于其后足印。因足爪细长而弯利，爪印常包含在其足印中，但甚小（见附图149）。

(2) 地理分布：中国境内广布于北方大部地域、长江流域及广东等地，国外包括亚洲中部、北部各国及欧洲大部地区。

(3) 生活习性：广栖森林、原野等多种环境，常筑巢于树根、倒木；黄昏和夜间独行或成双活动，性温顺，遇敌善蜷曲成刺球护身。主食虫类，兼食少量其他小动物和植物。

3. 毛猬 *Hylomys suillus*

(1) 鉴别特征：体型似鼠类，被毛正常，但尾极短，仅约为后足之长，皮质较差。眼、耳相对发达。成体体重一般在30g左右，体长110～140mm。头骨狭小，犬齿较小。背面通常为橄榄褐色。腹面除颏、喉部毛尖略染黄色外，其余被毛均为灰白色。前足四趾，后足五趾，趾腹面呈栉棱状。足印略显短宽，爪印明显。

(2) 地理分布：系典型热带种类。中国境内见于云南西部、南部及东南部一带的边境地区；国外分布于缅甸、泰国、马来半岛、苏门答腊和爪哇岛等地。

(3) 生活习性：本种为森林益兽。栖于海拔600～1 100m阴湿热带雨林或次生灌丛。白天隐匿于湿度较大的树脚洞穴、林下茂密灌丛土洞或河岸乱石缝中，常于黄昏单独活动，行动敏捷。主食昆虫，兼食少量野果等。

4. 长吻鼩鼹 *Uropsilus gracilia*

(1) 鉴别特征：貌似鼩鼱，吻特延长，具由软骨构成的管状长吻。保留着古老的鼹类特点，但无典型的地下生活特征，如外耳较发达，前足正常不翻转成宽阔的铲状，以及尾较长（明显短于头体长）等。体型中等，体重7～8g，体长64～75mm，尾长50～70mm，体背毛暗褐色，体腹毛色青黑。眼退化。脑颅宽平。颧弓完全。前足五趾，后足四趾，具尖而弯的长爪，但不甚强壮。足印形态是前部宽、后部显著窄细（见附图150）。

(2) 地理分布：主要分布于中国西南地区。中国境内分布于四川，云南西部、西南和西北部的怒江与独龙江分水岭。国外见于缅甸北部。

(3) 生活习性：栖于海拔1 800～3 300m的炎热、温暖和阴湿的常绿阔叶林、针阔混交林及亚高山杜鹃箭竹林带。具独行性，主食昆虫、苔藓等。

5. 大臭鼩 *Suncus murinus*

(1) 鉴别特征：体大而肥，吻尖长，两侧具长稀触须。耳大而圆，耳壳呈淡茶褐色。腰侧各具一臭腺。成体体重在40g左右，体长为100～145mm，尾长达体长之半或稍超过（65～85mm）。尾基部相对甚粗，而尾尖段明显变细。尾表面除具短细毛外，尚散布有稀疏长毛，其端毛略呈丛状。体背和体侧被毛细短而褐灰，胸腹毛烟灰色，足背淡茶褐色，头骨粗壮，但无颧弓。具人字嵴和矢状嵴。前后足均具五趾，各趾略较短粗。全足印相对短宽，且前足印显著较后足印短小。足爪短而尖，足印中较难呈现或不全。

（2）地理分布：属典型的热带、亚热带兽种。中国境内见于华东、华南、台湾、海南和云南等地，国外广泛分布于非洲和东南亚及其邻近诸岛，南至印度尼西亚及菲律宾。

（3）生活习性：主要栖息于湿度相对较大的田野、平坝、丘陵、灌木丛、沼泽区，有时会进入家户房舍。晨昏活动，多独居，但幼仔有逐个依次咬住母体和自己前面个体的尾、臀行进的习性，主食昆虫，兼食植物种子和野果等。

6. 蹼足鼩 *Nectogale elegans*

（1）鉴别特征：体型粗壮，貌似喜马拉雅水鼩。体被毛细密柔软，呈天鹅绒并具油亮光泽而有防水性能。眼小，无耳壳。足趾间具蹼，故名蹼足，边缘有短齐白色梳状毛。体背褐灰而杂有许多带白尖的发状长毛，臀部的这种发状毛更长；体腹灰白色。尾具棱脊为梳状白毛。脑颅特别宽圆。矢状嵴呈一直线形脊线并延伸至鼻端。前、后足均具五趾，各趾略较短尖，趾尖间隔较宽、全足印相对宽长，且后足印的宽长大小均为前足印的两倍左右。前足爪尖细，后足爪略短钝。

（2）地理分布：中国境内主产于云南、四川、西藏、陕西和甘肃；国外见于缅甸、锡金和不丹等处。

（3）生活习性：属典型的寒温带食虫小兽。主栖海拔1 500～3 000m 高山峡谷地带的湍急山溪及河流中，营两栖生活，善游泳。主食水生昆虫、小鱼和蝌蚪及水沟边的草本植物茎与果实等。

7. 喜马拉雅水鼩 *Chimmarogale himalayicus*

（1）鉴别特征：体呈流线形，成体体重20g 左右，体长95～130mm，尾长80～90mm（显著超过体长之半），吻尖长，覆毛短密，具较多而长度适中的口须，体被毛绒密具光泽而外缘有白色刚毛构成的毛栉，体型结构适于水栖生活。体背褐灰色而杂有少量长白毛，尤以臀部居多，体腹茶褐色。尾背多呈褐色，腹多为白色长毛的毛栉。脑颅宽扁，前、后足均具五趾，各趾略较短粗。全足印相对细长，且后足印的长度约为其前足印的两倍。足爪尖细，足印中常不呈现。

（2）地理分布：中国境内产于云南、四川、西藏、贵州和华南；国外见于缅甸、越南、印度、老挝、锡金和克什米尔等地。

（3）生活习性：主栖山溪及河流沿岸，营水陆两栖生活，行动较为敏捷，且善游泳。主食水生昆虫、小鱼和蝌蚪。

8. 黑齿鼩鼱 *Blarinella quadraticauda*

（1）鉴别特征：本种系小型麝鼩，体貌肥壮，体重5～8g，体长75～90mm，尾长为体长之半（31～35mm），多被稀疏短毛。外耳壳退化成地下生活型。头骨相对较细弱，具五个单尖齿，第四、第五单尖齿甚小。背腹毛色差异不甚显著，体背棕灰色，体腹暗灰带棕黄色调。耳壳退化呈地下生活型。尾多呈两色，上暗、下淡。四足淡棕色。前、后足印均较短小，前足及爪相对较发达，其足印也有相应的呈现。趾较粗长，趾印较明显，其印的大小几占整个足印的1/2（见附图151）。

（2）地理分布：本种属寒温带动物。中国境内见于四川、云南、西藏东南部、陕西和甘肃等地，国外主产于缅甸北部。

（3）生活习性：系横断山区特产的古老原始小型兽类。主要栖于海拔1 000 ~2 500m的亚高山峡谷灌丛地带；主食昆虫和其他动物性食物。

第二节 翼手目

翼手目是一群古老而特化的种类，是由古食虫类演化而成的一支能飞翔的兽类。前肢特化为翼，故有翼手类之称。第一指很短，不包围在翼膜内，具有钩爪。第二至第五指很长，尤以第三指特别长，至少相当于体长。各指之间有翼膜，前自肩部，沿体侧与后肢相连。后肢短，而发生扭转，使膝关节向后，足掌朝前，具五趾和钩状的爪，适应于悬挂身体。跟部还有软骨质或骨质的距，后肢间有股间膜。大多数种类具长尾，完全或部分地被包于股间膜。眼小，耳大，有耳屏或无。鼻端具鼻叶。毛柔软。骨骼的愈合程度高，坚固而轻。咽颅较短。前颌骨小，且骨化不完全。眶后显著收缩，眼眶与颞窝相连，听泡特别发达。门齿退化，犬齿长而大，具基脊，为典型的肉食型。前臼齿在前的两枚为圆锥形单尖齿，最后的一枚显著增大。臼齿具两齿根，三角形或四方形。瘤切型齿尖，具 W 形外脊。肩带发达，胸骨具龙骨突起，锁骨发达。雄性具阴茎骨。夜行性。

根据形态特征和食性可分为大蝙蝠亚目和小蝙蝠亚目。前者体型较大，多以花果为食，其种数约占18%；后者体型较小，主要以昆虫为食，约占82%。体型差别较大，最大的狐蝠，体重约有1kg，两翼展开的长度近1 500mm；而最小的蝙蝠体重仅5g左右，两翼展开后的长度也不超出150mm。分布广，除两极和某些大洋岛屿外，遍布东西两半球，而以热带、亚热带种类和数量居多。从种数来看，仅次于啮齿类，全世界约有900种以上，分2亚目18科180属977种。中国种数也较多，占全世界种数的10%，有7科30属120种。

1. 棕果蝠 *Rousettus leschenaulti*

（1）鉴别特征：体形较大，前臂长79.5 ~85.3mm。整个躯体显得粗壮，被毛浓密适中，翼膜短宽。第一指短，爪明显。头大而明显延长，似猎犬状。耳略长，眼大。嘴须短而细弱。两鼻孔之间下陷，鼻子微呈管状。后足趾爪弯而侧扁。体色褐色，腹色略淡，翼膜茶褐色（见附图152）。

（2）地理分布：中国境内分布于西藏、广东、广西、云南和福建；国外分布于中南半岛、尼泊尔、印度和不丹等处。

（3）生活习性：树栖，主要栖息于气候闷热、潮湿的热带季雨林。食果。

2. 犬蝠 *Cynopterus sphinx*

（1）鉴别特征：个体较小，前臂长68 ~72mm，颅全长31 ~34mm。翼膜宽，连至后足第一趾骨。第一趾短，趾爪明显。股间膜狭窄。距细弱。尾极短而不明显。躯体被毛柔软而疏松。翼膜裸露。耳略大，耳壳薄，下部微呈管状。体色铅褐色，耳缘具白边。指爪深褐色，爪尖透明状（见附图153）。

（2）地理分布：本种为典型的东洋界种。中国境内分布于西藏和华南一带，国外见于锡金、印度、缅甸以及印度尼西亚。

（3）生活习性：分布海拔较低。栖息于热带雨林中，树栖。食果类，与果蝠相似。

3．马铁菊头蝠 *Rhinolophus ferrumequinum*

（1）鉴别特征：体型较大，前臂长约 60mm。鞍状叶两侧缘内凹如提琴状，第三、第四、第五掌骨长度依次增大，第三指的第二指节之长为第一指的 1.5 倍。头具复杂鼻叶，马蹄叶很宽，其叶小而不显，鞍状叶很小，两侧内凹呈提琴状，连接叶低而圆，顶叶的顶端尖而狭长。下唇留存一中央颏沟。背毛亮灰或浅褐棕色。翼膜宽，伸展到踝。第三、第四、第五掌骨长度依次递增，差距大。颅骨狭长，中央的一对鼻隆高，近圆形。颚桥较长，接近上齿列长的 1/3（见附图 154）。

（2）地理分布：分布于东北、华北、华中、华南和西南各省。

（3）生活习性：集群生活，栖息于山洞、朽木洞或矿山坑道，食金龟子、螟虫和蚊类等昆虫。

4．中菊头蝠 *Rhinolophus affinis*

（1）鉴别特征：体中型，从侧面观鼻叶的连接突外端钝圆，从前面观鞍状构造两侧中部边缘微凹呈琵琶状，股间膜后端近方形，雄性成体肩部具一对无毛的裸区。前臂长 51～56mm。体毛较长而松，毛端茶褐色，基部较淡呈沙黄色，幼体灰褐色。

（2）地理分布：中国境内见于陕西、四川、云南、江苏、安徽、浙江、江西、湖南、福建、广东、广西和海南等地；国外分布于印度北部至中国南部到尼泊尔、不丹、缅甸、印度尼西亚和加里曼丹等处。

（3）生活习性：洞栖，高度为 2～3m。食虫。

5．鲁氏菊头蝠 *Rhinolophus rouxii*

（1）鉴别特征：体中小型。前臂长 44～45mm，侧面观连接突外端阔圆，与鞍状构造连接处具凹缺，前面观鞍状构造两侧平行，较狭窄，马蹄叶两侧具明显的小副叶，耳长短与头长。下嘴唇具三纵槽。尾尖稍微外露。毛被暗褐色见（见附图 155）。

（2）地理分布：中国境内分布于西藏、四川、甘肃及华东一带；国外见于印度、斯里兰卡和尼泊尔。

（3）生活习性：本种仅活动于温暖的季节。群居。隐藏于山洞或建筑物的缝隙处。食虫。

6．角菊头蝠 *Rhinolophus cornutus*

（1）鉴别特征：体型小，前臂长约 39mm，连接突外端呈尖角状。通体被毛。耳较大。鼻叶椭圆形，上尖下宽。尾几乎无游离端，趾爪小而侧扁。体毛茶褐色。

（2）地理分布：中国境内分布于西藏、福建、海南和四川一带；国外分布于日本、中南半岛和印度北部。

（3）生活习性：本种常见于低海拔的热带雨林中。洞栖。夜行。食虫。

7. 大蹄蝠 *Hipposideros armiger*

（1）鉴别特征：体特大，前臂长 80mm 以上。前鼻叶无中央缺刻，两侧各具 4 片小附叶；头骨鼻额区向前向后逐渐升高，呈斜坡状，与矢状嵴前端呈一直线。体毛长而密，体色变化很大，好似两个色型。头部具复杂的鼻叶，有额腺囊，位于后鼻叶基后部中央。额腺囊口有成束毛状黑毛伸出，鼻叶和皮叶均为黑褐色，耳大而长，呈三角形，后缘内凹，无耳屏。体背毛深棕褐色。胸部以下较暗，腹部毛为浅棕褐色。翼膜黑褐色。头骨矢状嵴发达，无额凹，鼻额区呈斜坡形见（见附图 156）。

（2）地理分布：中国境内分布于华南、西南各省。

（3）生活习性：多栖于400～1 500m的溶洞或岩洞，亦见于废弃的隧道或坑道。冬季集大群。夏初繁殖。

8. 中华鼠耳蝠 *Myotis chinensis*

（1）鉴别特征：体大型，前臂长达65mm，为鼠耳蝠中个体最大的种类。耳长而尖，前褶达鼻端，耳屏细尖，达耳长之半。头吻尖长，口须发达，头顶无鼻叶而有窄尖的耳及耳屏，面部毛深褐色，背毛基部深褐色，毛尖棕褐色，胸、腹部毛基黑灰色，毛尖棕灰色，上臂腹面具稀疏的毛。第三掌指基部及腕关节的腹面具一凸出的膜套，距细长，爪粗壮而弯曲。头骨吻鼻部微微上翘，颅骨顶部近圆形，矢状嵴发达后与人字嵴相遇。

（2）地理分布：中国境内分布于华中、华南和西南地区。

（3）生活习性：栖于1 000m左右的崖洞内。以昆虫为食，体外常见寄生有多种蜱和螨类。

9. 长耳蝠 *Otonycleris hemprichii*

（1）鉴别特征：体形较小，前臂长约40mm。耳壳发达，超过头长，外耳孔前方具长三角形的耳屏，第五指超过前臂长，尾长约超过体长，浅黄褐色或灰褐色（见附图157）。

（2）地理分布：本种系古北界种类，中国境内分布于西藏、新疆、青海和四川等地；国外见于亚洲、欧洲和非洲北部等地。

（3）生活习性：生活于海拔较高的次生乔木及灌丛的上部。

10. 皱唇蝠 *Tadarida plicata*

（1）鉴别特征：体型较大，前臂长61～65mm，颅全长247～257mm，吻突出，似犬吻，上唇具纵行皱褶。尾伸出于股间膜，基长度略大于尾长之半。两耳宽大，耳壳背缘与额部相连的两耳壳之间虽相距很近，但未相连。眼的背腹两侧各具一小叶片。体不甚长，背毛为深褐色，腹毛色较浅，毛基毛尖色一致。翼膜狭长，浅褐色。第一指垫明显，第五指的掌、指骨都长，仅与第三、第四指掌骨的长度相等。趾缘具硬毛，距较长。尾伸出股间膜后缘，其长大于尾长之半。头骨吻部较长，人字嵴明显。

（2）地理分布：中国境内分布于福建、广西、安徽、河北和云南。

（3）生活习性：喜栖于崖洞或悬崖的缝隙中，食昆虫。

第三节 鳞甲目

体被鳞甲。头尖细似锥状。舌细长能伸长舔食，四肢粗短，爪强壮犀利，尤以前足中爪特别强大，以便掘土打洞。尾长而扁阔，上下被鳞，末端尖。头骨圆锥形，鼻骨和上枕骨大。无颧骨。下颌齿骨退化，无隅突和冠状突。从胎儿到成体均无齿。其鳞为角质。主食白蚁和各种蚁类。听、视觉差，而嗅觉甚灵敏。栖息于南非及东南亚热带、亚热带森林、灌丛、开阔地带或大草原。陆栖或树栖。全世界共有2属7种，中国仅1属2种。

穿山甲 *Manis pentadactyla*

（1）鉴别特征：体修长而矮，略呈圆筒状。头骨结构简单，无齿。舌细长。体重多3～8kg，体长500mm左右，尾长250～400mm，自额至背部、体侧、四肢外侧及尾（除腹尖中央）均被覆瓦状鳞片（鳞甲），大多显灰色褐色，少数为光亮黄褐色，即通称的“铁甲”（前者）和“铜甲”（后者）。体腹自下颌过胸腹至肛区和四肢内中侧无鳞而被毛。四肢短健，尾特宽扁，由尾基至尖端逐渐变窄。前、后足印均具五趾；前足具挖掘强爪，尤以中间三个爪特长，略侧扁而横向内曲，行走时前爪背着地；后足爪明显较小而短弱。

（2）地理分布：穿山甲是亚洲的广布性种类。中国境内见于华中、西南、华南和华东各地区。国外主要分布于越南、老挝、泰国、缅甸、孟加拉国、不丹、锡金、尼泊尔和印度等处。

（3）生活习性：主要栖于热带、亚热带及温带海拔2 500m 以下的丘陵山地和半山坡稀树灌丛区的蚂蚁较丰富地带。善掘洞，能渡江河及爬树。穴居，夜行，独栖。食蚂蚁等虫类，能蜷缩成团以鳞甲防敌。

第四节 灵 长 目

本目包括猿猴类和人类，它们是由食虫类适应树栖生活演化最成功的一个类群。体形有大有小。颜面大都裸露，眼大，向前。四肢发达，前臂转动自如。大多四肢具五指（趾），大指能与其他指对握。掌跖面裸露。指端多具扁甲。尾长短不一，低等者长，最长可达体长的三倍多，高等者很短，甚或不明显。乳房一对，多为胸位，少数低等者有两对。锁骨很发达。桡骨与尺骨，胫骨与腓骨不愈合，低等者头骨的咽颅伸长，高等者缩短。低等者眼窝与颞窝分开，具矢状嵴，高等者由眶环将其分开，矢状嵴退化，具颞嵴。脑颅圆大，枕髁由后转向下方，下颌齿骨愈合为一块下颌骨。齿为丘形齿，少数门牙 3 对，大多为 2 对，中央门牙大于外侧门牙。犬牙除人外均高于其他牙齿，雄性更大，呈獠牙状。前臼齿由 4 枚演化到高等仅 2 枚，典型的具内外两个齿尖。臼齿有圆钝齿尖，上为四丘型，下在很多情况下有五尖。所食的食物比较软，属低冠齿。颜面肌、咬肌、臂肌发达。耳肌和皮肤肌退化。大脑和智力发达。眼大，眼间距小，前视，视觉发达。鼻很短缩，嗅区退化，嗅觉亦退化，为钝嗅类。低等者为双角子宫，高等为单子宫。性成熟后，雌性生殖腺有周期现象。杂食，盲肠不发达。栖息于热带、亚热带和温带的山林中，多为树栖，少数生活于地面。分布于亚、非、中美和南美洲。全世界共有 2 亚目 12 科 60 属 201 种，中国有 4 科 8 属 22 种。

1. 蜂猴（又称大懒猴）*Nycticebus coucang*

（1）鉴别特征：体型较小，但属同类中较大者。面圆眼大，耳较短小，躯体呈圆柱状。成体体重可达 1.5kg 左右，体长 280～350mm，尾短于 30mm，一般不外露。全身被浓密而柔软的短毛。自头顶至腰背部有一条亮棕褐色脊纹，其前后两段显著窄于中段。背毛红褐色，腹毛灰白色。四肢粗短，行动异常缓慢，故又名懒猴。除后足第二趾具强爪外，其余各趾（指）均为扁平指甲，且前第二指甚弱而短。蜂猴为树栖，一般很难发现足印。当留下足印时，前后足均具五趾印，且前足印显著小于后足印，均无爪印，第二趾印特短小。后足印第二趾印带爪印。粪便呈两种类型：一种似微型算盘珠套接，另一种近小圆粒堆集。

（2）地理分布：中国境内见于云南东南、西南和南部等地；国外见于印度、缅甸和泰国以南各地。

（3）生活习性：蜂猴系中国唯一的一类夜行性灵长类动物。栖海拔1 800m 以下的热带雨林、亚热带常绿阔叶林区。懒惰、独栖。白天酣睡，夜晚活动。主食虫、果、鸟卵等。

2. 间蜂猴（又称中懒猴）*Nycticebus intermedius*

（1）鉴别特征：体型和外貌在同属中均处居间类型。成体体重 500 ~ 800g，体长 250mm 左右。与蜂猴相比，其枕后至体背无明显棕褐色脊纹，年龄越老越不呈现。吻相对较窄，吻鼻裸露呈一致的暗黑色。耳壳较大而圆，耳内被毛短，多呈黑色。体被毛更加短密而柔软，常呈金黄色并带油亮光泽。其他结构与蜂猴相似。前、后足印均具五趾。前足印第一指印较小，第二指印则不显著短小；后足印略较前足印宽大，第一趾特别粗长，第二趾的爪印明显尖长。粪便大部分为黑褐色，多呈 5 ~ 20mm 长的堆渣状或圆条形，有的粪粒的前后两端较细或其后端带着一条极细长的拖尾。

（2）地理分布：中国境内仅见于云南东南部的河口、金平、马关和麻倮坡等地，国外主产于越南北部。

3. 倭蜂猴（又称小懒猴）*Nycticebus pygmaeus*

（1）鉴别特征：倭蜂猴体型最小，成年个体约为蜂猴的 1/3 或略微大于间蜂猴之半，体重 300 ~ 500g。由于外貌颇似间蜂猴而常被人们误认为是间蜂猴的幼体。其实，只要从它们略带卷曲的赤黄波状体毛就极易区分。前、后足印及其第一指（趾）几近等大（长），它们的五指（趾）印相对各自的掌（跖）垫印显得十分细长。前足第二指印亦不十分短小。后足第二趾爪印相对蜂猴和间蜂猴的较宽钝。

（2）地理分布：中国境内仅见于云南东南部的河口、金平、马关和麻倮坡等地，国外主产越南、老挝和柬埔寨。

（3）生活习性：对热带的依赖性更强。栖海拔数十至数百米的典型热带沟谷雨林。懒惰、夜行、独栖，主食虫、果等。

4. 猕猴 *Macaca mulatta*

（1）鉴别特征：尾在中国猕猴属中相对修长，约为体长之半。额、头和体大部橙黄色。头骨相对小而弱。颌、鼻骨较短。眼眶较大，眉弓增厚和外突不甚显著。臀胝发达。体型瘦小，体重 8kg 左右，体长多在 600mm 以下。吻颌较短，头顶无旋。四肢较纤细。前、后足颇似人手，均具五指（趾），但后足印显著大于前足印。爪印有时呈现有时无。成形的粪便为圆条折堆状，末端常带针状细尾（见附图 158）。

（2）地理分布：中国境内分布于云南、广西、海南、万山群岛、香港近岛、四川、西藏、青海、福建、浙江、安徽、江西、湖南、湖北、贵州、重庆、广东、广西、陕西、河南、山西及北京附近。国外主要见于老挝、越南、缅甸、泰国、锡金、不丹、阿富汗东部、印度和巴基斯坦北部等地。

（3）生活习性：猕猴是热带、亚热带和温带的广栖性猴种。海拔3 000m 以下的各种常绿阔叶林、稀树灌丛、河谷丛林、山溪多岩矮树地带均为它们喜好的栖息场所。群居、昼行，玩耍、鸣叫、嬉戏、追逐、斗殴和跳跃是其日常生活方式。主食野果，但常成群盗食林缘农作物。

5. 熊猴 *Macaca assamensis*

（1）鉴别特征：尾长约为体长的1/3或更短，尾毛丰厚而蓬松。体毛大部呈棕褐色。颌骨较宽长，腭长略为颅全长的39%左右。矢状嵴相对猕猴发达且与枕骨连接。体型粗壮，重6～18.5kg，体长多在650mm左右。具显著的性二型。头顶具由中心向四周辐射的旋。面部较长，吻部突出。四肢和四足粗壮强健。阴茎龟头顶端尖，基部膨大，背面观似箭形。足印与猕猴的相似但略大（见附图159）。

（2）地理分布：熊猴属较典型的热带、亚热带种类。中国境内主要见于西藏、云南和广西等地。国外分布于越南、老挝、泰国、缅甸、孟加拉国、不丹、锡金、尼泊尔和印度北部。

（3）生活习性：主要栖息于气候炎热的河谷丛林、亚热带原始常绿阔叶林带，在其北缘分布区也能生活在海拔3 000m左右的针阔混交林中。群栖（群体较小，一般每群10～30只不等），昼行，喜好在山溪边或凹地的高大乔木树上活动，但不如猕猴灵活，相对在地面活动较少，耐旱性较强。主食野果等植物性食物。

6. 豚尾猴 *Macaca nemestrina*

（1）鉴别特征：体型中等大小，成体体重10～14kg，体长600mm左右。头顶平坦，具辐射排列并呈向左右分开的黑褐色短顶毛。面周的颞颥毛斜向后方，耳周毛则多伸向前方，两者相连形似围带。通体淡黄褐色。背中线色彩相较深浓，略呈一条背部脊纹。尾较细长，且常呈“S”形上翘，端毛蓬松，形似帚状或猪尾。足印与猕猴的相似而较窄长。成形粪便多呈5～8mm长的粗形节筒状且折痕较少（见附图160）。

（2）地理分布：中国境内见于云南中部无量山地区的景谷、景东，南部的西双版纳的勐腊和西南的临沧、沧源和耿马等县区；国外主要分布于缅甸、泰国等地。

（3）生活习性：为典型热带猴种。主要栖于海拔1 000m以下的热带雨林和亚热带季雨林带。喜群居（群体多较熊猴的大，但较猕猴小），善攀爬，营昼行。在地面活动时间相较猕猴和熊猴的多，遇敌时也多从地面逃跑，由树间窜逃实属少见。主要以多种野果、嫩叶等植物性食物为食，偶尔也会盗食农户庄稼。

7. 红面猴 *Macaca arctoides*

（1）鉴别特征：壮年时颜面呈红色或黑红色而得名，幼猴发育到性成熟时面部变红，老年猴则红色蜕变成紫色或青黑色。该种的尾非常短并向一侧弯折，故又名短尾猴，通常光秃或仅被稀疏短毛，全长50mm左右，外观很难发现。通体毛色大部呈棕褐或黑褐色，但随年龄的不同变异较大，年龄越大毛色越显深暗。眉弓、额嵴、矢状嵴和枕嵴相较更发达。体型粗壮，体重13～20kg。头顶毛长，且由正中向两侧分开。四肢几等长。阴茎细长，缺膨大的龟头，一般呈棒状。足印与猕猴的相似而较宽长。成形粪便呈相对粗短的节筒状，其尾端具明显弯锥形（见附图161）。

（2）地理分布：为典型的热带、亚热带猴种。中国境内分布于长江以南地区，主要见于四川、贵州、湖南、湖北、江西、福建、广西和广东，国外主要分布于印度、缅甸、泰国及马来西亚等地。

（3）生活习性：短尾猴主要栖息在海拔1 500～3 000m的原始阔叶林、中山湿性苔藓林和陡峭山溪地带的浓密针阔混交林中，喜地面活动，常留结队通道。群栖，昼行。主要以多种野果、嫩叶、竹笋等植物性食物为食，并喜在溪沟中翻石寻食蟹类和昆虫等动物。

8．藏酋猴 *Macaca thibetana*

（1）鉴别特征：尾显露不弯折但极短，一般100mm以下，明显短于其后足，呈圆锥状。体毛总体为深棕褐色。相对短尾猴更大而坚实。鼻颌部宽大，鼻骨相对较平，略呈三角形。眉弓粗厚。矢状嵴和枕嵴均较发达。外形与短尾猴极相近似，但体型更大、更粗壮，体重10～25kg，体长520～700mm。颜面部呈肉色，常具黑斑。脸周具蓬松长毛。耳较小而多隐于其周围长毛中。四肢壮实且近乎等长。雄性阴茎较短尾猴的短，龟头较膨大，阴茎骨较细而略呈“S”形。前、后足印均与猕猴的相似而较宽长。成形粪便呈一端粗一端细的节状，前端略小圆，其后明显膨大，接着逐渐缩小，至尾端呈略弯的圆锥状（见附图162）。

（2）地理分布：仅分布于四川和安徽。

（3）生活习性：主栖海拔2 500m以下的深山沟谷常绿阔叶林、针阔混交林及稀树多岩地带。群栖、昼行性，食果类。

9．滇金丝猴 *Rhinopithecus bieti*

（1）鉴别特征：鼻孔上仰，体型粗壮。头顶具一较尖长的黑灰色冠毛。尾长约等于头体长。颜面青灰色，微具紫色斑点。通体被毛长而厚，雄性的臀、尾和体背被毛均较雌性的长，最长可达300mm左右。两性的背部、四肢外侧及尾多呈黑灰色；喉、颈侧、前肩、胸腹及四肢内侧均为灰白色。雌性臀部纯白，雄性的黄白；长臀毛多呈排刷状。前后足印基本与猕猴的相似。干性粪便多为不规则的无针尾颗粒，也有似算盘珠状粪粒；湿性粪呈多形颗粒堆集（见附图163）。

（2）地理分布：本种系中国特有种。它们仅分布于西南地区澜沧江以东的云龙天池向北含兰坪、剑川、丽江三县交界区的老君山，再经维西县境至德钦县的白马雪山、甲午雪山及与西藏毗连的芒康等地。

（3）生活习性：属典型的高寒猴种。主要栖于海拔3 000～4 000m的高山阴暗针叶林带。营昼行性群居生活并以树栖为主，善攀爬跳跃。主食鲜嫩针叶、芽苞、松萝、苔藓、竹笋等。

10．川金丝猴 *Rhinopithecus roxellanae*

（1）鉴别特征：鼻孔上仰，颜面天蓝色，成体嘴角上方具一大型瘤状突起。体形较滇金丝猴瘦长，无颊囊。头顶具黑褐色冠毛（长约40mm）。尾长显著长于头体长。通体被毛长而厚。雄性体背的黑褐色绒毛长达50mm，金丝状长毛在300mm以上（稀疏分布至肘关节和尾部）。颊、额及顶侧棕红色。耳毛乳黄色。有长约30mm的稀疏黑色眉毛。颏、喉红黄色。胸腹、臀部和大腿上部黄白色。四肢外侧灰褐色。尾部底毛黑褐色，尾尖白色。雌性较雄性毛短色淡。颊部、颈侧、颏、喉呈黄棕色。体背底绒和尾毛多褐灰。足印与滇金丝猴的前、后足态基本相似。饲养下其粪便多为黑褐色不规则块片套接的粗型无针尾圆条，野外的多为算盘珠状粪粒（见附图164）。

（2）地理分布：本种系中国特有种。仅分布于四川西北部岷山和邛崃山系的部分地区以及陕西、甘肃南部和湖北西部的神农架地区。

（3）生活习性：为典型的温带猴种。主栖海拔1 500～3 500m的中山常绿阔叶林、针阔混交林和亚高山针叶林带。昼行。群居，社群达100～500只。树栖为主，很少下地。善攀爬跳跃。主食植物，但食物种类较杂。

11．黔金丝猴 *Rhinopithecus brelichi*

（1）鉴别特征：别名灰仰鼻猴。体形似金丝猴，鼻孔上仰，吻鼻部略向下凹，不像金丝猴那样肿胀。脸部灰白或浅蓝色。头顶前部毛基金黄色，至后部逐渐变为灰白色，毛尖黑色。耳缘白色，背部灰褐色。两肩之间有一白色块斑，毛长达160mm。上肢的肩部外侧至手背，由浅灰褐色逐渐变为黑色，下肢毛色变化与上肢相同（见附图165）。

（2）地理分布：产于贵州梵净山。黔金丝猴分布范围十分狭窄，总数仅几百只，现已建立梵净山自然保护区，对其栖息环境进行保护。

（3）生活习性：栖息于海拔1 700m以上的山地阔叶林中，主要在树上活动，结群活动，有季节性分群与合群现象。以多种植物的叶、芽、花、果及树皮为食。

12．白头叶猴 *Presbytis leucocephalus*

（1）鉴别特征：别名花叶猴。外形酷似黑叶猴的白头叶猴是中国特有种。其头部连同冠毛及颈部和上肩均为白色，像戴一顶白色风帽，手、足背面亦杂有白色，尾的一段为白色（见附图166）。

（2）地理分布：产于广西。白头叶猴分布狭窄，数量稀少，现仅存数百只。

（3）生活习性：生活于热带、亚热带丛林中，善于攀援，不仅能在树上悠荡，也会攀登悬崖。常聚集成家族小群生活，有一定的活动范围和路线，并有相对固定的栖息地。一般栖息于峭壁的岩洞和石缝内，以嫩叶、芽、花、果为食。

13．黑叶猴 *Presbytis francoisi*

（1）鉴别特征：尾甚长，约为头体长的1.5倍。头较小，正面观呈直立菱形。无颊囊。除面颊、耳上缘内侧及尾尖白或淡白色外，其余体毛均为一致的油亮黑色。脑颅扁圆，颅顶相对较平。颞嵴存在。人字嵴雄性存在而雌性不显。体修长，头顶具直立冠毛。四肢细长。臀胝小。通体被粗糙长毛。指名亚种和白头亚种的前、后足印大体相似，但前者的第一指（趾）相较粗长和掌（跖）垫的后外侧更内凹。粪便多为深黑褐色粗丸状接条（见附图167）。

（2）地理分布：中国境内主产于广西左江以西和贵州的绥阳、正安、道真、务川、桐梓、沿河、兴文、安龙、册享、贞丰和六盘水等地。国外见于越南、老挝等地。

（3）生活习性：嗜好有常绿阔叶林的石灰岩山地。群居，昼行。善在光裸岩石上休息和玩耍。过夜均在峭壁凹处或深的岩洞。食物包括30多种植物的叶、嫩枝、花、果及树皮等。

14．菲氏叶猴 *Presbytis phayrei*

（1）鉴别特征：身体和四肢显著较猕猴和仰鼻猴类瘦长，甚至比黑叶猴瘦小。尾明显长于头体长，但被毛多较体毛短而不蓬松。头顶具似立体三角形、并不特别延长的冠毛。颜面染灰黑色调，眼及唇周环绕白色斑纹。除四肢末端微具黑色成分外，通体呈一致的银灰色并带丝状光泽。头骨较小、吻部短窄，鼻骨短小，眼眶圆大，眶间狭凹。脑颅圆滑，骨质较薄，无矢状嵴。前后足印均较窄长，尤其指（趾）较细长，掌（跖）后部正常无显著凹痕；粪便多呈60mm长的黑褐色棱形块拼条筒，且两端不十分缩小。

（2）地理分布：为典型的热带、亚热带分布种。中国境内仅见于云南哀牢山系及其以西和以南的各较大丛林或河谷疏林地带，国外主要分布于印度、缅甸和泰国等地。

（3）生活习性：本种主要栖于海拔1 500m以下的热带雨林、季雨林和亚热带中山常绿阔叶林缘区。性喜群栖，昼行，很少在地面活动。主食热带树种和藤本的叶、果等植物性食物。

15. 戴帽叶猴 *Presbytis pileata*

（1）鉴别特征：体型明显较菲氏叶猴大。颜面部灰黑色，眼及唇周缺白色成分，头顶毛显著较同属它种长，并向四周辐射伸出，形似帽子戴在头上。颊须较短。耳被毛淡白色，耳后的颈侧毛较长，并向两侧平伸。除四足和尾的后半部呈黑色外，周身为一致的青灰色。头骨形态与菲氏叶猴的相似，但相对较大。前、后足印均与菲氏叶猴的极相近似，但明显大而长。因很少下地活动，一般较难发现它们的足印。此外，因摄取的食物湿度高和栖息地雨量多，其粪便一般很难成形。

（2）地理分布：系典型的热带、亚热带北缘分布种。中国境内仅见于云南西北贡山独龙江地区和南延至腾冲中缅边境一带，国外产于缅甸、印度和不丹等地。

（3）生活习性：主要栖于海拔2 500m 以下的热带雨林和浓密季雨林中，喜在山溪两旁的树冠中跳跃。昼行、群居。主食各种嫩叶、芽苞和野果等。由于栖息地雨量多，湿度大，故很少见其下地饮水。

16. 黑长臂猿 *Hylobates concolor*

（1）鉴别特征：前肢明显较后肢长，外观无尾。体型大小居现生长臂猿的中上位置，成体体重达 7 ~ 10kg。雄性通体黑色，具直立顶冠毛。雌性大部体毛浅金黄色，但胸腹部、顶冠斑和手足部呈黑色。头骨吻颌短宽，额骨较高凸，鼻骨狭高，上犬齿较粗钝且齿沟较长而深凹。阴茎骨较粗短，其前端较细且直而不弯。前足印略大于后足，手指显著长于足趾，而手足的第一指（趾）均三个长节，前足第五指显较后足第五趾粗大。手掌明显短于足跖。因不下地，故野外无足印（见附图 168）。

（2）地理分布：中国境内分布于云南中部哀牢山、无量山，黄连山，河口至屏边大围山，金平分水岭和西隆山，西南部的窝坎大山及西部保山瓦窑及海南等地。国外主要见于越南、老挝。

（3）生活习性：黑长臂猿是海拔分布最高的猿种。主要栖息于海拔2 800m以下的热带季雨林、亚热带原始常绿阔叶林带和中山湿性苔藓林中。群居（社群相对较大），昼行，树栖，善晨鸣，主食热带、亚热带树种和藤本的果、叶等。

17. 白颊长臂猿 *Hylobates leucogenys*

（1）鉴别特征：白颊长臂猿无论其雌、雄的总体外貌形态都与黑长臂猿相似，但体型相对较小，成年体重 6 ~ 8kg，且雄性通体呈灰黑色而非纯黑，其面颊呈白色或黄色。成年雌性体毛大部黄灰，其头冠和胸腹杂染的黑毛相对较少而浅淡，头骨吻颌短宽，但额骨较低，鼻骨宽平，上犬齿较尖细锐利且齿沟模糊不清或完全缺失。阴茎骨较细长，呈条状，其前略弯曲并常分为两叶。白颊长臂猿与黑长臂猿的前、后足印形态相似，略显较小，也因不下地而野外无足印。粪便一般有两种形态，一种为 10 ~ 15mm 长的小丸粒，另一种呈 60mm 长的小圆条（见附图 169）。

（2）地理分布：本种为典型的热带猿类。中国境内仅见于云南南部西双版纳的勐腊、普洱的江城和云南东南部的绿春边境区，国外主要分布在越南和老挝北部等地。

（3）生活习性：白颊长臂猿相对黑长臂猿其海拔分布低，生活在海拔1 000m 以下的热带原始阔叶林带，群居（社群相对较小），昼行，树栖，善晨鸣。主食热带树种和藤本的果、叶等。

18. 白眉长臂猿 *Hylobates hoolock*

（1）鉴别特征：前肢显著比后肢长。具白色眉纹，但存在左右断开或相连的亚种区分特征。头顶无直立冠毛而毛向后伸。雌雄异色。体貌相较修长，成年体长 445 ~ 578mm。雄性大部体毛暗褐色，其前胸和上腹黑棕色，阴囊毛尖随亚种不同有白色黑色之分。雌性面部较宽阔，体毛大部灰白，其胸腹和头侧毛色较深暗，多呈暗棕色调。头骨脑颅较窄，犬齿相对短小。前、后足印与其他猿类相似，略显较小。同样因不下地而野外无足印。粪便也有两种类型，一种为 15 ~ 30mm 长的大丸粒，另一种为 60mm 长的粗圆条（见附图 170）。

（2）地理分布：白眉长臂猿为现生猿类中分布最偏北的种类。中国境内见于云南西部高黎贡山地区的中南部（腾冲、泸水、梁河、盈江和潞西等地），国外主要分布于缅甸北部。

（3）生活习性：本种也是海拔分布相对较高的猿类。主栖海拔2 500m以下的中山湿性苔藓林大中型次生常绿阔叶林，也见于1 000m 以下的热带雨林或季雨林区。群居（社群较小），昼行，树栖，善晨鸣，主食果、叶等。

第五节　食 肉 目

肉食性兽类，形态差异大，小者仅 35 ~ 50g，大者可达 800kg。虽体型大小不同，但体格都很匀称，强健有力，行动敏捷，适于掠食性的生活方式。指（趾）端具尖锐而弯曲的爪以撕捕食物。门齿 3/3，细小而尖，犬齿特别强大，上颌最后一枚前臼齿和下颌第一臼齿特别发达，特化为裂齿。臼齿的齿尖锋利为切割型。大脑发达。胃简单，肠短，盲肠小或无。雌兽为双角子宫或对分子宫，环状胎盘。雄性具阴茎骨。多具肛门腺或尾腺，用以标志。脑及感官发达，毛厚密而且具色泽，为重要的毛皮兽。广泛分布于各大陆及岛屿。全世界有 10 科 90 属 235 种，中国有 10 科 41 属 61 种。

1. 狼 *Canis lupus*

（1）鉴别特征：体型似犬，但吻较尖长，鼻垫光裸，耳直毛短，近乎三角形。体型较大，成年体重近 30 kg，体长大于1 000mm，头骨长于200mm，上裂齿长约26mm。鼻骨后中央凹陷。顶区较平，矢状嵴均较发达。枕部小而窄。头部及体背包括四肢外侧毛色多为棕黄、沙黄或黄褐色，常杂有黑褐色调。体腹及四肢内侧呈浅棕或棕灰白色。尾下垂从不上翘，具蓬松长毛。尾背色与体背相似，尾腹多呈棕黄色，端毛染黑色。四肢长而强健。前足五趾，第一趾甚小（足印不显）；后足四趾，无踵垫。前后趾垫印明显而近等大。爪印与趾印相距较近。间趾垫前缘处左右外趾垫的中前位。具多种运动方式和步态。均多态，均多走直线。粪便呈索状长条（见附图 171）。

（2）地理分布：中国境内广泛分布，国外遍布欧、亚大陆和北美洲。

（3）生活习性：狼的生活适应性极强而广泛，可栖于海拔5 400m以下的多样生境和气候带。营集群或独居生活，多晨昏活动。肉食动物，有时也吃植物，偶尔伤人。

2. 赤狐 *Vulpes vulpes*

（1）鉴别特征：外貌颇似家狗而稍显矮小，通体被毛长而密柔，故中国民间多称其为毛狗。成年体重 6kg 左右，体长 600 ~ 910mm；头骨长 130 ~ 165mm。面部宽阔，吻颌窄尖。头骨低扁，吻鼻部狭长。体背大部毛色呈红褐、黄褐、红棕或棕白色，多杂有白色毛尖。四肢较短，足毛黑棕褐色。尾长达体长之半或略微超过，被毛长而蓬松。前、后足均仅呈四个椭圆形趾印，由于足背和足掌均被密毛，在行走时一般有间趾垫和趾垫印，后间趾垫常缺。粪便多稀或呈现细索状（见附图 172）。

（2）地理分布：系人类熟知的兽种。中国境内广布各地区。国外遍及亚、欧和北美的大部地域。

（3）生活习性：为典型的中小型林灌、荒野食肉兽种。主要栖于海拔4 000m 以下的多种环境，包括荒野、林缘、灌丛草坡、农田地角、果树茶园、山区居民房屋附近以及沟谷乱石地带等。穴居，晨昏单独或成对活动。主食鼠类、蛙类、昆虫和小鸟等动物性食物。

3. 豺 *Cuon alpinus*

（1）鉴别特征：外貌颇似家犬。大小多居狼和狐之间，成年体重 18kg 左右，体长 900 ~ 1 300mm，颅全长 180 ~ 195mm，头部较宽，吻颌较短。耳较宽大，尖端圆钝。头骨吻鼻部短宽，耳部突出。尾长不及体长之半。四肢短粗。通体被毛较短而薄。全身毛色红棕、灰棕或锈赤褐色，杂黑色毛尖，背中线黑褐色较深。体腹浅灰棕或灰白色。尾针毛尖端黑褐，尾尖部几呈黑色。豺的毛色具有地区差异。四个趾印几等大，前窄后宽；两中趾印尖部略外斜，后部间距小；间趾垫印较小，其前缘窄凸，后中部显著外凸。粪便索状不明显，少针尾（见附图 173）。

（2）地理分布：豺广布于亚洲大陆。中国境内除台湾、海南以外的绝大部分地区均有分布。国外包括北起阿尔泰、西伯利亚，向南遍及除日本、加里曼丹岛和斯里兰卡等地外的整个亚洲大陆国家。

（3）生活习性：豺是适应能力最强的种类，从热带到寒带，自低海拔至高山各种环境都可见其踪迹，但更喜山地、丘陵有林区。喜群居，善围猎，能袭击中型兽类，甚至有时会伤害家水牛。夜间常嚎叫，主食肉类。

4. 黑熊 *Selenarctos thibetanus*

（1）鉴别特征：体大肥壮。四肢粗短。胸中部至前肩具“V”形白色或污黄白色宽纹。鼻端裸露，耳大眼小；颈部短粗，具蓬松长毛。通体几为一致的油亮黑色。头阔，吻鼻短，脑鼎长，顶骨宽，颧弓弱。体重 200kg 左右，体长约 1. 8m，肩不十分隆起。臀部滚圆，尾甚短。前足短宽，有强健弯爪；后足似人脚，爪较弱，掌裸出。前、后足印呈差异明显的两种形态：前足间垫宽大，前缘横切线穿过第一趾印的中前部，掌垫小而圆，偏于足印的外侧；后足印颇似人脚印。粪便多呈散堆状，最后团堆常具针尾（见附图 174）。

（2）地理分布：广布于亚洲大陆及邻近岛屿。

（3）生活习性：为典型的林栖兽类。多见于海拔2 000m以下山地，也可高达海拔4 000m的针叶林带。单独或成对活动，无固定巢穴。食性杂，以植物为主，兼食蟹、鱼、蛙、松鼠、鸟卵和白蚁等动物性食物。

5. 棕熊 *Ursus arctos*

（1）鉴别特征：中国熊类中体型最大者，外貌粗壮强健。成年体重达 400kg 以上，体长约2m，高约1m。头部宽圆，吻颌较长，眼较小。耳大而圆，具黑褐色长毛。肩部明显隆起。尾甚短，常隐于臀毛中。体毛色彩变异较大，包括棕红、棕褐和棕黑色。胸部至前肩有一宽白纹。四肢粗强。被毛黑色。间垫裸露厚实。跖垫与趾垫间有短毛相隔。四足均呈五趾印，前足爪明显长于后足爪印。前足第一到第五趾印依次增大，第五趾印特别大，腕垫（掌垫）小而圆，游离并隐于长毛中，足印中一般不呈现。间垫特宽大，前缘最凸点在第五趾（最大趾印）后，两者间微具隔痕，如在此划一横切线则穿过第二趾印的中后部或第三趾印的后部（见附图175）。

（2）地理分布：广布于北半球森林区，中国为分布南限。中国境内见于东北和西北，国外广布于欧、亚、北美洲和近岛，以及北非阿特拉斯山脉。

（3）生活习性：属喜冷性动物，多栖息在海拔4 500 ~ 5 000m的高寒草甸区，也见于亚寒带针叶林区和山间谷地。洞居，独行，白昼活动。主食植物的幼嫩部分，也吃昆虫和小型脊椎动物。有半冬眠习性。

6. 马来熊 *Helarctos malayanus*

（1）鉴别特征：该种为熊类中体型最小者，成年体重大多仅在40 ~ 70kg，个别可超过100kg。吻部黄白色，头部短宽。耳甚短，约50mm。与黑熊相比缺一对前齿。胸、肩纹白色或深橙黄色，多呈纵向纽曲形或半月形。体毛显著短绒，大部呈油亮光泽。其前肢和前掌内曲。前、后足印均具五趾印。完好的前足印第一趾甚小，第五趾印最大，第三、四趾印大小相近而略小于第二趾印，爪趾远距尖锐。前足间垫宽大，前缘横切线多从第一趾印的后缘之下穿过。掌垫小而圆，与黑熊的相反，偏于足印的内侧。粪便多呈条堆状，末端少针尾（见附图176）。

（2）地理分布：中国是马来熊现今分布的北限区域。中国境内已知仅见于云南东南部、南部和西部高黎贡山地区的中、南段；国外广泛分布于缅甸、泰国以南地区。

（3）生活习性：属典型的热带熊类，主要栖于海拔2 000m以下的热带、南亚热带丛林区。多独居，营昼行，善攀爬，性凶猛，无冬眠习性。食性杂，包括动植物食料和山地农作物。

7. 大熊猫 *Ailuropoda melanoleuca*

（1）鉴别特征：体貌似熊而更显肥壮，颜面部毛较少。鼻端裸露，头圆，尾短。体毛颜色黑白相间分明（白多黑少），雄性的头、颈部除眼圈和耳为黑色外均呈乳白色，雌性眼圈、耳、肩及四肢下部的黑色略带褐色色调，且其胸、腹毛色较雄性的浅淡，通常为浅棕褐而染灰色。四肢近乎等长。头骨吻部较短，颧弓宽大而粗壮，矢状嵴发达高隆。裂齿不显著，齿冠较低而宽，爪多呈琥珀色。前、后足均具五趾。前足、趾印呈卵圆形，第一趾垫印最小，第二至第四趾垫印几近等大，第五趾垫印略小但显著大于第一趾垫印。间趾垫印短宽且与为长圆形的掌垫印合并，掌印的后外垫印较前内垫大，为较大椭圆形，后足趾和跖垫印均较小。

（2）地理分布：大熊猫系中国特产的食性特化食肉动物，曾被誉为“国宝”。其现今分布仅限于四川、陕西及甘肃的少数地域。

（3）生活习性：主要栖于温带和寒温带海拔1 300 ~ 3 600m的针阔混交林及亚高山针叶林区。独居，昼行，能泅渡，会爬树。性温顺，偏食竹类。

8. 小熊猫 *Ailurus fulgens*

（1）鉴别特征：以其外貌似熊而小巧和头尾似猫却毛赤得名。体型略大于家猫，头部短宽，躯体肥壮。眼内、外侧各具一显著白斑。吻部突出，耳大前向，其前面具白毛。体重4.5～6kg，体长560～730mm。体腹包括喉、胸和四肢黑褐色，尾粗毛蓬松，长度超过体长之半，具淡棕黄与浅褐橙色相间的尾环，尾尖段淡黑褐色。四肢短粗。前后足均具五趾，趾尖端着生乳白或苍白色伸缩性爪，故足印中的爪印时显时隐。足底多被厚密黑毛，造成足印在较硬地表不现，即使在软泥地上也难分辨其细节，多为模糊印迹。植食性，粪便多呈散堆状似青稞形的颗粒（见附图177）。

（2）地理分布：本种属横断山区的特有类群，主要分布于云南西部和北部（高黎贡山、梅里雪山、甲午雪山、白马雪山、碧罗雪山和玉龙雪山等地），藏东南，四川西部和南部，青海、甘肃南部和贵州西北部。

（3）生活习性：系亚高山种类，主要栖于海拔2 500～3 500m的针阔混交林、箭竹林或杜鹃林中，昼行，成对或单独活动，性温顺，以竹叶为主食，兼食竹笋。

9. 青鼬 *Martes flavigula*

（1）鉴别特征：青鼬为貂属动物中最大者。体型较家猫修长而略狭小，体重1.5～3kg。吻较尖长。耳相对较大。躯体细长，体长450～560mm。头骨相较长圆粗大。颅全长100mm左右。颧弓强健粗长。四肢短小，体毛油亮。喉、胸部具与体色显著有别的橙黄色块斑。体背的褐色成分由前向后逐渐加深。体腹浅黄或黄白色。臀部、四肢下部和尾均为浓黑褐色。尾呈圆柱形，其长超过体长之半。属跖行性。前后足均具五趾。前足趾印间距较大，掌印为具5～6个凹点的正反“C”形；后足的第二至第五趾印相距较近。中间两个趾印几乎紧靠，跖印常有4～5个凹蹼，其外多呈一端钝、一端为圆锥状的100mm左右的浅棕色长条（见附图178）。

（2）地理分布：青鼬的存在与否可能指示森林的好坏程度。中国境内除新疆、内蒙古和青海等少数地区外广泛分布，国外见于印度、克什米尔、缅甸、尼泊尔、印度尼西亚、马来西亚、泰国、朝鲜和西伯利亚东部等地。

（3）生活习性：主要栖于海拔3 000m以下阔叶或针阔混交林和沟谷地带，一般成对多于晨昏活动，以鼠类等小型动物和蜂蜜为主食。

10. 黄腹鼬 *Mustela kathiah*

（1）鉴别特征：体型外貌似黄鼬，吻短，颈长。大小与香鼬相似，成体体重146～300g。体长210～330mm，尾长超过体长之半，107mm左右。头骨毛色差异显著，体侧具明显的分界线。体背自头部至尾和四肢为一致的深咖啡色。体腹自喉部至尾基下面和四肢肘部呈一致的鲜亮金黄或橙黄色。四肢短小。尾毛较长而不蓬松。四足印均较小，前足印长多不及30mm，后足印长40mm左右。前、后足印都呈现五趾，且各趾印相距均较开，多呈椭圆形。前掌近乎中空的椭圆形环印，常由6～7个大小不等的凹点围成；后跖印多显长形，其前端具大小相近的四个明显凹点（见附图179）。

（2）地理分布：中国境内主要分布于长江流域及其以南地区（含台湾和海南）；国外见于尼泊尔、印度和缅甸等地。

（3）生活习性：黄腹鼬为林缘灌丛种类。主要栖于海拔2 500m以下的山地溪沟边缘、灌丛、草丛、丘陵、山地、森林、农田地角及山寨附近等多种生境。穴居，黄昏活动，单独或成对觅食和玩耍。性凶猛，能游泳。主食鼠类、昆虫和小鸟。

11．鼬獾 *Melogale moschata*

（1）鉴别特征：外貌似獾而显著较小，体型粗短，四肢短小，体重1.5kg左右，体长多在350～400mm之间，尾长约为体长之半。额部具一显著白斑。自头项向后至背脊有一连续不断的窄形白色纵纹。鼻、吻部较发达，鼻垫与上唇间被毛。耳短圆，常直立。眼明显较小，颈部短粗。体毛呈灰褐或沙灰色，但变异较大。趾间具不发达的蹼，头骨小而狭长，无矢状嵴。足均具五趾，趾印大小相近。爪长、侧扁、略弯。前足二、三爪长15mm左右，约为后足爪长的两倍，适于挖掘。掌印具前后分离的6个凹点（前4、后2）；跖常为五个凹印，前三近等大呈三角形排列，后二似V形，但内长外短（见附图180）。

（2）地理分布：中国境内主要分布于长江流域及其以南地区（包括台湾和海南），国外见于越南、老挝、泰国、缅甸、印度和尼泊尔等地。

（3）生活习性：多栖于海拔2 500m以下的丘陵、山地、森林、河谷、土丘、乱石或乱木堆等多种生境。穴居，夜行，单独或成对活动。食性杂，以多种昆虫、鱼、虾、蟹、蛙、泥鳅、蚯蚓、食虫类和小型啮齿动物为主食，也常觅食幼嫩植物的根茎和果实。

12．猪獾 *Arctonyx collaris*

（1）鉴别特征：外貌与狗獾极相近似，但相对更显肥壮而体大。体重6～15kg，体长650mm左右，尾长120～160mm，头颅全长115～155mm，耳缘、喉部、颈下尾均呈白色或污黄白色。鼻垫与上唇之间裸露，这是与狗獾相区别的显著外形特征。其余体毛黑棕而多杂白色。头部自吻鼻至后枕和双颊各具一条白纹。四肢短粗，毛色棕黑色。头骨狭高，眶间区低斜，无矢状嵴，最后一对上臼齿呈三角形。比狗獾多一对上前臼齿。趾行。前后足均具斜弧形排列的五趾，除第一趾印明显较小外，其余四个趾印近乎等大。第一趾印前端位于第二至第五趾印后缘横切后下方，第三、第四趾印前端近齐平，处五趾印最前方，第一至第三趾印彼此相距较开，而第三至第五趾印则较近。猪獾的五趾均具长而强壮的锐爪，故其爪印明显，且相距趾印甚远，最长的两个爪印通常近靠。间垫印大而显著，其后中间具一歪三角形的深凹。掌垫印大而圆，位于足印的中外侧（见附图181）。

（2）地理分布：中国境内广布于青藏高原以东至辽宁以西南地区（主要是黄河流域以南），国外见于缅甸、泰国、不丹，尼泊尔和锡金等地。

（3）生活习性：栖于热带、亚热带河谷溪沟边。土穴，也见于高达3 000m左右的森林、灌丛和荒坡地域。昼伏夜行，单独活动。主食根、茎和果实等植物，也食小型动物。

13．水獭 *Lutra lurta*

（1）鉴别特征：全身修长，略扁圆形，体毛长而致密，底绒厚软。裸露鼻垫上缘呈“W”形。体重达8kg，体长700mm左右，尾长约400mm，头部宽扁。眼圆外突，耳小而圆，颈短粗。鼻孔和耳道有关闭防水的小圆瓣肉突。头骨狭长。吻部粗短，眶间狭窄，额部较长，脑颅宽扁。全身自头至尾尖和四肢外侧呈一致的深咖啡色，具油亮光泽；体腹含四肢内侧和尾基色调较背色浅淡，呈苍灰或浓污灰白色。下颌向尖端逐渐变细。趾间具蹼，趾爪长锐。在较松软的泥沙地表，爪和蹼印都能呈现。足链中常伴有尾的拖印。粪便多叶散渣状，新鲜的为油亮黑色，具蟹壳的则带红棕色（见附图182）。

（2）地理分布：水獭系广布性种类。中国境内广泛分布，国外广布于欧、亚及北非大部地域。

（3）生活习性：栖于江河、湖泊、溪流、池塘、鱼塘、低洼水地、沼泽地带、沿海淡水和咸水交界区域及某些近海岛屿等地带，居河，栖于干性洞穴，善游泳。主食鱼类、蟹、蛙、蛇、水禽、小兽及昆虫等动物，兼食少量水草或蔬菜。

14. 小爪水獭 *Aonyx cinerea*

（1）鉴别特征：体型外貌颇似水獭，但显著较小，且略呈圆柱状，体毛长而较粗，底绒薄短，裸露鼻垫上缘略具两凹痕。四肢短趾细长，趾间具蹼，爪短小而很少突出于趾尖。体重3～5kg，体长500mm左右，尾长一般不及350mm。吻较短窄，头部短小，眼圆略突，耳小而圆，颈部较粗长。鼻孔和耳道有关闭防水的小圆瓣。头骨略宽扁。眶间略宽，眶上突小，额部较短，脑颅略凸。体背自头至尾尖和四肢外侧呈一致的淡棕褐色，具油亮光泽；体腹和尾较背部色浅，多呈灰白色。下颌及喉部白色。尾基粗，末端细。足印形态与水獭的相似，但较小，且缺爪印。足链中也伴有尾的拖印。粪便形态，成分及色彩基本与水獭类同（见附图183）。

（2）地理分布：小爪水獭的分布范围显较水獭的窄小。中国境内仅见于南部地区的台湾、福建、广西、海南、云南和西藏东南等水域，国外主要分布于泰国、缅甸和印度东部等地。

（3）生活习性：栖于江河、溪流、沿海淡水和咸水交界区域及近岛，居干性洞穴，善游泳。主食鱼类、蟹、蛙、蛇、水禽、小兽及昆虫等动物，兼食少量水草或蔬菜。

15. 大斑灵猫 *Viverra megaspila*

（1）鉴别特征：外貌及体型大小与同属的大灵猫极相近似。成体体重6～10kg，体长700～1 000mm，尾长40mm左右。体毛灰棕或沙灰褐色，颈侧具两条向前弯折和宽形黑色领纹并与其对应的白色相间，体背和体侧后部散布大型不规则黑棕色斑点，是区别大灵猫的主要特征。自肩部沿背脊至尾基有一条粗形黑色纵纹，俗称“青棕”。尾基到尾中后部（约2/3段）存在4～5个黑白相间的环纹，尾末端约1/3呈黑色或黑棕色。头骨大小和形态也与大灵猫的相似，但牙齿较大，腭骨显长。跖行。前后足均具五趾，但第一趾甚小而远位；其余四趾印近乎等大并呈椭圆形，第二、第五趾印和第三、第四趾印分别呈前后排列，前位的中间两趾印均不带爪印。前后间垫印呈后中部深凹的略似长三角形（有别猫类的重要特征），前突显著前位，后足间垫略宽大，其前端稍钝。总体上看，前足印较后足印显得短宽（见附图184）。

（2）地理分布：中国境内见于广西东南，云南东南、南部和西南边境地带；国外广布于缅甸、泰国、马来西亚和印度等地。

（3）生活习性：主要栖于热带、亚热带森林及河谷溪沟地带的林缘灌丛。昼伏夜出。主食鼠类、昆虫、蛙类、小鸟和鸟卵等动物性食物，亦食热带野果等。

16. 花面狸（又称果子狸）*Paguma larvata*

（1）鉴别特征：貌似青鼬而更显肥壮。体重4～8kg，体长550mm，尾长超过体长的2/3。吻鼻短宽，鼻面具三条显著的白色纵行宽阔条纹，中条自鼻后延至头顶（少数达颈、肩），将头部均分两半。体背、体侧大部呈灰棕、棕黄、淡棕褐或污灰白色，头、颈、肩棕褐色较浓。躯干无斑。喉部黑棕色。胸腹污黄灰或淡灰色。四足深黑棕色。尾末段深棕褐色，少数暗黄褐色。四肢粗短。尾粗圆，无环纹或色斑。头骨宽坚，鼻颌短宽。颧弓强健外扩。前后足均具五个近等大呈弧形排列的趾印，后足第三、第四趾印后半部相连；掌、趾为六个凹印，常有密小蜂窝点，前足后两个凹印呈不标准的较大方形，后足的后两个凹印则呈倒长三角形，内侧的更长。属跖行性。成形粪便为暗绿色且堆放，夹杂有红棕色果渣或枝节（见附图 185）。

（2）地理分布：中国境内分布于华北、华东、中南、华南和西南各地区；国外见于尼泊尔、锡金、中南半岛、苏门答腊岛、不丹、印度尼西亚和加里曼丹岛等。

（3）生活习性：主要栖于热带、亚热带河谷溪沟地带的石洞、岩缝、树洞或土穴。昼伏夜出。冬季有进行“日光浴”习性。喜食浆果，偶食小鸟和鸟卵。

17. 斑林狸 *Priondon paridicolor*

（1）鉴别特征：属小型灵猫科动物。躯体瘦小，颈长吻尖，四肢短小，尾约等于体长而相对较粗，缺香囊。成体体重1 000g左右，体长一般不超过400mm，尾长约350mm。体毛多较短密而绒软，被毛基色呈灰棕或淡黄褐色。自头顶至前肩常具两条纵行黑色粗纹，体背排列有大而略近方形的黑褐斑块，体侧及四肢多散布相较渐小而不规则的浅黑棕色斑点，尾具黑色宽形环纹 6～10 个不等。属跖行性。前后足均具五个呈斜弧形排列的趾印，其第三、第四和第二、第五趾印分别位于横切线的远侧。前足第三趾最前，后足第四趾略前位。第一趾较小，处间垫的下外侧，前足间垫呈三角位的三个分离垫印，具两个左右前后分列的大型椭圆掌垫印（后垫印偏足印外侧）；后足三角位间垫印较大（前垫印常具一纵脊），两跖垫相对近靠，其内侧垫印甚小，外侧垫斜长形并多被绒毛覆盖，故在足印中很少呈现印痕（见附图 186）。

（2）地理分布：中国境内分布于西藏南部，四川西南部、云南、贵州、湖南和江西以南地区，国外见于缅甸、克什米尔、不丹、尼泊尔和锡金等地。

（3）生活习性：主要栖于热带、亚热带河谷溪沟地带的石洞、岩缝、树洞或土穴。昼伏夜行。冬季善“日光浴”。主食浆果、榕果，偶食小鸟和鸟卵。

18. 椰子狸 *Paradoxurus hermaphroditus*

（1）鉴别特征：体型略大于家猫且更较修长。头部吻侧、眼周、额和耳基前通常有小型白斑，与花面狸的白色条纹明显有别，并以鼻中线无白纹、胸部无白斑和背中线多具五条棕黑色纵行条纹区分于小齿椰子猫，其脊纹两侧常布有小斑点。体背基色皮黄或淡棕色，多富有黑色针毛。腹毛色浅黑，无黑色针毛。四肢较短。尾长约与体长相等，其后半段多呈黑色。属跖行性，且与花面狸的极相近似，前后足也均具五个近等大呈弧形排列的趾印，但第一趾位点低，第五趾位点高。前后足第三、第四趾印中后部都相连；掌、跖同样具与花面狸相似的六个凹印，也有密小蜂窝点，但前位中间的两个凹印显著较小，其后常存在 1～3 个独立的小圆印（后足印上更明显）（见附图 187）。

（2）地理分布：本种系亚洲南部的典型树栖食肉兽。中国境内主要见于长江中上游和珠江流域以南的云南、广西、广东和海南（四川南部是否有分布尚待查证），国外广布于缅甸、不丹、尼泊尔、孟加拉国、印度、中南半岛、印度尼西亚和马来半岛等地。

（3）生活习性：主要栖于热带雨林和季雨林带，尤喜生活在棕榈区。多成对夜行。善攀爬。以鼠、蟹、蛙和野果等为食。

19. 熊狸 *Arctictis binturong*

（1）鉴别特征：熊狸系灵猫科中最大的类群之一，体重 12kg 左右，体长毛长，且呈丛状。通体被毛长而蓬松。毛基黑褐色，表面棕灰色。其次末段多染灰色色调。四肢短健，足跟裸露。具香腺，一般腺体内腔深而大，其内壁中央有棱脊。属趾行性。前后足均具五个近等大略呈斜行排列的趾印，后足第二、第三趾印分离但较紧靠，爪印较长而尖。掌、跖为6个凹印，常有密小蜂窝点，后两个呈左右排列的垫印为内小外大。前掌前位的内侧两个凹印明显较小，而趾前相对小的两个凹印则处中间。人工饲养的成形粪便多呈淡黄色，由多个棱状块拼成的两折节堆放，并有相对固定的“厕所”及护粪特性(见附图188)。

(2) 地理分布：属典型热带种。中国境内仅见于云南南部（西双版纳）和西南部(盈江)；国外分布于缅甸、越南、老挝、印度、尼泊尔、菲律宾和印度尼西亚等地。

(3) 生活习性：主要栖于热带雨林和季雨林中的高大树上，常成对于晨昏活动。独特之点是可与灰叶猴、长臂猿等动物共栖。食性较杂，但尤喜攀摘榕树果、叶为食。

20. 食蟹獴 *Herpestes urva*

(1) 鉴别特征：体型较小，躯体肥扁。体重2.5kg左右，体长400~600mm，尾长一般不及350mm。吻鼻尖长。耳短小。颈部短粗。头骨狭长，强健结实，脑颅、枕部较高。通体被毛粗长。自口角至颈侧到肩部各具一条污白纵纹。体背、体侧的基色沙灰色，针毛呈现黑棕色相间。躯体绒毛棕褐色。体腹色调略较体背和体侧浅淡。尾基较粗，至尾尖逐渐缩小，其末段常呈淡黄棕色。四肢短小，棕褐色杂黄棕色毛尖。足印窄长形。前后足均具五个趾印及其强爪印（爪印距趾端相对较近），第一趾较粗，与第二趾相距较远，爪相对细短，第二至第五趾较粗长，其爪则显长宽，掌、跖印的前部均有三个呈三角位部的大型凹印，前足印的外后部还有一个近方形的显著凹印，前足印的外后部还有一个近方形的显著凹印，后足印后部较长而不甚显著（见附图189)。

(2) 地理分布：系热带、亚热带动物。中国境内主要分布于南方地区，包括台湾和海南。国外见于越南、泰国、缅甸、印度和尼泊尔等地区。

(3) 生活习性：主要栖于湿热沟谷林缘，尤喜山地灌丛、河坝与农田杂草地。家族式生活，黄昏活动，独行。食物为昆虫、蚯蚓、蛙、蟹、鼠、鸟及蛇等，善挖洞捕食。

21. 丛林猫 *Felis chaus*

(1) 鉴别特征：体型略小于金猫，而显著比豹猫大。耳尖微具棕黑色簇毛。躯体毛色基本一致，无任何明显斑纹。头骨吻较短，眶前总长小于眼眶直径，眶后突较细长。体重10kg左右，体长一般不及800mm，尾长约为头体长的1/3。体背、体侧灰棕色，背脊多染锈色；胸腹常为沙黄色。四肢较瘦长，略显黑斑。尾末黑斑。尾末端一般具3~4个显著黑环，端毛黑色。足印略比豹猫的大。四足呈现前后排列并不带爪的四个长椭圆形趾印。前足的两后位趾印相对较大，而后足的前位两趾印更大。前后足的间趾垫几近等大（后足的稍小)，左右不对称，其前凸呈斜坡形，后中部弧形凹陷，其两侧向前各具一狭窄棱脊。

(2) 地理分布：广布于亚洲中南部。中国境内主要分布于云南和西藏东南较低海拔丛林区。国外见于中南半岛、印度半岛，以及伊朗、里海到高加索地区。

(3) 生活习性：栖于海拔2 000m以下的热带和亚热带沿河、湖边苇丛及灌木林和海岸丛林，但极少见于热带雨林中，可在郊野村寨附近发现其踪迹。穴居，独行，昼夜活动。主要以野生雉、鸡和鹧鸪为食，偶尔觅腐肉及野果等。

22. 豹猫 *Prionailurus bengalensis*

（1）鉴别特征：属最小的野生猫科动物，貌似家猫。体重3.5kg左右，体长800mm以下，尾长一般不超过350mm。头骨较高而近乎圆形，略较家猫的狭长。吻部短宽。鼻骨微下弯。眶间区较窄。豹猫和家猫的纵体斑和耳背斑色显著有别，豹猫通体散布的大小斑点似豹而不似家猫，以及豹猫耳背斑呈淡黄色；家猫的后肢散布横纹，豹猫后肢密布斑点。四肢相对较短粗。尾较粗圆，前后几近等大，尾斑或半环与体斑色同。足印略比金猫的小而较家猫的大。四足具排列较紧密且不带爪的四个椭圆形趾印。前后足的两个外趾印均大于两内趾印。间趾垫印为后足明显小于前足，其前凹凸显著较窄平。粪便主具黑褐和淡棕灰两色，一般存在索条或两端略尖的颗粒两种形态（见附图190）。

（2）地理分布：广布于亚洲大陆东部、南部和南亚各群岛。中国境内除新疆等干旱沙漠外均有分布。

（3）生活习性：豹猫是山地林缘、丘陵灌丛和郊野常见种。独栖或雌雄同居。晨昏和夜间活动。营巢近水区，善游泳，好攀爬，会埋粪。主食鼠类、小鸟、蛙、蛇、鱼、兔及多种昆虫，兼食野果、蝙蝠或家禽，可攻击小型鹿类。

23. 金猫 *Catopuma temmincki*

（1）鉴别特征：属体型较大的野猫类，外貌似豹而较小，体重10~15kg，体长700~1 000mm。头部有明显白斑，两眼间具分离的两条稍带曲形、前细后宽的纵向白纹，额部可见镶有黑边的灰色纵纹。耳圆、好动、黑褐色。下颌白色。喉、胸腹均散布横纹或不规则斑点。四肢上部多具横纹。尾较短，呈三色：背面灰棕色，腹面灰白色，端毛黑色。头骨较大而骨质较薄，颅顶宽平，脑颅较大而圆。金猫体毛的色型变异最大，主要有红棕色（俗呈红椿豹）、麻黑（俗呈芝麻豹）和体侧密布花斑的称为狸豹，且黑色型个体也不少见。足印的间趾垫印短宽，四个趾印间距较大，外趾印内缘几垂直于间趾垫印外缘，中间两趾印显著较小。粪便自始端向后渐细，粗段略弯折（见附图191）。

（2）地理分布：中国境内主要分布于陕西南部以南地区，国外见于缅甸、尼泊尔、印度、马来西亚和苏门答腊。

（3）生活习性：栖于海拔3 000m以下热、温、寒带林区。营独居地面生活，能攀援爬树。

24. 猞猁 *Lynx lynx*

（1）鉴别特征：体型略较金猫为大，体重20kg左右。耳基宽，直立，耳端具黑色簇毛，两颊具长而下垂的鬓毛。具有与小型猫类的共有特征——完全骨化的舌骨，以此区分于大型猫类。头骨圆形，吻部短宽，鼻骨后端略超出上颌骨后缘，额骨高平，眶后突显著较长，颧弓宽而强健。总体腹毛长于背毛。通体毛色粉棕或灰棕色，遍布不甚显著的淡褐色斑点。四肢显著较粗长，且后肢长于前肢。尾极短，一般不及后足长。足印间趾垫宽长，有利于雪地行走的平衡。粪便呈不规则的索条状，显著特点是多为两头细而弯曲，有的具动物体毛构成的针尾（见附图192）。

（2）地理分布：猞猁属北方型种类。中国境内见于云南西北至青藏高原以东和以北地区，国外广布于欧亚大陆的北部地区。

（3）生活习性：主要栖于海拔3 000m以上森林地带或林缘雪地。长耳及笔状簇毛能准确地对觅声源。性喜独居，多营夜行，也在晨昏活动。机警敏捷，善于攀爬。不畏风雪。主食小兽和鸟类。

25．云猫 *Pardofelis marmorata*

（1）鉴别特征：云猫属小型猫科动物，外貌颇似云豹而显著较小。体重 10kg 以下，体长 600mm 左右，尾长约等于体长或稍短。头部宽圆。体背和体侧具不规则的较大型斑块，其边缘呈黑褐色，四肢外侧及躯体其余部分的黑色斑点明显较小而密布，以此区别于云豹。云猫吻较短，颊部显著外扩。耳短而较尖，略呈三角形。头骨相对短高。眼大而圆。眶间区甚宽。鼻骨短高。通体毛色灰褐或黄褐。体腹和四肢前、内侧毛色略淡。四肢粗短。尾粗长而圆。布满较大黑色斑点，尖端黑色。四足均具近乎等大而不带爪印的四个趾印略等大于后足印。前足两外侧趾印外置，最大且偏前位是前外侧趾，前间趾垫印短小，缘中部深凹，腕垫印小而圆，距远偏外侧；后足四趾印几呈等距的前后排列，间趾垫印相对窄长，后缘中部略凹；前后间趾垫印的前端略呈现 V 形。

（2）地理分布：中国境内仅见云南无量山以南和西南部，国外分布于缅甸和泰国。

（3）生活习性：栖于海拔2 500m 以下的热带、亚热带林带。树栖性较强。独居，夜行。主要以中小型动物为食。

26．云豹 *Neofelis nebulosa*

（1）鉴别特征：云豹为中型猫科动物，外貌似豹而较小，体重 20kg 左右，体长1 300 mm以下，尾长不及1 000mm。体侧具 14～16 朵不规则大型云斑，紧靠肩后的 6 朵特大，此为区别于云猫的重要特征之一。吻较长，耳短圆。头骨相对低而狭长。吻长于鼻全长 1/3。鼻骨宽且左右平行。通体灰黄或淡黄褐色。头部棕黄褐色。体侧斑块内黄外黑，间杂模糊黑斑。从喉经胸腹至鼠鼷和四肢内侧黄白色，除喉部有两条暗黑领纹外，其余均散布稀疏黑棕色斑。四肢粗短。尾粗长，尖端有近 15 个不完整黑环。前足印明显大于后足印，四足均具近乎等大而不带爪印的四个趾印。前足间趾垫印短宽，仅略窄于两外侧趾印前端尖凸，略与两外突齐平。粪便弯曲并具针尾的细索条状（见附图 193）。

（2）地理分布：中国境内见于长江南部（含台湾和海南），国外广布尼泊尔、缅甸以南地区。

（3）生活习性：栖于海拔3 000m 以下的热带、亚热带常绿阔叶林或针阔混交林带。树栖性较强，常营巢于树的上部。独居，夜行。主要以鹿类等草食动物为食。

27．豹 *Panthera pardus*

（1）鉴别特征：外貌似虎但较小，重 50kg 左右，体长1 500mm，尾长不超过1 000 mm，通体散布大小悬殊的斑点或铜钱状斑环。头大而略圆，耳短而阔。颈部粗短，颈背中央有毛旋。体毛基色橙黄或暗黄色，斑点或斑环呈黑色。头骨形态与虎的相似，但较短狭，颅基长小于 230mm，颧宽多在 150mm 以下。吻鼻短宽，鼻骨中缝长不及其最大宽的 1.5 倍。四肢短健，前肢较后肢肥大；尾粗长，被毛蓬松，除尖端均散布斑点或色环。后足印略大于前足印，四足趾印间距显具近乎等大而不带爪印的四个趾印，后趾印间距显大于前趾印。间趾垫印后中部凹陷深窄，前足间趾垫印较宽，后足间趾垫印较小，窄于两外侧趾内缘横宽。粪便呈切堆状，后切甚细长，始端近圆形，向后渐小，末端具针尾（见附图 194）。

（2）地理分布：豹是广布性种类。中国境内除新疆、辽宁、山东、宁夏和台湾外皆有分布，国外广布于亚洲和东非的大部地域。

（3）生活习性：适应性极强，栖多样环境，如丘陵山地森林、稀树灌丛、平原、干地、湿地、荒漠、热带雨林和亚热带常绿林等地带。独居、夜行。以多种动物为食。

28. 虎 *Panthera tigris*

（1）鉴别特征：较豹大而长。重约250kg，长1 500 ~ 2 000mm，尾长1 000mm 左右。头圆、颈粗、耳短。上吻具污白粗长胡须。额有形似“王”形纹。头骨颅基长大于250mm。鼻骨狭长，中缝长大于最大宽的1.5倍。体被长条宽横纹。眼上具一白斑。头部，颈背，躯体侧，体背，体侧，尾上和四肢外侧基色浅黄、黄棕或深黄色，横纹黑或黑棕色；颏、喉、颈下、胸腹、躯体下及四肢内侧基色白或乳白色，亦有黑色横纹；胸横纹宽疏，腹横纹窄密。四肢肥壮。尾粗长，具10余个黑环，基部3个斜形，末段4个宽且平行，尖端黑色。前足印略较后足印宽大，四足均具4个趾印，都呈长椭圆形，且第二趾印显著前突。爪具伸缩性，故足印中不呈现。间趾垫前端较宽钝，常处两外侧趾后缘横线之下，其后部中凸呈宽弧状，两外侧突相对较窄小。粪便多呈断节的套接索条，末端虽较小而针尾少见（见附图195）。

（2）地理分布：中国境内仅见于东北东部、新疆、西藏南部、云南（西、西南和南部）和华南少数地带，国外分布于西伯利亚、印度、缅甸、泰国和马来西亚。

（3）生活习性：主要栖于山地森林和热带、亚热带丛林。独居，夜行。以鹿类、牛、羊等大中型动物为食。

第六节 啮齿目

上下颌只有一对门齿，齿根是开放型，能终生继续生长，无犬齿。门齿和臼齿间有间隙，称虚位。臼齿咀嚼面宽，齿尖变化大，呈二纵列、三纵列或交错的三角形，为分类的重要依据。繁殖力强，性成熟早，一年能产多窝，每窝产仔也多。种群数量多，分布广，在自然界的作用很大，除少数能利用其毛皮或作药用外，大多数给农、林、牧、卫生等方面带来危害。食物大多以植物为食。种类和数量在哺乳类中繁多，几为一半。根据其咀嚼肌特化程度可分为3个亚目34科397属1788种，中国有9科73属207种。

1. 巨松鼠 *Ratufa bicolor*

（1）鉴别特征：为中国热带林栖松鼠中体型最大者，成年体重3 kg左右，体长350 ~ 430mm。体圆修长，头部短小。耳被长毛簇。尾长于头体，被毛蓬松。四肢粗短。体毛呈两色：自吻鼻向后包括额顶、眼周、耳壳、颈背、体背、体侧、全尾和四肢外侧为一致的油亮黑色或黑棕褐色；除下颏、面颊和颈侧为淡黄白色外，自喉部至体腹和四肢内侧均为橙黄色。四足均具五趾，爪强壮。前足第一个趾小而后位，有前后排列的三个较小间垫和两个较大掌垫；后足五足趾大小相近，弧形排列，具6个近等大间垫，2个跖垫分列两侧，内跖垫长而紧接间垫，外跖垫短而后置并与间垫断开。然而，在自然环境中很少发现其足印，如存在时，前足印仅显四个趾印。粪便与鼯鼠的类同，为散堆状的小型不规则颗粒，但巨松鼠的粪粒相较略大而光滑，色彩更深（见附图196）。

（2）地理分布：巨松鼠属典型的热带兽种。中国境内主要分布于海南，云南的景谷、普洱、江城、西双版纳及西南边境地区，国外广布于缅甸、泰国、印度、爪哇、巴厘、苏门答腊、马来半岛及其领近小岛等地。

（3）生活习性：主要栖于热带密林中。树栖，多营巢于较高大的树上，一般不下至地面。攀跳能力强，善在树枝上速跑。白天活动觅食，以植物性食物为主。

2. 红白鼯鼠 *Petaurista alborufus*

（1）鉴别特征：本种属大型鼯鼠。成年体重2kg左右，体长350～580mm，尾长近500mm。除吻鼻和眼眶环为暗棕红色外，体毛主要呈鲜明的两种色调：体背面、额顶、颈背、颈侧、翼膜上面、尾及四肢外侧红色（尾端色调更深暗），颜面部、体腹面、面膜下面和四肢内侧白色。不同地域的个体大小和毛色深浅略有变异。前、后足均具五趾，爪强壮。前足印只呈现第二至第五趾印，有四个不规则排列的间垫印和两个平行近等大的掌垫印；后足印包括五个趾印、五个弧形排列的间垫印（外垫具横沟）和两个斜列的跖垫印。粪便与巨松鼠的类同，但粪粒相对较小而粗糙，色彩较浅（见附图197）。

（2）地理分布：中国境内见于云南、四川至湖北以南地区，包括台湾和海南，国外广布于丹那沙林、泰国、缅甸和印度等地。

（3）生活习性：为热带、亚热带到温带的林栖滑翔动物。它们主要生活于常绿阔叶林、针阔混交林和阔叶落叶林带。栖居较大的树上。白天隐宿于树洞中，夜间除发情外多单独活动觅食。以植物性食物为主，包括多种果子、嫩叶和幼芽，兼食少量鸟、鸟卵和昆虫等。通常年产2胎，胎产2仔。在人工饲养条件下，其寿命约达14年。

3. 霜背大鼯鼠 *Petaurista philippensis*

（1）鉴别特征：体型大。成年体重可达3kg，体长450mm左右，尾显著比头体长，大多在650mm左右，被毛蓬松。毛被丰厚而长，体背面包括翼膜主要为深栗褐色。耳毛和四肢的外下部黑褐或黑棕色。额、头顶、颈背和体背毛尖淡白或灰白色，形似霜盖。体腹面、翼膜下面和四肢内侧鲜棕褐并染有灰白色调。尾大部呈浅黑色，常杂有赤栗毛基，尾尖黑色较浓。四足（足印）和粪粒形态均与红白鼯鼠的相似，但后足的跟部显得较窄长。

（2）地理分布：中国境内广泛分布于南部林区，包括海南和台湾，国外主要见于缅甸、泰国、印度和斯里兰卡等地。

（3）生活习性：霜背大鼯鼠系典型的热带、亚热带森林种类，主要生活于常绿阔叶林和针阔混交林。除发情繁殖外，一般营独居生活。白天隐藏于叶茂高大树冠的自筑巢中，傍晚开始活动觅食。与其他飞松鼠一样，具有三种主要运动方式：一是直接通过相连的树枝“攀爬”或短距的“跳跃”至另一树上，二是从高坡树上到矮坡树上的远距离“滑翔”，三是自其所在树向下“滑翔”到地面，再“爬行”至另一树脚后，顺树干背光面“攀爬”到树冠。主食嫩叶和栗果等果子。

4. 银星竹鼠 *Rhizomys pruinosus*

（1）鉴别特征：属中型竹鼠。体型较短，几呈圆柱状。成年体重1.5～2kg，体长300～400mm，头骨颅全长560～750mm。吻鼻裸露，肉红色。上下各一对门齿强壮锋利，赤栗色。眼甚小。耳短圆，常隐于毛被中。体毛粗长丰厚呈银灰或褐灰色。背部和体侧密布具灰白色毛尖的针毛，貌似蒙上白霜。尾较长，但不及体长之半，几乎裸露无毛。四肢肥短，前足趾短粗，后足趾细长。爪短宽而坚硬，颇似人类指甲，尖端锋锐，适于掘洞。前、后足均具五趾。前足拇指较短小，后足拇趾则短粗。当其足印存在时，前后足印都呈现五个趾垫印。前足印具三个较小的间垫印和两个显著增大的掌垫印（该五印略呈圆形排列），后足印包括四个间垫印和两个相对较大的跖垫印（这6印呈椭圆形排列），还有向后渐细而不甚明显的长形跟印（见附图198）。

（2）地理分布：中国境内见于云南、贵州、四川、广西、广东、海南、福建和西藏东南，国外主要分布在印度、缅甸、泰国，向南抵达马来半岛。

（3）生活习性：除雨过天晴或夜晚外，主营地下生活，栖居竹林区或芒草地的自挖洞穴中。主食竹，有截断竹子或芒杆并撕成细条作巢垫的习性，竹、芒断节的长度与该竹鼠的头体长几近相等。换句话说，只要知道竹、芒断有多长就可判断该竹鼠有多大。春末至夏了繁殖，孕期150天左右，胎产1~4仔。

5. 长尾仓鼠 *Cricetulus longicaudatus*

（1）鉴别特征：体形中等。尾较细短，尾部覆毛短紧。耳壳具明显的灰白边缘。有颊囊。毛色较暗，上面暗灰褐色，下面灰白色。尾双色，上面灰褐色，下面白色（见附图199）。

（2）地理分布：为古北界种类，中国境内分布于西藏、华北和西北地区，国外见于西伯利亚中部和蒙古。

（3）生活习性：穴居于灌丛、草甸草原和农田，也进入居民点。

6. 大仓鼠 *Cricetulus triton*

（1）鉴别特征：体中型。有颊囊，尾较长，约为体长之半。为仓鼠属中体型最大的一种，耳壳短圆，后足粗壮。背毛灰色，毛尖略带沙黄色，腹毛灰白色，尾上下均暗灰色（见附图200）。

（2）地理分布：本种为古北界种类，主要分布在古北界东南部。

（3）生活习性：喜栖于土质疏松、干燥、含沙质土壤较多的地带。穴居。杂食，主食植物种子。

7. 巢鼠 *Micromys minutus*

（1）鉴别特征：形似小家鼠，与小家鼠最主要区别是上颌门齿后方无缺刻。耳壳短圆，具三角形耳瓣。四肢细长，尾细长能缠绕，尾端上面鳞片裸露。乳头4对。毛色变异较大，上面深棕褐色、赤褐色，下为土黄或灰白色。

（2）地理分布：广泛分布于欧亚大陆。

（3）生活习性：穴居。昼夜均活动。喜食谷类、豆类作物和植物的种子。

8. 小家鼠 *Mus musculus*

（1）鉴别特征：属小型鼠类，略大于巢鼠，体长65~89mm。耳壳短而厚，前拉不能遮住眼部。尾长短于或超过体长，尾上鳞片环明显，门齿内侧有一直角形缺刻，后足较短。背毛棕灰或棕褐色，腹毛多为土黄色（见附图201）。

（2）地理分布：世界性广布种。

（3）生活习性：家野两栖，以室内为主。穴居。夜间活动为主。杂食，偏喜小粒种子。作物成熟季节有向室外迁移的习性。

9. 中华姬鼠 *Apodemus draco*

（1）鉴别特征：小型鼠类，体细长。尾长略大于体长，尾鳞清晰。耳稍大，前足四指，后足五趾，乳头6~8枚。背毛棕黄色，由较硬的粗毛和软毛两种毛组成，腹部毛色灰白，背腹毛色界线明显。幼体毛色显暗。尾两色，上面黑褐色，下面浅白色。

（2）地理分布：主要分布于中国南方各省，华北诸省亦有分布，国外缅甸及印度东北部也有分布。

（3）生活习性：栖于海拔1 570～3 800m 的山地亚热带、暖温带和寒温带的森林中，为典型的林栖种类。穴居。多夜间活动。植食为主。

10．黑家鼠 *Rattus rattus*

（1）鉴别特征：体形中等。尾明显超过体长，鳞状环明显，有极细的短毛。耳壳大而薄。前足拇指退化，掌垫五个，后足五趾；足爪弯曲锐利。背毛暗褐或棕褐色，体下纯白，有的胸部中区具灰斑。尾单色，呈黑褐色。幼体色暗。

（2）地理分布：几乎遍及欧亚各地。

（3）生活习性：适应力强，栖息于山地热带长绿季雨林、半常绿雨林以及亚热带常绿阔叶林带。食谷物和其他植物种子，也食一些昆虫。

11．黄胸鼠 *Rattus flavipectus*

（1）鉴别特征：体形较黑家鼠略小。尾长一般超过体长。耳壳大而薄。被毛粗糙，胸部毛色显棕黄色，绒毛间混有基部白色、尖端黄褐色的真毛。乳头 6 对。

（2）地理分布：本种为东洋界种，主要分布于中国长江以南各省区，国外见于印度、缅甸、老挝和越南等国。

（3）生活习性：穴居。善攀爬。多夜间活动。杂食，偏喜素食。

12．普通豪猪 *Hystrix brachyuran*

（1）鉴别特征：本种为中型豪猪。成年体重 8～15kg，体长 450～780mm，尾长 70～140mm。头骨最大长 140mm。鼻骨长超过 80mm。眼小，耳短宽。四肢短粗。大部体毛（含尾）特化为棘下残留稀疏软毛。除颈背中部具白尖棘冠（棘的下半段带暗褐）和嘴角后有一条纤细白纹（有变异）外，头、颈侧、肩、腹和四肢的棘刺短而黑褐色。肩侧由具沟的扁刺覆盖。体背棘刺粗长，400mm 左右，暗褐与污白色相间。尾棘形态和色调与背刺相同，但较短小。尾端具特化为开口囊状或高杯状的尾铃，抖动时会发出沙沙响声。前、后足均显 5 个卵圆形趾垫印，内侧第一个甚小。前爪印距远；后爪印距近。前足具三个大小不等、且不规则的间垫，近靠的两个大掌垫印圆形；后足间垫印四个，内两个小而不圆，外两个圆而大。两个纵列间开的蹠垫印为内短外长。粪便多呈粗短的散粒或颗粒，粘成节筒状（见附图 202）。

（2）地理分布：中国境内见于长江流域及其以南（除台湾）地区，国外广布于马来西亚、苏门答腊、加里曼丹、新加坡、泰国、缅甸、尼泊尔和印度等地。

（3）生活习性：栖于热带、亚热带山地林缘。家族穴居。夜间活动，食植物和盗食农作物。遇敌竖棘刺防御或倒退撞击，撞上会脱刺，但不会隔距“射箭”。秋冬交配，春夏产仔，孕期近 4 个月。年产 1 胎，每胎 1～4 仔。寿命 12～15 年。

13．云南豪猪 *Hystrix yunnanensis*

（1）鉴别特征：外貌颇似普通豪猪，但体型相较肥大。成年体重 17～30kg，体长 640～730mm，后足长 90mm 左右，耳短小（30～40mm），尾甚短（60～110mm）。与普通豪猪的主要差异是鼻骨明显较短（其后端仅达眼窝前缘位置，甚至在泪骨前外角之前），自枕部到颈部的黄白色棘冠更显著，单棘更长，整个棘冠色调较其周围的暗褐棘刺苍白。其余特征如身体各部位的棘刺形态及其色调等（除足印和粪粒形态详见下述）均与普通豪猪类同。前、后足5趾，第一趾短小。前、后爪印距近。前足3个间垫的中垫最大。略呈方形，与内侧小垫分离。两个大掌垫距远不圆，后足间垫印4个，内侧两个小而圆，外侧居中位的最大间垫印略呈纵向长方形。两个长跖垫印与普通豪猪的相似，但内跖垫不内曲。粪便为一端粗、另一端尖细的直长或微弧长圆形散粒和颗粒粘堆。

（2）地理分布：本种分布范围较窄。中国境内仅见于云南西部边境一带，国外主要分布于缅甸东北的克钦山东部山区。

（3）生活习性：主要栖于热带、亚热带各种林型的林缘地带。栖居方式、习性、食性和繁殖等均与普通豪猪类同。据缅甸有关动物园的饲养记录，其发情周期为30～35天。孕期大约112天。每年生产1胎，每胎多为2仔。该种的平均寿命在20年左右。有记录报道的最长饲养寿命达27年之多。

14．帚尾豪猪 *Atherurus macrourus*

（1）鉴别特征：体型较小而修长，略呈圆柱形。尾细长而圆，其基段和中段几乎裸露无毛，尖段具较蓬松的中空污白色长毛，“故名帚尾”。成年体重约3.5kg，体长457～525mm，尾长228～445mm，耳长35mm上下，后足长近80mm，头骨最大长100mm左右，鼻骨长25～30mm。体被沙褐色扁棘（民间俗称“扁毛”的由来），其间杂有圆形长刺毛。背部棘刺的基部环绕着带灰白色的卷羊毛状软毛。头顶、头侧、颈背、前后肢为棕褐色。除带褐色的颏部外，喉部中央、腹中区、前后腿内侧棘刺白色。足印的总体形态与云南豪猪的类似，但相对较窄长。四足爪印弱而小，相距趾垫印很近。前足3个间垫和后足4个间垫彼此均呈分离状，两个分开的掌垫印相较细长，而纵向排列的两个跖垫印则明显较粗。

（2）地理分布：中国境内主要见于云南、广西、广东、海南、四川、重庆和贵州等地，国外广布于缅甸、泰国、苏门答腊，马来半岛及其邻近小岛。

（3）生活习性：帚尾豪猪属典型的热带、亚热带种类，多栖于海拔2 000m以下的密林或林缘灌丛，穴居。食性和其他习性均与普通豪猪及云南豪猪相似。

第七节 兔 形 目

上颌前后排列有两对门齿，前一对较大，后一对较小。咀嚼时上下咬合。无犬齿。有虚位。前臼齿3枚，臼齿2～3枚。咀嚼时左右移动。上唇中纵裂。尾短无。慢步为跖行性。阴囊位于阴茎前方，无阴茎骨。从化石看，它们与啮齿目是平行发展的，彼此间只是远亲，而非近戚。草食性。多分布于北半球，全世界有2科12属65种，中国有2科2属32种。

云南兔 *Lepus comus*

（1）鉴别特征：属中型野兔。吻部粗短，额部宽阔，耳明显长，眶后突低平。成年体重1.8～2.5kg，体长330～500mm，耳长140mm以下，尾长70～110mm，后足长125mm左右。头骨最大长一般不超过100mm。毛被绒长厚密。体背毛色赭灰或浅棕褐色，脊背多具零散黑纹，前额常有灰白方形小斑块，耳背暗褐色，耳尖显黑色，侧缘灰白色，臀部淡灰色。喉部、体侧和四肢外侧赭黄色。体腹和四肢内侧白色。尾背浅黑色，尾腹灰白色。兔类的前后足底均类似狐狸被有长厚毛，故一般都不呈现足垫印。哪怕是在松软土地上或雪地中也只能见到大致的足印轮廓。云南兔的粪粒没有独特之点，与其他野兔的极相近似，呈较豌豆略大的、几乎是圆形的颗粒散放或小堆。

（2）地理分布：云南兔主要分布于云贵高原和横断山区南部山地，包括云南、贵州西部和四川西南一带；国外少量见于中缅及中越边境沿境线区。

（3）生活习性：主要栖息于海拔1 500 ~ 3 200m 的山地灌丛、稀树草坡、林缘开阔地和山区公路附近。穴居。多单独或成对自黄昏至夜间活动觅食，主食禾本科植物及灌木嫩叶，也常盗食农作物。夏秋繁殖，年产 2 ~ 3 胎，每胎 1 ~ 4 仔。

第八节 长鼻目

大型，为最大的陆兽。皮肤甚厚，毛稀少。四肢粗壮呈圆柱状。前肢有五指，后肢四趾，鼻和上唇连在一起，延长成长圆筒形，肌肉发达，能自由动作。上颌有一对特长的象牙。胃简单，盲肠大，肝脏无胆囊。乳头一对，胸位，双角子宫，环状胎盘，雄象无阴囊，睾丸终生留于腹腔内。世界上仅 1 科 1 属 2 种，中国产一种。

亚洲象 *Elephas maximus*

（1）鉴别特征：野象是现生陆栖动物中体型最大者。亚洲象比非洲象小，成体体重可达3 000 ~ 5 000kg，体长5 000mm 左右，肩高一般不及3 000mm。鼻与上唇合二为一的长粗象鼻，具卷缩、握持和喷吸功能，其前端开口处上方有一个感触灵敏的指（揞）状突（非洲象具 2 个），素称“智慧瘤”。耳大似扇（但较直径达1 400mm 非洲象的耳小）且常前后摆动。雄性均具一对粗长而略呈弧形上翘的上门齿，亦即通称的“象牙”，显较非洲象牙长、大，一般长约1 500mm（最长者几近2 000mm）。单只总重量过 20 ~ 30kg。成象皮厚、多皱，被毛粗稀。四肢粗大呈圆柱状。相对尾甚短小。四足印均呈直径300mm 左右的不标准圆盘状，趾印分离不明。在较松软地表的足印深陷，形成大的圆坑。粪便为略小于排球的粗纤维球堆（见附图 203）。

（2）地理分布：本种限于亚洲热带。中国境内只发现于云南南部（西双版纳、江城和景谷）和西南部（沧源、盈江），国外见于印度、缅甸和泰国以南区域。

（3）生活习性：主要栖于海拔 700m 以下的热带、亚热带丛林。群栖、昼行。以阔叶树的叶、皮，竹叶和多种藤本等植物为食。

第九节 奇蹄目

本目包括大型的有蹄草食动物，第三趾特别发达，其余各趾不发达，或完全退化，趾端具蹄。头除犀牛有纤维角外，貘和马均不具角。上下门齿存在，适于切草，犬齿存在或退化，臼齿的齿冠高，有复杂的棱脊，适于研磨草料。胃为单室，盲肠发达，很大，起着牛的瘤胃作用。全世界有 3 科 6 属 16 种，中国仅有 2 科 3 属 5 种。

蒙古野驴 *Equus hemionus*

（1）鉴别特征：貌似家驴，体型和足蹄较大，但小于野马，体重 260 ~ 400kg，体长多大于2 000mm，肩高1 300 ~ 1 500mm。头部较短，吻部圆钝。耳壳长于马而短于驴。尾细长，从其下半段被长毛。颈背至肩具长鬃毛，体背中线至尾根有一条棕褐色细纹。体背，体侧与四肢外侧毛色呈赤、深棕或暗红褐色，唇部、体腹及四肢内侧多为白色或淡灰白色。臀部的白色区域与其相邻的体色无明显分界。肩胛两侧各具一道显著的横行褐条带。区别于藏野驴的主要特征是肩后无白斑，上门齿略较窄长及其齿前的凹陷更为明显，雄性犬齿与颌骨垂直且呈圆锥形。四足均为弧形单蹄印，前足印更宽大。粪便多呈60mm 长并具中折沟的猪肾形（见附图 204）。

（2）地理分布：中国境内见于内蒙古西部与北部、青海、甘肃、宁夏和新疆等地，国外主要分布在中亚和西亚各地。

（3）生活习性：为典型的高寒种类，主要栖于海拔4 000 ~ 5 000m 的荒漠草原或山地荒漠地带。群居、昼行，以各种牧草为食。较难驯养。

第十节　偶蹄目

大中型。包括大多数有蹄动物。第三、第四趾特别发达，趾端有蹄，第二、第五趾很小，第一趾退化。低等的有上门齿，很多种类，上门齿消失，代之以角质垫；下门齿成为切牙，犬齿也形成切牙，但野猪犬牙成为獠牙。臼齿低等的低冠丘型齿，很多进化为高冠的月形齿。不反刍的偶蹄类为单胃，反刍的胃多达 4 室，它们大量采食，稍经咀嚼后，到安全地方再反刍细嚼消化。这种消化对策比奇蹄类更为有利。分 2 ~ 3 亚目，包括10 科 76 属 194 种。中国有 2 ~ 3 亚目，共有 6 科 25 属 48 种。

1．野猪 *Sus scrofa*

（1）鉴别特征：体貌似家猪，但吻鼻尖长，面部狭长斜直，耳小而直立，肩凸尾短，体被粗稀硬毛。成体体重 200kg 左右，最重者近 300kg。体长1 500 ~ 2 000mm。体背毛粗长，背中部最长者可超过 150mm。四肢短健。头骨侧面观呈长三角形，吻鼻低矮，颅枕高凸。鼻骨狭长，约为颅全长的 1/2。颧弓粗大外扩。犬齿粗大锋锐呈“獠牙”，且向上方翘曲。成年野猪通常具灰黑和棕黄白两种色型；幼仔自枕后至臀部有一条黑色纵纹，两侧各具三条黄棕与黑褐色相间的纵纹，最外侧一条在腰部多间断为斑点状，有的个体在斑点纹下还有一条黑褐色纵纹。足印颇似家猪足印，但较大而钝。干性粪便多呈不规则的丸、渣堆集（见附图 205）。

（2）地理分布：野猪为广布性种类，中国境内见于大部地区，国外泛布于北非和亚、欧两洲及其近岛。

（3）生活习性：属山地森林种类，广栖于常绿阔叶林、针阔混交林等多种林型的灌木丛和山溪草丛。性凶猛，善奔跑和泅水，喜拱土、翻石和滚泥水塘。营结群游荡性生活。多晨昏和夜间觅食，杂食，以植物为主，兼吃昆虫、蟹等动物性食物。

2．双峰驼 *Camelus bactrianus*

（1）鉴别特征：骆驼属反刍有蹄哺乳类。双峰驼由其体背前后有较单峰驼矮小的两个肉峰（内部储存脂肪）而得名。两峰间形成 U 形的宽凹。头小、躯体大。颈长并被浓密毛且颈下的较短，尾细长具尖端簇毛，吻较狭长，上唇中裂。眼属重睑。鼻孔可以开闭。体型大小在骆驼科内居中。头体长约3 000mm，肩高1 800 ~ 2 100mm，尾长 500mm，颅全长约 500mm。体毛色彩多呈沙棕褐色。头骨长。鼻骨短，上颌仅留呈齿状的外门齿，枕部上翘。四肢较短粗。四足仅第三、第四趾发达，第一、第二、第五趾缺失。趾背具指甲状蹄甲，使趾端印扩大，蹄印前后明显分开，两蹄间具长椭圆形凸沙（土），蹄外和蹄底有适于在沙漠中行走的弹性衬垫和胼胝。粪便为直径在30mm左右的小型“窝头”状丸粒，常呈两粒套接（见附图206）。

（2）地理分布：双峰驼原产中亚各地。现野生种群仅见于中国的新疆中、东部，内蒙古西部，甘肃，青海和国外的蒙古大戈壁。

（3）生活习性：性温顺，因第一胃室能贮存大量的水，故善耐饥渴。能负重至远。以粗草及灌木为食。

3. 小鼷鹿 *Hyemoschus aquaticus*

（1）鉴别特征：小鼷鹿系现在最小的有蹄哺乳动物。成体大小如兔而略高，体重仅2kg左右，体长多在500mm以下，尾长约100mm，后足长一般不及135mm。头短，颈粗，耳细长。雌雄均无角，上门齿缺失，上颌犬齿长而细尖。体背、体侧毛色赭褐色，通常不具斑纹。背脊部略较色深。颈背微显条纹。喉、颈下、胸、腹、尾下及四肢内侧均为白色或灰白色，前胸有一中央呈白色的三角形赭褐色环斑。体腹中线略具淡沙褐色细条纹。四肢外侧锈棕色。尾短小。四肢纤细，前肢短，后肢长。四足均具两蹄印，由第三、第四趾组成，蹄印尖细。悬蹄位高，常不呈现在足印中。粪便略比绿豆大而色深，每次排粪数十到上百个颗粒的小堆。无固定排粪场点（见附图207）。

（2）地理分布：小鼷鹿为典型的热带兽种。中国境内仅见于云南南部的勐腊和江城等地，国外主要分布在泰国、缅甸向南至爪哇和婆罗洲等地。

（3）生活习性：主要栖于海拔1 000m以下的热带森林及灌丛地带。多喜在河岸、山溪附近林下植被茂密区活动。性孤僻、善躲藏，独居，夜行。以青草、嫩叶和野果为食。

4. 林麝 *Moschus berezovskii*

（1）鉴别特征：体较小，颈纹明显。背中高弓，肩、臀斜低。头短小，耳长大。颈长尾短。前肢短，后肢长。体重10kg左右，体长600～800mm，颅全长150mm以下。自吻端至眶前短于颅全长的1/2。体被易脱落的粗硬脆性波状长毛。头骨短小，吻部较窄，鼻骨长直。泪骨短方，宽大于长。成兽体毛橄榄褐色，染污黄色调。颊部和眼间区棕黑色，具小白斑，耳背基灰褐色，耳内白毛长。体背深黑褐色，体侧色较淡。臀毛似黑色，体腹自颏至鼠鼷灰白色，但染黄白成分。喉中线到前胸具一条棕褐色斑纹，其两侧各有一条黄白色或淡黄链形颈纹。颈部及腹侧常略显灰黄色斑驳。四肢前面灰棕色，后缘几呈黑褐色或黑色。四足蹄印窄细，双蹄印前部甚尖而叉开。粪便为比小鼷鹿短小的散粒堆放（见附图208）。

（2）地理分布：主产温带和亚热带。中国境内广布青海和甘肃南部地区，国外仅见于越南和老挝北部。

（3）生活习性：典型林栖麝种。主要栖于海拔3 200m以下林、灌等多岩区。性喜独居。善攀爬跳跃。白天隐伏，晨昏活动。喜食苔藓、松萝、嫩草、嫩枝叶和幼芽等植物。

5. 黑麝 *Moschus fuscus*

（1）鉴别特征：体型大小和总体外貌与林麝颇相近似，但其喉部和颈侧无任何条纹和异色斑块和斑点。成年个体的体重11kg左右。体长730～800mm，耳长80～98mm，尾长20～40mm，后足长230～285mm，颅长132～147mm。自吻端直至眶前区的面长为64～70mm，一般短于颅全长的1/2。体被易脱落的粗硬脆性波状长毛，几呈一致的黑褐色

（包括头部、耳和四肢）。半成体毛色略淡，多为暗褐色；胎儿及其初生幼仔体具浅黄色圆点斑点。头骨短小，吻部较窄，鼻骨长直（长 44 ~46mm），且其最宽处在前部。泪骨形态与林麝相反，呈长方形，既多数为长大于宽（长 17 ~22mm，宽 16.5 ~18.5mm），仅极少数是长宽相近。四足蹄印和粪便形态与林麝类同。

（2）地理分布：本种主产中国。中国境内分布在云南西北部的高黎贡山、碧罗雪山和西藏东南部，国外仅见于缅甸东北部。

（3）生活习性：栖于海拔3 200 ~4 600m的高寒山区的阴暗针叶林、杜鹃灌丛和裸岩砾石。独栖，白天隐伏，晨昏活动。喜食苔藓、松萝、嫩草、嫩枝和幼芽等植物。

6. 马麝 *Moschus chrysogaster*

（1）鉴别特征：体形较大，体重 9 ~15kg。背毛棕褐色或淡黄褐色；前额、头顶及面颊褐色，略沾青灰色；颈纹黄白色，纹的轮廓部明显；头骨狭长，吻长大于颅骨全长之半，及泪、轭骨间缝长超过 12mm（见附图 209）。

（2）地理分布：主要分布于西部高原山地。在青海省几乎全省均有分布，甘肃祁连山的天视、甘南、甘北和陇南山地，宁夏的贺兰山，西藏的日喀则、山南、那曲、昌都和拉萨郊区；四川西北的高山深谷以及高原草甸和草原灌丛地带，云南北部高山地区都有分布。国外见于尼泊尔、印度等地。

（3）生活习性：本种在西藏的栖息高度一般在3 300 ~4 500m，最高至5 050m。多在林线上缘活动。青海东部1 900 ~3 680m为其栖息生境；川西栖于3 000 ~4 000m的高山草甸。性孤独，除配偶期外均为单独活动。主要在晨昏活动。主食柳属、杜鹃属和银莲花属植物。

7. 毛冠鹿 *Elaphodus cephalophus*

（1）鉴别特征：属大型鹿类，成体体重 35kg 左右，体长 800 ~1 300mm，尾长 90 ~133mm。前额具块状马蹄形粗硬冠毛。雄性残留一对隐于毛中的不分叉短角。吻鼻裸露，眼相对较小。眶下腺发达，不具额腺。耳壳较宽阔且被毛丰厚。臀较肩高，无臀斑。头骨略狭长。吻部短高，鼻骨宽址。前颌骨与鼻骨分离，但鼻骨前端仅略超过前颌骨的后端。额骨、鼻骨、上颌骨与泪骨间的空隙较大。泪窝与眼眶几等大。全身被毛粗糙。毛色大部灰褐或暗褐色。眉纹不显。耳基前的冠毛边缘有棕灰色狭纹围绕。冠毛黑褐色与体色呈鲜明对比。耳基内缘和耳尖多有白斑。颈侧、喉部至前胸的灰褐毛尖之后多有一较短的苍白色环，呈现许多细小斑点。腹部、鼠蹊、尾下及四肢近端内侧均为白色，尾背黑色。五足蹄印与其他鹿种类同而较大。粪粒则相对短小而圆（见附图 210）。

（2）地理分布：中国境内广布青海、甘肃以南大多地区，国外仅见于越南、老挝和缅甸 3 国北部。

（3）生活习性：广栖于海拔5 000m以下的热、亚、温带山地的多种环境。独栖。晨昏或夜间活动。食物为多种种子植物及少量蕨类和菌类植物。

8. 小麂（黄麂）*Muntiacus reevesi*

（1）鉴别特征：外貌似赤麂，但较小。重 13kg 左右，体长不及 900mm，尾长 160mm 以下，头短小，耳短宽。雌雄均有额腺。具角柄短小的二叉骨质角，第一叉短小；主叉粗长，尖端内后弯，角表面具浅纵沟。臀高肩低。四肢细长。头骨较小，吻颌狭短，颅全长不及 180mm。颧宽小于 85mm。鼻孔较大，鼻骨与前颌骨分离，前端中长外短。毛色变异较大，多为油亮暗棕褐或黑褐色。颈部、体背与体侧毛尖后多染沙黄色环，使呈现密细小黄褐麻斑。额两侧各有一条深棕褐色纵纹，雄性的向后经角基至顶中合成黑色斑块。颏、喉灰白色。颈下淡黄白色。腹、鼠鼷、四肢近内侧及尾下纯白色。尾背红棕色。蹄口具黄白色环。足蹄印在已知鹿种是最尖小者（长 35mm 以下，宽 20mm 左右）。粪粒显著较小麂鹿和麝种的，大而圆，而较其他鹿种的小而一端多缺“酒窝”（见附图 211）。

（2）地理分布：中国特有种。分布于秦岭以南、云南哀牢山以东地区（含台湾，但海南除外）。

（3）生活习性：主要栖于海拔3 000m以下中低山区林灌。独居，敏捷、善奔跳和躲藏。晨昏和夜间活动。食物是多种嫩枝叶、树皮、芽尖、青草和野果等。繁殖力较强。

9. 赤麂 *Muntiacus muntjak*

（1）鉴别特征：貌似小麂而体大，属中型麂类。体重 20 ~ 33kg，体长1 000 ~ 1 200 mm，肩高 500 ~ 600mm。头较大、耳宽长。雌雄额腺粗长。雄性具鹿类之冠的二叉骨质角，角柄和尖端显著内后弯的角主枝均长大，角表面具浅纵沟，眉枝相对粗长。臀高肩低。四肢中长。头骨较大，吻颌狭长，颅全长 200mm 以上，颧宽大于 90mm。鼻孔正常，鼻骨与前颌骨接触，前端内外几等长。毛色赤栗色，显著与其他麂类的有别。角柄前方被毛有一黑褐色纵行条纹。颏、喉灰白色。颈下淡灰棕色。腹、四肢近内侧及尾下纯白色。尾背与体背色同。蹄口具白环。左右蹄印紧靠且较大（长 40mm 左右，宽约 25mm），蹄印大于小麂蹄印。粪粒形似中大花生米，呈散粒堆放于树脚，行进线或藤灌下空地（见附图 212）。

（2）地理分布：中国境内见于金沙江与长江流域及其以西、南大部区域（包括海南，但不含台湾），国外广布于印度、缅甸、泰国至爪哇等地。

（3）生活习性：主要栖于海拔3 000m以下热带、亚热带山地阔叶密林。独居或雌雄同居，营昼夜活动。以嫩叶、枝和青草等植物为食。繁殖力很强。

10. 黑麂 *Muntiacus crinifrons*

（1）鉴别特征：外貌与同属其他种相似，系现生麂属中最大的种类。重 35kg 左右，体长1 130 ~ 1 320mm，尾长 180 ~ 280mm，肩高 622 ~ 780mm，颅全长 203 ~ 225mm。额顶具鲜棕或金黄色长簇毛。雄性额侧有短小的骨质角，角柄长 48 ~ 55mm，角干长约 65mm，相较大多角柄短于角干，眉枝短小，多数尖而较光滑。鼻骨宽窄居中，但属最长者（56 ~ 71mm），并与前颌骨分离。泪骨前缘有突起与额鼻骨相连。额腺不甚显著颈背无脊纹。除棕黄色的额部簇毛，腹部、鼠鼷和尾腹白色以及足蹄口有白毛环外，通体几呈一致的黑褐或棕黑色，其尾背的黑色成分更浓。蹄印居麂类中最大而长（长 45mm 左右，宽约 30mm），粪粒形态及排放方式均与赤麂的类同（见附图 213）。

（2）地理分布：黑麂为中国特有种，分布区域在同属中最为狭小，现今仅见于长江下游的安徽、浙江和江西一带。

（3）生活习性：主要栖于海拔1 000m 左右的山地林区。独居，夜行。主要以常绿阔叶树的鲜嫩叶、枝和草本植物为食。繁殖力相对较弱。

11. 水鹿 *Cervus unicolor*

（1）鉴别特征：体长而高大，重 150 ~ 315kg，体长2 300mm 左右，肩高可达1 300 mm 上下，尾长近 250mm。颈侧多有长而蓬松粗长毛。头骨大而长，吻短窄，脑颅短宽，额鼻骨发达，占头骨背面的3/4，鼻骨后缘呈锐角，上颌骨、鼻骨、额骨与泪骨间的隙孔呈梯形。泪窝显著。毛色大部呈栗色，体背较深，体侧略淡。耳背栗棕色，毛黑棕色，臀后染锈棕色。四肢上部栗棕色，下部灰白或浅黄棕色。在干湿适度地表上的蹄印紧靠，前部窄而略尖，后部相对较宽，两蹄印间高凸一条狭窄的泥土棱脊。粪粒主要有大、小圆形，长椭圆形两类（见附图214）。

（2）地理分布：中国境内见于西南和华南各地，包括台湾和海南，国外广布亚洲南部各国及诸岛。

（3）生活习性：系森林种类。主要栖于海拔3 000m以下针阔混交林，亚热带常绿林和热带雨林。多结小群，夜行。喜漫游和嗜水，好舔食盐、碱塘。以多种嫩枝叶和青草为食。

12．梅花鹿 *Cervus nippon*

（1）鉴别特征：中型鹿类。重约100kg，体长约达1 500mm。肩高1 000mm左右，头骨颅全长260～290mm。颈部有毛。体毛具两色型：夏季毛栗赤色，多杂排列成行的鲜明白斑，形似梅花而得名，背中线黑褐色；冬毛烟褐或栗棕色，白斑常不显著，背中线深棕色。雄性自第二年起开始出角，大约到5岁时角即定型，共分四叉，第二叉着生位置特高。梅花鹿鼻骨长，其后端与眼眶前缘几处同一线上。具有细小的上犬齿。正常偶蹄为左右平行分列，单蹄印中段略大于前、后端。粪便一般存在两种类型：一种是软性的棱块叠堆，另一种为干性的圆形颗粒（见附图215）。

（2）地理分布：梅花鹿属北方型种类。中国境内残存于东北、华北、内蒙古、甘肃、四川和长江中下游南部（包括台湾），国外主要见于日本、朝鲜及西伯利亚东南部（太平洋沿岸）。

（3）生活习性：本种系较典型的温带、寒温带兽种，主要栖于丘陵山地的林间草区，野生种群已为罕见，且日趋减少。性温顺，多营小群活动，主为昼行，以多种鲜嫩青草和树叶为食。

13．马鹿 *Cervus elaphus*

（1）鉴别特征：属大型鹿类，体重230～250kg，体长达2 000～2 300mm，肩高1 500mm左右，头骨颅全长400～450mm。颈部毛不显著。体毛也具两色型：夏季毛色赤褐色，冬毛色彩褐灰色。具黑棕色背部脊纹，腹色略淡。常有呈浅赭黄色的大而显著的臀斑（西藏亚种和川西亚种呈白色，甘肃亚种为淡黄白色），其上、下缘棕黑色。雌鹿较小。雄性具分6～8叉的大型鹿角，眉叉直接从角基分出，第二叉接眉叉，第3叉着生位置较高。鼻骨较长，其内侧高凸。同样具有细小的上犬齿。蹄印大小与水鹿的相似，但偶蹄间距较宽，前端较圆钝。粪便形似大花生米粒（见附图216）。

（2）地理分布：马鹿属北方型鹿类动物。中国境内主要见于东北、内蒙古、山西、甘肃、新疆、青海、四川西部和北部及西藏等地，国外广泛分布于欧洲、北美洲和非洲北部地区。

（3）生活习性：马鹿系典型的寒温带兽种。主要栖于丘陵山地森林和平原区密林。多营群居生活，并具迁徙习性，夏季上至山林，冬季下入平原密林。主食林下青草、鲜嫩树叶。

14．豚鹿 *Axis porcinus*

（1）鉴别特征：体形中等大小，外貌较粗壮，四肢较短小，故个体显得较矮。成体体重约50kg，体长大多为1 050 ~ 1 150mm，肩高约600mm，尾长200mm左右。总体毛被色彩淡褐色，背部常杂有浅棕色毛尖，腹部及鼠蹊部灰色。夏毛背脊两侧均具小型纵行灰白色斑点，体侧亦常有不规则的灰白斑。冬季毛色赤褐或黄褐色，其毛尖多呈灰白色而略显花斑色调。雄鹿具比水鹿短小多的三叉角，分枝甚为短小，第一叉（眉叉）距角柄基部仅30 ~ 35mm，而顶叉的着生位置则特高。豚鹿足印的大小略大型麂类相近，其前蹄印较后蹄印稍稍较窄短。单蹄印较窄长，前尖后钝。正常鲜足双蹄印之间并不显著分开。粪粒也与麂类的相似，但似乎更显圆形（见附图217）。

（2）地理分布：豚鹿系典型的热带、亚热带兽种。中国境内仅见于云南西南边境的耿马和瑞丽一带，国外分布于印度、缅甸和泰国等地。曾引种至斯里兰卡和澳大利亚。

（3）生活习性：具有较独特的生活方式，主要栖于海拔1 000m以下的河沿芦苇沼泽区，一般不见于山地森林。性喜独居，夜间活动。以鲜嫩苇叶和多种水草为食，善刨食植物的根茎。

15．坡鹿 *Cervus eldi*

（1）鉴别特征：体形与梅花鹿相似，但颈、躯体和四肢更为细长而显得格外矫健。雄鹿体重100kg左右，雌鹿约60 kg。毛被黄棕、红棕或褐棕色，背中线黑褐色。背脊两侧各有一列整齐的白色斑点。雄鹿的斑点尤为明显。成年鹿春季斑点不明显或全部消失。雄鹿具有角，眉枝从主干基部向前上方成弧形伸展，主干则向后上方成弧形伸展，且无大的分枝（见附图218）。

（2）地理分布：仅限于海南。

（3）生活习性：主要栖于海拔30 ~ 70m之间的落叶季雨林、沙生灌木丛及林缘草地等地势较平坦处。昼夜活动。群居，群的大小和类型随季节而有变化。善跳跃。广食性动物，主食幼嫩植物，偏爱木槿花和木棉花。

16．白唇鹿 *Cervus albirostris*

（1）鉴别特征：属大型鹿，体型大小及形态与水鹿和马鹿相似，成雄的体重一般达200kg以上，肩高1 200 ~ 1 300mm。成雌的体重一般在150kg左右，肩高1 100 ~ 1 200 mm。通体呈黄褐色。没有黑色背线和白斑，鼻唇周围及下颌为白色，臀斑淡棕色。头骨泪窝大而深。成雄角的直线长达1 000mm，有4 ~ 6个分枝，无冰枝（马鹿的第二枝），角干略向后外弯曲，各枝几乎排列于同一平面上呈车轴状。角呈淡黄色，分叉处呈扁平状。蹄较宽大，跑起来如驯鹿那样，发出“咔嚓咔嚓”的关节声（见附图219）。

（2）地理分布：本种分布于甘肃省中部的南部、青海省东部、四川省西部、西藏自治区东北部以及云南省北部。

（3）生活习性：主要栖于青藏高原东部海拔3 000 ~ 5 000m的高山荒漠、高山草甸草原和高山灌丛生境。集群生活，社群平均为35头，最多达200头左右。主食草本性植物，特别是高山蒿草中占优势的莎草科、禾本科及豆科植物。冬季除食枯草外，还采食一些柳类等灌木的芽。

17．驼鹿 *Alces alces*

（1）鉴别特征：体型高大，成体雄性体重200 ~ 300kg。鼻部隆厚，肩峰高出，体形似驼。仅雄鹿有角，成年者角多呈掌状分枝。无论雌雄，喉下皆生有一颌囊，雄性颌囊通常较发达。头长大，眼较小，上唇膨大而延长，比下唇长 50 ~ 60mm。无上犬齿。幼兽身上无斑点（见附图 220）。

（2）地理分布：本种属环北极型动物，广泛分布于欧亚和北美大陆的北部。在中国除新疆北部的阿尔泰山区可能有分布外，主要分布在大、小兴安岭和完达山区。

（3）生活习性：典型的亚寒带针叶林动物，主要栖息于原始针叶林和针阔混交林中的平坦低洼地带及林中沼泽地。群居。喜食植物的嫩枝条，如柳、榛、桦和杨等，夏季采食多汁的草本植物。

18．野牦牛 *Bos mutus*

（1）鉴别特征：为大型笨重的牛类，体长可达3 000mm 左右，肩高1 300 ~ 2 000mm，但雌性通常较小，头形狭长，颜面较直而平，唇鼻处及耳壳均较小。肩部中央有明显的隆凸肉峰，体背多平直，使其站立时显得肩高臀低。颈下垂肉缺或短小。体背毛长，尤其肩、臀、肋和胸腹等处披毛甚为密长，可卧冰雪，但头脸、体背和四肢下端毛被短而致密。尾毛蓬松。毛色为黑、深褐或染黑白花斑。四肢短健。下肢更粗壮。头骨狭长，泪骨狭窄，前端沿额骨外侧延伸。鼻骨宽阔，后端插入额骨。足蹄大而宽圆，宽 140mm 左右，长多不及 170mm，粪便呈大型棱块堆集（见附图 221）。

（2）地理分布：牦牛系青藏高原的特有类群。中国境内主要分布于西藏、青海、甘肃和新疆昆仑山一带，国外仅见于尼泊尔、锡金和不丹等地。

（3）生活习性：属典型高寒动物，栖于海拔3 000 ~ 6 000m 人迹罕至处，含高山、盆地、草原和荒漠等多种环境。性喜群居和游荡生活。多以禾本科与莎草科植物为主食，也吃高原蒿类等。家牦牛系牦牛家养亚种，善在空气稀薄的高寒区驮运，故称誉为“高原之舟”。

19．印度野牛 *Bos gaurus*

（1）鉴别特征：外貌与家黄牛极相近似，但体型显著较大，成体体重1 500 ~ 2 000 kg，体长约3 000mm，肩高达2 000mm 左右。头、耳明显较大，雌性均具粗圆内曲的较长锐角。额部常有灰白色区域。肩部显著隆起，背脊明显高凸，故站立时显得肩高臀低。体毛短稀，呈油亮棕褐色，唇、鼻灰白色。自前额至尾基形成一暗褐色脊纹。喉部具黑色长毛。颈下有垂肉。尾细长而被毛稀短。四肢健壮，其上内侧金棕色，肘、膝以下则呈白色。故有“白袜子“之称。足印及粪便均与家养水牛近似，但偶蹄印相对窄长，其前部较尖，且一般不十分叉开（见附图 222）。

（2）地理分布：印度野牛为典型的热带种类。中国境内仅见于云南南部和西南部（包括怒江以西的腾冲至瑞丽的西部边境地带），国外主要见于印度、缅甸和东亚诸国。

（3）生活习性：多栖于海拔2 000m 以下的热带、南亚热带原始常绿阔叶林区，低热河沿岸，远离人类住地。性喜群栖，昼行。主食“马鹿草（民间俗称）”等草本植物及鲜嫩树、竹叶。

20．羚牛 *Budorcas taxicolor*

（1）鉴别特征：本种为中型牛科动物。其外貌既似牛而又似羊，矮粗壮实，颈长尾短，吻鼻宽高，体毛绒长，肩臀高差不显著。成体体长2 000mm 左右，尾长不及 200mm，肩高多在1 500mm 以下，体重 250 ~ 600kg。雌雄均具短小锐角，但角间距较窄。角形独特，即角基部向上，接着向外侧延伸，再自角中部向后呈镰刀状斜弯。体毛色彩包括青棕、棕褐、沙棕、棕黄或灰白色，体背中线具一明显的暗棕褐色脊纹。前足蹄印显著较后足印大而圆。粪便多具干性，粪堆多较家黄牛的大，呈多盘状横形套叠，由前向后渐小（见附图223）。

（2）地理分布：中国境内分布于云南西部高黎贡高山地区、西藏东南、四川西北、陕西秦岭和甘肃南部；国外主要见于不丹和缅甸东北边区。

（3）生活习性：羚羊是较典型的高寒林缘种类，主要栖于海拔3 500m 左右的林缘草坡、针叶林、针阔混交林或陡岩山区，冬季可下迁至2 000m 左右的常绿阔叶林带。好群居，性凶猛，多于晨昏活动。主以嫩枝叶、青草等植物为食。秋冬季交配，春末夏初产仔，胎产1 仔，3 岁左右达性成熟。正常情况下其寿命可在15 年以上。

21. 鬣羚 *Capricornis sumatraensis*

（1）鉴别特征：成体重80～120kg，体长1 500mm 左右，尾短于120mm。头长尾短。额后具一对平行后伸的锐角。颈背毛粗长。体毛稀疏粗硬；背中有长毛脊纹。体背毛多黑褐，毛基白色。唇周和颏部灰白色，额及耳背微棕色，颊部黑褐色。毛灰棕褐色。背脊纹黑色。臀后浅棕或褐锈色。喉部具锈棕或灰白色斑。颈下至胸腹略淡于体背，腑下及鼠蹊淡锈黄或白棕色。尾背暗黑色，尾腹锈棕色。四肢较粗壮，其下部呈铁锈或锈褐色。头骨狭长。鼻骨较短。前颌骨后端远超鼻骨前端。泪骨大而深凹。眶下嵴显著增厚，其前端与眶下缘几处水平线而不同于斑羚。下颌骨冠状突甚高。足蹄短钝结实。粪粒显较鹿类的大，每次排数十粒，散堆状。岩脚常集大堆（见附图224）。

（2）地理分布：系东洋界的广布种。中国境内广布于陕西、甘肃、四川、西藏和湖北以南大多地区，国外分布从尼泊尔、印度、缅甸、东南亚各国直达苏门答腊等地。

（3）生活习性：主要栖于海拔4 000m 以下的针叶、针阔混交林和常绿阔叶林多岩区。喜独居，善隐蔽，有固定居所。晨昏活动，好隐伏巨岩下或大树脚。以嫩草、嫩叶、松萝和菌类为食。常冬末交配，夏季产仔，胎产1 仔，约3 岁性成熟。

22. 斑羚 *Naemorhedus goral*

（1）鉴别特征：貌似家山羊略大，成体体重25～40kg，体长1 200mm 以下，尾长140mm 左右。头短吻裸，无羊胡和明显泪腺口。具似羚角但短小。被短毛。有一条深色背脊纹。喉具块斑。尾毛蓬松、帚状。四肢长，蹄狭窄，具蹄高。体毛粉栗褐色。喉斑灰白色，外缘赭黄色。胸及上腹浅灰棕色，下腹和鼠蹊灰白色。尾基锈褐色，向后渐呈黑或锈棕色。四肢外侧毛色似体背，腋下至蹄浅棕黄色。头骨短狭。鼻骨前尖，后入额骨。泪骨长而略凹。眶下脊直达泪骨下缘。下颌骨冠状突甚高。足印与家山羊的近似，略似“肾形”，但偶蹄印相距较开，且内、外印多呈前后错位排列。粪便具干性，多呈不规则颗粒叠堆，少数颗粒具针尾（见附图225）。

（2）地理分布：中国境内广布于东北、华北、华南、西南以及青海和西藏东南，国外见于西伯利亚、朝鲜、缅甸东部、越南、老挝和泰国等地。

（3）生活习性：多栖于海拔3 000m 以下河岸、山地多岩区。成对居，偶结群。常隐伏岩台或悬崖上，炎热时进岩洞或在垂岩下。听、嗅、视觉灵敏。善在岩区迅跳。晨昏活动，以嫩草、树叶和松萝为食。冬季交配，春末产仔，胎产1～2 仔。

23. 鹅喉羚 *Gazella subgutturosa*

（1）鉴别特征：体型似黄羊较小，体长1 000mm 左右，肩高500～650mm，尾长

120~140mm。体重25~30kg。雄羚在发情期喉部特别肥大，状似鹅喉，故得此名。鹅喉羚仅雄性有角，角长约300mm，角先向上方生长，再弯向后方且逐渐外分，角有显著的棱脊，角尖朝内，雌性无角，但头部有两个3mm左右的隆起。耳较长，颈部较细长，四肢纤细。体毛以棕黄色为主，头部两侧各有一条褐色条纹，吻鼻部由上唇到眼色浅呈白色，腹部、臀部白色，尾背面黑褐色。腹部、四肢内侧、臂部毛色发白。

（2）地理分布：在中国分布于新疆、青海、内蒙古西部和甘肃等地，在国外分布于亚洲中部、蒙古、伊朗、伊拉克、叙利亚、阿富汗和巴基斯坦等地。

（3）生活习性：鹅喉羚属于典型的荒漠、半荒漠动物，栖息于海拔1 000~3 000m的荒漠地带。常4~10只集成小群活动。善奔跑。耐旱性强，以冰草、野葱、针茅等草类为食。

24. 北山羊 *Capra ibex*

（1）鉴别特征：体型似家山羊而明显较大。体长1 200~1 700mm，尾长100~200mm，肩高800mm左右（最高可超过1 000mm）。雄性体重达80~100kg，但雌性较轻，仅为雄性的1/2或略多。两性均具角，雄性的更大而长，向后下弯曲，其前外侧显横棱，角的最大弧长可达1 000mm。雄性颏下有一把呈钩形黄白色长须毛，但雌性的相较很短。北山羊体毛色彩有明显的冬夏之分。冬季毛长色浅，呈黄色或白色；夏毛短而色深，体背多棕黄色，体侧略浅，从枕后沿背脊至尾基具黑色纵纹。北山羊的偶蹄足印与其他羊类的蹄印形态差别颇大，蹄印前部呈“剪刀”状开口，前后足的单蹄前端均为三角尖形，而偶蹄中段蹄印几乎不左右分开。新鲜粪便为多样形颗粒粘堆，单个粪粒较鹿类的大，而明显比鹅喉羚的小（见附图226）。

（2）地理分布：中国境内主产于西北部的新疆、青海、内蒙古、甘肃和宁夏等地；国外广布于欧洲、西亚和北非。

（3）生活习性：为典型的高寒兽种。多栖于海拔3 000~6 000m的高山草甸带和裸岩区，集群活动（5~10头不等），一般不进入有林地，以草本植物为食。

25. 岩羊 *Pseudois nayaur*

（1）鉴别特征：本种属大型野生羊类。体长1 400mm左右，尾长一般不超过200mm，肩高700~900mm，体重可大于70kg；雌性相对较小，体重多在50kg以下。岩羊头部狭长，耳短小而尖。两性均具角，雄性的明显粗大而长，先向两侧分开，后向外后延伸，其内侧至上、前方可见一窄长凸脊，最长者很少达到200mm。夏毛短薄，冬毛厚密。颊部、体腹和四肢内侧白色，体背青灰棕或黄褐色，体侧具一显著的黑褐色分界线。四肢前侧多有黑纹。岩羊足印呈不规则的长条形，双蹄的前部窄小，后部宽大，中部明显收缩，左右单蹄内后段紧靠，然后向前逐渐分开，每个单蹄的中后部正面还呈现较宽长的凹痕（见附图227）。

（2）地理分布：中国境内主要分布于西南和西北地区的西藏、四川、云南、青海、新疆东南、甘肃、陕西和内蒙古等地；国外见于克什米尔、尼泊尔、锡金和缅甸北部边区。

（3）生活习性：岩羊系高寒兽种，主要栖于海拔3 500~5 500m的高山裸岩区、山谷间草地或雪地下线一带。性喜群居（几只到百余只不等），晨昏活动，行动敏捷，善跳跃，好定卧；以高山矮草或灌木叶、枝为食。冬末夏初繁殖，孕期5个月左右，一般胎产

1仔，哺乳期约6个月，1.5岁可达性成熟，寿命在20年左右。

26. 盘羊 *Ovis ammon*

(1) 鉴别特征：体型大而四肢短，躯体粗壮，体长1 500 ~ 1 800mm，肩高500 ~ 700mm，体重110kg左右。雄性角特别大，呈螺旋状扭曲一圈多，角外侧有明显而狭窄的环棱，角基粗，周长约460mm，角最长可达1 450mm。雌性角短而细，弯曲度也不大，角长不超过500mm。头大颈粗，尾短小。四肢粗短，蹄的前面特别陡直，适于攀爬于岩石间。通体呈灰棕色或暗褐色，耳内白色，喉部浅黄色臀部具白斑。头骨显短，高齿冠（见附图228）。

(2) 地理分布：在中国分布于新疆、青海、甘肃、西藏、四川和内蒙古，在国外分布于亚洲中部和蒙古、印度北部、锡金等地。

(3) 生活习性：主栖于海拔3 000 ~6 000m的高山裸岩地带，经常出没于半开阔的峡谷和山麓间，很少在雪线以下活动。通常集成小群，有时集合成较大的群体，主要在晨昏活动，冬季也常常在白天觅食。食物包括草、树叶和嫩枝。盘羊善于爬山，比较耐寒。

27. 黄羊 *Procapra gutturosa*

(1) 鉴别特征：体型纤瘦，比藏原羚和普氏原羚大，也略显粗壮，体长为1 000 ~ 1 500mm，肩高大约为760mm，体重一般为20 ~ 35kg，最大可达60 ~ 90kg。头部圆钝，耳朵长而尖，并且生有很密的毛。具有眶下腺。雄兽角较短而直，呈竖琴状，表面有明显而紧密的环形横棱，尖端平滑，呈弧形外展，最后两个角尖彼此相对。雌兽无角，仅有一个隆起。颈部粗壮，尾巴很短，仅有90 ~ 110mm。夏毛较短，为红棕色，腹面和四肢的内侧为白色，尾毛棕色。冬毛密厚而脆，略带浅红棕色，并且有白色的长毛伸出，腰部毛色呈灰白色，稍带粉红色调。臀部有白色的斑，冬季尤为明显。鼠鼷腺发达。四肢细长，前腿稍短，蹄子角质，窄而尖（见附图229）。

(2) 地理分布：在中国分布于吉林西北部、内蒙古、河北北部、山西北部、陕西北部、宁夏贺兰山、甘肃北部和新疆北部等地，在国外见于蒙古和俄罗斯西伯利亚南部。

(3) 生活习性：主栖于半沙漠地区的草原地带，但从不进入沙漠之中。性喜群栖。善于跳跃和奔跑。食草及灌木。

28. 藏羚羊 *Pantholops hodgsoni*

(1) 鉴别特征：体形较大，雄体体长在1 350 ~1 450mm，肩高780 ~970mm，雌体体长1 030 ~1 300mm，肩高700 ~920mm，头形宽长，吻部宽阔，鼻腔明显鼓胀，鼻孔几乎垂直向下，整个鼻端被毛。无眶下腺。上唇特别宽厚。雄体有一对特殊的长角，直竖于头顶之上，仅角尖微向内向前弯曲，远处侧视，似为一角，又曾被人称为“独角兽”。角有环棱，角前面环棱突出而后面环棱和缓，角尖光滑无棱。雌羊无角，乳头一对。尾短小，尾端尖。四肢匀称，强健，蹄略侧扁而尖。除头部、四肢下部及尾内侧以外，通体绒毛厚密，毛形直，有波状弯曲，绒纤细柔软，绒纤维直径一般在10 ~ 12μm之间，最细6μm。藏羚羊的被毛色调夏季深，呈黄色，冬季淡，呈沙色，个别雄羊几乎通体呈白色（见附图230）。

(2) 地理分布：青藏高原特有种，国家一级保护动物，生活于海拔4 100 ~5 500m之间的高寒荒漠草原、高寒草原和高寒草甸等环境中。主要分布在青海、西藏和新疆南部，印度和尼泊尔也有少量分布。

（3）生活习性：营群居生活，每群由数只到数百只不等，产仔期和迁徙途中可以看到数千只组成的特大群体。一般无固定的栖息地，大部分都有远距离迁徙的习性。主要食物有禾本科、莎草科和绿绒蒿属的植物。御敌的主要本能是奔跑，正常迁徙与繁殖直接相关，绝大多数都有长途迁徙集中产仔，产仔后又迁回原栖息地的习性。雌藏羚羊3岁性成熟，每胎1仔。

29. 普氏原羚 *Procapra przewalskii*

（1）鉴别特征：又叫滩原羚、滩黄羊等，体型比黄羊稍小，体长大约为1 100mm，肩高约500mm，体重约15kg。尾巴较短，不足110mm。夏毛短而光亮，呈沙黄色，并略带赭石色，喉部、腹部和四肢内侧均为白色，臀斑为白色。冬季毛色较浅，略呈棕黄或乳白色。角长约300mm，角的下半段粗壮，近角尖处显著内弯而稍向上，末端形成相对钩曲，这点与朝内后方弯曲的黄羊角不同（见附图231）。

（2）地理分布：普氏原羚是中国特有种，分布于青海、内蒙古西部、新疆东南部、甘肃北部和宁夏等地。栖息在比较平坦的半荒漠草原地带，一般海拔高度在3 400m以下，从不到达更高的山峦，也不到纯戈壁地带活动，所以被称为“滩黄羊”。它有季节性水平迁移现象，集群活动，冬季成群向南迁移，到植被较丰富、雪薄和有水源的地方，夏季复又北返。

（3）生活习性：性喜群居，主要以禾本科、莎草科及其他沙生植物的嫩枝、茎、叶为食，冬季则啃食干草茎和枯叶，忍耐干旱的能力较强。普氏原羚的发情交配期是12月至翌年1月，雄兽之间的争雌斗争不算激烈。产仔期间群体暂时解散，雄兽结成小的群体或者单独活动，雌兽则单独到山凹的高草丛或灌木丛等较为僻静的地方分娩，每胎产1仔，偶尔为2仔。

附表7-1 中国常见兽类检索

（1）无后肢，前肢呈桨状，尾扁平似鳍 …………………………………… （2）
有后肢，前肢不呈桨状，尾不呈鳍形 …………………………………… （8）

（2）体披毛，鼻孔近吻端，肉唇厚而下垂，雌兽乳头生在胸部，口腔内生有不同形状牙齿 ……… ……………………………………………… 海牛目，中国境内仅儒艮1种，分布在南中国海。
体无毛，鼻孔多仰开，肉唇不厚垂，雌兽乳头生在近胯部，口腔内生有同形齿或无牙齿 …… ………………………………………………………………… 鲸目（3）

［鲸目］

（3）体型大，体长多在10m以上，腹面具褶沟，口腔内生有须，无牙齿 ……………… （4）
体型较小，一般体长不到10m，腹面平滑无褶沟，口腔内生有牙齿，无须………… （5）

（4）无背鳍，腹面只有2~4条褶沟 ……………………… 灰鲸，见于太平洋沿岸海域。
有背鳍，腹面褶沟多达百条……………………… 鳁鲸科种类，生活在中国各海域。

（5）上颌无任何牙齿，额部极膨大，前伸远超出下颌，鼻孔位于头的前部 ……………… ………………………………………………… 抹香鲸科种类，生活在中国各海域。
上颌有牙齿，少数种类只有1~2颗退化齿，额部不膨大，上下颌前端等齐，鼻孔位于头的顶部 ……………………………………………………………… （6）

（6）吻细长呈锥状，端部略上翘………………… 白鳍豚，生活在长江中、下游及洞庭湖中。
吻较短钝，端部不上翘 ………………………………………………… （7）

(7) 体型较小，体长在1.3m以下 …… 江豚，见于江苏、浙江沿海以及长江和钱塘江下游与河口。
体型较大，体长大于1.5m …………………………… 海豚科种类，生活在中国各海域。
(8) 四肢呈鳍状，后肢向后，适于游水……………………… 鳍足目海豹科种类，见于中国近海区。
四肢不呈鳍状，适于陆上活动 ………………………………………………………………… (9)
(9) 上唇与鼻特长，能卷曲，鼻端有能捡拾食物的指状物 ……………………………………………
……………………………… 长鼻目，我国仅1种亚洲象，生活在云南南部西双版纳密林中。
上唇与鼻不特别长，不能卷曲，端部无指状物 …………………………………………………… (10)
(10) 四肢有蹄 ……………………………………………………………………………………… (11)
四肢有爪或扁甲，无蹄 ………………………………………………………………………… (43)
(11) 蹄单数 …………………………………………………………………………………… 奇蹄目 (12)
蹄双数 …………………………………………………………………………………… 偶蹄目 (14)

[奇蹄目]

(12) 耳短，不到170mm，颈部鬃毛长超过耳基前缘，尾全披长毛…………………………………………
……………………………… 野马，原分布在新疆北部、甘肃西北部，现已多年不见踪迹。
耳长，超过170mm，颈部鬃毛短，不到耳基前缘，尾基部无长毛 …………………………… (13)
(13) 毛色沙棕，背腹毛色界线在腹侧上部 …………………… 野驴，分布在内蒙古、甘肃、新疆。
毛色红棕，背腹毛色界线在腹侧下部 ……………………………… 藏野驴，分布在青海、西藏。

[偶蹄目]

(14) 后足具2趾，掌呈盘状，背部有高耸的肉峰 ……… 双峰驼，分布在新疆、甘肃，青海等地。
后足具4趾，掌不呈盘状，背部平坦无肉峰 ……………………………………………………… (15)
(15) 鼻伸长呈圆锥状，端部有鼻盘 ……………………………………………………… 野猪，分布较广。
鼻不呈圆锥状，端部无鼻盘 ……………………………………………………………………… (16)
(16) 臀高明显大于肩高 …………………………………………………………………………… (17)
臀高不大于肩高 ………………………………………………………………………………… (18)
(17) 个体较大，体长多在60mm以上，雄兽脐下部有麝香囊 ……… 麝属种类，生活在各地林区。
个体较小，体长多在50mm以下，雄兽脐下部无麝香囊……………………………………………
……………………………………………………………………… 鼷鹿，仅见于云南西双版纳密林中。
(18) 两鼻孔间距离不小于鼻唇间距离；如有角，则角干多分叉，无角鞘，每年脱换 ……… (19)
两鼻孔间距离明显小于鼻唇间距离，如有角，则有角鞘，终生不脱落，角干多不分叉………
……………………………………………………………………………………………………… (31)
(19) 体型较大，成体体长多超过1.5m ……………………………………………………………… (20)
体型较小，体长一般不大于1.4m …………………………………………………………… (27)
(20) 吻端全被毛或部分被毛 ……………………………………………………………………… (21)
吻端裸露无毛 ………………………………………………………………………………… (22)
(21) 唇鼻部甚膨大，吻端有一个三角形的无毛区，仅雄兽有角，其主干多侧扁呈掌状……………
……………………………………………………………………… 驼鹿，分布在大、小兴安岭林区。
唇鼻部不膨大，吻端全被毛，雌雄兽皆生角，其主干高，不呈掌状……………………………
………………………………………………………… 驯鹿，仅见于大兴安岭额尔古纳旗一带。
(22) 雄鹿角形特殊，无眉叉，角干分前后两枝，前枝再分为两叉，而后枝长直，不再分叉………
………………………… 麋鹿，中国特有种，原分布在华北。现仅生活在少数鹿苑和动物园中。
雄鹿角不同于麋鹿 ……………………………………………………………………………… (23)

（23）体型大，成体体长大于1.7m ……………………………………………………………… （24）
体型中等，成体体长小于1.7m …………………………………………………………… （26）
（24）尾较长而密生黑棕色蓬松的长毛，雄兽角较细小，仅分三叉 ……………………………
……………………………………………………… 水鹿，分布于中国南方各省区的山地森林中。
尾较短，无暗色长毛，雄兽角较粗壮，分4～5叉或更多 …………………………………… （25）
（25）吻部两侧及下唇白色，背上无暗色脊纹 ……………………………………………………
……………………………………… 白唇鹿，中国特有种，仅见于青藏高原东部和邻近地。
吻部两侧和下唇不为白色，背部有明显的黑棕色脊纹 ……………………………………………
……………………………………………………… 马鹿，分布在中国北方和西南地区的森林中。
（26）夏季背及体侧有较多白色毛斑，有白色臀斑，雄兽角直，眉叉与角干成锐角 ……………
……………………………………… 梅花鹿，现仅在安徽、江西和四川还能见到野生种群。
夏季背脊部两侧各有一列白斑，无臀斑，雄兽角弯，眉叉与角干呈弧形 ……………………
……………………………………………………………… 坡鹿，仅分布在海南省的山地林区。
（27）雄兽角较长大，分叉；无上犬齿 ……………………………………………………… （28）
雄兽角较小，不分叉或无角；有獠牙状上犬齿 ………………………………………… （29）
（28）角无眉叉，角干表面粗糙，有很多小突起，尾短，不露出毛被外 ……………………………
…………………………………………………………………… 狍，分布在北方各省区森林中。
角有眉叉，角干表面光滑无小突，尾较长，明显可见 …… 豚鹿，仅见于云南西南边境一带。
（29）雄兽角较长，明显露于毛被外，獠牙（上犬齿）较短小，不明显突出口外 …………………
……………………………………………………………………… 麂属种类，分布在南方各省。
雄兽或无角，或角甚小，隐于毛被中，獠牙（上犬齿）特发达，明显突出口外 ……… （30）
（30）额部有一簇黑色长毛，雄兽有角 ………………………………… 毛冠鹿，分布于中国南方各省。
额部无长毛簇，雌雄兽均无角 ……………………………………… 獐，分布于长江流域各省。
（31）体型大，成体体长2m以上，角表面光滑，尾长大于30cm ………………………………… （32）
体型较小，成体体长小于1.8m，角基部具狭窄横环，尾长小于20cm ……………… （33）
（32）四肢自膝以下白色，体无下垂长毛 ……………………………………………… 野牛，分布在云南。
四肢上、下一色，体有下垂长毛 …………………………………………… 牦牛，分布在青藏高原。
（33）额鼻部甚膨大 ……………………………… 高鼻羚，分布于新疆北部地区，近几十年已不见。
额鼻部不甚膨大 ……………………………………………………………………………… （34）
（34）角甚短，不大于耳长 ………………………………………………………………………… （35）
角较长，明显大于耳长 ……………………………………………………………………… （36）
（35）体型较大，成体体长大于1.2m，颈部多有鬣毛 ………………………………………………
……………………………………………… 鬣羚属种类，分布在中国南方各地林区及台湾省。
体型较小，成体体长1.1m左右，颈部无鬣毛 ………………………………………………………
……………………………………… 斑羚属种类，分布于中国东部山地林区和喜马拉雅山地。
（36）角形特殊，由头部向上长出后，随即外翻，再向后弯转，角尖则向内弯，吻鼻部裸露 ………
…………………………………………………………… 羚牛，分布在青藏高原东缘和秦岭山地。
角形与上述不同，吻鼻部被毛 …………………………………………………………… （37）
（37）仅雄兽有角，角较细，最大直径与耳宽相近 ……………………………………………… （38）
雌雄都有角，角较粗，最大直径超过耳宽的2倍 ………………………………………… （40）
（38）角特长，大于500mm ………………………………………………………… 藏羚羊，产于青藏高原。
角短，小于400mm ……………………………………………………………………………… （39）
（39）尾长大于120mm，端部毛黑色，臀部白斑较小，向上不超过尾基部 ……………………………

……………………… 鹅喉羚，分布于新疆、甘肃西北部和内蒙古西部的荒漠和半荒漠中。

尾长小于 110mm，端部无黑毛，臀斑较大，上升到尾基部以上………………………

羚属种类，中国有黄羊、藏原羚和普氏原羚 3 种，分布在内蒙古、甘肃、青海、西藏等地。

(40) 雄羊角较短，明显小于头长，身体披蓬松长毛……………………………………………

……………………………………………… 喜马拉雅培尔羊，仅见于西藏的喜马拉雅山地。

雄羊角较长，明显大于头长，身体不披蓬松长毛 ………………………………………… (41)

(41) 雄羊角呈螺旋状弯曲 ……………… 盘羊，分布在青藏高原、新疆、甘肃、内蒙古等地山区。

雄羊角较直，不呈螺旋状弯曲 ………………………………………………………………… (42)

(42) 角长为头长的 2 倍左右，呈弯刀状向后上方生长，雄兽颏部有长须……………………

……………………………………………………… 北山羊，分布在新疆和内蒙古西部。

角较短，不超过头长的 1.5 倍，呈倒人字形向外上方生长，雄兽颏部无须 ……………………

……………………… 岩羊属种类，分布在中国青藏高原、新疆、甘肃、内蒙古和四川等地。

(43) 前肢形状异常，生有薄而几乎无毛的飞膜，适于飞行 ……………………………… 翼手目 (44)

前肢正常，无飞膜，不能飞行，少数种类，四肢间有生毛的皮膜，只能滑翔 ………… (50)

[翼手目]

(44) 耳壳构造与一般兽类相似，前肢第二指相当游离具爪……………………………………

……………………………………………… 狐蝠科种类，分布在中国西部南亚热带森林中。

耳壳构造复杂，有耳屏或对耳屏，前肢第二指不呈游离状，不具爪 …………………… (45)

(45) 吻鼻部有鼻叶构造 ………………………………………………………………………… (46)

吻鼻部无鼻叶构造 ……………………………………………………………………………… (48)

(46) 耳屏两叉形，无对耳屏，鼻叶构造简单…………………………………………………………

…………………… 假吸血蝠科，已知中国仅 1 种，即印度假吸血蝠，分布在南亚热带林区。

无耳屏，有 1 对发达的对耳屏，鼻叶构造复杂 ………………………………………… (47)

(47) 足指各具 2 节指骨，鼻叶包括 1 马蹄形构造及 1 横列的长形顶叶……………………………

……………………………………………… 蹄蝠科种类，分布于中国南部的亚热带林区。

足指各具 3 节指骨，鼻叶包括 1 马蹄形构造及 1 纵列的鞍形叶和连接叶，以及一个近于三角形的顶叶 …………………………………… 菊头蝠科种类，分布于中国东部季风区。

(48) 尾末段不从腹间膜穿出 ………………………………………… 蝙蝠科种类，几乎遍布全国。

尾末段从腹间膜穿出 ……………………………………………………………………… (49)

(49) 第 2 指无指骨，尾自腹间膜背面穿出…………………………………………………………

………………… 鞘尾蝠科，已知中国仅黑髯墓蝠 1 种分布在云南、广西、广东、海南等地。

第 2 指有指骨，尾自腹间膜后缘穿出 ………………… 犬吻蝠科种类，主要分布在南亚热带。

(50) 头背部和体侧都披覆呈瓦状排列的角质鳞片…………………………………………………

……………………………………………… 鳞甲目，仅穿山甲 1 种，分布在中国南方各省。

头背部和体侧无鳞片 ………………………………………………………………………… (51)

(51) 门齿粗大呈凿状，无犬齿 ……………………………………………………………… (52)

门齿不呈凿状，有犬齿 …………………………………………………………………… (113)

(52) 上颌门齿两对，在一对大门齿后还有一对小门齿 ……………………………… 兔形目 (53)

上颌门齿只一对，在大门齿后无小门齿 …………………………………………… 啮齿目 (54)

［兔形目］

（53）体型较大，成体体长超过300mm，耳长形，后肢远比前肢长，尾露出毛被外……………………………………………… 兔属种类，分布在全国各地，其中体型最大的一种雪兔，体长460mm左右，冬毛全身变白，仅耳尖终生黑色，分布在黑龙江、内蒙古东部和新疆北部。

体型较小，成体体长远小于250mm，耳近圆形，前后肢长度接近相等，尾不露出毛被外………………………………………………………… 鼠兔属种类，分布在北方、西南山地和青藏高原。

［啮齿目］

（54）身体披角质长刺 ……………………………………………………………………………（55）

身体披毛 ……………………………………………………………………………………（56）

（55）体型较小，成体体长不达450mm，尾较长，显露于棘刺外，末端具帚状刺毛簇……………………………………………………………………… 帚尾豪猪，分布在云南、四川、海南等地。

体型较大，成体体长超过500mm，尾较短，隐于棘刺中，其端部特化为膨大的铃状……………………………………………………………………………… 豪猪属种类，分布在南方各省。

（56）具扁平形，覆以大型鳞片的大尾 …………… 河狸，在中国仅见于新疆东北部的布尔根河中。

尾的形状与上述不同 ……………………………………………………………………（57）

（57）后肢长，为前肢的2.5倍以上………………………………………………………………（58）

后肢与前肢长度大致相等 ………………………………………………………………（59）

（58）后肢为前肢的4倍左右 ……………………………………… 跳鼠科种类，分布在北方干旱地区。

后肢为前肢的2.5倍左右 ……………………… 林跳鼠，分布在青藏高原东缘的山地林区。

（59）从耳的基部，经眼到鼻有黑色条纹 ………… 睡鼠科种类，分布在新疆北部和四川岷山山地。

耳、眼、鼻部无上述黑纹 ………………………………………………………………（60）

（60）四肢间生有能滑翔的皮膜 …… 鼯鼠科种类，分布在东部季风区森林中和新疆阿尔泰山地中。

四肢间无皮膜，不能滑翔 ………………………………………………………………（61）

（61）上唇不中分为左右两瓣 ………………………………… 鼹鼠属种类，分布在北方和横断山地。

上唇中分为左右两瓣 ……………………………………………………………………（62）

（62）上颌每侧有4～5颗颊齿 ………………………………………………………………（63）

上颌每侧只有3颗颊齿 …………………………………………………………………（78）

（63）耳壳较发达，明显露出毛被，尾较长，为体长的2/3左右或更长……………………（64）

耳壳退化，不明显，尾较短，多小于体长之半 ………………………………………（72）

（64）体型大，体长超过270mm，背毛黑色，腹部黄色 ……… 巨松鼠，分布在云南、广西、海南。

体型较小，体长小于250mm，毛色与上述不同 ………………………………………（65）

（65）背部有明暗相间的花纹 …………………………………………………………………（66）

背部无明暗相间的花纹 …………………………………………………………………（68）

（66）体长大于150mm ……………………………………………… 条纹松鼠，分布在云南南部。

体长小于150mm …………………………………………………………………………（67）

（67）背部有五条显著的暗色纵纹 ………………………… 花鼠，分布在中国北方和四川等地。

背部有三条显著的暗色纵纹 …… 花松鼠属种类，分布在南方各省及河南、山西、河北等地。

（68）耳端有簇状长毛，腹毛白色 ………………… 松鼠，现分布在东北、内蒙古和新疆北部林区。

耳端无簇状长毛，腹毛不白 ……………………………………………………………（69）

（69）尾基部和腹部常有锈红色毛斑 ……………… 长吻松鼠属种类，分布在秦岭、长江以南地区。

尾基部和腹部无锈红色毛斑 ……………………………………………………………（70）

（70）体侧有一淡黄色纵纹 ……………………………………… 侧纹岩松鼠，分布在云南西部。

体侧无淡黄色纵纹 ………………………………………………………………………………… (71)

(71) 背毛灰黄或灰棕黄色，腹面为单一的浅灰黄色，尾毛蓬松而稀疏，尾端白毛较长…………………………………………………………… 岩松鼠，中国特产，分布在东北和内蒙古南部以南，河北以西，长江以北，陕西、甘肃、四川以东的低山丘陵地区。

背毛橄榄黄色，腹面有多种其他毛色，如也为浅灰黄色，则尾毛仅端部长，尾端有黑色毛………………………………………………………… 丽松鼠属，分布在秦岭、长江以南的山地森林中。

(72) 体型大，成体体长在400mm以上 ……………………………………………………………… (73)

体型较小，成体体长小于300mm ……………………………………………………………… (75)

(73) 尾长超过体长的1/3，体背毛色棕黄或土黄色 ……… 长尾旱獭，分布在新疆西南部高山区。

尾长仅为体长的1/4，体背毛色干草黄或黄褐色，具深色毛尖 ………………………… (74)

(74) 眼周与鼻端毛黑色，耳毛橘黄色 ……………… 喜马拉雅旱獭，分布在青藏高原及周围山地。

眼周与鼻端毛不黑，耳毛上黄色 ……………………………… 旱獭，分布在内蒙古和新疆北部。

(75) 后脚掌被密毛 …………… 达乌尔黄鼠，分布在中国青海、甘肃以东，秦岭、黄河以北地区。

后脚掌裸露无毛 …………………………………………………………………………………… (76)

(76) 成体尾长在100mm以上，尾毛具白色毛尖 …………… 长尾黄鼠，分布在新疆和黑龙江北部。

成体尾长小于80mm，尾毛具土黄色毛尖 ………………………………………………………… (77)

(77) 尾长为体长的1/5～1/4 …………… 赤颊黄鼠，分布在新疆北部，甘肃西北部和内蒙古西部。

尾长为体长的1/4～1/3 ………………………………… 其他黄鼠属种类，部分分布在新疆。

(78) 尾毛稀疏而长，近端部毛长可达10mm ……………… 猪尾鼠，分布在秦岭、长江以南地区。

尾毛短密，或完全无毛 ……………………………………………………………………………… (79)

(79) 第一上臼齿咀嚼面，有三横列立板状的齿嵴 ………………………………………………… (80)

第一上臼齿咀嚼面的特征与上述不同 ……………………………………………………………… (81)

(80) 体型较大，后足长大于37mm …………………………… 板齿鼠，分布在中国南亚热带各省。

体型较小，后足长小于36mm ………………………………………… 印度地鼠，分布在新疆西部。

(81) 前两颗上臼齿的咀嚼面有三纵列齿丘 ………………………………………………………… (82)

前两颗上臼齿的咀嚼面特征与上述不同 ……………………………………………………… (93)

(82) 上门齿从侧面观，可见其内侧有一直角形的缺刻 ……………… 小家鼠属，遍布在各省区。

上门齿没有上述直角形缺刻 ……………………………………………………………………… (83)

(83) 体型较大，后足长超过45mm …………………………………………………………………… (84)

体型较小，后足长小于45mm …………………………………………………………………… (85)

(84) 体背毛暗棕褐色，无白色毛尖，尾背、腹面毛明显两色，尾端部一段的毛白色……………………………………………………………………… 白腹巨鼠，分布在南方各省。

体背毛深灰褐色，部分毛具白尖，尾背、腹面毛色基本相同，尾端无一段白毛区，或仅尖有白毛 ……………………………………………………………… 青毛鼠，分布在南方各省。

(85) 体型小，成体体长多小于70mm，耳壳短，前折仅到耳眼距之半，尾能卷曲，尾梢上面裸露 ……………………………………………………………………… 巢鼠，分布在中国东部。

体型略大，成体体长大于70mm，耳壳较长，前折可达眼，尾不能卷曲，尾梢上面不裸露 ……………………………………………………………………………………… (86)

(86) 背部有一条明显或隐约可见的黑色脊纹……………………………… 黑线姬鼠，分布在中国东部季风区和新疆西北部边境地区。

背部无黑色脊纹 …………………………………………………………………………………… (87)

(87) 腹毛黄色或纯白色，基部白色 …………………………………………………………………… (88)

腹毛污白色或其他毛色，基部暗灰色 ……………………………………………………………… (90)

（88）体背毛色较暗淡，全年体背无刺毛，或仅夏季有少量刺毛，尾端有白色毛区……………………………………………………………… 北社鼠，分布在中国长江流域至东北南部间的季风区。
体背毛色鲜艳，呈锈棕色，全年体背均杂有较多刺毛，尾端无白色毛区 ……………… （89）
（89）腹毛纯白或略染黄色调 ………………………………………… 针毛鼠，分布在南亚热带各省。
腹毛麦秆黄色或硫磺色 ………………………………………… 社鼠，分布在南亚热带各省。
（90）尾较短，小于体长，基部明显粗，成体头骨的左右颞嵴几近平行 … 褐家鼠，几乎遍布各地。
尾较长，大于或等于体长，比较匀称，成体头骨的颞嵴不平行 ……………………… （91）
（91）胸部或全腹面毛具明显的黄褐色毛尖，前足背具明显的褐色斑………………………………………………………………… 黄胸鼠，分布在南方各省河南、陕西、甘肃等地。
整个腹面毛具污白或硫磺色毛尖，前足背毛白色，无暗色斑 ……………………………… （92）
（92）后足较长，成体后足长达 36mm …………………… 大足鼠，分布在长江以南各省及四川盆地。
后足较短，最大不超过 33mm ………………………………… 黄毛鼠，分布在长江以南各省。
（93）上臼齿咀嚼面有 2 纵列齿丘（老年体常磨平），口腔内有颊囊 ……………………………… （94）
上臼齿咀嚼面特征与上述不同，口腔内无颊囊 …………………………………………………… （100）
（94）成体体长超过 250mm，腹毛墨黑色，体侧前部每侧有 3 块白色斑………………………………………………………………………… 原仓鼠，分布在新疆西北部边境地区。
成体体长不到 250mm，腹毛不黑，体侧前部无浅色花斑 ……………………………………… （95）
（95）尾长不超过后足长，后足较宽，整个足掌被白色密毛，掌垫看不见………………………………………………………………… 毛足鼠属，分布在中国北部及西部干旱地区。
尾长超过后足长，仅足跟部被毛，前部裸露，掌垫清晰可见 ……………………………… （96）
（96）背有黑色脊纹 ………………………… 黑线仓鼠，分布在甘肃以东，长江、黄山以北地区。
背无黑色脊纹 ……………………………………………………………………………………… （97）
（97）尾较短，接近或略超过后足长，尾基部很粗，整个尾呈楔形………………………………………………………………… 短尾仓鼠，分布在新疆、甘肃、内蒙古、河北北部等地。
尾较长，为后足长的 2 倍左右，尾基部仅比尾端略粗，尾形正常 ……………………… （98）
（98）体型较大，体长不小于 140mm，尾端部白色 ………………………………………………………………………… 大仓鼠，分布在甘肃以东，长江、黄山以北各地。
体型较小，体长小于 130mm，尾端部不为白色 ……………………………………………… （99）
（99）腹部毛全白色 ……………………… 灰仓鼠，分布在新疆、甘肃、青海、宁夏、内蒙古西部。
腹部毛基灰色 ………………………………………… 其他仓鼠种类，分布在中国北方和青藏高原。
（100）前足爪甚长，爪长明显超过趾长 ……………………… 鼢鼠属种类，分布在长江以北地区。
前足爪短，爪长不超过趾长 ………………………………………………………………… （101）
（101）门齿表面有 1 ~ 2 条纵沟，尾长超过体长的 3/5，末端具长毛簇 ……………………… （102）
门齿表面无纵沟，尾长小于体长的 3/5，末端不具长毛簇 ………………………………… （104）
（102）每颗上门齿表面有两条纵沟，外侧的一条较明显 ………………………………………………………………………… 大沙鼠，分布在新疆、甘肃、宁夏、内蒙古等地。
每颗上门齿表面仅有一条纵沟 ……………………………………………………………… （103）
（103）耳较小，耳长小于 10mm，占后足长（连爪）的 1/3 左右 ………………………………………………………………………… 短耳沙鼠，分布在新疆、甘肃和内蒙古西部。
耳较大，耳长大于 10mm，占后足长（连爪）的 1/2 左右 ………………………………………………………………………… 沙鼠属种类，分布在北方干旱地区。
（104）臼齿咀嚼面具左右交错排列的三角形齿环，多营地面生活，耳眼发育正常，如地下活动则体型较小，成体体长远小于 150mm ………………………………………………………… （105）

臼齿咀嚼面具块状孤立齿环，营地下生活，耳眼较退化，体型较大，成体体长远大于200mm ……………………………………………………………………………………………（111）

（105）体型较大，成体后足长超过65mm，后足趾间具半蹼，尾侧扁，被圆形小鳞片…………………………………………………………………………………… 麝鼠，分布在新疆和黑龙江。

体型较小，成体后足长不及35mm，后足趾间无半蹼，尾轴圆形，被密而短的毛 ……（106）

（106）体型较大，成体体长一般不小于150mm，后足长不小于30mm …… 水鼠，分布在新疆北部。

体型较小，成体体长小于150mm，后足长小于30mm ……………………………………（107）

（107）营地下生活，眼很小，耳壳退化而不显露于毛被外，上门齿唇面白色，明显地向前倾斜而露出唇外 ………………… 鼹形田鼠，分布在新疆、甘肃、陕西、宁夏和内蒙古的西部和中部。

营地面生活，眼正常，耳壳明显可见，上门齿唇面黄色，不向前倾斜，不露出唇外 ………………………………………………………………………………………………（108）

（108）尾很短，小于后足长，后脚掌全部覆盖以密毛 ……………………………………………………………… 兔尾鼠属种类，分布在新疆、甘肃和内蒙古的西部和中部。

尾较长，超过后足长，后脚掌仅跟部被毛，掌心裸露 …………………………………（109）

（109）背部毛红棕色 ……………………………………………………………………………（110）

背部具其他毛色……………………………………… 其他田鼠亚科种类，分布在全国各地。

（110）耳壳内缘覆橘黄色或黄褐色毛，尾毛蓬松，尾背面有少数红棕色或黄褐色毛 …………………………………………………………………… 红背鼠，分布在东北，内蒙古和新疆林区。

耳壳内缘覆灰褐色毛，尾毛较短，尾背毛色暗棕黄或黑褐色 ……………………………………………………………………………… 棕背鼠，分布在东北、华北和新疆林区。

（111）体型大，成体体长大于380mm，颊部至眼周毛红棕色 ……………………………………………………………………………… 大竹鼠，分布在云南西双版纳竹林中。

体型较小，成体体长小于380mm，颊部至眼周全无红棕色毛 …………………………（112）

（112）体背毛色灰棕色，背毛全无白色毛尖，尾被毛稀疏 ……………………………………………………………………………… 中华竹鼠，分布在南方各省的竹林中。

体背毛色灰褐色，部分毛具白色毛尖，尾几乎裸露无毛 ……………………………………………………………………………… 银星竹鼠，分布在南方各省竹林中。

（113）拇指与其余四指对生，能握 …………………………………………………… 灵长目（114）

拇指不能与其余四指对握 ………………………………………………………………………（132）

［灵长目］

（114）前肢比后肢长 ……………………………………………………………………………（115）

前肢不比后肢长 …………………………………………………………………………………（118）

（115）雄兽黑色，无白眉，雌兽金黄色，两性头顶上都有向上生长的黑色簇毛 ……………（116）

雄兽暗褐色，眉白色，雌兽黄褐色，两性头顶上的毛向后长，无上述黑色簇毛 ……（117）

（116）体型略小，成体体长一般不超过500mm，雄兽颊部无白色斑 ……………………………………………………………………………… 黑长臂猿，分布在云南南部和海南。

体型略大，成体体长超过500mm，雄兽颊部有白色斑 ……………………………………………………………………………… 白颊长臂猿，分布在云南西双版纳地区。

（117）仅眉部白色………………………………………… 白眉长臂猿，分布在云南省中缅边境地区。

眉部、脸周及手、足背面毛全白色……………… 白掌长臂猿，分布在云南省中缅边境地区。

（118）体型小，成体体长小于350mm，头圆限大，体短粗，尾短，隐于毛被中，行动缓慢 ………………………………………………………………………………………………（119）

体型较大，成体体长大于400mm，头略长，眼略小，体较细瘦，行动机敏，尾长，明显露出毛被外 …………………………………………………………………… (120)

(119) 体型较大，成体体长大于300mm，背部自头顶至尾基部有棕褐色纹，腹毛棕灰色 ………………………………………………………………… 蜂猴，分布在云南和广西南部。

体型较小，成体体长小于250mm，背部脊纹不明显，腹毛灰白色 ………………………………………………………………… 倭蜂猴，分布在云南勐纳县。

(120) 尾长仅为体长的2/3左右或更短，口腔内有颊囊 …………………………… (121)

尾长大于体长，口腔内无颊囊 …………………………………………… (126)

(121) 尾长大于150mm …………………………………………………………… (122)

尾长小于100mm …………………………………………………………… (125)

(122) 尾较短，约为体长的1/3，颜面部较长，头顶毛形成"旋"状或"帽"状 ………… (123)

尾较长，大于体长的1/3或更长，颜面部较短，头顶毛生长正常 ……………… (124)

(123) 肩部毛比背部的长，头顶毛形成"旋"状，尾被毛密 ………………………………………………… 熊猴，分布在广西、云南、贵州和西藏部分地区。

肩部的毛不比背部的长，头顶毛短，辐射排列呈"帽"状，尾毛稀，仅端毛较长 ………………………………………………………………… 豚尾猴，分布在云南西南部。

(124) 体型较小，体长不大于450mm，尾长约为体长的2/3，尾粗而蓬松 ………………………………………………………………… 台湾猴，分布在台湾省。

体型略大，成体体长不小于450mm，尾长约为体长之半，尾细而覆毛较短 ………………………………………… 猕猴，分布在中国南方各省和河南、山西、河北等地山区。

(125) 毛色较暗，背毛黑褐色，背腹面毛色分明，脸周与下颏生有络腮胡状长而厚的密毛 ………………………………………………………………… 四川短尾猴，分布在南方各省山区。

毛色略浅，背毛棕褐色，背腹面毛色差别较小，腹周与下颏无络腮胡状长毛 ………………………………………………… 短尾猴，分布在广东、广西、云南、贵州等地林区。

(126) 鼻端上仰，鼻孔朝上 ……………………………………………………… (127)

鼻端向前，鼻孔朝下 ……………………………………………………… (128)

(127) 头顶中央有黑色锥形毛簇，背部毛黑褐色，无金黄色长毛，两肩间无任何浅色毛斑 ………………………………………………… 滇金丝猴，分布在云南省西北部、西藏西南部。

头顶中央无锥形毛簇，背部或灰褐色，有金黄色长毛，或灰色，在两肩间有一卵圆形白色斑 ……………………… 金丝猴，分布在四川、陕西、甘肃（川金丝猴）以及贵州省（黔金丝猴）。

(128) 臀部和肛周毛色与体背不同，呈白色…………………………… 白臀叶猴，分布在海南。

臀部和肛周毛色与体背相同，不呈白色 ……………………………………… (129)

(129) 体毛灰色或灰黑色，头部无白色毛 ………………………………………… (130)

体毛黑色，头部有白色毛 ………………………………………………… (131)

(130) 毛色较暗，体背银灰色或略带黄色…………………………… 菲氏叶猴，分布在云南南部。

毛色略浅，体背灰黄褐色………………………………………… 长尾叶猴，分布在西藏南部。

(131) 头部毛除两颊部白色外，全为黑色………………………… 黑叶猴，分布在广西和贵州。

头、颈及上肩部毛都为白色……………………………………… 白头叶猴，分布在广西南部。

(132) 门齿小，犬齿强大而尖锐 ………………………………………… 食肉目 (133)

门齿大，犬齿较小 ……………………………………………………… (185)

［食肉目］

(133) 趾行性，足面短宽，颊齿中无齿锋高而尖锐的裂齿 ……………………… (134)

非趾行性，如趾行则足面狭长，颊齿中有明显的裂齿 ……………………………… (138)

(134) 体型较小，体长在650mm以下，尾长达体长的70%左右，毛色红褐，尾有色环…………………………………………………………… 小熊猫，分布在四川、云南和西藏等地森林中。

体型较大而肥笨，体长在1m以上，尾短不到体长的15%，体毛不为红褐色，尾无色环 ………………………………………………………………………………… (135)

(135) 体色黑白相间，头圆形，有黑眼圈，胸部无白色斑纹 …………………………………………………………………… 大熊猫，分布在四川、甘肃和陕西的竹林中。

体毛色单调，黑色或褐色，头长形，无黑眼圈，胸部有时有"V"形白色斑纹 ……… (136)

(136) 体型较小，成体体长小于1.5m，耳短，仅50mm左右 ……… 马来熊，分布在四川、云南。

体型较大，成体体长大于1.5m，耳长，大于100mm ……………………………… (137)

(137) 毛色棕褐色 ……………………………………………………… 棕熊，分布在北方林区和四川。

全身黑色 ……………………………………………………… 黑熊，分布在中国东部季风区。

(138) 四肢较长，体形匀称，趾行性 ……………………………………………… (139)

四肢较短，体形细长，半趾行性或半跖行性 ……………………………………… (157)

(139) 爪锐利而能伸缩，口腔内30颗牙齿 ……………………………………………… (140)

爪钝而不能伸缩，口腔内42颗牙齿 ……………………………………………… (152)

(140) 体型大，成体体长1.2m以上，尾长超过体长之半 ……………………………… (141)

体型较小，成体体长在1.2m以下，多数种类尾长小于体长之半 ……………… (143)

(141) 体型甚大，成体体长1.6m以上，体背具黑色横纹 ………… 虎，曾分布在中国各山地林区。

体型略小，成体体长小于1.6 m，体背具环形和点状黑斑，而无横纹 ……………… (142)

(142) 体背毛橙黄或黄色，黑斑的边缘清晰，尾较细短，尾长小于85cm，略超过体长之半 ……………………………………………………………… 豹，分布在中国东半部各省的山地林区。

体背毛浅灰色，斑纹的边缘不清楚，尾粗长，尾长1m左右，超过体长的2/3 ……………………………………… 雪豹，分布在青藏高原及其周围山地，四川、新疆、内蒙古西部。

(143) 体背具大块云状斑纹，上犬齿特长，达上裂齿的1.5倍……… 云豹，分布在南亚热带林区。

体背无云状斑纹，上犬齿与上裂齿长度相等或仅略长 ……………………………… (144)

(144) 眼角前内侧各有一条长约20mm的白纹，在额部与棕色纹连接，直通至后头部，棕色纹两侧各有细黑纹伴衬 ………………………………………… 金猫，分布在中国南方各省林区。

脸面部无上述特殊花纹 ……………………………………………………………… (145)

(145) 体型较大，成体体长在850mm以上，尾短钝，小于体长的1/5，仅端部1/3段毛黑色 …………………………………………………… 猞猁，分布在中国东北、内蒙古、西北和西南等地。

体型较小，成体体长小于800mm，尾细长，大于体长的1/3，尾背面有多条棕黑色横纹 ……………………………………………………………………………………… (146)

(146) 额宽，两耳距离较远，尾粗圆，体背具数条黑色细横纹 ……………………………………………… 兔狲，分布在中国华北、西北和西南地区的高原牧区。

两耳距离如家猫，尾细，体背面无明显细横纹 ……………………………………… (147)

(147) 尾较长，接近体长 ……………………………………………… 云猫，分布在云南省景东县。

尾长约为体长之半或更短 …………………………………………………………… (148)

(148) 体背多斑点或花纹 …………………………………………………………………… (149)

体背斑纹较少或不清晰 ……………………………………………………………… (151)

(149) 尾明显短于体长之半，趾间具半蹼 ……………………………… 渔猫，中国仅见于台湾。

尾长约为体长之半，趾间无半蹼 …………………………………………………… (150)

(150) 体背基色棕黄，腹白色，耳背有白斑 ……………………………………………

…………………………………………………………………………豹猫，遍布在中国东部季风区。

体背基色淡沙黄或沙灰色，腹面淡黄灰色，耳背无白斑 ……………………………………

…………………………………………………………草原斑猫，分布在新疆、甘肃、宁夏等省区。

（151）颊部有两斜行暗褐色纹，眼周无黄白色纹，耳端无簇毛，体背具暗褐色长毛 ………………

……………………………………………………漠猫，主要分布在四川、青海、甘肃、陕西、宁夏等地。

颊部无斜行暗色纹，眼周有黄白色纹，耳端有稀疏的短簇毛，体背无长毛 ………………

……………………………………………………………………………丛林猫，分布在云南和西藏。

（152）全身毛赤棕色……………………………………………豺，分布在大陆大部分省区的山地。

全身毛不为赤棕色 ………………………………………………………………………………（153）

（153）体型较大，体长显然超过950mm，后肢较长…………………………………狼，分布于各地。

体型较小，体长小于950mm，后肢较短 ………………………………………………………（154）

（154）颊部有向两侧横生的长毛，颊毛黑色……………………………………貉，分布在东部季风区。

颊部无向两侧横生的长毛，颊毛不为黑色 ……………………………………………………（155）

（155）体侧铅灰色与棕黄色体背明显区别…………………………藏狐，分布在青藏高原及其边缘地区。

体侧与体背毛色相似 ……………………………………………………………………………（156）

（156）体型较大，成体体长大于600mm，耳背黑色，尾端毛白色…………………狐，分布在各地。

体型较小，成体体长小于600mm，耳背不黑，尾端毛灰黑色 ……………………………………

………………………………………………………沙狐，分布在新疆、甘肃、青海、宁夏和内蒙古。

（157）背上有4道宽阔的黑色横斑纹………………………………………长颌带狸，分布在云南南部。

背上无横斑纹 ……………………………………………………………………………………（158）

（158）尾有明暗相间的环纹 ………………………………………………………………………（159）

尾无环纹 …………………………………………………………………………………………（162）

（159）背脊部有长鬣毛 ……………………………………………………………………………（160）

背脊部无长鬣毛 …………………………………………………………………………………（161）

（160）体型有大型黑斑，尾后半段全黑，无环…………………大斑灵猫，仅见于云南和广西南部。

体侧无斑，仅有波状纹，全尾有环…………………大灵猫，分布在台湾以外的中国南方各省区。

（161）背部有3~5条暗色纵纹，阴部有香囊 …………………小灵猫，分布在淮河、秦岭以南各地。

背部有纵纹，阴部无香囊…………………………斑灵狸，分布在广东、广西、云南、贵州、四川。

（162）背部有3~5条暗色纵纹 ………………………………………………………………………（163）

背部无暗色纵纹 …………………………………………………………………………………（164）

（163）背部仅3条纵纹…………………………………………………小齿狸，分布在云南西双版纳。

背部有5条纵纹……………………………………………椰子狸，分布在广东、海南、广西、云南南部。

（164）尾端有缠绕性能，耳背毛很长，形成耳簇………………………………熊狸，分布在云南和广西。

尾端不具缠绕性能，耳无簇毛 ……………………………………………………………………（165）

（165）尾基部甚宽而端部尖，呈楔状，尾毛粗硬 …………………………………………………（166）

全尾比较匀称，不呈楔状，尾毛较软 ……………………………………………………………（167）

（166）两颊红棕色，没有白色条纹…………………………红颊獴，分布广东、海南、广西、云南等地。

两颊毛色不红，自口角经颊部到肩侧，各有一条白色条纹 ……………………………………

…………………………………………………………………………食蟹獴，分布在长江以南省区。

（167）从鼻至头顶有一条连续的白色宽条纹 ………………………………………………………（168）

从鼻至头顶无连续的白色宽纹 ……………………………………………………………………（170）

（168）体背暗棕黄色，不杂以灰白色调，鼻纹两侧有宽的黑色纵纹，尾甚长，仅略短于体长，善爬树……………………………………………………………花面狸，分布在南方各省区与河北林区。

体背黑棕色，杂以很多灰白色毛，白色鼻纹两侧有宽的黑色纵纹，尾短，仅为体长的1/4左右，地面活动 ……………………………………………………………………………(169)

(169) 喉部黑棕色，鼻唇间被毛 ………………………………… 狗獾，分布在中国东部季风区。

喉部白色或黄白色，鼻唇间裸露 ……………………… 猪獾，分布在中国东部大部分省区。

(170) 背脊部有白色纵纹 ……………………………………………………………………(171)

背脊部无白色纵纹 ……………………………………………………………………(172)

(171) 两眼间有白色纵纹，腹色不黄 ………………… 鼬獾，分布在秦岭、长江以南各省区。

头上无白斑，腹毛淡黄色 ……………………………………………… 纹鼬，分布在云南南部。

(172) 被毛长，体侧有浅色半环状宽纹 ……………… 貂熊，分布在大兴安岭与阿尔泰山林区。

被毛较短，体侧无浅色半环状纹 …………………………………………………………(173)

(173) 体背杂有黄白色斑点 ………………………… 虎鼬，分布在内蒙古、陕西、新疆等地。

体背无黄白色斑点 ……………………………………………………………………(174)

(174) 足掌裸露，趾间具蹼，水中生活 ………………………………………………………(175)

足掌被毛，趾间无蹼，营地面生活 ………………………………………………………(176)

(175) 个体较小，成体体长仅略超过400mm，下颏有稀疏的须色，趾爪甚细小 ………………… ……………………………………………… 小爪水獭，分布在南亚热带地区的河、溪中。

个体较大，成体体长在500mm以上，下颏无须，趾爪较大 …………………………………… …………………………………………………………… 水獭属种类，分布全国各地河、溪中。

(176) 喉部毛色明显比腹色浅淡，形成喉斑 …………………………………………………(177)

喉部毛色与腹色无明显差别，无喉斑 …………………………………………………(178)

(177) 尾长远小于体长之半 ……………………………… 紫貂，分布在东北和新疆阿尔泰山地。

尾长约为体长之半或超过 ……………………………………………………………(179)

(178) 喉斑黄色 ………………………………………………… 青鼬，分布在东部季风区森林中。

喉斑白色 ……………………………………………… 石貂，分布在西北、西南、华北等地。

(179) 四肢黑色，腹毛色比背色深 ……………………………………………………………(180)

四肢毛色与背色同，腹毛色比背色浅 …………………………………………………(181)

(180) 背中段的毛比其他部位的毛明显长 ………………… 艾鼬，分布在北方干旱与半干旱地区。

背中段的毛约与其他部位的毛等长 ………………………………… 小艾鼬，分布在黑龙江省北部。

(181) 腹毛白色，冬季全身变白 ……………………………………………………………(182)

腹毛不为白色，冬季不变白 …………………………………………………………(183)

(182) 尾较长，接近后足长的2倍，尾尖永为黑色 ……………………… 白鼬，分布在东北和新疆。

尾较短，仅略大于后足长，尾尖不黑 ………………………………………………………… ……………………………………… 伶鼬，分布在东北、内蒙古、河北、新疆、四川等地。

(183) 腹毛淡黄或橘黄色，腹背毛色界线分明 ……………………… 黄腹鼬，分布在南方各省区。

腹毛与背毛色相近，皆为棕黄或淡黄色 …………………………………………………(184)

(184) 体型较大，雄性成体体长超过280mm，雌性体长多超过220mm，尾粗大，毛长 ………… ……………………………………………………………………… 黄鼬，遍布在全国各地。

体型较小，雄性成体体长不超过280mm，雌性体长多小于220mm，尾较细，毛较短 ……… …………………………………………………………… 香鼬，分布在中国北方各省区。

(185) 在树上生活，外形似松鼠，具毛长而蓬松的大尾 ……………………………………… ……………………………………… 树鼩目，中国仅树鼩一种，分布在南亚热带森林中。

在地上生活，外形不似松鼠，无毛长而蓬松的大尾 ……………………………… 食虫目(186)

［食虫目］

（186）上臼齿齿冠呈四方形，具 4 个大小相近的齿尖和中央一个小齿尖……………………（187）
上臼齿齿冠只有 3 ~ 4 个大小悬殊的齿尖，中央无齿尖 ………………………………（188）

（187）体披硬刺……… 刺猬亚科种类，分布在中国东北、华北、西北、四川、浙江、福建等省区。
体披软毛 ……………………………… 鼩猬亚科种类，分布在云南、贵州、四川、海南等地。

（188）下颌前门齿不向前平伸，颧弓细弱，有听泡 ………………………………………（189）
下颌前门齿向前平伸，无颧弓亦无听泡 ……………………………………………（191）

（189）不适于地下生活，体形细瘦，吻鼻长，尾长，外耳廓发达，前足掌正常 ……………………
…………………………………………… 鼩鼹亚科种类，分布在云南、四川、陕西等地。
适于地下生活，体形短粗，吻鼻短，尾短，无外耳廓，前足掌宽大……………………（190）

（190）前门齿小于大齿，尾长约等于后足长，前足掌特别宽大 ……………………………………
……………………………………………………… 鼹亚科种类，分布在中国东部季风区。
前门齿显然大于后门齿和犬齿，尾长接近或超过后足长的 1 倍，前足掌中度宽大 …………
……………………………… 美洲鼹亚科种类，分布在甘肃、青海、陕西、四川、云南等地。

（191）齿尖栗红或黄褐色，尾均匀覆以短毛 ……………………………………………………
…………………………… 鼩鼱亚科种类，分布在东北、华北、西北、西南各省区和台湾省。
齿尖全白色，尾除覆以短毛外，还有稀疏的长毛 ………………………………………………
…………………………………………… 麝鼩亚科种类，分布在中国东部季风区各省区。

第三篇

疫病篇

YIBINGPIAN

第八章
疫病概述

第一节　疫源疫病的基本概念

一、疫源的基本概念

疫源又可称为疫病传染源，是指机体内有病原体寄居、生长、繁殖，并能排出体外的野生动物。具体说疫源就是受感染的动物，包括疫病发病动物和带菌（毒）动物。有易感性的动物机体可为病原体提供适宜的生存环境和条件，作为疫源将病原体传播给其他动物或人类。病原体也可以存在于外界环境中，但外界环境因素不适于病原体的长期生存和繁殖，也不能持续排出病原体，因此不能视为疫源。

野生动物受感染后，可以表现为患病和携带病原两种状态，因此疫源一般可分为两种类型。

1．患病动物

指处于不同发病期的动物。患病动物，特别是处于前驱期和症状明显期的患病动物是重要的疫源，此时所排出的病原体数量大、次数多、传染性强；而临床症状不典型或病程较长的慢性传染病，虽然排出的病原体数量少，但由于不易被发现，病原体的排出具有长期性和隐蔽性，也是危险的传染源。

患病动物排出病原体的整个时期称为传染期。不同疫病传染期长短不同，各种疫病的隔离期就是根据传染期的长短来制订的。为了控制疫源，对发病动物原则上应隔离至传染期终了为止。

2．病原携带者

指外表无症状但携带并排出病原体的动物。病原携带者是一个统称，如已明确所带病原体的性质，也可以相应地称为带菌者、带毒者、带虫者。病原携带者排出病原体的数量一般不及发病动物，但因缺乏症状不易被发现，有时可成为十分重要的疫源。消灭和防止引入病原携带者是疫病防制中艰巨的任务之一。

病原携带者一般分为潜伏期病原携带者、恢复期病原携带者和健康病原携带者。

二、疫病的基本概念和一般特征

疫病是指在野生动物之间传播、流行，对野生动物种群构成威胁或可能传染给人类和饲养动物的具有传染性的疾病。疫病的表现虽然是多种多样的，但也有一些共有特性，可与其他非疫病相区别。这些共同的特性是：

1．疫病是由相应的病原体所引起的

每一种疫病都由其特定的病原体引起，如禽霍乱是由多杀性巴氏杆菌侵入禽鸟体内所致，鸡新城疫是由鸡新城疫病毒侵入禽鸟体所致。如果没有多杀性巴氏杆菌，就不会发生禽霍乱；没有鸡新城疫病毒，也不会发生禽鸟的新城疫。

2. 疫病具有传染性和流行性

从发生疫病的动物体内排出的病原体，侵入另一有易感性的健康动物体内，能引起同样症状的疾病，称为疫病的传染性。当条件适宜时，在一定时间内，某一地区易感动物中可以有许多动物被感染，致使疫病蔓延散播，形成流行，称为疫病的流行性。

3. 被感染动物机体可发生特异性反应

在感染的发展过程中由于受到病原体的抗原刺激，动物机体发生免疫生物学的改变，多数被感染动物可产生特异性抗体和变态反应等，这种改变可以用血清学等特异性反应检查出来。

4. 患病耐过动物能获得特异性免疫

动物耐过疫病后，在大多数情况下，均能产生特异性免疫，使机体在一定时间内或终生不能再感染该种疫病。

5. 具有特征性临诊表现

大多数疫病都具有该种疫病特征性的（典型的）综合症状以及一定的潜伏期和病程过程。

根据不同的方法，可将疫病分成不同的类型，例如，按病原特性可分为真菌病、细菌病、病毒病、衣原体病、立克次体病和寄生虫病等，按病程长短可分为最急性、急性、亚急性和慢性疫病等。

第二节　疫病流行的基本环节和过程

一、疫病流行的基本环节

动物疫病的一个基本特征是能在动物之间直接接触传染或间接地通过媒介物（生物或非生物的传播媒介）互相传染，构成流行。疫病在动物之间或动物与人之间蔓延流行，必须具备三个相互连接的条件，即疫源、传播途径及易感动物。这三个条件常统称为疫病流行的三个基本环节，当这三个条件同时存在并相互联系时就会造成疫病的发生。

1. 传播途径

病原体由疫源排出后，经一定的方式再侵入其他易感动物所经的途径称为传播途径。传播途径可分两大类。一是水平传播，即疫病在群体之间或个体之间以水平形式横向平行传播；二是垂直传播，即从母体到其后代之间的传播。

水平传播又可分为直接接触传播和间接接触传播。前者是指疫源直接与易感动物接触而引起的传播，不需任何外界环境参与，例如，狂犬病只有在动物被发病动物直接咬伤时才有可能发生。间接接触传播是病原体在外界环境因素参与下，通过传播媒介使易感动物发生传染的方式，其中从疫源将病原体传播给易感动物的各种外界环境因素叫做传播媒介。传播媒介可以是生物如昆虫、鸟类、人类等，也可以是非生物如空气、土壤、饲料、工具、粪便和饮水等。单独由直接接触传播的疫病很少，且不会形成广泛流行。大多数疫病以间接接触传播为主，同时也可直接接触传播，这些疫病叫做接触性疫病。

2．易感动物

对某种病原体缺乏免疫抵抗力、容易感染的动物称为易感动物。易感性是指动物对某种病原体的感受性大小和程度。病原体只有侵入有易感性的动物，才能引起疫病的发生和流行。动物易感性的高低虽与病原体的种类和毒力强弱有关，但主要还是由动物机体的遗传特征、特异免疫状态等因素决定的。外界环境条件如气候、饲料、饲养管理卫生条件等因素都可能直接影响到动物群体的易感性和病原体的传播。

二、疫病的流行过程

动物疫病的流行过程，就是从动物个体感染发病发展到动物群体发病的过程，也就是疫病在动物群体中发生和发展的过程。

1．疫病流行过程的表现形式

在动物疫病的流行过程中，根据一定时间内发病率的高低和传染范围大小（即流行强度）可将动物群体中疾病的表现分为下列四种表现形式。

（1）散发性。在较长一段时间内只有个别病例零星地散在发生，各病例在发病时间与发病地点上没有明显的关系，疾病发生无规律性。

（2）地方流行性。在一定的地区和动物群体中带有局限性传播，并且呈较小规模流行，病例稍多于散发性。

（3）流行性。在一定时间内一定动物群体出现比较多的病例，它没有一个病例的绝对数界限，而仅仅是指疾病发生频率较高的一个相对名词。因此任何一种病当其称为流行时，各地各动物群体所见的病例数是很不一致的。一般认为，某种疫病在一个动物群体单位或一定地区范围内，在短期内（该病的最长潜伏期内）突然出现很多病例时，可称为暴发。暴发可作为流行性的同义词。

（4）大流行。一种规模非常大的流行，流行范围可扩大至全国，甚至可涉及几个国家或整个大陆。

2．疫病流行过程的季节性和周期性

由于不同的季节对病原体和动物机体有不同的影响，因此许多疫病表现出明显的季节性。例如，口蹄疫病毒对炎热和阳光敏感，因此夏季很少发生。而夏季的多雨及洪水易将土壤中的炭疽芽孢冲刷出来，因此易发生炭疽。有些疫病流行过后经一定时间会再次流行，这种现象叫周期性。其原因是动物群体的免疫力发生着周期性的变化，例如，当疫病流行期间，易感动物发病死亡或淘汰，耐过动物则获得了免疫力，因此在一定时间内该病不会发生。经过较长时间后，这些耐过动物的免疫力下降，并有新一代出生，因此易感动物增多，该病再度暴发，即为周期性。流感、口蹄疫、牛流行热等都具有这种特点。

第三节　人兽共患病的基本概念和一般特征

人兽共患病是疫病中的一大类，其涉及动物范围广泛，除人和畜禽外，还包括野生动物、鸟类、水生动物和节肢动物等。

一、人兽共患病的分类

1. 按病原体的种类分类

为常用的分类方法。可将人兽共患病分为病毒病、细菌病、衣原体病、立克次体病、螺旋体病、真菌病、寄生虫病等。

2. 按病原体储存宿主的性质分类

（1）以动物为主的（动物源性）人兽共患病（anthropozoonoses）：病原体的储存宿主主要是动物，通常在动物之间传播，偶尔感染人类。人感染后往往成为病原体传播的生物学终端，失去继续传播的机会，如鼠疫、森林脑炎、钩端螺旋体病、棘球蚴病、布氏杆菌病、旋毛虫病、马脑炎等。

（2）以人为主的（人源性）人兽共患病（zooanthroponoses）：病原体的储存宿主是人，通常在人间传播，偶尔感染动物。动物感染后往往成为病原体传播的生物学终端，失去继续传播的机会，如人型结核等。

（3）人兽并重的（互源性）人兽共患病（amphixenoses）：人和动物都是其病原体的储存宿主。在自然条件下，病原体可以在人间、动物间及人与动物间相互传染，人和动物互为传染源，如结核病、炭疽、日本血吸虫病、钩端螺旋体病等。

（4）真性人兽共患病（euzoonoses）：这类疾病必须以动物和人分别作为病原体的中间宿主或终末宿主，缺一不可，又称真性周生性人兽共患病，如猪带绦虫病及猪囊尾蚴病，牛带绦虫病及牛囊尾蚴病等。

其中（1）和（3）两组人兽共患病由于病原体可以独立地存在于自然界，不依赖人的参与通过媒介感染宿主而造成流行，因此均为自然疫源性疾病。

二、人兽共患病的基本特点

（1）病原体种类繁多：包括病毒、细菌、衣原体、立克次体、真菌和寄生虫等。

（2）易感动物广泛：包括人、家畜、家禽、人工饲养和自然生存的野生动物等。

（3）传播途径复杂多样：病原体在人和动物之间的传播方式可以是直接接触性的，也可以是间接接触性的。

（4）不易控制或消灭：有的人兽共患病具有广泛而持久的疫源地和自然疫源地。

（5）同一种疾病，在人与其自然宿主中的表现，可能完全不同：许多疾病，对人类是高度致命的危险疾病，而对其自然宿主，却可能仅仅是一种共生状态。这是因为这些疾病在人与自然的宿主动物中的进化历史差异。

（6）危害严重：人兽共患病的发生和流行不仅严重危害人类的健康，给畜牧业造成严重损失，而且对野生动物的保护工作造成严重的影响。

总的来说，人兽共患病种类多、分布广、危害大。就目前已知的200多种动物传染病和150多种动物寄生虫病中，人兽共患病有250种以上，其中对人类有严重危害的有89种，已知在全球许多国家存在并流行的有34种。我国已证实的人兽共患病有90多种。随着新病原体的不断出现和医学、兽医学的发展，新的人兽共患病还会不断出现或被发现。据不完全统计，近30年来，在全球范围内新出现的人兽共患病就有30多种，其中50%以上是新的病毒病，如埃博拉出血热、尼帕病毒病、猴痘、SARS、禽流感等。有资料表明，过去人类流行的传染病病原68%来自动物，而现在这一比例上升到73%。由于人类与自然的不协调发展，新传染病出现的频率明显加快，人的传染病来自动物的比例明显增高。近年来，人兽共患病的病谱发生了明显的变化，由以细菌性疾病为主逐步转变为以病毒性疾病为主，病毒性疾病已经占了人兽共患病种类70%以上。这些疾病威胁人类和动物的健康，危害国家的经济和社会的安定。

三、野生动物与人兽共患病的发生

1. 人类活动造成的自然环境的改变

随着世界人口的不断增长和人类社会的发展，人类无限制地开发利用森林、草原、湖泊、湿地、浅海滩涂等，使自然生态环境平衡受到破坏，同时也破坏了野生动物的栖息地，影响了野生动物的正常生存，引起和促使野生动物疫病的发生和传播，一些原本存在于局部地区的自然疫源性疾病扩散到人类或家养动物，或使疫病在野生动物、家养动物和人类之间相互传播。

2. 豢养宠物增多

家庭豢养宠物的现象越来越为普遍，除犬、猫、鸟等传统的宠物数量剧增外，将猪、鸡等家养畜禽和多种野生动物作为宠物的情况也十分常见。人与宠物的密切接触是造成人兽共患病发生和传播的重要原因。

3. 非法捕猎、贩卖和食用野生动物

人兽共患病对人类的直接威胁常常来自于人类本身一些错误的行为和不健康的饮食习惯。不少疫病的发生和传播是由于人类在捕猎、滥食野生动物的过程中产生的。许多野生动物被人们作为食物，经常地被非法地捕猎、贩卖和食用。这些野生动物缺少必要的卫生检疫，常常有携带病原体和传播疫病的可能。

4. 野生动物及产品的运输和交易

为了满足人类的各种需求，需要进口或出口大量的野生动物及其产品，这是疫病传播的一个重要途径，应该确实加强疫病的检疫工作，特别是对一些重要疫病的宿主动物进出口的检疫。

5. 野生动物的迁徙

许多野生动物具有迁徙的习性，特别是鸟类。动物携带病原体作长距离的迁徙，造成了疫病的传播扩散，给疫病的预防控制造成了极大的困难。大群哺乳动物的季节性迁徙，可以将病原携带到几百千米以外的地区。这些动物在新的地区的出现，也可以造成新的疾病传播和流行。

6. 野生动物的迁移、引入或放生

通过迁移和引入，使某一野生动物种群在同种动物已灭绝的自然生境中重新得到建立和恢复，或者使一个濒危的种群的生存繁殖能力得到恢复或加强，或者使少数已经濒危的个体能够在一个新的、较大的种群中得以生存，这些都是常常采用的野生动物保护措施。而迁移和引入的野生动物，常是来源于其他国家或地区的圈养或野生的动物，并常可患有或携带一些重要的疾病或病原体，因此造成疫病在引入地原有的野生动物，家养动物以及人类种群中发生和流行。

出于对野生动物的关心和爱护以及宗教信仰等原因，把一些经过人工饲养或救护的野生动物放归自然环境中。这种“放生”活动之前常常是未对动物的健康状况进行认真的检查，潜在着传播疫病的危险。

7. 病原体变异

在各种外界因素的作用下，病原基因发生变异，导致病原体宿主特异性改变或毒力增强，一些原本不感染人类或其他物种的病原体突破种间屏障，而获得对人类或新的宿主的致病性以及在种群中传播的能力。

第四节　疫源地和自然疫源地

一、疫源地

1. 疫源地

有传染源以及被传染源排出的病原体所污染的地方，称为疫源地，即某种传染病正在流行的地区，其范围除患病动物所在的场所以外，还包括患病动物发病前后一定时间内曾经到过的地点。疫源地的含义要比传染源的含义广泛得多，它除包括传染源之外，还包括被污染的物体、房舍、牧地、活动场所以及这个范围内怀疑有被传染的可疑动物群和储存宿主等。而传染源则仅仅是指带有病原体和排出病原体的动物。在防疫方面，对于传染源采取隔离、治疗和处理；而对于疫源地则除以上措施外，还应包括污染环境的消毒，杜绝各种传播媒介，防止易感动物感染等一系列综合措施，目的在于停止疫源地内传染病的蔓延和杜绝向外散播，防止新疫源地的出现，保护广大的受威胁区和安全区。

2. 疫源地范围大小的确定

疫源地范围的大小要根据传染源的分布和污染范围的具体情况而定。它与病原体的性质，传播媒介、传播途径和传播所需要的其他条件有关。

（1）经水源、空气、媒介昆虫传播的疫病，其疫源地的范围就较大；而以直接接触为传播途径的疫病，其疫源地的范围就较小。

（2）对于同一种疫病，如传染源的活动只局限于小范围内，疫源地的范围就较小；若传染源在较大范围内活动，且与人或动物接触多，则疫源地的范围就较大。

（3）如果传染源污染了静止水体如水井或水塘，疫源地的范围就较小；若传染源污染了流动水体如河水或供水水源，则疫源地的范围就较大。

在人兽共患病发生初期，应尽快查清和确定疫源地的范围，防止疫源地范围的扩大。

根据疫源地范围大小，可分别将其称为疫点或疫区。通常将范围小的疫源地或单个传染源所构成的疫源地称为疫点。若干个疫源地连成片并范围较大时称为疫区。疫区和疫源地的概念一般没有严格的区分。疫区范围的大小是根据传染源的分布和污染范围的具体情况而定。疫区的存在有一定的时间性，当最后一个传染源死亡、转移或痊愈后，经过该病的最长潜伏期不再有新病例出现，对污染的外界环境进行彻底全面的终末消毒后，才能认为该疫区已不存在；亦有认为疫区和疫源地的概念是不同的，疫源地并不随动物群中传染病的消灭而消失。如发生炭疽的地区扑灭疫情以后，虽然在动物群中已不再存在此病，但这个地区由于在土壤中还有炭疽芽孢存在，仍然是炭疽的疫源地。

二、自然疫源地

1. 自然疫源性疾病与自然疫源地

有些疾病的病原体、传播媒介（昆虫）和宿主动物（野生动物）在自己的世代交替中无限期地存在于自然界中，组成独特的生态系统，这种生态系统自然维持平衡状态，不依赖于人和家畜的参与。但是，对该病原体易感的人和家畜闯入此系统时就会感染发病，这种疾病称为自然疫源性疾病。而由此病原体、传播媒介和宿主动物组成的生态系统所处的地域，称为自然疫源地（natural focus）。这些地方主要包括原始森林、沙漠、草原、深山、沼泽、荒岛等。

自然疫源地不会因人或家畜的偶然闯入而消失。相反，闯入该区域的人和家畜可将病原体带出，使这种疾病在人或家畜中形成新的疫源地。属自然疫源性的人和动物的传染病有：流行性出血热、森林脑炎、狂犬病、犬瘟热、日本脑炎、白蛉热、黄热病、非洲猪瘟、蓝舌病、口蹄疫、鹦鹉热、恙虫病、Q 热、鼠型斑疹伤寒、蜱传斑疹伤寒、鼠疫、土拉伦斯杆菌病、布氏杆菌病、李氏杆菌病、沙门氏菌病、炭疽、类丹毒、蜱传回归热、钩端螺旋体病、弓形体病等。

2. 自然疫源性疾病的特点

具有自然疫源性的疾病，称为自然疫源性疾病。其特点为：

（1）有明显的区域性。这是由于病原体只在特定的生物群落中循环，而特定的生物群落只在特定的地域才存在，因而导致这种疾病具有明显的地方性。

（2）有明显的季节性。自然疫源性疾病的病原体主要以野生脊椎动物（兽和鸟）为天然宿主，以节肢动物为传播媒介。而宿主的活动性和抵抗力，媒介者的活动性和数量多与季节的变化有关，季节也影响人和家畜的活动范围。因此这类疾病在人群或家畜中流行时呈现明显的季节性。

（3）受人类活动的影响。人类的活动，如垦荒、修路、水利建设、采矿、旅游、探险等，常会破坏或扰乱原来的生物群落，使病原体赖以生存、循环的宿主、媒介发生变化，而导致自然疫源性增强、减弱或消失，也会引发从前在本地并不存在的新的自然疫源性疾病。

（4）自然疫源性疾病多数为虫媒传染病，但也有一些为非虫媒传染病和寄生虫病。

（5）自然疫源性疾病一般不在人与人之间传播，但并不是绝对的。

第五节　流行病学调查和分析方法

一、流行病学概念

流行病学（epidemiology）来自希腊文，原意是指研究人群中疾病流行的学科。动物流行病学（epizootiology）则是指研究动物群体中疾病流行问题，它研究的是动物群体中疾病的频率分布及其决定因素。

二、流行病学的调查和分析方法

动物流行病学有四种主要的调查和分析方法，即描述流行病学、分析流行病学、实验流行病学和理论流行病学。

1. 描述流行病学（descriptive epidemiology）

描述流行病学通常是流行病学研究的第一部分，主要内容是观察和记录疾病及其可能的病因因素。观察难免有部分主观性，但与其他学科中的观察一样，由此可以产生假设，随后再进行更严格的检验。描述流行病学的目的不仅是确定问题，而且要充分搞清其特征：程度和空间分布；时间关系；涉及的宿主种类；受威胁的群体及其特征；疾病或新病例出现的频率；现象或事件可能的致病因子、环境或宿主因素；感染传播和维持的方式等。

2. 分析流行病学（analytical epidemiology）

分析流行病学方法是用适当的诊断试验和病因检验对观察结果进行分析。虽然在描述流行病学中也应用简单的描述性分析方法，如率的表述以及中心倾向和离散的度量等，但分析流行病学方法超出了这种纯描述性的过程，而是从总体的样本作出总体中疾病情况的统计学推导。

在很多种情况下，动物流行病学研究直接从描述性阶段过渡到实验性阶段，而不对自然存在的疾病作定量分析。如 Snow 氏关于霍乱的自然实验和 Kilborne 氏确定蜱与得克萨斯热关系的流行病学研究，结果十分明确，毋庸置疑。早期的流行病学研究大多是定性的，无需进行统计分析以加强或支持结论的有效性。随着动物流行病学研究范围的扩大和动物群体疾病情况的变化，分析流行病学方法越来越显得重要。

3. 实验流行病学（experimental epidemiology）

实验流行病学观察和分析从动物组群得到的资料，研究者可以选择这些组群并改变与之有关的因素。实验流行病学研究的一个重要方面是组群的控制和实验因素的控制。因此，实验流行病学研究的不是自然存在的疾病，而是人为控制下的疾病，这与观察研究不同。但在少数情况下，群体中自然存在的疾病情况与理想设计的试验很接近，研究者可以用作“自然实验”（nature experiment）。

4. 理论流行病学（theoretical epidemiology）

理论流行病学方法是以数学模型模拟疾病发生的自然形式，借以表达疾病在群体中流行的过程中各因素内在的和数量的关系，预测发病率或患病率。

在具体的流行病学研究中，上述四种调查和分析方法都有不同程度的应用。例如，调查和研究都有描述性部分和分析性部分组成。建模除描述性和分析性部分外，还包括理论流行病学方法。

5. 流行病学的分支学科

随着基础学科的发展和流行病学研究内容的扩展，流行病学形成了很多分支学科，如血清流行病学、临床流行病学、遗传流行病学、分子流行病学、环境流行病学、比较流行病学等。

第六节　疫病控制的基本原则

疫病的流行是由疫源、传播途径和易感动物等三个因素相互联系而造成的复杂过程。因此，采取适当的防疫措施来消除或切断这三个因素之间的相互联系，就可以使疫病不能继续传播。制定综合性防疫措施时，应在充分考虑疫病宏观控制方案的基础上，制定动物疫病防制的长期规划和短期计划，并根据不同疫病的流行病学特点，分清主要因素和次要因素，确定防制工作的重点环节。

一、疫病防制措施制定的原则

1. 坚持“预防为主”的原则

由于疫病发生后可在动物群中迅速蔓延，有时甚至来不及采取相应的措施已经造成了大面积扩散，因此必须重视疫病“预防为主”的防制原则。同时还应加强工作人员的业务素质和职业道德教育，使其树立良好的职业道德风尚，使我国的野生动物疫病防疫体系沿着健康的轨道发展。尽快与国际社会接轨。

2. 加强和完善防疫法律法规建设

控制动物疫病的工作关系到国家信誉和人民健康，国家林业相关行政部门要以动物疫病学的基本理论为指导，以《中华人民共和国动物防疫法》等法律法规为依据，根据动物生产的规律，制定和完善动物保健和疫病防制相关的法规条例以规范动物疫病的防制。

3. 加强动物疫病的流行病学调查和监测

由于不同疫病在时间、地区及动物群中的分布特征、危害程度和影响流行的因素有一定的差异，因此要制定适合本地区的疫病防制计划或措施，必须在对该地区展开流行病学调查和研究的基础上进行。

4. 突出不同疫病防制工作的主导环节

由于疫病的发生和流行都离不开疫源、传播途径和易感动物群的同时存在及其相互联系，因此任何疫病的控制或消灭都需要针对这3个基本环节及其影响因素，采取综合性防制技术和方法。但在实施和执行综合性措施时，必须考虑不同疫病的特点及不同时期、不同地点和动物群的具体情况，突出主要因素和主导措施，即使为同一种疾病，在不同情况下也可能有不同的主导措施，在具体条件下究竟应采取哪些主导措施要视具体情况而定。

二、预防疫病发生的综合措施

在采取防疫措施时，必须采取包括“养、防、检、治”四个基本环节的综合性措施。综合性防疫措施可分为平时的预防措施和发生疫病时的扑灭措施。

1. 日常预防措施

（1）对于人工饲养的野生动物，应加强饲养管理，搞好卫生消毒工作，增强动物机体的抗病能力。贯彻自繁自养的原则，减少疫病传播。拟订和执行定期预防接种和补种计划。定期杀虫、灭鼠，进行粪便无害化处理。

（2）认真贯彻执行国境检疫、交通检疫、市场检疫等各项工作，以及时发现并消灭疫源。

（3）各地（省、市）相关机构应调查研究当地疫情分布，组织相邻地区对动物疫病的联防协作，有计划地进行消灭和控制，并防止外来疫病的侵入。

2. 应急处置措施

(1) 及时发现、诊断和上报疫情并通知相关单位做好预防工作。

(2) 迅速隔离发病动物，污染的地方进行紧急消毒。若发生危害性大的疫病如口蹄疫、炭疽等应采取封锁等综合性措施。

(3) 以疫苗实行紧急接种，对发病动物进行及时和合理的治疗。

(4) 对病死动物的合理处理。

从流行病学的意义上来看，所谓的疫病预防就是采取各种措施将疫病排除于一个未受感染的动物（群）之外。这通常包括采取隔离、检疫等措施不让疫源进入目前尚未发生该病的地区；采取集体免疫、集体药物预防以及改善饲养管理和加强环境保护等措施，保障一定的动物群体不受已存在于该地区的疫病传染。所谓疫病的防制就是采取各种措施，减少或消除疫病的病源，以降低已出现于动物群体中疫病的发病数和死亡数，并把疾病限制在局部范围内。所谓疫病的消灭则意味着一定种类病原体的消灭。要从全球范围消灭一种疫病是很不容易的，至今很少取得成功。但在一定的地区范围内消灭某些疫病，只要认真采用一系列综合性防治措施，如查明疫源、隔离检疫、群体免疫、群体治疗、环境消毒、控制传播媒介、控制带菌者等，经过长期不懈的努力是完全能够实现的。

三、检疫、隔离、封锁

1. 检疫

用各种诊断方法对动物进行疫病检查，称为检疫。根据场所的不同，检疫可分为口岸检疫、运输检疫、市场检疫、产地检疫、生产检疫等。口岸检疫即进出口和过境检疫；运输检疫即在动物被运输前、运输途中及到达目的地时的检疫；市场检疫是指对在市场上销售的动物及其产品进行检疫；产地检疫是指对动物生产所在地的动物在调出、外运前的检疫；生产检疫则是指饲养者在生产程中对所饲养的动物进行的定期或不定期检疫。无论哪种检疫其目的都是检出疫源，并对其控制或清除。检疫的方法包括临床观察、病理学检验、微生物学检验、血清学检验、分子生物学检验等。

2. 隔离

隔离是将患病动物或可疑感染动物与健康动物隔绝、分离，控制或清除疫源，防止病原体扩散和疫病蔓延。当患病动物数量少时，可将其移走单独饲养即隔离；当健康动物少时，则隔离健康动物。隔离后应及时采取消毒、治疗、免疫接种等相应措施，以控制或扑灭疫情。

3. 封锁

当发生烈性疫病（如炭疽、口蹄疫等）时，需对疫区进行封锁。封锁是最严厉的防疫措施，带有行政强制性，需由相应级别的政府批准实施。封锁后对被封锁区有严格的要求和具体的封锁措施，例如，禁止被封锁区内的人员、动物及其产品向外流动，严格隔离、消毒，紧急免疫接种、治疗或捕杀患病动物，划定疫区范围，被封锁区出入路口设置哨卡及消毒设施等。解除封锁的时间是在最后一个病例死亡或治愈后，经过该病的最长潜伏期再无新病例发生时，经过终末彻底消毒，并报原批准部门同意。

四、消　毒

这里所说的消毒是指外界环境的消毒，目的是杀灭环境中的病原体，切断传播途径，预防或阻止疫病的发生和蔓延，是一项极其重要的防疫措施，必须高度重视。

1. 消毒的种类

根据消毒目的可分为三种情况：一是预防性消毒，即在平时未发生疫病的情况下所进行的定期消毒。二是临时性消毒，即在发生疫病时对疫区进行的紧急消毒。三是终末消毒，即在疫病流行过后或疫源被彻底清除后进行的全面大消毒。

2. 消毒的对象

平时消毒的对象主要是用具、人员、车辆、场站出入口、动物体表等。临时消毒除了上述对象外，还重点包括患病动物的排泄物、分泌物及被其污染的其他对象。临时消毒的特点是每天消毒 1 ~2 次，而且要连续数天。终末消毒的对象则包括上述两类消毒的全部对象。

3. 常用消毒方法及消毒剂

喷洒消毒：适用于圈舍、地面、墙壁、动物体表、笼具、工具等，使用化学消毒剂如过氧乙酸、卫康 THN、菌毒敌、抗毒威、百毒杀等。其中过氧乙酸为 40% 水溶液不稳定，且在 70℃以上时易爆炸，应密闭避光低温保存，使用时配成 0. 5% 水溶液。

熏蒸消毒：适用于室内空间及物品的消毒，消毒剂为甲醛及高锰酸钾。消毒时房间应密闭，1m^3空间用甲醛 25ml，高锰酸钾（或生石灰）25g，水 12. 5ml。先将水与甲醛混合后倒入搪瓷或玻璃容器内，再把高锰酸钾加入容器内，用木棒搅拌数秒，见有浅蓝色气体，操作人员立即离开，密闭熏蒸 24h 便可打开门窗通风。火用于墙壁、水泥屋顶或地面、金属笼具或物品等耐火材料有专用的火焰发生器，也叫喷灯，如酒精喷灯、煤油或小物品或小范围的消毒可用酒精喷灯，而大物品或大范围用油类喷灯。

其他消毒方法：粪便、垃圾可采用生物热积发酵产热的方法；场所出入口可用 2% 氢氧化钠、生饮水可用漂白粉消毒；紫外线则可用于室内空气、墙壁、物品及人员体表的消毒，但对人体特别是眼睛有损伤，应避免长时间照射或直射眼睛。

第九章
疫病各论

第一节 病毒性传染病

一、禽流感（avian influenza）

禽流感是由禽流感病毒引起的禽鸟类急性高度接触性传染病，以前也称为鸡瘟、真性鸡瘟或欧洲鸡瘟，以区别于新城疫。因流感病毒株不同，表现出不同的临床类型，如隐性感染，轻度呼吸道感染，或高度致死性败血症经过。本病为一类传染病。

（一）病原

流行性感冒病毒（influenza virus），简称流感病毒，属于正黏病毒科（Orthomyxoviridae），A型流感病毒属。最新资料表明，正黏病毒科可分为4个属，即A型流感病毒属 *Influenzavirus* A、B型流感病毒属 *Influenzavirus* B、C型流感病毒属 *Influenzavirus* C和托高土病毒属 *Thogotovitus*。在动物和人群中能引起感染发病的只有A型和B型流感病毒，C型流感病毒仅感染人而很少感染动物。

A型流感病毒粒子呈多型性，如球形、椭圆形及长丝状管等，直径为20~120nm。内部为单链负义的RNA，分为8个片段，被螺旋对称的核衣壳所包裹。核衣壳外为病毒囊膜，囊膜上有两种密集而交错排列的纤突，分别称为血凝素（HA）和神经氨酸酶（NA）。前者能与宿主细胞上的特异性受体结合，便于病毒侵入细胞；后者主要与病毒成熟后从细胞内通过细胞膜出芽释放有关。血凝素与病毒凝集多种动物红细胞的特性有关，并能诱导机体产生相应的抗体，因此可以通过血凝（HA）试验和血凝抑制（HI）试验来测定病毒及相应抗体。

HA和NA是流感病毒的表面抗原，均为糖蛋白，具有良好的免疫原性，同时又有很强的变异性，它们是病毒血清亚型及毒株分类的重要依据。目前已知HA抗原有16个亚型，即H1~H16，NA抗原有9个亚型，即N1~N9。由于不同的毒株所携带的HA和NA抗原不同，因此两者组合成了众多的血清亚型，如H1N1、H1N2、H5N2、H7N1等。由HA诱导的相应抗体除能抑制病毒的血凝活性外，还具有中和病毒活性的作用；由NA诱导的抗体具有干扰病毒释放、抑制病毒复制的作用，因此两者均是病毒的保护性抗原，但不同血清亚型之间的交叉保护性较低。流感病毒的核蛋白（NP）和膜基质蛋白（M）是内部抗原，具有较强的保守性，二者共同构成流感病毒的型特异性抗原，如A、B、C三种流感病毒就是根据这两种抗原的差异划分的，通常用琼脂扩散试验测定并区分这两种抗原。

由于流感病毒的基因组具有多个片段，在病毒复制时容易发生不同片段的重组和交换，从而出现新的亚型，尤其是在同一细胞中感染了两个不同血清型或亚型病毒时更是如此。流感病毒的变异主要发生在HA抗原和NA抗原上。当这种变异幅度较小，只引起个别氨基酸或抗原位点变化时叫做“抗原漂移”，这时只产生新的毒株，而不形成新的亚型。当抗原变异幅度较大时，如由H1变为H2或由N1变为N3时，则叫做“抗原转换”，这时产生新的亚型。根据对人流感病毒的分析，一般每2～3年发生1次小变异，15年左右发生1次大变异。因此自1918年至今，已发生过5次大变异，每次变异都造成1次大流行。由于不同亚型之间只有部分交叉保护作用，这就给疫苗研制和本病的防制带来极大的困难。

流感病毒的不同亚型对其宿主的特异性及致病性也不同，例如，引起猪流感的主要是H1N1、H3N2亚型，引起禽流感的主要是H9N2、H5N1、H5N2、H7N1等亚型，引起人流感的主要是H1N1、H2N2、H3N2亚型，引起马流感的主要是H3N8亚型。即使是同一血清亚型的病毒，其毒力有时也有很大差异，例如，同是H5和H7亚型，有些毒株对鸡和火鸡是低致病性的，而另一些毒株却是高致病性的（致死率可达100%）。因此人们根据禽流感病毒的毒力强弱，将其分为高致病性毒株和低致病性毒株两大类。到目前为止，发现高致病性的禽流感毒株均为H5和H7亚型。但是，并非所有H5和H7亚型都是高致病性毒株，甚至在禽流感暴发期间，流行初期和后期分离的毒株在致病力上也有很大的区别。流感病毒的宿主特异性主要由HA对宿主细胞受体的特异性识别所决定，而毒力则是由HA上蛋白酶水解位点处的特殊氨基酸序列所决定。

流感病毒为一种泛嗜性病毒，可存在于感染动物的各器官组织中，但以呼吸道、消化道以及家禽的生殖道含毒量最高。病毒从这些组织的上皮细胞中释放出来并随其分泌物排出体外。本病毒能在发育鸡胚及多种细胞培养中生长，如小鼠、仓鼠、雪貂、鸡胚、马、猴、犬等动物的原代或继代肾细胞等，但以9～11日龄鸡胚的增殖作用为最好。

流感病毒对外界环境的抵抗力不强，对温热、紫外线、酸、碱、有机溶剂等均敏感，但耐低温、寒冷和干燥。当有分泌物、排泄物（如粪便）等有机物保护时，病毒于4℃可存活30天以上，在羽毛中可存活18天，在骨髓中可存活10个月。病毒在冰冻池塘中可以越冬。一般消毒剂和消毒方法，如0.1%新洁尔灭溶液、1%氢氧化钠溶液、2%甲醛溶液、0.5%过氧乙酸溶液等浸泡以及阳光照射、60℃加热10min、堆积发酵等均可将其杀灭。

（二）流行病学

家禽和野鸟对本病毒均易感，如鸡、火鸡、家鸭、野鸭、鹌鹑、野鸡、鹧鸪、珍珠鸡、燕鸥、鸽、鹅等，其中以鸡和火鸡最易感染。过去认为在自然条件下，哺乳动物一般不感染禽流感病毒，但近年来，虎、猫等哺乳动物感染H5N1高致病性禽流感病毒的报道多次出现，同时证实禽流感病毒可直接感染人。禽流感病毒各毒株间的致病性有相当差异。其中一些致病性较强的毒株在自然情况下，发病率和死亡率可高达100%。

患病和病愈的家禽和野禽是禽流感的主要传染源，其次是康复或隐性带毒动物。带毒鸟类和水禽常是鸡和火鸡流感的重要传染源，由于这些禽类感染后可长期（约为30天）带毒并通过粪便排毒，而其自身不表现任何症状，因此在流行病学上具有十分重要的意义。

本病一般只能水平传播，传播途径主要是呼吸道，动物通过咳嗽、打喷嚏等随呼吸道分泌物排出病毒，经飞沫感染其他易感动物。由于感染禽在粪便中会排出大量病毒，因此禽流感的传播途径还包括消化道。除通过上述方式进行间接传播外，流感病毒也进行直接接触传播。目前尚无足够的证据表明本病可以经卵垂直传播。病毒污染的空气、饲料、饮水及其他物品是重要的传播媒介，鼠类、昆虫及犬、猫等可以引起机械性传播。

本病一年四季都可发生，但以晚秋和冬春寒冷季节多见。阴暗、潮湿、过于拥挤、营养不良、卫生状况差、消毒不严格、寄生虫侵袭等都可促使本病的发生或加重病情。当存在其他传染病流行时，可加重禽流感造成的损失。本病常突然发生、传播迅速，呈地方性流行或大流行形式。当鸡和火鸡受到高致病力毒株侵袭时，死亡率极高。

（三）症状

禽流感的临床症状极为复杂，根据禽的种类（鸡、火鸡、鸭、鹅及野鸟等）以及感染病毒的亚型类别的不同，表现为甚急性、急性、亚急性及隐性感染等。家禽中以鸡、火鸡最为易感，鸭、鹅和其他水禽的易感性较低，鸽的自然发病不常见。某些野禽也能感染。急性病例表现呼吸系统、消化系统或神经系统的异常，体温迅速升高达41.5℃以上，拒食，病鸡很快陷于昏睡状态。冠与肉髯常有淡色的皮肤坏死区，鼻有黏液性分泌物，头、颈常出现水肿，腿部皮下水肿、出血、变色。病程往往很短，常于症状出现后数小时内死亡。死前不久，体温常降到常温以下。病死率有时接近100%。有的病例可仅表现轻微的呼吸道症状，或体重减轻、产蛋下降等症状。

（四）病变

头面部、肉垂和鸡冠浮肿，皮下胶样浸润和出血，心包积水、心外膜有点状或条纹状出血点，心肌软化，腺胃黏膜出血，脾脏、肝脏肿大出血，肾肿大，法氏囊水肿呈黄色。火鸡和鸡最显著的病变是卵巢卵泡畸变、发育停滞，出血变形和坏死，严重的出现萎缩。有不同程度的气囊炎。

（五）诊断

1. 初步诊断

根据病的流行特点、临诊表现和病理变化可作出初步诊断。

2. 样本采集

（1）病毒分离材料：拭子和脏器。

用不同大小的棉拭子擦拭气管或泄殖腔，尽量插到深部以取得大量的病料，然后将拭子放入灭菌的保存液（25%～50%甘油盐水、肉汤或每毫升含1 000IU青霉素和10mg链霉素的PBS或Hanks液）中。若在48h内进行试验时，可将材料保存于4℃条件下，否则应放在低温条件下保存。病料的采取时间很重要，一般应在感染初期或发病急性期采取，如转为后期则因机体已形成足够的抗体而不易分离到病毒。

（2）血清：取间隔2～3周发病期和恢复期双份血清。

3. 实验室检验

（1）病原分离和鉴定：病料处理后接种9～11天鸡胚尿囊腔或羊膜腔，培养5天后，取尿囊液作血凝试验，如阳性则证明有病毒繁殖，再以此材料作补体结合试验（决定型）和血凝抑制试验（决定亚型）。初代尿囊液血凝阴性时，可再盲传二代，如仍无血凝性，即可判断为阴性。

（2）血清学检查：血清学检查是诊断流感重要而特异的方法。常用的有琼脂扩散试验、血凝抑制试验和神经氨酸酶试验等。如恢复期的血清效价高于急性期4倍以上，才可确诊。

二、禽痘（avian pox）

是由禽痘病毒引起的禽类的一种接触传染性疾病，通常分为皮肤型和黏膜型，前者多为皮肤（尤以头部皮肤）的痘疹，继而结痂，脱落为特征，后者可引起口腔和咽喉黏膜的纤维素性坏死性炎症，常形成假膜，故又名禽白喉，有的病禽两者可同时发生。

（一）病原

痘病毒科脊椎动物痘病毒亚科中与痘病有关的有 5 个属：正痘病毒属 *Orthopoxvirus*、山羊痘病毒属 *Capripoxvirus*、禽痘病毒属 *Avipoxvirus*、兔痘病毒属 *Leporipoxvirus*、猪痘病毒属 *Parapoxvirus*。禽痘的病原属于禽痘病毒属，包括鸡痘病毒、鸽痘病毒、火鸡痘病毒、金丝雀痘病毒、鹌鹑痘病毒、麻雀痘病毒等。

禽痘病毒呈砖形或椭圆形，为单一分子的双股 DNA，有囊膜，在易感细胞的细胞浆内复制，形成嗜酸性包涵体。

鸡痘病毒在鸡胚或鸭胚绒尿膜上生长良好，并可产生大而突起的白色痘疱，而后中心坏死。本病毒易在全鸡胚细胞中增殖并产生典型的细胞病变和胞浆内包涵体（Bollinger 氏体）。病毒可在鸡胚、鸭胚成纤维细胞和鸡胚皮肤细胞培养生长，并产生细胞病变。鸡痘病毒具有血凝性，常以马的红细胞用作血凝或血凝抑制试验。

病毒对干燥有抵抗力，但对消毒药的抵抗力不强，常用的浓度在 10min 内可使之灭活，从基质释放出来的鸡痘病毒以 1% 氢氧化钾可灭活、但对 1% 苯酚和 1∶1 000 的福尔马林可耐受 9 天，50℃30min 和 60℃8min 可杀死病毒。氯仿－丁醇可使病毒灭活。

禽痘病毒中的成员彼此间在抗原性上有一定区分，但还存在不同程度的交叉关系。

（二）流行病学

本病呈世界性分布。家禽中以鸡的易感性最高，不分年龄、性别和品种都可感染，其次是火鸡，其他如鸭、鹅等家禽虽也能发生，但并不严重。鸟类如金丝雀、麻雀、燕雀、鸽、椋鸟等也常发痘疹，但病毒类型不同，一般不交叉感染，常呈良性经过，但继发感染时可造成大批死亡。鸡以雏鸡和中鸡最常发病，其中最易引起雏鸡大批死亡。禽痘的传染常由健禽与病禽接触引起，脱落和碎散的痘痂是病毒散布的主要形式。一般需经有损伤的皮肤和黏膜而感染。蚊子及体表寄生虫可传播本病。蚊子的带毒时间可达 10～30天。

本病一年四季均可发生，以春秋两季和蚊子活跃的季节最易流行。拥挤、通风不良、阴暗、潮湿、体表寄生虫、维生素缺乏和饲养管理恶劣，可使病情加重。如有葡萄球菌病、传染性鼻炎、慢性呼吸道病等并发感染，可造成大批死亡。

（三）症状

潜伏期 4～8 天。依侵染部位不同，分为皮肤型、黏膜型、混合型。

皮肤型：以头部皮肤，有时见于腿、脚、泄殖腔和翅内侧形成一种特殊的痘疹为特征。常见于冠、肉髯、喙角、眼皮和耳球上，起初出现细薄的灰色麸皮状覆盖物，迅速长出结节，初呈灰色，后呈黄灰色，逐渐增大如豌豆样，表面凹凸不平，干而硬，内含有黄脂状糊块。有时结节很多并互相融合，产生大块的厚痂，以致使眼缝完全闭合。一般无明显的全身症状，但病重的小鸡则有精神萎靡、食欲消失、体重减轻等。产蛋鸡产蛋减少或停止。

黏膜型：多发于小鸡，病死率较高，小鸡可达50%，病初呈鼻炎症状。病禽委顿厌食，流浆性黏液性鼻液，后转为脓性。眼睑肿胀，结膜充满脓性或纤维蛋白渗出物，甚至引起角膜炎而失明。鼻炎出现后2~3天，口腔、咽喉等处黏膜发生痘疹，初呈圆形黄色斑点，逐渐扩散为大片的沉着物（假膜），随后变厚而成棕色痂块，凹凸不平，且有裂缝。痂块不易剥落，强行撕脱，则留下易出血的表面，上述假膜有时伸入喉部，引起呼吸和吞咽困难，甚至窒息而死。

混合型：即皮肤黏膜均被侵害。发生严重的全身症状，继而发生肠炎，病禽有时迅速死亡，有时急性症状消失，转为慢性腹泻而死。

火鸡痘与鸡痘的症状基本相似，因增重受阻造成的损失比因病死亡者还大。产蛋火鸡呈现产蛋减少和受精率降低，病程一般2~3周，严重者为6~8周。

鸽痘的痘疹，一般发生在腿、脚、眼睑或靠近喙角基部，个别的可发生口疮（黏膜型）。

（四）病变

除可见的外部病变外，肝、脾和肾常肿大，肠黏膜有出血点，心肌实质变性。组织学检查，见病变部位的上皮细胞内有胞浆内包涵体。

火鸡痘与鸡痘的病变基本相似。

（五）诊断

1. 初步诊断

根据皮肤型和混合型的症状特点，可作初步诊断。单纯的黏膜型易与传染性鼻炎混淆。必要时进行病原学检查、鸡胚接种、动物接种及血清学检查。

2. 样本采集

（1）病料：用灭菌的剪刀或镊子切取痘病变部，深达上皮组织，以新形成的痘疹最好（此组织可作超薄切片检查，也可研磨取上清用作负染电镜检查）。分离病毒时，将痘病变组织置于灭菌乳钵内，加石英砂充分研磨，并加入PBS等制成10%乳剂。

（2）血清：取间隔2~3周发病期和恢复期双份血清。

3. 实验室检验

（1）病原学检查：取病料作成1:5~1:10的悬浮液，擦入划破的冠，肉髯或皮肤上以及拔去羽毛的毛囊内，如有痘毒存在，被接种鸡在5~7天内出现典型的皮肤痘疹症状。

（2）血清学试验：可采用琼脂扩散沉淀试验、间接血凝试验、血清中和试验、免疫荧光抗体技术及酶联免疫吸附试验等方法进行诊断。

三、鸭瘟（duck plague）

鸭瘟是鸭和鹅的一种急性接触性传染病，其特征为体温升高，两腿麻痹、下痢、流泪和部分病鸭头颈肿大；食道黏膜有小出血点，并有灰黄色假膜覆盖或溃疡，泄殖腔黏膜充血、出血、水肿和假膜覆盖；肝有不规则大小不等的出血点和坏死灶。本病传播迅速，发病率和病死率都很高。

（一）病原

鸭瘟病毒（duck plague virus）属疱疹病毒科（Herpesviridae）疱疹病毒甲亚科的鸭疱

疹病毒。病毒粒子呈球形，直径为160～180nm，含双股DNA，立体对称，有囊膜。病毒对乙醚和氯仿敏感。鸭瘟病毒能在9～12日龄鸭胚中增殖和继代。初次分离时，被接种的鸭胚在5～9天死亡，随着继代次数增加，则提前至4～6天死亡，致死的胚体出现广泛的出血和水肿，绒毛尿囊膜上有灰白色坏死斑点，有的胚体肝有坏死灶。

此病毒也能适应于鹅胚，但病毒不能直接适应于鸡胚，必须先经过鸭胚或鹅胚几代后，才能适应于鸡胚，鸡胚的病变与鸭胚相同。鸭瘟病毒通过鸡胚传代后，对鸡胚的毒力增强，同时失去了对鸭的致病力，从而容易培育出免疫用弱毒疫苗株。鸭瘟病毒也能在鸭胚成纤维细胞培养物内增殖和传代，并产生明显的细胞病变。

病毒存在于病禽各个器官、血液、分泌物及排泄物中，其中以肝、脾、食道、泄殖腔、脑内的含量最高。

病毒对低温的抵抗力较强，含毒的鸭肝保存在－10～－20℃低温冰箱中，经347天病毒仍有存活。含毒组织的悬液加热至60℃，经15min，对病毒无明显影响，但在80℃经5～10min即可将病毒杀死、0.1%升汞10min，0.5%漂白粉和5%石灰乳30min，对鸭瘟病毒有致弱和杀灭作用。本病毒对乙醚和氯仿敏感。病毒在pH7～9时，经6h不减低毒力；在pH3和pH11时，病毒迅速灭活。各地分离的鸭瘟病毒株具有相同的抗原成分，不凝集各种动物的红细胞。

（二）流行病学

鸭最易感，鹅、野鸭、雁类、天鹅、鸳鸯等水禽均能感染，但鸡、火鸡、鸽以及哺乳类动物等均不感染鸭瘟。有关鹅自然感染鸭瘟的报告虽有不少，但发生的病例只是少数，一般认为需要在有某些使鹅抵抗力下降的因素存在的情况下（如天气大旱、变化无常，或收购站收购活鹅时，密集饲养在仓库内）才感染发病。有人研究了雁形目各个禽种对鸭瘟人工感染的易感性。发现除家养品种外，绿头鸭、白眉鸭、赤膀鸭、赤颈鸭、姻鸭、凤头潜鸭、白额雁、豆雁等都能发生致死性感染。欧洲绿翅鸭和针尾鸭不发生致死性感染，但对实验感染可产生抗鸭瘟抗体。绿头鸭对致死性感染有较强的抵抗力，但他们认为这种鸭可能是自然的储毒宿主。在美国也曾有在绿头鸭等野生水禽中暴发鸭瘟的报道。成年鸭发病率及死亡率较高，常造成毁灭性损失，1月龄以下雏鸭发病较少。

鸭瘟的传染源主要是病鸭和潜伏期的感染鸭，以及病愈不久的带毒鸭（至少带毒3个月）。某些野生水禽感染病毒后，可成为远距离传播本病的自然疫源和媒介。在自然情况下主要经消化道、生殖道、眼结膜及呼吸道感染，其他动物、人或昆虫为媒介传播。

鸭瘟一年四季都可发生，但一般以春夏之际和秋季流行最为严重。一般发病的时间为数天到1个月左右，发病率和死亡率在90%以上。

（三）症状

潜伏期一般为3～4天。病初体温升高（43℃以上），呈稽留热。这时病鸭表现精神委顿，头颈缩起，食欲减少或停食，渴欲增加，羽毛松乱无光泽，两翅下垂，两脚麻痹无力，走动困难或伏卧不起。流泪和眼睑水肿是鸭瘟的一个特征症状，病初流出浆性分泌物，以后变黏性或脓性，将眼睑黏连而不能张开。严重者眼睑水肿或外翻，眼结膜充血或小点出血，甚至形成小溃疡。部分病鸭的头颈部肿胀，俗称为“大头瘟”，有的鼻腔流出稀薄或黏稠的分泌物，呼吸困难，叫声嘶哑，频频咳嗽，同时，病鸭排绿色或灰白色稀粪，泄殖腔黏膜充血、出血、水肿并形成黄绿色的假膜，不易剥离。病程一般为2～

5 天，慢性可拖至 1 周以上，生长发育不良。病鸭的红细胞和白细胞均减少。

自然条件下鹅感染鸭瘟，其临诊特征为体温升高，两眼流泪，鼻孔有浆性和黏性分泌物。病鹅的肛门水肿，严重者两脚发软，卧地不愿走动，食道和泄殖腔黏膜有一层灰黄色假膜覆盖，黏膜充血或斑点状出血和坏死。

（四）病变

全身出血、水肿，皮肤、黏膜及浆膜出血，皮下组织呈弥漫性水肿，实质器官变性，消化管出血、炎症及坏死，咽、食管和泄殖腔有特征性灰黄色假膜，剥离后留有溃疡斑痕，腺胃与食管膨大部交界处有一条灰黄色坏死带或出血带，肝表面有大小不等的灰白色坏死灶，坏死灶中间有小出血点，法氏囊呈深红色，表面有针尖状的坏死灶，囊腔充满白色的凝固性渗出物，胆囊肿大并充满黏稠胆汁，黏膜充血并有小溃疡，脾有坏死灶。产蛋母鸭卵巢滤泡增大并有出血点或出血斑，有的卵泡破裂而引起腹膜炎。组织学检查，肝细胞明显肿胀、变性，肝中央静脉红细胞崩解，血管周围有凝固性坏死灶，肝细胞有核内包涵体。

（五）诊断

1. 初步诊断

根据流行病学特点、特征症状和病变可做出初步诊断。

本病传播迅速，发病率和病死率高，自然流行除鸭、鹅易感外，其他家禽不发病。

特征性症状为体温升高，流泪，两腿麻痹和部分病鸭头颈肿胀。

有诊断意义的病变为食道和泄殖腔黏膜溃疡和有假膜覆盖的特征性病变和肝脏坏死灶及出血点。

2. 样本采集

（1）对于可疑鸭瘟的病鸭或尸体，可无菌操作打开胸腹腔，采取小块肝、脾，置于密封的无菌冷藏容器中，供病毒分离。

（2）取心、肝、脾、肾、食道、肠、前胃和食管连接部、法氏囊和眼，供病理组织学检查。

（3）无菌采血，分离血清，冷藏备用。

3. 实验室检验

（1）病毒分离鉴定：以肝、脾为病料制成悬液，经处理接种 9～12 日龄无母源抗体鸭胚或鸭胚成纤维细胞（原代细胞比继代细胞更敏感）。接种 2～4 天后，取培养物作包涵体染色检查，可发现大量核内包涵体。也可通过中和试验或免疫荧光抗体技术检测细胞培养物或组织中的病毒抗原，或用 PCR 技术检测病料或细胞培养物中的鸭瘟病毒。

（2）血清学试验：检测血清中鸭瘟抗体的方法主要有中和试验、琼脂扩散试验、ELISA、反向间接血凝试验及免疫荧光技术等。

四、鸡新城疫（newcastle disease，ND）

新城疫也称亚洲鸡瘟或伪鸡瘟，是由病毒引起的鸡和火鸡急性高度接触性传染病，常呈败血症经过。主要特征是呼吸困难、下痢、神经紊乱、黏膜和浆膜出血。

（一）病原

新城疫病毒（newcastle disease virus，NDV）属于副黏病毒科（Paramyxoviridae）腮腺

炎病毒属 *Rubulavirus*，完整病毒粒子近圆形，直径为 120～300nm，含单股 RNA，有双层囊膜，囊膜上有纤突，其表面的纤突能凝集多种动物的红细胞，如鸡、火鸡、鸭、鹅及某些哺乳动物（人、豚鼠）的红细胞，并能被抗 NDV 抗体抑制。NDV 只有一种血清型，从世界各地分离出的病毒均属同一抗原性和免疫原性。新城疫病毒的毒力变化很大，从自然界分离的毒株按其毒力可分为强毒、中毒和弱毒等品系毒株，由于病毒毒力的不同，表现出不同的流行病学、临床和病理特征。根据 NDV 毒株的致病性差异，一般将其分为三个类型，即速发型毒株（包括嗜内脏型、嗜神经型、嗜肺型）、中发型毒株和缓发型毒株。

病毒对外界物理因素的抵抗力较其他病毒稍强，在未经消毒的密闭鸡舍内，经秋、冬、春 3 季连续 8 个月内，仍有传染作用，鸡粪中的病毒经直射日光照射 72h 才能杀死。病毒对乙醚、氯仿敏感。60℃30min 失去活力，真空冻干病毒在 30℃，可保存 30 天，直射阳光下，病毒经 30min 死亡。病毒在冷冻的尸体可存活 6 个月以上。常用的消毒药如 2% 氢氧化钠、5% 漂白粉、70% 酒精在 20min 即可将 NDV 杀死。对 pH 稳定，pH3～10 不被破坏。

（二）流行病学

鸡和火鸡最易感，其他多种禽鸟无论是野生的还是人工饲养的都可感染，如环颈雉、鹌鹑、燕八哥、麻雀、鸽子、孔雀、燕雀、乌鸦、鹰、猫头鹰、鹦鹉、鸵鸟、犀鸟、鹧鸪、巨嘴鸟、小枭、兀鹰、白尾鹫、鸬鹚等都能感染。水禽（如鸭、鹅、天鹅及塘鹅等）虽能感染病毒，但很少引起重病。野生水禽被认为是重要的储存宿主，可隐性携带病毒。哺乳动物（除个别小型毛皮兽，如水貂外）新城疫感染危害极小。人可感染，表现为结膜炎或类似流感症状。

本病的主要传染源是病鸡以及在流行间歇期的带毒鸡。感染鸡在出现症状前 24h，其口鼻分泌物和粪便中已开始排出病毒，污染饲料、饮水、垫草、用具和地面等环境。潜伏期病鸡所生的蛋，大部分也含有病毒。痊愈鸡在症状消失后 5～7 天停止排毒，少数病例在恢复后 2 周，甚至到 2～3 个月后还能从蛋中分离到病毒。在流行停止后的带毒鸡，常有精神不振，咳嗽和轻度神经症状。这些鸡也都是传染源。病鸡和带毒鸡也从呼吸道向空气中排毒。野禽、鹦鹉类的鸟类常为远距离的传染媒介。

本病的传染主要是通过病鸡与健康鸡的直接接触。在自然感染的情况下，主要是经呼吸道和消化道感染。创伤及交配也可引起传染。病死鸡的血、肉、内脏、羽毛、消化道内容物和洗涤水等，如不加以妥善处理，也是主要的传染源。带有病毒的飞沫和灰尘，对本病也有一定的传播作用。非易感的野禽、外寄生虫、人、畜均可机械地传播本病毒。

本病一年四季均可发生，但以春秋两季较多。易感鸡群一旦被速发性嗜内脏型鸡新城疫病毒所传染，可迅速传播呈毁灭性流行，发病率和病死率可达 90% 以上。但近年来，由于免疫程序不当，或有其他疾病存在抑制 ND 抗体的产生，常引起免疫鸡群发生新城疫而呈现非典型的症状和病变，其发病率和病死率略低。

（三）症状

自然感染的潜伏期一般为 3～5 天，根据临诊表现和病程的长短分为最急性、急性、亚急性和非典型性。

最急性型：突然发病，常无特征症状而迅速死亡。多见于流行初期和雏鸡。

急性型：由嗜内脏速发型新城疫病毒所致。病初体温升高达43～44℃，食欲减退或废绝，有渴感，精神高度沉郁，嗜睡，鸡冠及髯渐变暗红色或暗紫色。母鸡产蛋停止或产软壳蛋。随着病程的发展，出现比较典型的症状：病鸡咳嗽，呼吸困难，有黏液性鼻漏，头常肿胀，张口呼吸，并发出“咯咯”的喘鸣声或尖锐的叫声。嗉囊内充满液体内容物，倒提时常有大量酸臭液体从口内流出。粪便稀薄，呈黄绿色或黄白色，有时混有少量血液，后期排出蛋清样的排泄物。有的病鸡还出现神经症状，如翅、腿麻痹等，最后体温下降，不久在昏迷中死亡。病程2～5天。1月龄内的小鸡病程较短，症状不明显，病死率高。

亚急性或慢性：由嗜神经速发型新城疫病毒所致。初期症状与急性相似，不久后渐见减轻，但同时出现神经症状，患鸡翅腿麻痹，跛行或站立不稳，头颈向后或向一侧扭转，常伏地旋转，动作失调，反复发作，半瘫痪，一般经10～20天死亡。此型多发生于流行后期的成年鸡，病死率较低。

非典型新城疫：主要发生于免疫鸡群，是由于雏鸡的母源抗体高，接种新城疫疫苗后，不能获得坚强免疫力或因免疫后时间较长，保护力下降到临界水平，当鸡群内本身存在NDV强毒循环传播，或有强毒侵入时，仍可发生新城疫，症状不很典型，仅表现呼吸道和神经症状，其发病率和病死率较低，有时在产蛋鸡群仅表现产蛋下降。

鸽感染NDV时，其临诊症状是腹泻和神经症状，还可诱发呼吸道症状。幼龄鹌鹑感染NDV，表现神经症状，死亡率较高，成年鹌鹑多为隐性感染。火鸡和珠鸡感染NDV后，一般与鸡相同，但成年火鸡症状不明显或无症状。

（四）病变

急性型的主要病变是全身黏膜和浆膜出血，淋巴系统肿胀、出血和坏死，尤其以消化道和呼吸道为明显。嗉囊充满酸臭味的稀薄液体和气体。腺胃黏膜水肿，其乳头或乳头间有鲜明的出血点，或有溃疡和坏死，这是比较特征的病变。肌胃角质层下也常有出血点。小肠、盲肠和直肠黏膜有出血点，肠黏膜上有纤维素性坏死性病变，有的形成假膜，假膜脱落后即成溃疡。盲肠扁桃体常见肿大、出血和坏死。产蛋母鸡的卵泡和输卵管充血，卵泡膜破裂后引起卵黄性腹膜炎。

亚急性型主要病变是喉头、气管黏膜有较明显的浆液性、黏液性或充出血性炎症，出血严重时，整个气管黏膜红染，甚至黏液带有血液。此外，鼻腔黏液较多，黏膜可能红染，肺有时可见淤血或水肿。心冠脂肪有细小如针尖大的出血点。

非典型新城疫，其病变不很典型，仅见黏膜卡他性炎症、喉头和气管黏膜充血，腺胃乳头出血少见，但多剖检数只，可见有的病鸡腺胃乳头有少数出血点，直肠黏膜和盲肠扁桃体多见出血。

（五）诊断

1. 初步诊断

根据本病的流行病学、症状和病变进行综合分析，可作出初步诊断。

2. 样本采集

（1）组织标本：从感染后3～5天的病禽的组织器官、体液和分泌物内，均易分离获得病毒。其中以肺、脾、脑内的病毒含量最高，骨髓内含毒时间最长。在需向诊断实验室寄送标本时，最好割取鸡头，用油纸包扎并于冷藏条件下寄去，这在典型新城疫以及呈现神经症状的病鸡，常可取得病毒分离的良好效果。

（2）拭子：咽拭，肛拭。

（3）血清：有条件时采集病禽暴发疑似新城疫急性期（10天）及康复后期的双份血清。

注意：接种过疫苗的禽发生感染时，采取标本的时间应推迟至感染后的6～14天。

3．实验室检验

（1）病毒分离：病料处理后接种9～11日龄鸡胚或鸡胚成纤维细胞进行培养。用红细胞凝集试验（HA）和红细胞凝集抑制试验（HI）对所分离的病毒进行鉴定。

但应注意：①从鸡分离出NDV还不能证明该鸡群流行ND，必须针对分离的毒株作毒力测定后，才能作出确诊。还可以应用免疫组化和ELISA或分子生物学技术来诊断本病。②病毒分离只有在患病初期或最急性病程中才能获得成功。

（2）血清学试验：

①血凝抑制（HI）试验。按常规先测定病毒的血凝价，再做血凝抑制试验，检测血清的凝集抑制抗体的高低。血凝抑制试验灵敏度高，迄今所知，除火鸡副流感外，鸡的其他病毒病不含产生与新城疫病毒发生交叉反应的抗体。

②空斑减少中和试验。将连续稀释的血清与定量的已知病毒（50～100个空斑形成单位）混合，孵育，接种于鸡胚成纤维细胞单层上，加覆盖层进行培养。设对照组。一般于72h加上第二层带有中性红的覆盖层。24～48h在适当的光线下观察，根据一定稀释度的血清所减少的空斑数，即可获得血清的中和抗体滴度。此方法是检测中和抗体最敏感的方法。

五、马立克氏病（marek’s disease，MD）

马立克氏病是最常见的一种鸡淋巴组织增生性传染病，以外周神经、性腺、虹膜、内脏器官、肌肉和皮肤的单核性细胞浸润和形成肿瘤为特征。

（一）病原

马立克氏病病毒（maker’s disease virus，MDV）属疱疹病毒。病毒核衣壳呈六角形，85～100nm，带囊膜的病毒粒子直径150～160nm。羽囊上皮细胞中的带囊膜病毒粒子273～400nm，随角化细胞脱落，成为传染性很强的无细胞病毒，这种游离病毒，对外界环境有很强的抵抗力，污染的垫料和羽屑在室温下其传染性可保持4～8个月，4℃至少为10年，但常用化学消毒剂可使病毒失活。

（二）流行病学

本病主要发生于鸡，尤其是对集约化程度高的鸡群威胁更大。非鸡属禽鸟对本病很少或没有易感性。火鸡、野鸡、鹌鹑、鹧鸪虽然也是MDV的自然宿主，而病例相当少见。但有鸵鸟、高地鹅、鸭和猫头鹰患病的报告。鸭在接种MDV后可以感染并产生沉淀抗体，但不发病。各种哺乳动物（包括仓鼠、大鼠和猴等）都能抵抗MDV的感染。

鸡是最重要的自然宿主，主要发生在2～5月龄的幼鸡，不同品种或品系的鸡均能感染，但对发生MD（肿瘤）的抵抗力差异很大。病鸡和带毒鸡是主要的传染源，病毒通过直接或间接接触经呼吸道感染，不发生垂直传播。鸡群所感染的MDV的毒力对发病率和死亡率影响很大，应激等环境因素也可影响MD的发病率。

（三）症状

本病是一种肿瘤性疾病，潜伏期较长。有神经型、内脏型、眼型及皮肤型。有时可混合发生。

神经型（古典型）：主要侵害外周神经。坐骨神经受害时，引起一肢或两肢发生不全麻痹，步态不稳。并呈现一腿前伸而另一腿后伸的特征性“劈叉”姿势。支配颈肌肉的神经受害时，头下垂或头颈歪斜。迷走神经受害时，失声，嗉囊扩张，呼吸困难。腹神经受害时，腹泻。终因活动受碍而采食及饮水困难，日渐脱水、消瘦、衰竭死亡。

内脏型（急性型）：常发于幼禽，多急性暴发。大批禽精神委顿，几天后出现共济失调、不吃不喝，随后单肢或两肢麻痹，终因脱水、消瘦及衰竭死亡。部分病禽无特征性症状而突然死亡。

眼型：单眼或双眼视力减退或失明，虹膜常出现同心环状或斑点状褪色，呈弥漫性灰白色混浊，瞳孔边缘不齐，严重时瞳孔只剩下一个针尖大的小孔。

皮肤型：在大腿、颈及躯干背面见有粗大羽毛的毛囊增大并形成小结节或肿瘤。

（四）病变

主要见于神经系统，以腹腔神经丛、前肠系膜神经丛、臂神经丛、坐骨神经丛和内脏大神经最常见。受害神经横纹消失，变为灰白色或黄白色，有时呈水肿样外观，局部或弥漫性增粗可达正常的2~3倍以上。病变常为单侧性，将两侧神经对比有助于诊断。

内脏型的常在多种内脏器官出现大小不等的肿瘤块，灰白色，质地坚硬而致密，与原有组织相间有大理石样花纹。最常被侵害的是卵巢，其次为肾、脾、肝、心、肺、胰、肠系膜、腺胃和肠道。法氏囊常萎缩。皮肤毛囊见有浅白色结节或肿瘤状物。

组织学检查，淋巴样细胞浸润，主要是T细胞。

（五）诊断

1. 初步诊断

根据MD特异的流行病学、临诊症状和病理变化可作出初步诊断。

2. 样本采集

（1）病禽腋下羽毛数根。

（2）取发生肿瘤的器官组织，供组织学检查用。

（3）取新鲜的肿瘤细胞、肾、脾或外周血液中的白细胞（要保持细胞的活力），用于病毒分离。注意：由于MDV是高度细胞结合性的，所以必须用全细胞作为接种物，而且在接种前要保持这些细胞的活性，因此应尽快进行接种。

（4）血清：采取发病初期和2~3周后的双份血清。

3. 实验室检验

（1）病毒的分离与鉴定：人工接种病毒后1~2天或接触感染后5天，就可从鸡体采取病料，以分离出病毒。被检材料可接种鸭胚成纤维细胞或鸡胚肾细胞。直接用病鸡的肾细胞进行培养，似乎更容易分离到MD病毒。待细胞出现蚀斑后采用荧光抗体试验鉴定。

（2）血清学试验：用来诊断MD的血清学方法有多种，如琼脂扩散试验、间接荧光抗体试验、间接血凝试验等。其中以琼脂扩散试验较为简单易行，已广泛用来检测抗MD病毒抗体和MD病毒的存在。

六、传染性支气管炎（infectious bronchitis，IB）

传染性支气管炎（IB）是由病毒引起的鸡的一种急性、高度接触传染性的呼吸道疾病。其特征是病鸡咳嗽、喷嚏和气管发生啰音。在雏鸡还可出现流涕，产蛋鸡产蛋减少和质量变劣。肾病变型肾肿大，有尿酸盐沉积。

（一）病原

传染性支气管炎病毒（infectious bronchitis virus，IBV）属于冠状病毒科（Coronaviridae）冠状病毒属 *Coronavirus* 中的一个代表种。多数呈圆形，直径 80～120nm。基因组为单股正链 RNA，长为 27kb。病毒粒子带有囊膜和纤突。感染鸡胚尿囊液不凝集鸡红细胞，但经 1% 胰酶或磷脂酶 C 处理后，则具有血凝性。多数病毒株在 56℃15min 灭活，－20℃能保存 7 年之久。病毒对一般消毒剂敏感，如在 0.01% 高锰酸钾 3min 内死亡。病毒在室温中能抵抗 1% HCl、1% 石炭酸和 1% NaOH 1h。

（二）流行病学

本病仅发生于鸡，但小雏可感染发病，其他家禽均不感染。各种年龄的鸡都可发病，但雏鸡最为严重。有母源抗体的雏鸡有一定抵抗力（约 4 周）。过热、严寒、拥挤、通风不良、维生素、矿物质和其他营养缺乏以及疫苗接种等均可促进本病的发生。本病的主要传播方式是病鸡从呼吸道排出病毒，经空气飞沫传染给易感鸡。此外，通过饲料、饮水等，也可经消化道传染。

本病无季节性，传播迅速，几乎在同一时间内有接触史的易感鸡都发病。

（三）症状

潜伏期 36h 或更长一些。病鸡看不到前驱症状，突然出现呼吸症状，并迅速波及全群，这是本病的特征。4 周龄以下鸡常表现伸颈、张口呼吸、喷嚏、咳嗽、啰音。病鸡全身衰弱，精神不振，食欲减少，羽毛松乱，昏睡、翅下垂，常挤在一起，借以保暖。个别鸡鼻窦肿胀，流黏性鼻汁，眼泪多，逐渐消瘦。康复鸡发育不良。5～6 周龄以上鸡，突出症状是啰音、气喘和微咳，同时伴有减食、沉郁或下痢症状。成年鸡出现轻微的呼吸道症状，产蛋鸡产蛋量下降，并产软壳蛋、畸形蛋或粗壳蛋，蛋品质量差，3～4 周后逐渐恢复，但达不到发病前的水平。雏鸡的死亡率可达 25%，6 周龄以上的鸡死亡率很低。康复后的鸡具有一年以上的免疫力。肾型毒株感染鸡，呼吸道症状轻微或不出现，或呼吸症状消失后，病鸡沉郁、持续排白色或水样下痢、迅速消瘦、饮水量增加，死亡率较高。近年来又出现腺胃型传支，主要表现为病鸡消瘦，死亡率较高，存活鸡发育不良。

（四）病变

主要病变是气管、支气管、鼻腔和窦内有浆液性、卡他性和干酪样渗出物。气管黏膜充血、水肿，被覆水样或略黏稠的半透明黏液。气囊混浊或含有黄色干酪样渗出物。产蛋母鸡的腹腔内可以发现液状的卵黄物质，卵泡充血、出血、变形。18 日龄以内的幼雏，有的见输卵管发育异常，致使成熟期不能正常产蛋。感染肾型传支后，肾肿大出血，多数呈斑驳状的“花肾”，肾小管和输尿管因尿酸盐沉积而扩张。在严重病例，白色尿酸盐沉积可见于其他组织器官表面。腺胃型传支表现腺胃极度肿大，变硬，腺胃黏膜及乳头出血，挤压时有脓性分泌物流出。

（五）诊断

1. 初步诊断

根据临诊病史、症状和病变可作出初步诊断。但确诊必须依靠病毒分离和鉴定。

2. 样本采集

（1）拭子：感染初期的气管拭子或感染1周以上病鸡的泄殖腔拭子。

（2）组织材料：可用病鸡的气管、肺，制成5～10倍乳剂。

（3）血清：采取发病初期和2～3周后的双份血清。

3. 实验室检验

（1）病毒分离鉴定：样品处理后尿囊腔接种于10～11日龄的鸡胚。初代接种的鸡胚，孵化至19天，可使少数鸡胚发育受阻，而多数鸡胚能存活，这是本病毒的特征。若在鸡胚中连续传代几代，则可使鸡胚呈现规律性死亡，并出现特征性的病变：鸡胚发育受阻、胚体萎缩成小丸形，羊膜增厚，紧贴胚体，卵黄囊缩小，尿囊液增多等。用IBV特异的多克隆或单克隆抗体对感染鸡胚的绒尿膜（CAM）切片，或尿囊液的细胞沉积物涂片作免疫荧光或免疫酶试验可以快速鉴定分离的病毒是IBV。剖检时取感染的气管黏膜或其他组织作切片，可用免疫荧光或免疫酶试验直接检测IBV抗原。近年来已建立起直接检查感染鸡组织中IBV核酸的RT－PCR方法。

（2）血清学诊断：由于IBV抗体多型性，不同血清学方法对群特异和型特异抗原反应不同。酶联免疫吸附试验、免疫荧光及免疫扩散一般用于群特异血清抗体检测，而中和试验、血凝抑制试验一般可用于初期反应抗体的型特异抗体检测。病毒中和试验常用于IBV毒株的血清分型。如果康复期的血清效价高于病初血样4倍以上，即可确诊为本病。

七、传染性法氏囊病（infectioous bursal discase，IBD）

本病是由传染性法氏囊病病毒引起幼鸡的一种急性、高度接触性传染病。发病率高、病程短。主要症状为腹泻、颤抖、极度虚弱。法氏囊、肾脏的病变和腿肌胸肌出血，腺胃和肌胃交界处条状出血是具有特征性的病变。幼鸡感染后，可导致免疫抑制，并可诱发多种疫病或使多种疫苗免疫失败。

（一）病原

传染性法氏囊病病毒(infectious bursal disease virus,IBDV),属于双股双节RNA病毒科(Birnaviridae),双股双节RNA病毒属*Birnavirus*,无囊膜,病毒粒子直径为55～65nm。

本病毒可在鸡胚和细胞培养基中生长繁殖，使鸡胚致死和产生细胞病变（蚀斑）。用绒毛尿囊膜方法感染发育鸡胚最敏感。死亡鸡胚可出现腹部水肿，皮肤充血，点状出血，关节出血，肝脏有坏死灶和出血斑等病变。

病毒在外界环境中极为稳定，能够在鸡舍内长期存在。病毒特别耐热，56℃3h，病毒效价不受影响，60℃90min病毒不被灭活，70℃30min可灭活病毒。一般的消毒药对该病毒的灭活能力较弱。因此，被病毒污染的鸡舍是难以消除的。

（二）流行病学

自然情况下，鸡、火鸡、藏马鸡等易感，鸭、鹅、鸽、鹌鹑等不感染。

对鸡来说，主要发生于2～15周龄的鸡，3～6周龄的鸡最易感。近年有138日龄的鸡也发生本病的报道。成年鸡一般呈隐性经过。病鸡是主要传染源，其粪便中含有大量的病毒，污染了饲料、饮水、垫料、用具、人员等，通过直接接触和间接传播。

本病往往突然发生，传播迅速，通常在感染的第3天开始死亡，5~7天达到高峰，以后很快停息，表现为高峰死亡和迅速康复的曲线。近年来，不少国家和地区报道发现IBV超强毒毒株的存在，死亡率可高达70%。本病常与大肠杆菌病、新城疫、鸡支原体病混合感染，死亡率也很高。

（三）症状

本病潜伏期为2~3天。最初发现有些鸡啄自己的泄殖腔。病鸡羽毛蓬松，采食减少，畏寒，常挤堆在一起，精神委顿，随即病鸡出现腹泻，排出白色黏稠和水样稀粪，泄殖腔周围的羽毛被粪便污染。严重者病鸡头垂地，闭眼、昏睡。在后期体温低于正常，严重脱水，极度虚弱，最后死亡。近几年来，发现由IBDV的亚型毒株或变异株感染的鸡，表现为亚临诊症状，炎症反应弱，法氏囊萎缩，死亡率较低，但由于产生免疫抑制严重，而危害性更大。

（四）病变

尸体脱水，腿部和胸部肌肉出血。法氏囊的病变具有特征性，主要是水肿，囊壁增厚，质硬，外形变圆，呈淡黄色，或有明显出血，黏膜皱褶上有出血点和出血斑，水肿液呈淡红色，浆膜表现黄白色胶冻样浸润，有的严重出血，呈紫葡萄状。但感染5天后法氏囊逐渐萎缩，切开后黏膜皱褶多混浊不清。严重者法氏囊内有干酪样渗出物。肾脏有不同程度的肿胀，常有尿酸盐沉着。腺胃和肌胃交界处见有条状出血点。

（五）诊断

1. 初步诊断

根据本病的流行病学和病变的特征可作出初步诊断。

2. 样本采集

（1）病料：IBD在早期引起全身性感染，除脑外，多数器官中都含有病毒，其中以法氏囊和脾中的含毒量最高，其次为肾脏。因脾污染杂菌的机会较少，所以常采用脾分离病毒。由于病毒血症的时间短暂，故应在发病早期取法氏囊、脾或肾作为分离病毒的材料。还可取濒死或死亡病雏的法氏囊和脾脏，供病理组织学检查用。

（2）血清：采取发病初期和2~3周后的双份血清。

3. 实验室检验

由IBDV变异株感染的鸡，只有通过法氏囊的病理组织学观察和病毒分离才能作出诊断。病毒分离鉴定、血清学试验和易感鸡接种是确诊本病的主要方法。

（1）病毒分离鉴定：取发病典型的法氏囊和脾，处理后经绒毛尿囊膜接种9~12日龄SPF鸡胚，进行病毒分离。已经适应鸡胚的IBDV能够逐渐适应细胞培养，但需在细胞中盲传2代，常用的细胞有鸡胚法氏囊细胞（CEB）、鸡胚成纤维细胞（CEF）以及一些非鸡源细胞系，如非洲绿猴肾细胞（Vero）。培养的病毒可用电镜技术、免疫组化、免疫荧光等方法检测和鉴定。

也可用进行易感鸡感染试验，即取具有典型病变的法氏囊，磨碎后制成悬液，经滴鼻和口服感染21~25日龄易感鸡，在感染后48~72h出现症状，死后剖检见法氏囊有特征性的病变。

（2）血清学检测：常用琼脂扩散试验进行流行病学调查和检测疫苗免疫后的IBDV抗体，另外，还可用微量血清中和试验、酶联免疫吸附试验等方法。

八、口蹄疫（foot and mouth disease，FMD）

口蹄疫是由口蹄疫病毒引起的急性热性高度接触性传染病，主要侵害偶蹄兽，偶见于人和其他动物。临诊上以口腔黏膜、蹄部及乳房皮肤发生水疱和溃烂为特征。本病有强烈的传染性，流行于许多国家，带来严重的经济损失，被国际兽疫局（OIE）列为A类动物传染病名单之首。

（一）病原

口蹄疫病毒（foot and mouth disease virus，FMDV）属于微RNA病毒科（Picornaviridae）口蹄疫病毒属 *Aphthovirus*（也称口疮病毒属），易变异，有多种血清型。

已知有7个主型：O型、A型、C型发生在欧洲、亚洲、南美洲；SAT1发生在非洲、中近东；SAT2型发生在非洲；SAT3型发生在南非；亚洲1型（Asia－1）主要发生在亚洲、中近东。这7个主型至少有65个亚型。各型间抗原性不同，不能互相免疫，这给本病的检疫、防疫带来很大困难，但各型的症状都相同。

口蹄疫病毒结构简单，呈球形或六角形，直径23～25nm，由60个结构单位构成20面体，由中央的核糖核酸核芯和周围的蛋白壳体所组成，无囊膜。核糖核酸决定病毒的感染性和遗传性，外围的蛋白质决定其抗原性、免疫性和血清学反应能力，并保护核糖核酸不受外界核糖核酸酶的破坏。

病毒的外壳蛋白质包括四种结构多肽：VP1、VP2、VP3、VP4组成。VP1、VP2、VP3组成衣壳蛋白亚单位，VP4围于亚单位的外围，它们在疫苗研制上具有重要意义。此外，还有病毒相关抗原（virus infectionassociated antigen，VIA），见于感染细胞中，是病毒的RNA聚合酶。这种病毒相关抗原在琼脂扩散试验中，对各型口蹄疫病毒的抗体均呈现反应（无型别特异性），对进行流行病学调查以及灭活疫苗的安全试验有一定参考意义。

FMDV对外界环境的抵抗力较强，不怕干燥。在自然情况下，含毒组织和污染的饲料、饲草、皮毛及土壤等可保持传染性达数周甚至数月之久。病毒在－30～－70℃或冻干保存可达数年；在50%甘油生理盐水中5℃能存活1年以上，但高温和直射阳光（紫外线）对病毒有杀灭作用。病毒对酸和碱十分敏感，因此2%～4%氢氧化钠、3%～5%福尔马林溶液、0.2%～0.5%过氧乙酸、1%强力消毒灵（主要成分为二氯异氰脲酸钠）或5%次氯酸钠、5%氨水等均为FMDV良好的消毒剂。

（二）流行病学

口蹄疫病毒侵害多种动物，但主要为偶蹄兽。家畜以牛易感（黄牛、奶牛、牦牛、犏牛最易感，水牛次之），其次是猪，再次为绵羊、山羊和骆驼。仔猪和犊牛不但易感而且死亡率也高。

自然感染本病的野生动物，在国外文献记载有：野牛、瘤牛、美洲野牛、犀牛、非洲羚羊、非洲大羚羊、印度大羚羊、杂色羚羊、黑色羚羊、欧洲小羚羊、大角山羊、南美小鹿、印度小鹿、欧洲小鹿、美洲鹿、梅花鹿、白尾鹿、长颈鹿、驼鹿、驯鹿、狍、马鹿、羌鹿、獐、蹬羚、野猪、南非野猪、亚洲野猪、欧洲豪猪、东非豪猪、栗色骆马、羊驼、驼马、灰松鼠、印度松鼠、金色仓鼠、田鼠、东非鼹鼠、南非田鼠、棕色鼠、河鼠、栗鼠、大袋鼠、小袋鼠、欧洲兔、蹄兔、非洲象、印度象、灰熊、亚洲黑熊、袋熊等。

发病动物和带毒动物是最主要的传染源，其水疱液、水疱皮、奶、尿、唾液及粪便含毒量多，毒力强，富于传染性。隐性带毒者主要为牛、羊及野生偶蹄动物，猪不能长期带毒。病毒以直接接触方式传递，也通过各种媒介物而间接接触传递，主要通过消化道、呼吸道以及损伤的黏膜和皮肤感染。空气也是口蹄疫的重要传播媒介，病毒能随风传播到10～60km以外的地方，发生远距离、跳跃式传播。本病的发生没有严格的季节性，常呈流行性或大流行。

牧区的病羊在流行病学上的作用值得重视。由于患病期症状轻微，易被忽略，因此病羊成为长期的传染源。病猪的排毒量远远超过牛、羊，因此认为猪对本病的传播起着相当重要的作用。从流行病学的观点来看，绵羊是本病的“贮存器”，猪是“扩大器”，牛是“指示器”。

据大量资料统计和观察，口蹄疫的暴发流行有周期性的特点，每隔一二年或三五年就流行一次。

（三）症状

由于各种动物的易感性不同，也由于病毒的数量和毒力以及感染门户不同，潜伏期的长短和病状也不完全一致。

本病的主要症状是患病动物的口、鼻、乳头及蹄部等处出现水疱，水疱破溃后，形成糜烂，发病过程中可出现体温升高，食欲减退，流涎增多，跛行或不能站立等，一般取良性转归，糜烂遂渐愈合，全身症状遂渐好转。但如有细菌性继发感染，可使糜烂加深，形成溃疡，全身症状加剧，有时可并发纤维素性坏死性口膜炎、咽炎，胃肠炎、乳房炎，严重者可死亡。

1. 牛

潜伏期平均2～4天，最长可达1周左右。病牛以口腔黏膜水疱为特征。病初体温达40～41℃，精神委顿，食欲减退，闭口流涎。1～2天后，唇内面、齿龈、舌面和颊部黏膜发生蚕豆至核桃大的水疱，口温高，此时口角流涎增多，呈白色泡沫状，常常挂满嘴边，采食反刍完全停止。水疱约经一昼夜破裂形成浅表的红色糜烂，水疱破裂后，体温降至正常，糜烂逐渐愈合，全身症状逐渐好转。在口腔发生水疱的同时或稍后，趾间及蹄冠的柔软皮肤上表现红肿、疼痛、迅速发生水疱，并很快破溃，出现糜烂，或干燥结成硬痂，然后逐渐愈合。若糜烂部位发生继发性感染、化脓、坏死，发病动物则站立不稳，跛行，甚至蹄甲脱落。乳头皮肤有时也可出现水疱，很快破裂形成烂斑，如涉及乳腺引起乳房炎，则泌乳量显著减少，甚至泌乳停止。哺乳犊牛患病时，水疱症状不明显，主要表现为出血性肠炎和心肌麻痹，死亡率很高。病愈牛可获得一年左右的免疫力。

2. 羊

潜伏期一周左右，病状与牛大致相同，但感染率较牛低。山羊多见于口腔，呈弥漫性口膜炎，水疱发生于硬腭和舌面，羔羊有时有出血性胃肠炎，常因心肌炎而死亡。

3. 猪

潜伏期1～2天，病猪以蹄部水疱为主要特征，病初体温升高至40～41℃，精神不振，食欲减少或废绝。口黏膜（包括舌、唇、齿龈、咽、腭）形成小水疱或糜烂。蹄冠、蹄叉、蹄踵等部出现局部发红，微热、敏感等症状，不久逐渐形成小水疱，并逐渐融合变大，呈白色环状，破裂后形成出血性溃疡面，不久干燥后形成痂皮，如有继发感染，严重者影响蹄叶、引起蹄壳脱落，患肢不能着地，跛行，常卧地不起。病猪鼻镜、乳房也常见到烂斑，其他部位皮肤如阴唇及睾丸上的病变少见。有时有流产，乳房炎及慢性蹄变形。仔猪常因严重的胃肠炎及心肌炎而死亡。病死率可达60%～80%。

4. 野生动物

因动物种类不同，口蹄疫的临床表现不尽相同。鹿患本病时，可见体温升高；持续数天，口腔内出现水疱；很快破溃，形成糜烂，大量流涎。四肢患病时出现跛行，严重者蹄壳脱落。白尾鹿、黇鹿、狍子、东南亚小鹿患病时症状较显著，而马鹿、欧洲小鹿、红鹿、梅花鹿患病时症状较轻或不明显。

羚羊发病时，口腔、蹄部均出现水疱，并形成糜烂。弯角羚发病时症状较重，在舌面、吻突、四肢、蹄部都可出现水疱。高角羚发病时，常在齿龈部出现水疱，但不流涎，重度跛行。

野猪感染本病，病变主要限于蹄部。

象患病时，口、舌、蹄部出现水疱和糜烂。

（四）病变

动物口蹄疫除口腔和蹄部的水疱和烂斑外，在咽喉、气管、支气管和前胃黏膜有时可见到圆形烂斑和溃疡，真胃和肠黏膜可见出血性炎症。另外，具有重要诊断意义的是心脏病变，心包膜有弥散性及点状出血，心肌松软，心肌切面有灰白色或淡黄色斑点或条纹，好似老虎皮上的斑纹，故称“虎斑心”。

（五）诊断

1. 初步诊断

根据病的急性经过，呈流行性传播，主要侵害偶蹄兽和一般为良性转归以及特征性的临诊症状可作出初步诊断。为了与类似疾病鉴别及毒型的鉴定，须进行实验室检查。

2. 样本采集

（1）病料：

①水疱皮和水疱液：是最好的诊断病料。牛应采取舌表面的水疱皮，蹄叉和蹄冠部的水疱皮常有比较严重的细菌污染。猪则采取鼻镜或蹄叉、蹄冠的水疱皮。水疱皮应早期采取，最好选择未破溃的水疱。残留于糜烂面的水疱皮，需以抗生素处理或作成乳剂后除菌过滤。取有明显症状的数头动物病变部位未破水疱皮2g，加pH7.6的甘油磷酸盐缓冲液（1∶1）10ml保存；或无菌抽取水疱液2ml。

②组织病料：急性死亡的仔猪、犊牛和羔羊，可采取心脏病变部分作为病毒分离材料。

（2）血清：

采病后20天左右患兽血10ml，分离血清。

3. 实验室检验

（1）病毒分离：

适于口蹄疫病毒增殖的细胞有犊牛甲状腺原代或继代细胞，犊牛、仔猪肾上皮原代细胞、BHK、IB-RS-2细胞系等。将病料（如为水疱皮需剪碎研磨，加双抗，冻融离心，取上清液）接种到长成单层的适宜细胞上，吸附、培养，24h后观察有无细胞病变

（CPE，细胞回缩，聚集成丛或成串，脱落），若无CPE，应于培养48h后取出盲传，有时7～8代才出现CPE。分离的病毒可用补体结合试验，或ELISA进行进一步鉴定。

（2）动物试验：

0.2ml病料接种2～4日龄乳鼠颈背皮下或1ml接种3～5日龄乳兔，48～96h后出现麻痹症状、最后窒息死亡；或0.05ml接种400g以上豚鼠后肢跖部皮内交叉穿刺或0.2ml跖部皮下接种，跖部于3天左右出现水疱。

（3）血清学试验：

①琼脂扩散试验：本试验用于检测血清中口蹄疫病毒感染相关（VIA）抗体，以证实被检动物中是否感染过口蹄疫病毒。适用于活畜检疫、疫情监测和流行病学调查。但由于多次疫苗免疫后，畜体内也会有一定量的VIA抗体，干扰试验结果。

②中和试验：可用已知病毒鉴定未知血清，也可用已知血清鉴定未知病毒。中和试验分为体内体外两种，前者也称血清保护试验，后者是在试管中使被检血清与已知病毒作用后接种于实验动物、细胞培养物或鸡胚。

③反向间接血凝试验：本试验用于口蹄疫和猪水疱病的鉴别诊断及口蹄疫型别鉴定。

此外，对流免疫电泳试验、补体结合试验、酶联免疫吸附试验以及免疫荧光抗体技术诊断均有很好效果。RT－PCR可用于动物产品检疫，快速、灵敏，但尚待标准化。

口蹄疫与牛瘟、牛恶性卡他热、传染性水疱性口炎等疫病可能混淆，应当认真鉴别。

九、牛瘟（rinderpest）

牛瘟又名烂肠瘟、胆胀瘟，是由牛瘟病毒所引起的一种急性高度接触性传染病，其临床特征为体温升高、病程短，黏膜特别是消化道黏膜发炎、出血、糜烂和坏死。本病被中国定为进境动物一类传染病。

（一）病原

本病病原是属于副黏病毒科（Paramyxoviridae），麻疹病毒属 *Morbillivirus* 的牛瘟病毒。病毒颗粒通常呈圆形，直径120～300nm，有囊膜，其上饰以放射状的纤突。本病毒和麻疹病毒以及犬瘟热病毒有共同抗原，如将前两种病毒注射于犬，能使其抗犬瘟热。本病毒对环境影响很敏感。

（二）流行病学

奶牛、黄牛、水牛、牦牛、犏牛、蒙古牛、瘤牛、绵羊、山羊、骆驼、黄羊、羚羊、野牛及鹿等均可感染，主要危害牦牛、犏牛、奶牛、水牛及黄牛，偶发生于猪。本病通过直接和间接接触传播。发病动物和无症状的带毒动物是本病的主要传染源，接触发病动物的分泌物、排泄物等可经消化道感染，呼吸道、眼结膜、子宫内均可感染发病。本病也可通过吸血昆虫以及与病牛接触的人员等而机械传播。

本病的流行无明显的季节性。在老疫区呈地方流行性，在新疫区通常呈暴发式流行，发病率和病死率都相当高。历史上本病曾是中国牛病中毁灭性最大的一种疫病，但新中国成立后通过大力防制，至1956年已在全国范围内消灭了长期流行的牛瘟。

（三）症状

潜伏期3～9天，多为4～6天。病牛体温升高达41～42.2℃，呈稽留热。病牛精神委顿、厌食、便秘、呼吸和脉搏增快。有时意识障碍。流泪，眼睑肿胀，鼻黏膜充血，有黏性鼻汁。口腔黏膜充血、流涎。上下唇、齿龈、软硬腭、舌、咽喉等部形成假膜或烂斑。由于肠道黏膜出现炎性变化，继软便之后而下痢，混有血液、黏液、黏膜片、假膜等，带有恶臭。尿少，色黄红或暗红。孕牛常有流产。病牛迅速消瘦，两眼深陷，卧地不起，衰竭而死。病程一般为 7~10 天，病重的 4~7 天，甚至 2~3 天死亡。绵羊和山羊发病后的症状表现轻微。

（四）病变

尸体消瘦、恶臭，消化道黏膜（特别是口腔、真胃及大肠）形成纤维性坏死性假膜，脱落后出现出血性烂斑并融合形成溃疡（颊部黏膜的锥状乳尖部出现，更有诊断价值），真胃黏膜充血、肿胀，并满布鲜红色至暗红色条纹或斑点，小肠，特别是十二指肠黏膜充血、潮红、肿胀、点状出血和烂斑，盲肠、直肠黏膜严重出血、假膜和糜烂。呼吸道黏膜潮红肿胀、出血，鼻腔、喉头和气管黏膜覆有假膜，其下有烂斑，或覆以黏脓性渗出物。阴道黏膜可能有同于口黏膜的变化。

（五）诊断

1. 初步诊断

本病可根据临床症状、剖检变化和流行病学材料进行诊断，但确诊还须进行病毒分离或血清学试验。

2. 样本采集

（1）病毒分离样本：①抗凝血 10~20ml，分离白细胞。②脾脏、淋巴结制成 5% 悬液。

本病毒主要存在于发病动物的内脏、血液、分泌物和排泄物中，在发热期可自所有的分泌物、排泄物中分离到病毒。但也有病毒仅存于白细胞，血浆中几乎无游离病毒的报道。因此，最好采活体（最好是病牛发热最初 4 天内，腹泻前）或尸体标本（淋巴结等）。

（2）血清：采取急性期和症状出现后的第 2~4 周双份血清。

3. 实验室检验

（1）病毒分离：将粗制白细胞悬液或组织悬液接种于牛肾原代或传代细胞，为尽快作出诊断，可同时向部分接种管的营养液中加入免疫血清做病毒抑制实验。细胞病变最早在接种后 3 天出现，某些毒株可能在接种后 10~12 天仍无明显变化。特征性 CPE 是形成星状细胞或合胞体，出现核内和胞浆内包涵体。未加血清的出现上述病变，加有免疫血清的不出现细胞病变，即可确诊。

（2）血清学诊断：常用方法有补体结合反应、琼脂扩散试验、中和试验、间接血凝、荧光抗体法以及酶联免疫吸附试验等，以中和试验的准确性较高。双份血清中，当第二份血清中的抗体比第一份的增加 4 倍以上时，即为阳性结果。

本病与口蹄疫、牛病毒性腹泻 - 黏膜病、牛蓝舌病、牛巴氏杆菌病、恶性卡他热等作鉴别诊断。

十、狂犬病（rabies）

本病是由狂犬病病毒引起的急性自然疫源性疾病，主要侵害中枢神经系统，动物表现极度的神经兴奋而致狂暴不安和意识障碍，最后发生麻痹而死亡。所有温血动物均可感染。人主要通过咬伤受染，临床表现为脑脊髓炎等症状，亦称恐水症。

（一）病原

狂犬病病毒（rabies virus，RABV）属于弹状病毒科（Rhabdoviridea）狂犬病病毒属 *Lyssavirus*，病毒呈子弹状或杆状，一端扁平，另一端钝圆，长180～250nm，宽75nm。核酸型为单股RNA。病毒由三个同心层构成的被膜和被其包围着的核蛋白壳所组成。被膜的最外层是由糖蛋白构成的纤突。

病毒在动物体内主要存在于中枢神经系统、唾液腺和唾液内，其他脏器、血液和乳汁中也存有少量病毒。从自然病例分离的狂犬病病毒称为街毒。把街毒接种于家兔脑内，连续传代后，其毒力增强并稳定，称为固定毒。街毒与固定毒的区别在于，接种固定毒的动物脑神经细胞内见不到内基氏（Negri）小体。世界各地分离的狂犬病病毒株对实验动物的致病力虽然不同，但在血清学上至今仍不能区分。

病毒可在小鼠、大鼠、家兔和鸡胚等脑组织，地鼠肾、猪肾及人的二倍体细胞上培养。病毒通过实验动物继代后，对人和动物的毒力减弱，可用于制备弱毒疫苗。中国人用狂犬病疫苗就是用地鼠肾细胞生产的。

病毒能抵抗尸体的自溶和腐败作用，在自溶的脑组织中能存活7～10天；能在日光、超声波、紫外线、X射线、70%酒精、0.01%碘液、1%～2%肥皂水、乙醚或丙醇等内灭活；对酸、碱、石炭酸、福尔马林、升汞等消毒药敏感；不耐湿热，56℃加热15min、60℃数分钟和100℃2min均可灭活。病毒在50%甘油缓冲液中或4℃条件下可保存数月至1年。在冷冻或冻干条件下可长期保存。

（二）流行病学

本病呈世界性分布。自然界中，人及所有温血动物，包括鸟类也能感染，易感性无年龄的差异，各种动物之间易感性有差异，易感性顺序大致如下：狐狸、大白鼠、棉鼠＞猫、地鼠、豚鼠、兔、牛＞犬、貉、狼＞羊、山羊、马鹿、猴、人＞獾＞有袋类，浣熊和蝙蝠也是常见的易感动物。肉食动物由于其食肉习性的原因，感染、传播本病的机会明显多于草食动物。

一般认为，在自然界中，野生动物（狼、狐、貉、臭鼬和蝙蝠等）是狂犬病病毒主要的传染源和自然储存宿主，而病犬则为人和家畜主要的传染源。野生啮齿动物如野鼠、松鼠、鼬鼠等对本病易感，在一定条件下可成为本病的危险疫源而长期存在，当其被肉食兽吞食后则可能传播本病。蝙蝠是本病病毒的重要宿主之一，在美国和加拿大有部分蝙蝠感染狂犬病，病毒能在其褐色脂肪内等部位长期潜伏，越冬并增殖，但不侵害神经系统，多数在不显症状的情况下排毒，传染其他动物，而且蝙蝠具有迁徙的习性。所以，有人认为野生动物、犬和蝙蝠是本病的主要宿主。人和其他家畜则是偶发宿主。

本病的传播方式为连锁式，即一个接一个地传染。主要由患病动物咬伤后感染，或健康动物皮肤黏膜有损伤时接触患病动物唾液而感染，病犬的唾液在出现症状前的1～2周内便含有病毒。此外，还存在着非咬伤性的传播途径，人和动物都有经由呼吸道、消化道和胎盘感染的病例，值得注意。

（三）症状

各种动物的主要临床表现基本相似。病兽表现狂暴不安和意识紊乱。病初主要表现精神沉郁，举动反常，如不听呼唤，喜藏暗处，喜吃异物。咽物时颈部伸展，病犬常以舌舔咬伤处。不久转为兴奋或狂暴不安，攻击人兽，无目的地奔走。声音嘶哑，流涎增多，吞咽困难、最后出现麻痹，行走困难，因全身衰竭和呼吸麻痹而死亡。

笼养的毛皮动物（狐、貉、水貂等），发病时改变平时对人的胆怯状态，猛扑人和动物；狂暴地撕咬物体及自身。鹿发病很快即表现兴奋，横冲直撞，经2~3天后出现麻痹死亡。猫发病呈狂暴型，攻击人和动物。成年禽对本病有较强抵抗力，偶见发病病例，羽毛逆立，乱走乱飞，也用喙和爪攻击人和动物。

（四）病变

本病无特异性变化，只有反常的胃内容物，如毛发、石块、木片等异物，可视为可疑。

病理组织学变化见有非化脓性脑炎变化，在大脑海马角及大脑皮质、小脑和延脑的神经细胞胞浆内出现一种界限明显、呈圆形至卵圆形嗜酸性包涵体（Negri 小体）。

（五）诊断

1. 初步诊断

本病的临床诊断比较困难，有时因潜伏期特长，查不清咬伤史，症状又易与其他脑炎相混而误诊。当动物或人被可疑病犬咬伤后，应及早对可疑病犬作出确诊，以便对被咬伤的人兽进行必要的处理。

2. 样本采集

（1）寄送：由于狂犬病对人类的极高危险性，取标本时必须注意个人安全防护。脑是最好的病毒材料，唾液腺中也常含有大量病毒，故在割取病犬的头时，不能损伤脑，并应带有颌下腺。将头迅速冷却并将其装于密封容器内，最好外面再套一更大的密封容器，内外之间装填冰块，冷藏寄送实验室（注意：病毒不耐热）。

（2）现场采集：也可现场采集脑组织和唾液腺，置于干冰中或冰冻运送。

①脑组织：包括两侧大小脑以及海马回和脊髓，各切取1cm^{3}小块。如在4℃保存，则必须在24h内运送到实验室。也可将组织块投入50%甘油盐水中保存，但在甘油盐水中保存的病料，很难在玻片上作成压印片，必须先用生理盐水彻底洗去甘油。为了检查Negri 小体，也可在现场制备脑组织压片，随同冷藏病料一起送检。

②唾液：唾液中常含有大量病毒，狐、牛、鹿等自然病例的唾液的病毒阳性分离率甚至可能超过脑组织。因此，唾液是重要的病毒分离材料，可用吸管吸取腮腺附近的唾液，置于1~2ml内含灭活豚鼠血清和抗生素的缓冲盐水中，或用棉拭子蘸取唾液后插入上述缓冲液中，低温保存备用。

③血清：在需进行流行病学调查或需揭发隐性感染或疫苗接种后的免疫状态时，可以采取动物单份或双份血清（相距3~4周采取）。

3. 实验室检验

实验室确诊包括包涵体检查、荧光抗体检查、动物接种及血清学检查等。

（1）病原检查：

①包涵体检查

切取海马回等脑组织放在吸水纸上，切面向上并用载玻片轻压切面制成压印片，随即滴加塞莱（seller）氏染色液（此液由2%亚甲蓝醇15ml，4%碱性复红2~4ml，纯甲醇25ml配成），染1~5s后水洗，室温干燥镜检。若在神经细胞浆内见有直径3~12nm，呈梭形、圆形或椭圆形，嗜酸性着染（鲜红色）及嗜碱性（蓝色）小颗粒即为包涵体；神经细胞染成蓝色，间质染成粉红色，红细胞染成橘红色。

②荧光抗体检查

世界卫生组织已向各国推荐此法，并经许多国家广泛应用，证明是一种快速、特异性很强的方法。高免血清是用固定毒多次接种家兔、豚鼠或绵羊而制备的提纯高免血清丙种球蛋白，用异硫氰酸荧光黄标记，制成荧光抗体。病料检查通常按阻断对比法进行：分别制备大脑、小脑及海马回压印压片各 2 片，干燥后于 -20℃用丙酮固定 4h。然后取 3~5个工作价浓度的荧光抗体，分装于 2 支小试管，分别等量加入正常鼠脑 20% 悬液和感染鼠脑 20% 悬液，37℃感作 60min（震荡数次），进而离心沉淀，吸取上清液分别滴加在压印片上，37℃放置 30min，再以 PBS 液泡洗 10min，以后用蒸馏水冲洗，干燥后用缓冲甘油封载，镜检。若在胞浆内见有亮黄绿色的颗粒或斑块，而以感染鼠脑悬液吸收的荧光抗体染色的压印片无特异性荧光染色，即可确诊。

③动物接种

取脑或唾液腺等病料加缓冲盐水研磨成 10% 乳剂，无菌处理后离心，取上清液脑内接种 5~7 日龄乳鼠，每只 0.03ml，每份标本接种 4~6 只乳鼠。乳鼠在接种后继续由母鼠同窝哺养，3~4 天后如发现哺乳减退，痉挛，麻痹死亡，即可取脑检查包涵体。如经 7 天仍不发病，可杀死其中 2 只，剖取鼠脑作成悬液，如上传代。如第二代仍不发病，可再传代。连续盲传三代总计观察 4 周而仍不发病者，作阴性结果报告。也可应用 3 周龄以内的幼鼠，如上作脑内接种。

（2）血清学检验：

可用于病毒鉴定、狂犬病疫苗效果检查以及病人诊断等。常用的方法有中和试验、补体结合试验、间接荧光抗体试验、交叉保护试验、血凝抑制试验以及间接免疫酶试验（HRP-SPA）等。一般实验室常用的血清学诊断法为中和试验。近年来已将单克隆抗体技术用于狂犬病的诊断，特别适用于区别狂犬病病毒与该病毒属的其他相关病毒。

十一、伪狂犬病（pseudorabies）

伪狂犬病是由伪狂犬病毒引起的家畜和多种野生动物的一种以发热、奇痒、呼吸和神经系统疾病为特征的急性传染病，又称 Aujesjky 病。患病动物病死率高，但成年猪低，也不发生奇痒，妊娠母猪可导致死胎和流产。

（一）病原

伪狂犬病病毒（pseudorabies virus，PRV），属疱疹病毒科（Herpesviridae）甲疱疹病毒亚科猪疱疹病毒属成员。病毒完整粒子呈圆形，直径为 150~180nm，核衣壳直径为 105~110nm，有囊膜和纤突。基因组为线状双股 DNA。PRV 只有一个血清型，但毒株间存在差异。

病毒对外界抵抗力较强，耐干燥、耐冷、耐酸、怕碱，含病毒的脑组织置于 50% 甘油缓冲液中在冰箱内可存活 2~3 年；干草上的病毒在夏天能存活 30 天，冬天能存活 46 天；但温热、紫外线、苛性钠、甲醛、过氧乙酸能很快将其杀死，以 1%~3% 苛性钠溶液的消毒效果最好。

（二）流行病学

自然条件下多种野生动物，如银狐、蓝狐、水貂、紫貂、貉、鼬、狼、鹿、野牛、野马、羚羊、狍子、猕猴、北极熊、獾及鼠等均易感，家畜如猪、牛、羊、犬、马、猫、狗也易感。多种禽鸟类及蛙人工感染均能引起发病。除对猪外，对其他动物都具有高度的致死性。

发病、带毒动物及鼠类是本病最主要的传染源。本病可经消化道和呼吸道传染，还可经胎盘、乳汁、交配及擦伤的皮肤感染。食肉及杂食兽主要因采食病猪、鼠、带毒猪、鼠的肉及下杂料而经消化道感染发病。人在进行病理剖检时，应注意防止经损伤皮肤感染。本病呈世界性分布。

猪的伪狂犬病发生在冬、春两季，表现出一定的季节性；而毛皮动物对本病没有明显的季节性，常因饲料中混有病死于本病动物的肉和脏器发生暴发流行。

（三）症状

不同种动物患此病的症状不尽相同，牛、羊、犬、猫、银黑狐、蓝狐、貉、臭鼬、黑足鼬、猕猴、浣熊、负鼠等表现出明显的奇痒症状，用前爪抓挠或啃咬，摩擦发痒部皮肤，体温升高，出现厌食或拒食，大量流涎，有的出现呕吐，兴奋性增强，对外界刺激反应增强，常咬笼壁，狂奔，但意识清楚，无攻击性，兴奋疲劳后转入沉郁，卧地呻吟，辗转反侧。被啃咬、摩擦部位毛脱落，皮肤水肿、充血、出血。患兽病后期出现不全或完全麻痹，病程1～8h，在昏迷状态下死亡。

另一种不出现瘙痒症的病例，如猪和水貂，多表现鼻炎和肺炎的呼吸系统症状，表现呼吸困难、浅表，呈腹式呼吸。病兽常取坐姿、前肢叉开，颈伸展，咳嗽声音嘶哑，并出现呻吟。病后期由鼻孔及口腔流出血样泡沫，病程多在2～24h。

人接触发病动物，特别是解剖病死动物尸体的人员可能发生感染，有实验室人员感染本病的报道。感染者呈严重的荨麻疹症状，血清中出现特异性抗体。

（四）病变

难见有特征性的病理变化。一般病例全身脏器均充血，黏膜和浆膜有出血点，小肠有卡他性或出血性炎症变化。肺水肿，肺小叶间质性炎症。脑膜轻度充血，脑细胞变性、坏死。

组织学病变：在大脑神经细胞和星形细胞内有为数不多的核内包涵体。在舌、肌肉、肾上腺和扁桃体坏死区也可观察到。

（五）诊断

1. 初步诊断

根据临床症状，流行病学资料分析等可初步诊断。确诊必须进行实验室检查。

2. 样本采集

（1）组织材料：

①病毒分离：发热期发病动物的中脑、脑桥、延脑以及扁桃体是最理想的病毒分离材料。对于亚临床感染的猪，多采取鼻咽洗液，即用注射器吸取30ml生理盐水加压注入病猪鼻孔，收集洗液，也可用棉拭子蘸取口咽部黏液。

②组织学检查：脑脊髓。

（2）血清：自然条件下，除猪外，感染本病的动物均难以幸存，对猪可采血清样品检测抗体。

3. 实验室检验

（1）病原检测

①动物试验（家兔）。将制备好的1∶10组织悬液皮下接种家兔2ml，2～3天后，接种部位出现奇痒，撕咬皮毛，狂暴，体温升高，呼吸迫促，转圈运动，肌肉痉挛，角弓反张，四肢麻痹，一般在48～72h后衰竭死亡，但有时需4～5天才死亡。个别情况下，可能由于病料中含毒量过低，潜伏期可能延长至7天。

②免疫荧光抗体试验。取自然病例的病料如脑或扁桃体的压片或冰冻切片，用直接免疫荧光检查，常可于神经节细胞的胞浆及核内产生荧光，几小时即可获得可靠结果。

③病毒分离：用病料直接接种猪肾细胞或鸡胚细胞，病毒繁殖后，可出现典型的细胞病变（蚀斑）。另外也可用被检的猪肾来制备细胞，用新出芽生长的细胞做指示细胞，或者将被检猪肾细胞组织剪碎，与指示细胞混在一起培养，可观察到病变。通过以上方法得到的假定阳性培养液，要通过病毒中和试验来鉴定。

（2）血清学试验：主要用于猪。另外，血清中和试验、琼脂扩散试验、补体结合试验、乳胶凝集试验及酶联免疫吸附试验等也可用于本病的诊断。其中血清中和试验最灵敏，假阳性少。

（3）病理组织学检查：取可疑病例脑脊髓组织切片，做苏木素伊红染色，在伴有非化脓性淋巴细胞性脑炎和脑脊髓神经节炎的情况下，神经细胞、胶质细胞和毛细血管内皮细胞内可检出A型核内包涵体。

十二、流行性乙型脑炎（epidemic encephalitis B）

本病又称日本乙型脑炎（Japanese encephalitis，JE），是由流行性乙型脑炎病毒引起的一种人兽共患传染病。在人和马呈现脑炎症状，猪表现流产、死胎和睾丸炎，其他动物大多呈隐性感染。传播媒介为蚊虫，流行有明显的季节性。

本病最早发生于日本，1924年在人群中发生了一次大流行。1935年在人群中流行时，马也发生了流行；同年日本学者从人及马的脑组织中分离到病毒。中国1940年曾发生过马脑炎的流行。在疫区也曾发现多例猪的脑炎。

本病主要流行于东南亚及东亚一些国家，由于疫区范围较大，人兽共患，危害严重，被世界卫生组织列为需要重点控制的传染病。

（一）病原

流行性乙型脑炎病毒（epidemic encephalitis B virus）属于黄病毒科（Flaviviridae）黄病毒属 *Flavivirus*。病毒呈球形，20面体对称，核心为单股RNA，包以脂蛋白囊膜，外层为含糖蛋白的纤突。纤突具血凝活性，能凝集鹅、鸽、绵羊和雏鸡的红细胞，但不同毒株的血凝滴度有明显差异。

病毒对外界环境的抵抗力不强，在－20℃可保存一年，但毒价降低，在50%甘油生理盐水中于4℃可存活6个月。病毒在pH7以下或pH10以上，活性迅速下降。常用消毒药都有良好的灭活作用。

本病毒能在多种细胞（包括蚊细胞）上培养繁殖。用10$TCID_{50}$病毒接种于仓鼠肾细胞，于37℃培养24h后产生细胞病变，72h病变显著，圆缩脱落，也可引起猪肾、羊胚肾细胞产生明显病变。在琼脂覆盖的仓鼠肾、鸡胚等原代细胞和绿猴传代细胞上都能形成蚀斑。同一株病毒蚀斑的大小不一致，株间大小蚀斑数也不一致。大中蚀斑边缘清楚，皮下注射致病力较强，小斑边缘模糊，致病力也较弱。

（二）流行病学

流行性乙型脑炎是人兽共患的自然疫源性传染病。这类疾病原本发生在无人迹的荒野地区，在野生温血动物间流行。由于垦荒、伐木、水利建设等自然资源的开发，大批人畜进入，遭到感染而成为人兽共患传染病。

马、驴、骡、猪、牛、羊、骆驼、狗、猫、鸡、鸭，以及黑猩猩、猩猩、大猩猩、猴、长臂猴、鹿、水貂、蝙蝠、鹭鸶、麻雀等许多种野生哺乳动物和鸟类均有易感性，并都可能出现病毒血症，但易感性和临床表现有很大差异。马、猴、鹿、水貂、牛等最易感，并呈现典型的脑炎临床症状，在猪表现流产、死胎及睾丸炎，其他哺乳动物和鸟类大都不呈现临床症状。即使是易感性较高的马、人和猪等动物也仅部分呈临床症状，绝大多数不是显性感染。但是具有易感性的人和动物感染后，无论是呈现临床症状的显性感染者还是不出现临床症状的隐性感染者，都发生短暂的病毒血症（一般在 10 天内，并可持续数日）。然而，必须是病毒血症持续时间较长，具有较高病毒量的被感染动物，才具有传染源作用。

在有与易感动物和人有较密切接触的传播媒介同时存在时，可形成新的传染。猪感染后出现病毒血症的时间较长，血中的病毒含量较高，故猪是本病最重要的传染源，其次是带毒的狗、猫、猴、鸡、鸭及带毒的野鸟，国外记载还有带毒度过冬眠的蝙蝠，因为这些被感染的动物血液中病毒含量高、持续时间长。媒介蚊叮咬吸血后可造成病毒严重传播。

库蚊、伊蚊和按蚊是本病的传播媒介。近年来国内外研究一致证明三带喙库蚊是本病最主要的传播媒介。感染本病毒的蚊终生均有传染性，病毒能随越冬蚊越冬。还能经卵传代，因此带毒越冬蚊第二年可再传染动物和人。媒介蚊不仅是本病的传播媒介，也是病毒的储存宿主。

在热带地区，本病全年均可发生。在亚热带和温带地区本病有明显的季节性，主要在夏季至初秋的 7—9 月份流行，这与蚊的生态学有密切关系。

（三）症状

1．鹿

以临床出现脑神经症状和后肢麻痹为特征。患鹿病初体温升高，精神不振，食欲减退或废绝，反刍、嗳气停止；进而出现神经症状，表现转圈运动，共济失调，四肢强直，口唇麻痹，口角流涎，磨牙，咬肌痉挛；后期四肢关节伸屈困难，后躯麻痹卧地，很快死亡。

2．水貂

以中枢神经机能紊乱为特征。病貂兴奋不安，在笼内旋转、跳跃、惊叫，或呈癫痫样反复发作，口吐白沫，痉挛抽搐。有的抽搐过后，后肢软弱无力，行走摇晃，或不能站立，仅靠前肢支撑。病貂食欲减少或拒食；结膜淡黄色；病程长短不一，有的数分钟内死亡，有的可持续数日。

3．灵长类

主要症状为发热、头痛、呕吐、嗜眠、颈强直或痉挛，部分病例出现惊厥、麻痹、意识模糊、昏迷和呼吸衰竭而死。

4．猪

人工感染潜伏期一般为3~4天。常突然发病，体温升高达40~41℃，呈稽留热，精神沉郁、嗜睡，食欲减退。有时病猪出现后肢麻痹，视力障碍，摆头，乱冲乱撞等。妊娠母猪常突然发生流产、早产或产木乃伊胎、死胎或弱子等，弱子产下后衰弱不能站立，不会吮乳，有的几天后出现痉挛、抽搐、死亡。流产后母猪症状减轻，体温、食欲恢复正常，对继续繁殖无影响。少数母猪流产后从阴道流出红褐色乃至灰褐色黏液，胎衣不下，发生子宫炎，影响下一次发情和怀孕。公猪除有上述一般症状外，突出表现是在发热后发生睾丸炎，一侧或两侧睾丸明显肿胀，手压有痛感，较正常睾丸大半倍到一倍，这点具有证病意义，数日后，炎症消退，睾丸逐渐萎缩变硬，性欲减退，精子活力下降，畸形增多，丧失配种能力而遭淘汰。

5．马

潜伏期为1~2周。病初体温短期升高，可视黏膜潮红或轻度黄染，精神不振，食欲减退，肠音稀少，粪球干小。部分病马经1~2天体温恢复正常，食欲增加并逐渐康复。有些病马由于病毒侵害脑和脊髓，出现明显的神经症状，表现沉郁、兴奋或麻痹，视力和听力减退或消失，针刺反应减弱，常有阵发性抽搐。有的病马以沉郁为主，有的以兴奋为主，一般多为沉郁和兴奋症状交替出现。还有的病马主要表现后躯的不全麻痹症状。多数预后不良，治愈马常遗留弱视，舌唇麻痹，精神迟钝等后遗症。

6．牛、羊

多呈隐性感染，自然发病者极为少见。牛感染发病后主要见有发热和神经症状。发热时，食欲废绝，呻吟、磨牙、痉挛、转圈以及四肢强直和昏睡。急性者经1~2天、慢性者10天左右可能死亡。山羊病初发热，从头、颈、躯干和四肢渐次出现麻痹症状，视力、听力减弱或消失，唇麻痹、流涎、咬肌痉挛、牙关紧闭、角弓反张，四肢关节伸屈困难，步样蹒跚或后躯麻痹，卧地不起，约经5天死亡。

（四）病变

主要表现在中枢神经系统：可见脑脊液含量增加，脑膜血管扩张充血，偶见出血点和出血斑。少数病例可见脑组织中有米粒大小的液化性坏死灶。

脑组织学检查，均有非化脓性脑炎变化。

（五）诊断

1．初步诊断

根据本病有严格的季节性，呈散在性发生，多发生于幼龄动物，有明显的脑炎症状，可作出临床诊断。

2．样本采集

（1）病毒分离样品：

①血样：在发热初期，可采血液或血清分离病毒。动物死后，应尽快采取脑组织分离病毒。各项操作以及病料的运送，应遵守“冷”、“快”两个原则。

②供病毒分离组织样：脑组织是首选的病毒分离材料。脑组织以pH7.8肉汤、0.5%乳白蛋白水解物，或含10%灭活正常兔血清生理盐水制成10%~20%乳剂，处理后备用。

③供病原检测组织样：脑组织。

（2）抗体检测样本：采双份血清，第一次在发病早期（愈早愈好），第二次在恢复期，即发病后 3 周左右。

3．实验室检验

（1）病原鉴定

①病毒分离：取患病动物血液或脑组织接种于 2～4 日龄乳鼠。乳鼠发病表现离群、不哺乳、消瘦、抽搐等症状后，取鼠脑进一步传代或鉴定。注意：发病乳鼠常被母鼠吃掉，故应及时将母鼠取走。也可将病料接种于鸡胚原代细胞、仓鼠肾细胞或由白纹伊蚊细胞 C6/36 克隆细胞系以进行病毒分离。

②病毒检测：可用荧光抗体法或免疫组织化学染色检测血涂片、病料（血样或脑组织）接种培养的单层细胞培养物，或被接种小白鼠海马角的石蜡切片或冰冻切片或压印片。

（2）血清检测

①补体结合试验：采取双份血清，一份为发病初期，另一份为发病后 21～28 天，同时做常规补体结合试验。如恢复期的补反滴度比发病初期的高 4 倍以上，结合临床症状。即可判定为阳性。

②血凝抑制试验：用已知的乙脑病毒抗原，检测病兽或可疑病兽血清中的血凝抑制抗体。

③中和试验：采双份血清，如发病后血清的中和指数显著增高，可判为感染了乙脑病毒。其他方法还有 IgM 抗体检测，反向间接血凝试验等。

十三、黄热病（yellow fever，YF）

黄热病是黄热病病毒引起的急性传染病，经伊蚊传播，主要流行于非洲和中、南美洲。临床特征有发热、剧烈头痛、黄疸、出血和蛋白尿等。

（一）病原

病原为黄热病病毒（yellow fever virus，YFV），属黄病毒科（Flaviviridae）的黄病毒属 *Flavivirus*，（过去的虫媒病毒 B 组）与同属的登革热病毒等有交叉免疫反应。病毒颗粒呈球形，直径 37～50nm，外有脂蛋白包膜包裹，包膜表面有刺突。病毒基因组为单股正链 RNA，相对分子量（Mr）为 3.8×10^6，长约 11kb，只含有一个长的开放读码框架，约 96% 的核苷酸在此框架内。黄病毒基因组分为两个区段：5′ 端 1/4 编码该病毒 3 个结构蛋白，即 C 蛋白（衣壳蛋白）、M 蛋白（膜蛋白）和 E 蛋白（包膜蛋白）；3′ 端 3/4 编码 7 个非结构蛋白。基因组的 5′ 端和 3′ 端均有一段非编码区。

黄热病病毒有嗜内脏如肝、肾、心等（人和灵长类）和嗜神经（小鼠）的特性。经鸡胚多次传代后可获得作为疫苗的毒力减弱株。易被热、常用消毒剂、乙醚、去氧胆酸钠等迅速灭活，在 50% 甘油溶液中可存活数月，在冻干情况下可保持活力多年。小鼠和恒河猴是常用的易感实验动物。

（二）流行病学

黄热病主要流行于南美洲、中美洲和非洲等热带地区，3—4 月份的病例较多。包括中国在内的亚洲地区，虽在地理、气候、蚊、猴等条件与上述地区相似，但至今尚无本病流行或确诊病例的报道。第二次世界大战以来，中、南美洲各国由于广泛进行疫苗接种和采取防蚊、灭蚊措施，本病在城市中已基本绝迹；但近年来因人群移居森林地区、蚊虫对杀虫剂产生耐药性、预防措施有所松懈等因素，本病发病率在近5~6年内有回升的趋势。在1987—1991年间，黄热病在尼日利亚流行，几十万人受到感染。黄热病在农村，特别是非洲各地农村的流行则始终未见终止。黄热病可分为城市型和丛林型两种。

对本病易感的非人灵长类动物有狨猴（绢毛猴）、恒河猴、吼猴、松鼠猴、夜猴、蜘蛛猴、卷尾猴（白面猴）、赤猴、绿猴、眼镜猴、食叶猴（疣猴）、婴猴等。

城市型的主要传染源为病人及隐性感染者，特别是发病4日以内的患者。丛林型的主要传染源为猴及其他灵长类，在受染动物血中可分离到病毒。

传播该病病毒的媒介昆虫有白星伊蚊、斯盖趋血蚊等多种趋血蚊、非洲伊蚊、黄头伊蚊、辛氏伊蚊、埃及伊蚊等。丛林型黄热病主要通过斯盖趋血蚊叮咬在非人灵长类之间发生传播和流行；热带非洲乡村与城市交界地带，人和猴都可能成为城市黄热病病毒的中间宿主。有报道在非洲曾发生过该病大流行，造成成千上万人死亡。城市型黄热病通过埃及伊蚊叮咬在人群之间传播和流行。

（三）症状

人感染黄热病毒后，5%~20%出现临床疾病，其余为隐性感染。潜伏期为3~7天，轻症可仅表现为发热、头痛、轻度蛋白尿等，而不伴有黄疸和出血，持续数日后即恢复。重症一般可分为感染期、中毒期和恢复期3期。

（1）感染期。起病急骤，伴有寒战，继以迅速上升的高热、剧烈头痛、全身疼痛、显著乏力、恶心、呕吐、便秘等。呕吐物初为胃内容物，继呈胆汁样。本期持续约3天，期末有轻度黄疸、蛋白尿等。

（2）中毒期。一般开始于病程第4天，部分病例可有短暂（数小时至1天）的症状缓解期，体温稍降复升而呈鞍型。本期仍有高热及心率减慢，黄疸加深，黄热病因此得名。患者神志淡漠、面色灰白、呕吐频繁。蛋白尿更为显著，伴少尿。本期的突出症状为各处出血现象如牙龈出血、鼻衄、皮肤淤点和淤斑，胃肠道、尿路和子宫出血等。呕吐物为黑色变性血液。心脏常扩大，心音变弱，血压偏低。严重患者可出现谵妄、昏迷、顽固呃逆、尿闭等，并伴有大量黑色呕吐物。本期持续3~4天，死亡大多发生于本期内。

（3）恢复期。体温于病程7~8天下降至正常，症状和蛋白尿逐渐消失，但乏力可持续1~2周甚至数月。在本期内仍需密切注意心脏情况。一般无后遗症。

猴类发生黄热病的症状与人患该病时的症状相似。猴感染后的潜伏期为4~8天。幼龄非洲猴感染时，病势轻微而短暂，并可产生免疫力，抗体滴度也易于检测。成年病猴临床症状较严重，主要表现为发热、沉郁、厌食、头痛、呕吐、肌肉痛、心动徐缓。到病后期出现出血、黄疸和肾功能衰竭、胃肠道出血、蛋白尿、鼻衄等。母猴还可出现子宫及其他组织的广泛出血。

（四）病变

尸检可见胃肠坏死、出血。典型的组织学病变为肝的中心区大面积坏死，坏死的肝细胞中形成嗜酸性胞质内包涵体（即康西而曼氏体，Councilman）。肝脂肪变性，肾变性。

（五）诊断

1. 初步诊断

重症病例的诊断一般无困难，流行病学资料及一些特殊临床症状如颜面显著充血、明显相对缓脉、大量黑色呕吐物、大量蛋白尿、黄疸等均有重要参考价值。轻症和隐性感染不易确诊。

2. 样本采集

（1）病毒分离样本：患病早期猴血液或病死猴的肝组织。

（2）血清：取患病早期和临床症状严重时的双份血清。

3. 实验室检验

（1）病毒分离鉴定：取患病早期猴血液或病死猴的肝组织制成匀浆，接种于乳鼠或蚊细胞系进行黄病毒培养和分离。还可用免疫荧光法检查血液中的病变白细胞。

（2）血清学检查：用中和试验检测患病早期和临床症状严重时血清中的中和抗体。如第2份血清中仍无特异性抗体的出现，则可将黄热病的可能性除外。

十四、森林脑炎（forest encephalitis）

森林脑炎又称苏联春夏脑炎（Russian spring summer encephalitis）、蜱传性脑炎或称远东脑炎，是由森林脑炎病毒（tick－borne encephalitis virus，TBEV，直译为蜱传脑炎病毒）经硬蜱媒介所致自然疫源性急性中枢神经系统传染病。本病主要侵犯中枢神经系统，临床上以发热，神经症状为特征，有时出现瘫痪后遗症。

（一）病原

森林脑炎病毒属黄病毒科黄病毒属，病毒颗粒呈圆形，直径25～50nm，是单股的RNA结构并有脂质和蛋白外壳所包被的核蛋白分子组合而成。

病毒颗粒在pH7～9或略低环境中均能维持稳定的感染性。病毒在室温16～18℃条件下可存活10天，但在－150℃的低温条件下，能存活一年之久。置病毒于50%甘油中，在0℃条件下，至少可存活一年，经冷冻干燥处理的病毒，则可保持活力多年。

森林脑炎病毒可在多种细胞中增殖，其形态结构、培养特性及抵抗力似乙脑病毒，但嗜神经性较强，接种成年小白鼠腹腔、地鼠或豚鼠脑内，易发生脑炎致死。接种猴脑内，可致四肢麻痹。也能凝集鹅和雏鸡的红细胞。

（二）流行病学

森林中的多种野生啮齿类动物如松鼠、田鼠、刺猬、野兔等是森林脑炎病毒的储存宿主，也是本病的主要传染源。这些野生动物受染后为轻症感染或隐性感染，但病毒血症期限有长有短，如刺猬约23天。

蜱是森林脑炎病毒传播媒介，又是长期宿主，其中森林硬蜱的带病毒率最高，成为主要的媒介。当蜱叮咬感染的野生动物，吸血后病毒侵入蜱体内增殖，在其生活周期的各阶段，包括幼虫、稚虫、成虫及卵都能携带本病毒，幼虫和成虫分别可以保存病毒1年和2年，并可经卵传代。

牛、马、狗、羊等家畜在自然疫源地受蜱叮咬而传染，并可把蜱带到居民点，成为人的传染源。动物中山羊和猴最为明显。感染羊在乳中可长期排出病毒，人类和其他动物可因饮用这种带毒乳而受到感染。

疾病流行具有严格的季节性，主要与媒介蜱活动有关，一般5月份开始，6月份达高峰，而后下降。

（三）症状

人类患者常在7～10天的潜伏期后出现症状，表现为高热，头痛，恶心、呕吐，伴有不同程度的意识障碍及肌麻痹。病程 10 天左右，严重者最后昏迷而死。

猴也易感，病程 7～10 天，症状与人类患者相似，且常死亡。

山羊在感染后出现弛张热，食欲减退，少数病羊出现脑炎症状。

其他动物在感染后不显明显症状。

（四）病变

中枢神经系统呈现弥漫性脑膜脑炎，灰质比白质明显，神经原变性和坏死，血管周围和软脑膜浸润和局部神经胶质增生。

（五）诊断

1．初步诊断

根据本病明显的季节性和地区性、患者人兽有进入林区或饮用疫区牛羊生乳的历史以及高热、脑膜刺激等症状，临床上不难作出初步诊断。

2．样本采集

（1）病原鉴定：

①病毒分离：

a．取发热期人兽血液或脑脊髓液，但阳性率较低。

b．脑组织：对动物通常是剖检取脑，对人类死者则通过眼眶或延脑穿刺术采取脑组织，脑组织以 10% 脱脂乳盐水制成乳剂备用。

②病原检测：可取发病动物血液或脑组织。

（2）血清：取急性期和恢复期双份血清。

3．实验室检验

（1）病原检测：

①病毒分离：

脑组织以 10% 脱脂乳盐水制成乳剂，经离心沉淀和抗生素处理后脑内注射乳鼠或接种 BHK－21、Vero 等细胞培养物，方法可参考乙脑病毒。

森林脑炎病毒与乙型脑炎病毒同为黄病毒科黄病毒属。在形态和理化特性上与乙脑病毒相似，但两者的抗原性不同，生物学特性上也有差异。例如，中国地鼠在接种森林脑炎病毒时发病死亡，但接种乙脑病毒不发病；反之，黄鼠在接种乙脑病毒后发生致死性脑炎，而接种森林脑炎病毒后不发病。随后用标准免疫血清与新分离病毒进行补体结合试验和中和试验。补体结合试验呈属或群特异性，黄病毒属的各个成员之间常常呈现交叉反应，故须进行中和试验进行鉴别。

②病原检测：

应用森林脑炎免疫血清进行血清学试验，检测人兽血液或死亡者脑组织内的病毒抗原，具有直接的快速诊断价值，具体方法与乙脑相同。

（2）血清检测：

由于疫区内人兽常因隐性感染和疫苗接种而呈现阳性抗体反应，以检测抗体为目的的血清学试验须对急性期和恢复期双份血清进行补体结合、中和或 HI 以及 ELISA 试验等，以恢复期血清的抗体滴度高于急性期 4 倍以上者判为阳性，但也只是一种回顾性诊断。

十五、登革热（dengue fever，DF）

登革热是一种由登革病毒（Dengue virus，DENV）感染引起，流行于热带、亚热带地区的急性传染病，主要由埃及伊蚊 *Aedes aegypti* 或白纹伊蚊 *Aedes albopictus* 叮咬传播。临床特点为突起高热，全身肌肉关节疼痛，乏力，麻疹样和充血性皮疹，淋巴结肿大，白细胞和血小板减少。重者可表现为登革出血热（dengue hemorrhagic fever，DHF）和登革休克综合征（dengue shock syndrome，DSS），出现消化道、呼吸道、泌尿生殖道及中枢神经系统等部位大出血，因出血、血浆外渗，并直接侵犯心脏，高热、缺氧可引起休克，病死率高。本病主要流行区分布在热带和亚热带100多个国家和地区，每年向世界卫生组织报告的发病人数有数千万人，中国广东、海南和广西等地也曾多次暴发流行。

（一）病原

登革热病毒为黄病毒科黄病毒属的成员。病毒粒子呈球形，直径40～50nm。衣壳呈20面体对称，内含单分子单股正链RNA，相对分子量（Mr）为4×10^6。衣壳外有由脂蛋白组成的囊膜，囊膜表面有纤突。具有凝集鹅红细胞的能力。病毒RNA具感染性。登革病毒有4种血清型，感染后人体可获得对同型病毒的较持久免疫力，持续1～4年，但对异型病毒仅有短暂免疫力。因此，感染某型病毒或接种某型病毒疫苗后可再感染其他型病毒，其中2型传播最广泛。各型病毒间抗原性有交叉，与乙脑病毒和西尼罗病毒也有部分抗原相同。这给检测带来了困难。

登革病毒耐低温，在人血清中保存于－20℃可存活5年，－70℃存活8年以上。但不耐热，60℃30min或100℃2min即可灭活，对酸、洗涤剂、乙醚、紫外线、0.65%福尔马林敏感。

（二）流行病学

1. 传染源

登革热的主要传染源为患者和隐性感染者，尚未发现健康带病毒者。患者在发病前6～18小时至病程第6天，具有明显的病毒血症，可使叮咬伊蚊受染。流行期间，轻型患者数量为典型患者的10倍，隐性感染者为人群的1/3，可能是重要传染源。本病没有直接由人传染给人的先例报告。根据印尼的有关资料报道，在东南亚热带森林中猴子也可以感染本病，发生感染的途径和人类相同。

2. 传播途径

人和猴子是登革病毒的自然寄主，主要传播媒介是伊蚊，已知12种伊蚊可传播本病，但最主要的是埃及伊蚊和白纹伊蚊。广东、广西多为白纹伊蚊传播，而雷州半岛、广西沿海、海南省和东南亚地区以埃及伊蚊为主。伊蚊只要与有传染性的液体接触一次，即可获得感染，病毒在蚊体内复制8～14天后即具有传染性，传染期长者可达174天。具有传染性的伊蚊叮咬人体时，即将病毒传播给人。因在捕获伊蚊的卵巢中检出登革病毒颗粒，推测伊蚊可能是病毒的储存宿主。

3. 易感动物

人群对本病普遍易感。由非疫区进入疫区的人，很容易患此病。一次感染后，免疫力可维持1～4年，但同型免疫时间长，异型持续免疫时间短。首次流行的患者症状重，患病率和死亡率均高；二次流行或再次感染时，症状较轻，发病率和死亡率低。动物中的非人灵长类，特别是猴，极为敏感，其病毒血症的强度足以感染媒介蚊，但一般呈阴性感染。猪、羊、鸡等动物中也有较高的血清阳性率，但似乎并不呈现传染源的作用。

4. 流行特征

主要流行区分布在热带和亚热带100多个国家和地区，具有明显的沿海分布特点。中国则主要在海南、广东、广西流行本病。登革热流行与伊蚊孳生有关，一般雨后2~3周伊蚊密度显著上升，从而导致发病高峰的出现，故雨季发病率较高，一般中国流行区3—10月份为多发季节。本病多首发于城镇，再逐渐向农村蔓延。本病具有突发性和传播迅速、发病率高的特点。

（三）症状

按世界卫生组织标准分为典型登革热、登革出血热和登革休克综合征3型。

1. 典型登革热

所有患者均发热，起病急，寒战，随之体温迅速升高，24h内可达40℃。一般持续5~7天，然后骤降至正常，热型多不规则，部分病例于第3~5天体温降至正常，1日后又再升高，称为双峰热或鞍型热。病程3~6天出现皮疹，也有猩红热样皮疹，红色斑疹，重者变为出血性皮疹，分布于全身、四肢、躯干和头面部，多有痒感。持续5~7天。25%~50%病例有不同程度出血。

2. 登革出血热

发热、肌痛、腰痛，出血倾向严重，常有两个以上器官大量出血，出血量大于100mL。血浓缩，红细胞压积增加20%以上，血小板计数 $<100\times10^9/L$。有的病例出血量虽小，但出血部位位于脑、心脏、肾上腺等重要脏器而危及生命。

3. 登革休克综合征

具有典型登革热的表现，在病程中或退热后，病情突然加重，有明显出血倾向伴周围循环衰竭。表现皮肤湿冷，脉快而弱，脉压差进行性缩小，烦躁、昏睡、昏迷等，如不及时抢救可导致死亡。

（四）诊断

1. 初步诊断

凡在流行地区发现传播极为迅速的双峰热型患者，且有肌肉和关节疼痛以及皮疹等症状者，即应怀疑为登革热。

根据流行病学资料（在登革热流行区、夏秋雨季），发生大量高热病例时，应想到本病。

临床特征为：起病急、高热、全身疼痛、明显乏力、皮疹、出血。淋巴结肿大，束臂试验阳性。

2. 实验室检验

（1）末梢血检查：血小板数减少（$<100\times10^9/L$）。白细胞总数减少而淋巴细胞和单核细胞分类计数相对增多。

（2）血红细胞容积增加20%以上。

（3）单份血清特异性IgG抗体阳性。

（4）血清特异性IgM抗体阳性。

（5）恢复期血清特异性IgG抗体比急性期有4倍及以上增长。

(6) 从急性期病人血清、血浆、血细胞层或尸解脏器分离到登革热病毒或检测到登革热病毒抗原。

十六、东方和西方马脑炎(eastern and western equine encephalomyelitis)

东方和西方马脑炎属于马传染性脑脊髓炎。马传染性脑脊髓炎亦称马流行性脑脊髓炎，是由不同病原引起马的一类以中枢神经系统障碍为主要特征的传染性疾病的总称。这类疾病在临床上极其相似，难以区别，而实质上是由不同病毒导致的各自独立的疾病。其中包括发生南北美洲的美洲马脑脊髓炎（American equine encephalomyelitis)、发生于前苏联的俄罗斯马脑脊髓炎（Russian equine encephalomyelitis）和发生于德国的波那病(Borna disease)。中国也曾多次发生过这类疾病，其中的一部分已证明为马乙型脑炎，另一部分发生于全国各地的所谓“疑似马流脑”的病原，虽然经过大量的研究，却始终未能分离到病毒，其病因仍不清楚。

东方马脑脊髓炎（EEE）和西方马脑脊髓炎（WEE）属于美洲马脑脊髓炎，本病是由病毒引起的急性传染病。主要临床特点是发热及中枢神经系统的症状。

(一) 病原

东方脑炎病毒（eastern equine encephalomyelitis virus，EEEV）和西方脑炎病毒(western equine encephalomyelitis virus，WEEV)，属于披膜病毒科（Togaviridae）甲病毒属 *Alphavirus*、这两种病毒所致疾病临床症状相似，但在免疫学上有差别，且在毒力上也不相同。西方脑炎的临床表现比东方脑炎轻。

病毒粒子为圆形，直径 40 ~ 70nm。核酸为单股 RNA。核衣壳为 20 面体对称，具有囊膜，囊膜外面有纤突，含 2 ~ 3 种糖蛋白。该病毒能在鸡胚中良好增殖，各种途径接种均能使鸡胚在 15 ~ 24h 内死亡。病毒还能在多种动物的组织培养细胞内增殖，如猴肾细胞、仓鼠肾细胞、鸭胚和鸡胚成纤维细胞、Hela 细胞、BHK – 21 和 Vero 细胞等，并迅速引起细胞病变。

病毒对热敏感，在 60℃10 ~ 30min 可灭活。对酸和乙醚等脂溶剂敏感。

对 EEEV 和 WEEV 的实验动物以新生豚鼠的易感性最高，用脑内及皮下接种最可靠，潜伏期分别为 1 ~ 4 天和 4 ~ 10 天。EEEV 和 WEEV 各有一个血清型。

(二) 流行病学

鸟类为本病主要传染源和贮存宿主。在自然条件下本病毒在多种小野鸟和库蚊中自然循环和传播。人和马是偶然受害者。鸟类感染本病后，大多无症状，体内病毒血症约维持 4 天左右。野鸟中幼鸟体内病毒比大鸟滴度高，数量多。故小鸟是本病主要传染源。

一些温血脊椎动物对本病毒易感。马感染后表现为病毒血症，病死率甚至高达 80% ~90%，但血中病毒抗原效价低。流行病学调查显示，马和人对本病毒不起传染源作用。

蚊虫叮咬是本病主要传播途径。目前能分离到病毒的蚊种已达 1 000 余种，其中黑尾脉毛蚊 *Aedes sollicitas* 是最主要的传播媒介。黑尾脉毛蚊专吸鸟血，很少吸人血，是鸟类之间主要传播媒介。而烦扰伊蚊 *Aedes rexans* 兼吸人血，故为人和家畜的主要传播媒介。偶可由人吸入含病毒的气溶胶经呼吸道传播。啮齿类、两栖类和爬行类也可能参与本病的传播循环过程。

本病可感染马和骡，一些野生哺乳动物和鸟类也可感染，如野马、环颈雉、蒙古雉、麻雀、鸽、火鸡、鸭等。有报道至少50种以上的鸟类可以自然感染本病病毒，有些鸟（如环颈雉、棕尾虹雉等）能发生致死性感染，而大部分鸟类和家禽为无症状感染，感染后能产生1~2天的高滴度病毒血症，然后出现高效价抗体。人对本病普遍易感，且大多呈不显性感染，2%~10%呈显性感染。本病毒对人的感染大多侵犯10岁以下儿童和50岁以上老年人。据统计10岁以下儿童约占70%，男女无明显差别，10~50岁之间显性感染少。人感染后可产生持久免疫力。

本病主要分布在美国东部、东北部与南方几个州，加拿大的安大略省、加勒比群岛、阿根廷、圭亚那等国。其他地区菲律宾、泰国、捷克、波兰等国都从动物中分离到本病毒，但尚无病例发生。中国也从自然界分离到东方马脑炎病毒，在人群血清学调查也发现东方马脑炎病毒抗体阳性，由此推测，中国除已知乙脑和森林脑炎外，可能有其他虫媒病毒引起的脑炎还未被人认识。

本病有严格季节性，多在7—10月份，以8月份为高峰。在人间流行前几周，常先在家畜、家禽之间流行。

（三）临床症状

1. 马

EEE和WEE的潜伏期约1周，病马发热，随后出现中枢神经系统症状，开始时兴奋不安，呈圆圈状运动，冲撞障碍物，拒绝饮食。随后嗜睡，并呈麻痹状态，步样蹒跚，最后倒毙。病程1~2天。EEE死亡率高达80%~90%，WEE的死亡率为20%~30%。

2. 雉

对EEE易感，常发生致死性感染。病雉发热，随后发生进行性运动失调、震颤、肢足麻痹，乃至全身瘫痪而死。

3. 人

EEE和WEE的临床症状相似，但EEE的死亡率高达50%，而WEE的死亡率仅5%~10%。发病突然。有40~41℃的高热，严重头痛，颈项强直，呕吐，昏睡，昏迷和惊厥。

4. 其他动物

在自然条件下大多呈隐性感染，不显明显症状。

（四）病变

病死马剖检无特征性的肉眼变化，组织学观察为典型的病毒性脑炎变化。

（五）诊断

1. 初步诊断

根据临床症状和流行病学资料可作出初步诊断。

2. 样本采集

（1）病毒分离样：①组织：对EEE和WEE，最好采取脑组织，切取大脑、延脑、脑桥和小脑各一块。这些病料可同时用作组织学检查。②取发热早期血液。

（2）血清：取急性期和恢复期双份血清。

3. 实验室检验

（1）病毒分离：病料处理后接种乳鼠、新生雏鸡或易感细胞，进行病毒分离。

①可将病料接种2~5日龄乳鼠。为提高病毒分离率，可先给乳鼠腹腔注射50%甘油0.5~1ml，稍后再脑内接种病料悬液。小鼠接种后2~8天呈现脑炎症状而死。

②刚出壳的雏鸡（又称湿雏）对脑内接种的马脑炎病毒极为敏感，接种后呈现典型的脑炎症状。

③将病料接种于鸡胚绒毛尿囊膜上，鸡胚经15~24h死亡，胚体和绒尿膜内含大量病毒，并常可在绒尿膜上见有痘斑样病变。

（2）血清学诊断：常用的方法有血凝抑制试验、补体结合试验、病毒中和试验。血凝抑制抗体和中和抗体出现较早，一般可在发病后7天检出，并可持续几个月之久。补体结合抗体须在发病后10天以上才能检出。注意：我国尽管在自然界分离出本病病毒，也发现人群血清抗体阳性，但尚未见本病例报告；故诊断时需慎重，必须取急性期和恢复期双份血清中和抗体或血凝抑制试验抗体有4倍升高才可确诊。

十七、恶性卡他热（malignant catarrhal fever，MCF）

恶性卡他热是由恶性卡他热病毒引起的家养和野生反刍动物的一种急性、高度致死性传染病。临床上以持续高热、呼吸道和消化道黏膜的黏脓性坏死性炎症为特征。从流行病学上，MCF具有两种主要的形式，一种是与非洲角马有关的MCF，称为角马相关MCF；另一种是与羊有关的MCF，称为羊相关MCF。两种不同的MCF。其临床症状难以区别。

（一）病原

本病的病原属疱疹病毒科γ疱疹病毒亚科（Gammaherpesvirinae），其中角马相关MCF病毒称为Ⅰ型狷羚疱疹病毒（Alcelaphine herpesvirus -1，AHV -1）；而与羊相关的MCF病原体称为Ⅱ型牛疱疹病毒（Ovine herpesvirus -2，OHV -2）。

AHV -1具有20面体立体对称结构，直径140~220nm，由松散不规则的外囊膜和中央100nm的核衣壳组成，核芯为单一的线状双股DNA。AHV -1可在牛肾、脾、鼻中格、甲状腺、睾丸、肺、肾上腺细胞上生长，使细胞形成合胞体和核内包涵体，可在感染4~7天后出现CPE。

羊相关MCF病毒，即OHV -2至今尚没有成功地分离到，多年来，许多试图从羊和具有羊相关MCF临床症状的动物体内分离该病毒的尝试均告失败。但研究结果表明，在抗原性和核酸碱基序列上，OHV -2与AHV -1具有十分密切的关系。

病毒对外界环境的抵抗力不强，不耐冷冻干燥。含病毒的血液在室温存放24h可完全失活，冰点以下温度可使病毒失去感染性。一般对病毒的保存，在感染细胞混悬液中加入20% ~40%血清和10%甘油，-70℃保存，至少在15个月内稳定；将枸橼酸抗凝的含病毒血液保存在5℃环境中或将病毒接种鸡胚卵黄囊（-10℃保存），至少在8个月内稳定。本病毒对乙醚和氯仿敏感。

发病动物康复后，体内可产生中和、补体结合及沉淀抗体。黄牛病愈后能产生坚强免疫力，可持续2~3年。据报道，毒株之间的免疫原性不同，不能相互交叉，此结果尚待证实。

（二）流行病学

角马和羊普遍被认为分别是角马相关MCF和羊相关MCF的病毒宿主。角马和羊对

MCF 病毒具有极高的感染率，并长期带毒，但均不表现出临床症状。两者均是重要的传染源，通过密切接触，可使其他动物发生感染。

家牛和鹿对本病十分易感，发病症状明显，多以死亡告终。其他易感的动物还有叉角羚、泽羚、欧洲野牛、弯角羚、梅花鹿、马鹿、美洲驼鹿、驯鹿、长颈鹿等。

本病的自然传播方式尚不清楚，有人认为羊相关 MCF 的传播与羊的产仔期有关，在此期间易于发生本病的传播。在角马，妊娠母兽可将病毒传给胎儿。本病在牛群、鹿群和其他易感动物中，尚未发现或极少有报道发生个体间的接触感染。昆虫传播此病的作用，有待进一步证实。

角马相关 MCF 主要发生于非洲，而绵羊相关 MCF 具有世界性分布。本病一年四季均可发生，更多见于冬季和早春，多呈散发，有时呈地方流行性。多数地区发病率较低，而病死率可高达 60% ~90%。

（三）症状

MCF 的临床表现差异很大，这与疾病所涉及到的器官和疾病的进程速度有关。传统上，习惯于将急性 MCF 化分为头和眼型、消化道型、脑炎型、皮肤型等不同形式。但在疾病过程中，几种类型的疾病表现可出现在同一动物个体上。

该病的潜伏期变化极大，范围在 18 ~ 100 天以上。

在急性疾病过程，可见体温持续升高，流涎，畏光，结膜炎，角膜肿胀，脓性鼻道分泌物，广泛性的淋巴结肿大。眼部病变，是本病的一个重要特征，角膜混浊，开始是在边缘形成细线样物，然后不断向中心扩散。眼部的病变会发展为虹膜睫状体炎、全眼球炎、角膜溃疡、葡萄肿，特别那些病后存活时间较长的个体。

一些动物（特别是患羊相关 MCF 的动物）表现出消化系统症状，包括口腔、食管和肠道溃疡、下痢和严重脱水。轻度的关节炎、滑膜炎，偶见有跛行。

皮肤变化包括吻部、乳房、腿和趾间充血，或者坏死出血。偶然可出现普遍性的血管溃疡性皮炎。吻部表面可能会出现结痂，如去掉结痂会暴露出出血的皮肤。

神经系统症状并不常见，但也有震颤，共济失调，转圈，双耳抽搐，有攻击性。

有些动物，特别是鹿科动物，几乎无任何征兆就突然死亡。

（四）病变

头眼型以类白喉性坏死性变化为主，喉头、气管和支气管黏膜充血，有小点出血，也常覆有假膜。肺充血及水肿，也见有支气管肺炎。消化道型以消化道黏膜变化为主。胃黏膜和肠黏膜出血性炎症，有部分形成溃疡。在较长的病程中，泌尿生殖器官黏膜也呈炎症变化。脾正常或中等肿胀，肝、肾浊肿，胆囊可能充血、出血，心包和心外膜有小点出血，脑膜充血，有浆液性浸润。

（五）诊断

1. 初步诊断

根据流行特点、症状及病变可做出初步诊断，但确诊需要实验室检验。

2. 样本采集

（1）病原检测用：①全血：在发病动物症状明显时采取全血，用 0.5% EDTA 或 0.1% 肝素抗凝。②组织标本：取淋巴结，从发病死亡不超过 1 ~ 2h 的尸体上，或活体上采取。供细胞培养分离病毒或病原鉴定用。

注意：因离体病毒仅在短时间内保持感染力，组织或血液标本应立即保存于冰块中或4℃冰箱内，并迅速送检。

（2）血清：采取发病初期和2～3周后的双份血清。

3．实验室检验

（1）病原学鉴定：

①病毒分离培养：将制备的组织悬液，或从发病动物的抗凝血中分离白细胞，接种牛甲状腺、牛睾丸或牛胚肾原代细胞，培养3～10天后，可出现细胞病变，然后对其培养物通过电子显微镜观察病毒形态，用中和试验或免疫荧光抗体技术进行鉴定。

②动物试验：

a．兔：可作兔脑内接种，产生神经症状，并于28天内死亡。

b．牛：可用易感牛作为人工感染的试验动物，用非经口途径将病牛全血（必须大剂量）或细胞培养的完整细胞人工接种牛，能发生典型的恶性卡它热，潜伏期约10～60天，约经5～10天死亡，也可能康复。

（2）抗体检测：

①中和试验：当病毒在细胞培养中连续传代，并自细胞中释放出来后，其游离病毒可与康复牛的血清作常规的中和试验。一般用固定病毒－稀释血清法。病毒的用量约为100$TCID_{50}$，血清和病毒混合后4℃过夜，然后接种犊甲状腺细胞培养。不应出现致细胞病变和合胞体。

②琼脂扩散试验：血清中沉淀抗体在康复后期出现，且滴度不高。

另外还可用间接免疫过氧化物酶试验。

十八、肾综合征出血热（hemorrhagic fever with renal syndrome，HFRS）

肾综合征出血热是由汉坦病毒引起的急性传染病。主要病理变化为全身小血管内皮细胞的损伤。临床上以发热、休克、出血和急性肾功能衰竭为主要表现。典型病例病程呈五期经过。广泛流行于亚欧等国，中国是本病的高发区。本病各国命名不一，1982年世界卫生组织（WHO）建议统称为肾综合征出血热。

（一）病原

肾综合征出血热病毒又名汉坦病毒（hantaan virus，HTNV）属布尼亚病毒科（Bunyaviridae）汉坦病毒属 *Hantavirus*。病毒颗粒呈球形或卵圆形，有双层包膜，内浆比较疏松，平均直径约120nm、病毒基因组为单股负链RNA，分大（L）、中（M）和小（S）3个片段。

病毒抗原性根据不同地区和不同宿主来源而有差异。目前认为有6种血清型；Ⅰ型（野鼠型）、Ⅱ型（家鼠型）、Ⅲ型（流行性肾病型）、Ⅳ型（宾州田鼠型）、Ⅴ型（巴尔干姬鼠型）、Ⅵ型（小鼠型、Leakey病毒型）。中国流行的是以黑线姬鼠、大林姬鼠为宿主的野鼠型和以家鼠为宿主的家鼠型。

该病毒不耐酸，pH5.0以下即可灭活，对紫外线、一般消毒剂（来苏尔、70%乙醇和2.5%碘酒等）和脂溶剂都很敏感。不耐热，56℃30min或100℃1min即可灭活。

（二）流行病学

1．宿主动物和传染源

本病毒呈多宿主性，在中国已发现53种动物携带本病毒，啮齿类如黑线姬鼠、林区的大林姬鼠和褐家鼠等为主要的宿主动物和传染源。其他动物如猫、狗、家兔、猪、羊和牛也可成为传染源。病人因病毒血症短暂，人与人之间传播的可能性极小。

2. 传播途径

本病可经多种途径传播。

（1）呼吸道传播：动物实验证明，鼠类含有病毒的排泄物污染尘埃后形成的气溶胶，可经呼吸道黏膜侵入体内，认为是主要的传播途径。

（2）消化道传播：进食携带病毒的鼠的排泄物污染的食物或水可经口腔黏膜或胃肠道黏膜而感染。

（3）接触传播：鼠类咬伤、或人破损的皮肤或黏膜接触鼠的排泄物和分泌物，可被感染。

（4）虫媒传播：通过革螨或恙螨叮咬人或鼠类而传播。

（5）母婴传播：孕妇感染本病毒后，可经胎盘感染胎儿。

3. 人群易感性

人群普遍易感。病后能获得较持久的免疫力，二次发病者罕见。人群中隐性感染率低，野鼠型为1%～3.8%，家鼠型为5%～16.1%，故获得免疫力主要靠显性感染。

4. 流行特征

本病主要流行于欧亚大陆。中国除新疆、青海、西藏和台湾外，各个省、市、自治区均有疫情报告。高度散发是本病的主要流行形式，全年均有发生，但有明显的季节性。野鼠型10—12月份为流行高峰，3—7月份为小流行高峰，家鼠型3—5月份为高峰。男性高于女性，青壮年发病率高，可达80%以上。野外工作人员、农民发病率高。根据传染源种类不同，疫区类型可分为野鼠型、家鼠型和混合型。

（三）症状（人）

潜伏期5～46天，一般为7～14天。患者症状包括以下几方面：

（1）早期症状和体征：起病急，发冷，发热（38℃以上）；

（2）全身酸痛，乏力，呈衰竭状；

（3）头痛，眼眶痛，腰痛（三痛）；

（4）面、颈、上胸部充血潮红（三红），呈酒醉貌；

（5）眼睑浮肿、结膜充血，水肿，有点状或片状出血；

（6）上腭黏膜呈网状充血，点状出血；

（7）腋下皮肤有线状或簇状排列的出血点；

（8）束臂试验阳性；

（9）患者常规检查及诊断：

①血常规：早期白细胞数低或正常，3～4天后明显增多，杆状核细胞增多，出现较多的异型淋巴细胞；血小板明显减少。

②尿常规：病程第2天出现尿蛋白，4～6天达高峰，伴显微血尿、管型尿。

③粪常规：多无异常。如有消化道出血可出现血便或大便潜血阳性。

④血清特异性IgM抗体阳性。

⑤恢复期血清特异性IgG抗体比急性期有4倍以上增高。

⑥从病人血清中分离到汉坦病毒和/或检出汉坦病毒 RNA。

（四）病变（人）

（1）血管：本病的基本病变是全身小血管的损伤。血管内皮细胞肿胀、变性和坏死，管壁不规则的收缩和扩张，管腔内有微血栓形成。血管周围有出血、血浆外渗、水肿和炎症细胞浸润。

（2）肾脏：肾体积增大，肾脂肪囊水肿、出血。切面见皮质、髓质分界明显，皮质苍白，髓质呈暗红色。极度充血、水肿及出血，可见缺血性灶性坏死。

（3）心脏：主要表现为右心房内膜下出血。

（4）脑垂体及其他脏器的病变：脑垂体肿大，以前叶为主，有明显充血、水肿、出血和坏死。后叶变化不大。后腹膜和纵隔有胶冻样水肿。肝、胰和脑实质细胞有不同程度的灶性及片状变性、坏死。

（五）诊断

1. 患者初步诊断

（1）流行病学史：在出血热疫区及流行季节，或发病前两个月内有疫区旅居史，或发病前两个月内有与鼠类或其排泄物（尿、粪）/分泌物（唾液）直接或间接接触史。

（2）根据临床特征。

2. 样本采集

（1）人标本：全血及血清。

（2）鼠标本：①肺样：取分类鉴定的鼠，无菌解剖，取鼠肺，放入编号的冷冻塑料管内，用于病毒分离，或用免疫荧光法检测抗原。②血清样。

上述标本带到实验室后，应及时放到超低温或低温冰箱内保存，或尽快分装检测。

（六）实验室检验

1. 患者诊断

（1）血清学：采集急性期血清，用 IgM 捕捉 ELISA（MacELISA）或胶体金标记试纸条法检测出血热 IgM 抗体。

（2）病原学：采集急性期患者的全血进行 PCR、病毒分离、核苷酸序列测定和交叉中和实验，分析流行株型别。

2. 宿主动物监测

（1）鼠肺抗原和血清抗体检测：应用免疫荧光法检测鼠肺出血热病毒抗原，或用双抗原夹心 ELISA 检测鼠出血热抗体。

（2）宿主动物的病原学监测：①核酸检测：对免疫荧光阳性鼠肺标本，采用 RT－PCR 方法进行核酸检测。②病毒分离：对采集的阳性鼠肺标本进行病毒分离。③序列测定：对分离到的病毒和阳性 PCR 产物进行 M 和 S 片段序列测定，并将测序结果上报至相关部门。

十九、蓝舌病（blue tongue）

蓝舌病是由蓝舌病病毒引起的反刍动物的一种急性热性传染病。以发热、卡他性口炎、鼻炎和胃肠道黏膜的溃疡性炎症为特征。本病被中国定为进境动物一类传染病。

本病早在 1876 年发现于南非绵羊。1906 年 Theiler 定名为蓝舌病。1934 年发现牛也患本病。目前在非洲、美洲、欧洲、亚洲以及大洋洲的一些国家均有发生。中国部分省市和地区也有发生，严重影响畜牧业的发展，并造成很大经济损失。

（一）病原

蓝舌病病毒（blue tongue virus，BTV）为呼肠孤病毒科（Reoviridae）环状病毒属 *Orbi virus* 的代表种，为一种双股 RNA 病毒。本病毒具有 23 个血清型。

病毒颗粒呈圆形，20 面体对称。直径 50～60nm，无囊膜。具有 32 个或 42 个外壳子粒组成。是双层外壳，内含一个芯髓，有清晰的壳粒结构。内层衣壳表面呈环状结构。

病毒可以在绵羊、牛的原代肾细胞，牛淋巴结、羔羊睾丸和人的羊膜等原代细胞上生长。鸡胚卵黄囊或乳小鼠脑内接种也能繁殖。用 BHK－21、乳田鼠肾细胞株、Vero 绿猴肾细胞株均能繁殖并产生病变。

病毒的抵抗力较强，对脂溶剂和脱氧胆酸钠比较稳定。未提纯的病毒较耐热，50℃加热 1h 不能灭活。在 50% 甘油中室温可以保存多年。对乙醚、氯仿有抵抗力。对酸敏感，pH6.5～8.6 时较稳定；但在 6.3 以下，8.0 以上时，则很快灭活。病毒极易被低温的胰蛋白酶所灭活。在 3% 的福尔马林溶液中到 48～72h 后才能灭活。在干燥的感染血清或血液中可长期存活，甚至可长达 25 年。

病毒的血清型复杂。到目前有 24 个血清型，不同血清型的病毒不能交互免疫，且引起动物反应也不同。同一血清型的不同毒株之间也存在着差异。本病毒经常发生变异，主要原因是不同 RNA 片段的重新组合，形成不同的毒株。病毒有基因序列漂移和重配现象存在，今后新的血清型还会不断增加。

（二）流行病学

1．易感动物

绵羊不分品种、年龄、和性别对本病均易感，其中 1 岁左右的绵羊最易感，哺乳的羔羊有一定抵抗力。山羊和牛对本病易感性低于绵羊，牛多为隐性感染，马、犬、猪、猫不易感。野生反刍动物中，鹿的易感性最高。易感染本病的动物有驼鹿、白尾鹿、叉角羚羊、瞪羚、薮羚、大角羚羊、麋鹿、黑尾鹿、麃、转角牛羚等。

2．传染源

患病动物和病毒携带者是本病的传染源。病毒存在于感染动物血液和各器官中，康复动物带毒时间可长达 4～5 个月。在疫区的隐性感染羊也带毒。牛和野生反刍动物是主要病毒携带者（宿主）和传染源。

3．传播途径

本病主要通过吸血昆虫传播，库蠓是本病的主要传染媒介，其他昆虫如羊虱、羊蜱蝇、蚊、虻、螯蝇、蜱和其他叮咬昆虫，也可作为蓝舌病的病毒携带者与传染媒介。当库蠓吸吮发病动物的带毒血液后，病毒在虫体内增殖并始终感染易感动物。库蠓喜好叮咬牛，在绵羊和牛混群放牧时绵羊往往不会被感染，或呈不明显症状。如果没有牛时，则库蠓叮咬绵羊，把病毒传给绵羊。有的学者认为，对蓝舌病来说，牛是宿主，库蠓是传染媒介，绵羊则是症状表现严重的动物。本病也可经垂直传染，经胎盘感染胎儿，导致母畜的流产、死胎或胎儿先天性异常。有人认为发病公牛的精液是构成传染蓝舌病的潜在危险，但有人认为，血清阳性公牛的精液不存在长期潜伏的病毒，因此精液传播并不重要。

4．流行特征

本病的发生有季节性。它的发生和分布与库蠓的分布、习性和生活史有密切关系。一般发生于5月下旬到10月中旬，在湿热的夏季和早秋，特别是在池塘、河流较多的低洼处多发。蓝舌病的流行在美国似乎有一定的周期性，每隔3～4年发生一次。蓝舌病在新疫区绵羊群中的发病率为50%～70%，病死率为20%～50%。

（三）症状

绵羊在临诊中常见急性型。体温升高后不久，表现厌食，委顿，离群，流涕，流涎，口鼻黏膜潮红，唇、颊、齿龈及舌水肿，糜烂，唾液带血，吞咽出现困难，舌肿胀呈紫色，鼻中流出黏液脓性带血的分泌物，形成干痂，阻塞鼻孔，致使呼吸困难。蹄冠充血，引起跛行甚至膝行。紧靠蹄冠之上的皮肤由于蹄冠炎而出现一条暗红色至紫色带，是具有重要诊断意义的症状。

急性病程常为6～14天，不死的经10～15天开始复愈。发病率30%～40%，病死率2%～30%，偶可高达90%，死因为并发肺炎或胃肠炎。

亚急性病例表现显著消瘦，虚弱，头颈强直，病死率在10%以下。

有时出现顿挫型病例，发热轻微；颊黏膜微红，能很快恢复。

牛　大多为隐性，但有些牛也可发生如同羊那样严重的临床综合征。

白尾鹿　患本病除具有上述典型特征外，可见眼眶和口腔黏膜充血呈玫瑰色和蓝色外观、坏死性舌炎等症状，还伴有腹泻，排带血稀便，尿液呈红茶色。

叉角羚羊　感染本病，表现厌食，共济失调，呼吸困难和中枢神经系统抑制。

麋鹿　感染后，表现轻度发热、结膜炎、腹泻等轻度症状。

非洲水牛　感染后，出现口腔黏膜水肿、溃疡、舌肿胀、发绀，有些病例发生瘫痪。

（四）病变

本病的特征性病理变化是口腔糜烂和有深红色区，舌、齿龈、硬腭、颊黏膜、唇水肿。除口腔病变外，发病动物皮肤、黏膜出血、水肿，上皮脱落，引起溃疡和坏死。皮下组织广泛充血及胶冻样浸润，肌肉出血，肌纤维变性，有时肌间有浆液和胶冻样浸润。

心肌、心内外膜、呼吸道、消化道和泌尿道黏膜均有小出血点，尤其心包积水。严重病例，口唇、齿龈、舌、瘤胃、真胃等均有溃烂和腐脱，大多数患畜感染后2～13天白细胞减少到4 000～8 000个/ml。

（五）诊断

1．初步诊断

据流行病学、症状和病理变化可作出初步诊断，确诊必须依靠实验室检查。

2．样品采集

（1）病毒分离样：在发病早期（特别是体温升高前）采集病兽血液，病死兽可采脾、肝等含血多的器官。或自新鲜尸体采取淋巴结、脾脏。用血液、淋巴结、脾脏制成悬液接种实验动物或细胞培养。

（2）血清样：可取发热期和病后1个月的双份血清。

3．病毒分离

（1）细胞培养：将红细胞裂解液或接毒培养后的鸡胚悬液接种细胞单层（适宜的细胞为Vero－M和BHK－21细胞系，也可用MVPK细胞系），37℃培养10天，每天观察

CPE（细胞增大变圆，颗粒增多，逐渐自坡面脱落）。如无细胞病变，再盲传1~2代，一般都能检出。

（2）鸡胚接种：取10~12天龄鸡胚，静脉内接种病料0.1ml，33~34℃培养7天（即低于鸡胚生长的最适温度），48h前死亡者弃去，收集3~7天死亡并有水肿和出血病变的鸡胚。如鸡胚不死可认为没有病毒存在。本病毒在鸡胚连续传代会迅速减弱毒力，但其抗原性不变。

（3）动物试验：

①人工脑内接种哺乳小鼠或仓鼠，3~7天后发生致死性脑炎。脑内接种成年小鼠不表现症状，但病毒可在成年小鼠体内短期增殖。

②将发热期病羊（或牛）血液或将脾或淋巴结悬液静脉或皮内接种易感绵羊和经蓝舌病疫苗免疫的绵羊各3~5头。观察3~10天后，接种标本的易感绵羊出现与自然病例相同的症状，而免疫羊不出现任何症状。

4．血清学试验

本病检疫常用的血清学试验有琼脂免疫扩散试验和补体结合试验。用于本病诊断的其他血清学试验还有中和试验、凝胶溶血试验和间接荧光抗体染色试验。其中琼脂免疫扩散试验用于检查血清中的蓝舌病沉淀抗体，操作简单、反应灵敏、经济，是最好的诊断方法之一。如双份血清的抗体滴度增高4倍或4倍以上时作为阳性判定标准。

二十、犬疱疹病毒感染（canine herpes virus infection）

犬疱疹病毒感染可引起新生幼犬急性致死性传染病。超过2周龄的犬呈亚临床感染，表现气管炎、支气管炎；对母犬可造成不孕、流产和死胎及公犬的阴茎炎和包皮炎。

1965年，Carmichael等在美国，同年Stewart等在英国最早从新生的病犬分离到病毒。以后在加拿大及欧洲的一些国家，多次从不同临床症状的犬分离到病毒。

经血清学调查表明，本病毒在繁殖犬群中广泛存在，美国、德国、瑞士、英国、日本、澳大利亚和南非等均有报道。

（一）病原

犬疱疹病毒（canine herpsvirus，CHV）属于疱疹病毒科（Herpesviridae）甲疱疹病毒亚科（alphaherpesviridae）水痘病毒属 *Varicellovirus* 成员，具有疱疹病毒所共有的形态特征。核酸型为线状双股DNA。病毒位于细胞核内，未成熟无囊膜的病毒粒子直径115~117nm。

病毒对热的抵抗力较弱，56℃4min灭活，37℃22h灭活，4℃可存活1年，-70℃为最适保存温度。冻干毒种保存数年毒价无明显变化。病毒对乙醚等脂溶剂、胰蛋白酶、酸性和碱性磷酸酶等敏感。pH4.5时，经30min失去感染力，但在pH6.5~7.0之间比较稳定。

病毒囊膜表面没有血凝素，只有1个血清型，所有毒株都具有共同的抗原特性。CHV与其他疱疹病毒如牛鼻气管炎病毒、马鼻肺炎病毒、猫鼻气管炎病毒和鸡喉气管炎病毒都不呈现交叉中和反应，与人单纯疱疹病毒能呈现轻度中和反应。与犬肝炎病毒和犬瘟热病毒也不呈现交叉反应。不同型的毒株只有一种抗原型，但其毒力存在差异。

CHV容易在犬肾、肺和子宫组织培养细胞内，35~37℃可迅速增殖。感染后12~16h

即可出现细胞病变，初期呈局灶性细胞圆缩、变暗，逐渐向周围扩展。随后由灶状中心部开始细胞脱落。通常于接毒后 2 ~4 天收毒。部分感染细胞内有着染不太清楚的核内嗜酸性包涵体。不易看到典型包涵体，这可能与细胞病变产生太快有关。可形成界限明显、边缘不整的小型蚀斑。在人肺和犊、猴、猪、兔以及幼地鼠肾细胞仅能微量增殖，不能在鸡胚中增殖。

一般实验动物对 CHV 都不易感，但可用兔作免疫血清。

（二）流行病学

CHV 只能感染犬，可引起 2 周龄以内的幼犬产生急性致死性呼吸道疾病，病死率可达 80%。稍大几周的犬发病轻微或不明显。成年犬呈不显性感染，偶尔表现轻度鼻炎、气管炎或阴道炎。

患病犬和康复犬是主要传染源。感染犬从唾液、鼻分泌物和尿液排出病毒，仔犬主要是在分娩过程中与带毒母犬阴道接触或生后吸入母犬带毒飞沫而遭受感染。有人曾从剖腹产的仔犬中分离到 CHV，这表明病毒能从母体通过胎盘感染胎儿。此外，仔犬间也能通过口、咽互相传染。病毒首先在扁桃体、鼻甲骨和咽黏膜处增殖，随后通过白细胞将病毒携带而散布全身。人工感染试验证明：病毒在上呼吸道持续存在时间一般不超过 3 周，但在其他脏器内低水平带毒可持续相当长时间。病毒可见于母犬的阴道中，并持续到产后 18 天。康复犬长期带毒，潜伏感染是本病毒的特征。

母源抗体水平也是影响新生幼犬感染的重要因素。抗体阴性母犬所生幼犬感染 CHV 后可产生严重的致死性疾病，而由抗体阳性母犬哺乳的幼犬感染后症状不明显。

本病传播迅速，幼犬群几乎在同一时间发病，流行过程不长。

（三）症状

潜伏期 3 ~8 天，2 周龄以内犬常呈急性型，开始出现粪便变软，随后 1 ~2 天出现病毒血症。病犬体温升高，精神沉郁，停止吮乳，呼吸困难，出现阵发性腹痛症状，有时呕吐和连续吠叫，粪便呈黄绿色，常于 1 天内死亡。

个别耐过仔犬常遗留中枢神经症状，如共济失调，向一侧作圆周运动或失明等。2 ~5 周龄仔犬常呈轻度鼻炎和咽炎症状，主要表现打喷嚏、干咳、鼻分泌物增多，经 2 周左右自愈。

母犬流产、死胎、弱仔或屡配不孕，而其本身无明显症状。

公犬可见阴茎炎和包皮炎。

（四）病变

死亡仔犬的实质脏器表面散在多量芝麻大小的灰白色坏死灶和小出血点，尤其以肾和肺的变化更为显著。肾皮质弥漫性充血，在出血灶的中央，有特征性灰色坏死点，肺出血和水肿。胸腹腔内常有带血的浆液性液体积留，脾常肿大，肠黏膜呈点状出血，全身淋巴结水肿和出血。呼吸道如鼻、气管和支气管有卡他性炎症。

组织学检查可在肝、肾、脾、小肠和脑组织内见有轻度细胞浸润，血管周围有散在的坏死灶，上皮组织损伤、变性。于病变组织，特别是坏死灶周围组织的细胞里，可以看到嗜酸性核内包涵体。少数病犬有非化脓性脑膜脑炎变化。

（五）诊断

1. 初步诊断

据流行病学、症状和病理变化可作出初步诊断，确诊必须依靠实验室检查。

2. 样本采集

①组织样品：采取症状明显的幼龄病犬的实质性脏器，如肾、肝、脾、肺和肾上腺。于成年犬和康复犬，可用棉拭子沾取口腔、上呼吸道和阴道黏膜拭子样品。按常规方法制备组织悬液或拭子液，供病毒分离用；也可制成切片、涂片，供病毒抗原检测用。

②病犬血清样

3. 实验室检验

（1）病原鉴定：①病毒分离鉴定：病料无菌处理后接种于犬肾单层细胞，逐日观察有无 CPE。分离获得病毒后，用中和试验进行鉴定，也可用免疫荧光抗体试验、补体结合试验、蚀斑减数试验、电镜观察进行病毒鉴定。②病毒抗原检测：可用荧光抗体染色检测发病幼犬的肾、脾、肝和肾上腺切片，或成年犬或康复犬的口腔、上呼吸道和阴道的拭子涂片，看是否存在 CHV 特异抗原。在组织的坏死灶中可发现大量病毒的抗原，这是一种既准确又快速的诊断方法。

（2）抗体检测：可用血清中和试验和蚀斑减数试验检测血清中抗体。因感染犬的抗体可维持 2 年以上，因此测定血清中的中和抗体，只能作为回顾性诊断和流行病学调查。

二十一、犬瘟热（canine distemper）

犬瘟热是由犬瘟热病毒引起的犬科、鼬科和熊科动物的一种高度接触传染性的传染病，以早期表现双相热、急性鼻卡他以及随后的支气管炎、卡他性肺炎、严重的胃肠炎和神经症状为特征，少数病犬的鼻和足垫可发生角化过度。

（一）病原

为副黏病毒科（Paramyxoviridae）麻疹病毒属 *Morbillivirus* 的犬瘟热病毒（canine distemper virus），呈圆形或不整形。直径为 100～300nm，含有直径为 15～17nm 的螺旋状核衣壳，外面被覆一个似双轮的膜，膜上生长 1.3nm 的纤突。核酸型为单股 RNA。

病毒对干燥和寒冷有较强的抵抗力，在 -70℃条件下冻干毒可保存毒力 1 年以上。在室温下仅可存活 7～8 天，55℃存活 30min，100℃1min 失去毒力。病毒对紫外线敏感，日光照射 14h，可将病毒杀死。对乙醚、氯仿等有机溶剂敏感。最适 pH7.0～8.0，在 pH4.5～9.0 条件下均可存活。30% 氢氧化钠溶液、3% 福尔马林、5% 石炭酸溶液均可灭活。

病毒可在犬、雪貂、犊牛肾细胞及鸡胚成纤维细胞上培养，也能在犬、雪貂的脾、肺、淋巴结、睾丸组织和腹膜巨噬细胞中生长。培养在犬肾细胞单层上可生长增殖，产生多核体（合体细胞）和核内、胞浆内包涵体及星状细胞。将病毒接种在鸡胚后 1～2 天，在绒毛尿囊膜上可见到水肿，外胚层细胞增生和部分坏死。试验证明，该病毒与牛瘟、麻疹病毒有相关性。

（二）流行病学

1. 易感动物

CDV 的自然宿主为犬科动物（犬、狼、丛林狼、豺、狐等）和鼬科动物（貂类、鼬类、獾、水獭等），浣熊科中曾在浣熊、蜜熊、白鼻熊和小熊猫中发现。自然条件下，雪貂、水貂、红狐、银黑狐、北极狐，紫貂、黑貂、松貂（林貂）、狼、豺、山狗，艾虎、貉、黄鼬、白鼬、臭鼬、浣熊、蜜熊、白鼻熊、大熊猫、小熊猫等食肉目动物都具易感性，其中雪貂的易感性最高，自然发病的致死率常达100%，故常用雪貂做本病的实验动物、北极狐和紫貂的易感性次之。虎也有发生和流行犬瘟热的报道，应引起重视；人不敏感。

2. 传染源

病犬是最重要的传染来源。病毒大量地存在于受染和患病动物的鼻、眼分泌物、唾液中，也见于血液、脑脊液、淋巴结、肝、脾、脊髓、心包液及胸、腹水中，并且从尿中长期排毒，污染周围环境。

3. 传播途径

本病以呼吸道及消化道为主要传播途径。病犬和健犬直接接触，通过气溶胶微滴和污染的饲料、饮水感染，也可经眼结膜和胎盘传染。野生食肉目动物摄食患本病而死亡的动物的肉及内脏等感染本病也是一种主要的感染方式。还可通过配种直接传播。串笼、逃跑、相互间的撕咬可传播本病。通过被污染的饮水、饲料、垫草、用具、工作服、手套、体温计、注射器及注射针、野鼠、野鸟及吸血昆虫等都可传播本病。

4. 流行特征

根据品种、年龄、有无并发和继发感染、护理和治疗条件的不同，病死率差异很大，波动于30%～80%之间。本病全年均有发生，但冬春两季为高发季节（10月份到第2年的2月份），似有一定的周期性，每2～3年流行一次，但现在有些地方这种周期性不明显，常年发生。

（三）症状

潜伏期3～7天，有的可长达3个月。各种易感动物的临床表现基本相同。

急性型典型病例在水貂、貉、狐、狼、豺等动物都有发生。病兽体温升高（貉、狐达40～41℃，水貂达41～42℃），精神高度沉郁，鼻镜干燥，少食或拒食，尿少而黄，大便干燥。体温升高持续2～3天又降至近正常，病情似有好转，经2～3天体温再次升高，病情加重。而后表现下列典型病症：

1. 结膜炎：初期眼结膜潮红，羞明流泪，由浆液性变为黏液性、脓性结膜炎，有多量黄白或灰白色黏液脓性分泌物积于眼角，眼睑红肿，眼球下陷，有时上下眼睑被分泌物黏着，眼半睁半闭，重者完全闭合。

2. 鼻炎：鼻镜干燥，鼻头微肿，皮肤纹理增宽，鼻黏膜红肿，鼻孔流浆液性鼻液、继之鼻部皮肤龟裂，鼻黏膜肿胀加重，鼻汁变为黏液性至脓性，量多时堵塞鼻孔，由于炎症刺激及阻碍呼吸，病兽用爪抓鼻或摩擦鼻部，有的张口喘气以缓解呼吸困难。

3. 气管炎、支气管炎和肺炎：呼吸困难、咳嗽，初期为音调高、时间短的疼性干咳，后为音调低、时间长的无痛性湿咳。此部分炎症一般是继结膜炎和鼻炎之后发生。

4. 消化机能紊乱：初期体温升高时便秘，继之出现腹泻，便中混有未消化的饲料残渣、气泡、脱落的黏膜，继之混有血液，或呈煤焦油状血便。患病狼、豺等后期排红豆腐乳色水样粪便。呕吐轻重度不同，貉、狼、豺呕吐较严重。肛门肿胀外翻，脱肛。

5. 皮肤病变：水貂患犬瘟热时皮肤病变最重剧，在面部被毛稀疏的鼻、唇、眼周和脚掌部皮肤形成水疱状疹，继之化脓、破溃、结痂，形成痂皮。同时脚掌广泛肿胀，趾垫发炎变硬，称之为“硬肉趾病”，比正常肿大3～4倍，病程发展可使整个颈部和背部皮肤增厚、失去弹性，出现粗硬的皱褶，被毛内有大量糠麸样鳞片（皮屑），散发腥臭气味。狐和貉的皮肤病变发生较少，有的病例在趾垫或趾间、及尾尖上出现小的溃烂或趾垫轻度肿胀。

6. 神经症状：兴奋狂暴、撕咬笼舍，头颈及四肢肌肉痉挛收缩，部分肌群有节律地抽动，抽搐持续的时间随着病情的发展由短至长，而间隔时间则由长变短。有的病兽反应迟钝，肌肉震颤，后肢无力至麻痹，转圈运动，癫痫症状。病兽吐白沫或流涎，尖叫、抽搐或衰竭昏迷死亡。

少数最急性型病例可见于水貂的流行初期，病貂突然发病，只表现神经症状，数小时内死亡。急性型病例多出现在流行初期，且以幼兽为多，病程 3～10 天。慢性病例则以老兽为多，病程 15～30 天。顿挫型病例仅见有微热，轻度的神经沉郁，食欲下降，数日后病兽痊愈。

豺、灰狼、黑狼患犬瘟热时皮肤病变表现不太严重，消化道病变较重，神经症状一般为迟钝、共济失调、麻痹、癫痫状，最终衰竭死亡。结膜炎和呼吸器官病症居中等。

（四）病变

本病是一种泛嗜性感染，病变分布广泛。有些病例皮肤出现水疱性脓疱性皮疹，有些病例鼻和脚底表皮角质层增生而呈角化病。上呼吸道、眼结膜呈卡他性或化脓性炎症，肺呈现卡他性或化脓性支气管肺炎，支气管或肺泡中充满渗出液。消化道中可见胃黏膜潮红，卡他性或出血性肠炎，大肠常有过量黏液，直肠黏膜皱襞出血。脾肿大。胸腺常明显缩小，且多呈胶冻状。肾上腺皮质变性。轻度间质性附睾炎和睾丸炎。中枢和外周神经很少有肉眼变化。

组织学病变：在各器官的上皮细胞、网状内皮系统、大小神经胶质细胞、中枢神经系统的神经节细胞的胞浆和胞核中都可能存在包涵体。

（五）诊断

1. 初步诊断

根据典型症状和病理变化可作出初步诊断，但本病常因存在混合感染（如与犬传染性肝炎等）和细菌性继发性感染而使临诊表现复杂化，所以只有将临诊调查资料与实验室检查结果结合考虑才能确诊。

2. 样本采集

（1）病毒材料的采取：

①体温开始上升期的淋巴组织（血液中淋巴细胞或淋巴结）。

能否成功地从病兽中分离获得病毒或检出病毒抗原，取决于发病动物的疾病类型以及标本采取的时机。在体温开始上升的病毒血症早期，淋巴组织的感染最为严重，因此最好从淋巴细胞和淋巴结中分离病毒。

由病毒血症期采血，收集白细胞层，快速冻融三次后作为分离病料，容易分离获得病毒。于亚急性或慢性病例，因血清中已经含有中和抗体，分离病毒比较困难。

②于急性发病或急性死亡动物，病毒几乎充斥于全身各器官，故易由脾、胸腺、肝、肺和膀胱等脏器分离获得病毒。如有脑炎症状，则应选择脑组织作病料。

（2）包涵体检查材料的采取：

特征性包涵体是诊断包涵体的重要辅助手段，包涵体存在于膀胱、胆管、胆囊、肾盂以及肺和支气管等上皮细胞内。检查时取清洁载玻片，滴加生理盐水 1 滴，用小刀在剖检尸体的膀胱、气管、支气管、胆管等黏膜或鼻黏膜、阴道黏膜上刮取上皮细胞，小心混于载玻片上的生理盐水中，轻轻混匀，制成涂片，置空气中自然干燥。

（3）病犬血清。

3. 实验室检验：

（1）包涵体检查：生前可刮取鼻、舌、结膜、瞬膜和膣等，死后则刮膀胱、肾盂、胆囊和胆管等黏膜，做成涂片，干燥，甲醇固定，苏木紫和伊红染色后镜检，发现包涵体可作为诊断依据。

（2）病毒分离：病料处理后，腹腔接种1～2周龄或断乳15天的易感幼犬5ml，症状明显，常于发病后2周死亡；或脑内接种易感雪貂0.5～1.0ml，8～12天后鼻流水样分泌物，不久变为脓性，眼睑水肿、黏连，颏发红，嘴边出现水疱和脓疮，脚肿，两趾发红，病貂蜷缩，拒食，于发病5～6天后死亡；也可接种于犬肾原代细胞、鸡胚成纤维细胞或仔犬肺泡巨噬细胞，进行分离病毒。剖检时也可直接培养病犬的肺泡巨噬细胞以分离病毒，这是一种容易成功和快速分离病毒的方法，病毒于细胞上培养后，可用免疫荧光抗体技术或琼脂扩散试验进行鉴定。

（3）血清学检查：中和试验、补体结合试验、荧光抗体法、琼脂扩散试验、酶联免疫吸附试验等都可用于诊断本病。中和抗体于感染后6～9天出现，至30～40天达高峰。应用补体结合试验，可在感染后3～4周和2～4个月检出补体结合抗体。

二十二、犬和猫的细小病毒感染（canine and feline parvovirus infection）

细小病毒感染是由细小病毒科（Parvoviridae）细小病毒属 *Parvovirus* 不同成员引起的多种动物传染性疾病的总称。本病的自然宿主谱较宽，除可感染猪、牛、犬、鹅外，猫科动物如虎、豹、狮、小熊猫及实验动物中的兔和小鼠等也均有易感性。然而，细小病毒属中各种细小病毒具有宿主专一性，如猪细小病毒、牛细小病毒和鹅细小病毒专一性强，只能分别感染猪、牛和鹅，或只对种属相同的动物具有易感性，如猫泛白细胞减少症病毒对猫科动物有易感性，而对其他动物则不易感。

本病发现较晚，进入20世纪后，1928年Verge和Critoforom首先报道了猫泛白细胞减少症是由病毒引起的，1957年分离到病毒。随后1946—1977年先后报道了阿留申貂病、貂病毒性肠炎、牛细小病毒感染、猪细小病毒病和犬细小病毒病。中国方定一于1956年首次报道了小鹅瘟（鹅细小病毒病）。

（一）病原

病毒粒子无囊膜，20面体对称，呈球形、椭圆形或六角形，直径18～26nm，有32个壳粒，核心直径为14～17nm，基因组为单股DNA。

病毒在室温下pH3～9环境中3h，60℃水浴1h，其感染性都不受影响。对乙醚、氯仿和胰酶有抵抗力。紫外线照射和用甲醛溶液、β－丙内酯、羟胺和氧化剂处理能使病毒很好灭活。犬细小病毒（canine parvovirus，CPV）对多种理化因素和常用消毒剂具有较强的抵抗力。在4～10℃存活180天，37℃存活14天，56℃存活24h，80℃存活15min。在室温下保存90天感染性仅轻度下降，在粪便中可存活数月至数年。猫泛白细胞减少症病毒（feline panleukopenia virus，FPV）对乙醚、氯仿、胰蛋白酶、0.5%石炭酸溶液及pH3.0的酸性环境具有一定抵抗力。50℃1h即可灭活。低温或甘油缓冲液内能长期保持感染性。0.2%甲醛溶液处理24h即可失活。次氯酸对其有杀灭作用。

病毒最适培养细胞范围较窄，大多数病毒只能在同源动物或相关动物的组织细胞上生长繁殖，少数病毒能在异源细胞上生长。CPV与多数细小病毒不同，可在多种细胞培养物中生长，如原代猫胎肾、肺，原代犬胎肠细胞、MDCK细胞、CRFK细胞以及FK81细胞等。FPV不能在鸡胚组织中增殖，而能在多种猫源细胞如猫肾、肺、睾丸、骨髓、淋巴结、脾、心、膈肌、肾上腺及肠组织细胞培养物中增殖。病毒感染细胞后可使细胞圆缩、脱落，最后完全崩解。用HE或Giemsa染色可在感染细胞内见到核内包涵体。

多数病毒具有血凝性，因种的不同而有差异。一般在4℃条件下凝集性较强。CPV有较强凝集性，在4℃条件下可凝集猪和恒河猴的红细胞，对其他动物如犬、猫、羊等的红细胞不发生凝集作用。FPV病毒凝集性弱，虽然能在4℃和pH6.0~6.4条件下凝集猪和猴的红细胞，然而移至室温后很快解离消失。经福尔马林灭活，血凝性也随之消失。CPV对猴和猫红细胞，无论是凝集特性还是凝集条件均与FPV不同，由此可区别CPV与FPV。

猫泛白细胞减少症病毒与貂肠炎病毒、犬细小病毒有亲缘关系，实验证明后两者为猫泛白细胞减少症病毒的变种。猫泛白细胞减少症病毒可使貂感染发病，貂肠炎病毒也能使猫轻度感染。CPV与FPV有很强的交叉中和及交叉血凝抑制反应。此外，仅猪细小病毒可与犬细小病毒发生单向荧光抗体和血凝抑制交叉现象。

（二）犬细小病毒感染（canine parvovirus infection）

犬细小病毒感染是由犬细小病毒引起的犬的一种急性传染病，特征为出血性肠炎或非化脓性心肌炎，多发生于幼犬，病死率10%~50%。

1. 流行病学

犬传染性肠炎可自然地在犬、狼、狐、貉、浣熊等动物中传播流行。与病犬接触过的猪、马、牛、羊、禽和人均不感染发病。豚鼠、仓鼠、小鼠等实验动物不感染。犬感染CPV发病急，死亡率高，常呈暴发性流行。不同年龄、性别、品种的犬均可感染，但以刚断乳至90日龄的犬较多发，病情也较严重，尤其是新生幼犬，有时呈现非化脓性心肌炎而突然死亡。纯种犬比杂种犬和土种犬易感性高。

病犬是主要的传染源，犬感染后7~14天可向外排毒，粪便中的病毒滴度$TCID_{50}$常达10^9/g。发病急性期，呕吐物和唾液中也含有病毒。此外，无症状的带毒犬也是重要的传染源。

主要经直接或间接接触后通过消化道传染。感染途径主要是由于病犬和健康犬直接接触或经污染的饲料和饮水通过消化道感染。有证据表明，人、苍蝇和蟑螂等可成为CPV的机械携带者。

本病的发生无明显的季节性。一般夏、秋季多发。天气寒冷和并发感染可加重病情和提高病死率。

2. 症状

本病在临诊上分两个型，即肠炎型和心肌炎型，也有报道在一个犬身上兼有两型症状的（混合型）。28~42日龄幼犬多呈急性心肌炎症状，42~56日龄小犬常呈混合型，成年犬多以肠炎型为主。

肠炎型：潜伏期1~2周，多见于青年犬。往往先突然发生呕吐，后出现腹泻。粪便先呈黄色或灰黄色，覆以多量黏液和假膜，接着排带有血液呈番茄汁样稀粪，具有难闻的恶臭味。病犬精神沉郁，食欲废绝，体温升到40℃以上，迅速脱水，急性衰竭而死。病程短的4~5天，长的1周以上。有些病犬只表现间歇性腹泻或仅排软便。成年犬发病一般不发热。白细胞明显减少具有特征性。

心肌炎型：多见于8周龄以下的幼犬，常突然发病，数小时内死亡。感染犬精神、食欲正常，偶见呕吐，或有轻度腹泻和体温升高，或有严重呼吸困难，持续20~30min，脉快而弱，可视黏膜苍白，听诊心律不齐。病死率60%~100%，只有极少数轻症病例可以治愈。

3. 病变

肠炎型：剖检见病死犬脱水，可视黏膜苍白、腹腔积液。病变主要见于空肠、回肠即小肠中后段，浆膜暗红色，浆膜下充血出血，黏膜坏死、脱落、绒毛萎缩，肠腔扩张，内容物水样，混有血液和黏液，肠系膜淋巴结充血、出血、肿胀。肠管和膀胱上皮内有核内包涵体。

心肌炎型：剖检病变主要限于肺和心脏。肺水肿，局灶性充血、出血，致使肺表面色彩斑驳。心脏扩张，心房和心室内有淤血块，心肌和心内膜有非化脓性坏死灶，肌纤维变性、坏死，受损的心肌细胞中常有核内包涵体。

4. 诊断

(1) 初步诊断：

根据特征性临诊症状（先呕吐后急性出血性肠炎、白细胞显著减少以及幼犬急性心肌炎等），再结合流行病学和病理变化的特点，可作出初步诊断。

(2) 样本采集：

①取病犬粪液或濒死期扑杀犬的肠内容物。分为两份：一份直接送电镜作镜检；另一份加高浓度抗生素除菌，加适量氯仿4℃处理过夜，次日以3 000或10 000r/min离心30min，取上清液接种细胞分离培养，经氯仿处理过的标本还可直接用作红细胞血凝试验。

②取病死犬的小肠后段和心肌，用于组织切片检查。

③病犬血清。

(3) 实验室检验：

① 组织学检查：取小肠后段和心肌病料作组织切片，检查肠上皮和心肌细胞是否存在核内包涵体，此法可确诊。

②电镜检查：采病犬粪便，直接或加等量PBS后混匀，以3 000r/min离心10min。上清液加等量氯仿振动10min，再如前处理一次。吸取上清液滴于铜网上，用2%磷钨酸（pH6.2）负染后电镜检查。

③病毒分离与鉴定：常用原代或次代犬胎肾或猫胎肾细胞培养物或它们的细胞系进行培养。粪便病料经上述处理后接种细胞。最简便的病毒鉴定方法是接种3~5天后用荧光抗体检测细胞中的病毒，或测定培养液的血凝性。

④血清学检查：国内外常用血凝（HA）和血凝抑制（HI）试验。由于CPV对猪和恒河猴的红细胞有良好的凝集作用，应用血凝试验可很快检出粪液中或细胞培养的CPV。血凝试验用于测定粪便和细胞培养物中的病毒效价。血凝抑制试验主要用作流行病学调查，也可用于检测粪便中的抗体。国外也有应用荧光抗体试验、ELISA以及免疫扩散试验等法诊断本病。

⑤免疫酶诊断技术：中国已研制成功犬细小病毒的酶标诊断试剂盒，可在30min内检出病犬粪便中的CPV。

（三）猫泛白细胞减少症（feline panleucopenia）

猫泛白细胞减少症又称猫传染性肠炎或猫瘟热，是由猫细小病毒引起的一种高度接触性急性传染病，以突发双相型高热、呕吐、腹泻、脱水、明显的白细胞减少及出血性肠炎为特征，是猫最重要的传染病。

1．流行病学

本病常见于猫和其他猫科动物以及非猫科的浣熊、貂等。猫科动物如家猫、野猫、山猫、豹猫、小灵猫、虎、豹、狮等均易感，尤以幼兽最易感；鼬科动物中的水貂、雪貂也易感；浣熊科动物中的蜜熊、长吻浣熊等也有感染的报道；小熊猫也可感染；人无感染本病的报道。1岁以内幼猫的感染率为83%，死亡率50%～60%，有时达90%～100%。

各种年龄的猫都可感染发病，但主要发生于1岁以下的小猫，尤其2～5月龄的幼猫最为易感。病猫和康复带毒猫是主要的传染源，患猫感染后18h即出现病毒血症，其分泌物和排泄物中含大量病毒，污染环境。野生动物的自然传染主要因直接或间接接触所致。易感动物接触被病毒污染的物品后即被传染；病兽在病毒血症期间（急性期）蚤、虱、螨等吸血昆虫可成为本病的传播媒介。妊娠母猫感染后还可经胎盘垂直传染给胎儿。

本病多见于冬末和春季（12月至翌年5月）。长途运输、饲养管理条件急剧改变以及来源不同的猫只混群饲养等应激因素可促进本病的暴发流行，导致90%以上的病死率。

2．症状

潜伏期2～6天。本病在易感猫群中感染率可高达100%，但并非所有感染猫都出现临诊症状。最急性型病猫突然死亡，来不及出现症状，往往误认为中毒。急性型病猫仅有一些前驱症状，很快于24h内死亡。亚急性型病猫初委顿，食欲不振，体温升高到40℃以上，24h后下降到常温。2～3天后体温再度上升到40℃以上，呈明显的双相热。第二次发热时症状加剧。高度沉郁、衰弱、伏卧、头搁于前肢。发生呕吐和腹泻，粪便水样，内含血液，迅速脱水。白细胞数减少，病程3～6天。病死率一般60%～70%，高的可达90%以上。妊娠母猫感染后可发生胚胎吸收、死胎、流产、早产或产小脑发育不全的畸形胎儿。

家猫与动物园中的野生猫科动物如金猫、云豹、东北虎、华南虎、狮、小灵猫等的潜伏期和临床症状基本一致。幼小动物病程多为2～3天，少数达5～7天，多以死亡告终。但发病狮多预后良好，据报道，除狮外，麝猫和大灵猫耐受力也比较强。

水貂感染本病后，症状与猫相似。有的病例仅见拒食，于12～24h死亡；有的发生肠炎，体温升高，拒食，呕吐，腹泻，脱水，粪便稀软，内含黏液、脱落肠黏膜碎片和血丝。病死率10%～80%。

3．病变

猫的眼观病变主要在肠道，典型者可见假膜性炎症。小肠黏膜肿胀、炎症、充血、出血，严重的呈假膜性炎症变化，肠壁增厚呈乳胶管状。空肠和回肠病变尤为严重，肠内有灰红或黄绿色纤维素性坏死性假膜或纤维素条索；内容物灰黄色、水样、恶臭。肠系膜淋巴结肿胀、充血、出血，呈红白灰相间的大理石样花纹。肝肿大、红褐色。胆囊充满黏稠胆汁。脾出血。肺充血、出血、水肿。

水貂病变主要在小肠，呈急性卡他性出血性肠炎，肠系膜淋巴结肿胀。

野生动物如金猫、虎、云豹、狮等患此病的病变主要为小肠出血性炎症，肠内常充满粉红色水样物；胃黏膜脱落，有出血斑，胃内有黄色液状内容物；肝肿大，表面有针尖大出血点。

组织学检查主要见肠黏膜、肠腺上皮细胞与肠淋巴滤泡上皮细胞变性，有的见有核内包涵体。包涵体周围有一透明的明亮环。

4. 诊断

（1）初步诊断：

根据流行病学、临诊症状和病理变化的特点以及血液学检查发现白细胞减少，可以作出初步诊断。确诊则需作病毒分离鉴定和血清学试验。

（2）样本采集：

①组织样本：

a. 急性病例在高温期采取血液：用于病毒分离；粪便：病猫腹泻物的采集应在发病4天后进行，此时腹泻物中尚未出现局部抗体，易于分离获得病毒；自体组织培养：也可直接采取患病动物的肾脏、肺脏或睾丸作自体细胞培养和病毒分离；抗原检查：可采取病变肠黏膜和淋巴结组织，制备冰冻切片，作荧光抗体检查。

b. 病死动物：取脾脏、小肠和胸腺。

注：以上组织病料，欲作荧光抗体检查时，可制备冰冻切片。

②血清样本：采发病初期和14天后的双份血清。

（3）实验室检验：

①病原鉴定

a. 动物试验：将病料接种易感断乳仔猫，观察接种动物发病情况、检查眼观和组织学病变。

b. 病毒分离：将病料接种肾、肺原代细胞或F81细胞系细胞，观察接种细胞的CPE和核内包涵体，以及用其细胞培养物与猪红细胞凝集试验结果作出诊断。

c. 血凝和血凝抑制试验：对感染猫肠内容物、粪便及感染细胞可通过HA试验，以检测病毒抗原及其毒价，再用标准FPV阳性血清做HI试验，可作出诊断。

②抗体检测：可采发病初期和14天后的双份血清，56℃灭活30min后与已知病毒用1%猪红细胞做血凝抑制试验，如康复期抗体价增高4倍以上，即可判定阳性。此外，亦可用中和试验、免疫荧光、ELISA和对流免疫电泳进行诊断。

二十三、犬传染性肝炎（canine infectious hepatitis）

犬传染性肝炎是由犬Ⅰ型腺病毒（canine adenovirus virus type Ⅰ，CAV－1）引起的犬的一种急性、高度接触传染性败血性的传染病，特征为循环障碍、肝小叶中心坏死以及肝实质和内皮细胞出现核内包涵体为特征。

（一）病原

犬传染性肝炎病毒属腺病毒科（Adenoviridae）、哺乳动物腺病毒属 *Mastadenovirus* 成员，含双股DNA，直径为70～80nm，无囊膜，呈20面体立体对称，包囊外纤突较短。

病毒可以在鸡胚和组织（幼犬的肾上皮细胞和其他组织，雪貂、仔猪、猴、豚鼠和仓鼠的肾上皮细胞、仔猪的肺组织）中培养。感染细胞内经常具有核内包涵体，最初是嗜酸性的，随后为嗜碱性的。病毒能凝集鸡、大鼠和人O型红细胞。

本病毒的抵抗力相当强大，在污染物上能存活10～14天，在冰箱中保存9个月仍有传染性，冻干可长期保存。37℃可存活2～9天，60℃，3～5min灭活。对乙醚和氯仿有耐受性，在室温下能抵抗95%酒精达24h，污染的注射器和针头仅用酒精棉球消毒仍可传播本病。苯酚、碘酊及烧碱是常用的有效消毒剂。

（二）流行病学

犬传染性肝炎广泛分布于全世界。犬和狐（银狐、红狐）对本病易感性高，山狗、浣熊、黑熊也有易感性，人也可感染，但不引起临床症状。犬不分品种、年龄和性别，可以全年发生，但以刚离乳到1岁以内的幼犬的感染率和病死率最高。

病犬及带毒犬是本病的传染源。病初，病犬血液中就含有病毒，以后见于所有的分泌物和排泄物中，并能排出体外污染周围环境。特别是病后恢复的带毒犬，可在6～9个月内从尿中排出病毒，成为疾病的主要传染源。

本病主要通过直接与间接接触，经消化道感染，也可经胎盘感染胎儿。此外，体外寄生虫也有传播本病的可能性。

（三）症状

潜伏期6～9天。病犬食欲缺乏，渴欲增加。常见呕吐、腹泻和眼、鼻流浆性黏性分泌物，常有腹痛（剑状软骨部位）和呻吟。某些病例头颈和下腹部水肿。本病虽称“肝炎”，但很少出现黄疸，病犬体温升高到40～41℃，持续1天，然后降至接近常温，持续1天，接着又第二次体温升高，呈所谓马鞍型体温曲线。病犬黏膜苍白，牙龈有出血斑。扁桃体常急性发炎肿大，心搏增强，呼吸加速，很多病例出现蛋白尿。病犬血液不易凝结，在急性症状消失后7～10天，约有20%康复犬的一眼偶或两眼呈暂时性角膜混浊（眼色素层炎），称之谓“肝炎性蓝眼”病。病程一般2～14天，大多在2周内康复或死亡。幼犬患病常很快死亡，成年犬多能耐过，产生坚强的免疫力。

狐狸最初症状是发热，流涕，轻度腹泻，眼球震颤，继而出现中枢神经系统症状，如精神萎靡、高度兴奋和肌肉痉挛，截瘫或偏瘫。疫情延续2～3周达到高峰，依幼狐在兽群所占比例而不同，死亡率可高达50%。

（四）病变

剖检病变相当有特征。常见皮下水肿，腹腔积液，暴露空气常可凝固，肠系膜可有纤维蛋白渗出物，肝略肿大，包膜紧张，肝小叶清楚（表面呈颗粒状），胆囊黑红色，胆囊壁常水肿、增厚、出血，有纤维蛋白沉着，脾肿大，胸腺点状出血，体表淋巴结、颈淋巴结和肠系膜淋巴结出血。

组织学检查肝实质呈不同程度的变性、坏死，窦状隙内有严重的局限性淤血和血液淤滞，肝细胞及窦状隙内皮细胞内有核内包涵体，呈圆形或椭圆形。此外，脾、淋巴结、肾、脑血管等处的内皮细胞也见有核内包涵体。

（五）诊断

1. 初步诊断

一般根据流行病学、临诊症状和剖检病变（包括包涵体检查）可作出初步诊断。确诊主要靠病毒分离、鉴定和血清学试验。

2. 样本采集

(1) 病毒分离样本：生前可采取发热期的血液和尿液，或采取病犬扁桃体棉拭子标本。死后可采取各脏器及腹腔液，其中以肝、脾组织最为适宜。狐狸病例可无菌采取大脑病变组织或肝组织。

(2) 血清：采取发病初期和其后14天的双份血清。

3. 实验室检验

(1) 病毒分离：病料处理后接种犬肾原代和继代细胞、易感幼犬或仔狐眼前房，腺病毒的特征性细胞病变在接种后30h至6~7天出现，并可检出包涵体。

(2) 动物试验：病料处理后接种易感幼犬或仔狐眼前房，眼前房接种可见角膜混浊，产生包涵体。

(3) 病毒抗原检测：荧光抗体检查扁桃体涂片可提供早期诊断。

(4) 血清学试验：取双份血清进行凝集抑制试验，当抗体升高4倍以上时即可作为现症感染的证明。此外，补体结合试验、琼扩试验、中和试验和皮内变态反应等亦可用于诊断。

二十四、犬冠状病毒病（canine coronavirus disease）

犬冠状病毒病是由犬冠状病毒（canine coronavirus，CCV）引起的一种急性肠道性传染病，以呕吐、腹泻、脱水及易复发为特性。

Binn等（1974）在美国首次从患腹泻的德国军犬体内分离到CCV。近年来，德国、英国、比利时、澳大利亚、法国、泰国等国家和地区都曾有本病大规模流行的报道。中国警、军犬也有本病流行。

（一）病原

CCV属冠状病毒科（Coronaviridae）冠状病毒属 *Coronavirus* 成员。病毒具有冠状病毒的一般形态特征，呈圆形或椭圆形，长径80~120nm，宽径75~80nm，有囊膜，为单股RNA。

CCV存在于感染犬的粪便、肠内容物和肠上皮细胞内，在肠系膜淋巴结及其他组织中也可发现病毒。CCV只有1个血清型，但不同的毒株间毒力有所差异。CCV可在多种犬的原代和继代细胞上增殖并产生细胞病变，包括犬肾、胸腺、滑膜细胞和A-72细胞系。

病毒对氯仿、乙醚、脱氧胆酸盐敏感，对热也敏感，用甲醛、紫外线能灭活，对胰蛋白酶和酸有抵抗力。pH3.0、20~22℃条件下不能灭活，这是病毒经胃后仍有感染活性的原因。病毒在粪便中存在6~9天。

（二）流行病学

本病可感染犬、貉和狐狸等犬科动物，不同品种、性别和年龄犬都可感染，但幼犬最易感，发病率几乎100%，病死率约50%。尚未见人感染CCV的报道，病犬管理人员体内也未检出CCV抗体。

传染源主要是病犬和带毒犬，病犬排毒时间为14天，保持接触性传染的能力为期更长。病犬经呼吸道、消化道随口涎、鼻液和粪便向外排毒，污染饲料、饮水、笼具和周围环境，直接或间接地传给有易感性的动物。CCV 在粪便中可存活 6～9 天，在水中也可保持数日的传染性，因此一旦发病则很难制止传播流行。

本病一年四季均可发生，但多见于冬季。气候突变，卫生条件差，犬群密度大，断奶转舍及长途运输等可诱发本病。

（三）症状

潜伏期 1～5 天，临床症状轻重不一。主要表现为呕吐和腹泻，严重病犬精神不振，呈嗜眠状，食欲减少或废绝，多数无体温变化。口渴、鼻镜干燥，呕吐，持续数天后出现腹泻，粪便呈粥样或水样，红色或暗褐色，或黄绿色，恶臭，混有黏液或少量血液。

有些病犬尤其是幼犬发病后 1～2 天内死亡，成年犬很少死亡。临床上很难与犬细小病毒区别，只是 CCV 感染时间更长，且具有间歇性，可反复发作。

（四）病变

剖检病变主要是胃肠炎。肠壁菲薄、肠管内充满白色或黄绿色、紫红色血样液体，胃肠黏膜充血、出血和脱落，胃内有黏液。其他如肠系膜淋巴结肿大，胆囊肿大。

组织学检查主要见小肠绒毛变短、融合、隐窝变深，绒毛长度与隐窝深度之比发生明显变化。上皮细胞变性，胞浆出现空泡，黏膜固有层水肿，炎性细胞浸润，上皮细胞变平，杯状细胞的内容物排空。

（五）诊断

1. 初步诊断

根据流行病学、临床症状及剖检变化可怀疑本病，确诊则依靠实验室检查。

2. 样本采集

（1）病毒分离样本：病犬新鲜粪便或濒死期幼犬肾脏。注意：病毒分离材料必须新鲜，最好是先将病料实验感染健康幼犬，待其典型发病时采取腹泻粪便标本，经抗菌处理后，立即接种细胞。反复冻融的病料常常不能产生阳性病毒分离结果。

（2）血清：病犬急性期和恢复期双份血清。

3. 实验室检验

（1）病原鉴定：①电镜检查：取粪便用氯仿处理，低速离心，取上清液，滴于铜网上，经磷钨酸负染后，用电镜观察是否有特殊形态的病毒粒子。由于病犬粪便中的病毒粒子极多，且具特征性的形态结构，常可在 1 小时内确诊。②病毒分离鉴定：病毒分离可用犬源原代细胞或继代细胞，应注意原代细胞的自身带毒问题。取典型病犬的新鲜粪便，经常规处理后，接种于 A－72 细胞或犬肾原代细胞培养，用特异抗体染色检测是否存在病毒，或待细胞出现 CPE 后，用已知阳性血清作中和试验鉴定病毒。也可试用濒死期幼犬肾脏直接进行细胞培养以分离病毒，据称有较高的阳性分离率。

（2）抗体检测：可用中和试验、乳胶凝集试验、ELISA 等方法也可用于诊断本病检测血清抗体。但对于幼犬，血清学检查抗体的价值不大，因其可能是母源抗体，也可能是其他相关病毒引起的非特异性抗体。但是急性期和恢复期双份血清的检测，具有一定的回顾性诊断意义。CCV 引起的中和抗体效价较低，检测时可用低剂量病毒（30～50$TCID_{50}$）在 A－72 细胞上进行微量试验。

二十五、朊病毒感染（virino infection）

朊病毒感染是由朊病毒引起的人、家畜和野生动物的一类亚急性、渐进性、致死性中枢神经系统变性疾病。包括水貂传染性脑病、鹿慢性消耗病、猫海绵体脑病、牛海绵状脑病、羊的痒病以及人的克－雅氏病、库鲁病等。其主要特点是潜伏期长，一般为数月、数年甚至十几年以上；病程缓慢但呈进行性发展，均以死亡告终；临床上出现进行性共济失调、震颤、痴呆和行为障碍等神经症状；机体感染后不发热、无炎症、不发生特异性免疫应答反应；组织病理学变化主要以神经元空泡化、脑灰质海绵状病变为特征。

（一）病原

朊病毒感染的病原均是朊病毒，分类上属于亚病毒因子中的一种，又称为朊蛋白、朊粒或蛋白感染子。朊病毒是一种特殊的传染因子，它不同于一般的病毒，它没有核酸，而是一种特殊的蛋白质。研究表明人与许多动物机体内都有这类朊蛋白称为 PrP，即蛋白酶抗性蛋白（Proteinaseresistant—protein），它有两类：一类是正常细胞具有的，对蛋白酶敏感，易被其消化降解，存在于细胞表面，无感染性，用 PrP^{c} 代表；当结构异常时，就成为另一类有致病性 PrP，对蛋白酶有一定的抵抗力，用 PrP^{sc} 代表。两者的差别主要就是空间立体结构不同，从而导致生物学特性不同。

致病性朊蛋白的抵抗力很强，对热、辐射、酸碱和常规消毒剂有很强的抗性。患病动物的脑组织匀浆经 134～138℃高温 1h，对实验动物仍有感染力，所以用含有 PrP^{sc} 的组织制成的饲料（肉骨粉）或用于人类食品或化妆品的添加剂，干热 180℃ 1h 仍有部分感染性。患病动物组织在 10%～20% 福尔马林中几个月仍有感染性，还能耐受 2mol/L 的氢氧化钠 2h。

（二）流行病学

据调查研究认为朊病毒病主要通过消化道感染，经过漫长的潜伏期而发病的。主要是用病反刍动物（牛或羊）的尸体经加工后作为饲料（富含蛋白质的肉骨粉添加剂）饲喂牛所致，还有在美国已发现接触过痒疫病鹿而患病的牛。美国科学家近期还发现疯牛病的传播与生活在干草中的螨虫有关。认为这是英国禁食反刍动物性饲料多年而始终未消灭疯牛病的原因。

（三）发病机理

PrP^{c} 有超氧化物歧化酶（SOD）的活性，对细胞抵抗氧化逆境有直接作用，并且 PrP^{c} 变成 PrP^{sc} 后，其结合铜离子的正常生理功能丧失，致使铜离子游离，对细胞产生毒性作用。PrP^{sc} 具有潜在的神经毒性，其中 PrP106～126 肽段称为神经肽，单独这一段小肽也能使在体外培养的神经细胞发生凋亡。而大量 PrP^{sc} 在 CNS 尤其是在脑内的积累可抑制 Cu^{2+} 与 SOD 或其他酶的结合，从而使神经细胞的抗氧化作用下降，PrP^{sc} 还可抑制星形细胞摄入能诱导其增殖的 Glu。此外，细胞内的 PrP^{sc} 可能还抑制 Tau 调节的微管蛋白的聚合，导致 L－型钙通道发生改变，进而使细胞骨架失去稳定性，最终都可使神经细胞发生凋亡并形成空泡状结构，进而使各种信号传导发生紊乱。外在表现为自主运动失调、恐惧、生物钟紊乱等症状。

（四）症状与病理变化

1. 痒疫

潜伏期很长，为 1～5 年。经过潜伏期后，神经症状逐渐发展并渐加剧。患病早期敏感、易惊，有癫痫症状，头、颈和肋腹部发生震颤；体温和食欲无明显变化，但却日渐消瘦；典型的症状是出现瘙痒，病羊靠着栅栏等器具不断摩擦身体，或用肢体搔抓痒处，并自咬体侧和臀部皮肤；运动失调，后肢更为明显，出现高抬腿的姿态跑步的特征，病羊经常跌倒，最后完全不能站立和行走。病程数周至数月不等，致死率几乎为100%。

病羊剖检变化不明显，病理组织学上的突出变化是中枢神经系统的海绵样变性，大量神经元发生变性、空泡化，特别是纹状体、间膜、脑干和小脑皮层最为明显、神经元胞浆内含有许多空泡，形成“泡沫细胞”。没有发现病毒性脑炎的病变。

2. 牛海绵状脑病

本病又称疯牛病，潜伏期2.5～8年，病程一般为14～180天，多数病例表现出中枢神经系统的症状，病牛易惊，对声音和触摸反应过敏，常由于恐惧、狂躁而表现出攻击性；行动异常，运动失调，起站后后肢叉开，步样蹒跚，后期不能站立，转归死亡。

组织学检查主要的病理变化是脑组织海绵状外观，脑干灰质发生双侧对称性海绵状变性，在神经纤维网和神经细胞中有数量不等的空泡，无任何炎症。

3. 水貂传染性脑病

潜伏期5～200天，病貂表现交替兴奋和迟钝等神经症状。兴奋时在笼内奔跑做圆周运动，尾向上弯于背上，自行撕咬，腕关节活动不灵活，后肢运动不自主，有时惊叫，乱排粪便或紧咬笼网，部分肌群痉挛性收缩。兴奋过后转为迟钝，病貂转入昏迷沉睡而死亡或由昏迷又转入兴奋，可在兴奋时咬笼死亡。

主要病理变化在脑。脑部水肿、充血，大脑神经细胞和神经胶质细胞出现空泡。脑脊髓神经细胞变性、皱缩或出现空泡、小脑浦金野氏细胞固缩。

4. 鹿慢性消耗病

1978年美国科罗拉多的黑尾鹿群中发现一种慢性消耗性疾病，其临床症状和神经系统的病理变化与羊的痒疫极为相似。

5. 库鲁病

又称震颤病，是人的一种以小脑变性为特征的中枢神经系统疾病。潜伏期4～20天，特征是共济失调、震颤、说话含混不清、有发声和吞咽困难，随后瘫痪死亡，病程3～9个月。

典型病理变化是严重的神经原变性和丧失，胶质增生和灰质海绵状病变。以小脑、桥脑和纹状体最为明显。

6. 克－雅氏病

又称传染性早老痴呆，潜伏期长达数年至30年。患者临床表现肌阵挛、共济失调，嗜眠，出现进行性痴呆；还出现视觉模糊，言语不清，最后因大脑组织溶解而死亡。

病理变化类似于库鲁病，组织病理学检查显示神经元缺损、神经胶质重度增生，脑实质呈海绵状病变和淀粉样斑块。

以往该病的发病年龄平均为65岁，很少发生于青年人，但最近青少年发病居多，有人推测可能出现了一种新型的克－雅氏病。

（五）诊断

因朊病毒感染不能诱发机体产生免疫反应，故不能用血清学方法进行诊断。但根据典型的症状和组织病理学变化，诊断并不困难。潜伏期的动物都是重要的传染源。目前用于诊断的主要依据是临床表现，如持久的疾病经过，临床发病动物几乎100%死亡特征性症状痒疫的瘙痒等、病理组织学变化（脑的海绵状变性和神经元空泡化等）以及生物学试验。

1．动物接种

将患病动物丘脑、中脑、脑干的组织乳剂脑内接种小鼠，可在 13～20 个月内发病，继代接种可缩减到 4～7 个月。

2．蛋白免疫印迹技术

1988 年 Satoshi 等用相当于痒疫朊病毒蛋白 N 端一个区域的人工合成多肽，制备抗血清，采用蛋白免疫印迹技术，成功地检出了痒疫感染小鼠脑、脾、淋巴结中的痒疫相关纤维蛋白（SAFP），但被检样品的制备比较复杂。

1991 年由 Ikegami 建立的用兔抗绵羊 PrP 多克隆抗体通过蛋白免疫印迹技术检测绵羊脑、脾、淋巴结，检出了 PrP。应用蛋白印迹试验，有可能成为检出临床期感染动物的一种方法，但被检标本必须用蛋白酶 K 处理，以免出现因健康动物细胞膜成分中正常存在的 PrP 类似物，导致假阳性反应。

3．单克隆抗体技术

应用各种特意的单克隆抗体可以区分小鼠、仓鼠和人的 PrP^{sc}。最近又制备了只和各种动物 PrP^{sc} 共有位点而不和 PrP^{sc} 反映的特异单克隆抗体，应用此单克隆抗体时，标本无需蛋白酶 K 处理即可检测。

（六）防治

由于本病潜伏期长，发展缓慢，无免疫应答，故没有有效的防治措施。在没有发生过本病的地区一旦发现该病，应立即屠杀发病动物及与其有接触史的动物及它们的后代。同时，加强海关检疫，严禁从疫区引进动物也是预防本病的主要措施。

二十六、西尼罗病毒感染（westnile virus infection）

西尼罗病毒（west nile virus，WNV）于 1937 年在非洲的乌干达首次被发现，从 WestNile 地区的一位发热的成年妇女血液中分离到，因此得名 westnile virus。西尼罗病毒属于黄病毒科黄病毒属。黄病毒科成员还有登革热病病毒、日本脑炎病毒以及黄热病病毒等 70 余种，多属于虫媒病毒。西尼罗病毒广泛分布于非洲、中东、欧亚大陆和澳洲，主要引起西尼罗河热（westnile fever），可引起马、鸟类和人类发病，并能引起致死性脑炎，导致马匹、野鸟、家禽和人的死亡，引起严重的公共卫生问题。本病缺乏有效的治疗、预防和控制措施，给疾病控制提出了严峻的挑战。

（一）病原学

西尼罗病毒为不分节段的单股正链 RNA 病毒，属于黄病毒科黄病毒属的 B 群虫媒病毒。在电镜下完整的病毒粒子呈球形，二十面体对称，直径 40～60nm，单层囊膜结构，在囊膜上有一薄层突起，呈棒状结构。WNV 的 RNA 编码三个结构蛋白（核壳蛋白、E 蛋白、prM）和七个非结构蛋白（NS1、NS2a、NS2b、NS3、NS4a、NS4b、NS5），病毒粒子的衣壳被细胞膜的囊膜所包被，内为直径约 25nm 的核衣壳；糖蛋白 E 为最重要的免疫学结构蛋白，为病毒红血球凝集素并介导病毒－宿主的结合，E 蛋白参与病毒与宿主细胞亲和、吸附以及细胞融合过程，是病毒亲嗜性以及毒力的主要决定蛋白；prM 是成熟病毒颗粒中 M 蛋白的前体形式，在病毒释放前，胞浆内的病毒颗粒中含有 prM。prM 有助于 E 蛋白在内质网膜中的定位以及空间构象的形成，并且防止 E 蛋白在细胞浆中被蛋白酶切割。WNV 是日本脑炎病毒（Japanese encephalitis virus，JEV）群的成员之一，与该群内的其他病毒有相近的免疫原性，尤其是与圣路易斯脑炎病毒，因此在实验室诊断时易发生血清交叉反应。

（二）流行病学

西尼罗病毒主要发生在夏末或秋初，而在美国南部的气候条件下，全年都可发生。使 WNV 感染发病率增高的环境因素包括一些使蚊虫密度增加的原因，如雨水多、气温高、洪水及灌溉等。

1．传染源

传染源主要为处于病毒毒血症期的带毒动物和该病毒的自然贮藏宿主。尤其病鸟是主要的传染源和储存宿主。病毒在鸟体内高浓度循环，产生病毒血症，使大批蚊子感染，因此，鸟在传播中起着重要作用。成年鸡、马、驴虽然也是该病毒的宿主，但它们产生低水平的病毒血症不易成为重要的扩散宿主。

2．传播途径

蚊子（主要是库蚊）叮咬是该病传播的最主要途径。WNV 感染鸟类，并以他们为储存宿主。因库蚊喜吸鸟血，从病鸟吸血以后，WNV 在蚊体内大量繁殖并进入唾液腺，当这样的带毒蚊再叮咬动物或人的时候，就把病毒传播给了动物和人。人和马等动物不同于鸟类（储存宿主），是偶然宿主，他们并非病毒循环所必需的一个组成部分，但也可引起人和家养动物感染发病。

据美国科学家报道，西尼罗病毒在实验室条件下，可进行鸟－鸟间传播。把感染了病毒的鸟与健康鸟饲养于严格控制的鸟舍中，让它们共同进食和饮水，结果发现感染病毒的鸟在 5～8 天内死亡，同时部分原来健康的鸟也相继感染发病，这说明病毒可以在鸟与鸟之间传播，但目前还不能确定病毒是如何传播的。

3．易感动物

该病毒可感染蚊、猴、马、狗、猫、鹅、鸡、鸽、鼠、家兔，其中乌鸦最易感，可感染病毒的两栖类动物有青蛙和蛤蟆，爬行类动物有有鳞目，未接触过 WNV 的人普遍易感，但感染 WNV 以后不会都发病。对西尼罗热的易感人群在不同地区有所不同。在西尼罗热呈地方性流行的地区，60% 的青壮年中均有该病毒的特异性抗体存在，说明人群中西尼罗热的隐性感染很常见，但在其他地区人群对该病毒的感染可能普遍易感。以中枢神经系统损伤为主要表现的西尼罗热感染流行是近几年才报告的。

（三）发病机理

目前对 WNV 发病机制尚不完全明了。研究表明该病毒对机体既有直接的病理损伤作用，也有间接的作用。其侵入中枢神经系统（CNS）可能的机制是在感染 WNV 的蚊子叮咬人之后，病毒首先在皮肤和局部淋巴结中复制，经淋巴细胞传入血液，产生首次病毒血症，然后大量 WNV 进入网状内皮组织系统，在内皮细胞浆中复制，并经嗅觉神经元轴突传播越过血脑屏障引起 CNS 感染。WNV 对 CNS 的入侵与病毒血症浓度和持续时间有密切的关系。

（四）临床症状和病理变化

不同动物感染该病毒的临床症状表现不一，WNV 感染后会出现 3 种结果：隐性感染、西尼罗热和神经系统疾病。西尼罗病毒引起的马病在埃及称近东马脑炎，表现为发烧，弥漫性脑脊髓炎，严重的共济失调，不能站立，死亡率高。而在其他哺乳动物中，绵羊表现为发烧，怀孕母羊流产；猪、狗表现为共济失调；兔子、成年大鼠、豚鼠等可发生致死性脑炎；猴类表现为发热，共济失调，虚脱，有时出现脑炎，四肢震颤或瘫痪，严重的死亡，存活者可长期带毒；鸟类感染后不表现临床症状，有时引起脑炎，死亡或长期带毒。人类感染西尼罗病毒后并不互相传播，通常为隐性感染。对于健康的人来说不会引起严重的症状或只是轻度的表现为发烧、头痛、全身疼痛、淋巴腺肿大、偶尔有皮疹。对于免疫力差的人则表现为明显头痛、高烧、颈硬、昏迷、方向障碍、震颤、惊厥、瘫痪，甚至死亡。一般病程为 3 ~5 天，重症病人可延至数周到数月不等，感染后可终身免疫。

病理变化主要表现为脑脊髓液增多，软脑膜和实质出血、充血和水肿，并已在灰质和白质中形成胶质性小结节；神经细胞变性坏死，形成软化灶，周围有致密的淋巴细胞浸润和胶质增生形成血管套。

（五）诊断

1. 病毒分离

一般使用已知的对西尼罗病毒敏感的哺乳动物细胞系如 Vero 细胞或蚊子细胞系来分离病毒。当把病原样品接种到蚊子细胞上时，细胞上很可能不会产生肉眼可见的细胞病变，此时可选用免疫荧光的方法来作出鉴别。

2. 血清学方法

最具有诊断意义的实验室检查是在患者的血清或脑脊液中检出 WNV 特异性 IgM 抗体，由于 IgM 不能透过血 – 脑屏障，因此脑脊液中 IgM 抗体阳性强烈提示中枢神经系统感染。具体方法可采取动物的血清或全血做酶联免疫吸附试验、血凝抑制试验、间接免疫荧光试验、蚀斑减少中和试验、血清中和试验来检测西尼罗病毒的抗体。

3. 分子生物学方法

RT – PCR（反转录聚合酶联反应）可用于检测脑脊髓液、脑组织中的西尼罗病毒抗原核酸，并且可与 13 种其他病毒进行鉴别检测。

（六）防治

西尼罗病毒感染尚无特效的药物用于治疗，因此目前控制 WNV 的关键在于预防。

1. 防蚊

蚊子是最主要的传播媒介，WNV 流行与蚊子活动密切相关。因此灭蚊、控蚊、加强公共卫生宣传和个人防护、避免被蚊虫叮咬是最好的预防方法。应在吸收和借鉴国外研究成果和经验的基础上，对中国病媒蚊的种类、媒介能力、病媒蚊间的相互关系和范围、蚊虫的生物学和叮咬行为学、蚊虫控制的方法学及蚊虫监测的方法学等进行综合研究，尤其应当重视对幼蚊的控制以便更有效地控制 WNV 传播。

2. 疫情监测

病鸟和带毒鸟是主要传染源和储存宿主，而蚊子是最主要的传播媒介，因此鸟、蚊监测意义重大。1999 年纽约 WNV 暴发中调查证实在人类发病之前，当地出现大量野生鸟类感染死亡事件，提示鸟类的监测资料在预测人类感染方面是敏感的指标。及时诊断和报告可阻止疾病的播散。

二十七、亨德拉病毒感染（hendra virus infection ）

亨德拉病（hendra disease，HD）是由亨德拉病毒（hendra virus，HeV）引起的一种新的人兽共患病毒性疾病，于1994—1995年期间在澳大利亚昆士兰州布里斯班郊区的亨德拉首次被发现：20多天时间里20匹感染马中有13匹马死于急性呼吸道病，在这次暴发过程中，有一个牧场主被感染并发病，发病时间是在1994年的8—9月份，表现为中度脑膜脑炎，用抗生素治疗有所改善，但检查脑脊液有病毒感染迹象。病人感到持续性疲劳，继之昏迷并发展为癫痫，于1995年9月中旬死亡。他的兽医妻子没有发病而且进行亨德拉病毒检测为血清学阴性。

1995年10月，布里斯班的麦凯第二次发生本病，造成2匹马和1牧场主死亡，死亡的牧场主经检测为亨德拉病毒阳性；1999年1月，在亨德拉地区发病附近Cairns地区又发生一起亨德拉病，一匹成龄母马持续发病24h后死亡。

（一）病原

最初，亨德拉病的暴发被怀疑为非洲马瘟。但经过后来的一系列诊断被否定。该病毒初期被称为马麻疹病毒（Equine morbillivirus），但后来的基因分析表明该病毒的最恰当分类应归为副黏病毒科（Paramyxovi - ridae）内一个新属的原型成员，并提议将该病毒划为一个新属——巨黏病毒属 *Megamyxovirus* 内的一个新种，称为亨德拉病毒（Hendra virus，HeV）。同时巨黏病毒属内还包括最近从马来西亚患脑炎猪中分离到的一种新病毒，即尼帕病毒（Nipah virus）。

Hendra病毒的体外培养非常容易，它能适应于许多哺乳动物的原代细胞和传代细胞系，其中以Vero细胞培养最广。它也能在禽类、两栖类、爬虫类和鱼类的细胞培养中适应生长。在细胞培养中，它能产生明显的CPE，特征为形成合胞体。染色后镜检，可以发现在感染细胞的核和胞浆中存在包涵体。Hendra病毒也能适应于鸡胚，导致鸡胚死亡。HeV不仅不具有神经氨酸酶活性，而且也不能凝集红细胞。

本病毒对理化因素抵抗力不强，离开动物体后不久即死亡。一般消毒药和高温容易将其灭活。

对HeV的超显微结构研究表明，病毒粒子大小不均（38～600 nm），表面有两个长度不一的双绒毛纤突（15nm和18nm）。Wang等（1998）对提纯的HeV经聚丙烯酰胺凝胶电泳分析发现有8种蛋白，分别是L蛋白（200 kDa）、P蛋白（98 kDa）、G蛋白（74 kDa）、F0蛋白（61 kDa）、N蛋白（58 kDa）、F1蛋白（49.5 kDa）、M蛋白（42 kDa）、F2蛋白（19 kDa）。

许多学者对HeV基因序列同其他副黏病毒进行了比较，结果发现在已知所有的副黏病毒中HeV基因组最大；遗传学研究表明，HeV既不完全类似于麻疹病毒属的成员，也不介于呼吸道病毒和麻疹病毒属中间。对G蛋白的研究则表明HeV与其他副黏病毒的同源性较低，但发现蛋白结构非常类似于呼吸道病毒的G蛋白。同时HeV同其他已知的副黏病毒之间只有较少的血清交叉反应。

（二）流行病学

迄今为止，马是唯一能被自然感染的家畜，猫和豚鼠可人工感染，目前还没有发现节肢动物作为生物媒介的任何迹象。

对发病地区的野生动物进行血清学调查，用 ELISA 和血清中和试验首次从黑狐蝠的血清中发现阳性结果，但黑狐蝠本身没有表现临床症状。虽然在亨德拉和麦凯地区 HeV 感染马的方式还不清楚，但与这两个地区的狐蝠繁殖季节有关，在感染的蝙蝠尿液、流产胎儿或分泌物中检测到病毒。

在亨德拉地区发生的两次人的感染，当时他们均直接护理过临床感染患病马。患病驯马师在试图饲喂垂死的母马时因用手帮助擦洗而接触到鼻分泌物。用中和试验对发生亨德拉病的马场中相关人员进行了血清学调查，结果 57 人全为阴性。麦凯地区一牧场主被感染也是与感染马直接接触而导致的。目前，尚无人与人之间传播的报道。

（三）临床症状和病理变化

马：Hendra 病毒自然感染的潜伏期为 7 ~ 14 天。发病过程很急，从出现症状到死亡通常为 1 ~ 3 天。用细胞培养适应毒经皮下注射或鼻腔实验感染健康马，接种后第 5 天就出现临床症状。感染马呼吸加快，困难，体温升高，心跳加速，肌肉阵挛，摆头，厌食，嗜睡，无目的地走动。头部显著肿胀，尤其是眼窝和面颊。有些感染马因病毒损伤血管，自鼻腔和口腔流出血性分泌物。病毒损伤肺和脑部，可出现犬瘟热和麻疹样症状。剖检发现肺极度充血，水肿。肺前叶淋巴管高度扩张。病理学变化主要是伴有毛细血管内皮严重损害导致大范围水肿、纤维蛋白渗出和出血为特征的急性、间质性肺炎。在肺泡内有单核细胞、巨噬细胞和少量嗜中性细胞存在。肺毛细管和小动脉内有典型的合胞体细胞。病毒集中在血管壁和感染支气管上皮细胞内。

猫：用细胞培养中增殖的 Hendra 病毒通过口腔、鼻腔或皮下注射实验感染家猫，经过 5 ~ 8 天的潜伏期后出现临床症状，病猫抑郁伴有发热，呼吸频率加快，步伐加速，从出现症状后 24 h 内死亡。同笼饲养的对照猫亦被感染死亡。病理变化表现为肺严重水肿，并有不同程度的充血、出血和坏死，支气管淋巴结水肿和胸腔积水，有的纵隔和心包有显著胶样水肿。组织学检查，发现肺、胃肠道和淋巴结和血管水肿。感染组织的细胞出现合胞体。

豚鼠：实验接种后，7 ~ 12 天出现呼吸困难，发病后 24h 内死亡。剖检发现尸体发绀，胃肠道充血水肿。组织学检查发现，许多器官如肺、肾、淋巴结、脾、胃肠道、骨骼肌和血管有病变，内皮细胞有合胞体形成但肺水肿不严重。

人：表现严重的流感样症状。发病初期有显著的呼吸道症状，伴有发热和肌痛。有的出现神经症状，常表现中度脑膜脑炎。病理变化主要是间质性肺炎和脑炎。用 HeV 实验感染狐蝠后剖检病理变化不明显，组织学变化主要是血管内皮炎。

（四）诊断

根据亨德拉病的特征性临床症状及病理变化可初步确诊，但由于该病与其他一些疾病如中毒、急性细菌感染、炭疽、巴氏杆菌病、军团菌病、非洲马瘟、马病毒性动脉炎、流行性感冒等出现一些类似的临床特征，易造成误诊，所以确诊必须通过病原学检查和血清学方法来进行。

1. 病原学检查

用于 HeV 分离的细胞较多，如 Vero 细胞、MDCK、LLC - MK2、BHK、RK13 和 MRC5。病毒在上述细胞培养物中增殖后引起细胞病变效应，形成典型的合胞体，在 Vero 细胞上盲传 2 代后如果不出现合胞体病变，可判定为阴性。在电子显微镜下可观察到典型的病毒粒子结构特征，特别是具有双绒毛样纤突。

目前，用于本病抗原检测方法的主要有间接免疫过氧化酶、免疫荧光试验、RT－PCR等，它们既可检测福尔马林固定组织中的病毒抗原，又可用于新鲜组织或细胞培养物中的HeV。

2. 血清学方法

目前常用于亨德拉病诊断的血清学方法有间接免疫荧光、免疫印迹、ELISA和血清中和试验。在这些诊断方法中，ELISA和血清中和试验比较可靠。

（五）防治

由于目前对本病防制尚无很好的方法及有效的疫苗使用，故只能是采取严格的预防措施，加强进出口马匹的检疫；若一马群发生Hendra病毒感染，必须采用严格的卫生措施才能控制本病的暴发，切断传播途径，不让易感动物接触传染源可减少疾病的发生。

二十八、猴痘（monkey pox）

猴痘（又称猴天花）是由猴痘病毒（monkey pox virus）引起的一种发生于中非和西非热带雨林的较罕见的急性传染病，也是一种人兽共患病。该病传染性强，病死率为1%～10%，其中尤以儿童感染者的死亡率最高。

（一）病原学

猴痘病毒属痘病毒科（poxviridae）正痘病毒属 *Orthopoxvirus genus*。该病毒为DNA病毒，大小200～300nm，外形呈砖形，大小约为150nm×150nm×300nm，中心是双链DNA蛋白组成的哑铃状核心，外周为脂质双层膜。对阳光、紫外线、热、乙醇、高锰酸钾等敏感。甲醛、乙醇、十二烷基磺酸钠、苯酚、氯仿均可灭活该病毒。病毒在56℃经20min可被灭活，在48℃以下可存活6个月，在低温干燥的条件下很稳定。毒力较强，但感染性和致病性弱于天花病毒，在人体一般只会传播两代。

（二）流行病学

猴痘原分布在非洲国家热带雨林地区。扎伊尔、利比里亚、喀麦隆、象牙海岸、塞拉利昂、刚果等国曾报告有疫情发生。全年均可发病，以7—8月份为高峰。在这些疫区存在着猴痘病毒宿主。自1970年出现人猴痘病例报告以来，发生了多次流行，特别是1996年2月至1997年10月在刚果发生了有史以来的最大一次疫情暴发，确诊病例511人。

2003年猴痘在美国暴发是由于进口动物中存在被猴痘病毒感染的个体，并且传染给共同饲养的宠物草原土拨鼠而导致人的感染引起。对人类具有感染力和致病性的猴痘病毒已经从非洲扩散开，并蔓延到北美洲，这种情况已引起世界各国有关部门的高度重视和密切关注。

1. 传染源

宿主动物、感染动物、猴痘病人是本病的传染源。

猴痘病毒在动物中普遍存在，栖息于非洲中西部热带雨林的猴子和松鼠是猴痘病毒主要的自然宿主，感染的啮齿动物或其他哺乳动物是贮存宿主。

2. 传播途径

猴痘病毒可以通过直接密切接触感染动物或被感染动物咬伤而由动物传染给人，也可以在人与人之间传播，传播媒介主要是血液和体液。人与人之间在长时间近距离接触时，可能会通过较大的呼吸飞沫传播这种病毒，而接触受病毒污染的物品（如卧具或衣服等）也有可能感染这一病毒。

3. 易感人群

凡未患过猴痘或未经有效接种牛痘疫苗者均易感染猴痘，病愈后病人可获终身免疫。猴痘感染者的增加可能与停止接种天花疫苗有关，注射了天花疫苗的人，对于猴痘有一定的预防能力，但不能肯定可以完全抵抗猴痘的入侵。

（三）临床表现

人猴痘的临床表现类似天花，但一般症状较轻。与天花不同的是，大部分猴痘病人有明显的淋巴结病变。

该病潜伏期约为 12 天（7～17 天）。

临床表现可大致分为三个时期：

1. 前驱期

人在感染病毒约 12 天以后出现高烧（≥37.4℃）、头痛、背痛、喉痛、咳嗽、呼吸急促，淋巴结肿大，而且感到疲乏。

2. 出疹期

在发烧开始的 1～3 天（或更长）后，出现皮疹（斑疹、丘疹、疱疹或脓疱；全身或局部；离散或集簇），通常发生在眼睑、颜面、躯干和生殖器，这些皮疹会发展成为充满液体的凸起小肿块，疱疹破溃后会留有久治不愈的溃疡。一般开始于脸部并蔓延，但也能在身体的其他部位开始出皮疹，在结痂和痂脱落之前，肿块要通过好几个发展阶段。

3. 恢复期

皮疹消退，病情好转。

病情经常持续 2～4 周。严重病例可发生虚脱、衰竭而死亡，病死率为 1%～10%。病程中可并发细菌感染，严重者可发展成败血症。重型病人可发生肺部感染、呼吸窘迫综合征。

（四）人猴痘病例临时诊断标准（美国 CDC）

1. 临床表现

皮疹（斑疹、丘疹，疱疹或脓疱；全身或局部；离散或集簇），其他体征和症状（体温≥37.4℃、头痛、背痛、淋巴结症状、喉痛、咳嗽、呼吸急促）。

2. 流行病学

（1）接触过有病症的哺乳动物类宠物（如：结膜炎，呼吸系统症候，和/或皮疹）。

（2）接触过进口的有或没有临床病症的哺乳动物类宠物，但该哺乳动物类宠物曾接触过人或哺乳动物类宠物猴痘病例。

（3）接触过疑似、可能或确诊的人类病例。

注：接触：包括拥有宠物，曾抚摸、照顾过宠物，去过宠物店、兽医诊所或宠物批发商处。

进口哺乳动物类宠物：包括土拨鼠（草原犬鼠）、冈比亚硕鼠、松鼠。接触过其他进口或非进口的哺乳动物类宠物按照病例具体情况定。判定依据应包括接触过有猴痘或有猴痘临床病症的哺乳动物。

哺乳动物类宠物之间的接触：包括被养在有患猴痘动物的设施内，或该设施内有曾被养在有患猴痘动物设施内的动物。

3. 实验室检查

(1) 血常规

白细胞总数减少或正常，粒细胞减少，淋巴细胞增多。感染后粒细胞可增多。

(2) 血清学检查

一是取双份血清进行血凝抑制试验检查抗原或抗体作初筛试验；二是用ELISA或RIA方法查抗原或抗体，但敏感性和特异性较差。

(3) 核酸检测

临床标本经PCR检测，证实有猴痘病毒DNA。

(4) 病毒培养

用鸡胚绒毛尿囊膜分离病毒后鉴定出猴痘病毒。

(5) 电镜检查

在无其他正痘病毒感染情况下，电镜下病毒形态学观察到正痘病毒。

(6) 免疫组织化学技术检测到正痘病毒，并排除其他种病毒。

4. 病例分类

(1) 疑似病例

流行病学资料有一项符合；有皮疹或有两项或两项以上其他体征和症状。

(2) 可能病例

流行病学资料有一项符合；有皮疹和两项或两项以上其他体征和症状。

(3) 确诊病例

一项流行病学资料符合；有皮疹和两项或两项以上其他体征和症状；一项实验室检查结果为阳性。

(五) 治疗与预防

目前，猴痘没有特异治疗方法，主要为对症支持治疗。休息，补充水分和营养；加强护理，保持眼、鼻、口腔及皮肤清洁；可用抗生素防止继发性感染。据美国学者研究显示："猴痘"似乎对广谱抗病毒药物"西多福韦"敏感但因有明显副作用，只允许用于有生命危险的患者。疫苗免疫球蛋白（VIG）尚待证明是否有效。

猴痘病程为2~4周，在此期间患者应严格隔离至痘痂脱净。病死率1%~10%，较天花轻（30%）。但儿童感染猴痘病毒后，其病死率可达17%。

1. 严格控制传染源

对患病的动物及患者（疑似和确诊患者）进行严格的隔离；感染的动物进行严格的处理；严禁由国外输入野生动物，必要时进行严格的检疫；动物园饲养的动物应进行全面的检疫，如发现有病或有感染应立即全部处死，避免接触被病毒感染的动物和患者。

2. 切断传播途径

严格限制进口野生动物，尤其是进口任何非洲啮齿类动物；禁止贩卖、运输和放归大自然草原犬鼠和非洲啮齿类动物；检疫入境的疑似病人、患者的与感染动物或患者密切接触者；已输入患者和密切接触者就地隔离治疗，转运需按严重的传染病人隔离消毒防护措施，患者分泌物、痰液、血液、渗出物应严格消毒后处理。禁止个人饲养、捕捉和食用野生动物，更严禁作为宠物饲养。

3. 预防接种

接种天花疫苗可以保护人和动物免受猴痘病毒感染的目的。据报道，接种天花疫苗能够让大约85%的人对猴痘病毒产生免疫力。但是，接种情况表明，天花疫苗还存在一些副作用，可引起极少数人发生心肌炎或心瓣膜炎。因此，美国CDC建议，除研究猴痘暴发或照顾感染病人或动物的人群，或者与猴痘患者和感染动物有密切接触人群应当接种天花疫苗外，一般人群不推荐接种天花疫苗。针对上述情况，一些新的亚单位疫苗和减毒天花疫苗对猴痘病毒感染的保护作用研究正在进行，并取得了一定的成效。

4. 隔离措施

对那些有症状（即发热、喉痛、咳嗽）但没有皮疹的人，隔离防范期应持续到出现发热后7天。如果这期间仍未出现皮疹应解除隔离。应继续观察被解除隔离人员14天，如果重新出现症状或出现皮疹应立即报告卫生部门。对接触过疑似感染猴痘的动物或人的无症状接触者应自他们最后1次接触始被观察21天。其观察内容包括体温、“三痛”症状、咳嗽及皮疹。对医务人员要求穿隔离衣、戴口罩、双手消毒，保护呼吸道，加强对废弃物品及病料的处理。

二十九、猴埃博拉病毒感染（simian ebola virus infection）

埃博拉病毒感染可引起人的一种烈性出血性传染病，主要表现为发热和出血，该病发病急，病程短，死亡率高。猴可自然感染或人工感染发病，并具有与人相似的临床病理变化。

（一）病原

埃博拉病毒（ebola virus，EBV）属丝状病毒科（Filovirdae）埃博拉病毒属*Ebola-like virus*，它与同科的马尔堡病毒（Marberg Virus，MBV）同属高致病性的甲类病毒。EBV为无节段的单股负链RNA病毒，其相对分子量（Mr）为4.2×10^6，粒子直径70～90 nm，长度为300～1 500 nm，病毒颗粒多形性，如长丝形、U形、6字形或环形，外面包有囊膜，表面有纤突。目前，Ebola病毒分为4个亚型：即埃博拉-扎伊尔（Ebola-Zaire）、埃博拉-苏丹（Ebola-Sudan）、埃博拉-莱斯顿（Ebola-Reston）和埃博拉-科特迪瓦（Ebola-Cotexd），其中扎伊尔亚型毒力最强，能引起高病死率的出血热，苏丹亚型毒力低些，引起的疾病病死率也低，科特迪瓦亚型引起的病例病人均恢复，其毒力可能较低，而莱斯顿亚型仅发现在猕猴中引起发病及死亡。

EBV在常温下较稳定，对热有中度抵抗力，56℃加热不能完全灭活，需在60℃加热1h才可完全灭活，在-70℃病毒十分稳定，可以长期保存；4℃可存活数天，冷冻干燥保存的病毒仍具传染性，但其对紫外线、C射线和Co60照射敏感，紫外线照射2min可使之完全灭活。对多种化学试剂敏感，可完全灭活病毒。苯酚和胰酶不能使其完全灭活，只能降低其感染性。

（二）流行病学

动物宿主埃博拉病毒的自然宿主尚未确定，这给埃博拉流行的控制带来了更大的难度。可能有多个宿主物种，如昆虫、蝙蝠、大鼠等。

传播途径：埃博拉病毒传播途径多种多样，可通过直接或间接接触的方式传播，垂直方式也可能传播。病人和潜伏期排毒这是主要的传染源。埃博拉病毒主要通过与病毒携带者的血液、体液及污染物接触传播。

几个世纪前，EBV 就流行于中非热带雨林地区和东南非洲热带大草原，其疫源地主要是非洲大陆，但在北美洲和亚洲的泰国及欧洲也发现了该病。1976 年最先在非洲扎伊尔一村落发生埃博拉出血热（Ebola hemorr hagic fever，EBHF）。EBHF 的暴发流行并造成数百人死亡，为仅次于狂犬病的高病死率急性病毒性传染病，病死率约 90%。

该病季节分布不明显，全年均有发病。

（三）临床症状

试验感染猴的潜伏期为 4～6 天。病毒在肝、脾、淋巴结等器官大量复制，即急性发病，其主要表现为病毒血症，感染后 3 天开始发热，4～5 天皮肤出现斑丘疹，最早出现在前颊和面颊，随后扩展到四肢和胸部，厌食、昏睡、腹泻、衰竭而死亡。

（四）病理变化

病猴的特征主要是皮肤丘疹，胃肠道、呼吸道和实质性器官的淤血；肺充血、出血；肠系膜淋巴结、腹股沟淋巴结和颈淋巴结明显肿大，出血。多数病例可见腹膜炎，肿大呈暗紫色，表面有纤维素附着。肝脾等器官的病变细胞中可见一个或多个嗜酸性胞浆包涵体。

（五）实验室检验

根据临床表现，病理变化和流行病学特点，可作出初步诊断。埃博拉病毒为“生物安全等级 4 级”病原，病毒的分离和研究工作必须在 P4 级实验室进行。

1. 病毒分离鉴定

取病猴的血液、肝、血清和精液等标本接种于 Vero 细胞，37℃培养 6～7h 后，采用免疫荧光技术检查病毒抗原；豚鼠腹腔接种，表现发热，4～7 天死亡；乳鼠脑内接种。

2. 病毒的培养与增殖

EBV 可以感染多种哺乳动物培养细胞，并使一些原代细胞和传代细胞株如 Vero 细胞、恒河猴肾细胞、地鼠肾细胞（BHK）、人胚肺纤维母细胞等产生明显的细胞病变（CPE），其中以 MA－104 和 Vero－E6 细胞最敏感，但仅在 Vero 细胞中形成空斑。在感染的细胞内能形成包涵体，内含纤维蛋白原或颗粒状物并呈管状结构。包涵体主要由核衣壳组成，成熟的病毒从细胞浆中含有核衣壳的管型结构通过宿主细胞膜以芽生的形式释放。病毒在鸟类、两栖类、爬行类和节肢动物细胞中不能复制。

3. 血清学检查

间接免疫荧光试验方法应用广泛。用埃博拉病毒接种 Vero 细胞，病毒呈“＋＋”时制备病毒抗原涂片，经 γ 射线灭活后，丙酮固定，－20℃保存备用。送检血清稀释度 1∶6 阳性者判为阳性。

4. RT－PCR 检测

利用 RT－PCR 技术从中非共和国的 2 种啮齿类动物的器官中检测到了与 EBV－Z 型的 GP 和 L 相同的序列，提示 EBV 与非洲动物种群可能有着共同的进化历史。

三十、猴 B 病毒感染（Simoian B virus ionfection）

本病是由猴疱疹病毒（或称 B 病毒）引起的一种猴的急性传染病，临床上以在患猴的舌面、口腔出现疱疹、溃疡及坏死结痂为主要症状，偶尔在中枢神经系统或内脏器官等处也出现病变，故又称猴疱疹性口炎。猴感染 B 病毒多数情况下呈良性经过，但人类感染 BV 后则会出现脑脊髓炎，并造成多数病人死亡。

（一）病原

B 病毒（B virus，BV）分类上属疱疹病毒科，甲型疱疹病毒亚科，单纯疱疹病毒属。病毒粒子呈球形，直径平均为 125nm，主要由髓芯、衣壳和囊膜组成，核酸型为双股线状 DNA。本病毒对乙醚、脱氧胆酸盐、氯仿等脂溶剂敏感。胰蛋白酶类可使病毒囊膜变性。对热敏感，50℃30min 可将其灭杀，X 射线和紫外线对其有杀灭作用。-70℃可长期保存。

（二）流行病学

它的自然宿主是猕猴。在 35 种非人灵长类疱疹病毒中，只有 B 病毒对人有致病性。

现已知本病经自然传播而发展成疾病的仅有人和猴。在猴群中发生流行性疱疹性口炎。在人引起致死性脑炎。

自然感染本病的猴类有恒河猴、红面猴、食蟹猴、台湾猴、日本猴、帽猴等；非洲绿猴和爪哇猴在实验条件下可感染发病。病毒也可感染其他灵长类动物，这种情况被认为是外源宿主，感染的结局往往是很快发病死亡。B 病毒呈世界范围性分布，但主要存在于亚洲尤其是印度的恒河猴群中，印度野生猴群感染率可高达 70%，中国境内猴类的 B 病毒感染很普遍。因此，饲养或使用恒河猴的国家都非常重视 B 病毒的检疫。

不同猴群中疱疹病毒感染率的高低与猴群的生活方式（如野生或家养，单养或群养）、年龄大小等有密切关系。野生、群养较家养、单养感染率高，随年龄增大感染率上升。感染率与性别无关。

实验动物中，家兔对 B 病毒最易感，任何途径接种均可感染发病，家兔表现呼吸困难、流涎、眼鼻分泌物增多，结膜炎和角膜混浊等症状，多在 7～12 天内死亡。小于 21 天的幼鼠也有易感性。

长期潜伏带毒猴和病猴是传染源。本病在猴类主要通过性交、咬伤、抓伤等直接接触感染。又可经传染源的分泌物、排泄物污染饲料、饮水和用具间接感染。人类主要通过被猴咬伤、抓伤感染，也可通过间接接触被传染源污染的用具感染。

（三）临床症状

潜伏期不定，短者 1～2 天，长者几周甚至数年。病初在舌表面和口腔黏膜与皮肤交界的口唇部出现小疱疹，很快破裂形成溃疡；表面覆盖纤维素性、坏死性痂皮；常在 7～14 天自愈不留疤痕。除口腔黏膜外，皮肤也易出现水疱和溃疡。病猴鼻内有少量黏液或脓性分泌物，常并发结膜炎和腹泻。多数猴只引起轻微口部病变，外观无明显不适，饮食正常，常容易被人们忽略。

（四）病理变化

主要病变在舌或口腔黏膜，初期出现水疱，然后形成溃疡，进一步发展溃疡面变薄，苍白的黏膜被中间坏死区覆盖，周围绕以明显轮廓的红斑。镜检病变部位上皮细胞，最初增大和变性，中期见有嗜酸性包涵体，最后细胞破坏并发展为坏死。

（五）实验室检验

1. 病毒的分离与鉴定

用棉拭子取急性发病期猴口腔疱疹或溃疡部位的渗出液，无菌处理后接种兔肾细胞、原代猴肾细胞、Vero 细胞或鸡胚绒毛尿囊腔，37℃培养 3～4 天，以分离病毒。电镜下观察细胞培养物中病毒的形态，或用免疫荧光技术检查细胞培养物中病毒的抗原。此外，还可将其渗出物脑内接种于兔、幼鼠和猴，以分离病毒。

2. 血清学检测

可以采用人单纯疱疹病毒Ⅰ型（HSV－1）作为抗原，检查B病毒抗体。最近血清学方法有新的改进，在单克隆抗体的基础上建立了一些相应的血清学方法，用于病毒或病毒相关抗原的监测。

3. 病毒核酸检测：原位杂交（ISH）、聚合酶链反应（PCR）等。

三十一、猴腺病毒感染（simian adenovirus infection）

本病是由猴腺病毒感染猴类，并且由其中的某些血清型引起幼猴以结膜炎和呼吸道炎症为主的一类疾病。

（一）病原

猴腺病毒（simian adenovirus，SAV）在分类上属于腺病毒科，哺乳动物腺病毒属。是一种没有包膜的直径为70～90nm的颗粒，由252个壳粒呈20面体排列构成。每个壳粒的直径为7～9nm。衣壳里是线状双链分子。

腺病毒分为感染鸟类和哺乳动物的两个属。人类腺病毒根据物理、化学、生物学性质分为A～G7组，每一组包括若干血清型，共42型。在灵长类动物中分离到29个血清型。人类腺病毒不能在鸡胚中增殖，上皮样人细胞系HeLa细胞和人胚原代细胞培养最敏感，能引起细胞肿胀、变圆、聚集成葡萄串状的典型细胞病变。腺病毒对酸碱度及温度的耐受范围较宽，36℃7天病毒感染力无明显下降。对脂溶剂和酶类均有抵抗作用，但56℃min分钟可将其灭活。

（二）流行病学

灵长类动物和人易感SAV。目前已知主要的易感灵长类动物有猕猴、长尾猴、非洲绿猴、松鼠猴、黑猩猩、狒狒、赤猴、恒河猴、食蟹猴、豚尾猴、红面短尾猴等。猴的各种年龄、性别均具感染性，但其中围产期母猴及新生仔猴最为易感。

感染途径主要经直接接触和呼气道感染。

本病的发生与扩散多与不良因素的影响有关。在自然条件下，感染猴多无明显临床症状，呈现隐性感染。由于各种应激因素，如运输、拥挤、捕获等环境条件的剧烈变化，常诱发临床症状，并向外排毒，感染周围健康猴，造成病毒扩散。

（三）临床症状

在自然状态下，猴腺病毒感染多无临床症状。但有的血清型可引起猴上呼吸道疾患、肺炎、结膜炎等病症。患猴表现为呼吸道症状、流涕、结膜炎、嗜睡、下痢、厌食等症状。实验条件下用SV17经鼻内接种非洲绿猴可发生咽部黏膜红肿等轻度上呼吸道症状。用SV17、SV23、SV27、SV34和SV37经脑内接种恒河猴、均可使脑膜和脉络产生病理变化。

（四）病理变化

大体解剖可见肺充血、出血、实变，呈浅黄色或暗灰色；在肝脏表面可见多个1mm的坏死灶，有的可见黄疸，在十二指肠黏膜可见多个直径约5mm的溃疡灶，老龄猴可见胸水和腹水。组织学可见支气管和肺泡上皮出现病变、坏死，坏死细胞核内可见包涵体。

（五）实验室检验

1. 病毒分离

用棉拭子取鼻咽部、眼分泌物、粪便或死后尸检的肺组织和咽部腺体组织等标本，加抗生素后，接种原代恒河猴肾细胞、原代非洲绿猴肾细胞或 LLC－MK2、BSC－1、Vero 等猴继代细胞进行培养、分离病毒。SAV 在细胞培养物中可独立增殖，不需要 SV40 的辅助，可与人腺病毒相区别。猴腺病毒在细胞培养物中的细胞病变呈葡萄状，具有特征性，可以做初步诊断。

2. 血清学检查

有补体结合试验，红细胞凝集抑制试验，中和试验，免疫荧光和酶标记免疫试验。

鉴于猴腺病毒的血清型多，型间存在交叉反应，常规免疫血清难以区分或定型，因此应用单克隆抗体可进行型别的鉴定。

三十二、尼帕病毒病（nipah virus diseases）

尼帕病毒病是由尼帕病毒（nipah virus，NiV）引起的一种人兽共患传染病。NiV 是新发现于蝙蝠的一种副黏病毒，但 NiV 对蝙蝠不致病，对猪有一定的致病性，而对人的致病力很强。人感染 NiV 后病死率达 40%～70%。因此，NiV 被列为最危险的生物安全 4 级（P4）病原。近年来，在孟加拉国、印度、柬埔寨和泰国等国家均发现了 NiV 的存在，并且引起了严重的疫情，进一步增加了人们对 NiV 的关注。

（一）病原

尼帕病毒属副黏病毒科（Paramyxoviridae）亨尼帕病毒属 *Henipavirus*。与 1994 年在澳大利亚发现的亨德拉病毒（Hendra virus，HeV）在很多方面非常相似。NiV 呈多形性或圆形，由囊膜和核衣壳组成，大小为 200～300nm，在细胞膜上完成发育过程，核衣壳结构呈螺旋形，核衣壳直径 13.0～18.0nm，螺距 5.5～7.0nm，外由具有纤突的囊膜所包被。NiV 在体外不稳定，对热和消毒剂较敏感，加热 56℃30min 即可使其破坏，用一般性消毒剂和肥皂等清洁剂很容易将其灭活；在 Vero、BHK、PS 等细胞系中均可增殖。

（二）流行病学

近年来，该病在马来西亚、孟加拉、新加坡、印度等国家多次暴发流行，导致人的大批发病和死亡。传染源尚不十分清楚，但受感染猪被怀疑是重要的传染源，而且有人传人的可能。

1. 自然宿主

血清学检测显示，家养动物如狗、猫、马和山羊均可感染尼帕病毒，但猪是其他家养动物的传染源。在野生动物中，仅从 5 种蝙蝠体内发现尼帕病毒的中和抗体，并从一种果蝠 *Pteropus hypomelanus* 的尿样和被其咬过的水果中分离到尼帕病毒，因此，*Pteronid* 果蝠是尼帕病毒的自然宿主。

2. 易感动物

NiV 对蝙蝠不致病，对猪有一定的致病性，而对人的致病力很强。NiV 脑炎对与病猪接触职业者威胁最大，占全部脑炎患者的 70%，屠宰业者占 1.8%。

3. 传播途径

NiV 的传播方式主要为接触方式经呼吸道和消化道感染。

传染猪的途径可能是直接接触感染猪的分泌物和排泄物及血液、粪、尿、胎盘等污染后经口摄取以及咳嗽形成的飞沫被吸入引起传播，在封闭式猪栏尤为严重。猪感染病毒后，病毒在猪体内大量繁殖，而且病毒血症时间较长。血管内皮细胞，尤其是肺血管内皮细胞含有大量病毒抗原，上呼吸道内腔的细胞碎片中也含有病毒抗原，表明尼帕病毒可排出体外而感染与其接触的猪或其他易感动物。妊振动物体内的病毒容易增殖，有促进向体外排泄大量病毒的可能性，在这种情况下人和其他动物也容易发生感染；果蝠也有正在妊娠中者，所以也会增殖更多的病毒，能提高外界污染的程度和增加猪及其他动物感染的机会。此外，有研究认为，最初猪的感染可能是接触过果蝠、鼠、野猪等野生动物；也有人认为是椋鸟、八哥、九官等椋鸟科动物的传播而使猪感染该病毒。也可能通过狗、猫的机械传播或使用同一个针头、人工授精或共用精液等方式感染病毒。

人群普遍易感染，主要是通过伤口与病猪的分泌物、排泄物和体液包括唾液、鼻脑分泌液、血液、尿液和粪便以及呼出气体等直接接触而感染。人与人之间虽有传播尼帕病毒的可能性，不过也有持相反观点的证据，如虽可在感染初期从患者的唾液和尿液中检出该病毒，但至今没有发现患者家属被感染，也未见人传染给人的报告。

（三）临床症状

NiV 在临床上主要表现为呼吸系统障碍、神经系统症状和突然死亡 3 个方面。

猪：猪以呼吸和中枢神经症状为主，与慢性古典猪瘟相似，猪感染 NiV 的潜伏期7 ~ 14 天。但猪的年龄不同，表现的临床症状也有所不同。四周龄至六月龄的断奶仔猪和架子猪通常表现为急性发热（≥39.9℃）、呼吸困难、咳嗽（这种咳嗽很有特点，远距离就能听到），严重病例出现咳血，少数病例张口呼吸，有时也表现震颤、痉挛、抽搐、后腿软弱（驱赶时步态不协调）等症状。种猪（包括公猪和母猪）主要表现为突然死亡或急性发热（≥39.9℃）、呼吸困难、流涎、流浆液性、脓性或血性鼻液。有的妊娠母猪出现早期流产，有的病例伴有兴奋、破伤风样痉挛、惊厥、眼球震颤、咽部肌肉麻痹等症状。哺乳仔猪感染尼帕病毒后的死亡率高达40%，其临床表现为张口呼吸、腿软、腿部肌肉震颤、抽搐等症状。

其他动物：除了犬会表现明显的临床症状（与犬瘟热相似）外，均为隐性感染，不表现明显的临床症状。

人：人主要以神经系统症状为主，人的潜伏期90%为4 天至2 周，10%介于2 周至2 个月。开始发高热3 ~4 天，然后出现肌肉痛、严重头痛、精神恍惚、定向障碍、心动过速、视力轻度模糊、呕吐等。病初实验室检查发现血液白细胞总数及血小板和血钠下降，天冬氨酸转氨酶上升，脑脊液蛋白质及白细胞总数上升，胸片轻度间质阴影（mild interstitial shadowing），核磁共振密度上升。接着病人开始昏睡，有的几小时至几天内很快死亡，不死的病程绵长。少数病人表现非典型肺炎症状。

（四）病理变化

尸检发现，病人累及最严重的器官是脑，其他器官如肺、心脏和肾等也可受累。累及的器官表现为充血，组织学检查可见血管炎，小动脉、静脉与毛细血管内皮损伤，血管壁坏死、出血和血栓形成等。脑、肺和肾的血管内皮有大的融合细胞形成。出现血管炎的血管周围有微小坏死和缺血灶。免疫组化法检测脑血管内皮细胞、周围神经原细胞和支气管上皮细胞，可检出尼帕病毒抗原。感染的猪肺部可出现不同程度的实变、出血；气管和支气管充满泡沫样、有时血水样液体；脑部充血、水肿；肾也有类似病变。猪的组织病理学变化与人类似，用免疫组化法检测，在感染的血管内皮细胞和肺支气管上皮细胞中，也可检出高浓度的尼帕病毒抗原。在马来西亚的一次尼帕病毒感染暴发中，虽然只有少数病人具有呼吸系统症状，但胸部 X 线检查，仍有 6% ~10 % 病人异常。而新加坡的一项调查报告称，在 11 例病人中，8 例胸透检查异常。主要为轻度间质性阴影。急性期脑部 CT 检查基本正常。脑部核磁共振检查（MRI）可见广泛的散在高信号强度的 2 ~ 7mm 局灶性损伤，遍布全脑，但主要位于皮质下和白质深层，较少位于灰质。有些无症状尼帕病毒感染者的脑部 MRI 也有类似的异常改变。脑损伤源于广泛的小血管炎和血栓形成引起的微小梗死，这是其他型脑炎所没有的。

（五）实验室检验

NiV 可在 Vero 、BHK 等细胞中增殖,但需在 P4 实验室进行病毒培养。病毒分离是最重要、最基本的诊断方法,对于新病例,分离病毒是最可靠的诊断手段。病毒分离株的进一步鉴定,还需做电镜或免疫电镜、特异性抗血清中和试验及 RT – PCR 试验。

电镜观察：可直接采取疑似病例的脑脊髓液作为标本，负染后用电镜观察，但该方法不能区分是 NiV 还是 HeV 或其他副黏病毒。

血清中和试验：中和试验是 NiV 血清学检测的主要方法。但是 NiV 中和试验需要 P4 实验室。因此，很多地区无法开展此项检测。

ELISA 试验：美国 CDC 使用捕获 ELISA 来检测特异性抗 NiV 的 IgM 抗体，澳大利亚动物卫生实验室研制的间接 ELISA，即分别用 NiV 感染 Vero 细胞的灭活提取物和正常的 Vero 细胞提取物，作为间接 ELISA 的抗原来检测血清抗体的效价，该方法的特异性和灵敏度都达到 98% 以上。中国国家外来动物疫病诊断中心用大肠杆菌表达 NiV 的 N 蛋白作为抗原，建立了检测 NiV 抗体的 ELISA。该技术的特异性达 96%，对 8 份试验动物的阳性血清检测结果全为阳性。该技术所用的抗原是人工合成的 NiV 全基因序列，不需 P4 实验室来培养活病毒，安全可靠，成本低，适合中国国情。

RT – PCR：鉴定 HeV 和 NiV 的 PCR 方法有两种，一种是澳大利亚 AAHL 的 RT – PCR，采用巢式引物扩增病毒基质蛋白的 M 基因，可用于检测固定组织、新鲜组织、脑脊液中的病毒序列；另一种是美国 CDC 的 PCR，用于扩增 NiV 的 N 基因，该方法不很灵敏，可能会漏检一些弱阳性样品。法国与马来西亚合作，于 2005 年报道了针对 NiV N 基因的荧光 RT – PCR 检测技术，该技术中的阳性标准品是用 NiV 的 RNA 制备的，也需要在 P4 实验室培养病毒。中国国家外来动物疫病诊断中心新近也建立了针对 NiV N 基因的荧光 RT – PCR 检测技术，所用的阳性标准品是体外转录的双链 RNA，性质稳定，无需培养活病毒，且其扩增产物和阳性样品的扩增产物大小不一样，有助于防止核酸污染造成的假阳性。

（六）治疗和控制

目前，对尼帕病毒急性感染的病人尚无特效药物治疗，主要是支持疗法。有证据表明，早期抗病毒（病毒唑）治疗可缩短病程和减轻疾病的严重程度，但对治愈疾病或提高存活率的效果尚难确定。采取的主要措施分三个阶段：

第一阶段是紧急处理已感染的猪；

第二阶段是对高危农场进行尼帕病毒的特异性抗体监测，防止再暴发；

第三阶段是对尼帕病毒的自然宿主、致病机理和流行病学进行进一步研究，以指导现场的预防工作。

第二节 细菌性传染病

一、巴氏杆菌病（Pasteurellosis）

巴氏杆菌病是野生动物、家畜、家禽共患的一种传染病。急性病例以败血症和出血性炎症为特征，故又称出血性败血症；慢性型常表现为皮下结缔组织、关节及各脏器的化脓性病灶。

（一）病原

该病的病原为多杀性巴氏杆菌 *Pasteurella multocida*，属巴氏杆菌属。本菌呈卵圆形或短杆状，不形成芽孢，无鞭毛、不运动。可形成荚膜，革兰氏染色阴性。组织、体液涂片，用姬姆萨、瑞氏和美蓝染色后，菌体两端着色深，呈明显的两极染色。用培养物制作的涂片，两极着色不明显。新分离的菌株具有荚膜，体外培养后很快消失。

本菌可在普通琼脂培养基上生长，但不旺盛。在添加少量血液、血清的培养基上生长良好，培养24h，形成淡灰白色、露滴样小菌落，表面光滑，边缘整齐，新分离的菌落具有较强的荧光性。本菌在普通肉汤中呈均匀混浊。为需氧与兼性厌氧菌。

根据多杀性巴氏杆菌的荚膜抗原，用交叉被动血凝试验可将本菌分为A、B、D和E四种荚膜血清型。近些年来，世界各国多用琼脂扩散试验将其分为16个血清型。

（二）流行病学

多种野生动物、家畜、家禽、实验动物均可感染本病，人也有感染的报道。可感染本病的野生哺乳动物有黑尾鹿、驯鹿、驼鹿、白尾鹿、大角绵羊、瞪羚、弯角羚、叉角羚、普氏原羚、黑羚、黄羊、野牛、袋鼠、美洲狮、豹、浣熊、野猪、孟加拉虎、象、红狐、水貂、麝鼠、啮齿类、河马、野兔等。易感的鸟类有斑嘴鸭、旱鸭、绿翅鸭、绿头鸭、鸳鸯、斑头雁、鸿雁、白额雁、斗雁、狮头鹅、白骨顶、董鸡、银鸡、红嘴鸡、岩鸡、蓝马鸡、褐马鸡、珍珠鸡、鹦鹉、娇凤、孔雀、企鹅、乌鸦、鸥、麻雀、雉、啄木鸟、凫、鸵鸟、猫头鹰等。

本病分布于世界各地，主要的传染源是患病或带菌的动物。可通过呼吸道和消化道感染，昆虫也能传播本病，通过损伤的皮肤、黏膜，也可感染。本病的发生一般无明显的季节性，各种外界条件的剧烈变化、长期营养不良或患有其他疾病等都可促进本病的发生。

（三）临床诊断

1. 临床症状

临床上可以分为最急性、急性和慢性三种类型。最急性型和急性型多表现为败血症及胸膜肺炎，常呈地方性流行。慢性型的病变多集中于呼吸道，常为散发性发生。本病的潜伏期一般为1~5天，长的可达10天。

家禽发生本病呈急性或慢性经过，野生禽类常为出血性败血症。本病在野生鸭类多为急性暴发，初期多无症状急性死亡，当死亡出现几周后，可见有患病的个体逐渐增加。病鸭表现为嗜睡、沉郁，易于接近和捕捉，而在被捕捉后，常在数分钟内死亡。有些则出现痉挛，在水中打转或在陆地上呈圆圈运动，头向后背，插入翅下，空中飞行平衡失控，常有黏液从口中流出，肛门、眼、喙等处周围羽毛粘有污物，排泄物呈黄褐色或黄色糊状，有时带血，鼻孔可见气泡、血样鼻分泌物。

鹿发生本病，可表现为急性败血型和肺炎型。前者可见体温升高，食欲废绝，呼吸困难，反刍停止，独立一隅或卧伏不起。严重时口鼻流出血样泡沫液体，腹泻，粪便带血。一般在1~2天内死亡。肺炎型病例主要表现为精神沉郁，体温升高，呼吸急促，咳嗽，步态蹒跚。严重者呼吸极度困难，头向前伸，鼻翼开张，口吐白沫，粪便稀薄，间或带血。病程5~6天，转归多死亡。

羚羊患本病呈现为特征性胸膜肺炎。表现为沉郁憔悴，行动迟缓，鼻中流出黏液，有时带血，咳嗽和呼吸困难。

水貂患本病，潜伏期1~2天，多为急性型。突然拒食，体温升面，鼻镜干燥，呼吸困难，食欲减退或废绝，有时可见后肢麻痹，1~2天死亡，死亡前出现昏迷或痉挛。流行后期，可见亚急性或慢性病例，食欲减退，精神沉郁，步态不稳，喜卧不动，有时可见排带血稀便，体表淋巴结肿大，化脓。

海狸鼠多表现为急性型。表现为结膜充血，鼻孔有浆液性或脓性鼻液流出，食欲废绝，肩前淋巴结肿大，爪部浮肿。死前出现痉挛、昏迷。

麝鼠患本病急性病例表现同水貂相似，慢性病例表现呼吸困难，进行性消瘦、下痢，结膜炎和关节炎等症状，有的可在皮下出现水肿。

巴氏杆菌病是常在鼠类中流行的重要传染病，主要可表现为出血性败血症和支气管肺炎。

袋鼠对巴氏杆菌极为敏感，常常无明显症状而突然死亡，口鼻流出少量暗红色血水，血液凝固不全。

兔患本病临床上可表现出多种类型。最急性型未见任何症状可突然死亡，急性型的主要特征是出血性败血症，亚急性型十分少见，主要表现肺炎和胸膜炎症状。兔患本病亦可表现出慢性经过，病程可拖延数月至1~2年。慢性过程中可见鼻炎、结膜炎、角膜炎、中耳炎或皮下脓肿发生。有时还可引起生殖器官感染，如发生子宫炎、子宫蓄脓、公兔睾丸炎、副睾炎等。

野牛主要表现为急性败血症的症状，虎主要表现为肺炎型，海豚以出血性肠炎为主要特征，海豹、海狮多出现出血性肠炎和坏死性腹膜炎症状。

2. 病理变化

（1）禽类：最急性死亡一般无明显的眼观病变。急性病例表现典型的出血性败血症变化。腹膜、皮下组织、腹腔脂肪出血，心内外膜斑点状出血，心包液增多。肝肿大质脆，表面有针尖大灰白色坏死点，肺充血、出血、肝样变，肌胃出血，脾淤血肿大。呼吸道黏液增多，黏膜充血出血。肠黏膜充血出血，尤以十二指肠和小肠前段为重，泄殖腔黏膜充血出血，卵巢及输卵管充血出血。慢性病例因个体受累部位不同，剖检时可见不同的情况，如肺炎、肠炎、气囊炎、鼻窦炎、关节炎等。

（2）哺乳动物：因动物种类不同，其表现有一定差别。

最急性型（败血型）：主要以败血症病变，出血性素质为主要特征。全身各部黏膜、浆膜、实质器官和皮下组织有大量出血点，其中以胸腔器官尤为明显。全身淋巴结肿大、出血，切面潮红多汁。脾脏除个别小动物外，一般眼观无变化。但组织学检查时，见有急性脾炎变化。常见皮下疏松结缔组织水肿、胶冻样浸润、出血。胸腔内常有多量淡黄色积液。

急性型：除具有最急性型败血症病变外，主要是不同程度的纤维素性肺炎（胸型），出血性肠炎（肠炎型）。胸型表现为肺有暗红色硬固区，切面肝样硬变，可沉于水。其余部分水肿，充血。肺与胸膜常粘连，有多量胸水，并有纤维素性渗出物。支气管内充满泡沫样、淡红色液体。肠炎型表现为胃、小肠黏膜有卡他性或出血性炎症，在肠管内常混有血液和大量黏液。急性型其他病变为肝、肾变性，体积增大，颜色变淡。

慢性型：尸体消瘦，贫血。内脏器官常发生不同程度的坏死区，肺脏显著，肺的肝变区扩大并有坏死灶。胸腔常有积液及纤维素沉着。鼻炎型病例剖检时可见鼻腔内有多量鼻漏，鼻黏膜充血，轻度至中度水肿和肥厚。鼻窦与副鼻窦黏膜红肿并蓄积多量分泌物。

（四）实验室诊断

1．涂片镜检

取被检动物心血、肝或脾制成涂片，用美蓝、姬姆萨、瑞氏染色液染色，如发现有两极浓染的小杆菌，结合流行病学、临床诊断、剖检变化可作出较可靠的诊断。

2．细菌分离培养

在镜检同时，取新鲜心血、肝病料，接种于血液琼脂平板和麦康凯琼脂平板，作分离培养。第二天观察生长情况：血琼脂上生长，形成淡灰色、圆形、湿润、露珠样小菌落，菌落周围无溶血区。取一典型菌落涂片、染色、镜检，为两极染色的革兰氏阴性小杆菌。麦康凯琼脂上该菌不生长。

3．生化试验

本菌分解葡萄糖、果糖、半乳糖、蔗糖、甘露醇，产酸不产气，不分解乳糖、鼠李糖、山梨醇、肌醇。多数产生靛基质、硫化氢、过氧化氢酶、氧化酶、不液化明胶，在石蕊牛乳中无变化。在三糖铁上生长，可使培养基底部变黄，血琼脂上生长良好，45℃折光下菌落产生橘红色或蓝绿色荧光。

4．动物试验

将上述病料制成乳剂，接种小白鼠或家兔。试验动物常于24～72h内死亡，从血、肝、心脏中可分离到该菌。

5．血清学试验

常用的有快速全血凝集、血清平板凝集或琼脂扩散试验等。

二、炭疽（Anthrax）

炭疽是由炭疽杆菌引起的一种急性、热性、败血性的人和动物共患传染病。临床上以尸僵不全，血凝不良，天然孔出血（黑红色煤焦油样血液），脾脏急性肿大，皮下和浆膜下组织浆液性出血性胶样浸润为特征。本病为乙类传染病。

（一）病原

炭疽杆菌 *Bacillus anthracis* 为需氧性芽孢杆菌属中的一种长而粗的大杆菌，革兰氏染色阳性。在病料中，本菌菌体粗大、直，以2～8个菌排成短链，相连接端平齐或稍凹陷，呈刀切或竹节状，游离端钝圆，菌链包有一层明显的荚膜。在人工培养基上形成数个至数十个菌体相连的长链，并可形成圆形或卵圆形芽孢。芽孢位于菌体中央，直径不超过菌体宽度。本菌无鞭毛，不运动。

本菌在普通琼脂平板上形成灰白色、不透明、干而粗糙、边缘不齐之菌落或菌苔，显微镜下呈缩毛状或卷发样，有鉴别特征。在血琼脂平板上一般不溶血。在明胶穿刺培养时，沿穿刺线生长似倒立松树状，具有鉴别意义。肉汤中生长初期（6h 左右）可见液面下垂有灰白色絮状菌丝，后可沉于管底，上清液透明，摇动时有丝状物升起。

菌体对外界抵抗力弱，但芽孢抵抗力极强，其感染力可持续长达数十年以上。

（二）流行病学

本病多发生于哺乳动物，野生动物中象、斑马、鹿、野牛、羚羊、水貂、海狸鼠、猴、猩猩、野猪、狮、豹、河马、獾等许多种动物都有发生本病的报道，家畜中牛、绵羊、山羊高度易感，实验动物中小鼠、豚鼠、家兔均极易感。有报道，北极狐、银黑狐对本病不易感，狗、猪和猫也有较强的抵抗力。

鸟类极少有发生本病的报道，伦敦动物园曾因饲喂含有炭疽杆菌的肉，使几只鹰发病死亡。一些鸟（如乌鸦）可携带本菌，可能对本病的传播有一定作用。患病动物是主要传染源，被排泄物和尸体污染的地区可成为长久的疫源地。对野生动物来说，消化道是主要的感染途径，其次是通过皮肤损伤和呼吸道感染。

（三）临床诊断

1. 临床症状

本病的潜伏期一般几小时到几天。最急性型几乎没有看到任何症状即已死亡，多出现于本病流行初期。如鹿常在运动、休息或采食过程中突然倒地，全身抽搐，挣扎，痛苦呻吟，呼吸急速，从口、鼻流出黄白色泡沫样液体，最短可在数分钟内死亡。患病紫貂可表现为超急性型经过，无任何临床症状，在吃食或奔跑中突然倒地死亡，有时可见天然孔出血。象患本病可表现突然衰竭死亡。

急性型较为常见，一般在发病后 2 ~ 3 天死亡。患病动物表现为体温剧升，精神不振，食欲下降或废绝，呼吸困难，可视黏膜出血，便秘，腹泻，便中带血，尿暗红。死前体温下降，呼吸极度困难，痉挛。野牛发病多处于抑制状态，反刍停止，行走困难，后肢强直，从鼻孔、肛门流出血样液体，身体水肿。象表现为反应迟缓，不愿活动，流涎，流泪，身体出现炎性水肿。羚羊等草食兽发病多以体表肿胀为特征的皮肤型或局灶性炭疽。食肉兽常见厌食，口、唇、舌发炎、肿胀，咽喉水肿，呼吸困难，体表局部肿胀发炎。

2. 病理变化

对怀疑为死于炭疽的动物，原则上禁止解剖，以防止病原扩散。如确需解剖，需有上级有关部门批准，并有人员严密做好防范工作。

剖检特征基本为败血症变化。天然孔流血，尸僵不明显，血液凝固不全，呈黑红色煤焦油样，皮下及浆膜下有出血样胶样浸润，脾脏高度肿大，脾髓呈黑红色，似泥状。食肉兽炭疽的共同病变之一是咽喉及周围组织明显肿胀。鹿可见全身淋巴结肿大，呈赤黑色，内脏实质器官出血。

死于本病的鹰剖检可见脾、肝、肾肿大，表面有出血斑和坏死灶及黏液性出血性肠炎和纤维素性脓性心包炎。

（四）实验室诊断

已怀疑死于炭疽的动物，不可剖检，可剪耳尖一块，剪后用热烙铁严格消毒处理，或用棉拭子蘸取天然孔流出的血液少许。对已剖检的急性败血症死亡动物可取静脉血及脾，局部型炭疽取颌下淋巴结和扁桃体，腐败尸体取长骨或其他组织（包括皮、毛）。

1．菌体形态和培养特性

本菌的形态特点和培养特性（如前述）具有较重要的诊断意义，经检查，如特征典型，结合临床表现，可做出初步确诊。

2．串珠试验

炭疽杆菌对青霉素高度敏感，接触青霉素时发生形态变异，可使链状长形菌体变为串珠状圆形菌体，故称串珠试验。而其他类炭疽菌无此反应。

（1）液体培养法

将幼龄（6h 左右）可疑培养物接种 2ml，含有 0.5IU/ml 青霉素的肉汤中；另设一对照，只加培养物，不加青霉素。37℃作用 1～2h，分别加入福尔马林，使终浓度为 2%，固定 10min 后，涂片检查，观察串珠形成情况。

（2）固体培养法

将含 0.5IU/ml 的青霉素琼脂培养基 7～8ml 倒入无菌平皿中，待凝固后无菌操作割取盖玻片大小的一块，置于无菌载片上，取一铂耳幼龄（6h 左右）被检菌的肉汤培养物置于琼脂中央。将载片放在平皿中，平皿中再放入一小块湿棉球，盖上皿盖。37℃培养 2～4h，加盖片，直接镜检观察串珠形成情况。

3．动物试验

小鼠、豚鼠、家兔及金黄地鼠对炭疽杆菌易感，强毒株皮下接种后，多在 1～2 天死亡。死亡后动物可做组织涂片，观察有典型形态的大杆菌，可以确诊。

4．血清学试验

（1）Ascoli 氏反应

此法多用于皮革、羊毛及已腐败而不能作分离培养的病料或疑似炭疽病死亡的动物新鲜组织中炭疽杆菌耐热菌体抗原的检测。操作过程如下：

沉淀原制备：实质脏器和血液病料，用研钵研碎，加入 5～10 倍体积的 0.5% 石炭酸生理盐水再研磨，置沸水中煮沸 30min，用滤纸过滤，取其透明清澈滤过液作为沉淀原。皮肤样品，可取若干小块置于 37℃烘干后再以 121℃灭菌 15～20min，冷后剪成细微碎片，按重量加 5～10 倍 0.5% 石炭酸生理盐水，室温下浸泡 8～24h，滤纸滤过，透明上清即为沉淀原。

正式试验：将上述滤液用毛细吸管重叠在小试管中的炭疽沉淀血清上，两层间不要有气泡，不破坏抗原和血清间的界面，置室温，接触面出现一清晰白色环者为阳性，反应在数分钟内可出现。

（2）其他血清学检验方法。常用的还有琼脂扩散试验和荧光抗体染色两种方法。

三、结核病（Tuberculosis）

结核病是由分枝杆菌引起的野生动物、家畜、家禽和人的慢性传染病。其病理特征是在多种组织器官形成结核性肉芽肿（结核结节），继而结节中心干酪样坏死或钙化。本病为乙类传染病。

（一）病原

分枝杆菌属 *Mycobacterium* 的多种细菌可以引起野生动物的结核病和结核样病变，而最主要的有三种：结核分枝杆菌 *M. tuberculosis*、牛分枝杆菌 *M. bovis* 和禽分枝杆菌 *M. avium*。此属菌的特点是需氧，无鞭毛，无芽孢，无荚膜，在细胞壁中含有丰富的复杂脂类。适宜的生长温度为 37～39.5℃，适宜 pH6.5～6.8。分枝杆菌具有较强的抵抗力，耐干燥和湿冷，对热抵抗力差，60℃30min 即死亡，70～80℃经 5～10min 可杀死。在水中可存活 5 个月，在土壤中可存活 7 个月。分枝杆菌对消毒药的抵抗力较强，常用消毒药经 4h 方可杀死，而在 70% 酒精或 10% 漂白粉中很快死亡。

（二）流行病学

患病动物和人的粪、尿、乳汁、痰液等都可带菌，通过污染的饲料、饮水、食物、空气和环境而散播传染。主要是通过呼吸道和消化道感染，也可通过损伤的皮肤、黏膜和胎盘而感染，但极为少见。

本病的感染范围很广，大多数野生哺乳动物和鸟类都可感染本病。野生动物在野外自然条件下发病并不普遍，但动物园或圈养条件下的野生动物，由于感染机会增多，则常常发生此病。

对本病易感的哺乳动物有灵长类动物、象、长颈鹿、狮、虎、豹、豹猫、猞猁、鹿、白尾鹿、花鹿、牝鹿、红鹿、沼泽羚羊、非洲水牛、非洲条纹羚羊、麝、弯角羚、普通小羚、驼羊、麋、大角羚、骆驼、獾、田鼠、水獭、雪貂、水貂、貉、狐、犬、狼、熊、海狮、海豚、貘、犀牛、野猪、河马、麝香鹿、麝香牛、袋鼠、土松鼠等。

几乎所有的鸟类对禽分枝杆菌均易感，人、许多家畜和多种野生哺乳动物对禽分枝杆菌也易感，但犬对禽分枝杆菌不易感。有报道虎皮鹦鹉也不易感。鹦鹉、鹩鸮等大型鹦鹉科鸟类对人结核分枝杆菌和牛分枝杆菌易感，观赏鸟类对牛分枝杆菌特别易感。在笼养或圈养条件下，火鸡、雉鸡、鹑、鹤和某些猛禽较水禽易于患此病，但此病一旦建立起来，则可成为水禽的常见、重要疾病。野生鸟类中与人、家畜、家禽有密切接触，或有食腐习性的种类或个体易患本病。

本病的发生无明显季节性和地区性，多为散发。不良外界环境，饲养管理不当，动物自身营养不良或患有其他疾病等，均可促进本病的发生、加重和传播。

（三）临床诊断

1. 临床症状

由于动物种类不同，临床症状表现不一。

（1）灵长类动物：所有灵长类动物，特别是猿易患结核，但在野生的灵长类动物中很少发生结核病。三种主要的结核分枝杆菌都可感染灵长类动物。患病动物一般看不到明显症状，严重感染时表现为行为改变、厌食、疲倦、乏力、嗜睡，很少见到咳嗽和咳痰。疾病进行性发展时，被毛粗刚、呼吸困难、迅速消瘦。发生全身性结核时，肝脏、脾脏肿大，触诊可感觉到，局部淋巴结可能肿大，甚至溃破排出脓汁。特殊病例波及脊骨，引起神经症状。个别情况还可出现原因不明的后肢麻痹现象。猴感染禽分枝杆菌时可能波及消化道与其有关的淋巴结，表现有持续性或间断性下痢，治疗不易见效。

（2）偶蹄动物：无论圈养还是野生的偶蹄动物均易患结核病。对三种结核分枝杆菌均易感，但以感染人型和牛型分枝杆菌为普遍。常见表现为：消瘦体弱、厌食、低热，因以肺结核为主，表现为长期、低沉的湿咳，并有其他呼吸系统症状。

（3）象：象患结核多在肺部，一般无明显症状。多表现为消瘦，较长时间的鼻排出物增多。个别的象表现为体温突然升高、疲倦、血痢、行动时摇晃、干咳、食欲不振。

（4）猫科动物：一般以肺结核为主。主要症状为咳嗽、食欲不振、体重减轻、微热。

（5）单蹄类动物和有袋类动物：几乎所有的种类都可感染牛型分枝杆菌。表现为消瘦、恶病质，在内脏器官和骨组织形成结核结节。有时也可被禽分枝杆菌和其他分枝杆菌（如瘰疬分枝杆菌 *M. scrofulaceum* 和溃疡分枝杆菌 *M. ulcerans*）感染，表现为皮肤和骨的脓肿、化脓性关节炎，并常波及内脏器官。

（6）犬科动物及毛皮动物：一般表现温和，呈慢性经过。患病动物主要出现肺脏和肠道的病变和相应临床表现。肠系膜淋巴结受侵害时，腹腔可出现积水。个别动物受感染后在颈部可见瘘管或溃疡。个别还可有后肢麻痹的情况出现。

（7）鸟类患结核病一般潜伏期较长，病程缓慢，早期不见明显症状。病鸟呆立、精神委顿、衰弱。虽不影响食欲，但病鸟进行性消瘦、营养不良、体重减轻、胸部肌肉明显萎缩、胸骨凸出如刀，随病情发展，羽毛变粗乱，贫血，表现为冠和肉髯苍白。有些病鸟在眼周围、面部、喙基部、腿等处出现脓肿和结节性增生。关节和骨骼发生结核时，可见两足跛行。肠道发生结核性溃疡，常出现下痢。

2．病理变化

主要病理特征是在各组织器官发生增生性结核结节（结核性肉芽肿）或渗出性炎，或二者混合存在。后期在渗出性和增生性炎的基础上，可出现变质性炎，表现为干酪样坏死。时间较久的结节由灰白色转为黄色，切开时具有三层结构，外层为普通肉芽组织，中层为特异性肉芽组织，中心为干酪样坏死或钙化。在哺乳类动物，原发性结核通常局限于淋巴系统和肺脏。结核杆菌可通过血液和淋巴液循环，由原发病灶散布于机体各部，形成许多新的病灶。常出现病灶的部位有肺、胸膜、腹膜、肝、脾、肾、骨、关节、子宫和乳房。

鸟类主要表现在肝、脾、肠及肺等器官出现灰白色或黄白色的针尖至几厘米大小的肿瘤状结节。将结节切开，可见结节外面包裹一层纤维组织性包膜，里面充满黄白色干酪样物质，通常不发生钙化。结节多少不一，均匀散在或葡萄串样聚集。结节还可见于腹壁、腹膜、骨骼、卵巢等处。常可见肝脾肿大，易碎。

（四）实验室诊断

1．病料采集及处理

可采集结核病灶、呼吸道分泌物、脓汁、乳汁、精液、尿和粪便等样品，用于镜检或病菌分离培养。为去除病料样品中的杂质异物和浓缩结核杆菌，检验前可对样品做消化集菌处理（方法略）。

2．镜检

取上述经集菌处理病料涂片作抗酸性染色。镜检呈红色直或弯曲的细长杆菌为结核杆菌，其他细菌为蓝色。涂片还可用金铵染色，经荧光显微镜观察，见有黄色或银白色明亮的细长杆菌，即为抗酸菌。新鲜结核灶中菌体形态一致，不易呈分枝状态，常散在或成双、成丛。陈旧培养物或干酪化病灶中的菌体易见分枝现象。人型结核分枝杆菌是直或微弯的细长杆菌，多为棒状，间有分枝状，单在或平行排列；牛型结核分枝杆菌比人型菌短粗，且着色不均；禽型结核菌短而小，为多型性。

3. 分离培养

劳文斯坦－钱森二氏培养基是初次分离时常用培养基。经培养禽型结核杆菌生长较快，2～3 周可生长好，菌落光滑、湿润、丰盛、灰黄色；人型结核菌较慢，需 2～4 周生长好，菌落干而粗糙、砂粒状或疣状；牛型结核菌更慢，需培养 3～6 周，菌落较人型小。

结核杆菌培养方法很多，常用方法还有 5% 甘油肉汤培养，5% 甘油琼脂培养，5% 甘油马铃薯培养。

4. 生化特性试验

表 9－1 所列四种生化特性试验常用来进行致病性和非致病性抗酸性分枝杆菌的区分和致病性结核杆菌的分型。

表 9－1　致病性结核分枝杆菌的生化鉴别特性

	中性红试验	触酶活性（68℃）	烟酸反应	硝酸盐反应
人型分枝杆菌	+	－	+	+
牛型分枝杆菌	+	－	－	－
禽型分枝杆菌	+	+	－	－

5. 动物接种试验

将经集菌处理的病料悬液皮下注射豚鼠，每只 1.5ml，每份病料最好接种 2～3 只。如果病料中含有结核杆菌，豚鼠在接种后 2 周对结核杆菌产生变态反应阳性。接种后 3～4 周，用 1∶20 的三种结核菌素各 0.1ml 分别皮内注射豚鼠。若豚鼠感染牛分枝杆菌或结核分枝杆菌，注射这两种结核菌素的部位出现明显红肿反应，经 72h 不消退，而注射禽结核菌素的部位产生轻微反应，持续 24～48h 就消失。若豚鼠感染禽分枝杆菌，则对禽结核菌素反应强烈，而对其他两种结核菌素反应轻微或不反应。通过致病力检测可以对人结核分枝杆菌和牛分枝杆菌加以区别。

6. 结核菌素试验

结核菌素试验可以直接用于患结核病或可疑患病的野生动物，具有重要的诊断价值。试验可采用皮内注射或点眼方法。根据野生动物种类的不同，选用结核菌素类型、接种部位、注射剂量及观察反应的时间。

四、布氏杆菌病（Brucellosis）

布氏杆菌病是由布氏杆菌引起的人兽共患的一种慢性传染病。本病的特征是生殖器官和胎膜发炎，引起流产不育和多种组织的局部病灶。

（一）病原

布氏杆菌 *Brucellas* 为革兰氏阴性小杆菌，呈球状或短杆状，常散在，无鞭毛，不形成芽孢和荚膜。用科滋洛夫斯基染色法染色时，布氏杆菌染成红色，其他细菌染成蓝色（或绿色）。

布氏杆菌分为六个种 19 个生物型，即马尔他布氏杆菌 *B. melitensis*、流产布氏杆菌 *B. abortus*、猪布氏杆菌 *B. sui*、绵羊布氏杆菌 *B. ovis*、布氏杆菌 *B. canis* 和沙林鼠布氏杆

菌 *B. neotomae*。习惯上把马尔他布氏杆菌称为羊布氏杆菌，把流产布氏杆菌称为牛布氏杆菌。

布氏杆菌是需氧菌或微需氧菌，最适温度是37℃，最适 pH 为6.6～7.0。在血清肝汤琼脂上形成湿润、无色、圆形隆起、边缘整齐的小菌落，在土豆培养基上生长良好，长出黄色菌苔。

本菌对热抵抗力较弱，对常用消毒药敏感。但对寒冷抗力较强。在土壤和粪便中可存活数周至数月，水中可存活5～150天。

（二）流行病学

本病能侵害多种野生动物，家畜和人。易感的野生动物有野牛、麋、驼鹿、驯鹿、白尾鹿、黑尾鹿、臆羚、岩羊、羚羊、黄羊、野猪、野犬、狐、獾、狼、鬣狗、豺、灰熊、豪猪、山猫、骆驼、野兔及啮齿动物。在野生动物布氏杆菌病中，菌型与易感动物之间无明显的专一性。幼小动物对本病有一定抵抗力，随年龄增长这种抵抗力逐渐减弱，性成熟的动物最易感。

家畜中羊、牛和猪易感性最高，它们对同型布氏杆菌最敏感。人感染羊布氏杆菌病情较重，猪型次之，牛型最轻。试验动物中以豚鼠和小白鼠最易感。禽类一般不患布氏杆菌病，但可实验感染。

布氏杆菌病的传染源是病兽和带菌野生动物。最危险的是受感染的妊娠母兽，它们在流产或分娩时将大量布氏杆菌随胎儿、胎水和胎衣排出。流产后的阴道分泌物及乳汁中都含有布氏杆菌。布氏杆菌感染的睾丸炎精囊中也有该菌存在，有时随粪尿也可排菌。

布氏杆菌病的主要传播途径是消化道，即由于摄取病原菌污染的饲料和饮水而感染，其次是通过皮肤、黏膜和交配感染，吸血昆虫（如蜱）可通过叮咬而传播本病。

本病的流行特点是动物一旦被感染，首先表现为患病妊娠母兽流产，多数产仔动物只流产一次。流产高潮过后，流产可逐渐完全停止，虽表面看恢复了健康，但多数为长期带菌者。除流产外，还有子宫炎、关节炎、睾丸炎等。本病常发地区临床上多表现为慢性、不显性经过，而一旦侵入清净地区一般呈急性经过。本病无明显季节性，但以产仔季节较为多见。

人的传染源主要是患病动物。一般不由人传染人。在中国，人布鲁氏菌病最多的地区是羊布鲁氏菌病严重流行的地区，从人体分离的布鲁氏菌大多数是羊布鲁氏菌。一般，牧区人的感染率要高于农区。患者有明显的职业特征，凡与病畜、污染的畜产品接触频繁的人员，如毛皮加工人员、饲养员、兽医、实验室工作人员等，其感染发病率明显高于从事其他职业的人。

（三）临床诊断

1．临床症状

动物种类不同，感染布鲁氏菌病后临床表现不尽相同。

（1）犬。由羊种、牛种、猪种布鲁氏菌引起的犬布鲁氏菌病，大多数为隐性感染，少数表现发热，有的可发生流产、睾丸炎和附睾炎。由犬布鲁氏菌引起的布病，多于妊娠40～50天发生流产，流产后阴道长期排出分泌物，淋巴结肿大，脾炎和长期的菌血症。公犬可能正常，也可能有附睾炎、前列腺炎、睾丸萎缩以及腰椎椎间盘炎和复发性眼葡萄膜炎，淋巴结病变和菌血症，也可能导致两性不育。

（2）骆驼。一般不出现临床症状，有时可见到散发性流产。

（3）鹿。鹿的布鲁氏菌病有两种类型，一种由猪布鲁氏菌第 4 生物型所引起（最适寄生型），只发生于苏联北部和加拿大北部的驯鹿；另一种由羊种、牛种布鲁氏菌所引起（转移型）。此外猪种布鲁氏菌第 1 生物型也可引起梅花鹿和马鹿布病。

鹿患布病多呈慢性经过，感染初期多无明显症状，中后期可见食欲减退、消瘦、皮下淋巴结肿大。在妊娠初期感染本病的母鹿，多在怀孕 6～8 个月时流产，流产前后从阴道流出脓性恶臭的褐色或乳白色分泌物，流产后常有乳房炎、胎衣不下、子宫炎、久配不孕。公鹿发生睾丸炎和附睾炎。部分成年鹿染病时出现关节炎、黏液囊炎等症状。

（4）狐。银黑狐、北极狐主要表现为母狐流产、死胎和产后不育。病期食欲下降，有的出现化脓性结膜炎（7～10 天自愈）。

（5）水貂。在静止期无明显的临床症状，仅表现空怀率增高、流产、新生仔貂易死亡。

（6）野牛。发生流产，子宫炎，有大量阴道分泌物，其后妊娠降低或不易妊娠是常见现象。野公牛阴囊肿大和睾丸炎，有时性欲过强是主要症状。

（7）野兔。常表现表面健康，部分妊娠母兔常发生流产、阴门与阴道肿胀，表面有小脓疱。公兔睾丸肿大，阴茎粗大、暗红。个别病重的野兔表现为体质衰弱。

（8）野猪。除流产等一般性症状外，还常见颈部和鼠蹊部淋巴结肿大。

（9）鸡、鸭、禽类中布鲁氏菌感染者，症状通常表现腹泻和虚脱，有时可见产卵量下降或有麻痹症状。

2. 病理变化

除流产母兽发生子宫内膜炎外，一般不见特征性变化。子宫内膜炎时，可见子宫深层黏膜上出现多发性黄白色高粱米粒大小向黏膜面隆起的结节性病变。胎衣发生化脓－坏死性炎，可见水肿、增厚、出血，其表面覆有黄灰色纤维蛋白絮片和脓液。流产胎儿可见到细胞浸润性肺炎，心包、皮下、脐带水肿。胸腔、腹腔有浆液性出血性渗出液。公兽可能有化脓性睾丸炎和附睾炎，睾丸和附睾出现炎性坏死和脓肿。在慢性经过时，由于结缔组织增生，睾丸和附睾严重肿大。母兽乳房有时出现硬结，切面为黄色颗粒状肉芽肿结节。

淋巴结、脾和肝有时出现程度不同的肿胀，可见到肉芽肿结节，中心部分聚集有圆形细胞菌，周围有淋巴细胞包围。

毛皮动物（狐、水貂）脾脏和淋巴结常明显肿大。肝、肾常充血、出血。组织学检查各器官组织发生淋巴样细胞及多核巨细胞增生聚集。脾、淋巴结的网状内皮细胞增生。

野兔的脾、肝、肺、子宫壁及皮下组织可见散在的慢性肉芽肿结节，中心部坏死，外有组织细胞和纤维素包围。卵巢脓肿。

麋鹿可见到淋巴结肿大，肝、肾、脾有局灶性坏死。

（四）实验室诊断

1. 细菌学检查

取流产胎儿、胎衣、阴道分泌物、羊水、乳汁、血液或病变的肝、脾、淋巴结等组织，制成涂片，用沙黄—美蓝鉴别染色液染色，镜检，发现红色球杆状小杆菌时，可以确诊。同时进行分离培养，取新鲜病料接种选择培养基（加入 1/200 000～1/700 000 的结晶紫)，培养 8 ~ 15 天后可见生长，然后可挑选菌落作进一步鉴定。如含病原菌较少的材料可以先接种豚鼠，再从豚鼠体内分离细菌。

2．动物接种

取新鲜病料悬液，腹腔接种 0.3 ~ 0.8ml 无特异性抗体的豚鼠，接种后 14 ~ 21 天采心血作凝集试验，接种后 20 ~ 30 天剖杀，取肝、脾和淋巴结作分离培养等鉴定。

3．血清学试验

可以应用的方法很多，但进出口诊断常用的血清学诊断方法是平板凝集试验、试管凝集试验和补体结合反应。

五、鼠疫（Plagus）

鼠疫是由鼠疫耶森氏菌引起的鼠类传染病。这种病是由蚤类传播，主要感染鼠类，人亦感染。

1894 年，中国香港流行鼠疫时，日本学者北里和法国学者耶森（Yersin）几乎同时分别从患者尸体和死鼠中分离出病原菌。Ogata（1897）推测蚤可能是鼠疫传播链中的一员。1905—1906 年，英国鼠疫研究委员会在印度做的工作报告指出了鼠和蚤类在鼠疫流行中所起的作用。已发现有 230 多种啮齿动物可自然感染鼠疫。目前，世界上鼠疫不仅在动物中流行，还在人间有传播。鼠疫自然疫源地尚未全部清除。

鼠疫是人类的一种烈性传染病，死亡率很高。历史上发生过三次鼠疫大流行，给人类造成重大灾难。

（一）病原

鼠疫耶森氏菌 *Yersinia pestis*，属于耶森氏菌属，也称其为鼠疫杆菌。

（二）流行病学

鼠疫主要在鼠类中流行，易感的野生动物有黄鼠、林鼠、土拨鼠、旱獭、田鼠、白足小鼠、花粟鼠等。另外，猴、骆驼、猫、狗、兔、猪、羊等也具有不同程度感受性。

鼠疫主要是通过蚤类在鼠中传播。病原菌、蚤、鼠三者构成一个小的生态环境，使得鼠疫在鼠类中流行和持续存在。有人把这个小环境存在的地方称做自然疫源地。在这个复杂的环境中三者互相影响，互相作用，保持动态平衡。三者中的微小变化，如病原菌毒力的改变，鼠的密度和易感性的变化，蚤的蔓延程度等都能动摇这种平衡使疫病流行。

在整个冬季，冬眠鼠的隐性感染对鼠疫持续存在起重要作用。如鼠在冬眠前或冬眠过程中受到感染，疾病过程可暂不发生，直到冬眠后数月才出现临床症状和发生死亡。鼠的性别、年龄、营养性状等因素对鼠疫的流行也有影响。同一种鼠的敏感性也有差别。以前接触过鼠疫的鼠常有较强的抵抗力。

蚤在鼠疫传播上起重要作用。蚤在患鼠身上吸血时食入鼠疫耶森氏菌，病菌进入蚤的前胃憩室进行繁殖，由于细菌大量繁殖阻塞消化道，吸入的血不能通过前胃憩室，造成蚤饥饿。饥饿的蚤急欲寻食，在食入动物血液时，由于蚤的食管弹性收缩把细菌阻塞物涌入新的鼠体内。

研究证明，仅少数野鼠蚤是鼠疫传播的生物媒介。多数蚤需经两个月或更长时间才能传播病原菌。某些蚤不发生细菌阻塞现象，发生这种现象的蚤也不全能传播病原菌。

感染病原菌的蚤能存活很长时间，有的超过一年。特别是在深冷的鼠洞内，有利蚤的存活。蚤不仅是鼠疫传播的生物媒介，也是鼠疫持续存在的基本生物因素之一。

除了蚤之外，其他节肢动物感受性很低。有的昆虫对鼠疫耶森氏菌有感受性，或对实验感染很敏感，但一般认为它们没有生物媒介作用。

（三）临床症状

实验感染土拨鼠潜伏期为5～7天，豚鼠为4～6天，小白鼠为3～7天。临床症状一般为患病动物倦怠、侧卧，或缩成一团，或在地面上徘徊，移动缓慢。动物消瘦，被毛无光泽，对外界反应迟钝，被毛内有较多跳蚤。

试验证明，啮齿类动物感染鼠疫后表现出不同的临床症状，分为腺鼠疫、肺鼠疫和鼠疫败血症。经口感染时常发生腺鼠疫，下腭和颈淋巴结异常肿大。淋巴结与周围皮下组织粘连，无活动性，形成淋巴结周围组织炎，皮肤红肿，腺鼠疫可继发为肺鼠疫。肺鼠疫除具有鼠疫的一般临床症状外，呼吸道症状明显，呼吸加快，但在土拨鼠没有见到咳嗽现象。鼠疫败血症常由毒力强的鼠疫菌引起。鼠疫菌侵入动物体后大量繁殖，迅速进入血液，发病急，病程短，血液中易分离到鼠疫菌。

（四）病理变化

剖检变化可分为三种类型：

1．急性鼠疫

病程呈急性败血症经过，血管严重充血，皮下组织水肿，内脏器官出血，脾肿大，部分淋巴结肿大。内脏器官常无明显组织学变化。

2．亚急性鼠疫

动物在6天或更长时间内死亡，淋巴结干酪样变，在脾、肝和肺上有针尖大小的结节样坏死灶。

3．慢性鼠疫

动物在2～3个月内死亡（如土松鼠），体内某些淋巴结（如下颌、颈淋巴结）肿大，并含有黄色脓性灶。

野生啮齿动物中多呈急性出血性败血症病变。而在土松鼠有时常呈亚急性或慢性病变。

（五）诊断

依据病理变化、病原检查和血清学反应对鼠疫进行诊断。

病原检查包括涂片镜检、细菌分离、生化试验、噬菌体裂解试验和动物试验。用疑为鼠疫的检验材料涂片，做革兰氏染色或用美蓝染色并进行镜检。检验材料可接种血液平板或亚硫酸钠琼脂平板进行分离。污染严重的检验材料可接种于龙胆紫血液平板或龙胆紫亚硫酸钠琼脂平板。于25～30℃下培养24～48h，选取可疑菌落涂片镜检，经纯培养后做生化试验、动物试验、噬菌体裂解试验。

检验材料或培养菌皮下注射给小白鼠或豚鼠、动物于1～5天死亡，剖检可发现注射部位有局灶性坏死，附近淋巴结水肿或出血性炎症，肝与脾肿大、表面有灰黄色粟粒状坏死点，镜检见到大量鼠疫菌。

诊断鼠疫的血清学反应很多，目前较常用的是反向间接血球凝集反应，间接凝集抑制更敏感，近些年来有些人用放射免疫试验和酶联免疫吸附试验等方法诊断鼠疫。

在田间收集到的腐烂或干涸的动物尸体，可用热沉淀反应和荧光抗体技术进一步检验。最好用骨髓作为检验材料。

（六）防治

消灭传染源、切断传播途径是鼠疫防治工作的主要措施。首先要加强医学监测，应用细菌学和血清学方法对鼠疫疫源和可疑地区进行监测和疫源调查，掌握疫情动态，了解宿主、媒介动物的组成、数量、分布与环境条件等，提出针对性预防措施。

要开展灭鼠、灭蚤工作。在疫源地或鼠疫流行时，要进行灭鼠工作。在鼠经常活动的地方，挖掘坚实的壕沟可防止鼠疫扩散。控制蚤类也是控制鼠疫的重要手段，如仅控制鼠，情况可能变得更坏。大量饥饿的蚤会自动改变它的正常宿主，转向人或者选择新的宿主，所以应同时开展灭鼠与灭蚤工作。

六、肉毒梭菌中毒症（Botulism）

肉毒梭菌中毒症是由于食入肉毒梭菌毒素而引起的一种中毒性疾病。特征是运动神经麻痹。

（一）病原

肉毒梭菌 *Clostridium botulinum* 为两端钝圆的大杆菌，多单在，革兰氏阳性菌（有时可呈阴性），有鞭毛，有荚膜，能形成偏端的椭圆形芽孢。芽孢的抵抗力很强，干热180℃5～15min，湿热100℃5h才能被杀死。在土壤中可存活多年。该菌在适宜的条件下生长繁殖能产生外毒素，毒素的毒力极强。该毒素能耐一定的高温，一般需80℃30min才能破坏，胃酸及消化酶不能使其破坏。

根据毒素的抗原性不同，可将本菌分为A、B、C（含C_α、C_β型）、D、E、F、G等7型，各型毒素是由同型细菌产生的。A型毒素毒性最强，人最为敏感，也能使猴、禽类、水貂、雪貂、麝鼠、马以及鱼类中毒；B型主要引起人、牛、马属动物的中毒；C_α型主要侵害禽类，C_β型侵害禽类、哺乳动物、人；D型主要侵害反刍动物。E型则可使人、猴、禽类中毒。

（二）流行病学

肉毒梭菌广泛分布于自然界，存在于土壤、湖、塘等水体及其底部泥床中、动物尸体、饲料等。自然发病主要是由于食入含有毒素的腐败动植物尸体残骸，毒素污染的饲料、饮水，经胃肠吸收，引起中毒。

在野生动物中，多种禽类都可发生本病，水禽、涉禽和鸥类对C型毒素最为敏感；鸬鹚对C型毒素不敏感，而对E型毒素敏感；鸥类不但对C型而且对E型毒素也敏感。毛皮动物中以水貂最为敏感，野生哺乳动物一般较为少见，有报道，圈养的非洲狮由于饲喂家鸡而发生C型肉毒素中毒。各种家养畜禽都有易感性，其中鸭、鸡、牛（包括牦牛）、马较多见，实验动物中家兔、豚鼠及小白鼠都很易感。

（三）临床诊断

1．临床症状

食入含毒素食物后几小时或数天发病，临床症状出现的时间和严重程度与食入毒素的类型、数量和动物的易感性有密切关系。

禽类病初毒素侵害外周神经系统，而引起运动肌肉麻痹，出现双腿无力，双翼下垂，飞行困难或完全丧失飞行能力，仅能用双翅划水移动。随病情发展，除腿与翼呈现麻痹外，还可出现内眼睑、瞬膜麻痹和颈部肌肉麻痹，呼吸困难，嗜睡和昏迷，严重者很快死亡。病情轻者，经过轻度的运动失调后也可能逐渐恢复。

水貂临床症状表现为肌肉进行性麻痹。首先是后肢，继而向前躯发展，出现麻痹、瘫痪。当咽部肌肉麻痹时，出现采食和吞咽困难，流涎。颈部肌肉麻痹，出现头下垂。后期卧地不起，大小便失禁，呼吸困难，多数动物于短期内死亡。

其他动物在摄入大量毒素时可呈最急性经过，常在数小时内死亡。一般情况可在2～4天内出现症状，最明显的表现为运动神经麻痹，起初出现于头部，迅速向后躯和四肢发展。可见咀嚼和吞咽异常，后来不能咀嚼和吞咽，流涎，下颌麻痹，舌垂于口外，上眼睑下垂。出现四肢麻痹时，可见共济失调，卧地不起。肠道蠕动迟缓，呼吸困难，脉搏加速，最后导致死亡。

2．病理变化

尸体剖检一般无特殊变化，咽部黏膜、胃肠黏膜、心内外膜可能有出血斑点，肺有时充血、水肿。

（四）实验室诊断

临床上出现典型的麻痹症状，动物发病急，发病动物为食入同一可疑饲料者，而剖检又无明显的病理变化，即可怀疑为肉毒素中毒。确诊需采集可疑饲料或胃内容物做毒性试验。

1．样品处理

液体样品可直接离心取上清液待检；固体、半固体样品加入适量生理盐水研磨，浸泡1h，然后离心，取上清液待检。在检查E型毒素时，可用胰酶处理（37℃1h）以激活毒素。

2．毒素试验

取上述上清液和经胰酶处理液，各腹腔注射2只小白鼠，每只0.5ml，观察4天。小白鼠中毒后一般多在24h内发病，表现为竖毛，四肢麻痹，全身瘫痪，呼吸困难及麻痹，失声（用镊子夹尾巴不能叫）等症状。

上述样品如使小白鼠发病或死亡，还需进行毒素检查试验。即将样品再分为三份，一份加多型肉毒梭菌抗血清处理30min，一份加热煮沸10min，一份不作处理，分别注射给三组小白鼠。如前两组存活，后一组出现特征性症状，则可判定为待检样品中确有毒素存在。被检材料直接涂片、染色、镜检一般无意义，故肉毒梭菌的诊断，主要依赖于毒素中和试验。此菌是严格厌氧菌，特别是C型菌。细菌分离时，在厌氧肉汤中加入新鲜肝块生长良好，产生强烈的臭味。有肝汤琼脂平板上的菌落不规则圆形、半透明，表面颗粒状，边缘不整齐、界限不明显、呈绒毛网状向外扩散，常扩展成菌苔，特别是琼脂表面潮润时呈膜状生长，可将整个琼脂面覆盖。在血琼脂上呈β溶血。镜检菌体形态特征如前所述。

七、大肠杆菌病（Colibacillosis）

大肠杆菌病是由致病性大肠杆菌的某些血清型所引起的一类人兽共患传染病。主要侵害幼龄动物，临床以腹泻、败血症为主要症状，还可引起各器官局部感染或中毒。

（一）病原

大肠埃希氏菌 *Escherichia coli*，俗称大肠杆菌，是中等大小的杆菌，有鞭毛，无芽孢，革兰氏阴性。易在普通琼脂上生长，形成凸起、光滑、湿润的乳白色菌落。在麦康凯和远藤氏琼脂上形成红色菌落，在SS琼脂上多数不生长，少数形成深红色菌落。对碳水化合物发酵能力强。靛基质（吲哚）、M. R.、V-P枸橼酸利用试验，即I、M、Vi、C试验结果为+、+、-、-。对外界不利因素抵抗力不强，常用消毒药易将其杀死。

根据其有无致病性将大肠杆菌分为病原菌、共生菌（非致病性）和条件性致病菌三大类。它们在形态、染色性状、培养特性及生化反应等方面都有差别，只是抗原构造不同。大肠杆菌抗原现已知有几千个，由菌体抗原（O）160多种、鞭毛抗原（H）64种、微荚膜抗原（K）103种相互组合而成。不同血清型的大肠杆菌常对不同的动物有致病性，但也有些血清型对多种物有致病性。对家畜和人无致病性的某些血清型对野生动物和毛皮动物有病性。目前对人和家畜的致病性大肠杆菌血清型基本清楚。对野生动物的病性大肠杆菌血清型大多数还不清楚。已知水貂、银黑狐及北极狐大肠杆菌病病原体血清型有：O_{26}、O_{20}、O_{55}、O_{3}、O_{111}、O_{119}、O_{124}、O_{125}、O_{127}和O_{128}。海狸鼠大肠杆菌病病原体血清型有：O_{86}、O_{26}、O_{55}和O_{111}。

引起鸟类发病的大肠杆菌有多种血清型，不同血清型对鸟类的致病性不同。不同地域、不同鸟类之间有其相对流行的血清型。据资料统计，引发本病最常见的大肠杆菌血清型是O_1:K_1，O_2:K_1和O_{78}:K_{80}等。

（二）流行病学

各种动物都可感染大肠杆菌而发病，其中特别是仔兽更十分易感。在海狸鼠、北极狐和银黑狐，半月龄以内的仔兽最易感，且死亡率较高，可达38%~60%。水貂和紫貂哺乳期有一定的抵抗力，但在断乳后最易感。狮、虎、豹等食肉猫科动物，犀牛、大象、大熊猫、鹿等仔兽，及鸡、火鸡、珍珠鸡、鸭、野鸭、鹅、天鹅、雁、雉、鸽、鹌鹑、金丝雀、鹤等禽鸟类的幼雏均易感。成年紫貂较易感，其他成年动物除非直接食入毒力较强或数量较大的病原性大肠杆菌而感染发病外，一般情况易感性不强。

患病、带菌动物是本病的主要传染源。致病性大肠杆菌污染的饲料、饮水及用具等是动物感染本病的媒介。感染途径主要经消化道。此外，当某些饲养管理等不良条件使动物机体抵抗力下降时，可能促使条件致病性大肠杆菌异常繁殖，毒力增强而发病。

（三）临床诊断

1. 临床症状

哺乳动物多呈急性或亚急性经过。有的病例呈急性败血症和慢性经过。

急性和亚急性病例在各种哺乳动物主要的临床表现是急性肠炎。

貂、狐、貉等毛皮动物病初食欲减退，继而完全废绝，精神萎靡，体温升至40℃以上，鼻镜干燥，呼吸急促，排混有未消化凝乳块的粥状粪便，之后转为下痢，粪便中混有血液、黏液和泡沫，继而变为水样腹泻，或呈煤焦油样血便。有的伴发呕吐或关节水肿。濒死期体温下降，一般2~3天死亡。神经系统受损时（脑炎型）表现兴奋或沉郁，额部被毛蓬松，头盖骨异常突出，增大，有的痉挛、抽搐，或四肢呈游泳状乱蹬。后期精神迟钝，角膜反射性降低，四肢不全麻痹，最后昏迷死亡。母兽妊娠期发病时精神沉郁或不安，食欲减退，发生流产和产死胎，或发生乳房炎。

猫科动物（如东北虎、华南虎、金钱豹和雪豹）患本病，开始排出红褐色稀粪，混有小碎肉块。后期粪便稀薄如水样血便、恶臭。同样伴有高热、呕吐、精神沉郁等全身症状。有的仔兽主要表现脐部化脓感染，并有脓性分泌物从鼻腔排出。

荒漠猫患本病，主要表现为呕吐、气喘，但多不出现腹泻症状。

大熊猫患本病，表现体温升高达40℃以上，精神沉郁，食欲减退，鼻镜干燥。发生呕吐，内容物酸臭或呈黄绿色液体。水样腹泻频繁，一日数次，粪腥臭，深黑色，混有黏液。有的尿频，为红色如洗肉水样。腹痛，身体常蜷缩呈球形，卧而不动，腹部有间歇性抽动。粪尿常规检查，潜血阳性。

鹿患本病表现为精神沉郁，离群呆立或卧地，腹痛，病初食欲减退，饮水增多，排水样稀便和脓血便，里急后重；后期食欲废绝，出现脱水症状，体温升高达40℃以上，呼吸心跳加快，或喘息。仔鹿发病有的还出现神经症状，表现惊恐，眼球突出，无目的地狂跑，有的头颈歪斜，原地转圈运动；有的站立前肢交叉，行走共济失调。角膜混浊，可视黏膜发绀，最后衰竭死亡。

象患本病，主要见于吃初乳的新生仔象或幼龄象。临床表现，病初体温有时升高，精神沉郁，食欲下降或绝食，数小时后发生腹泻，排出粥样或夹带有血液肠黏膜的水样稀便，腹痛，严重者很快发生脱水甚至死亡。

犀牛患本病，多见于人工饲养的幼龄犀牛。主要表现为腹泻，次数频繁，粪便稀薄带有黏液和血液，腥臭，体温升高，食欲下降，饮欲增加，精神萎靡，不愿活动，逐渐消瘦，心跳呼吸加快，后期出现脱水及中毒症状。

海狸鼠患本病，主要表现为下痢、精神萎靡、被毛松乱、食欲减退乃至废绝、逐渐消瘦。此外，还表现为关节肿胀，行走困难，后期出现呼吸困难等特殊症状。

禽鸟患大肠杆菌病以败血症、肉芽肿、输卵管炎、卵黄性腹膜炎等病型为特征。

大肠杆菌败血症多发生于幼龄雏鸟。最急性病例常无任何症状而突然死亡。一般病鸟精神沉郁、羽松翅垂，冠暗红，眼结膜发炎。食欲不振或废绝。下痢，排黄白色或黄绿色稀粪。呼吸困难，可听到呼吸啰音。

大肠杆菌性输卵管炎多发生于产卵期。病鸟常呈慢性经过。主要症状为产卵困难或丧失产卵能力。卵黄性腹膜炎主要发生于产卵期雌鸟。主要表现为精神沉郁、食欲减少或废绝。腹泻，排泄物中含有黏性蛋白或蛋黄碎块及凝块，肛周围污染有蛋白或蛋黄状物。

大肠杆菌性肉芽肿型病鸟生前除表现为精神沉郁、食欲减少、消瘦外，一般无特殊症状。

丹顶鹤大肠杆菌病多呈急性经过，精神高度沉郁，步态不稳，食欲废绝。羽蓬松两翅稍下垂，屈颈不扬头，单腿直立，呆立在僻静处。渴欲增加，大量饮水，粪便呈黄色、褐色、红色。发病后多在次日死亡。

2. 病理变化

哺乳动物：主要表现为不同程度的肠炎及内脏器官的出血、变性。

急性、亚急性病例，胃肠黏膜呈不同程度的充血、水肿、出血，卡他性—出血性肠炎的变化。肠内容物稀薄。肠系膜淋巴结肿胀，有时出血。慢性病例，胃肠黏膜有时脱落，出现小溃疡，肠系膜淋巴结肿胀明显，并有出血。

急性、亚急性病例还可见心冠脂肪、肾、膀胱黏膜有散在的出血点。肺充血、水肿。脾轻度肿大。慢性病例，心、肝、肾常有变性。

水貂：脾常肿大，可达正常的2~3倍。肠内容物呈黄绿色或灰白色、灰黄色。

毛皮兽（狐、水貂）幼兽神经受侵害时，头盖骨变形，脑水肿，脑及脑膜有灰白色病灶。

鹿：各胃及盲肠常有溃疡，如黄豆至蚕豆大。

猫科动物：胃肠内容物呈红褐色，水样。

海狸鼠：发生关节水肿。胸腔有血样渗出物。

鸟类：鸟类由于大肠杆菌感染引起的临床症状复杂，因而病理解剖变化也同样复杂。

败血症型（肠炎型）：除见一般败血症病变外，主要见消化道呈出血性炎症变化。肠黏膜出血，脱落，肠壁增厚。肠内容物呈黑褐色、黑红色。肌胃、腺胃交界处出血，腺胃附灰白色黏稠伪膜。肝、脾散在灰白色、黄白色粟粒大到高粱米粒大坏死灶。

输卵管炎型：常见输卵管膨大，内有由坏死组织及异嗜性白细胞和细菌构成的条索状物。

肉芽肿型：常见肺、肝、肠和肠系膜上出现大小不等（小如粟粒、黄豆粒，大如鸡蛋）、质地较软，淡黄色的肿瘤样物。切面为粉红色或灰白色，呈豆腐渣样。

卵黄性腹膜炎型剖检的特征性病变是卵黄性腹膜炎。卵巢表面卵泡变形变色，内容物变性；输卵管内有畸形变质的卵子；腹腔内可见破裂卵子散落的卵黄状物及纤维素性渗出物。有些有腹水形成，腹水混浊。

丹顶鹤曾发生败血型。孔雀、蓝马鸡、锦鸡曾发生肉芽肿型。

（四）实验室诊断

常用的方法是病原菌的分离鉴定和致病性实验。

（1）为保证确诊结果的正确性，应选择（最好是未经抗生素治疗的）典型病例在其濒死期进行捕杀，或刚死亡的动物尸体，取小肠段内容物、肝、脾及心血等做病料，经涂片、镜检可疑后，接种于选择培养基上，如伊红美蓝培养基（菌落呈紫黑色有金属光泽）、麦康凯培养基（菌落呈红色）和中国蓝培养基（菌落呈蓝色）。挑取可疑菌落作纯培养和生化试验进行鉴定。

（2）用因子血清作凝集试验，确定血清型。

（3）用动物试验检查分离菌的形态、培养性状及致病力。试验动物最好为患病动物相同种类的动物，因有些对家畜、家禽没有致病性的大肠杆菌可能是某些种类野生动物的特殊致病菌。

（4）可试用家畜的ETEC菌株毒力因子的鉴定试验，以证实其有黏着素和肠毒素两类毒力因子。

八、沙门氏杆菌病（Salmonellosis）

沙门氏杆菌病又称副伤寒，是由沙门氏杆菌引起的各种野生动物、家畜、家禽和人的多种疾病的总称。该病对幼龄动物及禽类危害较大，常引起急性败血症、胃肠炎及其他局部炎症。成年动物及禽类往往呈散发或局灶性感染。在人主要引起食物中毒，表现为急性胃肠炎症状。

除禽白痢和禽伤寒外，由各种沙门氏杆菌引起的原发性疾病统称为副伤寒。

（一）病原

沙门氏杆菌 *Salmonella* 为两端钝圆、中等大小的直杆菌，革兰氏染色阴性，不产生芽孢，亦无荚膜。除鸡血痢和鸡伤寒沙门氏菌外，都有周生鞭毛，具运动性。在葡萄糖、麦芽糖、甘露醇和山梨醇中，除伤寒沙门氏菌和鸡白痢沙门氏菌不产气外，均能产气。不分解乳糖，不凝固牛乳，不产生靛基质，不液化明胶。在普通培养基上生长良好，需氧及兼性厌氧，培养适温37℃。

沙门氏杆菌对干燥、腐败、日光等环境因素的耐受能力中等，在外界条件下可以生存数周或数月。对化学消毒剂的抵抗力不强，一般常用消毒剂和消毒方法均可达到消毒目的。

小白鼠对沙门氏杆菌最易感，可使其发生败血症而死亡。豚鼠和家兔也可被感染，主要在接种部位发生局部性病变，如水肿、脓肿、溃疡等，也可使其死亡。

本菌有2 500多种血清型，可分为49个O血清群，对人和动物致病的血清型主要分属于A～F血清群。可引起野生和家养动物及人的多种多样的临诊表现的沙门氏杆菌病。

（二）流行病学

人、家畜、家禽以及多种野生动物（包括哺乳类、鸟类、两栖类和爬行类）对沙门氏杆菌属许多血清型的沙门氏杆菌都具有易感性。不分年龄大小均可感染，而以幼龄动物更为易感。

患病动物和带菌动物是本病的主要传染源。病菌由粪便、尿、乳汁及流产的胎儿、胎衣和羊水排出，污染饲料和饮水，经消化道可使健康动物感染。交配过程中，因使用患病动物及患病公兽的精液，可使健康动物感染。鸟类沙门氏杆菌的传播，除可通过消化道、呼吸道、眼结膜和交配感染外，主要是通过带菌卵而传播。健康动物的带菌现象非常普遍，当受外界不良因素影响时，使动物抵抗力下降，病菌可变为活动化而发生内源性传染。病菌连续通过易感动物，毒力变强，并扩大传染。

本病一年四季均可发生。各种外界因素的改变，动物自身患有其他疾病都可使机体的抵抗力下降，而促进本病的发生和发展，并常可导致本病的暴发，在短时间内出现高的发病率和死亡率。

（三）临床诊断

1. 临床症状

(1) 哺乳动物沙门氏杆菌病

根据动物的种类、年龄、机体的抵抗力、病原的毒力和数量等不同可出现多种类型的临床症状，大体上可以分为急性、亚急性和慢性三类：

急性型：多见于仔兽，有的病例未出现任何明显的临床症状于24h内突然死亡。病程稍缓的病例其潜伏期一般在3～5天。病兽食欲减退并很快废绝，体温升高达41～42℃，可持续至整个病程。病兽四肢无力，不愿运动，喜躺卧，偶尔走动时弓背、脚步移动缓慢、两眼流泪。较明显的临床症状为严重的下痢，有时呕吐，呕吐物含较多的黏液。病程稍长者可出现眼窝塌陷，眼流泪。病初兴奋，很快转为沉郁，最后体温下降，可达正常体温以下，痉挛抽搐，全身衰竭，在昏迷状态下死亡。病程一般不超过2～3天。急性病例多以死亡告终，偶有幸存者可转为慢性。

亚急性型：潜伏期一般1~2周，病兽体温升高达40~41℃，呼吸浅表频数，精神沉郁，食欲减少至废绝。有的病例出现化脓性结膜炎、眼结膜潮红，流眼泪并有脓性分泌物。最主要的症状为胃肠机能高度紊乱、下痢，便出含有大量卡他性黏液的液状或水样稀便，个别病例的稀便中含有血液。有的病例出现呕吐。下痢和呕吐严重者很快脱水，眼睛下陷无神，被毛粗糙，蓬乱无光泽，并污染有粪便，尤以后肢和肛门周围为重。病兽四肢软弱无力，以后肢为重，喜躺卧，运动障碍，患病后期出现后肢不全麻痹，最后可瘫痪。在严重衰竭下死亡。病程一般为1~2周。

北极狐和银黑狐患沙门氏杆菌病时常出现黄疸，特别是感染猪霍乱沙门氏杆菌时尤为严重。其他动物则没有或仅有轻微黄疸出现。水貂和毛丝鼠患沙门氏杆菌病时常发生败血症，导致死亡。

慢性型：慢性病例可由急性或亚急性病例转变而来，也有的一开始就呈慢性经过。症状不太明显，不剧烈，患病动物主要表现为消化机能紊乱，食欲不同程度的减弱，下痢，粪便常混有卡他性黏液，可见恶臭的茶色或绿褐色稀便。有的病例出现化脓性结膜炎。患病动物精神沉郁、呆滞，进行性消瘦，贫血，失水，眼窝下凹，运动减少、减慢，多蜷缩于圈角或小室内，被毛粗糙、蓬乱无光泽，并被粪便所污染，甚至粘结成块，肛门周围尤其严重。病兽最后在极度衰竭的情况下死亡。病程多为4周左右，有的可达数月之久。临床康复后可成为带菌者。

在交配与妊娠期感染本病的母兽，出现大批的空怀，空怀率可达18%左右，受孕后的母兽多在产前5~15天流产，流产母兽出现轻微不适的症状或根本观察不出异常表现而流产，流产率可达15%左右，即使不流产，仔兽生后发育不良，多数在生后10天内死亡。哺乳期发病的仔兽表现萎靡，衰竭，吸吮乳头无力。同窝仔兽散乱趴卧到笼舍的各处，有时呈游泳式运动，发出轻微的呻吟和鸣叫，有的发生抽搐与昏迷，多数病仔兽持续2~7天后死亡。耐过者发育迟缓，恢复后长期带菌。

（2）鸟类沙门氏杆菌病

鸟类的沙门氏杆菌病通常分为禽白痢、禽伤寒和副伤寒三类，前两者分别由禽白痢沙门氏杆菌、禽伤寒沙门氏杆菌引起，而副伤寒是由多种有鞭毛、能运动的泛嗜性沙门氏杆菌引起的。鸟类的沙门氏杆菌病在症状上都极为相似，难以进行区别，其主要表现为：

雏禽：胚期感染的雏禽，常在孵化过程中死亡或孵出弱雏，出壳不久即突然死亡而无明显的症状。未死亡者或出壳后感染者，出壳后3~4天出现症状，7~10天病雏增多，死亡率增加，2~3周时达到高峰。

各类病雏禽的临床症状极其相似，表现为精神不振，垂翅缩颈，绒毛松乱，拥挤集堆，闭目昏睡，不愿走动，食欲减少或废食。特征性症状为下痢，排白色糊状稀粪，肛门周围绒毛粘连，粪便干后封着肛门，排泄困难，痛苦惨叫。最后因心力衰竭、呼吸困难而死亡。病程1~7天，死亡率超过50%以上。日龄稍长的雏禽，患病后死亡率降低，耐过的病雏发育不良，长期带菌。

患病雏禽除表现有严重的下痢症状外，有时感染可累及肺部、脑脊髓、关节及眼部，出现呼吸困难，旋转运动，四肢关节肿胀，跛行，后期瘫痪，以及失明等症状。

成禽：成禽感染后多无明显临床症状，或仅见少数精神沉郁，反复腹泻，垂腹、贫血、食欲降低、渴欲增加。有些可发生生殖器官局部感染，出现卵巢囊炎，继而导致腹膜炎发生，严重时导致死亡。慢性带菌者可因应激和并发感染而导致突然发病，甚至死亡。

2. 病理变化

(1) 哺乳动物沙门氏杆菌病

急性及亚急性型：胃及小肠黏膜肿胀，变厚，有时充血，有时有少量针尖或更大些的溃疡。肠内容物为稀薄的黏液，常混有血块或纤维素性絮状物。大肠变化不明显，黏膜稍肿胀、充血。肠淋巴结显著肿大、出血。脾明显肿大，有时为正常的数倍，呈暗红色或暗褐色，切面多汁。散在出血点、斑以及灶性坏死。肝肿大，淡黄或红褐色，切面外翻，小叶不清。胆囊增大，充满浓稠胆汁。肾皮质有少量出血。

慢性型：尸体消瘦，黏膜苍白，肌肉色淡，脾轻度增生性肿大。肠壁薄，苍白透明。肠内容物为稀薄黏液，大多呈深红色或茶色。

(2) 鸟类沙门氏杆菌病

最急性死亡的病雏常无明显病理变化。病程稍长的病例可见尸体消瘦，肝脾充血并有条纹状或针尖状出血或坏死灶。胆囊肿大。肾及肺充血，心包炎和心包粘连。直肠肿大出血，盲肠有干酪样物堵塞或混有血液。鸽患本病常见关节炎，以翅部关节多发，呈软性肿胀。鸽感染鼠伤寒沙门氏杆菌后，在口腔内的舌基部和上腭盖有黄绿色纤维性沉积物，麻雀感染后出现明显的胸肌萎缩和消化道脓肿。

成年禽感染本病一般无明显的病理变化，少数急性病例可见肝、脾、肾充血与肿胀，出血性或坏死性肠炎，心包炎及腹膜炎。雌禽的卵巢和输卵管出现坏死性或增生性病变。慢性病例可见消瘦，肝、脾及肾肿大，肠道坏死性溃疡，卵变形等。

(四) 实验室诊断

1. 细菌学检查

通常以腹泻为主的胃肠炎患病动物生前可采直肠粪便或新鲜排粪，尤其带血和黏液的粪样；死后取病变肠段内容物或肠黏膜及相关肠系膜淋巴结；败血症患病动物应采血液及病变脏器组织。未污染的样品可直接接种在肠道杆菌鉴别或选择培养基上分离单个菌落，污染病料应先增菌（常用的增菌培养基有：四硫磺酸钠煌绿培养基、亚硒酸盐胱氨酸培养基），再在选择或鉴别培养基上进行平板分离。从选择或鉴别培养基上挑选可疑的菌落作纯培养，同时接种到三糖铁斜面上培养。

选择培养基是能抑制革兰氏阳性菌及大肠杆菌的培养基，如 SS 琼脂、去氧胆酸盐琼脂、亚硫酸铋琼脂、HE 琼脂等。鉴别培养基能抑制革兰氏阳性菌生长，但大肠杆菌科的细菌通常都能生长，大肠杆菌及其他发酵乳糖的细菌生长出有色菌落，而沙门氏菌及其他不发酵乳糖的细菌，生长出无色菌落，常用的这类培养基有麦康凯、远藤氏琼脂、伊红美蓝琼脂等。

沙门氏杆菌在三糖铁斜面上生长，可使斜面上部为红色，而斜面底部为黄色，如该菌能产生 H_2S，还可使斜面出现黑色。

经三糖铁斜面培养后，进一步确认可能为沙门氏杆菌后，可将被检菌株继续做生化试验，然后进行抗原测定。抗原测定也可与生化试验同时进行。抗原测定时，采用沙门氏杆菌多价 O 血清与被检菌进行玻板凝集试验（应注意排除 Vi 抗原的影响）。

2. 血清学检查

除平板凝集试验外，还有琼脂扩散试验、荧光抗体试验等。

九、链球菌病（Streptococcosis）

链球菌病主要由β型溶血性链球菌引起的一种人兽共患传染病。各种动物由于感染的链球菌种类不同，在临床上也呈现多种不同的症状，但以局限性感染和败血症多见，并形成严重危害。

（一）病原

链球菌 *Streptococcus* 为长短不一链状排列的球形或卵圆形，革兰氏阳性细菌。不形成芽孢，一般无鞭毛，不能运动。对人兽有致病性的链球菌对培养条件要求均较严格。初次分离或纯培养物继代时应使用含血液或血清的培养基。在 pH6.8～7.4，37℃，有氧和无氧条件下均能生长。各种链球菌菌落基本相似，多呈细小或露滴状，透明、发亮、灰白色、光滑、圆而微凸，边缘整齐的菌落。

本菌在鲜血琼脂上生长，按其对红细胞的作用，可分为溶血性链球菌（β群）、草绿色链球菌（α群）和不溶血性链球菌（γ群）三群。对动物有致病性的链球菌大部分属于溶血性链球菌（β群）。

根据生理生化特性将本菌分成6大类29种。根据血清学将本菌分为19个血清群（A～U）。各种动物的链球菌病是由不同种类的链球菌引起。对动物有重要致病性的链球菌主要有兽疫链球菌 *S. zooepidemicus*，化脓链球菌 *S. pyogenes*，肺炎链球菌 *S. pneumoniae*，马腺疫链球菌 *S. equi*，无乳 *S. agalactiae*、停乳链球菌 *S. dysgalactiae* 和乳房链球菌 *S. uberis* 等。

（二）流行病学

本病的易感宿主很广泛，猪、羊、牛、马、水貂、紫貂、银黑狐、北极狐、猴类、鹿类、海狸鼠、兔、狗、小鼠及鸡、火鸡、鸽、鸭、鹅等禽鸟类均有不同程度的易感性。

本病的传染源主要是病兽（禽）及带菌的人兽（禽）。传播途径随动物而异。家畜（猪、羊、马等）主要经呼吸道和皮肤创伤感染；貂、狐、海狸鼠等主要经消化道食入被病原体污染的食物和饮水感染；鹿科动物主要经伤口感染；猴一般经创伤和脐带（新生猴）感染；禽鸟类主要经污染的饲料及饮水、种蛋传播感染。

（三）临床诊断

1. 临床症状

由于患病动物种类、感染病原菌种类不同，加之感染部位不同，临床症状表现多样。

毛皮动物（如貂、狐等）主要由兽疫链球菌引起。主要表现有：①急性败血症型：突然死亡，或引起肺炎、胸膜炎、心内膜炎、腹膜炎、子宫内膜炎、乳房炎，或出现兴奋、沉郁、共济失调、痉挛等脑神经症状后，以急性败血症死亡。②脓肿型；多见于水貂，常于头颈部发生链球菌性脓肿。③关节型：多见于银黑狐，常发生一肢或多肢关节肿胀、溃烂、化脓。

鹿科动物（如林麝、赤鹿、黇鹿等）主要由化脓链球菌、兽疫链球菌和革兰氏E群链球菌等引起。主要表现有：①脓肿型：体表淋巴结（如颌下、肩部、臀部等）肿胀凸起，破溃流脓。相应部位器官功能障碍（如呼吸困难、跛行等）。②败血症型：患鹿可视黏膜黄染，体温升高，食欲减少，反刍、嗳气减少等，最后呈败血症症状而死亡。③脑膜脑炎型：呈现脑炎症状，很快死亡。

猴主要由溶血性链球菌引起，以发生败血症、局部（关节、皮下）脓肿为特征。患猴病初体温升高，精神沉郁，后转为持续性高热（39.2～40.5℃），精神委顿、目光呆滞，被毛松乱、不愿活动，低头闭目流泪，有的四肢关节肿大，疼痛拒摸、跛行。有的关节积脓、破溃。或发生腹泻、神经症状而死亡。

牛、牦牛主要由无乳链球菌、停乳链球菌、兽疫链球菌、化脓链球菌等引起。主要表现：①乳房炎（体温升高、乳房肿痛，产奶停止等）；②败血型。③肿胀型。

猪是由兽疫链球菌、类马链球菌和猪链球菌等多种链球菌引起的。主要表现有：①急性败血症型；②脑膜脑炎型；③关节炎型；④淋巴结脓肿型。

羊是由兽疫链球菌引起的。主要表现为急性败血症型，特征为颌下淋巴结和咽喉肿胀、大叶性肺炎等。

马属动物是由马腺疫链球菌引起的。主要表现为颌下淋巴结呈急性化脓性炎症。

禽鸟类主要由兽疫链球菌、类链球菌、粪便链球菌及坚忍链球菌引起的。主要表现有：①急性型：精神沉郁、昏睡或抽搐，呼吸困难，食欲减少，持续下痢、发绀，头部出血。②慢性型：精神不振，冠、髯苍白，食欲下降，下痢、最后消瘦死亡。

2. 病理变化

各种动物的败血型均呈现明显的皮下、浆膜及各器官的充血、出血，脏器变性及坏死等败血症病理变化。脓肿型可见病变部位形成化脓、溃疡等。各局部感染型可见发炎及化脓。

（四）实验室诊断

1. 微生物学检查

根据病型的不同，可考虑采取病兽的淋巴结、脑、脑脊髓液、肝、脾、肾、血液、关节囊液，胸腹腔液等，先涂片镜检，再将病料接种于血液琼脂平板上分离培养，根据溶血型，再进行生化反应和培养特性鉴定。

2. 实验动物接种试验

将病料制成5～10倍乳剂或分离培养物，给家兔皮下或腹腔注射1.0～2.0ml，小鼠皮下接种0.2～0.5ml，经12～24小时死亡。

十、丹毒（Erysipelas）

本病是由红斑丹毒丝菌引起，临床上以出现败血症、关节炎、皮肤红斑为特征的一种传染病。多种野生动物、禽类及家畜和人都可感染。

（一）病原

红斑丹毒丝菌 *Erysipelothrix insidiosa* 又称猪丹毒杆菌 *E. rhusiopathiae*。急性感染动物的组织触片或血涂片常见平直或弯曲的小杆菌，大小（0.8～2.0）μm×（0.2～0.5）μm，单在、成对或成丛存在，不运动，不形成芽孢，无荚膜，革兰氏染色阳性。在固体培养基上可呈短的小杆菌，在慢性病例组织触片及陈旧的肉汤培养基内，也可呈不分枝的长丝状。

本菌为微需氧菌，普通培养基上可以生长，在含有血液或血清的培养基上生长良好。

在固体培养基上生长24h的菌落，可见光滑型（S）、粗糙型（R）和中间型（I）三种不同形式。在急性病例分离到的菌多为S型，毒力极强，在血液琼脂上呈甲型溶血；R型多出现于慢性病例和长时间人工培养物中，毒力极弱；I型毒力介于S和R型之间。

根据琼脂扩散试验可将本菌分为24个血清型，有致病力的血清型主要是A、B和N型。

本菌对干燥、腐败、日光等自然环境的抵抗力较强。

（二）流行病学

多种野生动物、家畜、家禽都可以自然感染红斑丹毒丝菌。据报道野生哺乳动物有：野兔、麝鼠、黄鼬、水貂、黑貂、水獭、鼬鼱、棕熊、狐、狼、野猪、驯鹿、黄麂、羚羊、叉角羚、吠鹿、野牛、海豹、海狮、海狗、灰海豚、太平洋斑纹海豚、猪、长尾猴等。易感的鸟类有：火鸡、鸽、鹑、雉、鸡、鸭、鹅、麻雀、鹦鹉、金丝雀、秧鸡、燕雀、鸫、黑鸟、孔雀、海鸥、白鹳、金鹰、长尾小鹦鹉、画眉鸟等。

患病动物和带菌动物通过排泄物、分泌物排出病原，健康动物通过与污染物接触可以感染，感染的途径为消化道感染、经损伤的皮肤感染、经吸血昆虫叮咬而感染。

本病一年四季均有发生，野生动物主要呈散发。

（三）临床诊断

1．临床症状

各种动物感染本病，多呈急性败血性经过，可见体温升高、呼吸困难、心跳加快、食欲减退或废绝、身体虚弱、不愿活动。有时出现神经症状，表现沉郁或兴奋，一些病例可出现皮肤红斑。

野猪丹毒症状与家猪相似，主要表现为败血症，皮肤出现菱形斑块，关节肿大，跛行。海豚和灵长类动物可出现急性败血症，致死率高，海豚可见皮肤型，躯干皮肤出现斑块。野牛、鹿、羚羊感染本病，多为关节炎症状。

野生鸟类感染本病一般多为散发，多表现为败血症，精神抑郁，食欲消失，冠及头部肿大，虚弱，下痢或突然死亡。有的皮肤上出现大小不等、形状不一的紫红色斑。群养火鸡易于发生本病，且雄火鸡较雌火鸡易于死亡，雄火鸡头瘤常见浮肿，呈淡紫色，具有特征性。

2．病理变化

特点是败血性变化，皮肤上可见丹毒性红斑。淋巴结肿胀、出血，脾、肝充血肿胀，肺充血，肾包膜、胸膜和腹膜淤血。胃和肠可呈急性卡他性或出血性炎症变化。受累关节为非化脓性增生性炎症变化。病禽可见全身性充血，各部皮肤及胸部肌肉和肌膜有明显的出血点和出血斑，皮肤上还可见到黑褐色的皮痂。

（四）实验室诊断

1．形态学镜检

取脾、淋巴结、心血、肾等新鲜病料制成涂片，镜检见前述形态的纤细小杆菌，可做初步诊断。

2．培养特征检查

新鲜病料用血平板分离，37℃培养1～2天，可产生灰白色、透明、露滴样、针尖大小、边缘整齐的S型菌落，并有甲性溶血。明胶穿刺培养2～3天后，沿穿刺线横向生长，呈“试管刷状”，明胶不液化。

3. 动物试验

小鼠与鸽最敏感。上述病料制成乳剂，鸽子肌肉接种0.5～1.0ml，小白鼠皮下注射0.2ml，接种动物可在1～4天内死亡。取其内脏材料涂片镜检，如见多量的红斑丹毒丝菌，即可确诊。

4. 血清学试验

常采用荧光抗体试验、玻板凝集试验、试管凝集试验等。

十一、鼻疽（Malleus）

鼻疽是由鼻疽杆菌引起的多种动物，特别是奇蹄兽的一种传染病，人亦可感染发病。本病的特征是在上呼吸道、肺、皮肤、淋巴结及其他多种实质性脏器中形成特征性的鼻疽结节、溃疡和疤痕。

（一）病原

鼻疽杆菌 *Pseudomonas mallei* 是假单胞菌属 *Pesudomonas* 中的一种，为中等大小的多形性杆菌，在病变组织中的菌体较长，两端钝圆、直或较弯曲，在短时间培养物中的菌体短小而整齐，在长时间培养物中的菌体呈多形性。本菌无芽孢，亦无鞭毛和荚膜。革兰氏染色阴性，普通染色着色不均，呈颗粒状。本菌为需氧菌，在弱酸性（pH6.6～6.8）含血液的培养基内生长良好。在马铃薯培养基上长出具有特征性的菌落，48h后形成黏稠的淡黄色蜂蜜样菌落，以后染色逐渐变深，到5～7天时形成褐色菌落，周围呈微棕色或微绿色。吲哚反应、M. R. 试验及V－P枸橼酸利用试验均为阴性。

本菌抵抗力弱，3%来苏尔和1% NaOH均可将其杀死。

（二）流行病学

多种动物对鼻疽杆菌敏感。在家畜中最易感的动物是奇蹄兽，如驴、骡、马等，绵羊、山羊及骆驼也有发生本病的报道。多种野生动物可感染发病，如北极狐、银黑狐、水貂、狮、虎和豹等可因喂饲了病畜肉或下杂料而感染发病，猞猁、狼、豺、野犬、野猪、野猫、野兔、獾、北极熊、雪貂、猴、马来亚熊、鬣狗及多种啮齿动物等都可感染发病。实验动物以猫和仓鼠的易感性最强，豚鼠次之。雄性豚鼠腹腔接种，经3～4天后发生化脓性睾丸炎，此即Strauss氏反应阳性，对本病的诊断有一定的意义。大白鼠和小白鼠的易感性较弱。

患病动物是本病的传染源。开放性鼻疽病兽更危险。可通过消化道、呼吸道、损伤的皮肤、黏膜传染，也可通过交配和胎盘感染。食肉动物如虎、狮、豹、狼、水貂、豺等多因食入污染或患病动物的肉或内脏而感染发病，且多呈急性经过，死亡率很高。

狮、虎、豹等经消化道感染潜伏期为6～11天，驴、马等自然感染潜伏为4周或更长。

（三）临床诊断

1. 临床症状

猫科动物患本病多呈急性经过，表现体温升高，精神沉郁，食欲减退或废绝，呼吸迫促，脉搏加快，可视黏膜潮红或轻度黄染。颌下淋巴结肿胀。鼻孔及鼻中隔充血、溃烂，流出带血的脓性分泌物。在胸、腹、四肢及头部皮肤出现结节和溃疡，形成火山口状的特征性溃疡灶。有的排煤油样的稀便。关节肿大，跛行。公兽发生睾丸炎。

银黑狐、北极狐、赤狐、水貂等动物患病亦呈急性经过。病兽拒食，流泪，一前肢或一后肢跛行。体表皮肤出现结节或溃疡。鼻腔黏膜溃烂出血，鼻孔流脓样分泌物。体温升高，呼吸困难。有的吐血，排煤焦油样粪便。有的公兽发生睾丸炎。后期后肢瘫痪或窒息死亡。

野驴、野马鼻疽多呈慢性经过，基本症状与马属家畜症状相似。

2. 病理变化

野生奇蹄兽和骆驼患本病时，可见与家畜马属动物相同的肺鼻疽、鼻腔鼻疽及皮肤鼻疽各型。但以肺鼻疽多见。

猫科动物（狮、虎、豹、猞猁等）常表现为败血症及鼻疽性肺炎。

犬科动物（如狐）、野生鼬科动物（如水貂）急性型表现为败血症、鼻疽性肺炎。公水貂有的发生睾丸肿大甚至溃疡。

上述各型鼻疽的特征性病理变化是在各病变部位形成鼻疽结节、溃疡乃至疤痕。鼻疽结节呈米粒大、豆大，黄白色、周围绕以暗红色的红晕（为渗出性），中心呈豆腐渣样坏死，周边由普通肉芽组织形成包膜呈灰白色（为增生性）。结节破溃后形成的溃疡边缘不整齐而稍隆起，呈火山口样。溃疡愈合后形成具特征性的呈放射状或冰花状疤痕。

（四）实验室诊断

1. 病料采集

结节病灶、鼻液、脓肿穿刺物、溃疡分泌物。

2. 病原检查鉴定

（1）形态学检查。镜检可见前述的形态特征，并且经碱性美蓝染色，本菌（尤以老龄菌明显）可见有着色不匀、浓淡相间的串珠状颗粒或两极浓染，该特征有一定的诊断价值。

（2）培养特性检查。新鲜病料可用甘油琼脂平板（含5%血液、4%甘油）进行分离培养，37℃培养24h可见细小、光滑、圆整、湿润、黏稠的菌落，菌落初为半透明，后转为灰黄色至淡褐色，不透明，无溶血性；陈旧病料可接种于2%血液孔雀绿复红培养基，培养后在淡紫色的培养基上形成中心呈蓝绿色的菌落；将纯培养物再接种马铃薯培养基，可见前述的特征性菌落。

（3）动物接种。将分离培养物，在雄豚鼠腹腔或腹股沟皮下接种0.5～1.0ml，接种后4～5天可见阴囊红肿、睾丸肿胀继而化脓破溃，一般在2～3周死亡。剖检可见皮下脓肿、肝和脾形成白色粟粒状结节。

3. 血清学试验

血清学或免疫学诊断方法目前在野生动物的应用还缺乏深入研究，可试用家畜的方法。家畜的血清学诊断常用补体结合反应，近年来，免疫荧光技术也常采用。变态反应性诊断可应用鼻疽菌素点眼试验和鼻疽菌素皮下接种试验。

十二、类鼻疽（Meliodosis）

类鼻疽又称伪鼻疽，是由类鼻疽假单胞菌引起的人兽共患性传染病。本病多为慢性经过，其特征性病变为干酪样结节或发展为脓肿。

（一）病原

类鼻疽假单胞菌 *Pseudomonas pseudomallei* 为革兰氏阴性短杆菌，有运动性，在形态上与鼻疽杆菌相似，与鼻疽杆菌有共同抗原。在加有多黏菌素和先锋霉素的4%甘油琼脂上于37℃培养48～72h，形成有同心圆的菌落，表面有皱纹，具有霉味和泥土味。

本菌可分解葡萄糖、乳糖、蔗糖、甘露醇、麦芽糖、果糖、阿拉伯糖及卫茅醇等，液化明胶，硝酸盐还原反应阳性，不产生靛基质和硫化氢。

（二）流行病学

许多种类动物都可自然感染本病。哺乳动物中已知有猪、山羊、绵羊、马属动物、牛、骆驼、狗、兔、猫、羚羊、袋鼠、猴、猩猩、豚鼠、啮齿类动物（野鼠和家鼠）、海豚等。禽鸟类（如鹦鹉）也可感染。

本病的分布有明显的地方性，疫源地主要在南、北纬23°地区，尤其集中在东南亚。中国广东、广西、海南也有发生。

热带和亚热带地区的土壤和水是本病的传染源，因本菌可在其中繁殖而经皮肤、呼吸道、消化道和泌尿生殖道感染。隐性感染的带菌动物和人也是散布本病的传染源。

（三）临床诊断

1. 临床症状

患猴鼻流脓汁，前臂等处皮肤化脓破溃。体表淋巴结肿大发炎，腋下触摸有硬块。脓肿破溃，流乳白色脓汁。全身表现发热、不食、倦怠。如发生腰脊髓炎则出现运动障碍、瘫痪等症状。

啮齿动物主要表现虚弱、发热、眼和鼻有分泌物。

马、牛、羊、猪等动物，常缺乏特征性症状，马、猪多呈急性肺炎，体温升高，食欲废绝，流黏性脓性鼻汁、呼吸困难。病牛易在延髓和胸、腰脊髓形成化脓灶和坏死灶，出现瘫痪症状。

狗主要表现发热、厌食、消瘦、发生睾丸炎、附睾炎和阴筒水肿，肢体浮肿、跛行。

2. 病理变化

在病兽大多数的器官中，特别是肺、脾和肝以及皮下组织和有关的淋巴结有多个脓肿和坏死性干酪样结节，是本病的重要特征。

（四）实验室诊断

1. 病料采集

可采集鼻液、脓汁、尿或血液等。

2. 病原检查鉴定

（1）形态学检查。菌体0.6μm×1.5μm，由于培养条件不同，具有多形性，常单在、成双或成堆排列。菌体染色往往不均匀，新分离株常呈两极浓染。

（2）培养特性检查。可参见鼻疽菌。类鼻疽菌可在麦康凯琼脂平板上生长（鼻疽菌不生长），菌落初为淡红色，4天后变为鲜明的深红色。

3. 血清学检查

常用间接血凝试验，血清稀释1∶40以上阳性时有诊断意义，应用补体结合反应，血清需稀释1∶10以上有诊断意义。

十三、土拉伦斯杆菌病（Tularemia）

本病又称野兔热，自然条件下主要流行于野兔和家兔中，但许多种食肉动物亦是本菌的易感动物或携带者。土拉伦斯杆菌病以高热、全身淋巴结及内脏器官发生肉芽肿及干酪样坏死为主要特征。本病被中国列为进境动物Ⅱ类传染病。

（一）病原

土拉弗朗西斯氏菌 *Francisella tularensis* 是一种多形性革兰氏阴性需氧杆菌，大小为（0.2～1.0）μm×（1.0～3.0）μm，在病料内近似球状，有荚膜；培养菌为球状、杆状、丝状或哑铃状。无鞭毛及芽孢，美蓝染色呈两极浓染。在含血液培养基上生长的菌落下面变绿色。

本菌抵抗力相当强，在污染的土壤中可存活75天，在肉品内可存活133天，在毛皮上可存活40天；在冰冻组织内可保持13周；在甘油内于－14℃下可存活2年；60℃以上高温能在短时间杀死该菌。1%～3%来苏尔、3%～5%石炭酸溶液经3～5min致死，0.1%升汞溶液经1～3min致死。

（二）流行病学

易感及带菌的动物种类非常广泛。啮齿动物（长尾鼠、地鼠等）、毛皮兽（野兔、黄鼠、水鼾、麝鼾、水貂、北极狐、银黑狐、赤狐、灰狐、丛林狼、白鼬、斑臭鼬、加拿大臭鼬及浣熊等）、禽类（鹞、鹰、麻雀、鸽、鸡、鸭、鹅等）、家畜（绵羊、山羊、牛、水牛、猪、马、骆驼、兔、猫、犬等），人类也可感染。患病及带菌动物，特别是啮齿动物是本病的自然传染源，可经吸血昆虫、外寄生虫（如虱、蚤、虻、螨、蚊和蝇等）及患病和带菌动物（尤以鼠类为主）的排泄物污染的饲料、饮水而传播，野生食肉目动物（包括饲养场和动物园中的）多因摄入患病啮齿动物或畜禽肉及下杂料而引起暴发流行，一般在春秋季节多发。

（三）临床诊断

1. 临床症状

动物患土拉伦斯杆菌病的临床症状常不明显，淋巴结肿大为本病的特征。临床可见头颈部及体表淋巴结肿大。一般还可见体温升高、衰弱。野生动物患本病在人们发现时，往往已处于濒死期或动物已经死亡。

幼兔患本病多呈急性经过，一般病例常不表现明显症状而突然死亡。有的仅表现体温升高、食欲废绝、步态不稳、昏迷而死亡。

成年兔大多为慢性经过，一般常发生鼻炎、流鼻涕、打喷嚏，颌下、颈下、腋下和腹膜沟等体表淋巴结肿大、化脓、体温升高，白细胞增多。12～14天后恢复。

水貂在流行早期多为急性型，潜伏期2～3天。患貂突然拒食，体温升高达42℃，精神沉郁，厌食，疲倦，迟钝。呼吸困难，甚至张口、垂舌、气喘。后肢麻痹，常转归死亡，病程1～2天。流行后期水貂多呈慢性经过，沉郁，厌食，鼻镜干燥，倦怠，步态不稳，极度消瘦，眼角有大量脓性分泌物，有的病貂排带血稀便，体表淋巴结肿大，可化脓、破溃，并向外排脓汁。如治疗及时且适当，多数能康复。

狐亦表现沉郁，拒食，体表淋巴结肿大、化脓，有的出现呼吸困难和结膜炎。多数转归死亡。

2. 病理变化

特征性病变为化脓性淋巴结炎及内脏实质器官出现坏死，肉芽肿。

急性病例缺乏病理特征性变化，亚急性和慢性病例表现典型。体表（颌下、咽后、肩前、肩下、颈部等）淋巴结显著肿大，一般可达正常的 10～15 倍，其被膜亦增厚数倍，无光泽，并分布有淡灰色小坏死灶；切面淋巴结正常结构消失，充满黄色小腔洞，慢性病例淋巴结切面有结缔组织增生，呈半透明条索状，硬固。淋巴结常化脓、呈黄白色干酪样，无臭味，并能形成瘘管，与皮肤表面相通，形成干酪样坏死灶。内脏（尤其是肺、肠系膜）淋巴结也明显肿大、干酪样坏死。胸膜及腹膜常显著增厚，潮红、粗糙，覆盖以米糠样薄膜。胸、腹腔有混浊白色、混有纤维素絮片的积液。皮下组织充血、淤血，伴有胶样浸润。心内外膜有点状出血，心肌松弛。肺充血，水肿。肝肿大，切面呈豆蔻状纹理。脾增大 2～3 倍。肝、脾、肺等脏器常有多量灰白色干酪样坏死灶。

（四）实验室诊断

本病只能依靠实验室检查来确诊。

（1）病料采集：取患病动物的血液、肝、脾、淋巴结等。

（2）分离培养：将病料悬液接种于血液葡萄糖胱氨酸琼脂平板上进行分离培养和纯培养。

（3）动物试验：将病料悬液皮下接种小白鼠或豚鼠，一般在 5～10 天死亡。从血液及病变组织分离培养及纯培养本菌，进行形态学等鉴定。

（4）血清学反应：环状沉淀反应、凝集反应、间接血凝试验及荧光抗体技术等。

（5）变态反应：已用于人土拉伦斯病的诊断，特异性很强，检出率达 75%～95%。

对进境动物一般只做血清凝集试验，阳性者退回或销毁。但应注意本病与布氏杆菌有共同抗原成分，并能产生交叉凝集反应。环状沉淀反应也很简单适用。

十四、绿脓假单胞杆菌病（Pseudomonas pyocyanosis）

绿脓假单胞杆菌病是由于感染了绿脓假单胞菌 *P. pyocyaneus*（俗称绿脓杆菌 *Bacillu pyocyaneus*）引起的多种传染病。被感染动物的种类不同，所致疾病也有很大差别。水貂、貉、狐、毛丝鼠和灰鼠患本病是以腹泻、败血症和神经症状为特征，传染性很强，可呈暴发；人工饲养的熊因人工造瘘活体取胆术的应用而常见瘘道感染本菌呈蓝绿色，胆汁变质、恶臭，精神委顿，废食，最终以败血症死亡为特征；灵长类动物感染绿脓杆菌病多散发，可经伤口及泌尿道感染，如治疗不及时或治疗不当可继发败血症而死亡；本菌可引起禽鸟类的雏以下痢、排黄绿色粪便、肝水肿并有黄色化脓灶为特征的一种急性传染病；在家畜可引发牛乳房炎、不孕症和散发性流产、泌尿系统感染，严重时致败血症；可造成母马流产；对狗和猫引起化脓性外耳炎；本菌还常作为一种继发性或机遇性的病原菌出现于人、畜、兽的创伤或烧伤感染及化脓性炎症灶中。

（一）病原

绿脓假单胞菌能产生内毒素及外毒素，还能产生溶纤维蛋白酶、脂酶、胶原酶、透明质酸酶及溶血素等，分泌至细胞外，这些都与本菌的毒力有关。

各国学者以加热 O 抗原和甲醛 H 抗原对血清进行凝集或交叉凝集吸收试验，将本菌分成若干血清型，日本的本间逊等将此菌分为 18 型，并归属 13 群。

（二）流行病学

绿脓假单胞菌广泛存在于自然界，能感染本菌且患病的动物种类很多，如毛皮兽的水貂、貉、狐、毛丝鼠等；经济动物的仔鹿、熊；其他常见患病动物有猴、小熊猫、灰鼠；禽鸟类有雉、火鸡、鸵鸟、珍珠鸟、鹌鹑、鸽、鸡等；家畜的猪、马、牛、猫、狗都可感染发病；人亦可感染发病。实验动物中小白鼠、大白鼠、家兔及豚鼠都很敏感，感染后 40h 左右死亡。

本病在水貂等毛皮动物往往呈地方性流行甚至暴发，死亡率几乎达100%。常在一个饲养场范围内可见数千头貂死亡。灵长类感染绿脓杆菌病多为散发；熊患本病也多为散发。

绿脓假单胞菌是人和动物体内常在条件致病菌，并广泛存在于水、土壤、垃圾等处，一般当机体健康时，本菌几乎不能致病，但当某些原因如创伤、烧伤、寒冷，有其他慢性病或饲养管理条件骤然下降等可使机体抵抗力下降，引起本病的发生。水貂、北极狐、毛丝鼠及小熊猫能在自然状态下严重感染本病，可以认为它们对绿脓假单胞菌有很强的感受性。水貂中最易感的是6 月龄左右的幼貂，幼雄貂的发病率高于幼雌貂。在貂场中本病的发生与阿留申病或 Chediak – Higashi 综合征（水貂的一种遗传病）造成的免疫功能不全有关。

水貂等毛皮动物患本病多发生在秋季，因此时母源抗体已基本消失，气候变化无常而剧烈，动物处于换毛期并常遭受秋雨的袭击，故容易发病。死亡率的报道相差很大，有些暴发相当猛烈，短期内造成大批动物死亡。而有些则呈散发且死亡率很低，故此病有时不易引起人们的注意。仔鹿营养不良，机体抵抗力下降时易发生本病，数周内死亡。小熊猫亦在天气寒冷、饲养管理条件恶劣，抵抗力下降时易发病，且传播快、病程短，致死率较高。能人造瘘道感染，虽为散发，但可常见，恶化成败血症即可死亡。珍珠鸡幼雏感染本病，发病快，致死率高；环颈雉、火鸡、鹌鹑、鸽等经口鼻感染可发病，但一般不死亡。

绿脓假单胞菌是机体正常微生态菌群的一部分，又是条件致病菌，从粪便排出后污染环境土壤、笼舍及用具和自身体表被毛。其感染途径主要是呼吸道和消化道。吃生食的家畜的肺和乳房等污染绿脓假单胞菌（如奶牛的绿脓假单胞菌性乳房炎等）对食肉性毛皮兽等动物具有很大的危险性。

（三）临床症状

水貂、貉、狐等潜伏期多为 2 天左右，长者为 4 ~ 5 天，为急性或超急性经过。发病后精神极度沉郁，行动迟缓或呈昏睡状，食欲废绝，流泪、流鼻液，体温升高，鼻镜干燥，继而呼吸困难，一般呈腹式呼吸，肺部可听到啰音，有的咯血和鼻衄血，有的可出现惊厥，常于出现临床症状后 1 ~ 2 天死亡，人工感染 36 ~ 72h 死亡。

毛丝鼠仔鼠感染绿脓假单胞菌多呈急性、败血症性经过；成年鼠主要表现结膜炎、耳炎、肺炎、肠炎、子宫炎，后可发展成败血症。毛丝鼠的眼睛对绿脓假单胞菌极为敏感，眼部感染后初期流泪，有淡蓝绿色黏液性、脓性分泌物聚集于眼角，眼睑水肿，结膜肿胀，急性期呈深红或紫红色。眼球微突，不能完全被眼睑覆盖。病程稍长者角膜变混浊，呈淡紫色或发生溃疡。严重病例角膜变厚或破裂而失明。部分病鼠痊愈后眼球缩小、变平，中央部位可见有白色小点状病变。

仔鹿绿脓假单胞菌感染后可见体温升高，食欲下降，精神不振，腹泻，消瘦，数周内可死亡。

小熊猫感染绿脓假单胞菌后表现发烧。结膜炎、腹泻、呼吸困难、败血症及神经症状为主要特征。患本病熊猫体温升高达 39.5～40.5℃，呈稽留热。病初精神沉郁、食欲锐减，两眼羞明流泪，从眼角流出脓性分泌物。继之出现腹泻，排出的稀便中混有未消化完全的食物和黏液。视力明显减退，行走时对眼前的障碍物不知躲避。病后期出现神经症状，表现为转圈运动，盲目撞击其他物体，前肢屈曲，跛行。腹痛、拱腰，排出混有血液的稀便。最后食欲废绝、脱水、卧地不起，蜷缩成团，不时发出尖细呻吟声，最后因呼吸困难、乏氧及败血症衰竭而死，病程在 4 天左右。

灵长类绿脓假单胞菌感染患病后体温升高、食欲降低或废绝、精神沉郁、不愿活动、消瘦、脱毛、咳嗽、小便不畅或血尿。如治疗不当或不及时则发展成败血症，多以死亡告终。病程可达 2～3 周。

环颈雉、珍珠鸡等禽鸟类感染绿脓假单胞菌发病后，临床上以下痢排黄绿色稀便为特征。患病禽鸟体温升高，精神沉郁，食欲不振或拒食，羽毛蓬乱，倦怠，闭眼立于一隅，或慢步行走，且走路不稳，动作不协调，呼吸困难，呈腹式呼吸，最明显的症状是腹部胀满、下痢、排黄绿色稀便，便中混有血液；肛门周围被稀便污染，还可见有的病例肛门水肿、外翻、出血、眼结膜、角膜发炎，眼睑水肿；口腔中有多量白色黏液。

（四）病理变化

水貂等毛皮动物最明显的特征性病理变化为出血性肺炎。

1. 眼观变化

肺的大部分（一个或几个肺叶）变为暗红色，表现为水肿、大面积出血，其范围多为血管周围性及支气管周围性出血。病变部位组织致密，质地较硬。切开后流出暗红色血样泡沫状的液体。气管和支气管黏膜呈桃红色，覆盖有暗红色的泡沫状液体。支气管淋巴结肿大，呈红色或灰红色。胸腺遍布大小不等的出血点。心肌迟缓，冠状沟周围有出血点，胸腔可充满浆液性渗出液。脾脏肿大，可达正常的 2～3 倍，呈紫红色或有散在出血点。肝微肿大呈灰褐色。甲状腺和肾皮质部有出血点或出血斑。胃及十二指肠内有血样液体，详细检查可发现这些血液是死前从肺经咽流入的。

2. 组织学变化

可见有明显的大叶性、急性出血性、化脓性和坏死性肺炎。在小动脉、静脉周围有多量绿脓菌聚集。尽管能从全身各脏器见到绿脓假单胞菌，但其他组织的病变都较肺部病变轻微。

小熊猫患本病的尸体剖检的主要病理变化可见肺呈黑红色，表面布满大小不等的出血灶，气管和支气管内有灰白色泡沫状液体。心外膜出血，心肌脆弱变性，心室扩张。脾肿大呈紫红色，表面布有出血点。肝肿大呈黄褐色。肾肿大变性。胃黏膜有卡他性炎症，肠道出血，粪便可呈巧克力色。脑膜严重充血。

仔鹿的主要病理变化是十二指肠充血、出血明显，肝、脾、肾上布有小脓肿病灶。

带有人工造瘘（活体取胆汁）患熊的胆囊肿大，与周围组织粘连，严重者腹膜弥漫性出血或严重淤血，肝、脾、肾及淋巴结肿大出血；肺及小肠淤血、出血；心脏肿大，心包积液。

禽鸟类患该病剖检可见皮下有胶冻样渗出液，肌肉水肿，有出血点或出血斑；病变肺呈大理石状；气管内充满粉红色泡沫状液体，胸膜有纤维素性渗出物；肝肿大，质地脆弱，表面颜色不一，有灰黄色化脓灶；脾肿大有出血点或出血斑；肾肿大出血；胃肠黏膜呈卡他性炎症变化，十二指肠、盲肠黏膜有溃疡灶，肠内容物为灰绿色；泄殖腔黏膜脱落，并有出血。

（五）实验室诊断

1. 细菌学检查

（1）取病料：病料可取自肺、血液、淋巴结、脾、胸腔渗出物、脓汁和病变脏器。

（2）观察：直接涂片；染色镜检，并做革兰氏染色。

（3）培养：本菌能在麦康凯等培养基上生长，24h 后生成微小、无光泽、半透明菌落。48h 后菌落中心呈棕绿色；如接种在 MAC 琼脂培养基上（其中含有萘啶酸等），能抑制其他细菌的生长繁殖而有利于本菌的生长。经染色镜检确定为革兰氏阴性菌后，再结合其他生长性状及水溶性色素等，可作为诊断的主要依据。

（4）动物试验：将本菌接种实验动物，常在 24 ~ 30h 死亡，剖检及染色镜检。

（5）确定血清型：需确定该菌的血清型时，可使用标准免疫血清进行玻片凝集反应。

2. 血清学诊断

一般不用，只有在进行某些研究工作（如测定疫苗接种后血清抗体效价，研究疫苗的免疫效果）时才应用。

（六）防治

需进行综合防治。平时加强饲养和卫生防疫等工作，保持机体微生态平衡，定期进行严格的消毒工作，发现外伤及创伤要及时治疗。在常发病的地区，对如毛皮兽等特别易感的动物需进行疫苗接种，接种疫苗时要特别注意本病疫苗有型特异性，对其他血清型菌株的感染几乎无预防效果。因此，目前应用比较多的是用自家疫苗来控制本病。或于本病流行区在每年的 8 月份给水貂等特别易感的动物接种福尔马林灭活苗。俄罗斯毛皮兽养殖业和养兔业科学研究所研制出假单胞菌病和水貂病毒性肠炎的联合苗，注苗后 3 天，水貂可抵抗绿脓假单胞菌的攻击，注苗后两周，可产生对水貂病毒性肠炎的坚强免疫力。用 2 ~ 3 倍免疫量，未出现任何全身性扰乱，只是在注射部位形成弥散性肿胀，经 5 ~ 6 天消失。水貂假单胞菌性肺炎免疫期为 6 个月，水貂病毒性肠炎免疫期为一年。

本病发生后，立即隔离病兽和可疑兽，污染的环境应进行彻底消毒。治疗可注射多价绿脓假单胞菌抗血清。同时用几种抗生素和其他抗菌化学药物合并治疗，连用 4 天左右。如毛皮动物可用新霉素 10 ~ 50mg，口服或肌肉注射，2 次/天；庆大霉素 0.5 万 ~ 4 万 IU，肌肉注射，2 次/天；链霉素 10 ~ 50mg，肌肉注射，2 次/天；多黏菌素 E1 10mg，口服，2 次/天；新诺明 0.3 ~ 0.5g/天混于饲料中饲喂。对治愈的病兽隔离饲养至打皮时淘汰。患病猴除上述药物外，还可用丁胺卡那霉素、羧苄青霉素；小熊猫患病后除可用上述药物治疗外，还应静脉注射 5% 葡萄糖氯化钠溶液 500 ~ 1 000ml/天，并加入维生素 C、复合维生素 B 和安钠咖。多给饮水。在神经症状出现之前治疗效果较好，一旦出现神经症状，一般预后不良。禽鸟类刚出壳的幼雏可用庆大霉素滴鼻，有一定的预防治疗作用。1998 年，中国某养殖场珍珠鸡幼雏暴发绿脓假单胞菌病，药敏试验选用丁胺卡那霉素肌肉注射，庆大霉素饮水效果理想，很快控制了疫情。

十五、鼠咬热（Rat - bite fever）

鼠咬热是由鼠类或其他动物咬伤所致的一种自然疫源性疾病，按感染病源的不同可将本病分为小螺菌型和念珠状链杆菌型。本病的临床表现主要为急性或慢性反复性发热，常有斑点或淤点出现，可累及手掌或足掌，通常有淋巴结肿大，约半数的病人有非化脓性关节炎。

（一）病原

病原体有两种：一为小螺菌 *Spirillum minus* 或称鼠咬热螺旋体，其所致疾病为螺菌热（Spirillnm fever，在日本称为 sodoku）。另一种为念珠状链杆菌 *Streptobacillus moniliformis*，其所致疾病为链杆菌热（Streptobacillary fever）。美国麻省哈佛山曾由牛奶引起此病流行，乃因乳牛被鼠咬所致，故又称哈佛山热。解放前中国朱世镖（1940）曾从江西玉山报告鼠咬热 1 例，年龄是 22 个月。

小螺菌型：病原体小螺菌 *Spirillum minus* 属螺菌科。小螺菌为短粗二端尖的细菌，菌体宽 0.2 ~ 0.5μm，长 3 ~ 5μm，有 2 ~ 3 个粗而规则的螺旋和 1 ~ 7 根鞭毛，运动活泼，革兰氏染色阴性，在人工培养基上不生长，通过动物接种可被检出。

念珠状链杆菌型：又称黑弗里尔热或流行性关节红斑症。病原念珠状链杆菌属弧菌科，革兰氏染色阴性，常呈链状排列，菌体中的念珠状隆起为菌体宽度的 2 ~ 5 倍。在含 20% 新鲜兔血清的培养基中才能生长，兼性厌氧，加热至 55℃，30min 即可杀灭。

（二）流行病学

鼠咬热早在隋唐时期就有记载。1913 年，Maxwell 首先报道本病；1926 年，Cadbury 首先在病人的伤口渗出液涂片查见小螺菌；1951 年，薛庆煜等首先从病人血标本中培养出念珠状链杆菌。本病常年散发，除鼠咬伤发病外，偶可因食入污染的牛奶或饮食而至念珠状链杆菌型鼠咬热流行。据中国历年来所报告的病例显示，中国的鼠咬热似小螺菌型较多见。

1. 小螺菌型

本型分布于世界各地，以亚洲为多。中国有散在病例报道，多在长江以南。鼠类感染率达 25%，狗、猫、猪、黄鼠狼、松鼠、雪貂等也可受染。鼠类是传染源，咬过病鼠的猫、猪及其他食肉动物也具有感染性。人被这些动物咬伤后得病，人群对本型普遍易感，以居住地卫生情况差的婴幼儿及实验室工作人员感染机会为多。

2. 念珠状链杆菌型

传染源是野生或实验室饲养的鼠类等啮齿类动物。人被病鼠咬伤或食入被病原菌污染的食物而发病。1928 年，美国马萨诸塞州黑弗里尔有一次暴发，就是因食用了被病原菌污染的奶制品而发生的。

（三）临床表现

1. 小螺菌型

人被病鼠咬伤后，小螺菌经伤口进入淋巴系统并引起局部淋巴结炎，进入血循环中可致菌血症、毒血症。潜伏期 14 ~ 18 天。起病急骤，表现寒战，高热达 40℃以上，持续 3 ~ 6 日，随后体温迅速降至正常，经 3 ~ 7 天间歇，体温又升高。如此反复，呈回归热型。高热期间有头痛、乏力、肌肉酸痛。局部伤口肿痛、坏死，形成硬结状表面有黑痂的溃疡。局部淋巴结肿大、触痛。半数病人的四肢、躯干出现大小不一的暗紫色皮疹，数量不多，可融合成片。重者发生谵妄、昏迷、菌血症和毒血症。体温正常期间，症状缓解，皮疹消退。未经治疗者可如此反复6~8次。根据鼠咬史、回归型发热，伴有原发病灶及局部淋巴结肿大，可作出临床诊断。

2. 念珠状链杆菌型

人体被病鼠咬伤后，伤口很快愈合，无硬结样溃疡；经消化道感染者，则无伤口。本型潜伏期1~7天（一般2~4天），起病突然，出现寒战、高热（间歇热或不规则热）、呕吐、头痛、剧烈背痛，手掌及足心可见散在皮疹。多有关节红肿、疼痛，可有渗液，主要累及大关节。根据鼠咬史及临床表现即可考虑本病。两型鼠咬热的鉴别要点见表9－2。

表9－2　两型鼠咬热的鉴别要点

项目	小螺菌型	念珠状链杆菌型
病原菌	小螺菌	念珠状链杆菌
感染方式	鼠类或其他食肉动物咬伤	鼠类或其他食肉动物咬伤，误食被污染的食物
潜伏期	较长	较短
局部伤口	发热期，伤口及局部淋巴结有明显炎症反应	伤口愈合较早，不复发
皮疹	较少见，可愈合成片	较多见，散在，可见于手掌、足心
关节炎	较少见	较多见
发作	常反复发作	很少发作
血清学检查	瓦瑟曼氏反应和康氏反应多阳性	瓦瑟曼氏反应和康氏反应，阴性，可有特异性凝集素
治疗	砷剂及青霉素有效	砷剂无效

（四）诊断

1. 小螺菌型

于发热时取血作动物接种分离病原菌，或取伤口分泌物作显微镜检查，有助于确诊。此外半数患者血清瓦瑟曼氏反应和康氏反应阳性，也有诊断价值。

2. 念珠状链杆菌型

发热期作血、关节渗液培养，若分离到病原菌即可确诊。血清瓦瑟曼氏反应和康氏反应阴性。若病后2~3周血清中测到特异凝集素，也有助于确诊。

（五）治疗

1. 小螺菌型

对本病除作一般性治疗外，局部伤口要作处理。对小螺菌既往用砷剂治疗，现首选青霉素治疗。预后一般较好。灭鼠是预防本病的重要环节。

2. 念珠状链杆菌型

除一般治疗外，应用青霉素、红霉素作病原治疗，若伤口未愈则需作处理。防鼠、灭鼠是预防工作的重点。野外工作人员应做好个人防护。注重饮食卫生，切断消化道传播途径，防止暴发。

十六、李氏杆菌病（Listeriosis）

李氏杆菌病是由单核细胞增多症李氏杆菌 *Listeria monocy togenes* 引起的多种野生动

物、家畜、家禽及人的一种散发性传染病。以脑膜炎、败血症、流产、坏死性肝炎和心肌炎及血液中单核细胞增多为特征。自 1926 年 Murray 等首次分离到本病原体以后，现已呈世界性分布。它作为动物致病菌和腐生植物致病菌而广泛存在于环境中，并且已知它与多种动物的严重疾病有关，可引起动物不同类型的李氏杆菌病。最初，人们只认为李氏杆菌仅引起动物发病，上世纪 80 年代以来，随人类因食用污染有李氏杆菌的动物性食物而发生李氏杆菌病，才彻底认识到它还是人的一种食物源性病原菌，同时也广泛的被人们所关注。

（一）病原

单核细胞增多性李氏杆菌属于李氏杆菌属 *Listeria*，最初李氏杆菌属只有单核细胞增多性李氏杆菌一个种，之后相继确认了绵羊李氏杆菌 *L. ivanovil*、无害李氏杆菌 *L. innicua*、威斯梅尔氏李氏杆菌 *L. welshimeri* 和西里杰氏李氏杆菌 *L. seeligeri*。单核细胞增多症李氏杆菌是革兰氏阳性的小杆菌。在抹片中多单在或两个菌排成“V”形。无芽孢，无鞭毛，能运动。李氏杆菌长 1 ~ 2μm、宽 0. 5μm，在某些培养基上呈丝状。该菌可在 3 ~ 45℃温度条件生长，其最适温度为 30 ~ 37℃。在 pH 高达 9. 6、需氧或微需氧条件下迅速繁殖，在厌氧和 pH < 5. 6 的条件下无法生长。菌落形态为小的、光滑的、微扁平、乳白色。

通过凝集素吸收实验，已将本病抗原分出 15 种 O 抗原（Ⅰ ~ XV）和 4 种 H 抗原（A ~ D）。现在已有 16 个血清型，对人致病者以 1a、1b、4b 多见，牛羊以 1 型和 4b 最多，猪、禽和啮齿动物以 1 型较多见。

（二）流行病学

目前已证实可感染 40 多种动物。在牛、绵羊、山羊、猪李氏杆菌最频繁的引起脑膜脑炎、流产和急性败血病。鸟类中的金丝雀最为易感，松鸡、鹰和鹦鹉等多种鸟类都易感，而隼形目和鹗形目的鸟类有一定的抵抗力。家禽以鸡和火鸡最为易感，鸭次之，家禽感染可导致败血症和心肌坏死。实验动物如兔子、小鼠等啮齿类也是主要的易感动物。近年来中国有关动物李氏杆菌病例的报道很多，波及全国十多个省市，哺乳动物中多种毛皮动物均易感，一些灵长类动物、反刍动物和其他多种哺乳动物都有感染本病的报道，例如猿、狒狒、鹿、狍、驼鹿、马鹿、野山羊、浣熊、獾、狐狸、郊狼、水貂、臭鼬及多种啮齿类动物，家畜中羊、山羊、牛、猪、鸡、兔等，平均死亡率达 32% 以上，对畜牧业造成了较大的危害。

动物李氏杆菌病在美国、英国、保加利亚、新西兰等国家几乎每年都有发生，主要集中在绵羊和牛，疾病的发生多与青贮饲料有密切关系，故又将本病称为“青贮病”。作为一种重要的食物源性传染病，李氏杆菌病也能导致孕妇、新生儿及免疫力低下的成人发病。尤其是近年来，不断从食品中分离到本菌或因食品污染本菌而引起食品中毒的病例频繁发生，突出本菌在公共卫生学上的重要性。

本病的发生无明显的季节性，多为散发，发病率低，但死亡率高。李氏杆菌作为致病菌和腐生植物致病菌而广泛存在于环境中，在健康人的体内大约有 15% 的带菌率。患病动物和带菌动物是本病的传染源。自然感染可能是通过消化道、呼吸道、眼结膜以及皮肤创伤途径实现，也可能是通过蜱、蚤、蝇等传播。饲料和水是主要传染媒介；冬季缺乏青饲料，维生素缺乏，天气骤变，有内寄生虫或沙门氏菌感染时，均是本病发生的诱因。此外，饲喂污染本菌的青贮饲料引发李氏杆菌病的实例曾有不少报道。

（三）临床症状

患病兽多以中枢神经系统紊乱和败血症症状为主，表现为兴奋与抑郁交替出现，头颈弯向一侧。共济失调，或后肢麻痹拖行，孕兽发生流产。体温升高、废食，呼吸困难。有些患病动物可见有下痢，粪便中常有黏液和血液。

患病禽以败血症为主，精神沉郁，食欲废绝，腹泻，呼吸困难，可在短时间内死亡。病程较长者呈现中枢神经系统症状，表现为痉挛、斜颈、呆立或兴奋，体态消瘦。

（四）病理变化

急性病例常见一般的败血性变化，脾、肝上有坏死灶或肿大，心脏为纤维性心包炎变化，胃、肠常有出血，肠淋巴结肿大。表现有神经症状者，可见脑和脑膜充血及炎症或水肿变化，脑脊液增多，脑实质软化，血管周围有单核细胞浸润。

毛皮类动物，啮齿类动物，鸟类常见脑膜脑炎、肝坏死和心肌炎变化。

（五）实验室诊断

1．镜检

新鲜病料制成涂片，染色，镜检如前述形态的小杆菌，可作出初步诊断。

2．分离培养

本菌在普通培养基上能够生长，在含有血液、葡萄糖的培养基上生长更好。新鲜病料接种血液琼脂平板，形成细小、透明、露滴样菌落，并有β样溶血。在含有0.1%的亚碲酸钾培养基上，菌落呈黑色，边缘发绿。

3．生化实验

本菌与猪丹毒杆菌有些方面相似（如菌落形态、革兰氏染色阳性、生长需求等），应注意在生化实验结果上的区别。

4．动物试验

将新鲜病料制成悬液，经脑内、腹腔或静脉接种给家兔、小鼠、幼豚鼠和幼鸽，可发生败血症死亡。也可用病料悬液和纯培养物点眼，1～2天动物可出现顽固性角膜眼，之后出现败血症死亡，妊娠14天的动物常发生流产。

5．血清学试验

由于本菌与多种细菌有抗原交叉，因此，血清学诊断对一般实验室诊断没有实用意义。

（六）免疫和预防

由于李氏杆菌的血清型变种较多，而且LM属胞内菌，主要的免疫应答是细胞免疫，所以至今尚未有效的疫苗应用于实践。所以防治该病平时要驱除鼠类等啮齿类动物，驱除家畜、家禽体外寄生虫；不要从病区引入畜禽；发病时应对病畜进行隔离、消毒、治疗。如怀疑青贮饲料与发病有关，应立即改用其他饲料。本病以链霉素治疗效果较好，但易产生抗药性；广谱抗生素大剂量应用，病初均有效；用大剂量抗生素和磺胺类药物治疗病猪，效果好。

由于人对李氏杆菌有易感性，所以从事与病畜禽有关的工作人员应加强防护，加强食品中李氏杆菌的检测，病畜、禽的肉和其他产品须经杀菌处理后才可以利用。

第三节 其他传染病

一、莱姆病（Lyme disease）

莱姆病是近年才被认识的一种新的蜱媒人兽共患病。病原为伯氏疏螺旋体。临诊表现以叮咬性皮损、发热、关节炎、脑炎、心肌炎为特征。

本病于1974年最先发生于美国康涅狄格州莱姆镇（Lyme）的一群主要呈现类似风湿性关节炎症状的儿童，因而命名为莱姆病。目前，世界五大洲30多个国家都发现人和动物有本病存在，美国已有48个州发生本病，欧洲的疫区也在扩大。由于本病对人类健康构成威胁，对畜牧业的发展也有影响，已在国际上受到普遍重视。中国于1986年首先在黑龙江省证实有本病存在，迄今已在中国东北、西北、华北、华东及中原地区的19个省、市、自治区发生。

（一）病原

伯氏疏螺旋体 *Borrelia burgdorferi* 是1982年最先从达敏硬蜱 *Ixodes damini* 中分得的一种新的疏螺旋体，1984年被正式命名。本菌革兰氏染色阴性，用姬姆萨法染色良好。呈弯曲的螺旋状，平均长30μm，直径为0.2～0.4μm，有7个螺旋弯曲，末端经常尖锐，有多根鞭毛。暗视野下可见菌体作扭曲和翻转运动。本菌微需氧，最适培养温度为33℃。常用的培养基为含牛、兔血清的复合培养基，即 Barbour－Stoenner－Kelly 培养基（简称BSK培养基）。如在此培养基内加入1.3%琼脂糖，可形成菌落。菌体生长缓慢，在12～24h内伸长，然后分裂繁殖。经10～15代培养后可丧失致病性。一般从硬蜱体内分离培养菌株较易，从动物体内分离培养则较难。本菌对青霉素、四环素、红霉素敏感，而对新霉素、庆大霉素、丁胺卡那霉素在8～16mg/L浓度时仍能生长，因此可将此类抗生素加入BSK培养基中作为选择培养基，以减少污染，提高分离检出率。

（二）流行病学

人和多种动物（牛、马、狗、猫、羊、鹿、白尾鹿、浣熊、山狗、兔、狼、狐和多种小啮齿类动物）对本病均有易感性。病原体主要通过蜱类作为传播媒介。如在美国东北部和中西部主要为达敏硬蜱，西部为太平洋硬碑，新泽西州为美洲花蜱；在欧洲，瑞士及德国北部为蓖麻硬蜱；前苏联和日本等国为全沟硬蜱、卵形硬蜱和肩胛硬蜱；在中国，主要为嗜群血蜱、长角血蜱和全沟硬蜱。本病的流行与硬蜱的生长活动密切相关，因而具有明显的地区性，在硬蜱能大量生长繁衍的山区、林区、牧区此病多发，同时还具有明显的季节性，多发生于温暖季节，一般多见于夏季的6—9月份，冬春一般无病例发生。硬蜱的感染途径主要是通过叮咬宿主动物，但有些硬蜱还可以经卵垂直传播。有人证实，直接接触也能发生感染。

自然感染莱姆病螺旋体的动物主要分两大类：一类为小型兽类和啮齿类动物，是幼蜱和若蜱的主要供血寄主和病原体贮存宿主；另一类为大型鹿科动物以及牲畜，是成蜱的供血寄主。北美洲已查明29种哺乳动物是伯氏疏螺旋体的保存宿主和传染源，其中白足鼠携带伯氏疏螺旋体者高达88%，在欧洲主要是林姬鼠、黄喉姬鼠、沙州鼠等。自1986年以来，中国从棕背䶄、白腹鼠、社鼠、褐家鼠、针毛鼠、华南兔鼠、白腹巨鼠、黑线姬鼠、普通田鼠、天山林鼠、天山蹶鼠、大林姬鼠分离到伯氏疏螺旋体，狗、马、牛、羊、猫感染伯氏疏螺旋体后可出现临床症状，狗的临床症状持续时间长。蜱可经卵传播伯氏疏螺旋体，所以蜱既是传播媒介，又是保存宿主，具有特殊的流行病学意义。

（三）症状

伯氏疏螺旋体在蜱叮咬动物时，随蜱唾液进入皮肤，也可能随蜱粪便污染创口而进入体内，经3～32天潜伏期，病菌在皮肤中扩散，形成皮肤损害，当病菌侵入血液后，引起发热，肢关节肿胀，疼痛，神经系统、心血管系统、肾脏受损并出现相应的临诊症状。

牛：发热，精神沉郁，身体无力，跛行，关节肿胀疼痛。病初轻度腹泻，继之出现水样腹泻。奶牛产奶量减少，早期怀孕母牛感染后可发生流产。有些病牛出现心肌炎、肾炎和肺炎等症状。可从感染牛的血液、尿、关节液、肺和肝脏中检出病菌。

马：嗜睡，低热（38.6～39.1℃），触摸蜱叮咬部位高度敏感，被蜱叮咬的四肢常易发生脱毛和皮肤脱落。前肢或后肢疼痛和轻度肿胀，跛行，或四肢僵硬不愿走动。有些病马出现脑炎症状，大量出汗，头颈倾斜，尾巴弛缓、麻痹，吞咽饲料困难，不能久立一处，常无目标地运动。妊娠马易于发生死胎和流产。

狗：发热，厌食，嗜睡，关节肿胀发炎，跛行，局部淋巴结肿大，心肌炎，有的病例可见到肾功能紊乱、氮血症、蛋白尿、圆柱尿、脓尿和血尿等。有的病例还可出现神经症状和眼病。

猫：主要表现厌食、疲劳、跛行或关节异常等症状。

人：人感染莱姆病后，大多数病例首先在被蜱叮咬的皮肤部位出现慢性游走性红斑，多数患者发热恶寒，头痛，骨骼和肌肉游走性疼痛，关节疼痛，易疲劳、嗜睡，随后出现不同程度的脑炎、脑膜炎、多发性神经炎、心脏活动异常和关节炎等症状。

（四）病变

动物常在被蜱叮咬的四肢部位出现脱毛和皮肤剥落现象。牛在心和肾表面可见苍白色斑点，腕关节的关节囊显著变厚，含有较多的淡红色浸液，同时有绒毛增生性滑膜炎，有的病例胸腹腔内有大量的液体和纤维素，全身淋巴结肿胀。马的眼观病变与牛基本相同。犬的病理变化主要是心肌炎、肾小球肾炎及间质性肾炎等。

人的病变主要是皮肤上出现典型的慢性游走性红斑病变，被蜱叮咬的红斑中心可见明显的充血和皮肤变硬，有时还可见水疱或坏死孔。组织学变化有皮下淋巴浸润，关节滑膜绒毛性增生，在绒毛内见有淋巴细胞浸润和纤维素沉积，心肌有局灶性淋巴细胞浸润，心肌细胞坏死，有的见脑膜炎、脑炎变化。

（五）诊断

根据莱姆病的流行特点和临诊表现，可以作出初步诊断，确诊需进行实验室检查。由于本病病原体的分离培养或直接镜检比较困难，因而利用血清学方法检测血样中的抗体是实验室检查的主要方法，目前应用最普遍的是免疫荧光抗体试验和酶联免疫吸附试验，以后者较为敏感。但这两种方法对早期感染的检出率都不高，抗体检测阴性并不能排除本病的存在，此时应结合流行病学调查、试验性治疗、病原体的检查以及追踪观察血清抗体消长情况等进行综合判断。对于出现关节炎和神经症状的动物，用免疫荧光抗体试验能从关节滑液及脑脊液中检测出高滴度的抗体。有人用免疫荧光组化染色法及免疫过氧化酶组化染色法，可直接从病理切片中检查出病原体。此外，有人认为免疫印迹法（WB）是早期诊断本病最敏感的方法，当免疫荧光抗体法和酶联免疫吸附试验的检查结果不一致时，可用此法作最后验证。最近，有人应用聚合酶链反应（PCR）检测本菌，认为敏感、特异性强。

（六）防治

目前尚未研究出特异性的预防措施，因此防治本病应避免家畜进入有蜱隐匿的灌木丛地区；采取保护措施，防止人和动物被蜱叮咬；受本病威胁的地区，要定期进行检疫，发现病例及时治疗；对感染动物的肉应高温处理，杀灭病菌后方可食用；采取有效措施灭蜱。

治疗常用药物有青霉素、四环素、红霉素、强力霉素、先锋霉素等，大剂量使用，并结合对症治疗，可收到良好疗效。

二、钩端螺旋体病（Lepspirosis）

钩端螺旋体病是由致病性钩端螺旋体 *Leptospira interrogans sensu lato* 引起的一种重要而复杂的人、兽、畜及禽鸟共患的自然疫源性传染病。本病的临床表现复杂多样，动物种类不同、所感染钩端螺旋体的血清型不同，其临床表现也不尽相同，常见的症状有贫血、黄疸、发热、出血性素质、血红蛋白尿、败血症、流产、皮肤和黏膜坏死及周期性眼炎。现已证明，不但多种温血动物，还有多种爬行动物、节肢动物、两栖动物、软体动物和蠕虫都可自然感染钩端螺旋体。

（一）病原

钩端螺旋体又称细螺旋体，分为两个群，即由寄生性病原性菌株组成的“似问号形类”和由腐生性非病原性菌株组成的“双弯类”。

在似问号形类中目前已发现有20个血清群，包括170多个血清型，从野生哺乳动物分离出的致病性钩端螺旋体有：黄疸出血性 *L. icterohaemorrhagiae*、黄疸贫血 *L. icteroanemine*、波摩那 *L. pomona*、拜伦 *L. ballum*、亚特兰大 *L. atlantae*、犬 *L. canicola*、澳大利亚 *L. australis*、秋季热 *L. autumnalis*、七日热 *L. hebdomadis*、奥尔良 *L. orleans*、小乔治亚 *L. minigeorgia*、塔拉索夫 *L. tarassovi*、流感伤寒 *L. grippotyphosa*、路易斯安那 *L. louisana*、巴克利 *L. bakeri* 和扎诺尼 *L. zanoni* 等血清型。

钩端螺旋体很纤细，（0.1～0.2）μm×（6～20）μm，螺旋整齐致密，在暗视野显微镜下观察，常似细小的链珠状，一端或两端弯曲成钩，菌体常呈C、S、O、X及8字形，还可用镀银法或姬姆萨法染色镜检，而普通单染色和革兰氏染色不易着色。

钩端螺旋体为需氧菌，较易培养，只需加少量动物血清如加5%～20%新鲜灭能兔血清的林格氏液、井水或雨水的液体培养基，一般均能生长良好。适宜pH7.2～7.6，适温为28～30℃，初代7～15天，传代3～7天。本菌可在8～14日龄鸡胚绒毛尿囊膜上生长，4～7天可使鸡胚致死。本菌还能在牛胎儿肾细胞上生长。

本菌抵抗力较强，耐寒冷，特别是在含水较多和微偏碱的环境中可存活6个月，这在本病的传播上有重要意义。但本菌对干燥、热、酸、强碱、氯、肥皂水及普通消毒药均较敏感，很易被杀死，对土霉素、链霉素等也敏感。

（二）流行病学

钩端螺旋体几乎遍及世界各地，尤其是温暖潮湿的热带和亚热带地区的江河两岸、湖泊、沼泽、池塘、淤泥和水田等地更为严重。

本菌的动物宿主非常广泛，几乎所有的温血动物都可感染，其中啮齿目的鼠类是最重要的宿主，鼠类多呈隐性感染，尤以黄胸鼠、罗赛鼠、沟鼠、鼷鼠及黑线姬鼠等带菌率很高，分布很广，数目多，是本病自然疫源的主体。各种兽类、鸟类、畜、禽及人都可感染或带菌，如兽类的野猪、鹿、猴、银黑狐、北极狐、灰狐、狼、獾、浣熊、臭鼬、麝鼠，野鸟的水禽、水鸟及麻雀、环颈雉，蝙蝠，家畜的猪、马、牛、绵羊、山羊、狗、水牛及家禽都具不同的易感性，可呈显性、也可呈隐性感染。患病及带菌动物主要由尿排菌，尿中菌体含量很大（病猪尿含菌量可达 1×10^8 个/ml），病鼠、病兽带菌尿污染低湿地而成为危险的疫源地，兽、畜及人经过时即可能被感染，如遇雨季和洪水泛滥时，污染可扩大。带菌的吸血昆虫，如蚊、虻、蜱、蝇等亦可传播本病。人、兽、畜、鼠类的钩端螺旋体病可以相互传染，构成复杂的传染链。

本菌可以通过健康的、特别是受损伤的皮肤、黏膜、生殖道、消化道感染，各年龄的动物都可感染发病，但幼小动物和机体抵抗力弱的动物的发病率和死亡率都较高，耐过本病的动物可获得对同型菌的免疫力，并对某些型菌有一定的交叉免疫力。

本病的发生有明显的季节性，6—9 月份气候温暖、雨水多且吸血昆虫较多，为本病多发期。本病的特点为间隔一定的时间成群地暴发。

（三）临床诊断

1. 临床症状

（1）鹿钩端螺旋体病：急性病例体温升高达 41℃以上，鼻镜干燥，精神沉郁，离群，拒食，反刍停止，瘤胃臌气。随后出现血红蛋白尿，尿频，尿呈葡萄酒样色泽。后期少尿、无尿，食欲废绝，日趋消瘦，呼吸迫促，皮肤黏膜黄染。急性病例 7 ~ 10 天死亡，病死率可达 90% 以上。

（2）狐钩端螺旋体病：潜伏期 2 ~ 12 天，病兽突然拒食，呕吐，下痢，心率加速达 150 ~ 180 次/min，呼吸可达 70 ~ 80 次/min。体温升高达 40. 5 ~ 41. 5℃，稽留数小时后，体温下降到正常或正常以下。可视黏膜黄染，尿频并呈深黄色，病兽逐渐衰竭，有的病情恶化而死亡。

（3）貉钩端螺旋体病：拒食，呕吐，腹泻，精神沉郁，出现明显的黄疸。口腔黏膜及齿龈有溃疡及坏死，肛门括约肌松弛。出现黄疸后体温下降至 37. 5 ~ 36. 5℃以下，尿频呈黄红色，病情严重者后期伴发背、颈、四肢肌肉痉挛性收缩，流涎，口唇周围有泡沫，病程为 2 ~ 3 天，大部分因窒息而死亡。

（4）水貂钩端螺旋体病：体温升高，精神沉郁，食欲废绝，渴欲增强，呼吸急促，心率加快，出现血尿或煤焦油样粪便，鼻镜干燥，出现贫血，后肢逐渐瘫痪，转归多为死亡。

（5）海狮波摩那钩端螺旋体病：感染后临床表现高热，精神沉郁，倦乏，不愿下水游泳，尿血，尿呈浊稠红茶色，怀孕母海狮可发生流产或早产。血液白细胞数增加，血清肌酸酐含量升高。

2. 病理变化

急性病例可见皮肤、皮下组织、全身黏膜及浆膜发生不同程度的黄疸。心包腔、胸腔、腹腔内常有少量淡茶色澄清或稍混浊的积液。肝、肾、黏膜和浆膜常见点状或斑状出血。肝呈棕黄色，体积轻度肿大，质脆弱，切面常隐约可见黄绿色胆汁淤积的小点。肾肿大，慢性病例可见肾有散在的灰白色病灶，粟粒大至豆粒大，略呈圆形。膀胱多充满茶色略带混浊的尿液。

（四）实验室诊断

1．直接镜检

取病兽新鲜抗凝血液、病兽中段尿液和病兽的肾、肝组织（制成5～10倍的生理盐水）悬液，直接用液滴制成压片标本，置暗视野显微镜下观察。所见到的钩端螺旋体形如链珠状，长6～30μm，直径0.1～0.2μm，两端有钩，做回旋、扭曲或波浪式运动。

2．分离培养法

（1）培养基。常用柯索夫氏（Korthof）培养基。

（2）培养材料。无菌抗凝血可直接接种培养基；尿液样本可用尿原液直接接种；未污染的组织病料可用无菌镊子夹取一小块，于培养基管壁上轻压磨成糊状，然后洗入培养基液体中，待见轻微混浊时即可将余下组织于另一培养基中作同样接种。污染病料应接在含有抗生素的培养基内（预先在培养基内加入5－氟尿嘧啶100～400mg/L，SD250～500mg/L，新霉素5～25mg/L）。将接种的培养基置于28～30℃温箱培养。在培养5～7天后，可肉眼观察到培养基呈乳白色混浊，对光轻摇试管时，便见有1/3的培养基中有烟状生长物向下移动。在挑取培养物作暗视野活菌检查时，可见有多量的典型钩体存在。培养物可用抗血清标记葡萄球菌A蛋白凝集试验、反向炭凝试验、膨胀试验等进行菌群分型鉴定。

3．血清学检查方法

近年来常用炭凝集试验、乳胶凝集试验、酶联免疫吸附试验及微囊凝集试验等方法。

三、鸟疫（Ornithosis）

本病在鹦鹉以外的鸟类患病称鸟疫，在鹦鹉患病称鹦鹉热，在家禽患病称禽衣原体病。是由鹦鹉热衣原体引起的野鸟、玩赏鸟和家禽的一种接触性自然疫源性传染病。患该病的禽鸟类以结膜炎、肠炎及呼吸道受损为特征。

（一）病原

本病的病原为鹦鹉热衣原体 *Chlamydia psittaci* 或称鸟疫衣原体 *C. ornithosis*。从不同宿主分离到的病原体的致病力不尽相同。

（二）流行病学

衣原体的宿主包括几乎所有野生的或饲养的禽鸟类，现已发现有26个科、190多种野鸟感染本病，如鹦鹉、海燕、海鸥、苍鹭、白鹭、鸫、麻雀、雉、金丝鸟、鹩哥、鹬等较常见，家禽中鸽、鸭、鹌鹑及火鸡、鹅易感且多呈显性经过。幼禽鸟的易感性较成年禽鸟大且表现严重，转归大多死亡。继发感染或混合感染（最常见于沙门氏杆菌）或不良环境因素的刺激都能促进本病的发生、发展，引起大批死亡。许多种类的野鸟如候鸟、苍鹭、潜鸭及三趾鹬等地理分布广，能远距离迁徙，它们对本病的世界分布，自然疫源地的形成、巩固、扩散以及维持病原体在自然界的循环等方面起主要作用。与禽鸟类接触密切的有关人员要特别注意自身防护。

患病和带菌的禽鸟类是本病最主要的传染源，病禽鸟通过粪便排出大量病原体，衣原体的感染性在干燥的粪便中可保持几个月，病原体随粪干沫、尘埃到处飞扬，禽鸟类吸入后即可被感染，这是衣原体的主要感染途径；本病还可通过消化道和吸血昆虫如螨、虱等感染。本病不能垂直传播。本病的发生和流行无明显的季节性。

（三）发病机制

鹦鹉热衣原体通过何种机制诱发炎症并造成组织损伤，目前还不十分清楚。鹦鹉热衣原体无宿主细胞类型特异性，可使各种类型的细胞感染，包括可全身传播的单核吞噬细胞。鹦鹉热衣原体经上呼吸道进入人体后，不仅可在黏膜表面上皮细胞中繁殖，还可在局部单核－巨嗜细胞系统中繁殖，后经血流散布至肺、肾等器官，从而引起全身毒血症状和病变。这一过程需要一定时间，所以潜伏期较长。

（四）临床诊断

1. 临床症状

鹦鹉类患本病在成年鹦鹉多表现为隐性感染或仅有轻微症状。而幼龄鹦鹉则可表现明显的临床症状，呈急性经过，常导致死亡。病鸟表现绝食、沉郁、羽毛粗乱蓬松。排稀便，致使身上，特别是体后部玷污有黄绿色粪便，黏液性、脓性鼻液，眼被分泌物糊住，脱水、消瘦，幼龄鹦鹉病程为 3 天至 1 个月，死亡率可达 75% ~90% 。成年鹦鹉一般可康复，康复后可长期带菌，并从排泄物中排出病原体而成为传染源。康复后的带菌鹦鹉常无任何临床表现，或仅有短期的排稀便症状。

雉在野生和饲养的雉群中很少呈显性感染，绝大多数为隐性感染。据报道，有人在接触雉后得了衣原体病，说明雉确能感染衣原体。

苍鹭单纯感染衣原体后都呈隐性经过。

火鸡感染衣原体的潜伏期为 5 ~50 天，火鸡较敏感，群中有 70% 左右的火鸡呈现临床症状，体温升高，食欲废绝，排出黄绿色胶状粪便。雌火鸡的产蛋量迅速下降或停止产蛋。发病后致死率为 10% ~30% 。

鸽感染后的潜伏期一般为 5 ~9 天，成年鸽多数为隐性感染，很少发病，少数发病鸽子表现虚弱、厌食、腹泻，发生结膜炎和鼻炎，流出大量分泌物，呼吸困难，病鸽发出吱嘎或格格声，眼睑肿胀。有人认为，任何鸟类出现结膜炎都该怀疑是否感染了本病。继发感染或环境条件骤然变化时可促使病情恶化及死亡。幼鸽感染后多为急性病例，症状与成鸽相似但更严重，大多转归死亡，致死率可达 80% 左右。

其他鸟禽类患鸟疫的临床症状可参考上述内容。

2. 病理变化

各种鸟禽类患鸟疫后的剖检病理变化基本相似，其典型的病理变化特征是胸腔和腹腔器官的浆膜和气囊膜的纤维素性炎症，表面多有纤维素性渗出物被覆，其中以纤维素性心包炎、肝周炎和气囊炎最常见而明显。胸腔和腹腔常有纤维素性渗出液，严重病例渗出液较多。肺充血有炎症变化，肝、脾、心、肾等实质性器官肿大，色泽改变，常有坏死灶，其中脾肿大最明显，有时可为正常的 3 ~10 倍。所有病例几乎都有严重的肠炎病变。有的病例常见结膜炎和鼻炎。

（五）实验室诊断

1. 包涵体检查

取严重感染典型病例的血液或病变组织（包括气囊膜和心包膜）制成涂片，经 Macchiavello 法或 Castaneda 法或 Gimenez 氏法或 Giemsa 法染色镜检，检查衣原体的包涵体。但检出率不太高。

2. 病原的分离鉴定

（1）病料样品的采集：采取典型病例的病变部位，如肺、支气管、淋巴结、肠道黏膜、气囊、肝、脾或异常分泌物等，经系列处理，加链霉素或卡那霉素 500～1 000IU/ml 去除杂菌。

（2）分离培养：将处理好的病料上清 0.5ml 接种于 7 日龄鸡胚卵黄囊内，接种后鸡胚于 3～10 天内死亡，有些菌株则需盲传 5 代以上才能作出结论。

（3）细胞培养：可将病料接种到 Hela 细胞上培养，大多数菌株能在上面生长繁殖，并形成不同形态的核旁包涵体，在细胞中有衣原体。

（4）鉴定：对鸡胚培养物可做血清学检查，对培养细胞即可用直接免疫荧光试验检查衣原体。

3. 血清学检查

（1）对进出口的鸟禽类检疫此病常用的血清学方法是间接血凝试验。

（2）补体结合试验，常用的检疫方法，抗原可用感染的鸡胚卵黄囊膜制备。中国定为 1∶16 以上为阳性。

另外，还可用的血清学检查方法有中和试验、免疫荧光试验等。

4. 动物试验

取病料腹腔接种 3～4 周龄小鼠，接种后小鼠发生结膜炎，腹腔有纤维素性渗出物，脾肿大，腹部膨胀。上述为衣原体感染小鼠的典型症状。也可做脑内或鼻腔内接种。

四、哺乳动物衣原体病（Chlamydiosis of mammal）

由鹦鹉热衣原体感染可引起多种野生动物及人患病。由于感染动物的种类不同，其临床表现也不尽相同，但多表现流产、肠炎、肺炎等多种病型。人感染鹦鹉热衣原体可呈急性经过或呈 Reiter 氏综合征。人呈急性病时多表现发热、间质性肺炎，还能侵犯心肌、心包、脑实质、脑膜及肝脏。人多为职业病或与病鸟禽、兽有密切接触的人，儿童也可感染发病。主要经飞沫－呼吸道感染。成年男性感染鹦鹉热衣原体可发展成 Reiter 综合征即关节炎、尿道炎和结膜炎综合征，病情在数月至数年内由极期而渐趋减弱。

（一）病原

鹦鹉热衣原体 *Chlamydia psittaci*，详见前述。

（二）流行病学

多种野生哺乳动物对鹦鹉热衣原体敏感，如麝鼠、野兔、跳羚、考拉、苏门羚、野猪、灵长类动物、负鼠、鬣羚及海豹等。家畜也可感染本病。

1. 传染源

衣原体病是自然疫源性疾病，患病及带菌的动物和禽鸟类是最根本的传染源，哺乳动物和禽鸟类之间、哺乳动物和哺乳动物之间及禽鸟类和禽鸟类之间可相互传染，互为传染源。

2. 传播途径

衣原体主要随鼻、眼等的分泌物和排泄物排出体外，污染环境，易感动物主要经呼吸道感染，消化道亦可感染。多种节肢动物如虱、螨、蟑和蚤可起传播媒介的作用。

（三）临床诊断

1. 临床症状

不同种动物感染本病的临床症状不尽相同，分述如下：

麝鼠：病初出现体温升高（1℃以上），精神沉郁，对刺激反应降低，食欲降低或废绝，逐渐消瘦，有时运动失调。有的病例有鼻炎（流鼻液），胃肠炎（腹泻）。病情严重的急性病例可导致死亡。

考拉：可引起角膜炎导致失明，难以采食而饿死；还可引起子宫炎、阴道炎、尿道炎、肺炎及气管炎等。

美洲兔：体温升高，沉郁，消瘦，有的病例出现下痢，黄疸；极期可出现角弓反张、惊厥及低血糖，致死率较高。

负鼠：能引起脑炎和肺炎。脑炎以中枢神经系统异常为主；肺炎以呼吸系统功能障碍为主要特征。

跳羚：引起脑膜炎、脑脊髓炎、肺炎及心肌脉管炎等。

灵长类：导致流产和生殖道感染。

家畜衣原体感染可以发生地方性流产，多在妊娠后期流产，胎盘发炎、坏死，胎儿肝病变，产生死胎或低生活能力的幼仔，常不能站立而迅速死亡。

2. 病理变化

一般多见到肝充血、肿大、变色，有坏死灶；脾肿大，肠炎变化，肺炎变化，有时见有纤维素性心包炎及关节炎症变化。

（四）实验室诊断

1. 病料的采集

急性病例可取血液或脾脏，病程稍长的可取病变部位，如脑脊髓炎的取大脑或脊髓，肺炎的取肺和支气管淋巴结，肠炎的取肠黏膜，关节炎的取关节液，流产的取胎盘、子宫分泌物或流产胎儿的器官等。

2. 病原体的分离培养、鉴定

动物接种试验及血清学试验均可参考鸟疫的有关部分。

五、恙虫病（Tsutsugamushi disease）

恙虫病，又称丛林斑疹伤寒（scrub typhus），是由恙虫病东方体 *Orientia tsutsugamushi*，Ot 引起的急性自然疫源性疾病。以发热、皮疹、虫咬溃疡（焦痂）和浅表淋巴结肿大为主要特征，严重者出现肝脾肿大、腹水，救治不及时可导致死亡。恙虫病主要流行于亚洲和太平洋地区，中国有 23 个省报道发现恙虫病。

（一）病原

恙虫病的病原体是恙虫病东方体，其大小一般为（0.3 ~ 0.5）μm ×（0.8 ~ 2.0）μm，革兰氏染色呈阴性，姬姆萨染色呈紫红色，位于细胞质中，其他立克次体革兰氏染色呈红色，姬姆萨染色呈暗红色，背景为绿色。

（二）流行病学

以鼠类为主要传染源。鼠类感染后多无症状，而在其内脏中较长期保存立克次体，成为本病的贮存宿主。恙螨幼虫的宿主比较广泛，自然界中各种脊椎动物体表均可寄生，感染或携带恙螨而成为传染源。

恙螨是本病的传播媒介，经恙螨幼虫叮咬而将恙虫病立克次体传染人，并且恙虫病立克次氏体可以在恙螨中经卵传代。该病一年四季均有流行，据季节特点大体可分为：夏季型、秋季型、冬季型、春季型四型，其中又以7—9月份发病较多，但不同地区存在较大差异。

恙虫病发病人数及频率不断增多，流行范围也不断扩大，即东起新几内亚，西至阿富汗，南起新西兰和澳大利亚北部沿海地区，北至日本、俄罗斯远东滨海地区。存在海岛型、山林型和丘陵型三种生境类型疫源地。

（三）发病机制

人被携带Ot的媒介恙螨叮咬后，Ot从叮咬部分直接或经淋巴系统进入血液，在小血管内皮细胞繁殖后，内皮细胞肿胀、破裂，不断释放出东方体及其毒素，东方体死亡后所释放的毒素为致病的主要因素。毒素被吸收后，可致发热、头痛、全身酸痛等全身中毒症状，引起多脏器功能性损害，包括肝、脾、肾、肺、心、脑等以及浅表淋巴结肿大。在恙螨幼虫叮咬处，局部充血、水肿，进而由于皮肤小血管炎，发生毛细胞血管栓塞形成；局部坏死而成黑色痂皮成为焦痂，焦痂脱落后则形成溃疡。因小血管内皮细胞中东方体的寄生繁殖，引起弥散性小血管炎及血管周围炎，使管腔阻塞而发生皮疹。

（四）症状

患者临床症状非常相似，主要以发热、全身酸痛、乏力、腹胀、纳差、恶心为前驱症状，伴有剧烈头疼，3～4天后先头面部继而躯干、四肢出现斑丘疹。皮疹隆出皮肤、大小不等，为3～6mm，常连接成片、颜色红于正常皮肤，压之不褪色，无瘙痒，皮疹消退后留有色素沉着，无皮屑脱落。部分患者出现呕吐，耳后及枕部淋巴结肿大等症状。

（五）病理变化

焦痂与皮疹、溃疡面及其周围组织可见炎细胞，如中性粒细胞、淋巴细胞和巨嗜细胞浸润，纤维组织增生，皮疹多为充血性斑丘疹。肺肿胀，呈间质性肺炎改变。支气管肺炎和胸腔积液，微循环供血不足，血液黏稠度增加，可引起心肌纤维不同程度的变性、坏死，部分可断裂。受累的淋巴结出现细胞浸润间质性炎症，肝细胞肿大、坏死，肝窦间质水肿，肝索离散，中性粒细胞、淋巴细胞浸润，库普弗细胞增生。肾可见肾小管变性，蛋白尿。毒素作用可抑制造血细胞使周围细胞减少，细胞变形呈锯齿状，毛细血管壁损害，血浆渗出，导致循环障碍而死亡。

（六）诊断

1. 临床诊断恙虫病的依据

（1）持续高热，有“焦痂”或虫咬溃疡。

（2）有皮疹，淋巴结肿大，肝脾肿大。

（3）发病前约10天有野外活动史。

（4）四环素类药物治疗奏效。

2. 最后确诊的条件

（1）病原体分离：须在四环素类药物使用前抽取血液标本，冷藏并迅速进行立克次体分离；

（2）血清学诊断：既往一直用外斐氏试验，近年来，由于特异性血清学反应的推广应用，1986 年冬西太平洋地区立克次体会议上作出决定，凡能开展微量免疫荧光试验（mIF）或免疫过氧化物酶试验（IP）的地区，外斐氏试验不应再用于恙虫病的诊断；

（3）聚合酶链反应（PCR）和巢式聚合酶链反应（Nested PCR）：PCR 技术可以检出 20ng DNA 水平，Nested PCR 的敏感度比 PCR 高 100 倍，可以检出 200pg DNA，是目前最为快速、特异、敏感的方法。

（七）防治

搞好环境卫生，清除有利于恙虫生长繁殖和鼠类取食、活动、筑巢及栖息的条件。

六、Q 热（Query fever）

Q 热是由伯氏立克次体引起的一种人和动物自然疫源性传染病。本病目前广泛存在于世界许多国家，中国于 20 世纪 50 年代发现有 Q 热病例，60 年代分离出 Q 热立克次体。

（一）病原

Q 热的病原体是伯氏立克次体 *Rickettsia burneti*，其大小一般为（0.2～0.4）μm×（0.4～1.0）μm，常用姬姆萨染色法染色，在光学显微镜下可见。立克次体具有典型的细胞壁结构，无鞭毛，革兰氏阴性，营专性细胞内寄生。需在活细胞内才能生长繁殖。当寄主细胞代谢衰退时，立克次体繁殖最旺盛。当它一经进入寄主细胞，就在细胞质内不断地繁殖，直至寄主细胞充满寄生物，这时，寄主细胞破裂并将立克次体释放到周围体液中。该病原体体积较小，可通过滤菌器。对一般物理及化学消毒剂的抵抗力较大，巴氏消毒法常不能杀死伯氏立克次体。

伯氏立克次体在人工培养基上不能生长，实验室中通常在敏感动物、鸡胚卵黄囊及动物细胞培养物中培养。

（二）流行病学

在自然界，蜱、螨、野生动物及禽类等均为 Q 热立克次体的宿主。感染的野生动物包括松鼠、狼、豪猪、臭鼬、叉角羚、猬、黄鼬、袋狸、蝙蝠、鹿、浣熊、野猪、野兔、獾、灰狐、骆驼、旱獭及野生啮齿类动物、家畜、家禽；鸟类则有麻雀、鹊雀、朗鸫和白鹡鸰等。值得注意的是，蜱在自然疫源地中保持和传播 Q 热立克次体方面起着很重要的作用。

病原体从感染动物的奶汁、粪便、尿液等排出体外，特别是胎盘组织及羊水等含有大量病原体，污染外界环境，动物可通过食入、饮入、吸入被含有病原体分泌物和排泄物污染的食物、饮水或尘埃及飞沫等方式所感染。此外，本病还可通过被感染的蜱的叮咬而感染动物，使其发病。

人可因接触含病原体的材料，吸入带病原体的尘埃，或食入含病原体奶汁或奶制品而感染。

（三）发病机制

该病的致病机制还不十分清楚。中国分离株的豚鼠实验病理学显示，感染豚鼠出现循环免疫复合物，同时用免疫荧光发现肾小球毛细血管壁及系膜区有 IgG 及 C3 颗粒状沉积；电镜可见基底膜及系膜区沉有电子致密物。第Ⅲ型变态反应参与了 Q 热的病理损伤，可能是Q热发病机制的重要因素之一。

（四）临床诊断

1. 症状

动物感染后多呈亚临床经过，但绵羊和山羊有时出现食欲不振，体重下降、产奶量减少和流产、死胎等现象；牛可出现不育和散在性流产。多数反刍动物感染后，该病原定居在乳腺、胎盘和子宫，随分娩和泌乳时大量排出。少数病例出现结膜炎、支气管肺炎、关节肿胀、乳房炎等症状。人感染后通常出现弛张热、畏寒、虚弱、出汗，剧烈性或持续性的头痛和肌肉痛；有些病人表现为肺炎和肝炎症状，全身倦怠无力、失眠、恶心或腹泻等。

2. 病理变化

临床病理变化多见于肺脏，因此临床上Q热间质性肺炎发生率很高，主要病变为肺泡隔及细支气管周围明显充血水肿，肺泡壁明显增厚，炎性细胞浸润，肺泡腔内可见含纤维蛋白、单核细胞和红细胞的渗出液。当病程迁延、炎性渗出物吸收不全而机化时，肺炎病灶有可能发生肉质变。而由消化道等其他途径感染时，其临床病理变化则多为肉芽肿性肝炎，肝实质坏死区周围有单核细胞、淋巴细胞、浆细胞等炎性细胞浸润，多发生在肝小叶汇管区。有的呈环形，中央为脂质空白区；有的可散在或融合为较大病灶。较大肉芽肿中心可发生坏死，周边有成纤维细胞增生。Q热感染后病程超过半年，有持续反复发热并发生多器官特别是心血管系统的严重合并症时，为慢性Q热，其主要表现为Q热性心内膜炎，病变多侵犯主动脉瓣或二尖瓣，心脏、血管周围可发生炎症，常见淋巴样细胞灶性浸润。在瓣膜的接触缘和乳头肌处可见疣状赘生物，在赘生物的巨噬细胞吞噬溶酶体内或胞外发现立克次体聚集。Q热性心内膜炎有时伴有免疫复合物肾小球肾炎，肾脏活检显示肾小球细胞增生或硬化，系膜基质增加；内皮下有电子致密沉积，上皮细胞足突融合。

（五）实验室诊断

1. 分离培养鉴定

（1）样品采集

采取胎盘、子宫分泌物、乳汁以及其他含病原体较多的病料。

（2）显微镜检查

取病料制片，用姬姆萨氏法染色，若能在细胞内发现众多球杆状红染颗粒，则可作出初步诊断。

（3）病原体分离鉴定

病料多不加抗生素处理，作豚鼠腹腔接种，也可接种仓鼠或小白鼠等。感染豚鼠一般经5~28天后，多有体温升高，有些可致死亡。于接种21~30天后采血检查特异性抗体。

2. 血清学试验

补体结合试验是最常用方法，特异性很高。此外还有凝集试验。

（六）防治

非疫区应加强引进动物的检疫，防止引入隐性感染或带毒动物。疫区可通过临床观察和血清学检查，发现阳性动物及时隔离治疗；患病动物的乳汁或其他产品需经过严格的无害化处理方可应用；与病畜接触的相关人员应进行预防接种。Q热治疗以四环素及其类似药、利福平、甲氧苄氨嘧啶、喹诺酮类等为好。

七、埃立克体病（Ehrlichiosis）

埃立克体病是一类被新认识的自然疫源性疾病，由蜱叮咬传播，临床主要表现为发热、淋巴结肿大、血小板和白细胞减少，重者可致死亡。

（一）病原

埃立克体病，其病原体是一类革兰氏染色呈阴性、专性细胞内寄生菌，属于立克次体科、埃立克体族、埃立克体属。根据16S rRNA基因序列分析结果，可将其归于3个种系发生群。第1群是犬埃立克体、尤因埃立克体和查菲埃立克体，鼠埃立克体也归于这一群；第2群是马埃立克体、噬细胞埃立克体和人粒细胞埃立克体，扁平埃立克体也与这一群相关；第3群是腺热埃立克体和立氏埃立克体。

埃立克体不能在无生命的培养基上生长，也不能在鸡胚中培养。埃立克体的体外培养增殖可用原代或传代细胞系。侵害单核细胞的埃立克体比较适应于细胞培养。

（二）流行病学

该病多散发，也有小规模流行。日本、北美、东南亚、欧洲、中东、中美洲和非洲均有病例报道。2002年，中国对普通人群进行流行病学调查，在黑龙江和内蒙古发现埃立克体病的存在。

白尾鹿、犬、鼠是已经证实的自然界储存宿主，山狮、獐、马、羊等动物血清也可检测到埃立克体抗体及抗原。人群普遍易感，野外工作者，包括森林管理员、护林员及兽医为高危人群，也有打高尔夫球者、旅行者感染的报道。

（三）发病机制

埃立克体经蜱叮咬进入人体后主要存在于肝、脾、骨髓和淋巴结等单核－吞噬细胞系统，经内吞作用进入细胞内，形成含菌空泡，且不会被溶酶体融合，进而在单核细胞或吞噬细胞内生长繁殖，致使其黏附、渗出，吞噬作用和杀菌能力降低，抗体形成和淋巴细胞有丝分裂减少，抑制宿主免疫功能。埃立克体如何逃避溶酶体的杀灭作用，进而破坏吞噬细胞、抑制免疫的机制正在深入研究。

（四）临床诊断

1. 症状

（1）人腺热埃立克体病：低热、轻度头痛、肌痛、睡眠不佳、食欲不振、汗多、肝脾淋巴结肿大，偶有皮疹。通常发热2周后进入恢复期，无死亡和慢性病例。

（2）人单核细胞埃立克体病：潜伏期平均9天，出现高热、寒战、头痛、不适、肌痛、恶心、呕吐、食欲不振、腹泻、咳嗽、关节痛、皮疹、淤斑、颈项强直、神志不清、嗜睡，头面部神经麻痹、视力模糊、反射亢进、共济失调。严重并发症有中毒性休克综合征、脑膜脑炎、急性呼吸窘迫综合征，重症患者出现呼吸衰竭、肾衰竭、神经系统功能紊乱。

（3）人粒细胞埃立克体病：潜伏期平均8天，出现发热、寒战、不适、肌痛、头痛、恶心、呕吐、咳嗽、神志不清、皮疹。严重并发症有中毒性休克综合征、急性呼吸窘迫综合征、条件致病菌的机会感染，包括念珠菌食道炎、隐球菌肺炎、侵入性肺曲霉病、疱疹性食道炎。

2. 病理变化

人埃立克体病的病理变化包括脾淋巴组织萎缩、肝内巨噬细胞积聚、细胞凋亡、淋巴结皮质增生、骨髓增生。脾脏经常受累，肺、肝、心、肾组织内可见感染细胞，但只有肺和肝组织有病理损伤。

人单核细胞埃立克体病的病理损伤与人粒细胞埃立克体病相似，肝组织内可见散在淋巴细胞聚集、浸润，Kupffer细胞增生，各种程度的肝细胞炎症和坏死，胆管上皮细胞损伤，胆汁淤积。病因学研究发现，损伤源于宿主免疫介导或免疫抑制。

（五）实验室诊断

1. 实验室检查

白细胞、血小板减少，天冬氨酸转氨酶升高，伴有淋巴细胞、中性粒细胞减少，血红蛋白下降，有中枢神经系统感染症状者脑脊液淋巴细胞增多，蛋白浓度升高。罗曼诺夫斯基、姬姆萨或瑞氏染色可见白细胞胞质中有埃立克体桑椹体。

2. 特异性检查

常用的有电镜观察白细胞内微生物，用查菲埃立克体和粒细胞埃立克体组的抗体进行免疫组化法检测抗原，用查菲埃立克体或犬埃立克体抗原间接免疫荧光法检测血清和脑脊液中的抗体，蛋白印迹法检测血清和脑脊液中抗埃立克体主要抗原组分的抗体，PCR扩增埃立克体检测核酸，从血液和脑脊液中分离培养埃立克体。

（六）防治

最重要的是避免与蜱接触，野外工作者须注意个人防护，灭鼠、灭蜱。

敏感药物包括：多西环素、四环素、利福平、金霉素，红霉素也有效，首选多西环素。氯霉素、青霉素、庆大霉素、喹诺酮类和磺胺类无效。

第四节 寄生虫病

一、蛔虫病

蛔虫病是野生动物一个主要寄生虫疾病，野生哺乳动物和鸟类感染蛔虫的现象非常普遍。其病原体是蛔虫目（Ascaridida）的各科蛔虫。蛔虫目属于尾感器亚纲。该虫寄生在宿主的肠道内，常造成宿主发育停滞，繁殖能力下降，甚至死亡。幼虫在移行过程中会对宿主的肺脏造成一定的损伤。

（一）病原

感染野生陆生动物的主要蛔虫为蛔科（Ascaridae）、弓首科（Toxocaridae）、禽蛔科（Ascaridiidae）的各种线虫。不同的蛔虫有不同的固有宿主。虫体头端有3个明显的唇，一背唇，两亚腹唇。食道简单，呈长圆柱形，但无后食道。雄虫尾部短顿而有小尖，没有辐肋交合伞。交合刺1对，形状相同，为等长或不等长。卵壳厚，处单细胞期。直接发育型。

（二）生活史

蛔虫发育不需要中间宿主。刚产出的虫卵绝大多数处于单细胞期。虫卵随宿主粪便排至外界，在适宜的温度、湿度和氧气充足的环境中开始发育。条件适宜时，经过一段时间（10天左右）即可在卵壳内发育形成第一期幼虫。再经过一段时间的生长和一次蜕化，变为第二期幼虫，幼虫仍在卵壳内。这时还没有感染能力，须在外界经过一个月左右的成熟过程，才能达到感染性虫卵阶段。感染性虫卵被动物吞食后，在小肠内孵化。在孵化后，大多数幼虫钻入肠黏膜并进入血管，随血液通过门静脉到达肝脏。幼虫在肝内进行第二次蜕化。肝脏内的第三期幼虫又随血液经肝静脉、后腔静脉进入右心房、右心室和肺动脉到肺部毛细血管并穿破毛细血管进入肺泡。在肺泡内可发现第三期幼虫。凡不能到达肺脏而误入其他组织器官的幼虫，都不能继续发育。幼虫在肺内进行第三次蜕化。幼虫在肺内生长迅速，可比初进入时增大5~10倍，已能用肉眼看到。第四期幼虫离开肺泡，进入细支气管和支气管，再上行到气管，到达咽，进入口腔，再次被咽下，经食道、胃返回小肠。进入小肠后的幼虫进行第四次，即最后一次蜕化。其后幼虫逐渐长大，变为成虫。蛔虫只能生活在动物的小肠内；以黏膜表层物质及肠内容物为食物。

（三）流行病学

动物蛔虫病流行甚广，特别是幼年动物蛔虫病几乎到处都有。主要原因是本虫生活史简单；繁殖力强，产卵数多；卵对各种外界因素的抵抗力强。多种野生哺乳动物和鸟类可以感染蛔虫。蛔虫属蛔虫可寄生于人类、鼠类、河马等动物。兔唇蛔虫属的蛔虫可寄生于人类、鼠类、豹和狮等动物。副蛔虫属蛔虫寄生于马属动物体内。狮弓蛔虫寄生于虎、狮、豹、狐、狼等犬科和猫科动物体内。罗氏禽蛔虫可寄生于大象。鸟类主要感染禽蛔虫属蛔虫。

蛔虫病是猫科动物的一个常见寄生虫病，其感染强度和感染率均很高。赵广英等报道，位于黑龙江省横道河子的中国猫科动物饲养繁育中心，65只东北虎狮弓蛔虫感染率为72.3%，EPG值4 700，1周岁以下仔虎的感染率达100%。猫科动物蛔虫病的病原体，有弓首科弓首属的猫弓首蛔虫 *Toxocara cati* 和蛔科弓蛔属的狮弓蛔虫 *Toxascaris leonina*。猫弓首蛔虫颈翼前窄后宽，使虫体前端如箭镞状。雄虫长3~6cm，尾部有指状突起；雌虫长4~10cm，虫卵65μm×70μm，虫卵表面有点状凹陷。狮弓蛔虫头端向背侧弯曲，颈翼中间宽，两端窄，使头端呈矛尖形。无小胃。雄虫长3~7cm；雌虫长3~10cm，阴门开口于虫体前1/3与中1/3交接处。虫卵偏卵圆形，卵壳光滑，大小为(49~61)μm×(74~86)μm。

鸽、野鸽及近似于家禽的鸟、鹦鹉，鹤可感染鸡蛔虫 *Ascaridia galli*，鸽蛔虫 *A. columbae*，两性蛔虫 *A. hermaphroditae*，可以引起死亡。熊感染蛔虫非常常见。其病原体为熊蛔虫 *Toxascaris transfuga*，严重时可引起熊的死亡。林成昌等报道一例黑熊死亡病例，肠道发现约1 800条蛔虫，并确诊为黑熊死亡的主要原因。斑马蛔虫病的病原体为马副蛔虫 *Parascaris equorum*，如果感染强度大可以引起斑马驹死亡。小熊猫可感染横走弓蛔虫 *Toxascaris transfuga* 或小熊猫弓蛔虫 *Toxascaris ailuri*。大熊猫蛔虫病的病原体为西氏蛔虫 *Ascaris schroederi*。此外，旱獭、狍子、苏门羚、野骆驼、斑马、野马、野驴、长臂猿、狒狒、金丝猴、黑叶猴、猞猁、白熊等均可感染蛔虫。

（四）症状

动物在感染早期（约一周以后），有轻微的湿咳，体温可升高到40℃左右。如感染轻微，又无并发症则不至引起肺炎。幼虫移行期间，动物可呈现嗜酸性粒细胞增多症。感染较为严重的动物，可出现精神沉郁，呼吸及心跳加快，食欲减退或时好时坏，异嗜，营养不良，消瘦，贫血，被毛粗乱，或有全身性黄疸，有的动物生长发育长期受阻。感染严重时，呼吸困难，急促而不规律，常伴发声音沉重而粗粝的咳嗽，并有口渴、呕吐、流涎、拉稀等症状。蛔虫过多、阻塞肠道时，动物表现疝痛，有的可能发生肠破裂而死亡。

（五）病理变化

初期有肺炎症状，肺组织致密，表面有大量出血点或暗红色斑点。肝、肺和支气管等处常可发现大量幼虫。在小肠内可检出数目不定的蛔虫。寄生少时，肠道没有可见的病变；寄考多时，可见有卡他性炎症、出血或溃疡。肠破裂时，可见有腹膜炎和腹腔内出血。因胆道蛔虫症而死亡的动物可发现蛔虫钻入胆道，使胆管阻塞。病程较长的，有化脓性胆管炎或胆管破裂，胆汁外流，胆囊内胆汁减少，肝脏黄染和变性等病变。

（六）诊断

生前诊断用粪便检查法；死后剖解时，须在小肠中发现虫体和相应的病变；但蛔虫是否为直接的致死原因，又必须根据虫体数量、病变程度、生前症状和流行病学资料等作综合判断。

（七）防治

现在发现的野生动物蛔虫病主要集中在动物园以及特种经济动物饲养场，其防治的主要办法为预防性驱虫和保持动物舍的清洁。

1. 预防性驱虫

根据各地气候条件的不同，制定相应的驱虫计划。一般为一年两次。常见的为春季和秋季两次驱虫。常用的驱杀动物寄生虫的药物有伊维菌素、阿维菌素、苯硫咪唑、吡喹酮等。野生动物给药的方式最好为口服，但野生动物嗅觉、味觉灵敏，有时难以奏效。如果口服有困难也可采用肌肉注射，也可采用吹管直接注射或麻醉后注射。

2. 保持圈舍及运动场的环境卫生

蛔虫为土源性寄生虫，其虫卵对环境的抵抗能力特别强。一旦圈舍和运动场被污染，很难净化。要注意粪便的无害化处理。注意动物饲喂的方式，尽量保证食物少接触或不接触土壤、粪便等可能被蛔虫污染的物品。

二、血吸虫病

分体科（Schistosomatidae）各属吸虫寄生在宿主的门脉系统内，可引发动物的严重疾病。分体科的血吸虫是一种严重的人兽共患寄生虫病。分体科的东毕吸虫，主要以反刍动物为宿主；鸭毛毕吸虫、主要寄生在鸟类，特别是水生鸟类。中国流行的血吸虫主要是日本血吸虫，流行于长江流域及其以南各省。

（一）病原

血吸虫隶属于扁形动物门吸虫纲腹殖目分体科。日本分体吸虫 *S. japonicum* 为雌雄异体。雄虫乳白色，长 10～20mm，宽 0.5～0.55mm。有口、腹吸盘各一个，口吸盘在体前端；腹吸盘较大，具有粗而短的柄，在口吸盘后方不远处。体壁自腹吸盘后方至尾部，两侧向腹面卷起形成抱雌沟；雌虫常居雄虫的抱雌沟内，呈合抱状态，交配产卵。有睾丸 7 枚，成椭圆形。雌虫较雄虫长，长 15～26mm，宽 0.3mm，呈暗褐色。虫卵椭圆形或接近圆形，大小为（70～100）μm×（50～65）μm。淡黄色，卵壳较薄，无卵盖。卵内含有一个活的毛蚴。

（二）生活史

日本分体吸虫的生活史必须通过螺为中间宿主，才能继续发育。成虫寄生在动物的门静脉和肠系膜静脉内，一般雌雄合抱。产出的虫卵一部分顺血流到达肝脏，一部分顺血流沉积在肠壁。初产出的虫卵很小，内含卵细胞。虫卵在肠壁或肝脏内逐渐发育成熟，内部卵细胞变为毛蚴。由于虫卵内毛蚴分泌溶细胞物质，加上肠壁肌肉收缩作用，虫卵即进入肠腔，随宿主粪便排出体外。排出的虫卵如遇机会落入水中，在一定条件下孵出毛蚴。若在水中遇到中间宿主钉螺，钻入钉螺的软体组织内，继续发育。如果毛蚴未遇到钉螺，则死亡。毛蚴侵入中间宿主内进行无性繁殖形成母胞蚴，并逐渐发育为子胞蚴、尾蚴，尾蚴成熟后自钉螺体中钻出。尾蚴具有感染能力，可通过皮肤感染宿主。

（三）流行病学

日本血吸虫感染的动物特别多，包括家畜、家禽、野生动物共7目28属42种。血吸虫可感染的动物有啮齿目、兔形目等的鼠和兔；食肉目的豹猫、金钱豹、獾、貉、灵猫、狐；奇蹄目的驴、马；偶蹄目的獐、野猪、麂；灵长目的猕猴。野生动物携带血吸虫病原体可成为重要的感染来源。

（四）症状

首先呈现食欲不正常、精神沉郁，行动缓慢，呆立不动。后开始腹泻，继而下痢，有里急后重现象，粪中带有黏液、血液，甚至块状黏膜，有腥恶臭味。患病动物体温升高，营养不良，日渐消瘦，体质衰弱，严重的站立困难，全身虚脱，很快趋于死亡。有的可逐渐转为慢性，但往往反复发作，使患兽瘦弱不堪。若是母兽，则发生不孕或流产等现象。

少量感染时，一般症状不明显，体温、食欲等均无多大变化，病程多取慢性经过。

（五）病理变化

本病所引起的病理组织变化，主要是由于虫卵沉积于组织中，产生虫卵结节。剖解时，肝脏的病变较为明显，其表面或切面肉眼可见灰白色或灰黄色的小点，即虫卵结节。感染初期肝脏可能肿大，日久后肝呈萎缩、硬化。肠系膜淋巴结肿大，门静脉血管肥大，在其内及肠系膜静脉内可找到虫体。

（六）诊断

本病的诊断可根据症状和当地的流行情况。如果是轻度的感染者，一般在临床上不易发现。流行区内重感染者则有便血、下痢与消瘦等，但并非本病独有的症状。确诊必须根据病原检查。多采用粪便沉淀孵化法检查毛蚴以作出诊断。长期的实践证明，该法阳性检出率比较高，是较为可靠的诊断方法。血吸虫的诊断也可以用免疫学方法。

（七）防治

吡喹酮是当前治疗血吸虫病的首选药物，不良反应少，安全，是一种比较理想的抗血吸虫病药物。

消灭传染源和中间宿主是控制血吸虫病的两个主要对策。防止血吸虫卵污染有螺的环境。

三、弓形虫病

弓形虫病是由刚第弓形虫 *Toxoplasma gondii* 引起的。弓形虫病是一种人兽共患病，宿主种类十分广泛，人和动物的感染率都很高。

(一) 病原体

弓形虫属真球虫目（Eucoccidia），肉孢子虫科（Sarcocystidae），弓形虫属 *Toxoplasmagondii*。大多数学者认为发现于世界各地人和各种动物的弓形虫只有一个种，但有不同的虫株。

弓形虫在其全部生活史过程中可出现数五种不同的形态：滋养体、包囊、卵囊、裂滋体、裂殖子。

(二) 流行病学

猩猩、狒狒、猴、浣熊、沙狐、银狐、北极狐、雪貂、水貂、豺、貉、狼、野猪、野牛、羚羊、鹿、有袋动物、北极熊、象、海狮、啮齿类动物等均可感染弓形虫。鸟类也可感染弓形虫。

(三) 生活史

弓形虫的全部发育过程需要两个宿主。在终末宿主肠内进行对球虫型发育，在中间宿主体内进行肠外期发育。

猫等终末宿主吞食了弓形虫的包囊或卵囊，子孢子或速殖子和慢殖子侵入小肠的上皮细胞，进行球虫型的发育和繁殖。开始是通过裂殖生殖产生大量的裂殖子，经过数代裂殖生殖后，部分裂殖子转化为配子体，大、小配子体有发育成为大配子和小配子，大配子和小配子结合形成合子，最后产生卵囊，卵囊随终末宿主的粪便排到外界。在适宜的环境条件下，发育为感染性卵囊。终末宿主摄入的滋养体，有一部分进入淋巴、血液循环，随之被带到全身各脏器和组织，侵入有核细胞，以内出芽或二分法进行繁殖。一部分滋养体在宿主的脑和骨骼肌形成包囊。包裹有较强的抵抗力，在宿主体内可存活数年之久。

在外界成熟的孢子化卵囊污染食物和水源而被中间宿主（包括人和多种动物）食入或饮入释出的子孢子，和通过口、鼻、咽、呼吸道黏膜、眼结膜和皮肤侵入中间宿主体内的滋养体，将通过淋巴血液循环侵入有核细胞，在胞浆中以内出芽的方式进行繁殖。

(四) 症状

弓形虫病的急性症状为突然废食，体温升高，呼吸急促，眼内出现浆液性或脓性分泌物，流清鼻涕。患兽精神沉郁、嗜睡，发病后数日出现神经症状。慢性病例的病程则较长，病兽表现为厌食，逐渐消瘦，贫血。随着病程的发展，病兽可出现后肢麻痹，并导致死亡，但多数病兽可耐过。

(五) 病理变化

急性病例出现全身性病变，淋巴结、肝、肺和心脏等器官肿大，并有许多出血点和坏死灶。肠道重度充血，肠黏膜上常可见到扁豆大小的坏死灶。肠腔和腹腔内有多量渗出液，病理组织学变化为网状内皮细胞和血管结缔组织细胞坏死，有时有细胞浸润。弓形虫的滋养体位于细胞内或细胞外。急性病变主要见于幼兽。慢性病例可见内脏器官的水肿，并有散在的坏死灶。

（六）诊断

弓形虫病的临床表现、病理变化和流行病学虽有一定的特点，但仍不足以作为确诊的依据，而必须在实验室诊断中查出病原体或特异性抗体，方可作出结论。

急性弓形虫病可将病兽的肺、肝、淋巴结等组织做成涂片，用姬姆萨或瑞氏液染色，检查有无滋养体。也可将肺、肝、淋巴结等组织研碎，加入10倍生理盐水，在室温下放置1h，取其上清液0.5～1ml接种于小鼠腹腔，然后观察小鼠有否症状出现，并检查腹腔液中是否存在虫体。

（七）防治

对于本病的治疗主要是采用磺胺类药物。磺胺嘧啶、磺胺六甲氧嘧啶、磺胺甲氧嘧啶等对弓形虫病有效。

第四篇

技术篇

第十章
安全防护技术

安全是开展野生动物疫源疫病监测及相关疫病研究工作的重要前提，特别是在突发事件（疫情）处置过程中，按要求进行个人防护是保证人身安全和避免疫情扩散的必要措施。同时，开展野生动物疫病检测的相关实验室也应该按照国家有关规定做好安全防护措施，避免由于操作不当导致疫情的发生和扩散。

第一节 人员安全

一、接触染病动物人员防护要求（包括饲养、采样以及捕杀人员）

1. 采样前准备

（1）采样前应熟悉采样环境和气候条件，对可能存在的意外情况设计预案。

（2）采样前应对环境中具有危险性的野生动物有所了解，应配备防止动物侵犯的防护工具，并采取相应保护措施。

（3）如染病野生动物尚未死亡，应根据野生动物种类预先确定合适的保定措施。

2. 防护

采样人员应穿戴合适的防护衣物。

3. 工作人员健康监测

（1）相关检验检疫人员应接受血清学监测。

（2）所有接触怀疑高致病性病原微生物感染动物的人员及其密切接触人群均应接受卫生部门监测。

（3）免疫功能低下、60 岁以上以及有慢性心脏病和肺脏疾病的人员要避免从事与野生动物检验检疫相关的工作。

二、赴疫区调查采访人员防护要求

1. 要戴口罩，口罩不得交叉使用，用过的口罩不得随意丢弃。
2. 必须穿防护服。
3. 进入污染区必须穿胶靴，用后要清洗消毒。
4. 脱掉个人防护装备后要洗手或擦手。
5. 若有可能，在出入有染病动物污染的场所后，应当洗浴。
6. 废弃物要装入塑料袋内，置于指定地点。

三、防护用品的要求及穿脱顺序

（一）防护用品

1. 防护服：一次性使用的防护服应符合《医用一次性防护服技术要求》（GB 19082—

2003）。

2. 防护口罩：应符合《医用防护口罩技术要求》（GB 19083—2003）。

3. 防护眼镜：视野宽阔，透亮度好，有较好的防溅性能，弹力带佩戴。

4. 手套：医用一次性乳胶手套或橡胶手套。

5. 鞋套：为防水、防污染鞋套。

6. 长筒胶鞋。

7. 医用工作服。

8. 医用工作帽。

（二）防护用品的穿脱顺序

1. 穿戴防护用品顺序

（1）戴口罩，一只手托着口罩，扣于面部适当的部位，另一只手将口罩带戴在合适的部位，压紧鼻夹，紧贴于鼻梁处。在此过程中，双手不接触面部任何部位。

（2）戴帽子，戴帽子时注意双手不接触面部。

（3）穿防护服。

（4）戴上防护眼镜，注意双手不接触面部。

（5）穿上鞋套或胶鞋。

（6）戴上手套，将手套套在防护服袖口外面。

2. 脱掉防护用品顺序

（1）摘下防护镜，放入消毒液中消毒。

（2）脱掉防护服，将反面朝外，放入医疗废物袋中。

（3）摘掉手套，一次性手套应将反面朝外，放入医疗废物袋中，橡胶手套放入消毒液中消毒。

（4）将手指反掏进帽子，将帽子轻轻摘下，反面朝外，放入医疗废物袋中。

（5）脱下鞋套或胶鞋，将鞋套反面朝外，放入医疗废物袋中，将胶鞋放入消毒液中消毒。

（6）摘口罩，一手按住口罩，另一只手将口罩带摘下，放入医疗废物袋中，注意双手不接触面部。

四、对手清洗和消毒的要求和方法

1. 对洗手的要求

（1）接触染病动物前后。

（2）接触血液、体液、排泄物、分泌物和被污染的物品后。

（3）穿戴防护用品前、脱掉防护用品后。

（4）戴手套之前，摘手套之后。

2. 对手消毒的要求

（1）接触每例染病动物之后。

（2）接触血液、体液、排泄物和分泌物之后。

（3）脱掉防护用品后。

（4）接触被染病动物污染的物品之后。

3．标准洗手方法

标准洗手方法见图 10－1。

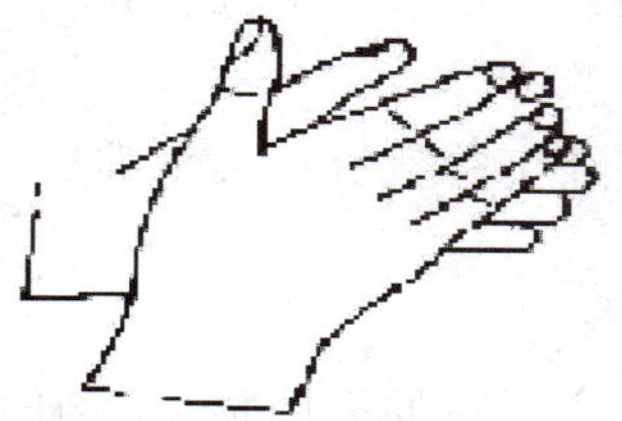

1．掌心对掌心搓擦

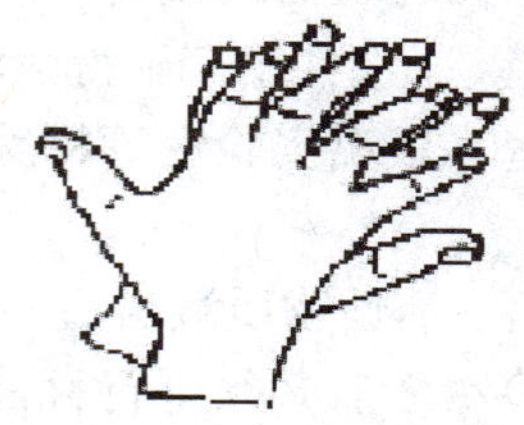

2．手指交错掌心对手背搓擦

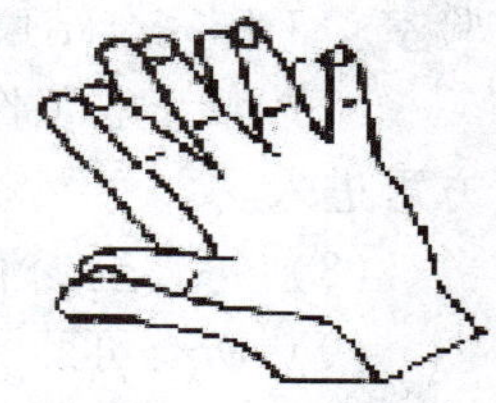

3．手指交错掌心对掌心搓擦

4．两手互握互搓指背

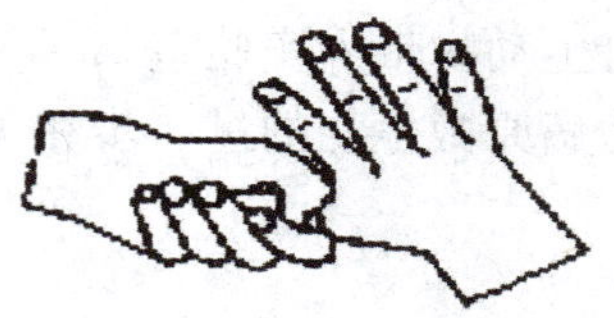

5．拇指在掌中转动搓擦

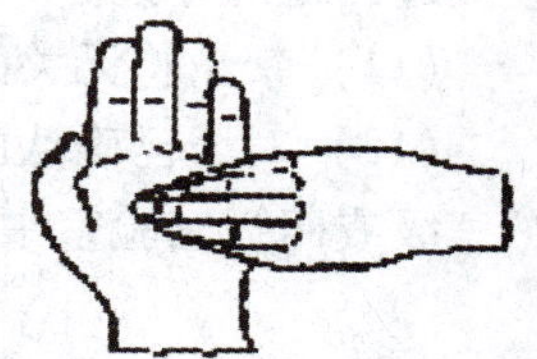

6．指尖在掌心中搓擦

图 10－1　标准洗手方法

4．手消毒的方法

手消毒可用 0.3%～0.5% 碘伏消毒液或快速手消毒剂（异丙醇类、洗必泰－醇、新洁尔灭－醇、75% 酒精等消毒剂）揉搓作用 1～3 min。

第二节　实验室安全

有条件开展相关工作的实验室应满足中华人民共和国国家标准《实验室生物安全通用要求》（GB 19489—2004）的各项条件。

（1）实验室设计和建造应满足《微生物和生物医学实验室生物安全通用准则》（WS 233—2002）规定的生物安全防护二级实验室的基本要求，包括：

①应设置实施各种消毒方法的设施，如高压灭菌锅、化学消毒装置等对废弃物进行处理。

②应设置洗眼装置。

③实验室门宜带锁、可自动关闭。

④实验室出口应有发光指示标志。

⑤实验室宜有不少于每小时 3～4 次的通风换气次数。

（2）参与野生动物病源分离的实验室，其入口处须贴上生物危险标志，内部显著位置须贴上有关的生物危险信息、负责人姓名和电话号码。

（3）工作人员在实验时应穿工作服，戴防护眼镜，手上有皮肤破损时应戴手套。

（4）在实验室中应穿着工作服或防护服。离开实验室时，工作服必须脱下并留在实验室内。不得穿着外出，更不能携带回家。用过的工作服应先在实验室中消毒，然后统一洗涤或丢弃。

（5）处理可能含有病原微生物的样品时，应在二级生物安全柜中或其他物理抑制设备中进行，并使用个体防护设备。

（6）当手可能接触感染材料、污染的表面或设备时应戴手套。不得戴着手套离开实验室。工作完全结束后方可除去手套。一次性手套不得清洗和再次使用。

（7）禁止非工作人员进入实验室。参观实验室等特殊情况须经实验室负责人批准后方可进入。

（8）每天至少消毒一次工作台面，活性物质溅出后要随时消毒。

（9）所有可疑污染物在运出实验室之前必须进行灭菌，运出实验室的灭菌物品必须放在专用密闭容器内。

（10）工作人员暴露于已明确的感染性病原时，及时向实验室负责人汇报，并记录事故经过和处理方案。

（11）禁止将无关的宠物或野生动物带入实验室。

（12）对于已确认的高致病性病原微生物的进一步相关实验活动，需转入生物安全防护三级或四级实验室中进行。

第十一章
鸟类环志技术

第一节　环志鸟的捕捉、保存和运送

一、粘网

粘网（又称雾网或张网）是目前世界各国最为普遍接受和使用的环志捕鸟工具（见图 11－1）。我国目前使用的多为选用腈纶纱、手工双结编制的网片。合成纤维网的优点是线径细小，网的可见度低，并且不怕潮湿。可针对各种鸟类的生态学特性，改进和制作捕捉各种鸟类的网具。具体可参见粘网编号及适用鸟种（见表 11－1）。

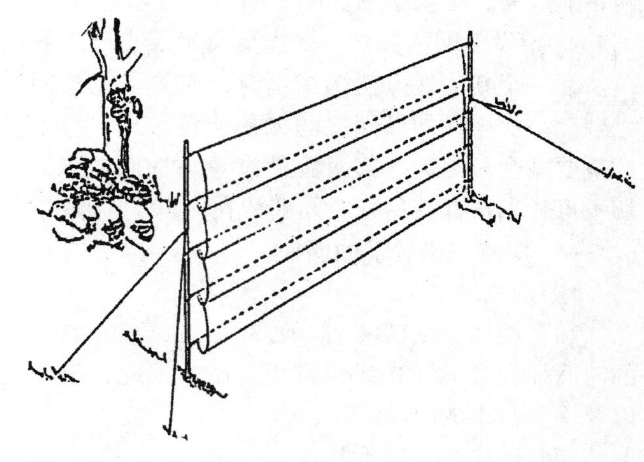

图 11－1　使用中的粘网

表 11－1　粘网编号及适用鸟种

编号	适用鸟种	网目尺寸（cm）	网片尺寸（长、宽目数）	兜数（个）	颜色
1	啄花鸟科各属种、太阳鸟科各属种、攀雀科、旋木雀科、绣眼鸟科各属种、莺亚科、鸸科各属种	1.2×1.2	1 500×250	5	黑色、草绿色
2	鹟科、鹡鸰科、岩鹨科、山雀科、文鸟科、雀科、翠鸟科、鹡鸰科、河乌科	1.8×1.8	（600～700）×150	5	黑色、草绿色
3	百灵科、鸫科、戴胜科、画眉科、鹨形目	2.5×2.5	（700～800）×100	3～4	黑色、草绿色
4	鸠鸽科、沙鸡科、鹑属	3.5×3.5	（700～800）×120	3	黑色
5	鸡形目（鹑属除外）、雁形目（天鹅除外）	（6.5～8）×（6.5～8）	（600～700）×90	2～3	黑色、天蓝色、草绿色
6	其他大型鸟类	（12～16）×（12～16）	—	—	

（一）粘网的使用

除了选择适当的网目和网的颜色之外，在野外架网时还应该注意以下几点：

1. 地形、地势的选择。架网前，要观察好鸟类经常活动或来回飞翔的地点和途径，如水边、农作物和树林、灌丛的中间地带等。

2. 架网时间的选择。考虑到捕鸟效率，除了选择有利的地形外，还应考虑架网的时间，一般在清晨和傍晚鸟类活动高峰期内上网率较高。

3. 网面的朝向。在有风的天气里，应考虑网面的朝向问题。一般应迎风架网，使网面正对着风的来向。否则粘网会被风吹向一端，使鸟在触网时，失去了网的柔软性，使网不能成兜，降低了捕获率。如果风力超过四级，绝对不能使用粘网。

4. 架设粘网的数量。环志员要确保自己不致因架网过量，而没有时间处理所捕到的鸟。在一个新的地点架网捕鸟时，应先少量架网试验，待熟悉情况后再决定架网数量的增减。一次架设的鸟网之间如果相距较远，应考虑到来回巡视的时间。距离较远，架网数量要减少。因此，架网数量应考虑捕获数量、巡视时间、环志所需时间等诸多因素，切不可让鸟被捕获后长时间羁留在网内。

（二）特殊情况下的网捕

1. 栖息地网捕

在鸟类栖息地内网捕，通常是鸟类离开或回到栖息地的清晨和傍晚时进行；在这样的时间捕捉鸟类，光线通常很昏暗。因此，架网之前应对栖息地进行观察，以了解地形以及鸟类活动的时间。

同时还应注意以下几点：

（1）在网捕前，应先观察和了解鸟出入的方向、数量等因素。

（2）配置适当的光源，由于头灯不用手持，是许多人首选的光源。

（3）网杆拉线要牢固，网弦要绷紧，不然的话一大群鸟的突然撞入可能会把网推翻，其后果不堪设想。

（4）要注意天气的变化，若大群鸟撞到网上，甚至又突发暴雨，对网中的鸟是十分危险的。

（5）根据推测的最大网捕量，准备足够的鸟袋或安置鸟的容器。

2. 鸻鹬类的网捕

利用粘网捕捉鸻鹬类一般在早晨或夜晚的时间在其栖息的生境内进行，所以也是栖息地网捕的一种，因此上述注意事项都应遵守。

在网捕鸻鹬类时还应注意下列事项：

（1）由于粘网可能设置在泥滩或水面上，网最下层必须跟水面或泥面保持一段距离。这段距离应把可能出现的浪击和涨潮也计算在内。考虑到捕获量高时特别是大型的鸻鹬类进网时，网的中央会下坠一米或更多，所以空网的最底层网弦要高出水面或泥面1m以上。必要时，在每面网的中央下方加一个M字样铁架用以支撑网的低层，以减少可能的下坠。

（2）由于鸻鹬类个体较大，飞行速度较快，所以支撑鸟网的网杆和网弦要有足够的强度。

3. 在芦苇丛进行网捕

很多鸟在芦苇丛栖息，如家燕、鹡鸰类、鹀类、苇莺类等，要捕捉这些鸟类，可能要在苇丛中开辟道路和网场。

此时应遵循的原则是：

（1）因为有些种类在芦苇丛中繁殖，所以网场应在4月之前开辟，并且保持整个夏季的通畅。

（2）如果苇丛有水域，且有水禽类栖息，此时网场最好转变方向，以免影响水禽类的活动。

（3）若通道地质松软，应放置一层树叶或苇秆，或盖一木板，以免人员深陷。

（4）网场两侧的“苇墙”应作倾斜状修剪，以免苇丛缠住网。

（5）不能在苇丛内驱赶鸟入网，以免对苇丛生境造成不可挽回的破坏。但如果网场边还有水沟或堤岸，可以沿岸或水沟驱鸟入网。

（6）开辟网场和通道时，应注意是否有珍贵保护的植物。

4．拂网

一般粘网的使用都是静态的，等待鸟“自投罗网”。而拂网正好相反，由环志员灵活把持粘网，挥动鸟网以拦截飞过的鸟。这种方法主要用于捕捉燕子、雨燕以及其他飞翔能力很强的鸟类。捕捉时最好由三人合作完成，由两人持杆舞动，一人解取上网的鸟。也可以由一人操作，但其中一根网杆必须牢固而直立地固定在地面上，另一根网杆由环志员把持，拉紧鸟网，并挥舞拦截飞鸟。

需注意下列两点：

（1）网一定要扎牢，网弦环要在网杆上绕成双环，以防滑脱。

（2）当捕到飞鸟时，网弦要绷紧，不然会使鸟纠缠得更深。

5．繁殖季节网捕

处于繁殖期的鸟类较为脆弱，所以捕捉繁殖期的鸟类进行环志必须特别注意下列问题：

（1）必须经常定时巡视网场。

（2）对腹部较胀可能已怀卵的雌鸟，要小心而迅速地处理。

（3）若捕到离巢不久的幼鸟（鉴别特征是翅膀和尾短、喙短、喙裂缘黄嫩等）应优先处理，并送回捕获地点释放。

（4）一般来说，不应故意在鸟巢附近架设粘网或试图拦截回巢孵卵或育雏的成鸟；但对一些营群巢的鸟类，如崖沙燕，可以在巢附近进行网捕而对繁殖无影响。

（5）如果一天内屡次在同一网中捕捉到同一只成鸟，且表现得焦躁不安，那么鸟网可能离巢太近，此时应把网移开。

6．恶劣气候下的网捕

（1）雨

在大雨中绝不应使用粘网捕鸟。一方面由于悬于网线上的水点使网显露且变重，另一方面捕到的鸟全身湿透，使鸟很容易着凉而患病乃至死亡。

在微雨或烟雨中，若继续网捕，必须一直观察或频频巡视鸟网，有鸟上网必须马上解下，并要保持双手的干燥。

在潮湿天气捕鸟，唯一要考虑的是在鸟解下后，羽毛能否仍然保持干燥和良好的状态。

(2) 强风

若风力超过四级，原则上不宜架网捕鸟。但若能找到避风的地点，可以考虑进行捕鸟。

假如必须在强风中工作，要把网的底层叠起，使鸟网不被旁边的灌丛挂住。

(3) 高温

如果气温很高，而且陷在网中的鸟又受到阳光直射，在这种情况下必须频繁巡视网场，巡网间隔时间可以在15min左右。

(4) 寒冷

在寒冷的季节用粘网捕鸟，会破坏鸟的羽毛保温层，而且冬季白昼时间短，网捕可能会减少鸟取食的机会，所以同样必须经常巡视网场，迅速处理上网的鸟。

7. 鸟鸣录音招引网捕

以播放鸟鸣声辅助网捕在欧洲已广泛使用，效果很好。

在使用时请注意以下问题：

(1) 初次尝试以鸟鸣声招引鸟类时，你可能什么都抓不到，也可能上网的鸟多得让你无法处理。

(2) 如果有大群的鸟上网，应先关掉录音机，避免在处理完这一批之前又招引到另一批。

(3) 在栖息地内以录音招引鸟类，不宜架设太多的鸟网。

(4) 一般来说，在繁殖期不应使用鸣声招引。

(三) 解网技术

解网技术是指从粘网上安全、迅速地取出上网的鸟的过程和技巧。以往的经验显示，并非所有的人都能成为解网的能手。一方面除了具备良好的视力和稳定而触觉敏锐的手指外，还需具备耐性和平静的性情。容易激动和慌张的人，不适于操作粘网。

对于上网的每一只鸟都会是一个特殊的难题，仅仅接受理论的学习不能取代实践。必须观察很有经验的解网能手的示范并在其指导下重复练习，才能掌握安全解网的要诀。

以下是解网时通常遇到的问题以及相应的对策：

(1) 解网的顺序其实就是把鸟上网的过程反转过来。比如，鸟缠在两重网中时，应先解开外面的一层；当鸟在网兜内转了几圈的话，应小心把它转回；最后把鸟取出的网面，就是鸟飞进的网面。

(2) 若网中的鸟可以用正常的解网抓握法抓住的话（见图 11－2)，可以避免鸟缠得更深。这个方法一般来说不用费神去解缠在脚上的网线，当鸟的头部和身体解出后，很容易拉开缠在脚上的网线。

(3) 如果要解开紧握在鸟足趾内的网线，可以让鸟的脚伸直，紧握的足趾就会自然松开。操作时只需把鸟转过身子，轻吹其腹部就会促使它松开。

(4) 如果鸟足趾被网线紧紧缠住，此时可以用中指和拇指轻轻而牢固地捏住跗蹠近趾的部位，再以另一只手的食指和拇指轻轻且反复地搓动网线（见图 11－3)，这样跗蹠近趾的部位，再以另一只手的食指和拇指轻轻且反复地搓动网线，一般情况下都可解脱缠绕在鸟脚上的网线。当网线与鸟环缠绕在一起时，可用一根安全别针作为辅助工具挑开网线（环志员利用一根7～10cm长的竹针也可帮助解网)。

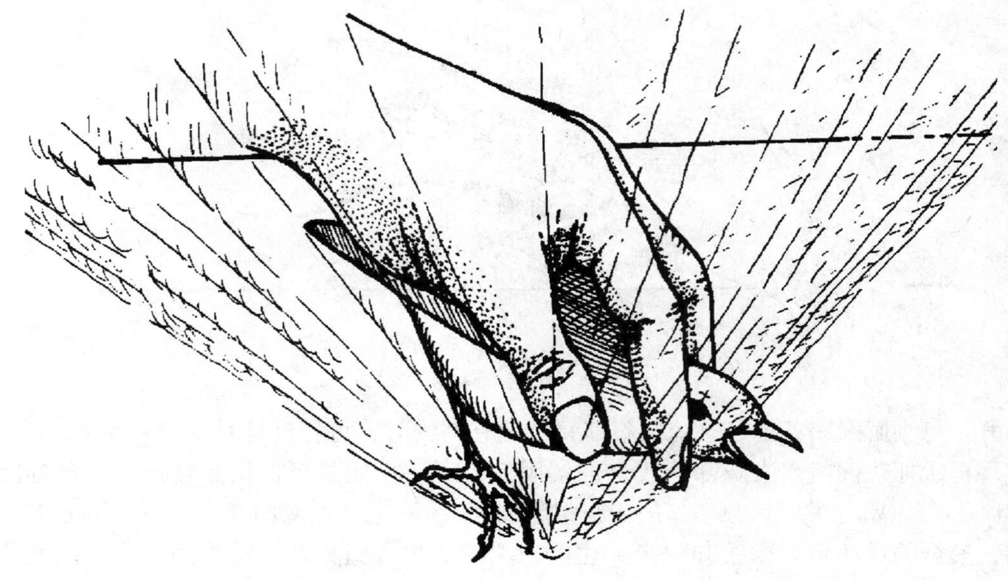

图 11－2　常规解网抓握方法一

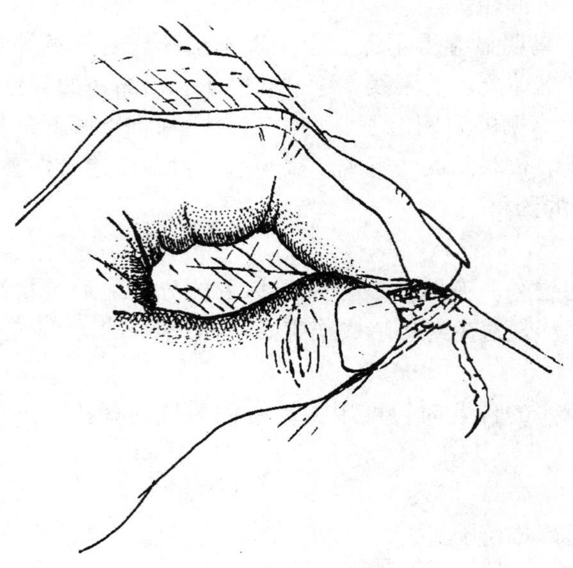

图 11－3　解脱缠在鸟足趾上的网线

（5）有些鸟类的爪较弯，如隼形目、鸮形目以及椋鸟等，需要很大的耐心和毅力才能把网线解开。如果实在不行的话，就须把网线剪断。

（6）当鸟双翅都被缠住时，可以先抓住初级飞羽的基部，另一只手把缠在翅上的网线解脱，同时也把缠在基部的网线解开，接着以环志抓握法抓住鸟体，最后将另一侧翅膀也解出。在解脱腕关节部位时要分外小心，尽可能把网线由羽毛基部拉向端部；如果网线紧绷关节部位，解脱有可能对翅膀造成伤害时，最直接的解决方法是剪断网线。

（7）如果鸟仰躺在网内，且其足趾又紧抓缠住身体的网线，在这种情况下，以先解脱鸟腿脚部的网线为好（见图 11－4）。用手指握住鸟的跗蹠，用捻动的方法把趾上的网

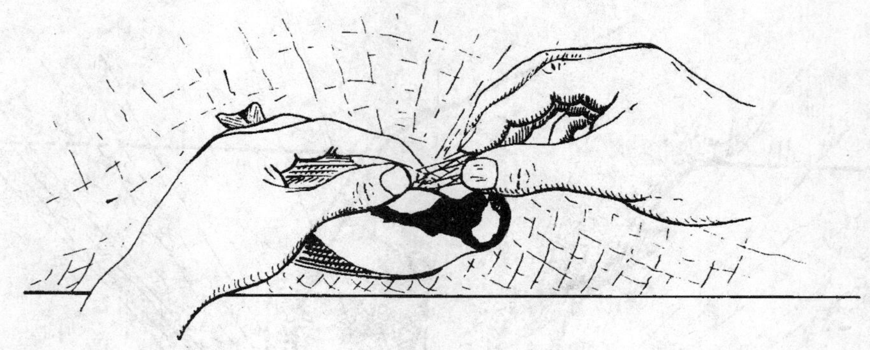

图 11－4 常规解网抓握方法二

线脱开。每当解脱一条腿，且腿与腹部间再没有网线时，可轻轻地从身体后部抓住鸟腿，避免鸟再次抓住网线。当腿部网线全部解脱后，下一步便是用拇指和食指抓住鸟的胫跗关节（不可抓跗蹠，因为很多鸟的跗蹠很脆弱），小心把鸟拉离网线。若解开的是较小型的鸟，安全的做法是以拇指和中指抓住胫跗关节，将食指夹在两腿中间。拉离网兜的鸟有时在头或翅膀还缠有网线，此时最好让鸟自行挣脱为好。在鸟挣脱网线时，另一只手要迅速以环志抓握法把鸟握住。

（8）有时候网中的鸟明显缠得不深，但又看不出腿或翅膀缠住了网线，在这种情况下可用双手轻轻地拉开鸟体周围的网线，这样有助于看出缠住的部位。

（9）即使技术最为高明的解网能手，有时也会遇到难以解开的情况，在这种情况下应毫不犹豫地剪断网线。长时间无法解脱，很难避免对鸟体造成伤害。

（四）解网时配备的器材

1．小剪刀

为了避免解网时间过久，有时网线会绕到鸟舌的分叉之后等情况，需要剪断一两根网线，主要目的是为了尽量避免对鸟造成伤害。

2．拉网杆

当上网的鸟位于较高的位置时，可用尖端带钩的拉网杆拉下顶层的网弦，这样可减轻解鸟时网线的张力。

3．手电筒或头灯

如果捕鸟工作在早晨或傍晚进行，必须携带照明用具。

4．鸟袋或鸟箱

捕鸟环志者必须有足够的鸟袋或放置鸟类的容器，以暂时存放从网上解下来的鸟。

（五）巡视网场

鸟困在网中时间越久就会缠得越深，对鸟造成伤害的可能性也越大。所以定时巡视网场，及时解下上网的鸟非常重要。

（1）若架设鸟网是随机性的，就是说，什么样的鸟都抓，环志者必须频繁地巡视网场。当鸟网的捕获率极高时，环志员最好能处在一个随时可观察到网场的位置。

（2）若架设鸟网的位置是在某段特定时间内才会抓到鸟，比如在鸟飞离或飞回栖息地的位置，巡视就不用过于频繁，只要到特定的时刻才需提高注意；不过也应每隔一段时间进行巡视，确保上网的鸟不会在网上滞留时间过长。

（3）如果需要在夜晚进行架网捕鸟，也必须像白天一样定时巡视网场。

（4）由于在网中的鸟对敌害毫无逃避能力，在鹰、猫、鼬、蛇等肉食动物经常出没的地方架网捕鸟，需要提高警惕，注意观察和定时巡视网场。

（5）在正常情况下，环志员应遵守30min巡视一次网场的原则。在繁殖季节或天气恶劣时，巡视就应更频繁，巡视时间间隔应减至20min。

（六）收网

除因捕鸟太多而暂时需把鸟网叠起外，每天环志工作结束后均需将鸟网收起，收网必须遵守下列守则：

（1）除非环志员确信鸟网不会被偷窃或干扰，否则不应把鸟网遗于网场不顾。

（2）无论在何种情况下，不能超过一天不巡视鸟网已卷起的网场。

（3）正确的收网方式是把网弦紧靠在一起，网身卷紧。若鸟网放在网场中一段较长的时间，应每隔两米用绳系住。

二、其他捕捉方法

除了粘网外，还有许多其他类型的网捕、下圈套或设陷阱的捕鸟方法。民间有些捕鸟方法虽然也能捕捉到鸟，但会对鸟造成伤害，这类方法是不能用于环志捕鸟的；当然有些方法是可以进行改造的。根据捕捉机制的不同，可分为直接捕捉和自动捕捉两大类。

（一）直接捕捉

直接捕捉是指鸟进入捕获范围时，由环志员直接操纵捕捉机关来完成捕捉的过程。这样的捕捉方法包括了从小孩用来捕捉麻雀的绳拉筛子到大型的弹性拍网等，以下仅是一些常见的方法。

1．扣网

环志员可根据捕捉地点的情况和所捕捉的鸟的种类，制造不同大小、不同式样的扣网，图11－5是两种不同的设计方式。

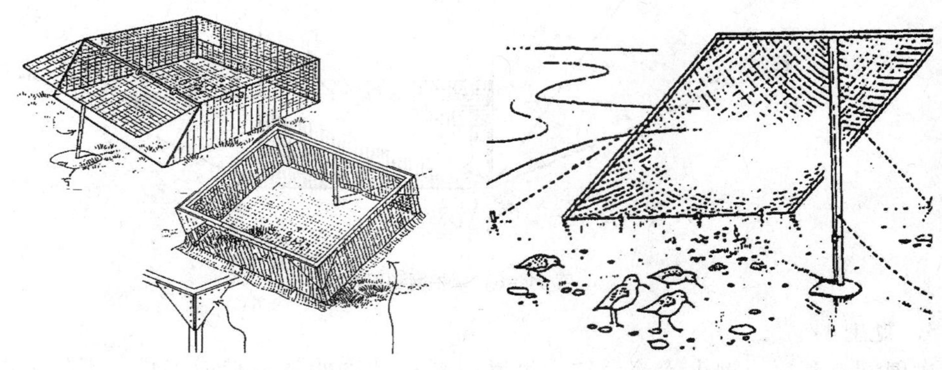

图11－5　几种扣网的设计方式

这类捕捉方法的机制是由人拉动支撑网笼的机关（撑起网笼的木杆），使进入网笼的鸟被关在网笼内而被捕捉。

需要注意的问题是：

（1）必须确认所有的鸟都进入捕捉范围内后才能拉动引绳。

（2）若环志员暂时离开，应把陷阱稳妥地保持鸟能逃逸的状态，因为强风或大型鸟类便足以推倒网笼，使围在笼中的鸟面对恶劣天气及捕食动物的威胁。

（3）该方法适于捕捉在地上觅食的鸟类。在网笼内投食饵招引，捕捉效果更佳。

2. 拍网或翻网

实践中使用的有单拍网和双拍网两种。

每面拍网通常是2m×5m的规格，常采用防水的尼龙线织成，网目大小随捕捉对象而定，捕捉大型鸟，如雁鸭类，以大网目的网为好。木杆选用直径2cm的木棍，拉动时不能有弹性。拉绳可用铝芯的电话线，轻而无弹性，拉动传力效果好，民间用的竹绳也有同样的效果。

拍网能捕捉集群取食或栖息的鸟类，如雁鸭类、鸻鹬类、鸥类等。所需器材简单，易于携带运输、设置方便，在野外不到5min即可完成一面拍网的设置工作。

在有风的时候，把网设在背风的位置效果更好（指单拍网），这不但加快了翻网的速度，也由于鸟类常逆风起飞，正好迎上覆盖的网。

双拍网比两个单拍网捕捉效果要好，因为双拍网能将远离一侧拍网的鸟也及时网住。但在实际操作时，要注意调好拉绳的位置和方向，以使两个拍网能同时迅速地拍合（见图11－6）。

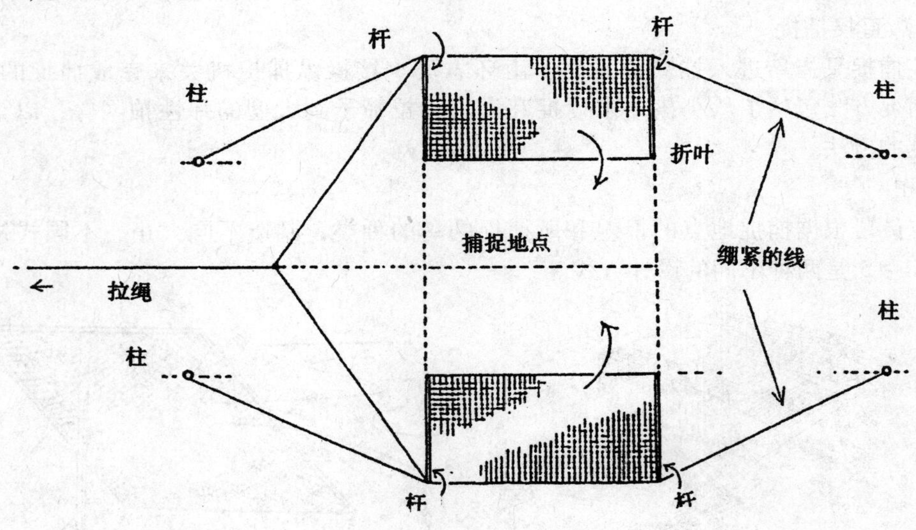

图11－6 单拍网和双拍网

3. 抛射网

抛射网是利用小型火箭筒牵拉大型网以捕捉动物的新型猎捕工具。不仅可以捕捉鸟类，也可以捕捉大型的兽类，有很高的野外实用价值。根据捕捉对象的不同，可采用不同网目大小的网面。抛射网使用时不受季节和地区的限制，在灌丛、沼泽、浅水域中均可使用。

抛射网由网具、小型火箭筒、发射架、火药包、起爆装置和引爆器等部分组成（见图11－7）。

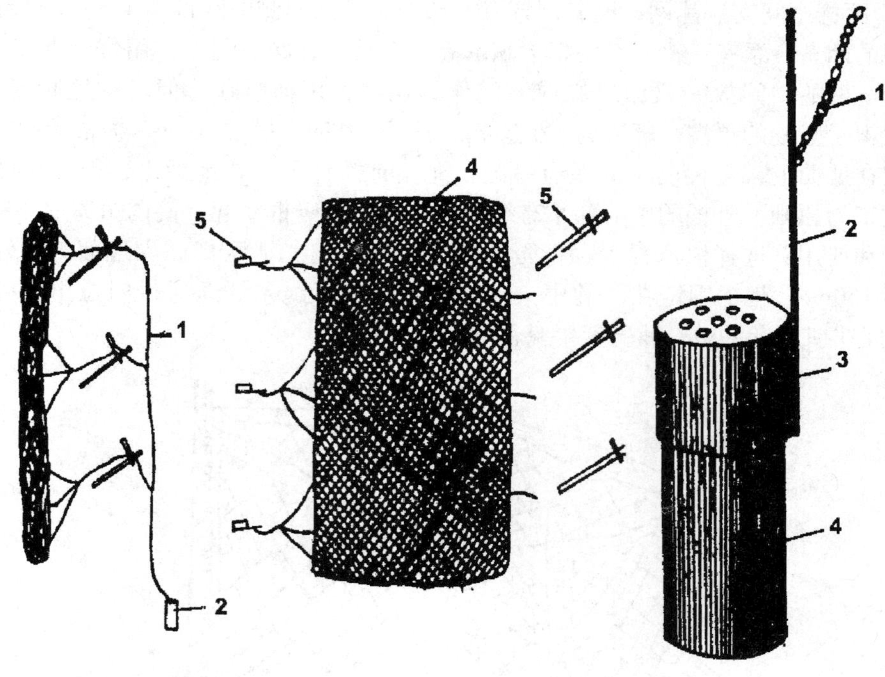

火箭牵拉网

1. 主导线　2. 引爆器　3. 小型火箭筒

4. 网具　5. 发射架子

小型火箭筒

1. 连接链　2. 尾杆

3. 筒盖　4. 筒体

图 11－7　抛射网

抛射网在捕捉雁鸭类、鸻鹬类、鹤类等鸟类时效果显著，在国外已得到广泛的应用。如澳大利亚每年利用抛射网捕捉环志成千上万只的鸻鹬类。日本山阶鸟类研究所也用以捕捉鸻鹬类和鹤类。国内哈尔滨猎具厂已生产出同类产品，希望今后能广泛用于我国的鸟类环志事业。

4. 环套

此方法用于捕捉夜间栖息在树上的猛禽。用 12 号或 14 号铁（钢）丝做成一个“葫芦”状环，大环的直径为 20cm，小环的直径 3cm，环口处 2cm，将环固定在 3m 的竹竿上（见图 11－8）。

在夜间使用时，用手电等照明工具发现在树上栖息的猛禽后，把大环套在颈部，不能碰到羽毛使它受到惊动，猛地下拉，使颈部套入小环，因环口比较窄，猛禽不易飞脱。

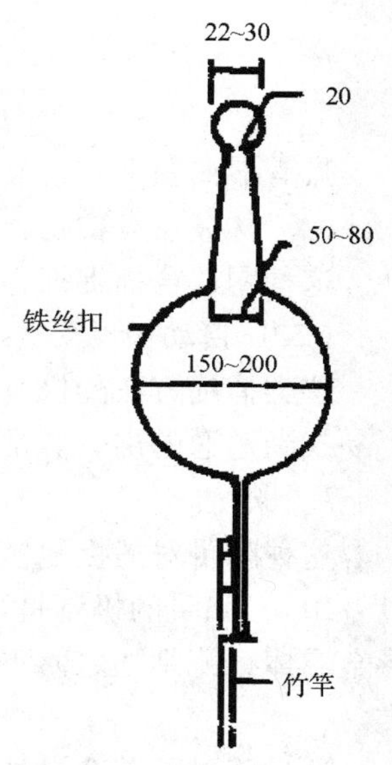

图 11－8　环套（单位：mm）

5. 围网

网的结构：由 4 片网 5 根杆支起围成方形，留一“门”，状似“城堡”，故又称城网（见图 11－9）。网杆 190cm，用直径 1.5cm 铁杆或木杆制成，下端为尖形，用以插入地下。每片网高 170cm，宽 160cm，网目15cm，两杆之间支一片网，顺着网杆有一条网弦，网两侧的网目用4～5个铁环串在网弦上，网的四角各系有一铅坠，网杆上端系有一个竹夹，网拉起后，用竹夹夹住，4片网依次连接。网的中间放一只山斑鸠或家鸽作为诱饵，用绳缚住，但鸟的翅膀能够扑动，绳连接在耙子竖棍的顶端。耙子为“T”形，竖棍120cm，横棍50cm，横棍的两端系有铁钎并固定在地面上，竖棍的中间系有一绳，绳端有铁钎固定在地面上，绳的长度以不使耙子翻过来为原则，竖棍的中上部系有纤绳，拉动纤绳竖棍立起，使诱饵离地扑动。

布置和使用：选择树木稀少、视野开阔的地方设网。把网杆插入地面，拉好网，门的宽度为150cm，耙子固定在网的中央，系上诱饵和纤绳，纤绳通过门拉出网外，长约30m，掌握在捕鸟者手中，捕鸟者要躲在隐蔽处。

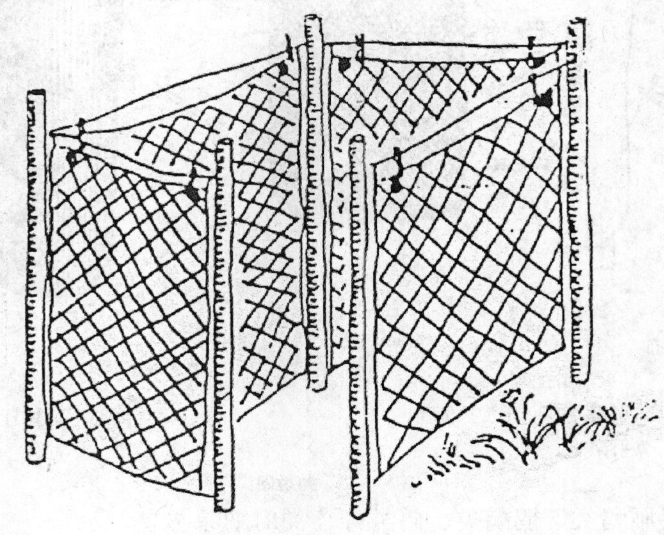

图11－9　围网

见有猛禽在上空盘旋时，拉动纤绳，使耙子立起，迫使诱饵扇动翅膀，以引起猛禽的注意。猛禽见有食物，会从高空中急速冲下来抓吃诱饵而撞到网上。

这种网适合捕捉那些以鸟类为食的隼形目鸟类。

（二）自动捕捉

这类捕捉方法的机制是指由进入陷阱的鸟类本身来激活捕捉的开关或鸟一旦进入就不易找到逃逸的出口。常用的有以下几种类型：

1．踏笼

这种陷阱对捕捉地栖鸟类，如鸫属、鹡鸰属、鹟属以至鹏属的鸟类都很有效（见图11－10）。陷阱的机制是当鸟跳上笼内的横木时，鸟体压下横小枝而松开了顶住笼闸的L形金属棒，笼闸随之落下而捕捉了进入笼内的鸟。捕捉时需在笼内放置饵料，以招引鸟类。

这种陷阱可单个设计，也可多个并排连在一起。

2．拍笼

这种陷阱可单室设计或多室设计（见图11－11）。大小设计随捕捉的鸟种而定。一般来说一室长宽高各为30cm便足够了。陷阱设计机制是当鸟飞下取饵，踩上笼内横小枝

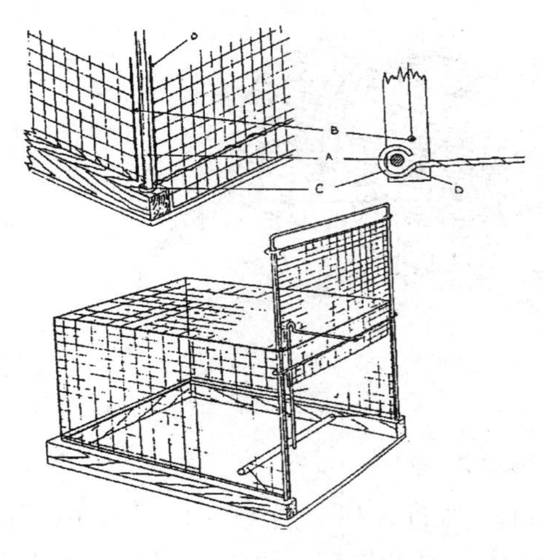

图 11－10　踏笼

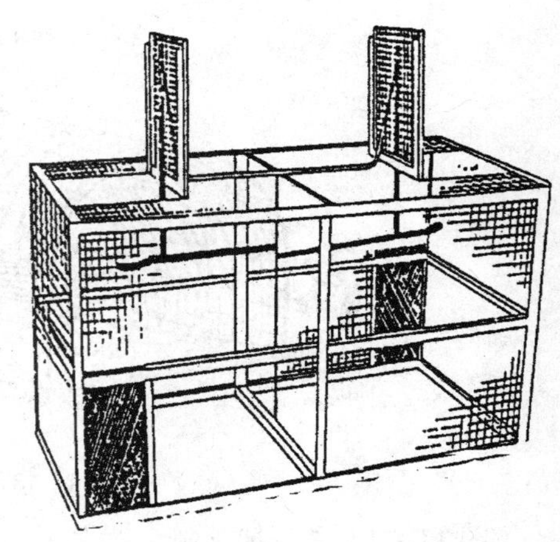

图 11－11　拍笼

时，以鸟自身的重量即可启动机关。可用一条向内拉的橡皮筋（见图 11－12）或一根向下压的弹性金属条作动力。

若以种子作诱饵，这种陷阱可捕捉雀科和山雀科的鸟类；如果以橘子等水果作饵，可捕捉到绣眼一类的鸟。这种陷阱可放在地上或悬挂在树上。

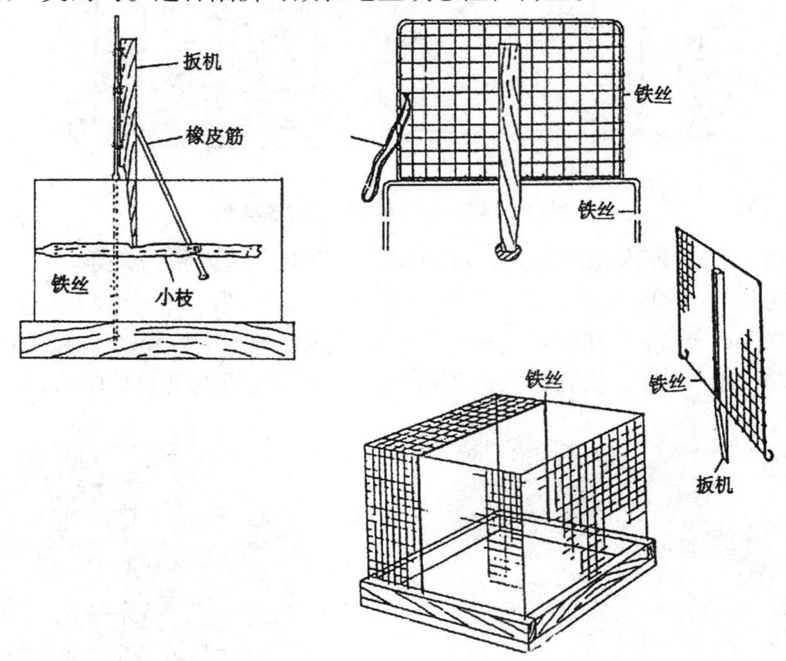

图 11－12　拍笼的设计

3．漏斗型陷阱

这种陷阱有许多种不同的形式，根据不同的捕捉对象，可设计成大小不一的各种类型。图 11－13～图 11－18 显示了常见的几种漏斗型陷阱。

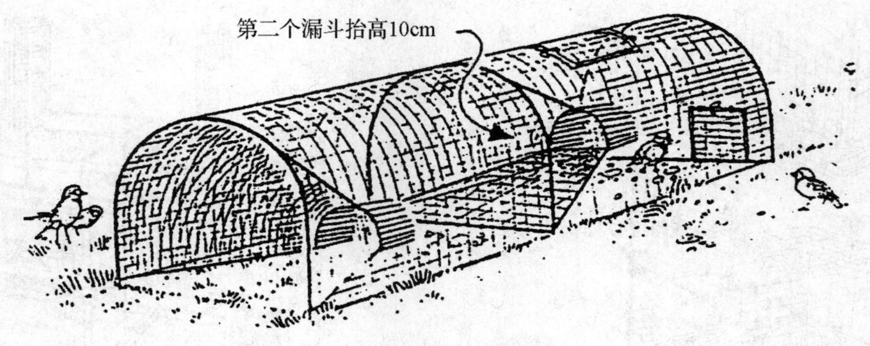

图 11－13　漏斗型陷阱（捕捉地栖鸟类）

图 11－13 是诱捕地栖鸟类的陷阱，笼内应投饵。图 11－14、图 11－15 主要用以捕捉鸻形目鸟类，为提高捕捉效率，陷阱外应设约有 20cm 高的导墙，可把沿潮汐边走边吃的鸟引入陷阱内；在海滨设这类陷阱时必须注意潮水的上涨，以免陷阱内的鸟淹死。

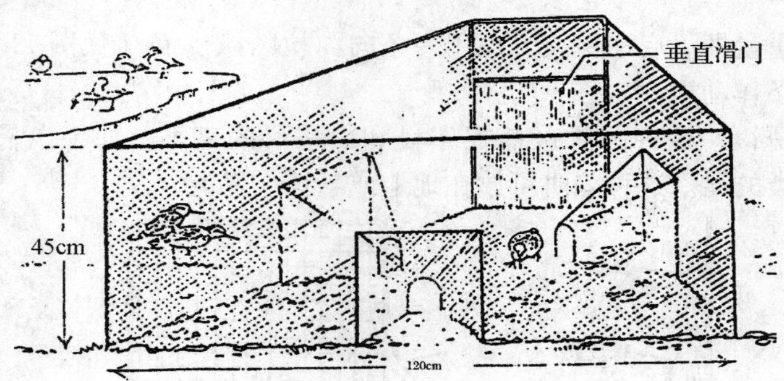

图 11－14　漏斗型陷阱（捕捉鸻鹬类）

图 11－16 是一种较大型的陷阱，可用以捕捉鸦类、鸽类和鸥类等。

陷阱应至少 4m×4m 大小，鸟从陷阱上方飞进，进口为 1.2m×1.2m，底部为 0.6m×0.6m，离地 0.3m，漏斗架和陷阱角柱应突出陷阱顶部 0.4～0.5m，供接近的鸟攀附，陷阱内离地 1.2m 设一横杆，供先进入的鸟停栖，以便后接近的鸟看到陷阱内有同类。

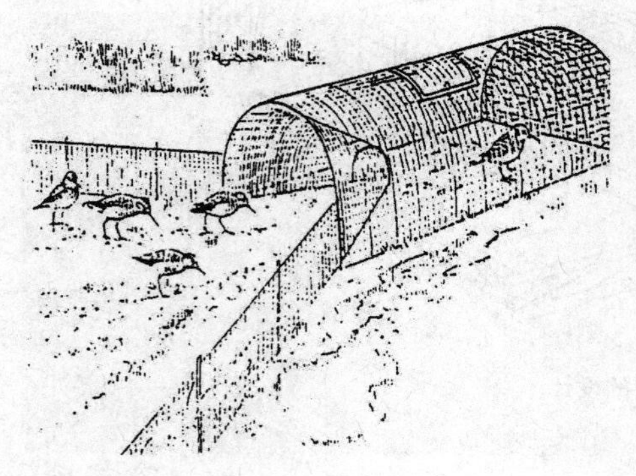

图 11－15　漏斗型陷阱（捕捉鸻鹬类）

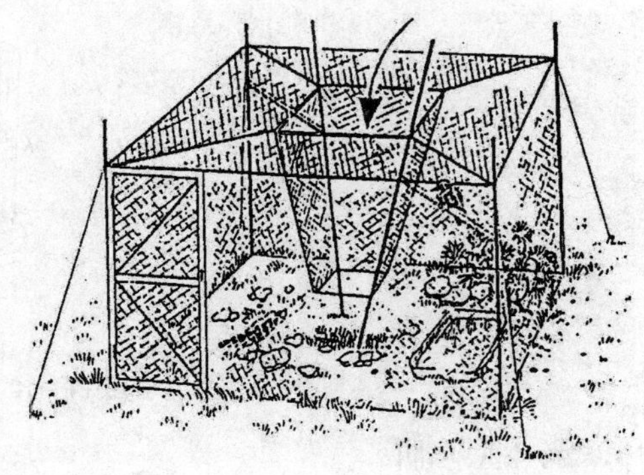

图 11－16　漏斗型陷阱（捕捉鸦类、鸽类和鸥类）

图 11－17、图 11－18 的设计主要用以捕捉鸭类。图 11－17 的设计样式可悬浮在水面上，以绳索在岸边固定住，笼外和笼内撒以种子或麦粒作诱饵。图 11－18 是大型的捕捉陷阱，长宽可达 3m 或 4m，高 1m 左右，设单个或 3 个漏斗孔；若水位恒定，鸭笼不需搬动地方，笼的闸柱和漏斗支撑棒可插入泥中。若须经常搬动，应设计较为结实的底架，并在笼底设网布，以防野鸭从笼底钻出。漏斗外口 0.6～0.9m 宽高，内口 0.08～0.1m 宽高。若放在水中，漏斗顶部应离水面 0.15～0.2m，饵料是种子或谷粒，笼内干地和水面都应撒放饵料，在笼外也撒一些以招引鸭子。

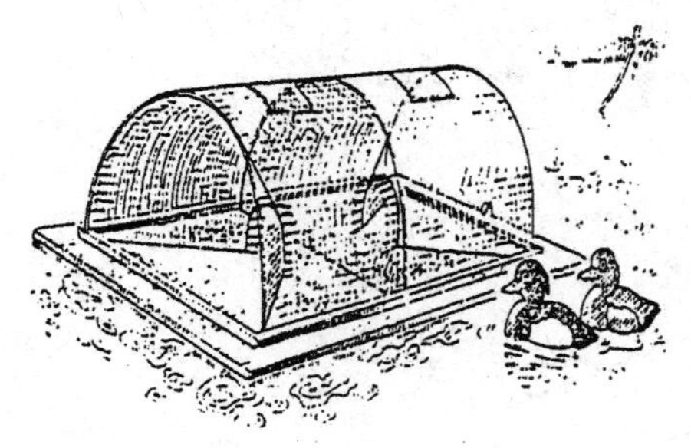

图 11－17 漏斗型陷阱（捕捉鸭类）

图 11－18 漏斗型陷阱（捕捉鸭类）

4. 德式捕笼

这种捕捉方法在欧洲使用较为广泛。由于这种陷阱巨大且建筑投资较高，一般只在位置较好的环志站，如半岛和小岛上才设置。这种陷阱实质上是个大的漏斗型陷阱，进口设计有 3m 高、5m 宽，逐渐缩小收至一个小笼，捕到的鸟从最末端的装鸟箱内取出。该陷阱的结构如图 11－19 所示。当鸟飞进后，环志员渐渐走近漏斗口，把鸟赶到笼中，再关上门以防逃脱，随后逐渐把鸟赶进装鸟箱内。当陷阱以铁丝网覆盖时，要确保铁丝末端不向着网内，以防止鸟触撞而受到伤害。

5. 吊网（又称丢荡网、挂网）

由于猛禽在林中活动时，多喜欢落在平直的树枝上休息。吊网的原理就是利用这一特点，当猛禽把网棍当作树枝停落其上或晃动再起飞时，触动网使网片落下，将其捕获，或在林中串飞时直接触网。

网的结构：网目 8cm，网高 50cm，四边的网弦略粗于网片用线，下边的网弦串在下层的网目中，固定在直径 3.5cm 的棍上，两边的网弦串在两侧的网目中，上边两角的网目连有一个直径 1cm 的铁环，一同串在两边的网弦中，网拉起后，在铁环下方的网弦上插入一根软硬适中的羽毛，阻止网的下落（见图 11－20）。

把网放置在猛禽经常活动的树林中，挂在树杈上或两树之间，使网棍尽量放平。在一片树林中可放置几十块，甚至数百块。

利用吊网可以捕捉除雕类等大型猛禽之外的各种猛禽，尤其适合捕捉鸮类、小型鹰类和隼类。

捕到鸟后，要及时取下，把网重新拉起，避免鸟在网中时间过长而死亡。

6. 沟捕

沟捕是古老而有趣的捕捉猛禽的方法。选猛禽路过而且视野较为开阔的地方，挖一条长 5～6m、深 0.6～0.7m、宽 0.25m 的沟。把几只剪去初级飞羽的鹌鹑或山斑鸠放进沟

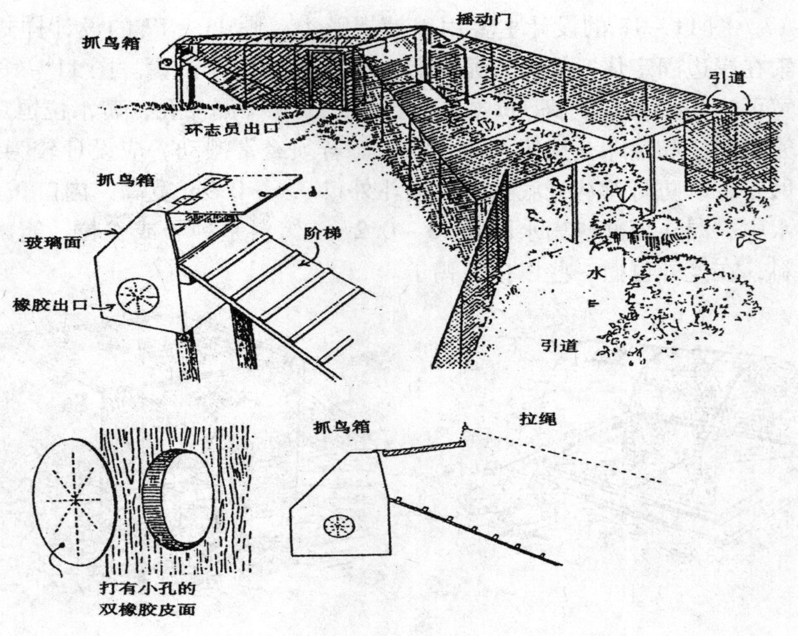

图 11－19 德式捕笼

图 11－20 吊网

内作为诱饵。当猛禽在空中看到走动的鸟时，会直扑下来，进沟时并翅而入，但欲飞出沟时展不开翅，同时也很难跳出来，故被捕获。

三、持握环志鸟的方法

正确的持握和传递手中的鸟类是鸟类环志过程中一项最基本的要求，是确保环志鸟安全的根本保证，几种常见的持握鸟的方法（见图 11－21～图 11－24）。

四、盛放捕获鸟的器具

环志员在野外进行捕鸟环志时，通常不会在陷阱或粘网边上取一只环志一只，而常常是把所有捕捉到的鸟一起取走。所以在野外进行捕鸟环志时，必须随身携带足够的盛鸟器具。同时考虑到把大量的鸟放在一起会对鸟体某些部位，如眼、喙、腿、羽毛等造成伤害，所以一般来说，捕获的每只鸟都应单独保存。如果要对捕获的鸟进行年龄鉴定的话，保持羽毛的完整性尤为重要。常用的盛鸟容器有以下三种：

1．鸟袋

鸟袋轻柔、便宜、不占空间，环志员可按鸟袋逐个处理每只鸟，给环志操作带来很大的便利。鸟袋大小随捕捉对象不同可随意设计，一般常用有 30cm × 40cm（装小鸟用）

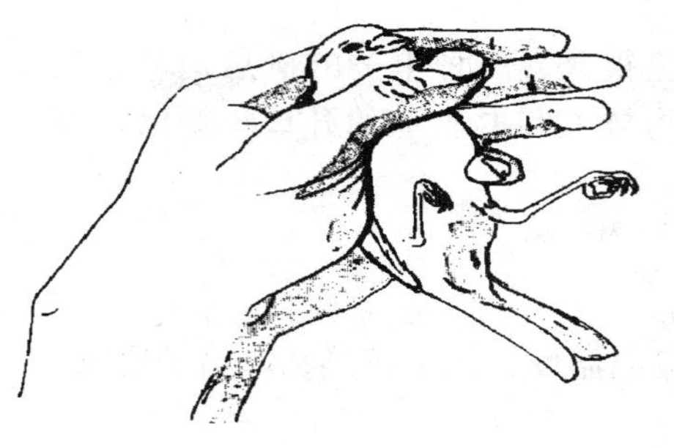

图11－21 持握鸟类方法一

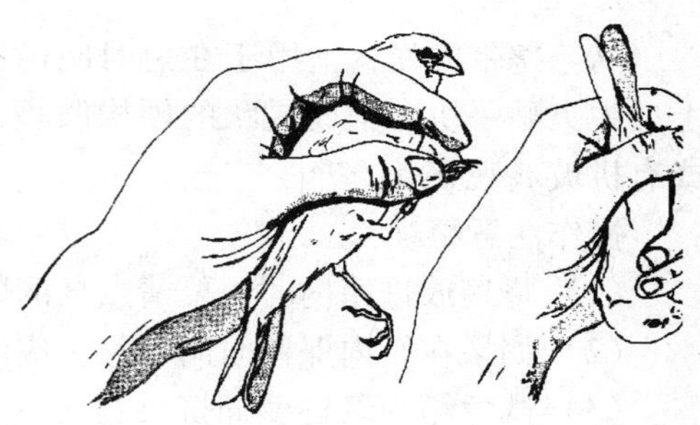

图11－22 持握鸟类方法二

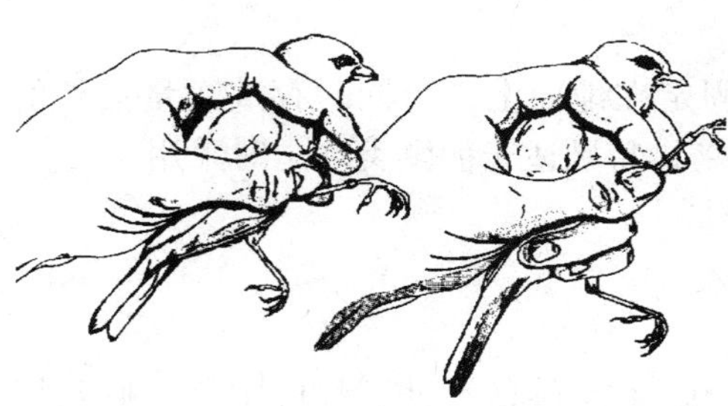

图11－23 持握鸟类方法三

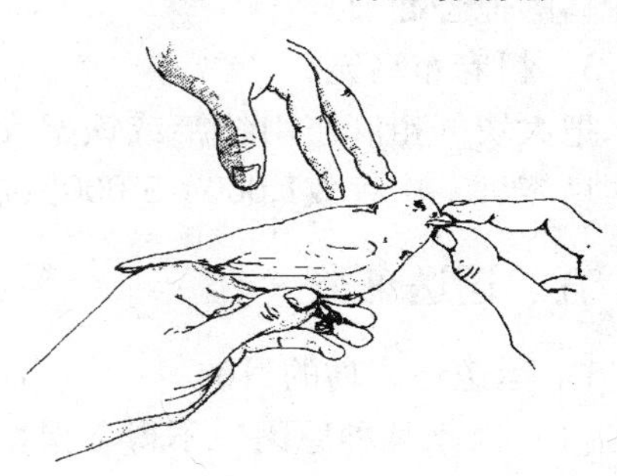

图11－24 鸟类传递方法

和40cm×60cm（装大型鸟）两种规格。

操作时应注意以下事项：

（1）鸟袋应不时翻转，以清理里面的粪便和羽毛等杂物。

（2）应定时清洗，这一点在温暖潮湿地区尤为重要，不然霉菌会很快滋长起来，对鸟和环志员的健康都有影响。

（3）如果鸟袋缝合处有毛边，必须翻在外面，否则鸟腿可能会被线缠绕。

（4）有些敏捷的鸟（如山雀科的种类）会爬到袋顶部，所以在将鸟放入鸟袋中后，应用袋系绳在袋颈部位挽个活结，在取袋中鸟的时候应注意鸟在袋里的位置。

（5）大小不同的鸟袋应分开存放。

（6）袋中的鸟由持袋人照顾，应尽量避免摇晃和碰撞。

（7）在环志站应设有悬挂鸟袋的钩或杆，如果是野外作业，可以选一结实的树枝来悬挂鸟袋。

（8）如果把鸟保留过夜，要将袋子系紧，并存放在阴凉的室内地面上，尤其是大型鸟特别要注意这一点，切不能彻夜悬挂。

（9）无论在环志站内或野外，都应注意四周有无食肉类鸟兽。

（10）如果是几个环志员一起工作，必须对每只鸟从放进袋内到放飞保持严格检查，不能因疏忽而对鸟造成伤害或保留时间过长。

（11）工作完后应清查鸟袋，避免遗漏以确保每只鸟的安全放飞。

2．鸟箱

鸟箱携带方便，适用于在短时间内捕获量很大、鸟种单一的栖息地环志捕捉。箱的上口中央贴一块切割成星状的硬橡胶板，作为放入和取出鸟的开口；箱壁可镶一个玻璃或有机玻璃观察孔。

操作注意事项：

（1）将鸟放进箱内时，要清点鸟的数量。

（2）如果在箱内保留时间较长，应注意箱内温度，如果较热，应给予通风。

（3）避免箱内鸟过度拥挤。

（4）在箱底可放置一张报纸，并及时更换。

有时可以用养鸟笼子代替鸟箱，但必须用深色布将鸟笼罩住，使笼内光线暗淡，以减少鸟的惊恐冲撞。

3．粗麻布鸟笼

把大块的粗麻布用竹竿或铁架支撑并固定在地面上，可同时存放大量捕获的鸟。这样的鸟笼可一次存放1 000～3 000只捕获的鸟，特别适于鸻鹬类环志时采用。

五、运送鸟类

1．运送环志鸟的目的

（1）由于某种原因，不得不保留过夜，除了燕科鸟类外，都应把鸟带回到栖息地附近释放。

（2）在原地释放可能会对鸟有伤害，如农田、庄稼、鱼塘附近有人会驱赶鸟。

（3）为了研究它的定位和归巢能力。

2．注意事项

（1）确保鸟的安全。

（2）保留时间越短越好。

（3）必须在环志登记表上记录捕捉地和释放地。

第二节　环　志

一、选择合适的鸟环

鸟环在种类上有脚环、翅环、颈环和鼻环之分。制作原料有金属的也有特种塑料的。我国到目前为止所制造和使用的只有金属脚环一种类型，所用材料有铜镍合金和二号防锈铝。根据我国鸟类跗蹠实测数据的分析归纳，环志中心设计出 17 种不同规格的鸟环（见附表1）。

野外工作时，应尽量查阅该表，以选择合适的鸟环。有时同一种鸟的跗蹠粗细也有差别，所以环志员要经常量度跗蹠的直径来决定使用哪一型号的鸟环。

环志幼鸟，尤其是未离巢的幼鸟，其跗蹠直径比成鸟可能要小些，但一般来说仍以套成鸟脚环为好。

二、环志专用钳

我国鸟类环志使用的环志钳，基本上是参照英国鸟类保护联盟（B. T. O.）使用的环志钳改进制造而成。环志钳分为大小两把（见图 11－25），大号钳为双钳口，适用 G 到 Q 型鸟环；小号钳有 5 个钳口，适用于由 A 到 F 型鸟环。

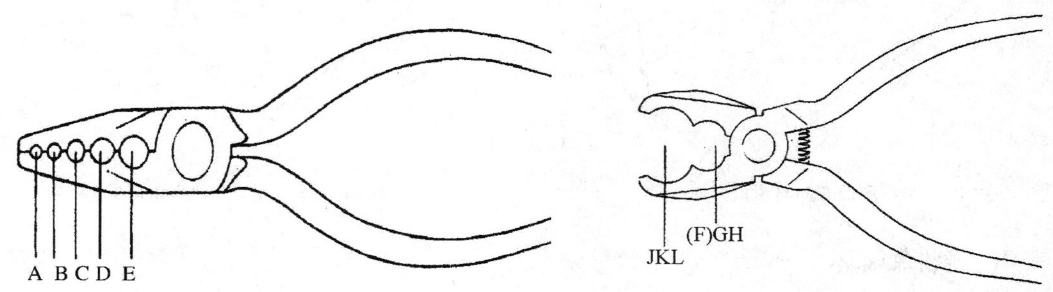

图 11－25　大小两种型号的环志钳

三、基本程序

环志员必须遵循以下步骤，并形成习惯：

（1）检查鸟的双腿，确定有无鸟环。

（2）选择大小合适的鸟环，如有疑问可查阅"中国鸟环规格型号及其适合鸟种"。若首次环志某一种鸟，应先以游标卡尺测量鸟的跗蹠直径，再找大小合适的鸟环。

（3）用适当的环志钳和钳口闭合鸟环。要避免环口重叠。我国规定金属鸟环一律戴在鸟的右腿。

（4）检查鸟环闭合是否妥当。应检查环是否太紧或太松，是否因扭曲形成尖角，或者因钳紧鸟环时使环表面的号码和数字变模糊。如果有问题应及时调整。

（5）完成以上过程后应把环号（应检查是否跟前一个环号号码衔接上）、鸟的种名、年龄、性别、环志日期、地点以及鸟体的度量等及时记录在环志登记表上。

（6）记下遗失或破损的环号。

四、闭合鸟环的方法

不同设计的鸟环有不同的闭合方法。我国目前设计的鸟环皆为标准的 C 形环，所以下文只介绍 C 形环的闭合方法。

闭合 C 形环通常分成两个步骤：

第一步：把环放进环志钳内适当的钳孔，并与环志钳的开口方向一致（见图 11－26），把环套在鸟的跗蹠位置，轻压环志钳使环口闭合。

第二步：先确定环是否放在适合的钳口内，再将钳转 90°，使环口与钳开口方向成垂直位置（见图 11－27）。然后小心把环压合，再加劲把口彻底压紧。这样做的目的是为了把刚才没跟环志钳接触的部分也压紧，使环完全闭合。需要注意的问题是，压合环口时用力要均匀，不然会导致环口的重叠。

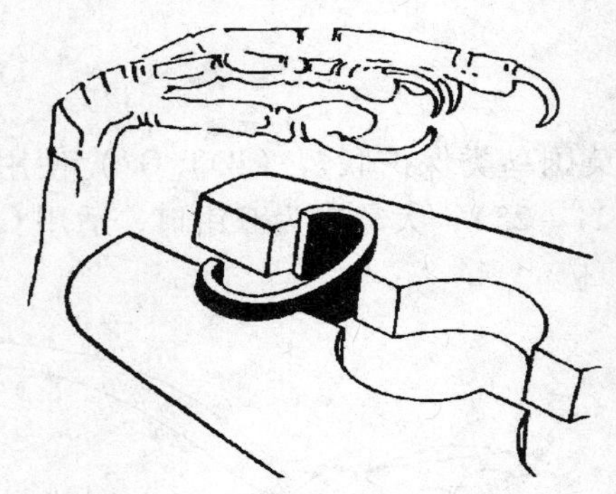

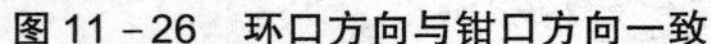

图 11-26 环口方向与钳口方向一致

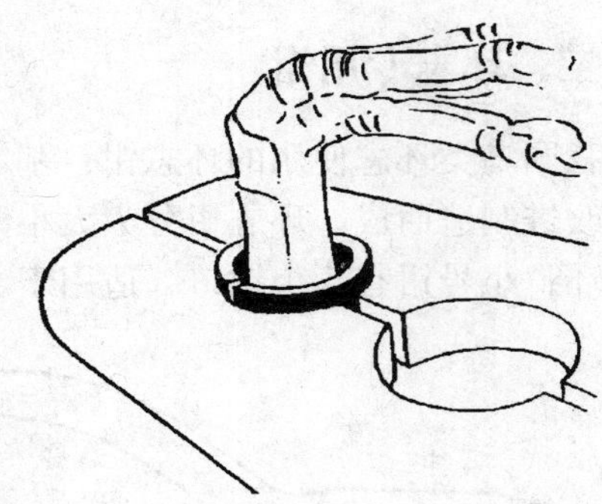

图 11-27 环口方向与钳口呈 90°角

五、卸除鸟环

在环志过程中，可能因为一些过错，如环严重重叠而压迫鸟腿、环面号码在闭合过程中变得模糊等时，不得不从鸟腿上取下鸟环。但鸟环的设计是以经久耐磨、坚固持久为目的，所使用材料皆为合金。所以，要从一只活鸟身上卸除已闭合的鸟环并非一件易事。

在开始卸环之前，要根据环型号的大小、环与腿间存留的空间以及环志员身边所携带的工具等来决定。

卸除方法有以下几种：

（1）若环与腿之间还有足够的空间，可用卸环钳来卸除（见图 11-28）。把卸环钳的尖端插在环与腿之间用力压钳柄就能把环打开。

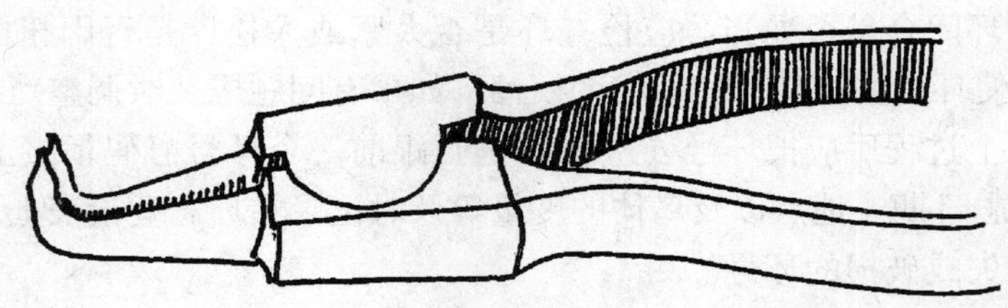

图 11-28 卸环钳

（2）假如环重叠很厉害，可采用在腿与环间穿细钢丝的方法。钢丝可用较为结实的，如钢琴用的钢丝、吉他用钢丝等，两根钢丝分别穿在环的两侧，打上结，成两个钢丝圈，然后把其中一个挂在固定的钉上或其他结实的凸起物上，在另一圈中穿一根小木棒，用力要稳定而均匀，最后就能把环拉开（见图 11-29）。这种方法不适于卸开大型鸟环。

（3）利用两把手术止血钳从外面把环打开（见图 11-30）。若把环的接口定为十二时位置，两把钳分别夹在三时和九时的位置。以钳的尖端夹住环，把住钳，稳定而轻柔地向两边拉就可以把环拉开。

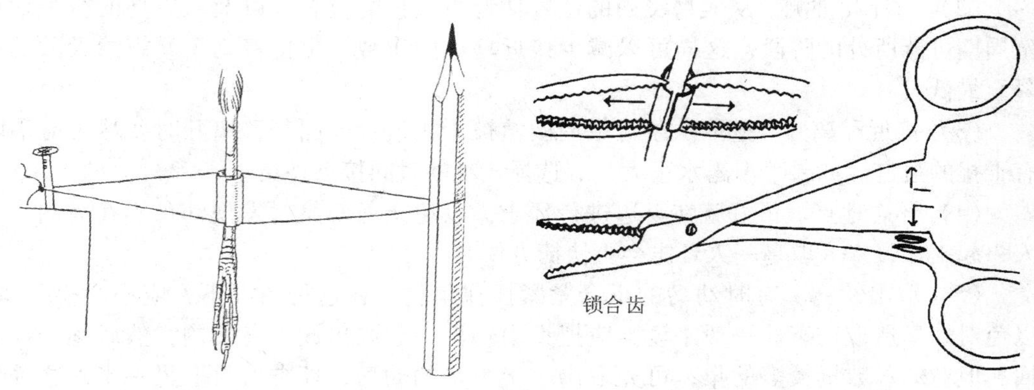

图 11－29 牵拉式卸环　　图 11－30 利用手术止血钳卸除鸟环

六、更换破损的鸟环

若捕到一只环志的鸟，无论是国内的还是国外的，环的破损程度如属以下任何一项，应更换旧环，再套新环：

（1）旧环已磨损出锋利的边缘。

（2）旧环接口处已张口。

（3）旧环上的号码和地址被磨蚀，已经无法识别或即将分辨不清。

更换鸟环后，新旧环的编号都必须登录在环志登记表上。

七、环志幼鸟

幼鸟的环志很有价值，因为环志鸟的年龄和出生地都可以随之确定。但环志幼鸟时如果处理不当，就有可能给幼鸟带来毁灭性的后果。

环志幼鸟时必须遵循以下原则：

1. 如果你认为环志有可能导致引起捕食动物的注意时，就不应对幼鸟进行环志。

2. 选择合适的日龄环志幼鸟。

（1）对大多数雀形目鸟类来说，最为理想的环志幼鸟的时间是 5 日龄的幼鸟，特征是眼已睁开、翅膀羽毛仍为针状或尖端展开的羽毛不超过 3mm。

（2）有时在 5 日龄之前环志幼鸟也是安全的，但最好把环涂黑，以免亲鸟在清理鸟巢时，把环误认为粪团，连同小鸟一起被扔出巢外。

（3）超过 5 日龄的幼鸟，不适于进行环志。不然容易导致“炸窝”（幼鸟四散奔逃）或者无法放回巢内，这种过早离开鸟巢的行为将使幼鸟受到寒冷和捕食者更大的伤害。

（4）对领域性海鸟幼鸟的环志，以幼鸟即将离巢的时候为好，过早进入海鸟的繁殖领地，对幼鸟干扰很大。

（5）幼鸟生长较为缓慢的种类，如鸬鹚类、鹈鹕类、雁鸭类、海雀类等，只有等到幼鸟完成生长后，才能进行环志。

3. 操作原则

（1）准备工作。事先准备好所有的工具，尽量减少在巢附近滞留的时间。

（2）估计和推测。从成鸟飞回的位置估计巢大概的位置，以及从成鸟的行为估计繁殖周期可能所处的阶段，这样可以减少接近鸟巢的次数，也把将鸟巢暴露给天敌的机会降至最低。

（3）接近和离开。选取一条对巢周围植被干扰最少的路径；离开时要尽可能消除所有干扰的痕迹。如果草上露水很大，应选择较晚的时间接近鸟巢。

（4）环志地点。最好就在巢边进行环志，以免亲鸟归巢时发现幼鸟不在巢内。若两人一起工作，一人取鸟一人环志会更快捷方便。

（5）取出幼鸟。有时幼鸟的爪会紧紧抓住巢材，在这种情况下，应小心松开鸟爪，以免对幼鸟造成伤害。一般来说，应把巢中幼鸟一起取出放入鸟袋内，然后逐个环志放回；但对幼鸟数量较多的巢，可先取出一半数量的幼鸟，环志后再取另一半，这种情况下环志地点可以离开巢区，同时可以让亲鸟饲喂巢中另一半幼鸟。

（6）握住幼鸟进行环志。一般来说，以惯用的环志抓握法就可以了，但对小型而且跗蹠较短的幼鸟，或者挣扎得很厉害的幼鸟，可用倒握法，即握住鸟时头向着腕部，更便于进行环志。大型幼鸟可放在操作者腿上，必要时用布包着鸟的头部。

（7）检查鸟环。当套好环后，检查环是否完全闭合，或看环是否可能滑过跗蹠与足趾间的关节，同时查看后趾是否会被鸟环套住。

（8）放回幼鸟。要确定所有的幼鸟都放回来巢内，即便是巢箱也要注意这一问题。有时哪怕离巢只有一英寸的距离，就有可能被亲鸟所忽略。若幼鸟在巢内不稳定，可用手或黑布蒙住一会儿。

（9）善后工作。如果可能，应在亲鸟都飞离巢后再次查看鸟巢，注意是否有已死的幼鸟，要求及时记录。

八、鸟在环志操作过程中的反应及处理对策

不同种类的鸟在环志操作过程中会有不同的反应，即使同一种鸟，不同的个体其反应也有差别。对很多种类的鸟来说，在整个处理过程都显得很被动，既不挣扎也不鸣叫。但对一些种类，如苇莺属和鹎属，会表现出焦虑和暴躁，咬人和吵叫。

一般人认为鸟被抓住时，受惊是最常见的反应。但从许多鸟表现出来的“被捕惯性”来看，鸟受惊是短暂和轻微的。有些鸟几乎每天一次甚至多次进入同一陷阱。野外观察到的现象是，鸟在陷阱边迟疑一会儿，叫人很难不相信它在考虑抉择方式，最后通常都是觅食心理战胜逃避心理而自投罗网。

绝大多数鸟类在环志操作过程中反应很小，从捕捉到完成环志作业和释放都表现出了与环志员的“和谐与默契”。但捕获的鸟过于温顺时不一定是好事，如有时释放已被环志的鸟时，会出现迟迟不飞的现象，造成这种情况的原因可能很多。如一些捕捉方法只能捕捉到一些体质虚弱的鸟，或者鸟在被抓握过程中导致不良反应，如喘气、张嘴、闭目、抖松羽毛等现象，此时最好将鸟放在灌丛、树枝或地上，让其稳定后自行飞走。

对操作过程中反抗激烈和表现痛苦的鸟，尽快地完成环志操作以减轻鸟受到的惊扰和刺激。

在清晨气温升高之前或鸟身潮湿时，鸟会抖松羽毛，闭上眼睛。操作方法是：只需把鸟放进一个清洁干燥的鸟袋中，挂在不受风凉、较为温暖的地方。大部分鸟会在20min

左右恢复常态，然后释放。若经过上述处理后，受凉的鸟还是不愿飞去，可把它安放在阳光下有荫蔽的树枝上。

如果一只鸟喘息持续很长时间仍不停止，原因可能是操作不当导致肺部出血或骨头折断（最大的可能是锁骨）插进肺部所引起的。在这种情况下，应停止操作，如果有康复设备的话，可将它暂时照料，待情况好转后，予以放飞。

九、释放鸟类

释放环志鸟注意事项：

（1）绝不可以把小鸟抛到空中，因为这样小鸟可能无法及时应变而坠落在地，受到伤害。应把鸟放在手掌上或干燥的地面，让其自行飞走。对涉禽来说，放在地面上让它自行飞走是正确的。释放雨燕时，应持着它的跗蹠，举高迎风放飞。

（2）在岛屿和海峡上，若风力很大，不要在大风处放鸟，不然有可能将鸟吹到大海上，对精疲力竭的候鸟来说，这点尤其要注意。如果是海鸟，那么正好相反，应将它们在海里释放，而不能在内陆放飞，即使释放位置离海只有几十米也可能发生问题。

（3）使用粘网环志时，放鸟点应避开网场，以免释放后的鸟又马上被抓回。

（4）若同时捕获成鸟和幼鸟，或者配偶对（如雀科鸟类）或者家族群（如银喉长尾山雀），应同时环志，一起释放。捕获成鸟和幼鸟时，还应该把它们带回捕捉地点释放，因为附近可能还有其他幼鸟。

（5）在黄昏时刻释放鸟类时，对夜间活动的鸟类来说，最好保留过夜；对白天活动的鸟，即使天已很黑了，也可以在野外释放，但必须给鸟一个适应黑暗的时间，如放在灌丛或篱笆上；如果确信没有捕食性动物为害，也可以放在地上。

十、处理患病及受伤的鸟

在野外进行环志工作时，每个环志员都有可能遇上受到伤害或生病的鸟。以下的建议可能对及时处理伤病鸟有益。

1．轻微损伤

若鸟只是疲劳、受碰撞而发呆或有些轻微的损伤，可以马上释放。如果环志员身边有合适的照料设施，也可以将鸟保留一段时间。出于这种目的的笼舍应放置在室外有遮蔽物的角落，大小不需超过 $1m^3$，只要一面有网即可，其他墙面可以用方便的材料；笼舍底部最好抬高一些，并糊上水泥以防老鼠进入；笼舍内放置存水的浅碗、栖木、食盘等物。

2．油污

对严重受油污侵害的鸟来说，使这些鸟恢复到正常和健康的状态是一件艰巨的工作，而且往往需要花费数周的时间。如果只是轻微的油污，环志员用适宜的方法进行处理后是有可能救活它们的。若受污染极严重，应交给专业人员处理，或者以人道方式终止其生命。

3．严重伤害

对于严重受到伤害，复元无望的鸟，只有一个可行的办法——马上处死这只鸟。动作要迅速，尽量减少鸟的痛苦。方式为抓住鸟腿，用力甩动，使其头枕部撞向石块或硬物。若不想抓住鸟腿，可把鸟放入小布袋内用力摔。

小型鸟类可用压止心脏跳动法杀死。以拇指用力压胸侧，鸟会马上失去知觉，但绝不应用水淹法来处理。

第三节　环志表格的填写和呈报

一、总则

环志记录反映环志和回收过程的工作状况，也是今后检索查询的重要依据，准确清晰填写并及时呈报各种环志记录是环志工作的重要环节之一。

初期的环志工作要求填写的表格数量和内容较多。通过填写表格，可收集多种鸟类学及鸟类生态学方面的内容，也可以提高环志人员鸟类学基本知识和技能。随着环志工作的普及和深入，尤其是计算机系统的广泛应用，部分整理和分类工作可被计算机替代。此外，不同环志人员的研究目的可能不相同，复杂的表格不可能广泛的应用。同时，也没有必要要求环志人员填报与自己研究项目无关的内容。因此，各国的环志记录表格逐渐趋于简单、精练并分类管理。有些记录需及时呈报给管理部门，有些记录只需个人保存，必要时其他人可借阅参考。

目前，全国鸟类环志中心的环志表格有两类：规定表格和荐用表格。对于规定表格，要求环志人员完整、准确、清楚地填写表格内的各项内容，不符合要求的将退回重新填写。荐用表格可按环志人员的需要填写。

二、规定表格的填写和呈报

规定表格有4种，依次是：鸟类环志证申请表、环志登记表、环志记录总表和环志回收通知感谢信。最后一种表格由全国鸟类环志中心填写寄发。

（一）鸟类环志证申请表（见附表2）

申请鸟类环志证的人员都应填写此申请表。可向全国鸟类环志中心索要申请表或从《鸟类环志技术规程》上复印。

全国鸟类环志中心收到申请表后三个月内给予明确答复，并安排受理申请人员的培训时间和地点。经培训人员推荐，参加由全国鸟类环志中心组织的考试，合格后颁发环志证。

（二）环志登记表（见附表3）

1．填写表头

填写环志人的姓名、环志证号码。

2．填写表体

环型和环号栏：第一栏填写环型，同一环型的环号按连续序号填写，任何一个环号都必须填写，不得漏掉（包括使用情况和丢失废弃情况）。当环被替换或再环志时（即在原有环的基础上又加一个环），应在备注栏内同时记下被替换的环号或原有环号，注明“此环用来替换或再环志原××××环号”。替换下的环应附在表上并寄回全国鸟类环志中心，用来研究鸟环的耐用性。

同一窝的鸟应使用括号连接，并注明窝雏数和被环志的雏鸟数。

重捕栏：周围网场同期环志的鸟和其他时间及地点环志鸟以“R”字母记入此栏。需替换鸟环或再环志的鸟，按新的环型号和环号填写。不需要替换或再加鸟环的鸟，按先后次序填写在序列号后面。环志中心根据此栏提供的信息，决定是否通知原始环志人员（相邻网场可不通知）。

种名和种类编码：按《中国鸟类分类与分布名录》的名称填写种名，不得使用土名。种类编码为环志中心计算机数据输入时使用，该栏环志人员无须填写。

年龄和确定年龄的方法：准确判定年龄是比较困难的，雏鸟及一年以下的鸟比较容易识别。一年以上的鸟需要根据不同方法确定年龄。以第六节内的年龄代码填写鸟的年龄，并注明判断方法。

性别和确定性别的方法：可参考第五章的方法。填写时注明判断方法。

日期栏：以双字码按年、月、日的顺序填写，如1996年1月30日应记作96.01.30。

网捕地点栏：此栏以代码1、2、3、…填写，以满足同一环志团体同时在几个地点网捕。具有两个或两个以上网捕地点时，应专门填写网捕地点栏（见附表4）。

时间栏：记录上环后放飞的时间。

方法栏：记录网捕方法，如粘网、翻网、抛射网等。

状况栏：记录鸟的身体状况，如健康、瘦弱、受伤、死亡等。

测量栏：鼓励鸟类环志人员全面填写。由于称重时通常使用鸟袋，重量记录栏列出三项，鸟袋和鸟的总重量，鸟袋及鸟各自的重量。

其他测量值可视具体情况取舍，表内列出以下几项：体长、头喙长、喙长、最大翅长、尾长、跗蹠长等。

备注栏：填写其他记录内容，如彩色标记，同窝雏鸟，鸟环的替换，再环志等。

（三）环志回收通知及感谢信（见附表5和附表6）

全国鸟类环志中心根据各环志站点的网捕记录、观察记录以及广大公众报告的回收信息，及时填写环志回收通知给有关国家、单位或个人。对于环志回收的直接或间接报告人，鸟类环志中心都将寄送环志回收感谢信。环志回收感谢信统一编号。

环志回收通知使用中英文两种文字。除环号和鸟种名称外，内容还包括：

（1）回收报告人员（直接和间接报告）的姓名、单位、通讯地址。

（2）回收过程，包括日期（年、月、日）、地点（回收地点名称及离最近较大城镇的方位和距离）、方式（网捕、枪击、毒杀、收购、捡拾等）。

（3）鸟的状况（健康、瘦弱、死亡）及处理（再环志、放飞、食用、遗弃等）。

向环志中心提供的回收信息，应按上述内容全面填写。

感谢信的内容分两部分：感谢并宣传鸟类环志意义部分和报告回收鸟的环志情况部分，包括环志人员的姓名、单位、通讯地址、鸟的存活时间和可能移动的最短距离。

三、全国鸟类环志中心建议使用（荐用）的表格

1. 鸟类环志日志（见附表7）

按日记录环志工作情况可积累许多有用的信息和资料，如天气、植被、网捕强度、

季节因素对网捕成功率的影响以及如何才能更有效的工作等。也可为研究人员进一步分析鸟与环境的关系提供重要的参考资料。

2. 羽衣和鸟体外部描述表（见附表8）

描述鸟体羽毛和外部器官是一项专业性很强的工作，其目的是收集不同年龄和不同性别鸟的羽衣和外部器官的描述性资料，为年龄和性别鉴定提供标准和依据。此项工作在我国研究的还不多。

表中各项应认真填写，便于进一步验证和参考以及发现羽衣的地理变异。捕捉方法和鸟的状况直接与描述有关，死鸟的颜色和状态可能与活鸟明显不同。如描述死鸟，应在表格备注栏内注明估计的死亡时间。

表中各栏按描述顺序排列，从头到尾，从背到腹，再到足，由翅上到翅下。

颜色描述应尽量简单明确（如黄、灰褐），使其他人也能理解和识别。最好使用标准的彩色对照图。应在自然光下识别颜色，避免多种光源下描述。

有些鸟的羽毛形式很复杂，有时甚至需要描述每一根羽毛的特征，当表中空间不足时，在项目下注明记号，转到背面相关项目下填写。

3. 鸟类换羽记录表（见附表9）

换羽是鸟类重要生物学特征之一，了解换羽的时间、换羽方式等项内容可提供丰富的鸟类学知识，为了便于有志于此项研究的人员使用，推荐使用澳大利亚鸟类环志中心的表格。

该表分正背两面，正面类型供初学者或偶然记录换羽的环志人员使用，背面类型供有经验的研究人员使用。为了便于计算机储存数据，各羽带或羽区及不同换羽阶段的代码见图11－31、附表10。

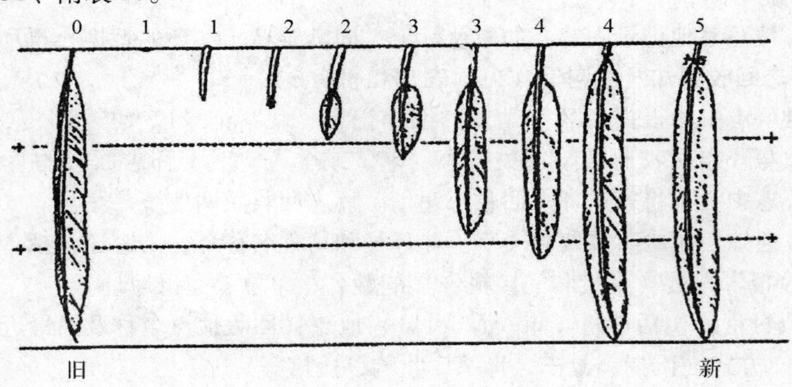

图11－31 羽毛发育过程

羽毛发育过程：

0 = 旧羽

1 = 羽毛脱落或出现新羽管

2 = 新羽1/3以下生长

3 = 新羽1/3～2/3生长

4 = 新羽2/3以上完全生长，但仍残留蜡质羽鞘痕迹

5 = 新羽完全生长

第四节 鸟体测量

鸟体测量的数值，尤其是翅长、喙长、跗蹠长、尾长等是进行鸟类分类的基本数量依据，所以，鸟体测量一般来说会有以下的价值。

（1）区分相近的种。

（2）区分同种内的不同亚种。

（3）判别雌雄鸟。

（4）研究幼鸟的生长规律。

（5）研究飞羽和尾羽的换羽和磨损。

（6）研究体重的变化情况，这一项对候鸟研究有重要意义。

一、翅长

国内教科书上对翅长的定义是“自翼角（腕关节）到最长飞羽尖端的直线距离”。这一定义所描述的只是翅长的自然长度。但由于翅在叠合状态下，呈现的是一个三维立体结构，所以，国际上对翅长的量度有三种方法。

1. 自然测量法，又称最短翅长测量

让翅膀处于闭合状态并与身体的轴线平行，量取从翼角到最长的初级飞羽所指示的刻度位置，便是自然翅长。这一方法对量度雀形目小鸟的翅长较为适用。不同环志员的测量值大概能达到一致。但对中等大小的鸟，如鸻鹬类，用这种方法测量的翅长值准确性差。实验证明，用这种方法量取黑腹滨鹬的翅长，干和湿两种状态的翅长会有5.0mm的误差，潮湿会减低翅膀的弧度，使翅变得长一些。此外，鸟放在鸟袋内或鸟从网上解下来时，翅膀的弧度都可能发生变化。

2. 中等长度测量

翅膀所处状态同1，以轻柔的力将初级飞羽压向量尺，然后读取最长初级飞羽所指示的刻度值便是中等翅长。

使用这种方法量度翅长，虽然更有可能取得可靠的结果但环志员对翅膀所施力度的不同会出现差异。同时这一方法同1一样，不能准确判定飞羽弧度已发生变化的翅长。

3. 最大长度测量法

测量时翅膀所处状态同1，除了如2中压平初级飞羽，还应沿尺的方向将最长的初级飞羽捋直，整个过程一手的拇指应紧按住翅膀（见图11－32）。

应注意的问题是不可用手指拉直飞羽，不然的话有可能把初级飞羽拉脱翅膀。这种方法基本上消除了因网捕处理或羽毛潮湿而导致的翅膀弧度的改变，同1、2相比，最大限度上消除了个人测量误差。

从三种翅长测量方法可以看出：3所测得的数值更为可靠，更具可比性，建议我国的鸟类环志工作者使用此方法测量翅长。这种方法也是目前世界各国所普遍接受的。在鸻鹬类环志时，必须采用这一方法。

对中小型鸟类，一个300mm的量尺对量取翅长已足够。建议的测量值精确度是1.0mm。量大型鸟类翅长时，可用一条软量尺在翅上表面量取翅长，也可用米尺以方法3

量取翅长。

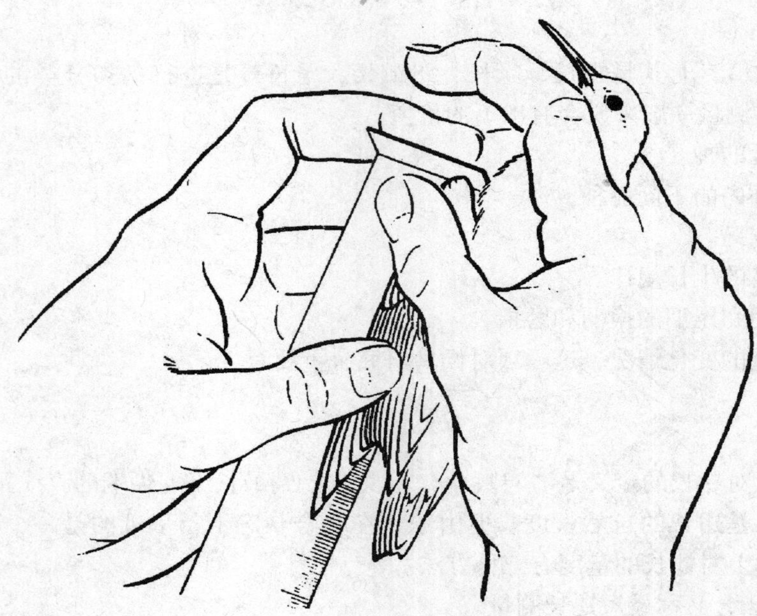

图 11－32　最大翅长测量法

二、喙长和全头长

传统喙长的量法，小鸟是从喙尖量至喙与颅骨的接合处（见图 11－33（a）），猛禽类（鸮形目和隼形目的鸟）从喙尖量至蜡膜前缘（见图 11－33（b）），鸻鹬类和其他长喙鸟类从喙尖量至着生羽毛处（见图 11－33（c））。

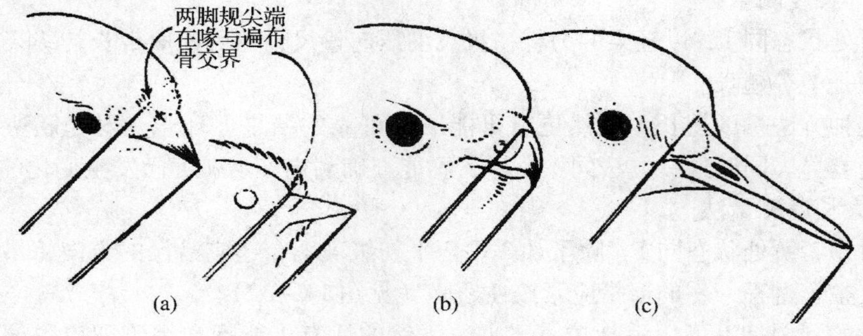

图 11－33　喙长测量法

量度喙长可用游标卡尺，也可用两脚规，对长喙鸟类可用一般的量尺来量取。

一般情况下，测量喙长的精确度在 0.5mm，长喙鸟类是 1.0mm。

有时出于某种研究目的，需要测取全头长（又称“头喙长”和“总头长”）。测量方法如图 11－34。

把鸟头小心地上下移动，以确定量到的是最大读数。小心不要把喙压得太紧，因喙带有弹性。

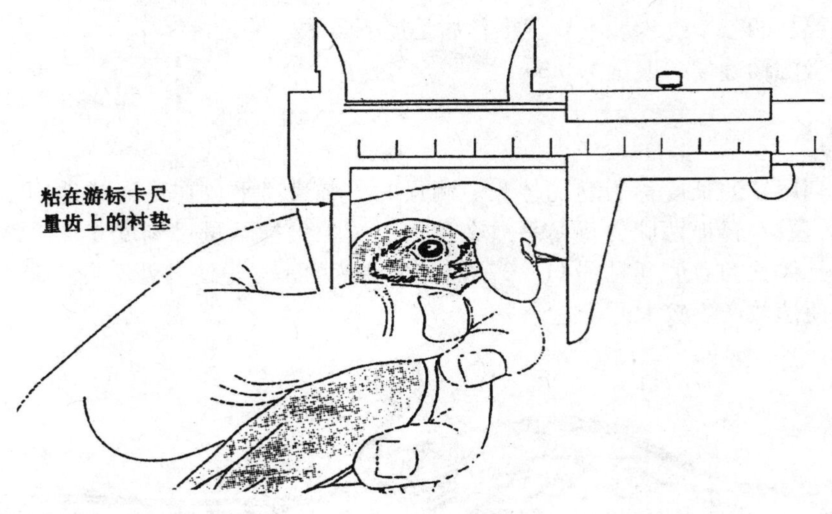

图 11－34　头喙长测量法

三、跗蹠

跗蹠的长度是指从胫骨与跗蹠关节中点凹陷处到跗蹠与中趾关节前面最下方整片鳞片的下缘（中大型鸟则为中趾基部）的距离（见图 11－35）。

中小型鸟类，跗蹠长度可精确至 0.5mm，若鸟的跗蹠长已超过 60mm。用 1.0mm 的精确度即可。

测量工具可用游标卡尺，也可用两角规。

四、尾长

理论上的尾羽长是指从尾羽基部至最长尾羽尖端的直线距离。在实际量取时，不同的方法有不同的结果。

最简便的方法是把量尺插在尾羽和尾下覆羽之间，滑到尾羽的羽根停住为止。也可用两脚规量取（见图 11－36）。

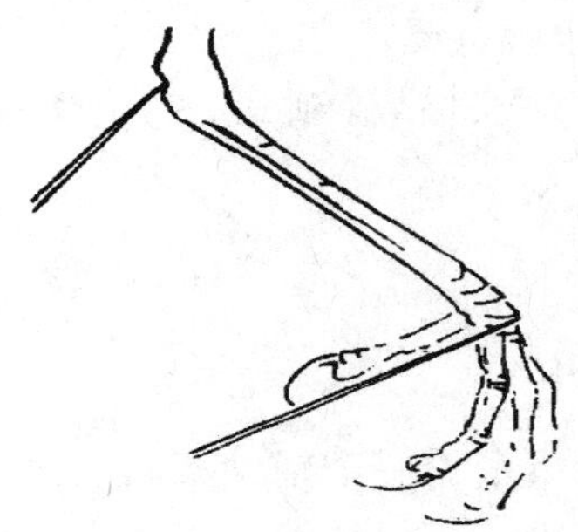

图 11－35　跗蹠测量法

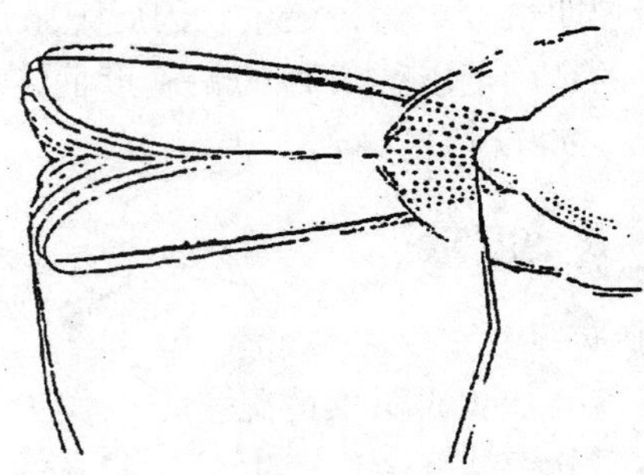

图 11－36　尾长测量法

注意只能让两脚规的侧面接触鸟的身体。上面两种方法量取的数值接近理论值。还有一种方法是从尾的上面量取尾长，即把量尺放在尾羽和尾上覆羽之间取量，这种方法比尾下量法要长两三个毫米。本规程推荐的是尾下量法。

尾羽测量的精确度一般是 1.0mm。

五、体长

自喙尖到尾端的长度称为鸟的体长。测量时，将量尺平放在桌面或地面上，左手轻握住头颈部，右手轻抓两腿，将鸟平放在量尺上，喙尖指示量尺刻度零点，然后读取尾端的刻度便是体长的数值（见图 11－37）。需要注意的是尽量使鸟处于自然伸展状态，挤压或拉长会使读数产生较大的误差。

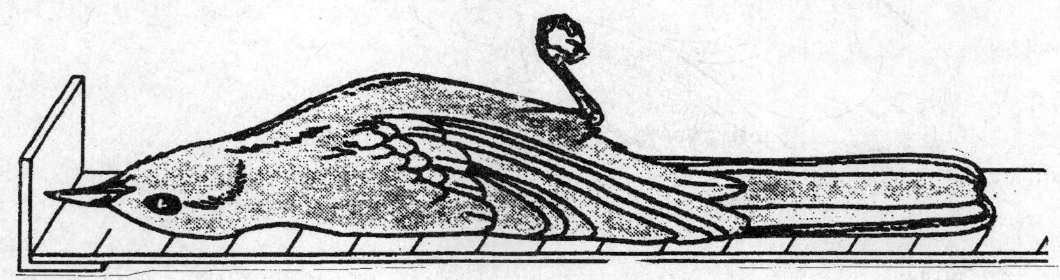

图 11－37 体长测量法

六、体重

虽然弹簧秤没有天平精确，但在进行鸟类环志称取鸟体重时，弹簧秤是最佳的选择，携带方便，称量迅速。剪裁三个适合不同大小鸟类的由聚乙烯塑料制成的圆锥形鸟袋，几乎可以完成雀形目所有大小形态鸟类的称量。用这种圆锥形鸟袋盛放称重鸟的优点是鸟的翅膀被夹到体侧，不会挣扎，还有就是鸟袋的重量只需偶尔检查。

如果用布袋作为称量鸟袋，那么每次称过鸟的重量后必须马上再称空布袋的重量，因为鸟粪和湿度会使布袋的重量增加；同样，在温暖的房子里，空袋的重量会因水蒸发而变轻。

重捕的鸟每次都必须看作一只新的鸟进行量度和称量。重量在一天中会有明显的变化，一般黎明最轻，黄昏最重。因此记录每天重捕的时间也很重要。

称重的精确度以弹簧秤的精确度而定。一般情况是，50g 秤精确到 0.1g、100g 秤精确到 0.5g、300g 秤精确到 1.0g。

七、其他度量

1．脂肪级

记录鸟类脂肪的积累情况，可以作为代替重量或作为重量的一个辅助资料。由于是主观评估，分级越复杂，产生个人差异的可能性越大。一般只根据气管穴脂肪含量作出评估。

1 级——没有可见的脂肪或仅有痕迹；

2 级——气管穴部分覆盖着脂肪；

3 级——整个部分都铺满了脂肪；

4 级——不仅整个气管穴上铺满脂肪，脂肪已覆盖到愈合锁骨以上的位置。

鸟类脂肪的积存，也是研究鸟类迁徙或越冬极好的量化数值。

2. 翅式

测定和描述一只鸟的翅式对鉴别种类很有帮助，翅式基本上是初级飞羽相对长度的术语。在测定翅式时，初级飞羽的编号是从翅膀外向内数。这一点不同于换羽研究对初级飞羽的记录，因为换羽研究是从内向外数的。

在测定翅式前，应先将初级飞羽数一遍，以确定是否因换羽或意外丢失羽毛。随后，由翅下观察所有初级飞羽基部是否有蜡鞘，以判断是否刚换过或还没有完全长成。

当确定翅膀是完整无缺时，让翅膀处于自然叠起状态，只需稍倾斜一点，让所有初级飞羽的羽尖都可见到即可。然后以两脚规量取羽尖之间的距离。

《英国鸟类手册》（The Handbook of British Birds）和《欧洲雀形目鸟类鉴别指南》（The ldentification Guide to European Passerine）所描述的翅式记录方法是：第 1 枚初级飞羽的长度以它与初级覆羽长或短多少毫米来表示，每一枚初级飞羽的长度，是以它与最长的初级飞羽相比短多少毫米来表示。图 11 – 38 是苍头燕雀的翅式。

有时翅式也可用“ >”或“ <”来表示每枚初级飞羽之间的相互关系。

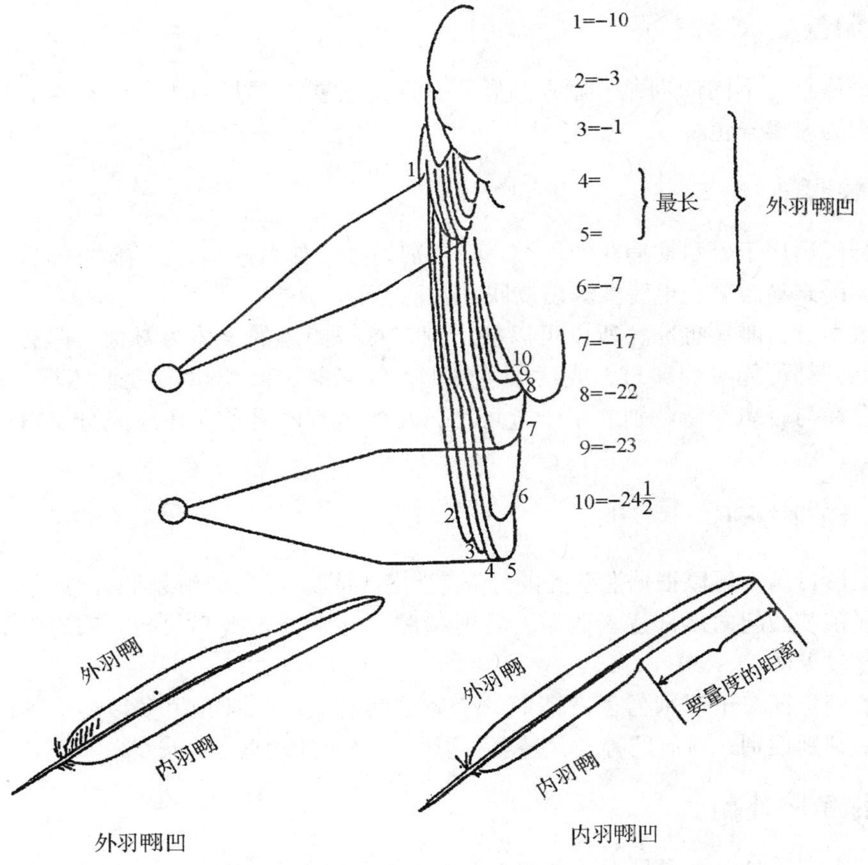

图 11 – 38 苍头燕雀的翅式

3. 嘴厚或嘴高

有几种不同的测量部位，目前多采用测鼻孔前端点或后端点位置的嘴高。测量时，嘴要完全闭合，同时，要查明鼻孔的位置和形态，有胡须时，要特别注意。游标卡尺是最合适的测量工具。

除以上三项外，还有翼展、嘴裂、趾长、爪长等长度的测量。这些量度视研究者的具体需要加以测量。由于概念和方法均很简单，这里不再赘述。

第五节 性别鉴定

判断环志鸟的性别是环志技术中的一个难点，同时，正确掌握环志鸟性别鉴定方法对环志工作有很高的价值。

鉴定鸟类的性别最为直接的方法是查看体内的生殖器官。但是环志工作又绝对禁止对环志鸟哪怕是丝毫的伤害，因为任何微小的伤害都有可能给鸟带来无法预测的后果。因此，对环志鸟的性别鉴定只允许通过鸟体外部特征来判断。

以下特征常可用作判断鸟类的性别。

一、羽色

雌雄个体具有不同的羽色。雁形目鸭科大部分种类，鸡形目大部分种类，以及雀形目某些种类为雌雄异色。

二、孵卵斑

此特征仅适用于繁殖期捕获的鸟类。除个别鸟类，如营冢鸟、巢寄生的杜鹃等以外，处于繁殖期的亲鸟腹部羽毛脱掉露出皮肤，这就是孵卵斑。

大多数鸟类为雌鸟孵卵，所以可以初步判定有孵卵斑的个体为雌性。但有时雌雄鸟均参与孵卵，都可能有孵卵斑，或仅雄性孵卵，如彩鹬、瓣蹼鹬、三趾鹑等。因此，以孵卵斑的存在与否来判断性别并不十分可靠，在作出判断之前，还应充分了解这种鸟的繁殖习性。

三、泄殖腔外形

很多雀形目鸟类可以根据泄殖腔的外形来判断性别，雄鸟的泄殖腔外形呈球状凸起，而雌鸟的泄殖腔凸起向尾部逐渐收窄，且泄殖腔口常常处于敞开状态。家麻雀雌雄鸟泄殖腔外形比较见图 11－39。

这一鉴别特征对于识别处于发情期的个体极为有效。而且，很多种类也可以在其他季节以此来判别性别；对有的种类，甚至可以判别当年的幼鸟。

四、泄殖腔外翻

这一技术主要是对雁形目天鹅属和雁属鸟类性别的鉴定。

雄鸟交配器，简称“阴茎”在泄殖腔壁上，幼鸟在前端，成鸟在左侧。雌鸟的输卵管开口在泄殖腔的左侧，幼鸟的开口通常有一层薄膜覆盖。

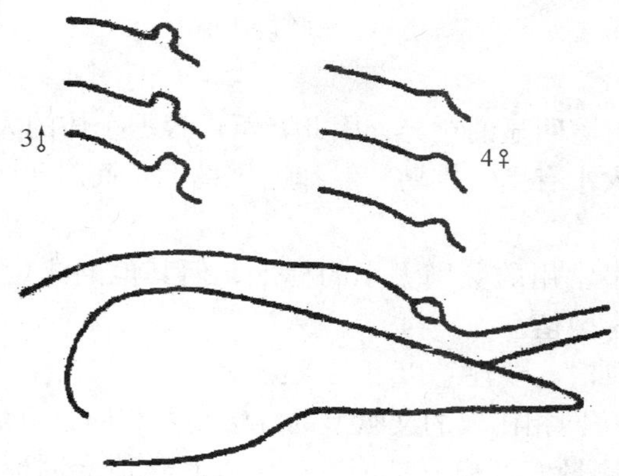

图 11－39　家麻雀雌雄鸟的泄殖腔外形比较

检查泄殖腔时，将鸟腹面朝天，尾部向前，持鸟方法见图 11－40（a）。然后以食指找到泄殖腔，将拇指和食指放在泄殖腔两侧，用力拉开泄殖腔。如果是雄鸟就会翻出“阴茎”，见图 11－40（b），一般未成熟鸟的阴茎小而无鞘，成鸟则大而明显包在鞘内。

雌鸟没有“阴茎”，见图 11－40（c）。成鸟输卵管的出口在泄殖腔壁左侧。

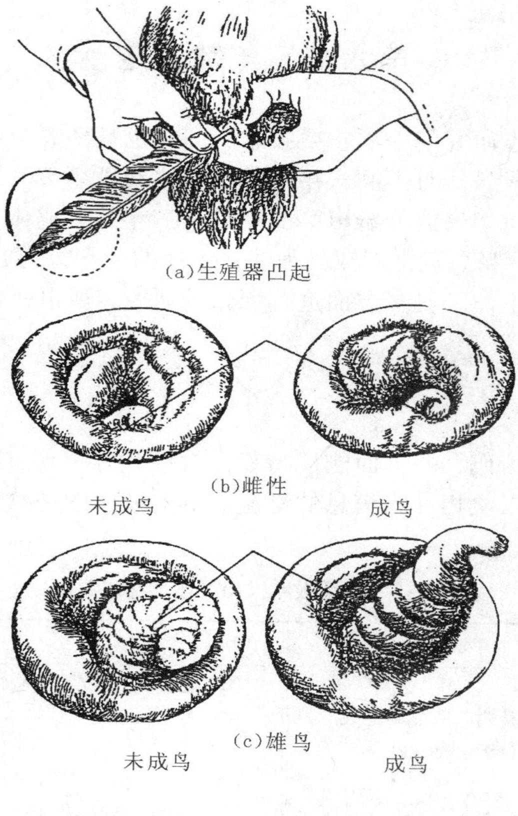

(a)生殖器凸起

(b)雌性

未成鸟　成鸟

(c)雄鸟

未成鸟　成鸟

图 11－40　泄殖腔的翻出方法

五、个体大小

有的鸟类两性个体有着明显的差异，因此，可以根据个体的大小来判断性别。

在雀形目，若两性大小有别，雄鸟一般都比雌鸟大；而对隼形目和鸮形目鸟类来说，雌鸟一般要大于雄鸟。

一般来说，翅长是最常用的鉴别大小的标准，但其他的测量值如尾长、全身长、体重等也是极为宝贵的参考数值。

当以测量值判断性别时，要注意以下几点：

（1）自己的测量方法同相比较的文献上的方法是否相同；

（2）参考文献上的测量值可能取自标本，所以其数值会因标本的干燥而缩小，当与活体测量值比较时，应注意这一差异；

（3）有时会遇到一些超越正常界线的鸟类个体，对于这种情况，一定要在量过一定数量的鸟后，才能借最高与最低值来表示正常的个体变异范围；

（4）测量值最好只针对某一特定群体的鸟类，因为同一种不同的地理分布型就有可能产生明显的变差；

（5）测量时要考虑到羽毛的磨损程度，如果磨损得很厉害，可能会使量度不准确，从而导致错误的判断。

第六节　年龄鉴定

年龄鉴定是鸟类环志研究的一项重要技术，同时也是环志工作中重要问题之一。对环志鸟年龄的识别，一般只是对不满一年的幼鸟和比幼鸟年龄大的成鸟之间的辨别；对一些性成熟较晚的种类，如果能分辨出第二年或第三年的亚成体，对环志来说也是必要的。准确鉴定环志鸟的年龄，就能对成鸟和幼鸟不同的迁徙行为、迁徙时间、迁徙路线、成幼比例、鸟类寿命、生命表等多方面进行深入的研究，所以年龄鉴定对环志研究的意义极为重要。

一、年龄代码

在环志时使用年龄代码，一方面能提高工作效率，另一方面也使不同的环志者在描述年龄时能达到统一，以便相互间信息的交流。本文采用的是欧洲环志联盟使用的年龄数字代码（见表 11－2）。

表 11－2　年龄数字代码（欧洲环志联盟）

数字	定　义	数字	定　义
1	幼鸟	2	全部生长发育，孵化年份不明（不排除当年）
1J	羽毛已长成，只能扑腾，明显不能飞		
3J	确定当年孵化，部分或全部亚成体羽毛		
3	确定在当年孵化	4	年前孵化，不清楚确切年份
5	确定在去年孵化	6	去年以前孵化，不清楚确切年份
7	确定在两年前孵化	8	3 年或多年以前孵化，不清楚确切年份

在使用本年龄代码时，必须注意以下三个特点：

（1）本年龄代码的划分以历法年为基础，即年龄始点1月1日零时。

（2）奇数表示确切的年龄判断，偶数表示年龄的不确定性。2值其实表示“不知道”，而4、6、8至少可以表明某一年龄范围。

（3）虽然代码是从小到大排列，但婚后换羽期间（7—9月）可能需要降回一个较低的代码。也就是说，一只在繁殖季节代码是4的鸟，在换羽后，跟它“初冬”的幼鸟已无法区分，所以在该历法年余下的时间内，代码为4的亲鸟与代码为3J的幼鸟都会成为2。

二、年龄鉴定依据

一般来说，不可能找到鉴定所有鸟种年龄的适用准则，但以下成鸟与幼鸟之间所表现出的不同特征，可以作为年龄鉴定的标准。

（一）羽毛特征

（1）有些种类幼鸟羽色不同于成鸟，如天鹅幼鸟羽被灰色、鹤类的幼鸟常有黄色的幼鸟羽被，可以从外观上作出明确的判断。

（2）由于幼鸟廓羽（特别是在脖子、背部和尾下覆羽）的羽小钩很小，所以幼鸟羽毛都比成鸟的要显得柔弱和松散。

（3）幼鸟的覆羽和飞羽通常比成鸟的要略为尖和狭，平均长度也短些。

（4）一般而言，幼鸟翅下覆羽生长较晚，即使离巢很久，翅膀下往往还是赤裸着皮肤。

（5）羽毛的形状：某些种类的幼鸟在首冬（即孵出后第一个冬天）保留了部分或全部的尾羽，幼鸟的尾羽一般较狭而末端较尖，而成鸟尾羽较宽、光泽好、末端较圆。但某些成鸟会因极度磨损，而显现出与幼鸟尾羽特征相似。所以，此标准在使用时仅作为其他判别法的佐证。

（二）换羽

1．雀形目

雀形目幼鸟在幼鸟羽被期间没有经过一遍完全换羽的鸟种，幼鸟可能用以下任何一种形式更换大覆羽：

（1）根本不换。

（2）内侧换一点，数目不定。

（3）全换。

前两类的鸟可以在秋天判断年龄，有时在春天也可以，因为多种幼鸟的覆羽跟成鸟在颜色和花纹上都有分别，有时在形状和长度上也略有区别；比较容易判断的是第二类，因为它们内侧飞羽的覆羽跟外侧未换的形成明显的对比。

在使用上述原则时必须注意下列三点：

（1）有些幼鸟与成鸟一样换掉所有的覆羽。有的时候，一些正常情况下只换部分覆羽的幼鸟也会全部更换。

（2）有些种类的成鸟虽然在同一周期内换掉所有的覆羽，但在秋天时还是会呈现内外侧略成对比的现象。

（3）在春天使用这种方法是受到很大限制的，首先是因为羽毛的磨损，其次是因为很多成鸟与次年鸟（即去年孵化的鸟）都在晚冬或早春时更换部分内侧大覆羽，所以覆羽会形成一点对比。

因此，借大覆羽来判断年龄，特别是在春天时，需要对鸟的换羽规律有透彻的了解。

2. 鸻类

对鸻 类幼鸟，所有的初级飞羽都同时生长，内侧的初级飞羽由于受外侧的盖护，磨损程度较低，所以，初级飞羽从内向外磨损程度逐渐增加。而对于成鸟来说，初级飞羽换羽的顺序从内到外，所以磨损的情况恰好与幼鸟相反，外侧初级飞羽磨损程度较低。需要注意区别的是，具有圆翅膀的鸟其外侧初级飞羽因受保护而磨损较轻。而有的种类的初级飞羽（通常是内侧）羽端浅白，这比深色的羽端磨损得快，这种情况也会导致磨损模式的不清晰。

在野外借助这种磨损模式来分辨幼鸟，几乎永远不会轻松容易。但长期记录某种鸟的换羽情况，便可能从中找出某些规律。

3. 其他非雀形目的鸟类

非雀形目鸟的换羽模式多样，有的同时脱落所有的飞羽（如鹈鹕目、雁形目鸟类），有的为周期性逐步换羽，飞羽完全更换需要几年的时间（如信天翁科、鸬鹚属、猛禽类的某些种）。其换羽规律在年龄鉴定方面的应用有待于进一步的研究。

（三）羽毛磨损

鸟类的羽毛总是暴露在摩擦和撕力之中的。羽毛的尖端和边缘会因磨损而变得破烂凹凸，羽毛表面失去光泽，颜色发生转变，如纯灰变得灰褐，红棕色变为灰棕色，黄褐色变为白色等。一般来看，换羽前磨损最为厉害的羽毛是：

（1）尾羽，特别是中央一对尾羽。

（2）三级飞羽。

（3）外侧长初级飞羽。

（4）大部分的翼覆羽，特别是内侧的大覆羽。

（5）最长的尾上覆羽。

（6）冠和背上的羽毛。

以上 6 类最易磨损的羽毛中，尾羽的磨损程度可以作为某些种类年龄判别的指标，至少在秋季环志时，可以应用这一指标。因为此时期内幼鸟的尾羽一般要比成鸟磨损的厉害（见图 11－41）。

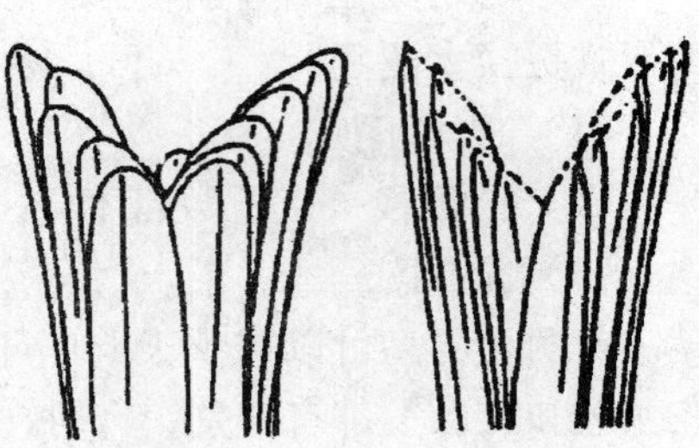

成熟鸟　　幼体

图 11－41　尾羽的不同磨损程度

但同一种鸟的尾羽磨损情况会因孵出的早晚、地区环境的差别等因素而有差异。有时也会因为捕捉时在笼内或鸟袋中使尾羽弄乱、弄脏或弄湿。在如上情况下，借助尾羽来判断年龄变得困难，甚至不可能。

（四）生长线

在飞羽和尾羽上，经常都可观察到清晰或模糊的生长线。这些生长线反映了不同部位结构的差异，是在羽毛生长的时候留下的痕迹。生长线的宽度与间距受很多因素的影响，但在总体上反映了羽毛的生长速度和新陈代谢的情况。

理论上可以认为，每根尾羽的带纹特征相同的鸟是幼鸟，因为幼鸟的尾羽是同时生长的（见图11－42（a））；而成鸟尾羽换羽时间有早有晚，尾羽上的生长线不规则（见图11－42（b））。

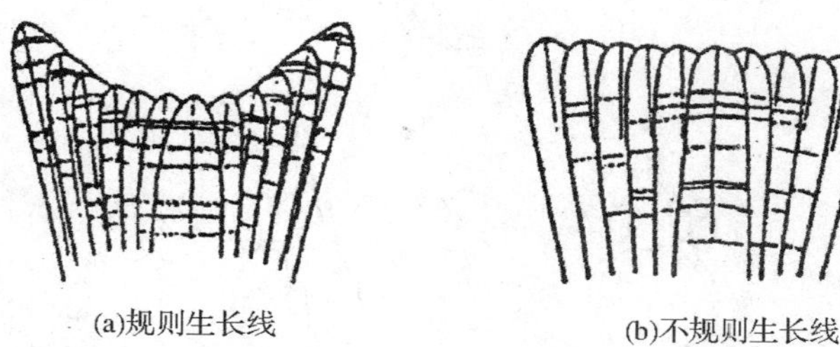

(a)规则生长线　　(b)不规则生长线

图11－42　尾羽的生长线

但是，尾羽更换模式极不稳定，也可能因以下情况而导致错误的结论，如：

（1）因意外失掉了尾羽，所以新尾羽同时生长。

（2）可能属于经常一次更换尾羽的种类。

（3）不同时生长的尾羽可能凑巧成带。

所以，并非对所有的鸟种都可以利用生长线对鸟的年龄作出判断。野外工作时必须注意标准的局限性。

（五）头颅骨化

雀形目幼鸟在离巢时，颅骨只是覆盖在大脑上方的单层骨片（至少在宏观的角度来看，此时的头盖骨是单层的）。随着幼鸟的生长成熟，头盖骨会变为双层，中间夹有空间，有无数的小骨柱支撑。从外表上看，幼鸟的头盖骨无论死活都呈均匀的浅红色；至于成鸟，因为骨层间有空气，颅骨呈白色，且因骨层间的小骨柱，颅骨带细白斑点。两种常见的颅骨骨化形式见图11－43。

检查头颅骨化程度程序如下：把鸟抓在左手中，鸟头夹在拇指和食指间。从头上部吹气（也可用小管吹）把羽毛分开，又或以右手指尖沾点水，把鸟冠一侧的羽毛分开至颅后或眼后耳上的位置（在寒冬时不应使用此法），湿的羽毛较易分开。由于冠羽是沿着头排列的，羽毛应如图11－44般分开。当两列羽毛间的皮肤裸露时，可稍作沾湿，以增加皮肤的透明度。以右手的拇指和食指轻轻拉紧头皮，即可以从这个“窥孔”检查鸟的头盖骨颜色。检查时可用小手电作为光源。由于皮肤的弹性，可对“窥孔”作点滑动来找到单层骨和双层骨的分界线。在夏天和初秋时应从颅骨的后方和中线附近开始检查，在深秋时首先应从耳孔上方开始。

如图11－43所示，骨化程序从“A”到“E”，通常要三至六七个月，有的甚至更长。所以在夏天和初秋时，以此方法判断雀形目鸟的年龄准确性是较高的。但在检查撞到窗户上的鸟或撞死在灯塔边的鸟时，必须注意这些鸟的头骨或头皮可能受了伤，在皮与骨之间的充血会使成鸟看起来像幼鸟。

非雀形目鸟的骨化模式变化很大，有的种类需要很长时间来完成骨化过程，所以头颅骨化不适用于非雀形目鸟的年龄鉴定。

（六）喙缘

大部分离巢数天的幼鸟都有较大而明显的黄色喙缘。但这个特征会很快消失。也应

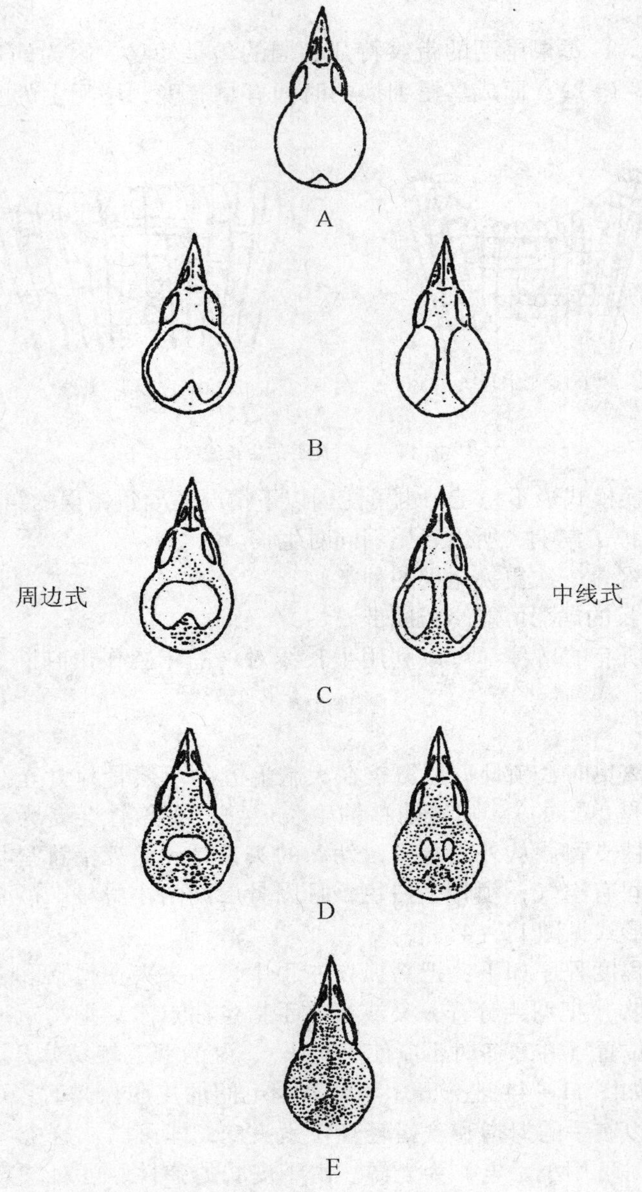

图 11－43 两种常见的颅骨骨化形式

注意有的种类的成鸟也有黄色喙缘。所以，有时这一方法并不可靠。

（七）腿部外形

幼鸟的腿一般都较为松软，给人一种肉质而带点儿肿胀的感觉。而成鸟腿的质地一般较硬，也瘦一点。

（八）喙的颜色和形状

大部分鸟在离巢数周内喙还未完全长成，环志员经过练习后，可应用幼鸟与成鸟间喙的不同颜色和形状去判别某些种类的年龄。

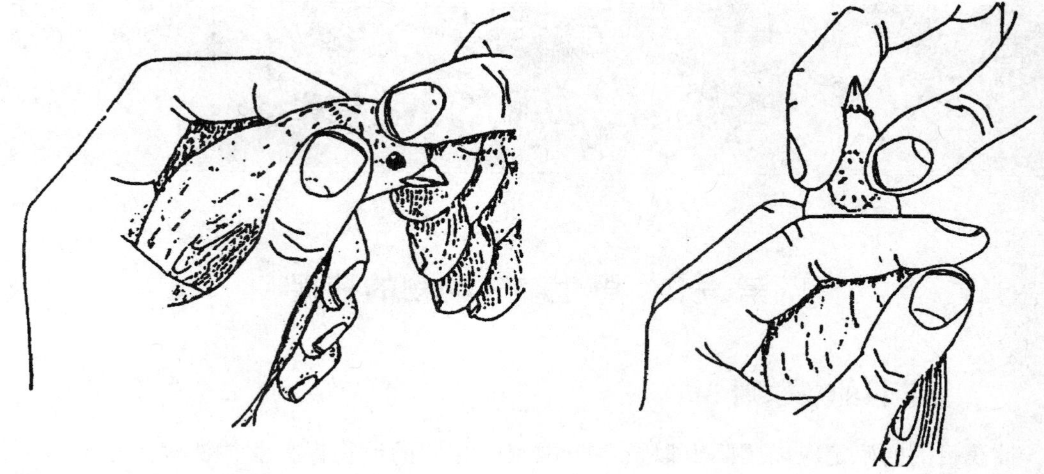

图 11－44　检查颅骨气腔形成的两种抓握法

（九）虹彩

夏季和初秋时幼鸟与成鸟眼内虹彩的颜色有非常明显的区别，有时可以作为核查年龄的标准之一。一般来说，幼鸟的虹彩较淡，全灰色或灰褐色，而成鸟的虹彩颜色较深和艳丽，为褐色或红褐色。以这一特征识别的种类有：田鹀、短翅树莺、栗耳短脚鹎、芦鹀等。幼鸟虹彩的颜色随着成熟而成为成鸟的颜色，到了深秋和初冬时就基本上无法区别了。

在检查虹彩颜色时，以一聚光小手电作为光源较为方便和实用。但必须保证电源很足，因为在弱光下，任何色彩都呈现红色，使检查结果产生误差。

第十二章
野生哺乳动物捕捉技术

第一节　野生哺乳动物的捕捉

一、捕获目的及原则

捕获目的的确定应以国际上以及各个国家的相关的动物保护法律法规为依据，采集前应明确采集目的、采集量和采集方式，应用合适的采集方案，并上报国家或地方相关部门，选择适宜的地点进行适时、适量的采集，对不同类型的哺乳动物需利用不同的方法，且采集后采取不同的保存或标本制作方法。采集时坚持合理利用、科学管理、科研与生态保护并重的原则。

二、捕获对象及捕捉地点的确定

捕获对象选择根据科学研究的需要进行确定，但必须遵循科学利用的原则。捕获地点的确定应得到有关主管部门的采集许可证及地方主管部门的同意，在掌握一定兽类生境知识的基础上，并对捕获地点的地形地貌有所了解，选择捕获地点的捕获对象分布应在一定高的密度分布，方可进行科学研究。

三、主要捕捉方法选择

捕获方法是多种多样的，一般包括诱捕法、捕获器及化学制动等三大类方法。可以根据不同研究的需要或不同捕获对象采用不同的方法，有的研究需要进行活体捕获，也有的研究需要对研究对象进行处死。即使同一研究对象在不同的研究目的、研究时间其捕获方法的实施亦不相同。有时研究方法的实施也受研究对象的限制，对于珍贵濒危动物和广布种作为研究对象，其研究方法的实施应采取不同的捕获对策。

（一）引诱法

引诱法由于引诱介质的不同分为：诱饵、气味和声音等三类。

1．诱饵

可以根据捕获对象食性和生活习性不同，分别采用植物性食物、食盐、水和活体动物等作为诱饵，可以得到捕获的目的。

（1）植物性食物

对植食性动物来说，如偶蹄目和奇蹄目植食性动物，可以根据其食性原因，一些家禽、家畜的饲料都作为诱饵进行捕获。

（2）食盐

在某些特定环境中，食盐等矿物质盐类十分缺乏，为动物提供含盐诱饵是最好的引诱物，特别在特定时间，如鹿科动物的添盐季节，捕捉效果是十分有效的。

（3）水

水是动物生活中不可缺少的重要物质，在水源缺乏的地区，对此区生活着的动物可以产生强大的吸引力，因此可以用水或含水较多的食物来诱捕，亦有明显的效果。

（4）活的动物

对于一些食肉动物来说，活的动物如鼠类、麻雀对食肉动物有较强的吸引力，活的动物会发出的声响、气味及食肉动物的饮食习惯等，容易引起食肉动物的注意。特别大型的食肉动物，可用兔、羊、鸡、小猪等活家畜来引诱。

2. 气味

由于哺乳动物对一些气味有一定的喜好性，因此捕获时可以利用各种气味引诱动物，特别是有腐食性动物，对腐烂的肉、腥臭的鱼、有臭味的蛋等产生一定的倾向性。

另一种利用气味方法是利用动物的一定习性来设计的，如动物的尿液、粪便及腺体，特别是发情期，母兽的尿液对公兽有着特殊的引诱作用。有领域保卫习性的动物，对同类的气味十分敏感，如小灵猫的灵猫香、河狸的肛腺和香囊分泌物都可以引诱其同类的光顾。

3. 声音

利用声音引诱动物也是常用的方法。通常利用捕获的幼仔叫声或录音来诱捕其母兽。把幼仔的叫声，发情动物的求偶声（如发情公鹿的吼叫声、雄鸟的求偶鸣声）的录音在生活的生境中引诱动物。已有人成功地利用黑尾鹿公鹿的叫声诱捕母鹿，用鼠类的挣扎叫声引诱其捕食者前来捕食。

（二）诱捕器

诱捕器的设置可以分为杀伤性诱捕器和活体诱捕器。杀伤性诱捕器一般适用于采集动物不要求活体或采集对象允许的情况下采用，如采集一些广布性的非珍贵濒危动物；活体诱捕器捕到的采集对象可以不受伤害或受害很小，可以将其带回实验室做进一步的研究，或进行标志后放归研究。这种方法可以广泛应用于珍贵濒危动物方面的研究，将猎具放于合适的地点，使捕获的动物免受太大的损伤、炎热或寒冷等伤害。如果在冬季，最好在猎具外填充棉花等保暖材料。有时需要定时检查猎具，避免捕获的动物因饥饿、焦虑或受伤而损伤。活体诱捕器主要包括一些笼具和网具及自制诱捕器等。

1. 笼具

现在市场有专门生产笼具的厂家可以提供多种捕获用的笼具，用来捕获从小型的啮齿兽类到大型的狼等食肉兽类，甚至可以用来捕获体型更大的鹿科等有蹄类。钢丝诱捕笼是最常用的活体诱捕器，可以设置一定的自动机关进行捕获。

2. 网具

（1）围网驱赶法

围网驱赶法大多用于大中型食草动物的捕捉。在非洲已用于捕捉斑马、矮水牛、羚羊、鹿等动物，在国内也用于獐、麂、鹿的捕捉，围网捕捉动物的幼仔特别有用。围网大多用尼龙绳结成，绳子的粗细、网眼的大小应根据动物的体型设计。绳细网轻，但牢度不够也易伤害动物的皮肤。网眼大小应以动物的头能穿过为宜，颜色以草绿、灰褐色为佳，便于伪装。

（2）天网

利用天网可以捕捉一些鹿科动物，天网的面积为 80～100m^2，用尼龙绳网结而成。天网安装在鹿类经常出没的地方，先把 100m^{2}左右的草割去，草萌生后撒上盐土，吸引动物前来啃食和舔盐。具体安装方法为，先在割去草的四周打上木桩，用四根立柱与地桩关节，立柱顶部安装天网，用一根长约 200m 的尼龙绳把网拉起。7 天后至草开始萌芽，因为鹿类喜食新萌发的幼芽，此时早晚派人守候，当鹿类进入天网后，把尼龙绳松掉，天网掉下罩住动物达到捕获的效果。这种方法由于相对对捕获对象损伤或伤害较小，适于捕获大型兽类，特别是珍贵濒危动物的捕获，但对动物的栖息环境破坏较大且耗资也较大。

（3）火炮牵引网

火炮牵引网是用火药爆炸所产生的推力把网弹射出去盖住动物。它的特点是隐蔽性好，发射突然，受环境条件的限制比较小。从捕捉小型鸟类到大型哺乳动物都可以使用。网具用各种材料的线绳结成，大多为长方形。根据捕捉对象确定网绳的粗细、网眼的大小和颜色。一般每片长 10～20m，宽 20m 左右，网的一端连在炮身和弹头上。装置时，将火炮一字排开，将发射装置以 45°埋入地下，网具需仔细叠好，妥善伪装。动物进入一定的射程后，按动电钮，弹头牵引网具向前方抛出，将动物罩住。

3. 自制诱捕器

（1）圈套

用尼龙绳、钢丝以及各种棉、麻、棕等制成绳索，然后将绳索的一端拧成或结成一个小环，另一端穿入小环形成一个可以活动的套子。套住动物后，由于动物前冲或挣扎，套子收紧，小环滑入倒钩内，套子即不在松脱。安装套子可以挂在树桩、灌木和自制的木桩上。由于圈套的方法很容易引起捕获动物的死亡，目前已很少使用。

（2）围栏与跑道

在草原或荒漠上，包括兔形目、有蹄类在内的一些较大的兽类在被人轰赶时，会沿着一定的路线跑，因此根据这一习性，可以组成几个人的轰赶队伍，将捕获对象沿着一定的路线驱赶，路的尽头为设置的大围栏，大围栏内又逐渐收口，末端是一个很小且带有保定装置的围栏，动物一旦进入便可触动保定装置而将动物捕获。捕捉大型的食草动物可以使用围栏法，在保护区或野生动物饲养场，如果附近有野生鹿类，可以利用发情公母鹿引诱野鹿，在冬季食物缺乏时，也可以用草料来引诱。围栏设在野鹿经常活动的地方，面积要 100m^{2}以上，在靠近外面门口处用铁丝围起一个面积约 10m^{2}的小围栏，把发情的母鹿赶入场中，野鹿便可被引诱进入围栏而将其捕获。

（3）陷阱法

用小瓷缸或小瓦罐子埋于地下，上口和地面平起或稍低，一旦小型动物如啮齿类陷入陷阱，将无法沿壁爬上，这样就可以获得活体动物作为研究对象，这种方法可以广泛适于啮齿类和食虫类动物，如田鼠、仓鼠等。

（三）化学制动捕捉法

化学制动是近年发展起来的有效的捕兽方法。借助枪械、箭弩和吹管把麻醉剂或镇静剂注入动物体内，使动物失去活动能力而被捕获。所用设备主要由麻醉枪、注射箭头和麻醉药剂等三部分构成。

（1）麻醉注射枪一般可分为两类：一类是用高压CO_2作为发射动力的气瓶型枪，另一类是用火药发射。为了安全起见，目前麻醉枪大多使用高压CO_2作为发射动力。

（2）注射针头与一般普通的针头无异，有时为了回收和保证药物全部注入动物体内，针头上有倒钩，进入体内不易掉出，待动物麻醉后再取出。注射针头尾羽用于保持其飞行时稳定，尾羽用阻燃纤维做成，也有的用高温塑料制作。针管一般用铝管制成，中间有一活塞把针管分成两部分，前面储存麻醉药剂，后面有一发火装置。针头射入动物皮肤后，注射弹受阻，发火装置中一贯性重锤撞击底火爆发，推动活塞向前，把药物注入动物体内。

（3）麻醉药剂种类很多，主要有麻醉剂、镇静剂、骨骼松弛剂等等。如埃托芬、司可林、卡他命、罗苯等。

在野外，动物被注射针击中后会迅速逃跑，随后药效发作而倒下。在这段时间内，要观察动物逃跑的方向，随后立即追赶，见动物倒下后要做事后的护理工作。

（四）翼手类动物的捕捉

由于翼手类动物是兽类中唯一飞翔习性的类群，其捕获方式和一般兽类会有所不同，因此前述多种方法可能就不适于翼手类动物的捕获。翼手类动物捕捉常用猎枪或特制的网，甚至可以手戴上手套后直接捕获。翼手类动物多在黄昏活动，并且飞行诡计捉摸不定，使用猎枪捕获一般难度较大。迷网是专门用来捕获飞行兽类的工具，可以由多片小张网构成，挂于广漠地带，或沿着溪流张挂，或横挂在林地的一小片开阔的空地。当然，如果知道翼手类动物的出没地点或巢穴，则可以直接将网张于出没地或巢穴口，然后采集者利用驱赶的方法，让它们自投罗网。这种方法也未尝不可。

四、不同捕捉方法的实施

各种捕获方法的实施或安放可以归结为三种：痕迹法、样线法和栅格法。其中痕迹法最为常用。

1．痕迹法

根据动物新近留下的痕迹决定捕获器的安放地点的方法称为痕迹法。这种方法有捕获效率高的优点，但花费时间长和要求对捕获对象的熟悉程度较高。如果这次动物捕获成功，为了便于下一次还以同样的方式布放，应对这次动物痕迹和诱捕器布放方法进行详细记录。当然，这种方法不适于痕迹不明显的兽类，特别是小型兽类，由于其痕迹不明显会造成一定的偏差。

2．样线法

样线法是指在选定的直线上间隔一定距离布放一捕获器。该方法需要在起始点和终点做必要的标记，通常利用色彩鲜艳的布条或绳索。采集者从起始点开始放置捕获器，接下来朝着结束点按一定间隔布放，直至终点。间隔距离的选择可以根据研究对象，的不同而不同。样线法的放置可以使得采集者在短时间内布放大量的捕获器，此方法比较适于小型兽类的捕获，同时可以克服痕迹法捕获时的偏差。但不足之处就是效率较低。

3．栅格法

亦称网格法，也可以是样线法的扩展。栅格法通常用于研究哺乳动物的生活史、空间分布和迁徙活动等，该方法要求在采集标本的样地上规范地画出方格形，在行列线交叉点上布放捕获器。行间距和列间距都要有一固定值，这个值由采集对象而定。这种方法对动物痕迹和栖息地状况要求不严格。

五、捕捉过程的注意事项

捕获过程可能对采集对象产生一定的负面影响，首先是种群数量的下降，其次是捕获个体产生一定的伤害或损伤，有的物种由于受到采集的干扰不得不放弃原来的栖息地或有弃婴等行为，从而对此采集对象产生一定影响。例如，许多翼手类动物有集群休息的习性，因此很容易捕到大量个体，但是如果采集时不加节制，会给被采集种群带来毁灭性的打击。另外，繁殖期的翼手类动物会在洞中形成一个育婴群，此时它们对外界刺激，如光照、噪声、气味等都非常敏感，受到干扰时，有可能会放弃其居住地，而这种放弃对种群来说多是不利的。因此捕获时应到适时、适地，减少对栖息地的损伤，减少噪音，对研究过程中的污染物及时处理等措施。

第二节　捕捉后的处理

野生动物捕获后应及时处理，首先对捕获个体进行种类的鉴定，特别是啮齿类和翼手类动物由于其形态上相近，应仔细利用模式标本或原色图鉴等进行种类鉴定。若是所需研究对象，应当及时进行处理，若不是所需研究对象也要及时妥善的处理，如非采集对象为活体应当地放归，对死亡个体则要按一定方法或原则进行处理。

（一）活体与死亡个体的处理

捕获到的活体个体的处理根据研究的需要和捕获对象的特性，可以分为处死、取样或标志后放归。捕获对象处死的方法很多，小型兽类可以用氯仿或戊巴比妥钠等麻醉试剂致死后处理，大型兽类的处死需要有一定经验的人员对采集动物处理而处死。处死后根据研究需要取样后进行标本制作。死亡个体需要及时得到处理以防止因腐烂而变质造成损失。在取样后对采集对象产生废物及时处理。样品及时送实验室或采用一定方式进行保存处理。

（二）取样后处理

捕获对象在取样后，可以进行必要的标本制作。兽类标本的制作包括浸制标本和剥制标本的制作，其中以剥制标本的制作为主。

1．浸制标本的制作与保存

兽类浸制标本一般包括器官、仔兽、流产死亡幼体及小型兽类整体等的浸制。兽类浸制标本的制作包括浸制液体的配制、动物或器官的整形和固定保存 3 个步骤。

2．剥制标本制作与保存

兽类剥制标本先在后腹部沿腹中线剪开长约身体 1/5 的开口，用镊子轻轻剥离皮肤，在剥离的同时需撒入适量的滑石粉等用来吸掉血液和组织液，使得剥离后的皮肤和身体部位保持干燥易于操作，毛皮不易被污染。接着后肢在膝骨处向开口处外翻并在膝骨处剪断，然后另外一后肢同样外翻剪断，同时剥离皮肤并外翻。这样一直翻至前肢和头部，如同脱衣服一样，用尖镊子拉出耳内皮肤，用剪刀贴近颅骨剪开耳基部皮肤。继续翻转到眼部，沿眼基剪下，注意保持眼睑的完整性。翻到唇部时沿唇内侧剪开皮肤，这时皮肤和躯体就完全的分离了。应当尽快用解剖刀和镊子尽可能除去皮肤、四肢和尾部内表的附着的肌肉及脂肪组织。然后在清理干净的皮张内表涂上一层硼砂或砒霜等防腐药品。然后对皮张进行填充（棉花也可以），填充后进行必要的整形。最后把填写的标签系在标本上。当然，制作兽类标本其头骨的处理与保存也是很重要的，因头骨是兽类种类鉴定很重要的依据之一。

第十三章
样本采集、保存及运输

第一节 样本采集原则

一、样本采集一般性原则

（1）采集最适样本：理想的病毒性疾病临床样本，应是无菌采取的含病毒量高的血液、器官组织或分泌物和排泄物，因此要根据疾病的病性采取合适的样本。如无法估计是何种疾病时，应根据临床症状和病理变化采集样本，或应全面采取样本。取材时应注意病毒感染所致疾病的类型（如呼吸道感染疾病、胃肠道感染疾病、皮肤和黏膜性疾病、败血性疾病等）、病毒的侵入部位、病毒感染的靶器官等。

（2）适时采集：采集病料标本的时间一般在疾病流行早期、典型病例的急性期，此时病毒的检出率高。后期由于体内免疫力的产生，病毒成熟释放减少，检测病毒比较困难，同时可能出现交叉感染，增加判断的困难性。在采集供抗体测定用血清标本时，可适时地采集急性期和恢复期的两份血清样本。一般两份血清的间隔时间为14～21天。

动物死后要立即取样。夏天最迟不超过4～6h，冬天不超过24h，供做切片样品必须采取后立即投入固定液。否则时间过长，会使细菌和组织细胞死亡、溶解，影响检验结果。

（3）无菌操作：采集样本所用的器械及容器要进行严格的消毒，样本采取过程都应该无菌操作，尽量避免杂菌污染。

（4）剖前检查：若有突然死亡或病因不明的尸体，须先采取末梢血制成涂片，镜检，疑似炭疽时，不得进行解剖。如需要剖检并获取样本时，应经上级有关部门同意，选择合适的场地，做好严格的防范工作，剖后要进行严格的消毒处理。

二、采集陆生野生动物样本的原则

对于国家级或省级重点保护野生动物，紧急情况下实行死亡动物采样与报批同步；正常情况下，应在获得国家相关部门的行政许可后，根据国家有关要求确定具体采样方式和强度。对于非重点保护野生动物，采样强度可根据野生动物种群大小，结合疫源疫病调查的需要进行确定。

第二节 样本采集方法

陆生野生动物的捕捉，根据监测取样的需要，针对不同的野生动物特点，采用不同的方法进行。为了从业人员和野生动物的安全，野生动物的捕捉必须由专业人员进行。

监测人员到达野生动物异常死亡现场后，要进行调查、估测死亡率，包括野生动物种类、种群数量、死亡数量、地理坐标以及死亡事件的地理范围。原则上，只有受专业培训的人员可进行剖检取样。除了采集野生动物样品外，还可以采集其他环境样品，如水、土壤、植被或其他被认为对死亡产生作用的因素。

陆生野生动物疫源疫病监测样本的采样方式包括：活体野生动物的非损伤采样方式，如拭子、粪便和血样的采集。活体野生动物和尸检野生动物的损伤采样方式，如脾、肺、肝、肾和脑等组织的采集。国家重点保护野生动物、珍稀濒危野生动物活体原则上不采用损伤性采样方式。野生动物被采样后，根据情况及时将其放归自然生境或进行救护，所用物品和死亡野生动物需进行消毒和无害化处理，并填写野外样本采集记录表（见附录5，附件2）。

一、损伤采样

1．新鲜的小型尸体采样

在戴手套的手上反套一只塑料袋，然后用袋子将死禽包起，将袋子封严（如需保证袋子更结实和干净可用双层塑料袋），并在袋子上写上样品编号（与野外采样记录表上所填的编号一致）、种类、日期、时间和地点。如死亡的不止一种野生动物，应每种收集几份样品供诊断之用。

2．剖检采样

在偏远地区，可以现场实施剖检，直接采取相关组织样品。并将样品保存在冰柜或冷藏柜中。样品的盛皿外写上样品编号（与野外采样记录表上所填的编号一致）、种类、日期、时间和地点。

二、无损伤采样

1．拭子样品

采样用拭子应选用人造纤维或涤纶质地的头。

样品采集步骤如下：

（1）做好必要的个人防护，穿戴防护服，佩戴口罩。

（2）选择适合鸟类体型的拭子大小，将包装从尾端打开，小心不要接触拭子头部。

（3）取出拭子，将整个头部深入待采集部位，轻柔旋转2～4圈，直至拭子完全浸润。

①采集泄殖腔拭子（简称肛拭子）时，深入泄殖腔轻柔旋转2～4圈，沾取粪便或排泄物，甩掉过大的粪便（＞0.5cm）。

②采集气管拭子时，深入口腔后部，在两块软骨结构间的随呼吸开闭的位置，轻柔旋转2～4次，取咽喉分泌液。

③鸟类体型过小，气管开口直径狭窄，难以准确采集气管拭子，可采集口咽拭子代替，在口腔舌后部上下颚间旋转沾取分泌物。

（4）打开拭子采集管，将拭子头部置于运输保存液中距底部约3/4的位置。

（5）剪断或折断拭子，使整个头部和一部分杆留在拭子采集管中，盖严盖子。

（6）剪子用70%乙醇擦拭消毒。

2. 粪便

应采取采样野生动物种类明晰且新鲜的粪便。

3. 血液样品

血液可通过右侧颈静脉、翅静脉或跖部内静脉采集，根据鸟类体型大小与所需血液的量选择22g、23g、25g或27g静脉注射针，或12ml、10ml、6ml、3ml或1ml的注射器。对野生鸟类，通常每100g体重采取0.3～0.6ml的血液不会对其健康产生影响。采血后，在采血部位覆盖纱布并指压30～60s至不流血。

根据用途不同，采血后立即将血液转移至血清分离管或血浆分离管中。血浆样品应立即冷藏保存等待离心，血清样品应放置于环境温度中等待凝血后冷藏保存直至离心。离心后，血浆或血清样品应用无菌吸头转移至冻存管，或小心倒入冻存管，冷冻保存。

4. 组织

对死亡不久的病死野生动物采取组织样本，所采组织样本尽可能取自具有典型性病变的部位（如器官、肝、脾、肾、直肠等）并放于样本袋或平皿中。

（1）心、肝、脾、肾、肺、淋巴结等实质器官的采集：先采集小的实质脏器，如脾、肾、淋巴结，小的实质器官可以完整地采取，置于自封袋中。大的实质器官，如心、肝、肺等，在有病变的部位各采取2～3cm^3的小方块，分别置于灭菌的试管或平皿中，要采集病变和健康组织交界处。用于病毒分离样品的采集必须采用无菌技术采集，可用一套已消毒的器械切取所需脏器组织块，并用火焰消毒剪镊等取样，注意防止组织间相互污染。

（2）脑、脊髓样品的采集：取脑、脊髓2～3cm^3浸入30%甘油盐水中或将整个头（猪、牛、马除外）割下，用消毒纱布包裹，置于不漏水的容器中。

（3）肠、肠内容物及粪便样品的采集：选择病变最严重的部分，将其中的内容物弃去，用灭菌的生理盐水轻轻冲洗后，置于试管中。

第三节 样本处理

一、样本处理

（1）血清样本

无菌采取的动物血样，将盛血容器放于37℃温箱1h后，置于4℃冰箱内3～4h，待血块凝固，经3 000r/min离心15min后，吸取血清。

（2）拭子样本

进行某些特定病原检测时，通常采喉气管拭子或肛拭子。将棉拭子插入咽喉部或肛部，轻轻擦拭并慢慢旋转，沾上分泌物或排泄物，然后将样本端剪下，置于盛有含抗生素的pH7.0～7.4的样本保存溶液的冰盒容器中。保存溶液中的抗生素种类和浓度视情况而定。

（3）组织样本

所采组织样本尽可能取自具有典型性病变的部位并放于样本袋或平皿中。

（4）粪便样本

对于小型珍贵野生动物，可只采集新鲜粪便样本。用于病毒检测的样品应置于内含有抗生素的样本保存溶液的容器中。运送粪便样品可用带螺帽容器或灭菌塑料袋；不要使用带皮塞的试管。

（5）动物样本

对于小型的野生动物，可直接将病死或发病野生动物装入双层塑料袋内。

（6）非病毒性疫病样本

处理时，必须无菌操作，不能使用抗生素。

二、样本保存

样本应保存在液氮中。

样本应密封于防渗漏的容器中保存，如塑料袋或瓶。能够在24h内送达实验室的样本可在2～8℃条件下保存运输；超过24h的，应冷冻后运输。长期保存应冷冻（最好－70℃或以下），并避免反复冻融。不能用保存人畜食物用的冰箱来存放尸体。

进行流感病毒学分析时，如果样品能在4h内运抵实验室做检测或存档，则可放在冰块上储存，或将样品直接在野外放入液氮（－196℃），随后保存在－70℃或更低温度中（液氮温度为－196℃），以便在实验室检验之前能保存好病毒及其RNA 。样品保存不当可能会导致无法诊断。

三、样品包装

保存样本的容器应注意密封，容器外贴封条，封条由贴封人（单位）签字（盖章），并注明贴封日期。

包装材料应防水、防破损、防外渗。必须在内包装的主容器和辅助包装之间填充充足的吸附材料，确保能够吸附主容器中所有的液体。多个主容器装入一个辅助包装时，必须将它们分别包裹。外包装强度应充分满足对于其容器、重量及预期使用方式的要求。

如样本中可能含有高致病性病原微生物，包装材料上应当印有国务院卫生主管部门或者兽医主管部门规定的生物危险标识、警告用语和提示用语。

待检样本的运输应根据国家有关规定实施。

第十四章
全国野生动物疫源疫病监测信息网络直报系统操作手册

全国野生动物疫源疫病监测信息网络直报系统（以下简称“直报系统”）是国家林业局野生动物疫源疫病监测总站结合信息化建设的发展趋势、考虑野生动物疫源疫病监测防控工作的实际要求，于2009 年组织研发的一款基于公用网络（因特网）平台，以建立虚拟专网（VPN）为安全保证的信息传输系统。

第一节　系统概述及安装

一、系统概述

直报系统的研发遵循了全局性、先进性、实用性、扩展性、安全性、稳定性六原则，旨在利用便捷、高效的计算机网络通讯技术，保障野生动物疫源疫病监测防控信息实时、安全的上传下达，预警数据准确、高效的统计分析及行业技术及时、有效的交流更新。

目前，通过系统平台的支持，可以实现信息直报、数据库建设、信息通告、用户管理、代码维护、实时监控和报警等功能。直报系统总体结构示意图见图 14－1。

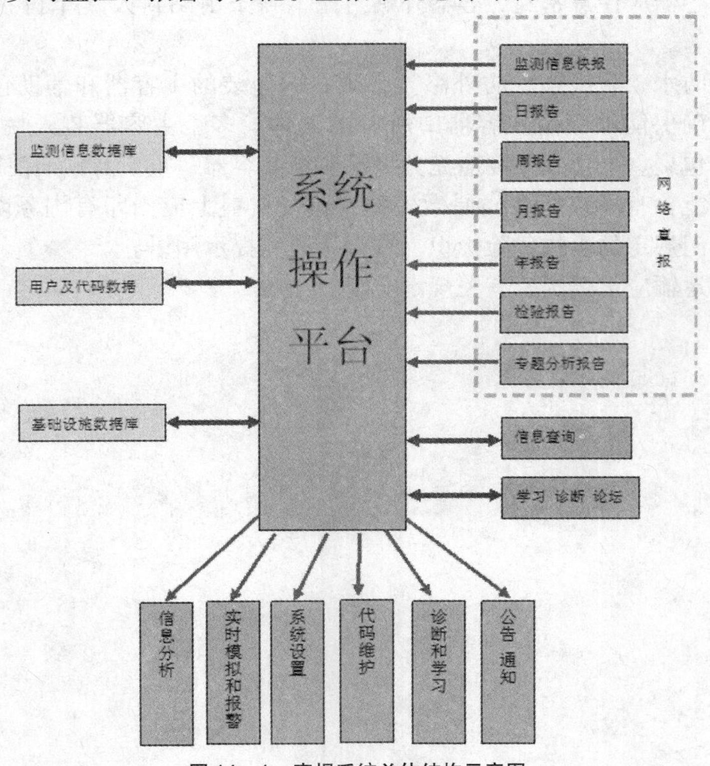

图 14－1　直报系统总体结构示意图

直报系统主要面向林业系统内部用户开放，用户主要分为三种：一是管理机构用户，包括国家林业局、国家林业局野生动物疫源疫病监测总站和各省、市、县级监测管理机构。二是监测站用户，包括各国家级和地方级监测站。三是科技支撑单位用户，包括国家林业局中国科学院野生动物疫病研究中心、国家林业局长春野生动物疫病研究中心等在内的相关科技支撑单位。管理机构用户主要负责系统设置与管理、报告审核、报表项增减、设置与修改、数据维护、行政区划代码变更，分配下级系统管理员和数据管理员权限等。监测站用户主要负责监测信息数据录入、审核、上报、订正、分析及使用数据等。科技支撑单位用户通常具有查询及使用部分或全部数据的权限，或根据情况由系统管理员设定必要的权限。

二、系统安装

（一）VPN 证书安装

双击 VPN 证书，进入导入 VPN 证书安装向导（见图 14－2），点击【下一步】，选择 VPN 证书存放的位置；点击【下一步】，输入证书的密码“sfzz509”（见图 14－3）；点击【下一步】。

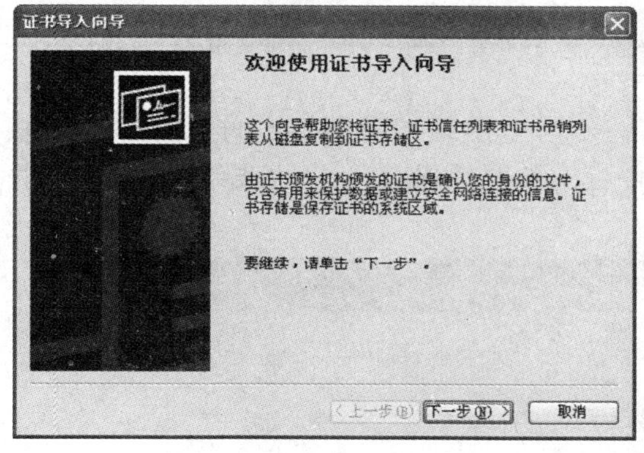

图 14－2

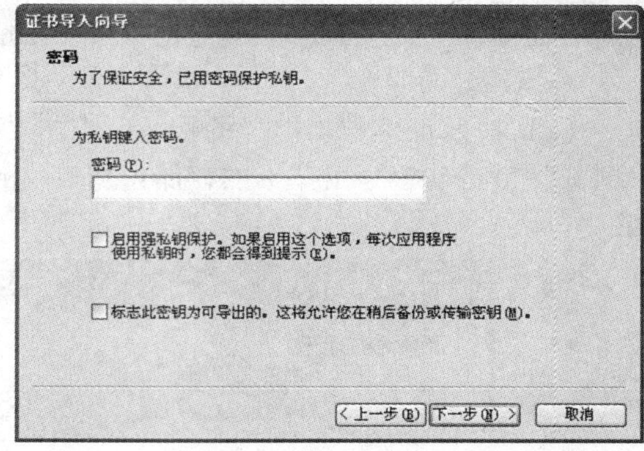

图 14－3

选择“根据证书类型，自动选择证书存储区”（见图 14－4），点击【下一步】，完成证书的导入。

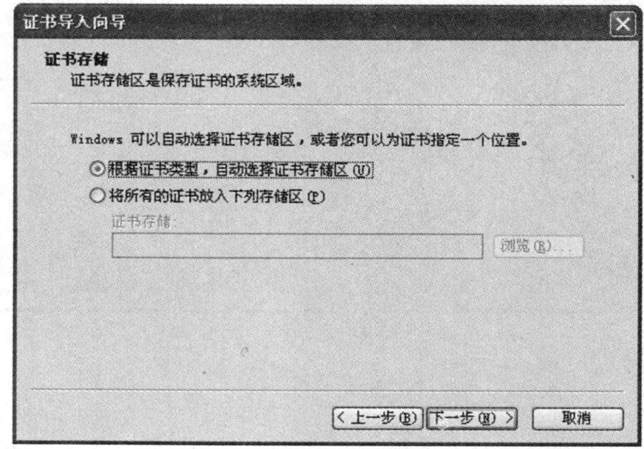

图 14－4

当证书丢失时，可使用“证书导出”功能，将计算机中已安装的证书导出以备重新安装时使用。具体操作如下：

（1）在浏览器菜单栏中选择“工具 - Internet 选项 - 内容”，打开“证书”，选中所需导出的证书，点击“导出”，如图 14 - 5。

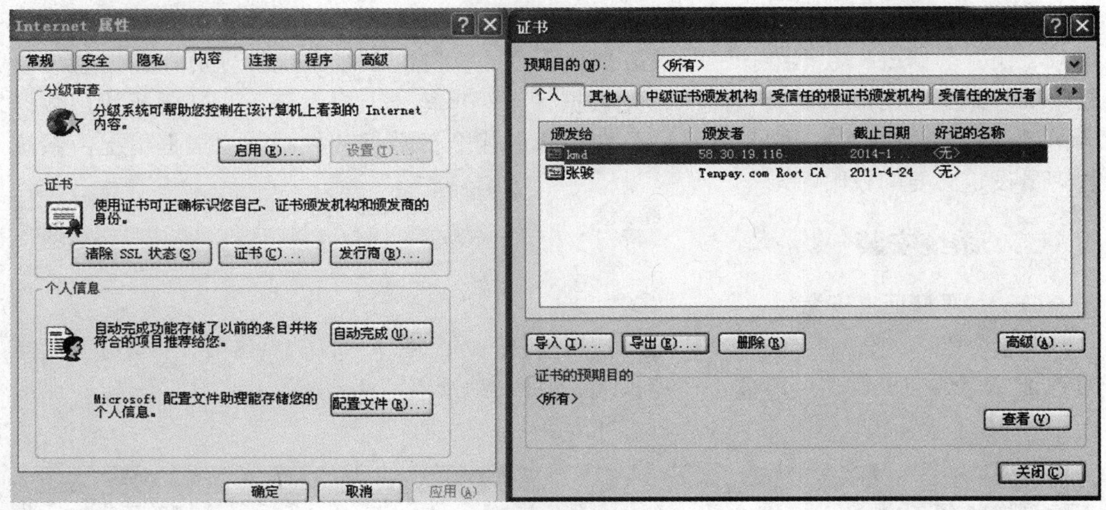

图 14 - 5

（2）按照证书导出向导的指示，点击“下一步”至出现如图 14 - 6 的界面后，点击“浏览”自行确定导出证书的存储位置和文件名后，点击“保存”，即可导出已安装的证书。

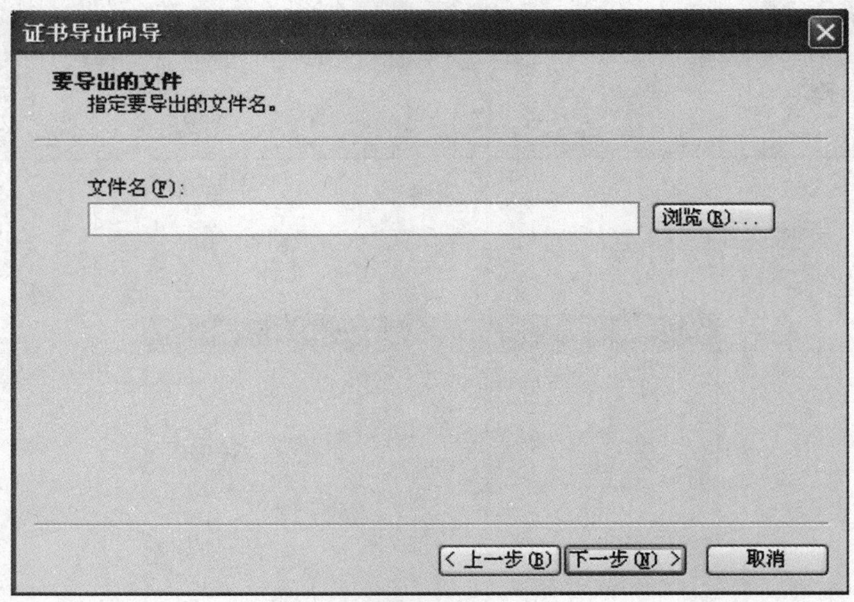

图 14 - 6

（二）SSL 安装

1. SSL 协议简介

SSL 协议为数据通讯提供安全支持。主要服务有：

（1）认证用户和服务器，确保数据发送到正确的客户端和服务器。

（2）加密数据以防止数据中途被窃取。

（3）维护数据的完整性，确保数据在传输过程中不被改变。

2. SSL 协议安装

在导入证书成功后，打开浏览器，输入网址 http：//www. yyybjc. org/，浏览器会弹出“安全警报”，如图 14－7。

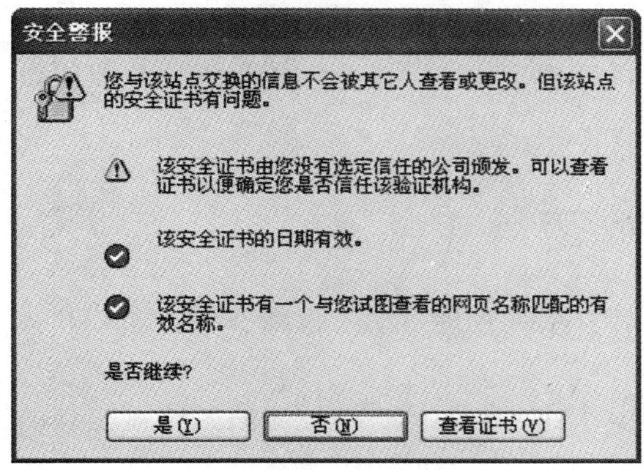

图 14－7

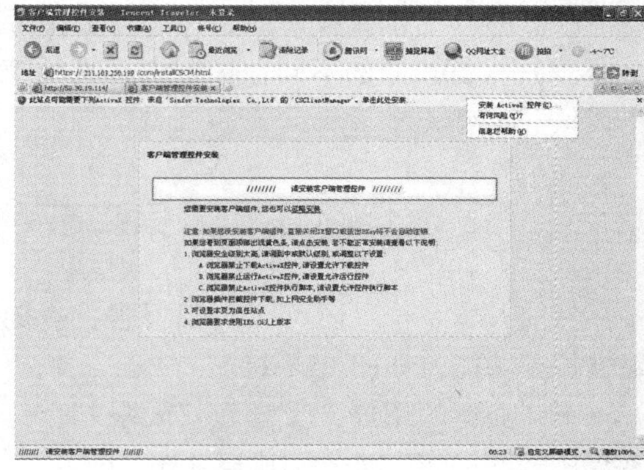

图 14－8

选择【是】，进入证书选择界面，选择相应的证书后，点击【确定】按钮。

如果本计算机是第一次运行该系统，会出现如图 14－8 提示，选择【安装 ActiveX 控件】后，系统自动下载安装 SSL 协议。

安装完成后，计算机右下角会出现图标，桌面会出现快捷方式。

（三）系统登录

登录系统可以通过以下途径：

1. 直接在浏览器地址栏输入“http：//www. yyybjc. org/”，单击回车后即可。

2. 可通过国家林业局政府网应急管理栏目疫源疫病专栏（http：//www. forestry. gov. cn/common/index/212. html）或者陆生野生动物疫源疫病监测网（http：//www. forestpest. org/yyyb/）上的登录链接登录系统。

3. 双击安装 SSL 协议时在计算机桌面生成的快捷方式，选择“证书”登录即可。

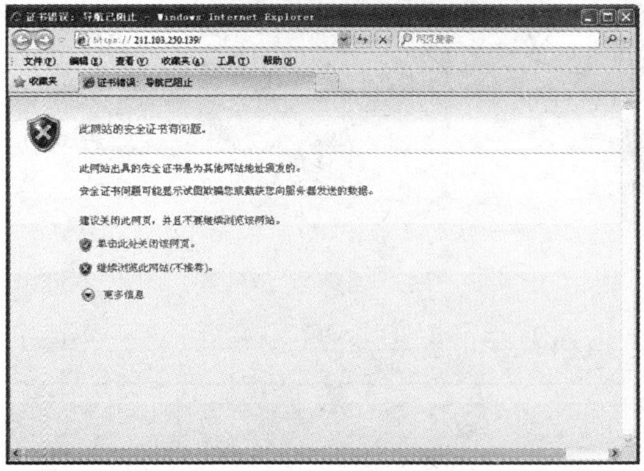

图 14－9

图 14－10

正确安装 VPN 证书和插件后，系统可正常使用。在登录过程中如果出现如图 14 – 9 的情况，直接选择“继续浏览此网站（不推荐）”选项即可。图 14 – 10 为直报系统登录界面，系统登录时必须输入正确的用户名、密码和验证码。验证码不区分大小写，若验证码不清晰则可以点击验证码图片重新获得新的验证码。只有通过服务器验证，才能登录。

特别说明：

（1）当长时间未操作时，再进行操作时系统会提示登录过期，这时候需要重新登录。

（2）根据权限的不同在导航内看见的菜单内容也不相同，部分功能根据用户权限设定。

第二节　操作方法

目前，本系统主要可以实现报告、查询统计、系统管理、学习诊断、公告通知和代码维护等功能，如图 14 – 11。

不同类型的用户，受管理权限限制，其可操作的功能不同，本处对该系统可实现的所有功能的操作方法分别作以介绍。

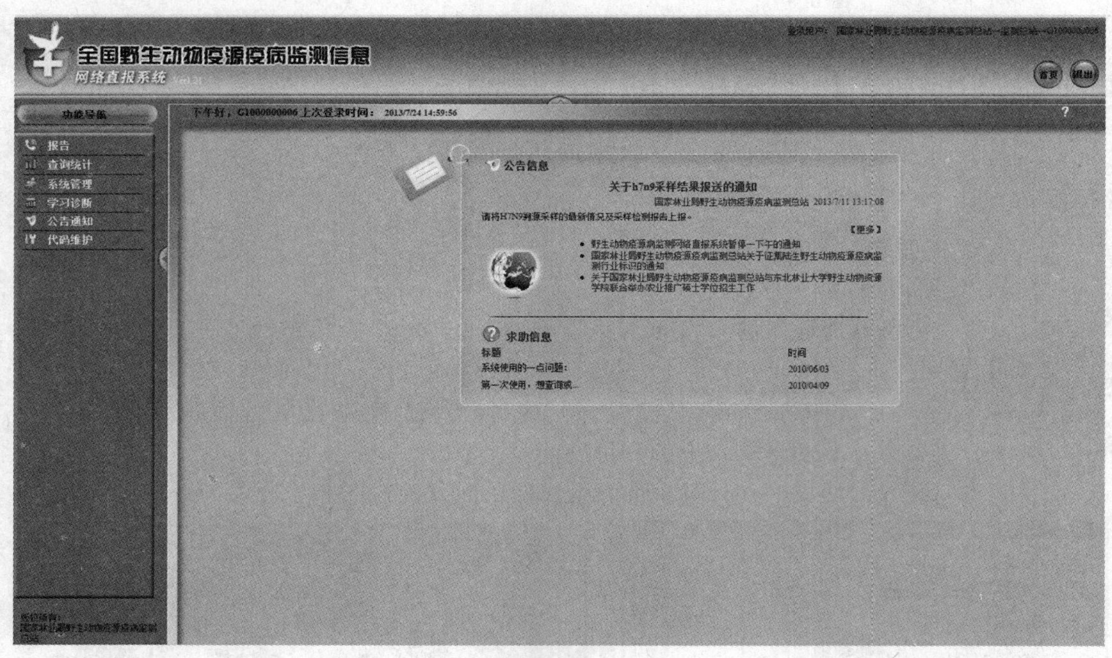

图 14 – 11

一、报告

报告主要分为快报、日报、周报、月报、年报和专题报告 6 类。

（一）快报

1. 添加

点击导航栏【报告】→【快报】→【添加】，即可跳转到快报添加界面，如图 14 – 12。

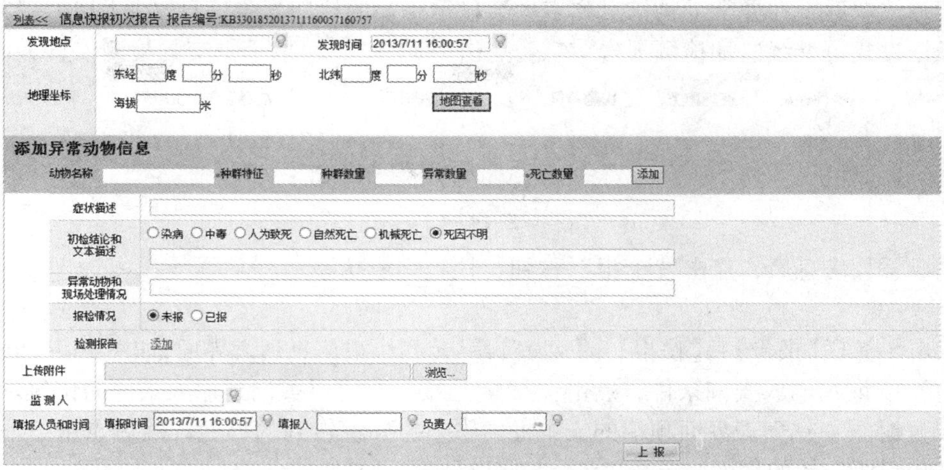

图 14－12

（1）异常动物信息：在此录入异常动物信息，填写完整信息后点击“添加”。操作成功后，在弹出的异常动物信息列表中可显示新添加的内容（见图 14－13），以相同操作方式可继续添加异常动物信息。若添加信息有误，选择该记录对应的“编辑”按钮对数据进行修改或点击“删除”直接删除数据。

动物名称	种群特征	种群数量	异常数量	死亡数量	编辑	删除	检测报告
白鹤	群居	100	10	0	编辑	删除	

图 14－13

（2）检测报告：点击“添加”，录入检测报告信息后，点击添加，将填写的检测信息提交到此界面上，如图 14－14。框内部分为弹出的检测报告单。

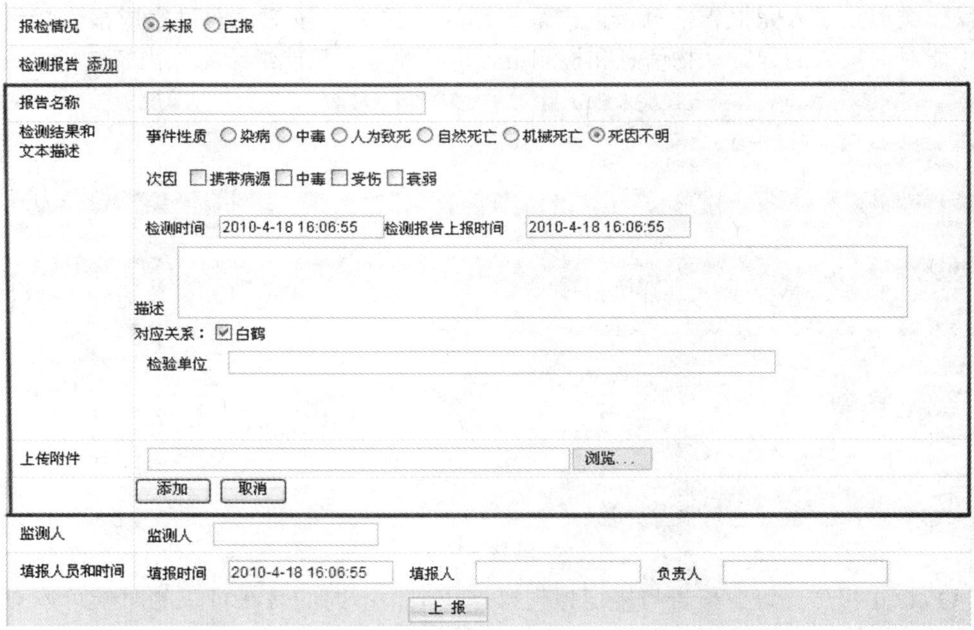

图 14－14

添加成功后，在异常动物信息列表中会显示添加的检测报告信息（见图 14－15），以相同操作方式可继续追加检测报告信息。点击“删除”，可取消提交的检测信息。

报告名称	事件性质	疫病种类	检测单位	检测时间	检测报告上报时间	附件地址	删除
白鹤异常报告	中毒		重庆监测站	2009-11-15 13:46:39	2009-11-15 13:46:39		删除

检测报告 添加

图 14－15

完成添加信息后，点击“上报”按钮，快报则成功添加。

2. 列表

点击导航栏【报告】→【快报】→【列表】,跳转到快报信息列表界面,如图 14－16。

（1）查询：输入查询条件，点击“搜索”按钮，可以查询到输入条件的快报。

（2）翻页：在列表界面顶端的文本框内输入想要跳转到的界面，然后点击 按钮，即可跳转到所选择的界面。

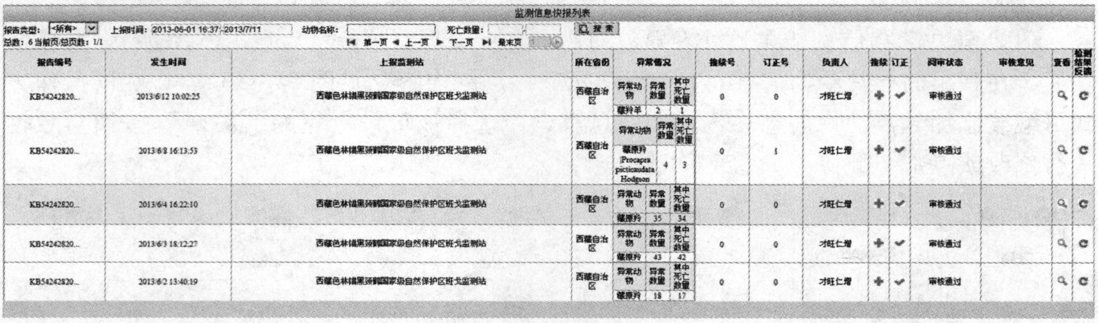

监测信息快报列表

报告类型：<所有> 上报时间：2013-06-01 16:37-2013/7/11 动物名称： 死亡数量： 搜索

总数：6 当前页/总页数：1/1 第一页 上一页 下一页 最末页

报告编号	发生时间	上报监测站	所在省份	异常情况	接续号	订正号	负责人	接续	订正	网审状态	审核意见	查看	检测结果反馈
KB54242820…	2013/6/12 10:02:25	西藏色林错黑颈鹤国家级自然保护区班戈监测站	西藏自治区	异常动物 / 异常数量 / 其中死亡数量：藏羚羊 2 1	0	0	才旺仁增			审核通过			
KB54242820…	2013/6/8 16:13:53	西藏色林错黑颈鹤国家级自然保护区班戈监测站	西藏自治区	异常动物 / 异常数量 / 其中死亡数量：藏原羚 Procapra picticaudata Hodgson 4 3	0	1	才旺仁增			审核通过			
KB54242820…	2013/6/4 16:22:10	西藏色林错黑颈鹤国家级自然保护区班戈监测站	西藏自治区	异常动物 / 异常数量 / 其中死亡数量：藏原羚 35 34	0	0	才旺仁增			审核通过			
KB54242820…	2013/6/3 18:12:27	西藏色林错黑颈鹤国家级自然保护区班戈监测站	西藏自治区	异常动物 / 异常数量 / 其中死亡数量：藏原羚 43 42	0	0	才旺仁增			审核通过			
KB54242820…	2013/6/2 13:40:19	西藏色林错黑颈鹤国家级自然保护区班戈监测站	西藏自治区	异常动物 / 异常数量 / 其中死亡数量：藏原羚 18 17	0	0	才旺仁增			审核通过			

图 14－16

（3）接续报告：点击 按钮，即可跳转到接续报告界面，如图 14－17。接续和添加的操作类似，录入完报告信息，点击最下端的“接续”按钮，即可完成报告接续。接续时不能对此报告的异常动物信息和检测报告进行删除，只能继续添加内容。

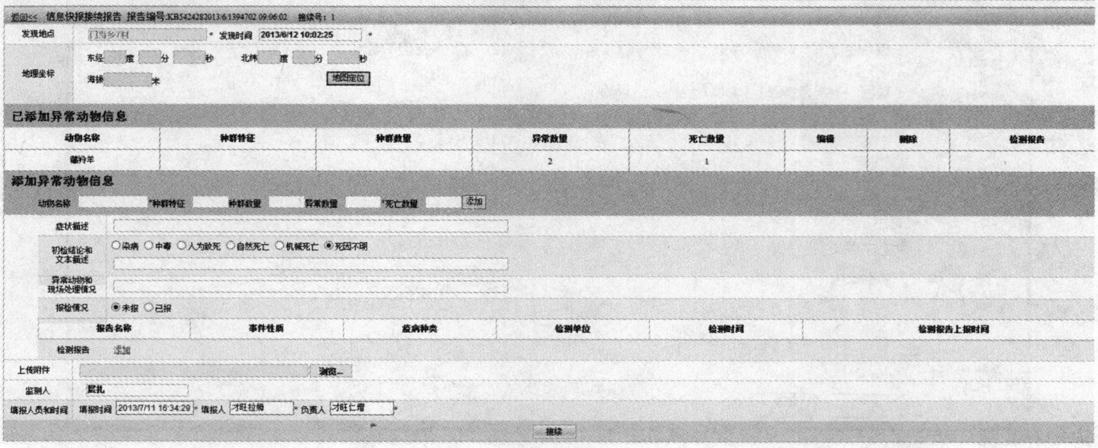

返回<< 信息快报接续报告 报告编号:KB5424282013/6/1394702 09:06:02 接续号：1

发现地点 门当乡7村 * 发现时间 2013/6/12 10:02:25 *

地理坐标 东经 度 分 秒 北纬 度 分 秒 海拔 米 地图定位

已添加异常动物信息

动物名称	种群特征	种群数量	异常数量	死亡数量	编辑	删除	检测报告
藏羚羊			2	1			

添加异常动物信息

动物名称 *种群特征 种群数量 异常数量 *死亡数量 添加

症状描述

初检结论和文本描述 ○染病 ○中毒 ○人为致死 ○自然死亡 ○机械死亡 ◉死因不明

异常动物和现场处理情况

报检情况 ◉未报 ○已报

报告名称	事件性质	疫病种类	检测单位	检测时间	检测报告上报时间
检测报告 添加					

上传附件 浏览...

监测人 尼扎

填报人员和时间 填报时间 2013/7/11 16:34:29 * 填报人 才旺拉姆 * 负责人 才旺仁增 *

接续

图 14－17

（4）订正报告：订正报告与接续报告操作相似，不同的是在订正的时候可以对此报告的异常动物信息进行修改和删除，也可以删除检测报告的信息。

（5）检测结果反馈：针对检测结果的再次添加，即新添加一次检测结果。

（6）查看报告：点击 🔍 ，即可查看报告的详细信息。

（7）返回：在接续、订正和检测结果反馈的界面点击“返回”按钮，可返回快报列表界面。

（二）日报

1. 添加

点击导航栏【报告】→【日报】→【添加】，即可跳转到日报添加界面，如图 14－18。

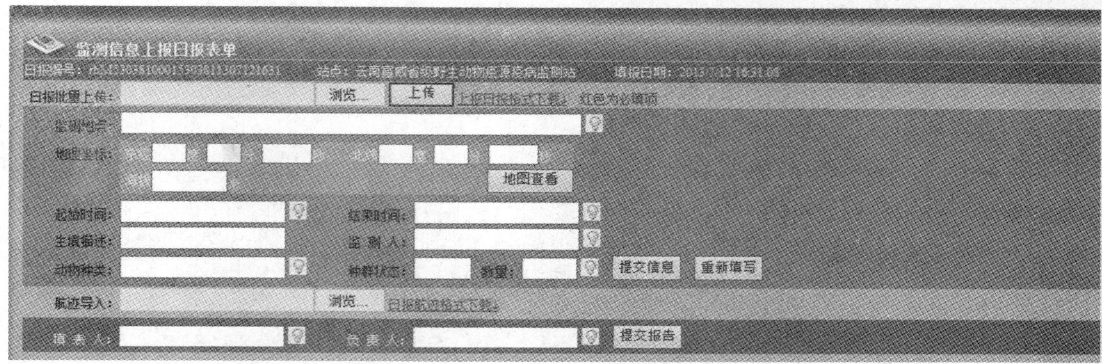

图 14－18

（1）上报日报格式下载：点击“上报日报格式下载”，依照下载表格格式将较多的数据录入后上传。

（2）地理坐标：可手工输入或者通过点击“地图查看”按钮，确定地点后直接生成。

（3）监测信息：在录入监测地点、地理坐标、时间、种类、数量等完整信息后点击“提交信息”，信息录入成功后，在弹出的监测信息列表显示添加的内容（见图 14－19），以相同操作方式可继续添加监测信息。若添加信息有误，点击“删除”，可以直接删除添加的数据。信息添加成功后，再填写填表人和负责人，即可提交日报告。

地点	监测开始时间	监测结束时间	东经	北纬	海拔	描述	动物种类	特征	数量	监测人	删除
春港	2013/7/15 0:00:00	2013/7/15 0:00:00	116.0586111111111	29.7913888888889	10.2	湖边浅滩	浮鸥	较小	21	何灿雄 梅达	Delete
春港	2013/7/15 0:00:00	2013/7/15 0:00:00	116.0586111111111	29.7913888888889	10.2	湖边浅滩	牛背鹭	较小	13	何灿雄 梅达	Delete
春港	2013/7/15 0:00:00	2013/7/15 0:00:00	116.0586111111111	29.7913888888889	10.2	湖边浅滩	白鹭	较大	41	何灿雄 梅达	Delete
春港	2013/7/15 0:00:00	2013/7/15 0:00:00	116.0586111111111	29.7913888888889	10.2	湖边浅滩	水雉	较小	15	何灿雄 梅达	Delete

图 14－19

2. 列表

点击导航栏【报告】→【日报】→【列表】，即可跳转到日报列表界面，如图 14－20。

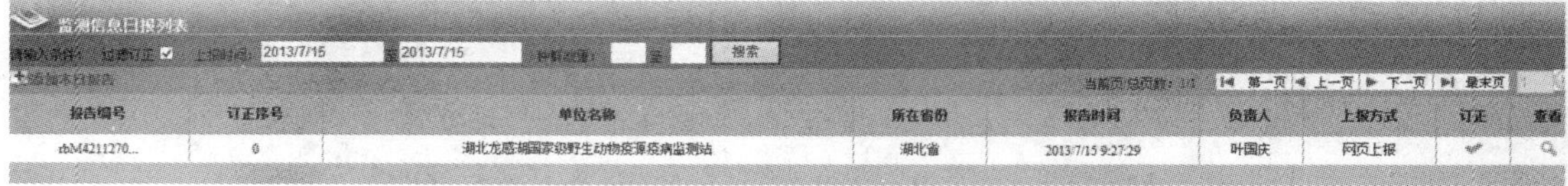
监测信息日报列表

上报时间：2013/7/15 至 2013/7/15　搜索

第一页　上一页　下一页　最末页

报告编号	订正序号	单位名称	所在省份	报告时间	负责人	上报方式	订正	查看
rbM4211270...	0	湖北龙感湖国家级野生动物疫源疫病监测站	湖北省	2013/7/15 9:27:29	叶国庆	网页上报	✔	🔍

图 14－20

（1）订正：日报每天只能上报一次，如果要修改添加的信息点击列表里 ✔ 对当前“订正”所在行的数据进行订正。点击后会自动跳转到订正界面（见图 14－21），在进入订正界面后点击“删除”，可以删除此条数据，还可以再次添加日报的信息，填写完整信息后点击“上报”按钮，即可提交订正后的内容。

（2）查看：点击 🔍 ，即可查看报告的详细信息。图 14－22 显示的为监测站上报的日报信息。

（3）搜索：输入查询条件再点击“搜索”按钮，可以查询到符合条件的日报信息。

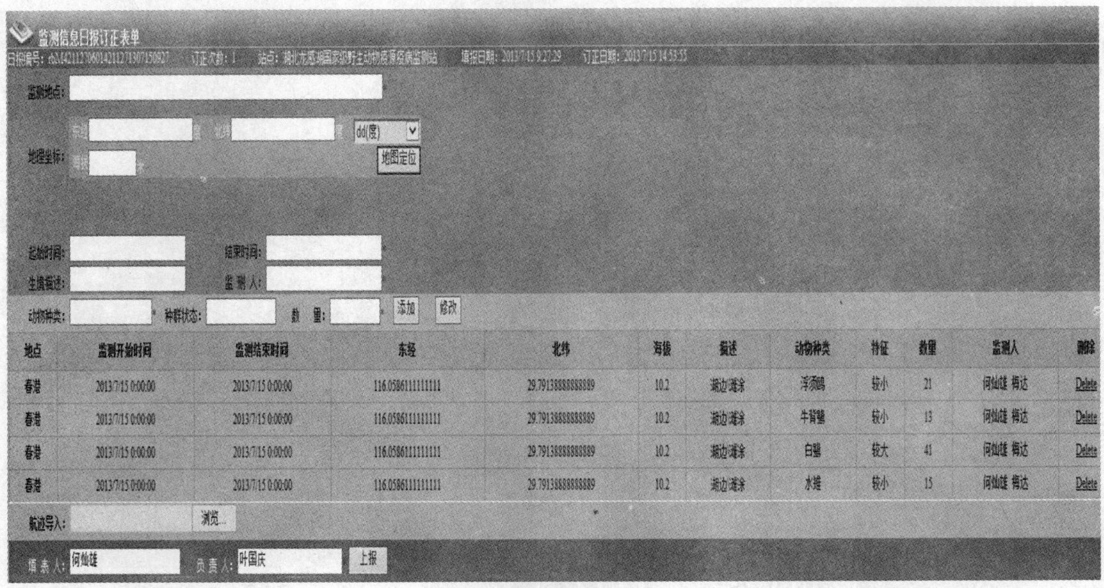

监测信息日报订正表单

订正次数：1　站点：湖北龙感湖国家级野生动物疫源疫病监测站　填报日期：2013/7/15 9:27:29　订正日期：2013/7/15 14:53:55

监测地点：

地理坐标：　地图定位

起始时间：　结束时间：

生境描述：　监测人：

动物种类：　种群状态：　数量：　添加　修改

地点	监测开始时间	监测结束时间	东经	北纬	海拔	描述	动物种类	特征	数量	监测人	删除
春港	2013/7/15 0:00:00	2013/7/15 0:00:00	116.0586111111111	29.7913888888889	10.2	湖边滩涂	浮须鸥	较小	21	何灿雄 梅达	Delete
春港	2013/7/15 0:00:00	2013/7/15 0:00:00	116.0586111111111	29.7913888888889	10.2	湖边滩涂	牛背鹭	较小	13	何灿雄 梅达	Delete
春港	2013/7/15 0:00:00	2013/7/15 0:00:00	116.0586111111111	29.7913888888889	10.2	湖边滩涂	白鹭	较大	41	何灿雄 梅达	Delete
春港	2013/7/15 0:00:00	2013/7/15 0:00:00	116.0586111111111	29.7913888888889	10.2	湖边滩涂	水雉	较小	15	何灿雄 梅达	Delete

航迹导入：　浏览...

填表人：何灿雄　负责人：叶国庆　上报

图 14－21

监测信息日报表　返回<<

报告编号：rbM42112706014211271307150927　监测站点：湖北龙感湖国家级野生动物疫源疫病监测站　报告时间：2013/7/15 9:27:29　填报人：何灿雄　负责人：叶国庆　上报方式：网页上报

监测站点：春港　东经：116度3分30秒 北纬：29度47分29秒 海拔：10.2　生境描述：湖边滩涂　监测时间：2013/7/15 0:00:00至2013/7/15 0:00:00

序号	动物种类	种群状态	种群数量	监测人
1、	浮须鸥	较小	21	何灿雄 梅达
2、	牛背鹭	较小	13	何灿雄 梅达
3、	白鹭	较大	41	何灿雄 梅达
4、	水雉	较小	15	何灿雄 梅达

图 14－22

（三）周报

1．添加

点击导航栏【报告】→【周报】→【添加】，即可跳转到周报添加界面，如图 14－23。

上午好，M3310221000 上次登录时间：2013/7/9 9:13:09

监测信息上报周报表单

周报编号：zbM33102210003310221307151012　站点：浙江三门国家级野生动物疫源疫病监测站　填报日期：2013/7/15 10:12:52

周报批量上传：　浏览...　上传　上报周报格式下载↓　红色为必填项

监测地点：

地理坐标：东经　度　分　秒　北纬　度　分　秒

海拔　米　地图查看

起始时间：　结束时间：

生境描述：　监测人：

动物种类：　种群状态：　数量：　提交信息　重新填写

航迹导入：　浏览...　周报航迹格式下载↓

填表人：　负责人：　提交报告

图 14－23

（1）上传周报格式下载：点击“上传周报格式下载”，依照下载表格格式将较多的数据录入后上传。

（2）地理坐标：操作同日报。

（3）监测信息：操作同日报。

2. 列表

操作同日报。

（四）月报

1. 添加

点击导航栏【报告】→【月报】→【添加】，即可转到月报生成界面（见图14－24），在月报生成界面的列表框内选择需要生成的月份，然后点击“生成月报”按钮，即可生成选择月份的月报。

图14－24

特别说明：月报根据快报生成，且上报的快报必须要通过审阅，如果选择生成月报的月份没有上报快报或者上报的快报未经过阅审，则在月报查看界面将没有信息显示。

2. 列表

点击导航栏【报告】→【月报】→【列表】，即可跳转到月报列表界面（见图14－25），点击 按钮，即可查看所选择月份月报的详细信息，如图14－26。

月报列表

当前页/总页数：1/1　第一页　上一页　下一页　最末页　1

报告编号	报告月份	报告生成日期	报告生成人	查看
mb1s200911	2009-11	2009-11-29 12:30:53	报告生成人	

图14－25

监测信息月报表

报告编号：mb1s200911　报告时间：2009-11-29 12:30:53　报告生成人：报告生成人

发现地点	发现时间	种群种类	异常数量	死亡数量	初检结论	报检情况	性质	疫病种类	填报人
四川饭店1	2009-11-25 17:49:35	小麻雀	100	20	中毒	已报检	中毒		填报人
四川饭店1	2009-11-25 17:47:03	白鹤	200	0	中毒	已报检	中毒		填报人
四川饭店1	2009-11-25 17:45:22	猫头鹰	100	10	中毒	已报检	中毒		填报人
现地点	2009-11-28 21:25:10	种群种类	10	10	死因不明	已报检	染病	疫病种类	填报
发现地点	2009-11-28 20:54:01	群种类	1	1	死因不明	已报检	染病	dsf	报人
发现地点	2009-11-28 21:32:05	种群	10	10	死因不明	未报检	中毒		填报

图14－26

（五）年报

年报操作和月报相同，点击导航栏【报告】→【年报】→【添加】，即可跳转到年报生成界面；点击导航栏【报告】→【年报】→【列表】，即可跳转到年报列表界面。

特别说明：年报根据快报生成，且上报的快报必须要通过审阅，如果选择生成的年份没有上报快报或者上报的快报未经过阅审，则在年报查看界面将没有信息显示。

（六）专题报告

1．添加

点击导航栏【报告】→【专题报告】→【添加】，即可跳转到添加界面，如图 14－27。

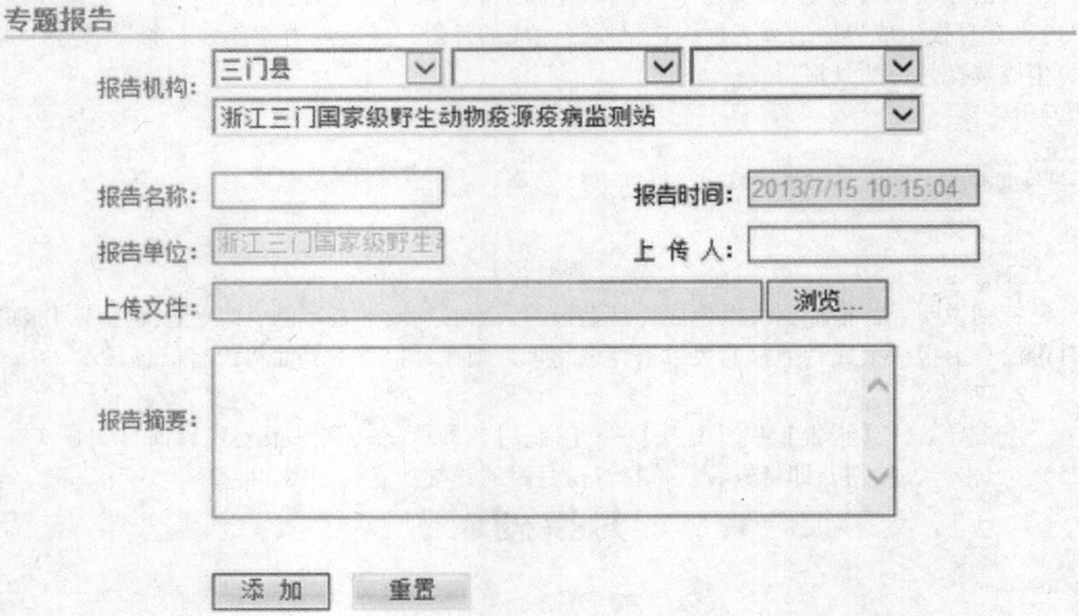

专题报告

报告机构：三门县

浙江三门国家级野生动物疫源疫病监测站

报告名称：　　报告时间：2013/7/15 10:15:04

报告单位：浙江三门国家级野生　　上 传 人：

上传文件：　　浏览...

报告摘要：

添 加　　重置

图 14－27

（1）添加：进入添加界面后录入专题报告的信息，报告时间和报告单位自动获取，不需要填写，完整填写信息后点击“添加”按钮完成文件上传。

（2）重置：录入信息有误需要修改时，点击“重置”按钮，将清空所录入的内容。

2．列表

点击导航栏【报告】→【专题报告】→【列表】，即可跳转到列表界面，如图 14－28。

专题报告

相关搜索　　搜索

查看报告	报告名称	报告摘要	报告单位	上传人	报告时间	操作
	dddd	dddd	国家林业局野生动物疫源疫病监测总站	dddd	2013/7/6 12:13:57	
	瓦房店水貂细小病毒肠炎		国家林业局野生动物疫源疫病监测总站	监测总站孙贺廷	2011/8/19 13:45:10	
	快报		国家林业局野生动物疫源疫病监测总站	吴	2010/11/15 15:55:10	
	vfdv	sss	国家林业局野生动物疫源疫病监测总站	vcxzc	2010/11/2 12:06:28	
	gfdgfd	gfddsg	国家林业局野生动物疫源疫病监测总站	rgf	2010/11/2 12:04:57	
	关于风格更丰富的报告	[illegible]	国家林业局野生动物疫源疫病监测总站	—	2010/10/30 16:28:58	
	测试报告	测试	国家林业局野生动物疫源疫病监测总站	测试	2010/4/20 9:37:46	

第 1 页 共 1 页 总共 7 条

图 14－28

（1）修改：在列表界面内点击编辑图标，进入修改界面。

（2）保存：在进入修改界面后，报告名称为必填项，输入完整信息后点击“保存”，保存该报告的修改。

（3）查看：要查看某专题报告的信息，可点击 图标，跳转到查看界面后也可以点击超链接下载上传的文件。

（4）删除：点击专题报告列表里的删除图标 ，就可以删除此行的专题报告。

（七）快报阅审

点击导航栏【报告】→【快报阅审】→【快报阅审】，即可跳转到快报阅审列表界面，如图 14－29。

监测信息快报列表

报告类型 <所有> 上报时间 2013-01-01 09:08 2013-07-16 09:08 动物种类 死亡数量 阅审状态 全部 搜索

总数：9 当前页/总页数：1/1 第一页 上一页 下一页 最末页

全选	报告编号	上报监测站	所在省份	接续号	订正号	填报时间	填报人	负责人	阅审状态	查看
	KB42080020...	荆门市省级野生动物疫源疫病监测站	湖北省	0	0	2013/5/10 10:50:20	李纯	吴峰	阅审通过	
	KB42080020...	荆门市省级野生动物疫源疫病监测站	湖北省	0	0	2013/4/24 9:34:58	李军	吴峰	阅审通过	
	KB42090020...	孝感市省级野生动物疫源疫病监测站	湖北省	0	0	2013/4/16 10:40:02	丁强	丁强	阅审通过	
	KB42280120...	湖北恩施州林业局国家级野生动物疫源疫病监测站	湖北省	0	0	2013/4/14 14:04:05	刘强	甘方艳	阅审通过	
	KB42280120...	湖北恩施州林业局国家级野生动物疫源疫病监测站	湖北省	0	0	2013/4/7 13:21:24	刘强	甘方艳	阅审通过	
	KB42080020...	荆门市省级野生动物疫源疫病监测站	湖北省	0	0	2013/4/5 10:08:11	李军	吴峰	阅审通过	

审核意见：情况属实 阅审通过 阅审不通过

图 14－29

（1）搜索：输入查询条件，点击“搜索”按钮，可以查询到输入条件的快报信息。

（2）阅审状态：在阅审状态栏里未阅审项用红标记突出显示，如果想要阅审这条信息首先选中这条信息所在行的最前端的复选框，再点击“阅审”按钮。

（3）查看：点击列 ，即可跳转到查看界面（见图 14－30），如果这条快报已经被阅审，那么在查看页的“阅审”按钮就变为不可使用状态，如果这条快报没有被阅审，也可以点击查看界面的“阅审”按钮进行对该快报的阅审。

信息快报 报告编号:KB1301312010510114151 接续号：0 订正号：0 阅审状态：未阅审

发现地点 篁碧坑 发现时间 2010-5-10 11:41:51

地理坐标 经度 123.123 纬度 12.35 海拔 12

动物名称	种群特征	种群数量	异常数量	死亡数量	检测报告
燕子	飞行	33	3	2	
麻雀	飞行	22	3	2	

异常动物信息

症状描述 不能飞行

初检结论和文本描述 ○染病 ◉中毒 ○人为致死 ○自然死亡 ○机械死亡 ○死因不明 中毒

异常动物和现场处理情况 掩埋

报检情况 ◉未报 ○已报

检测报告

监测人 监测人 小张

填报人员和时间 填报时间 2010-5-10 11:44:38 填报人 小张 负责人 小张

阅审

图 14－30

（4）审核意见：可对选中快报进行简单的文字描述。

（5）翻页：在列表界面顶端的文本框内输入想要跳转到的界面数字，然后点击 按钮，即可跳转到所选择的界面。

二、查询统计

（一）查询

1. 日报查询

点击导航栏【查询统计】→【查询】→【日报查询】，即可跳转到日报查询列表界面，如图 14－31。输入搜索条件，点击“搜索”按钮，即可检索到符合条件的日报。点击 图标，即可查看搜索到的报告的详细信息。

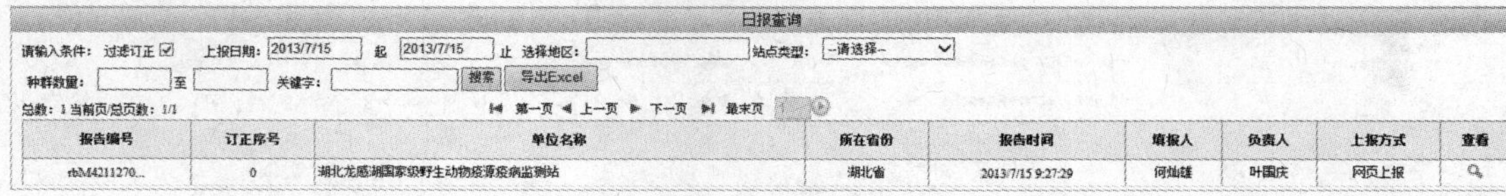
日报查询

请输入条件：过滤订正 ☑ 上报日期：2013/7/15 起 2013/7/15 止 选择地区： 站点类型：--请选择--

种群数量： 至 关键字： 搜索 导出Excel

总数：1 当前页/总页数：1/1 第一页 上一页 下一页 最末页

报告编号	订正序号	单位名称	所在省份	报告时间	填报人	负责人	上报方式	查看
rbM4211270...	0	湖北龙感湖国家级野生动物疫源疫病监测站	湖北省	2013/7/15 9:27:29	何灿雄	叶国庆	网页上报	

图 14－31

2. 周报查询

同日报查询。

3. 快报查询

点击导航栏【查询统计】→【查询】→【快报查询】，即可跳转到快报查询列表界面，如图 14－32。

（1）搜索：输入查询条件，点击“搜索”按钮，可以查询到输入条件的快报信息。

（2）查看：点击列表里的 图标，即可查看此条报告的详细信息。

监测信息快报列表

报告类型 <所有> 上报日期：2013/7/15 起 2013/7/15 止

动物种类 死亡数量 关键字 站点类型：--请选择-- 搜索 高级查询 导出Excel

总数：0 当前页/总页数：1/1 第一页 上一页 下一页 最末页

报告编号	发现时间	上报监测站	所在省份	异常情况	接续号	订正号	填报人	负责人	审核状态	审核意见	查看
									未通过审核		

图 14－32

（二）统计分析

1. 日报统计

点击导航栏【查询统计】→【统计分析】→【日报统计】，即可跳转到日报统计界面，如图 14－33。

图 14－33

点击“监测日报统计”按钮，选择“站点类型”和“日报情况类别”，点击“查询”，即可查询到相关站点在一定阶段内的日报情况。日报查询结果输出以月为单位，可以按天输出，也可以按周输出，如图 14－34。

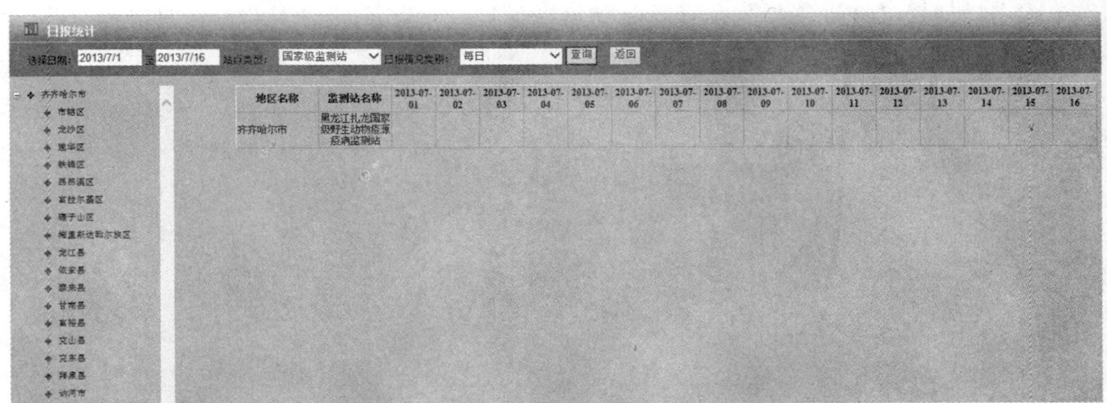

图 14－34

2．快报统计

点击导航栏【查询统计】→【统计分析】→【快报统计】，即可跳转到快报统计界面（见图 14－35），输入要统计的条件后，点击“确定”按钮，即可显示出统计的结果。

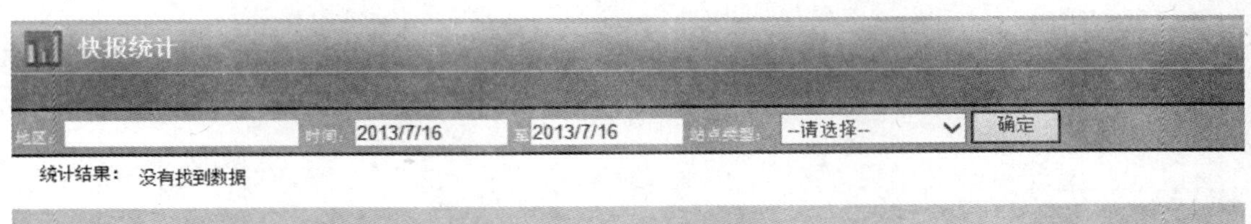

图 14－35

3．快报物种统计

点击导航栏【查询统计】→【统计分析】→【快报物种统计】，即可跳转到快报物种统计界面（见图 14－36），输入要统计的条件后，点击“确定”按钮，即可显示出统计的结果。

图 14－36

4．快报疫病统计

点击导航栏【查询统计】→【统计分析】→【快报疫病统计】，即可跳转到快报疫病统计界面（见图 14－37），输入要统计的条件后，点击“确定”按钮，即可显示出统计的结果。

图 14－37

三、系统管理

1. 本站信息管理

点击导航栏【统计管理】→【本站信息管理】，即可跳转到本站信息管理界面（见图14－38），直接录入相关内容即可；如需修改，可在此界面直接修改后点击“保存”按钮即可。

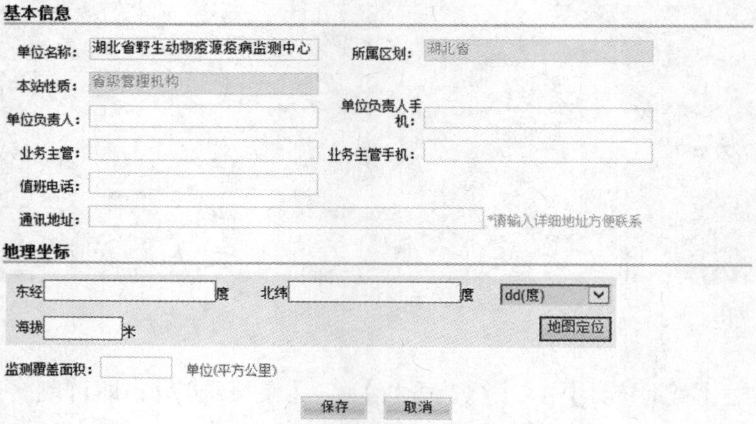

基本信息

单位名称：湖北省野生动物疫源疫病监测中心　所属区划：湖北省

本站性质：省级管理机构

单位负责人：　单位负责人手机：

业务主管：　业务主管手机：

值班电话：

通讯地址：　*请输入详细地址方便联系

地理坐标

东经　度　北纬　度　dd(度)

海拔　米　地图定位

监测覆盖面积：　单位(平方公里)

保存　取消

图14－38

2. 本站设备药品

点击导航栏【系统管理】→【本站设备药品】，即可跳转到本站设备及药品列表，如图14－39。

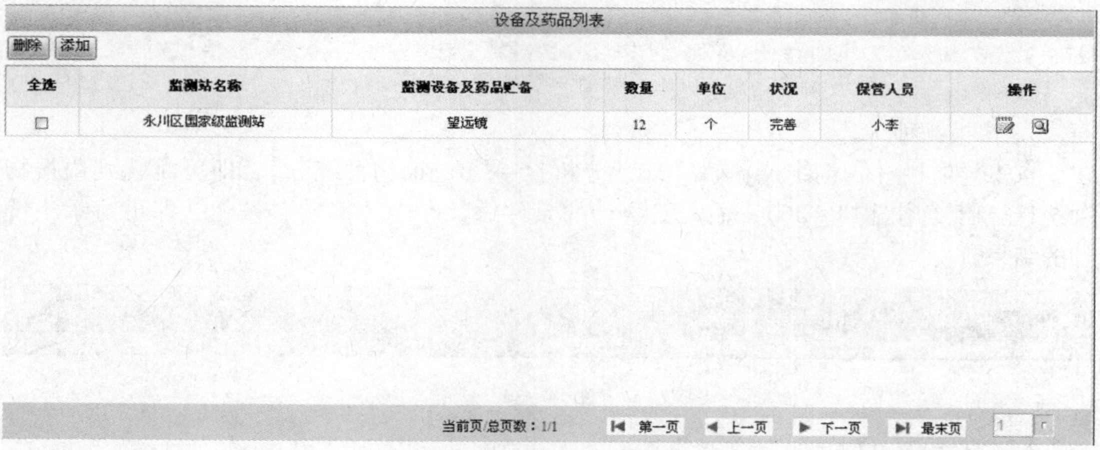

设备及药品列表

删除　添加

全选	监测站名称	监测设备及药品贮备	数量	单位	状况	保管人员	操作
□	永川区国家级监测站	望远镜	12	个	完善	小李	

当前页/总页数：1/1　第一页　上一页　下一页　最末页　1

图14－39

（1）添加：点击列表界面的“添加”按钮，即可跳转到添加界面（见图14－40），设备及药品储备、数量、保管人员为必填项，若这三项不填则不能完成添加。录入完整信息后，点击“添加”按钮，即可实现添加。

（2）删除：删除某种设备药品，必须在列表里选中要删除的选项，然后点击“删除”按钮，若想删除多条记录可以点击“全选”再点击“删除”按钮，实现全部删除。

（3）修改：要想修改本站保管的设备及药品信息，点击列表里的编辑图标，即可跳转到修改信息的界面（见图14－41），对已录入信息进行修改。

（4）保存：在进入修改界面后，设备及药品、数量和保管人员为必填项，输入完整信息后，点击“保存”按钮就可完成修改。

（5）返回列表：点击“返回列表”按钮，即可返回到设备及药品信息列表界面。

（6）查看：点击列表界面的 图标，即可查看该设备及药品的详细信息。

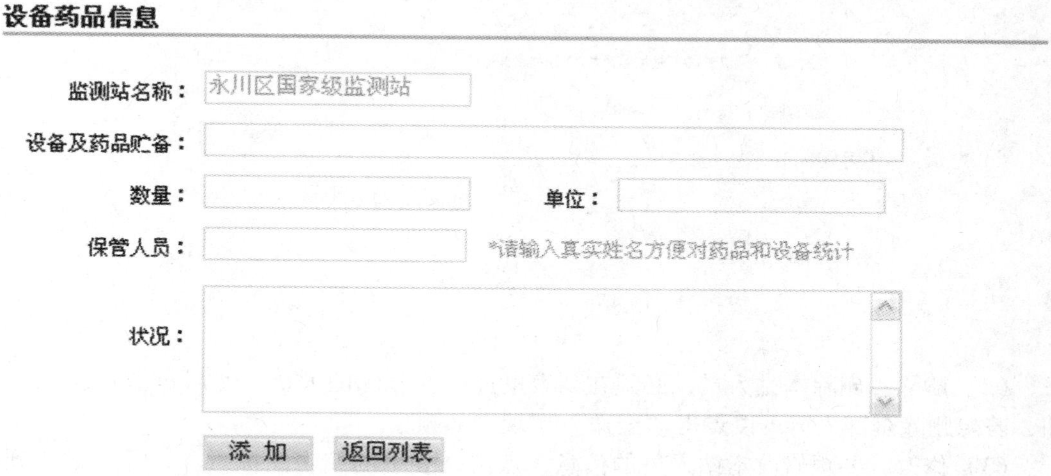

设备药品信息

监测站名称：永川区国家级监测站

设备及药品贮备：

数量：　　单位：

保管人员：　*请输入真实姓名方便对药品和设备统计

状况：

添 加　返回列表

图14－40

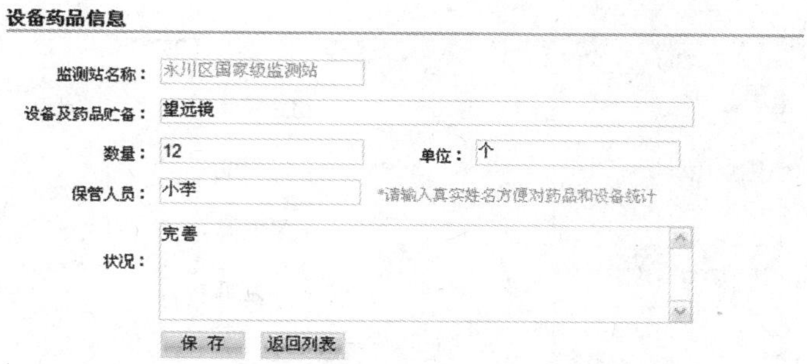

设备药品信息

监测站名称：永川区国家级监测站

设备及药品贮备：望远镜

数量：12　单位：个

保管人员：小李　*请输入真实姓名方便对药品和设备统计

状况：完善

保 存　返回列表

图14－41

3. 本站人员管理

点击导航栏【系统管理】→【本站人员管理】，即可跳转到本站人员管理列表，如图14－42。

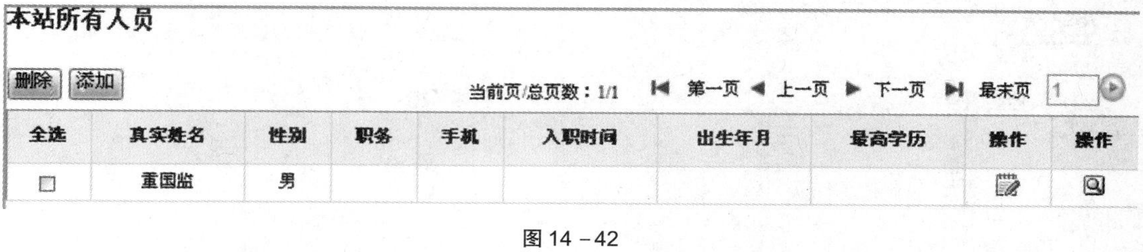

本站所有人员

删除　添加　　当前页/总页数：1/1　第一页　上一页　下一页　最末页　1

全选	真实姓名	性别	职务	手机	入职时间	出生年月	最高学历	操作	操作
□	重国监	男							

图14－42

（1）添加：在列表界面内点击“添加”按钮，即可跳转到添加界面（见图14－43），姓名和档案编号为必填项，若这两项不填则不能实现添加功能。出生年月和入职时间可以点击输入的文本框，即可弹出日历，此时可以手动选取时间。点击“添加”按钮完成本站人员的添加。

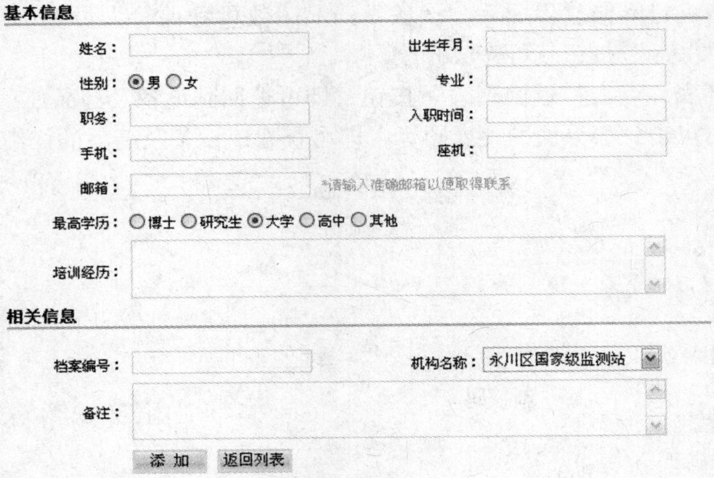

基本信息

姓名：　出生年月：

性别：◉男 ○女　专业：

职务：　入职时间：

手机：　座机：

邮箱：　*请输入准确邮箱以便取得联系

最高学历：○博士 ○研究生 ◉大学 ○高中 ○其他

培训经历：

相关信息

档案编号：　机构名称：永川区国家级监测站

备注：

添 加　返回列表

图 14－43

（2）删除：删除本站人员，必须在列表里选中要删除的人员，然后点击“删除”按钮，若想删除全部人员可以点击“全选”实现全部删除。

（3）修改：要想修改本站人员的信息，点击列表里的编辑图标 ，即可跳转到修改人员信息的界面，如图 14－44。

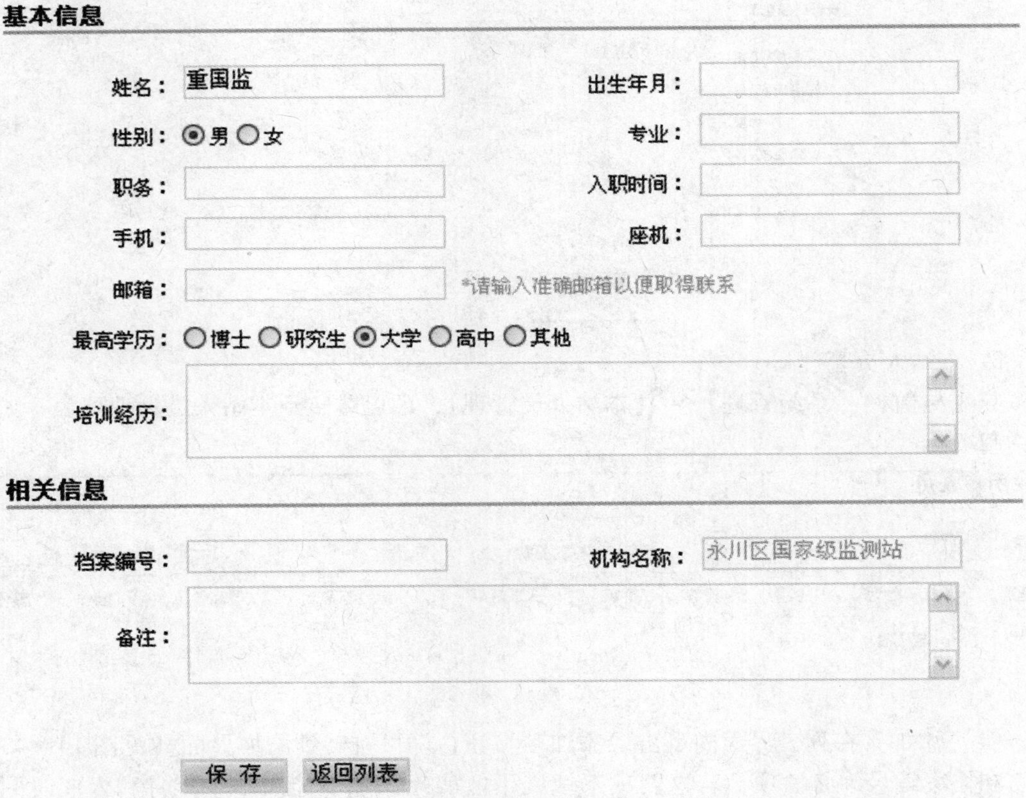

基本信息

姓名：重国监　出生年月：

性别：◉男 ○女　专业：

职务：　入职时间：

手机：　座机：

邮箱：　*请输入准确邮箱以便取得联系

最高学历：○博士 ○研究生 ◉大学 ○高中 ○其他

培训经历：

相关信息

档案编号：　机构名称：永川区国家级监测站

备注：

保 存　返回列表

图 14－44

（4）保存：在进入修改界面后，姓名和档案编号为必填项，输入完整信息后，点击“保存”按钮就可完成修改。

（5）返回列表：点击“返回列表”按钮，即可返回到人员信息列表。

（6）查看：点击列表界面的 图标，即可查看该人员的详细信息。

4. 修改密码

点击导航栏【系统管理】→【修改密码】，即可跳转到修改密码界面，如图 14－45。按要求输入旧密码、新密码后，点击“确定”按钮即可。

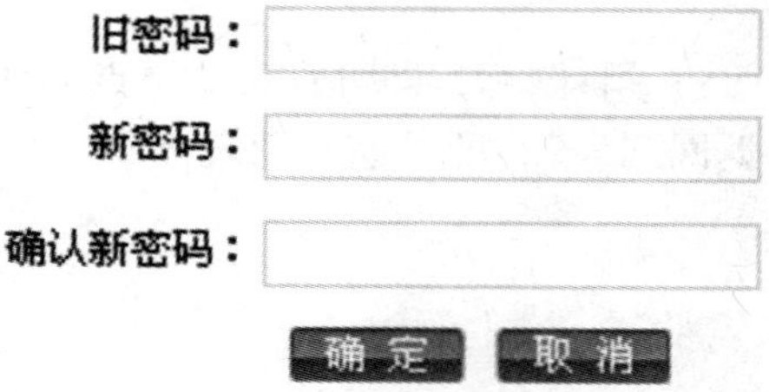

旧密码：

新密码：

确认新密码：

确 定　取 消

图 14－45

5. 下级站点管理

点击导航栏【系统管理】→【下级站点管理】，即可跳转到下级站点管理列表，如图 14－46。

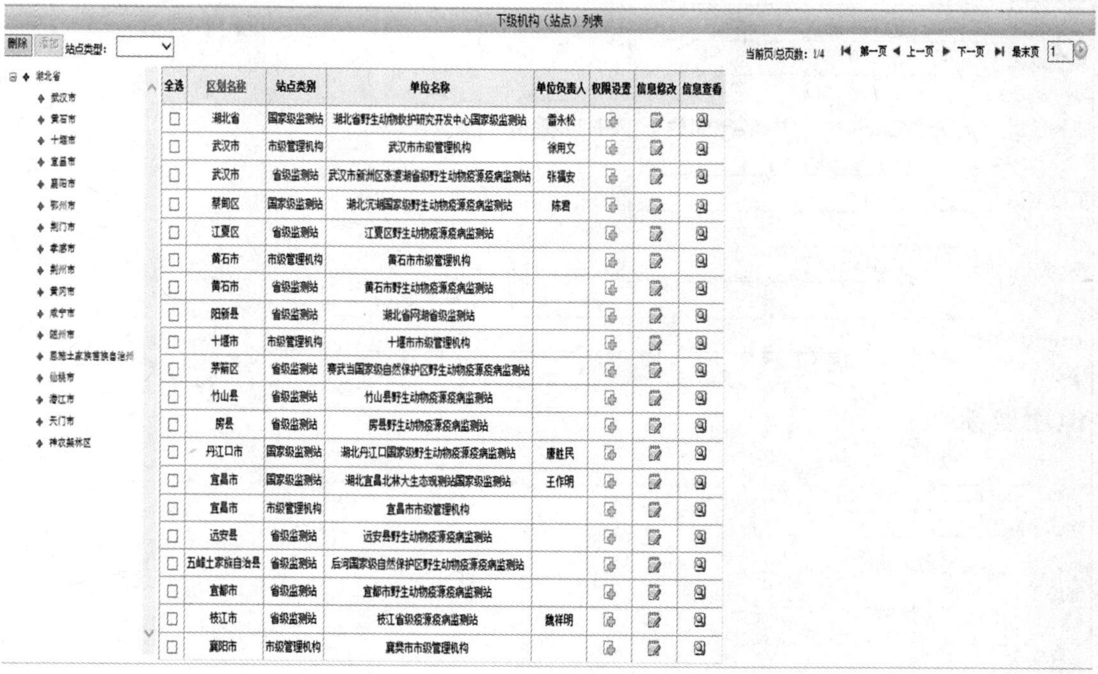

下级机构（站点）列表

删除　添加　站点类型：

当前页/总页数：1/4　第一页　上一页　下一页　最末页　1

全选	区别名称	站点类别	单位名称	单位负责人	权限设置	信息修改	信息查看
	湖北省	国家级监测站	湖北省野生动物救护研究开发中心国家级监测站	雷永松			
	武汉市	市级管理机构	武汉市市级管理机构	徐用文			
	武汉市	省级监测站	武汉市新洲区涨渡湖省级野生动物疫源疫病监测站	张福安			
	蔡甸区	国家级监测站	湖北沉湖国家级野生动物疫源疫病监测站	陈君			
	江夏区	省级监测站	江夏区野生动物疫源疫病监测站				
	黄石市	市级管理机构	黄石市市级管理机构				
	黄石市	省级监测站	黄石市野生动物疫源疫病监测站				
	阳新县	省级监测站	湖北省网湖省级监测站				
	十堰市	市级管理机构	十堰市市级管理机构				
	茅箭区	省级监测站	赛武当国家级自然保护区野生动物疫源疫病监测站				
	竹山县	省级监测站	竹山县野生动物疫源疫病监测站				
	房县	省级监测站	房县野生动物疫源疫病监测站				
	丹江口市	国家级监测站	湖北丹江口国家级野生动物疫源疫病监测站	廖胜民			
	宜昌市	国家级监测站	湖北宜昌北林大生态观测站国家级监测站	王作明			
	宜昌市	市级管理机构	宜昌市市级管理机构				
	远安县	省级监测站	远安县野生动物疫源疫病监测站				
	五峰土家族自治县	省级监测站	后河国家级自然保护区野生动物疫源疫病监测站				
	宜都市	省级监测站	宜都市野生动物疫源疫病监测站				
	枝江市	省级监测站	枝江省级疫源疫病监测站	魏祥明			
	襄阳市	市级管理机构	襄樊市市级管理机构				

图 14－46

（1）添加：选定要添加站点所在的行政区划后，列表内的添加按钮会自动变亮，点击 添加 按钮，即可跳转到添加界面（见图 14－47），填写完整信息后点击“添加”按钮即可。

（2）删除：删除下级站点，必须在列表里选中要删除的下级站点，然后点击“删除”

按钮，若想删除全部人员可以点击“全选”，再点击“删除”按钮即可。

（3）修改：修改下级站点信息，点击列表里的编辑图标 ，即可跳转到修改界面（见图 14－48），填写完修改信息后，点击“修改”按钮即可。

（4）权限设置：点击列表内的权限设置图标 ，即可跳转到此站点的权限界面（见图 14－49），在复选框内勾选的就是给予该站点的权限。选择要给予的权限后，点击“提交”按钮，该站点就拥有你所勾选的权限。

（5）翻页：在列表界面顶端的文本框内输入想要跳转到的界面，然后点击 图标，即可跳转到所选择的界面。

（6）查看：点击列表界面的 图标，即可查看此站点的详细信息。

（7）返回列表：点击“返回列表”，即可返回列表界面。

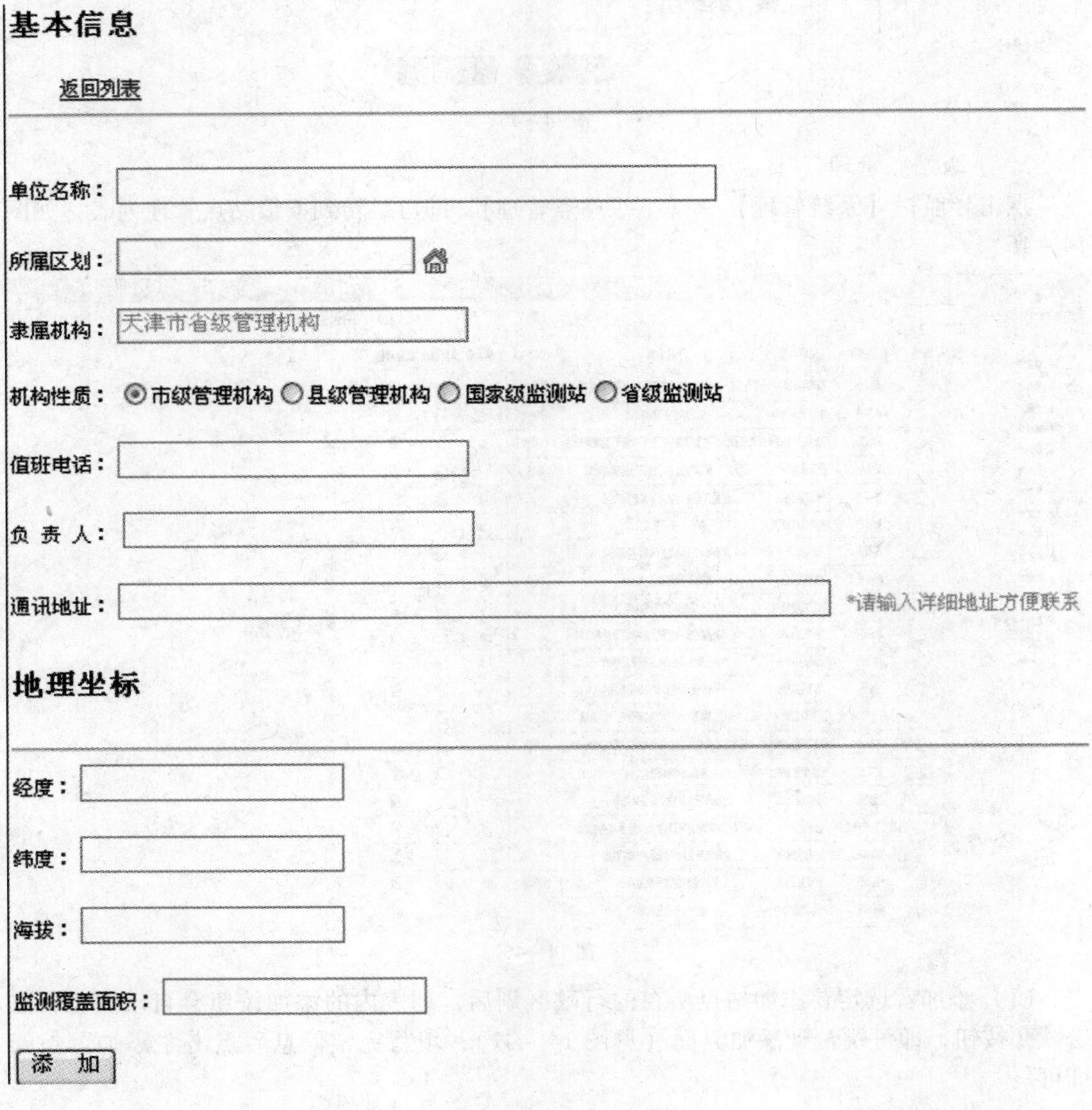

图 14－47

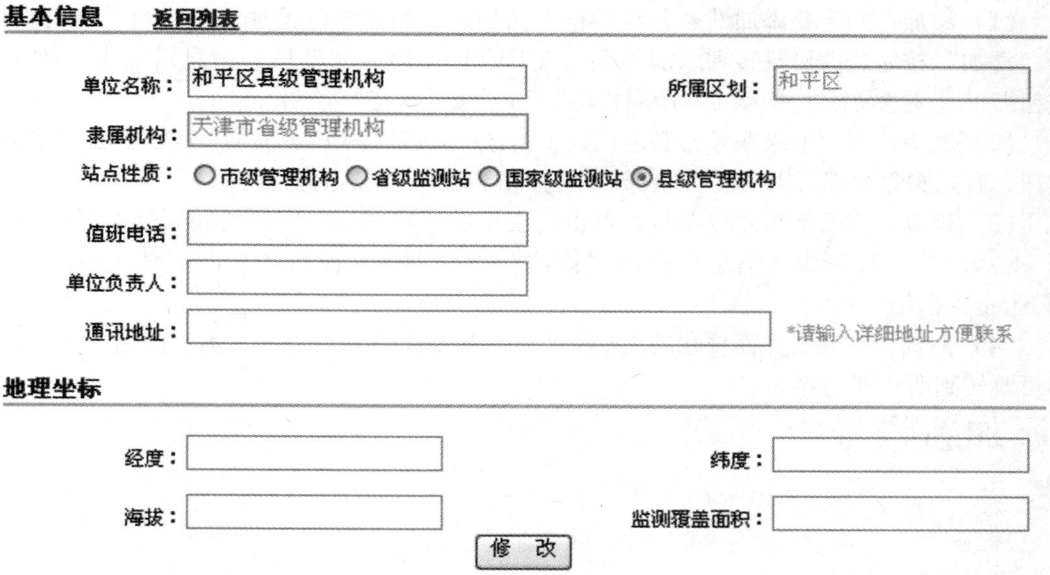

基本信息　返回列表

单位名称：和平区县级管理机构　　所属区划：和平区

隶属机构：天津市省级管理机构

站点性质：○市级管理机构 ○省级监测站 ○国家级监测站 ◉县级管理机构

值班电话：

单位负责人：

通讯地址：　*请输入详细地址方便联系

地理坐标

经度：　　纬度：

海拔：　　监测覆盖面积：

修　改

图 14－48

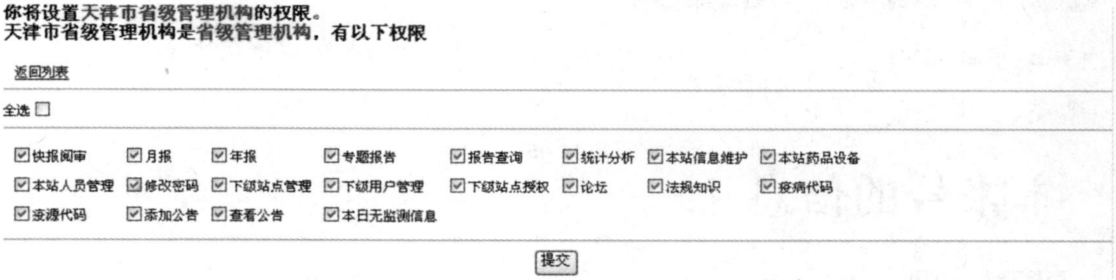

你将设置天津市省级管理机构的权限。
天津市省级管理机构是省级管理机构，有以下权限

返回列表

全选 ☐

☑快报阅审 ☑月报 ☑年报 ☑专题报告 ☑报告查询 ☑统计分析 ☑本站信息维护 ☑本站药品设备
☑本站人员管理 ☑修改密码 ☑下级站点管理 ☑下级用户管理 ☑下级站点授权 ☑论坛 ☑法规知识 ☑疫病代码
☑疫源代码 ☑添加公告 ☑查看公告 ☑本日无监测信息

提交

图 14－49

6. 下级用户管理

点击导航栏【系统管理】→【下级用户管理】，即可跳转到下级用户管理列表，如图 14－50。

用户列表

删除　添加　站点类型：　　　　当前页/总页数：1/203　第一页　上一页　下一页　最末页　1

全国：北京市　天津市　河北省　山西省　内蒙古自治区　辽宁省　吉林省　黑龙江省　上海市　江苏省　浙江省　安徽省　福建省　江西省　山东省　河南省　湖北省　湖南省　广东省　广西壮族自治区　海南省

全选	所属区划	所属机构	站点属性	登录名	上次登录时间	帐户状态	修改
☐	全国	国家林业局野生动物疫源疫病监测总站	监测总站	G1000000008		正常	
☐	全国	国家林业局野生动物疫源疫病监测总站	监测总站	G1000000000	2013/4/23 21:00:05	正常	
☐	全国	国家林业局	国家林业局	GJ006	2011/8/1 14:06:56	正常	
☐	全国	国家林业局野生动物疫源疫病监测总站	监测总站	G1100000000		正常	
☐	全国	国家林业局野生动物疫源疫病监测总站	监测总站	G203	2011/12/14 14:25:55	正常	
☐	全国	国家林业局	国家林业局	GJ001	2012/7/20 14:20:43	正常	
☐	全国	国家林业局	国家林业局	GJ002	2011/7/12 9:59:39	正常	
☐	全国	国家林业局	国家林业局	GJ003		正常	
☐	全国	国家林业局	国家林业局	GJ004	2012/2/10 14:32:24	正常	
☐	全国	监控中心	省级管理机构	JKZX		停用	
☐	全国	科技支撑机构	科技支撑机构	KJ001	2013/5/16 17:14:29	正常	
☐	全国	科技支撑机构	科技支撑机构	KJ002	2013/4/3 19:36:27	正常	
☐	全国	科技支撑机构	科技支撑机构	KJ003	2011/11/14 14:21:47	正常	
☐	全国	科技支撑机构	科技支撑机构	KJ004	2011/9/4 13:12:10	正常	
☐	全国	科技支撑机构	科技支撑机构	KJ005		正常	
☐	全国	科技支撑机构	科技支撑机构	KJ006		正常	
☐	全国	科技支撑机构	科技支撑机构	KJ007	2011/7/12 9:53:43	正常	

图 14－50

（1）添加：选定要添加站点所在的行政区划后，列表内的添加按钮会自动变亮，点击“添加”按钮，即可跳转到添加界面（见图 14－51），完整填写信息后点击“添加”按钮即可。注意新添加账号的“所属机构”和“账号状态”选项。

（2）删除：删除下级账号，必须在列表里选中要删除的下级账号，然后点击“删除”按钮，若想删除全部可以点击“全选”，再点击“删除”按钮即可。

（3）修改：修改下级用户账号，点击列表里的图标，即可跳转到修改界面（见图 14－52）。填写完修改信息后点击“修改”按钮即可。注意账号的“使用状态”和“是否重置密码”选项。

（4）翻页：在列表界面顶端的文本框内输入想要跳转到的界面，然后点击按钮，即可跳转到所选择的界面。

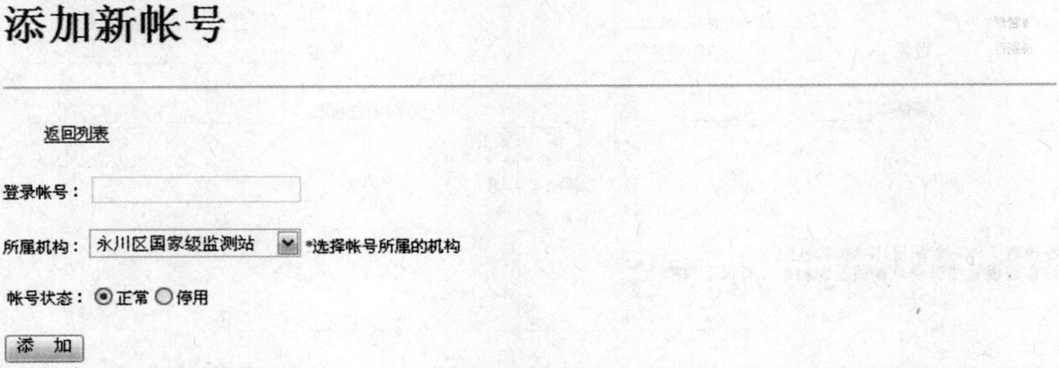

图 14－51

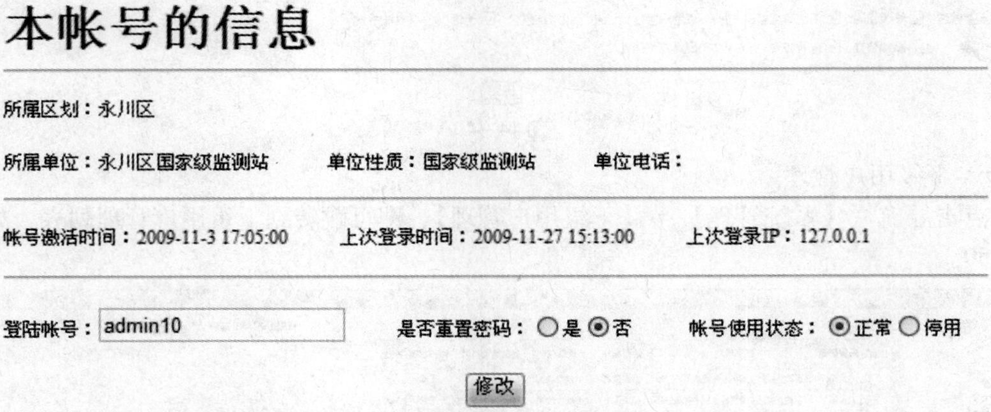

图 14－52

7. 下级站点授权

击导航栏里【系统管理】→【下级站点授权】，即可跳转到授权列表界面，如图 14－53。

授权机构	授权起始时间	授权结束时间	查询起始时间	查询结束时间	授权范围	操作
test	2009-11-1 21:05:06	2009-11-30 21:05:06	2009-11-1 21:05:06	2009-11-30 21:05:06	重庆市	
重庆市野生动物疫源疫病监测中心站	2009-11-1 13:32:03	2009-11-1 13:32:03	2009-11-1 13:32:03	2009-11-1 13:32:03	北京市,浙江省,绍兴市,安徽省	

添加

当前页/总页数：1/1 第一页 上一页 下一页 最末页 1

图 14－53

（1）添加：在列表界面内点击“添加”按钮，即可跳转到添加界面（见图 14－54），左侧是您要给以授权的站点，右侧的是授权后站点允许查看的地区，下面是授权时间和查看时间，就是在某时间段内可以查看某地区在某时间段内的数据，如果当前时间不在授权的时间段内则说明已超过了授权时间，则不能再查看授权地区的数据。如果需要继续查看，可以通过改动时间或者重新添加授权时间。

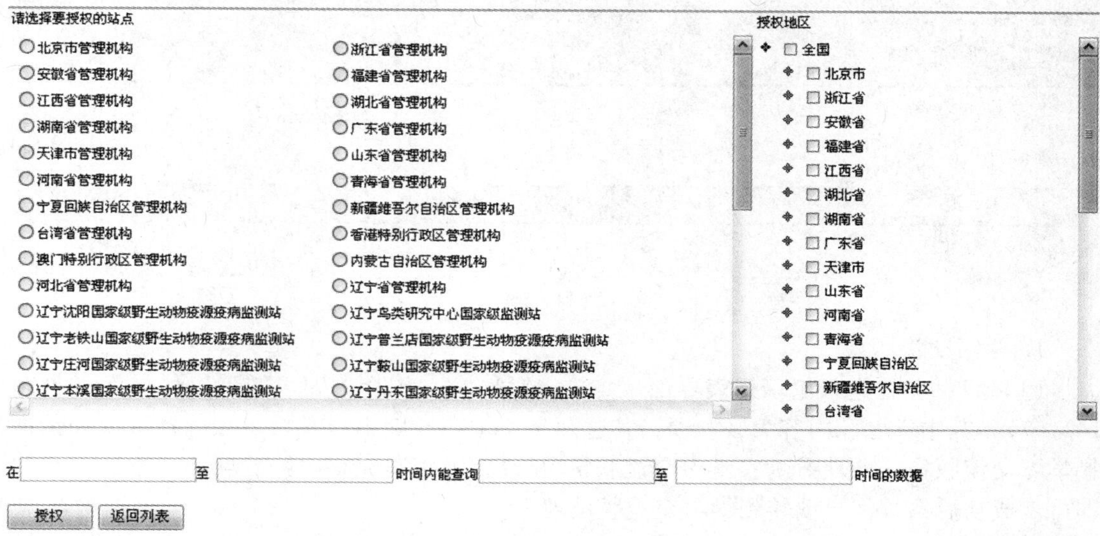

图 14－54

（2）删除：点击列表里的删除图标，可以删除当前行的数据也就相当于删除了这个权限，如图 14－53。

（3）修改：修改下级站点权限，点击列表里的编辑图标，即可跳转到修改界面（见图 14－55），在修改界面内不需要再选择授权的站点，在点击编辑图标时系统会自动选择对应的授权站点，只需要选择允许查看的地区和修改授权时间及查看时间，填写完整信息后点击“保存”按钮就完成了该站点授权的修改。

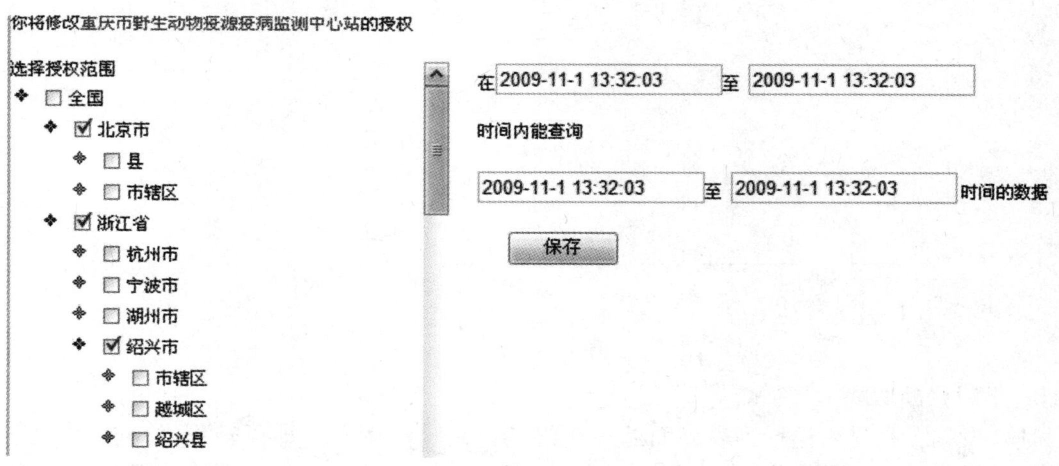

图 14－55

（4）查看：点击列表内的图标，即可查看到所在行数据的详细内容。

四、学习诊断

（一）学习论坛

点击导航栏里【学习诊断】→【学习论坛】，即可跳转到论坛列表界面，如图 14－56。

学习诊断		
发帖 管理登陆		
学习交流		>>更多
必填项	10s (2009-11-28 18:33:27)	1/11
这是什么虫子？	10s (2009-11-28 18:45:08)	1/3
学习诊断		>>更多
ddddd	10s (2009-11-26 9:31:29)	0/4

图 14－56

1．学习交流版块

（1）发帖：在进入论坛列表界面后点击 发帖 图标，即可转到发帖界面（见图 14－57），其中标题和内容为必填项，若这两项不填写，则不能发帖。在选择版块处请选择学习交流版块（版块分为：学习交流和学习诊断），填写完整内容后点击“添加”按钮即可。成功后系统将自动转到学习交流版块列表。

（2）回帖：进入学习交流版块列表后，找到要回帖子的标题，直接点击就可进入该帖子的界面，可以发布对此帖子的回复内容。如果没有找到要回复的帖子，则可点击列表里的“更多”，继续查找。

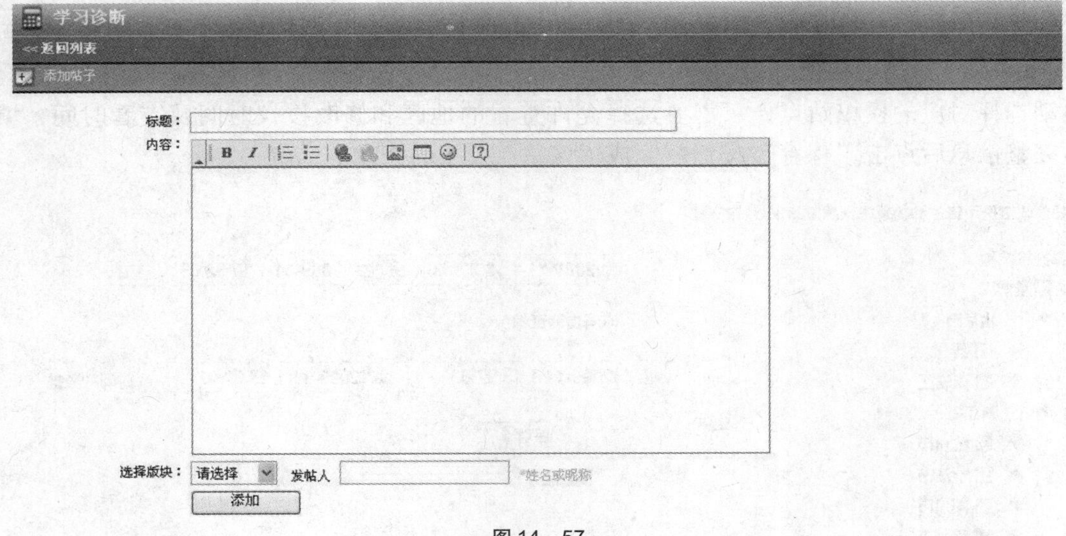

图 14－57

2．学习诊断版块

（1）发帖：在进入论坛列表界面后，点击 发帖 图标，即可转到发帖界面，其中标题和内容为必填项，若这两项不填写，则不能发帖。在选择版块处请选择学习诊断版块（版块分为：学习交流和学习诊断），填写完整内容后点击“添加”按钮即可。成功后系统将自动转到学习诊断版块列表。

（2）回帖：进入学习诊断版块列表后，找到要回帖的标题，直接点击就可进入该帖子的界面，可以发布对此帖子的回复内容。如果没有找到要回复的帖子，则可点击列表里的“更多”，继续查找。

3. 管理登录

此功能由系统管理员操作。

（二）知识库

点击导航栏里【学习诊断】→【知识库】，即可跳转到知识库列表界面（见图 14－58），知识库列表分为三个版块：野生动物知识、野生动物疫病知识和野生动物疫源疫病技术法规文件。点击版块标题可进入版块列表，点击具体内容列表，则可查看具体内容。

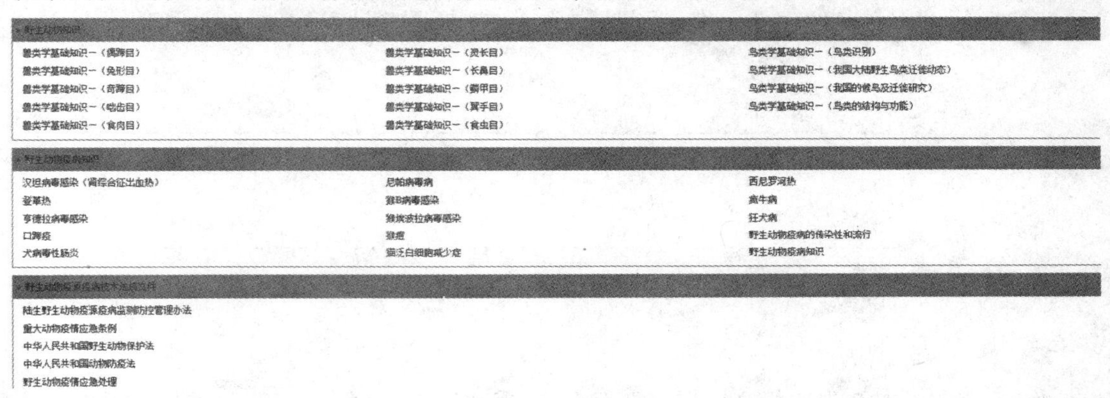

图 14－58

特别说明：此处内容只能查看，不能修改，只有通过“知识法规管理”模块才能对此部分内容进行修改。

（三）知识法规管理

点击导航栏里【学习诊断】→【知识法规管理】，即可跳转到知识法规管理列表界面，如图 14－59。

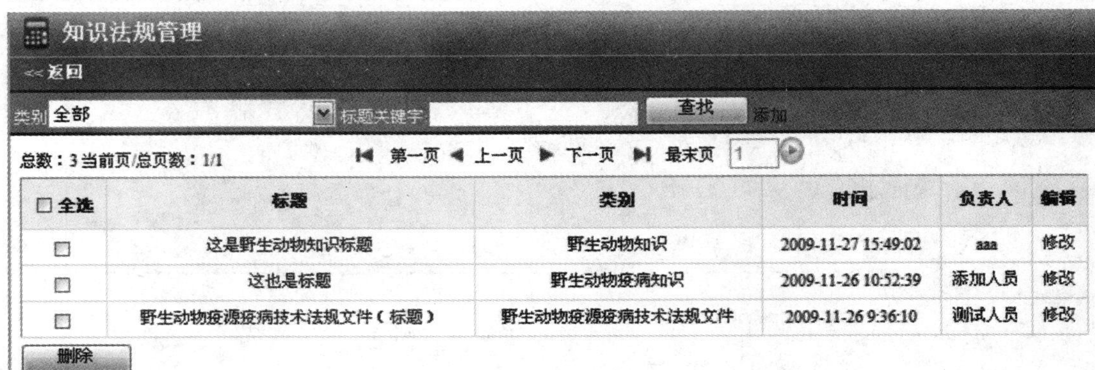

□全选	标题	类别	时间	负责人	编辑
□	这是野生动物知识标题	野生动物知识	2009-11-27 15:49:02	aaa	修改
□	这也是标题	野生动物疫病知识	2009-11-26 10:52:39	添加人员	修改
□	野生动物疫源疫病技术法规文件（标题）	野生动物疫源疫病技术法规文件	2009-11-26 9:36:10	测试人员	修改

图 14－59

（1）搜索：在列表输入所要查询的条件，点击“查找”按钮，即可查找到符合条件的信息。查找类别分为：野生动物知识、野生动物疫病知识和野生动物疫源疫病技术法规文件三类，如不选择则默认为查找全部。

（2）添加：点击“添加”按钮，系统将跳转到添加界面（见图 14－60），在添加信息时一定要注意所选的类别，确认信息完整后，点击“确定”按钮，即可完成新信息的添加。

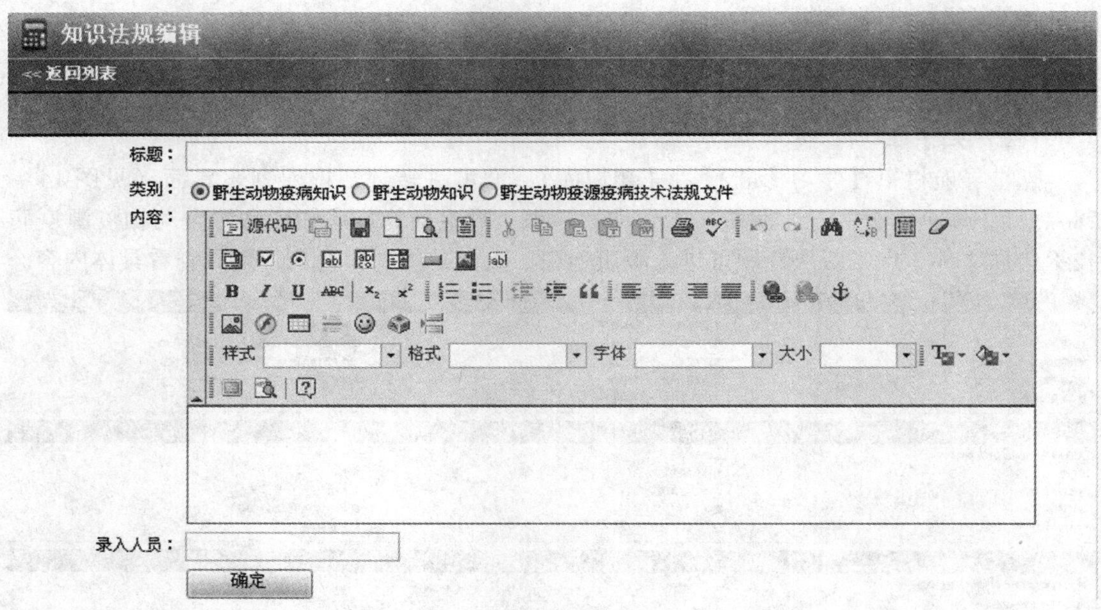

图 14－60

（3）修改：在知识法规管理列表界面中点击各条信息后的“修改”按钮，系统将自动跳转到该信息的修改界面（见图 14－61），信息修改完成后，点击“确定”按钮即可。

（4）查看：在列表界面中点击标题，即可跳转到该信息的详细内容。

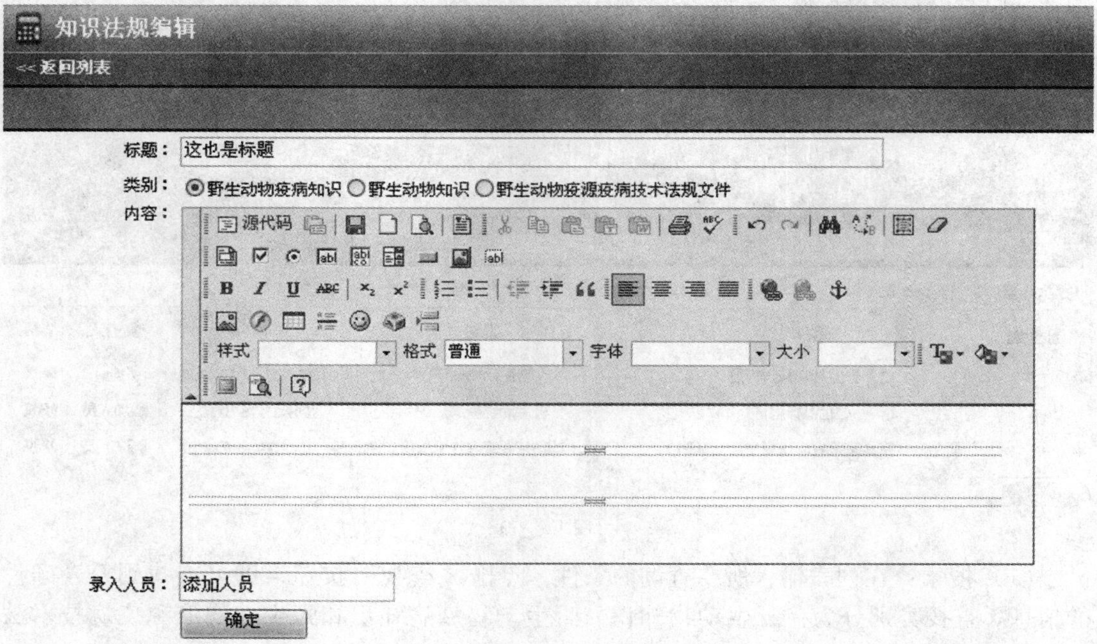

知识法规编辑
<< 返回列表
标题： 这也是标题
类别： 野生动物疫病知识 野生动物知识 野生动物疫源疫病技术法规文件
内容：
源代码
样式 格式 普通 字体 大小
录入人员： 添加人员
确定

图 14－61

五、公告通知

1. 公告管理

点击导航栏里【公告通知】→【公告管理】，即可跳转到公告管理界面，如图 14－62。点击“添加”按钮，即可跳转至新公告发布界面（见图 14－63）。填写“文件标题”，选定下发机构，录入完整信息后，点击“发布”按钮，即可发布新公告。

点击“新添加”按钮，可添加一个新的公告。

公告管理

总数：77 当前页/总页数：1/4　　第一页 上一页 下一页 最末页 1

□全选	标题	类别	时间	编辑
□	关于h7n9采样结果报送的通知	公告	2013/7/11 13:17:08	修改
□	野生动物疫源疫病监测网络直报系统暂停一下午的通知	公告	2013/7/5 13:59:31	修改
□	国家林业局野生动物疫源疫病监测总站关于征集陆生野生动物疫源疫病监测行业标识的通知	公告	2013/6/28 8:26:08	修改
□	关于国家林业局野生动物疫源疫病监测总站与东北林业大学野生动物资源学院联合举办农业推广硕士学位招生工作	文件	2013/6/13 10:47:02	修改
□	省监测总站端午节期间野生动物疫源疫病监测值班表	公告	2013/6/9 15:41:33	修改
□	野生动物疫源疫病监测网络直报系统暂停一天的通知	公告	2013/6/7 9:35:20	修改
□	关于上报H7N9禽流感病毒溯源排查采样情况的紧急通知	公告	2013/5/23 9:48:21	修改
□	项目支出绩效目标申报表	公告	2013/5/21 16:57:02	修改
□	关于组织开展野生鸟类H7N9禽流感病毒检测工作的通知	公告	2013/5/20 16:47:27	修改
□	提示信息	公告	2013/5/19 11:02:34	修改
□	请尽快上报溯源检测采样情况的通知	通知	2013/5/16 9:16:10	修改
□	H7N9禽流感病毒检测工作-卫计林业联合通知	公告	2013/5/10 14:38:04	修改
□	国家林业局文件	文件	2013/5/2 11:39:31	修改
□	青海省林业厅关于进一步加强H7N9禽流感病毒溯源排查等野生动物疫源疫病监测防控工作的紧急通知	文件	2013/5/2 11:35:48	修改
□	转发国家卫计委等六部门《关于进一步加强人感染H7N9禽流感疫情防控工作的通知》	通知	2013/4/28 15:50:45	修改
□	关于抓紧开展样品采集和检测溯源工作的通知	通知	2013/4/28 9:20:28	修改
□	吉林省野鸟病毒溯源排查样本采样与运输方法	公告	2013/4/28 9:12:18	修改
□	省监测总站“五一”期间野生动物疫源疫病监测值班表	其它	2013/4/27 15:51:38	修改

图 14－62

发布公告通知

文件标题

下发机构 全国 国家林业局野生动物

提示：双击下发机构可删除该选择项

发布时间 2013/7/16 14:15:16　文件类型 公告　附件地址　浏览...

发布内容

新添加　发布

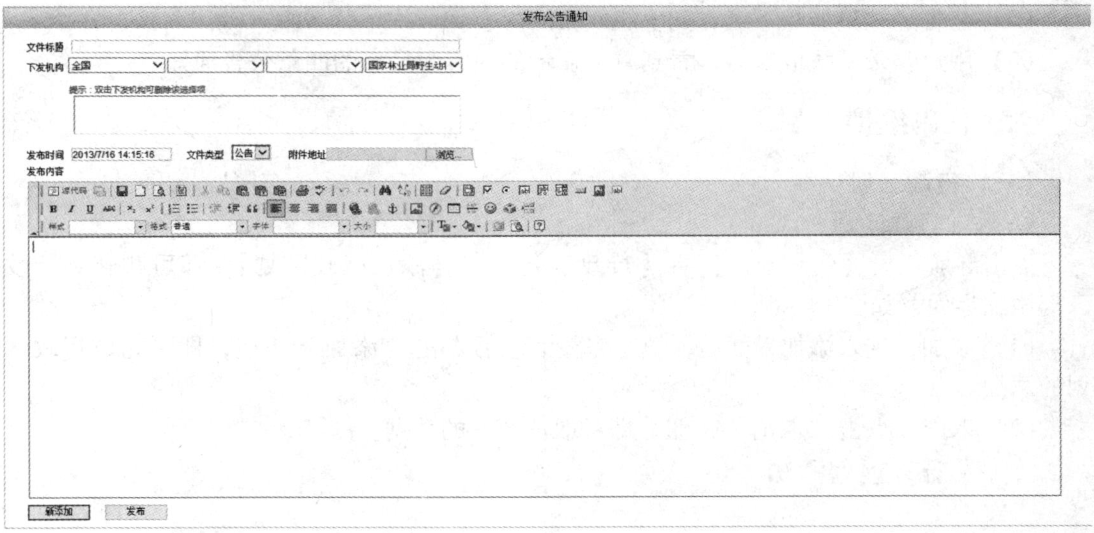

图 14－63

2. 查看公告

点击导航栏里【公告通知】→【查看公告】，即可跳转到公告列表界面，如图 14－64。

（1）查看：进入公告通知列表，点击列表里的内容即可查看公告的详细内容。

（2）修改：点击公告详细内容界面右下方的“修改”按钮（见图 14－65），即可自动跳转到修改界面，信息修改完成后，点击“保存”按钮，即可完成信息的修改。修改只能用于发布者自己发布的内容。

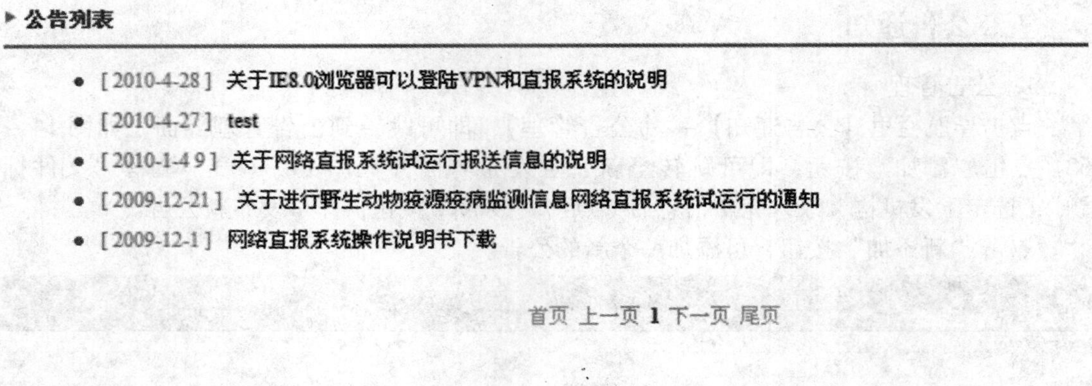

▶ 公告列表

- [2010-4-28] 关于IE8.0浏览器可以登陆VPN和直报系统的说明
- [2010-4-27] test
- [2010-1-4 9] 关于网络直报系统试运行报送信息的说明
- [2009-12-21] 关于进行野生动物疫源疫病监测信息网络直报系统试运行的通知
- [2009-12-1] 网络直报系统操作说明书下载

首页 上一页 1 下一页 尾页

图 14－64

（3）打印：点击公告详细内容界面右下方的“打印”按钮（见图 14－65），即可打印当前公告详细内容。

关于h7n9采样结果报送的通知

来源：国家林业局野生动物疫源疫病监测总站

2013/7/11 13:17:08

请将H7N9溯源采样的最新情况及采样检测报告上报。

[打印本页] [修改] [关闭本页]

图 14－65

特别说明：

（1）公告通知只能由上级管理机构和发布通知的单位进行管理。

（2）公告通知只能是下级看到上级发布的内容。

（3）用户登录系统成功时，看到首页显示的内容为最新的四条公告通知。

六、代码维护

（一）行政区划

1．添加行政区划

点击导航栏里【代码维护】→【行政区划】→【添加行政区划】，即可跳转到行政区划添加界面，如图 14－66。

（1）添加：进入添加界面后，填写完整信息后点击“添加”按钮，即可完成行政区划的添加。

（2）取消：点击“取消”按钮，即可取消填写的数据。

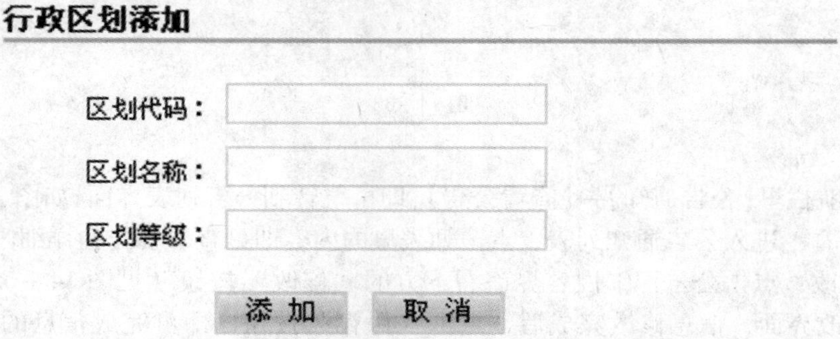

行政区划添加

区划代码：

区划名称：

区划等级：

添 加　取 消

图 14－66

2. 行政区划列表

点击导航栏里【代码维护】→【行政区划】→【行政区划列表】，即可跳转到行政区划列表界面，如图 14－67。

行政区划列表

查询条件：区划代码　等于　搜索　显示全部

全选	区划代码	区划名称	区划等级	操作
□	110000	北京市	1	
□	110108	海淀区	3	
□	130421	邯郸县	3	
□	321100	镇江市	2	
□	321101	市辖区	3	
□	321102	京口区	3	
□	321111	润州区	3	
□	321112	丹徒区	3	
□	321181	丹阳市	3	
□	321182	扬中市	3	

删除所选项　当前页/总页数：1/353　第一页　上一页　下一页　最末页　1

图 14－67

（1）搜索：进入列表界面后，设置查询条件，然后在后面的文本框输入选择条件相对应的内容，点击“搜索”按钮，即可在列表中显示符合条件的内容。

（2）删除：在列表中选择要删除的信息，点击“删除所选项”按钮即可。

（3）修改：点击列表内的 图标，进入修改界面（见图 14－68），即可对行政区划进行修改。

（4）保存：完成修改后，点击“保存”按钮，即可完成修改信息的保存。

（5）查看：点击列表界面内 图标，即可查看该信息的详细内容。

（6）翻页：在列表界面顶端的文本框内输入想要跳转到的界面数字，点击 按钮，即可跳转到所选择的界面。

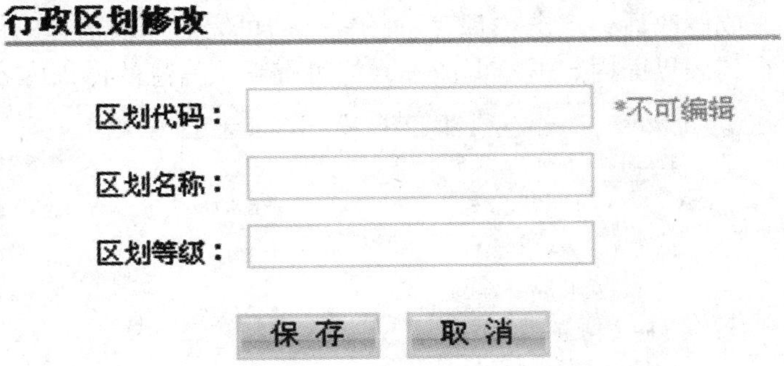

行政区划修改

区划代码：　*不可编辑

区划名称：

区划等级：

保 存　取 消

图 14－68

（二）陆生野生动物疫病代码

1. 添加疫病

点击导航栏里【代码维护】→【疫病代码】→【添加疫病】，即可跳转到疫病代码添加界面，如图 14－69。

在疫病代码添加界面中“代码”、“学名”和“通用名”为必填项，方便其他功能使用时完成自动提示功能。填写完整信息后，点击“保存”按钮，即可完成疫病代码的添加。

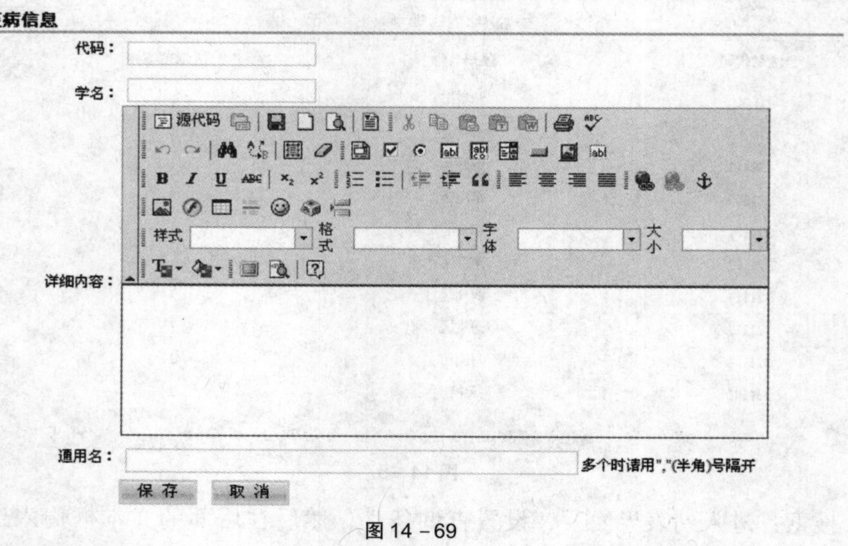

图 14－69

2. 陆生野生动物疫病列表

点击导航栏里【代码维护】→【疫病代码】→【疫病列表】，即可跳转到疫病列表界面，如图 14－70。

（1）搜索：进入列表界面后，设置搜索条件，然后在后面的文本框输入选择条件相对应的内容，点击“搜索”按钮，即可在列表中显示符合条件的内容。

（2）删除：在列表中选择要删除的信息，点击“删除所选项”按钮即可。

（3）修改：点击列表内的 📝 图标进入修改界面（见图 14－71），即可对陆生野生动物疫病进行修改。

（4）保存：完成修改后，点击“保存”按钮，即可完成修改信息的保存。

（5）查看：在列表界面内点击 🔍 图标，即可查看该信息的详细内容。

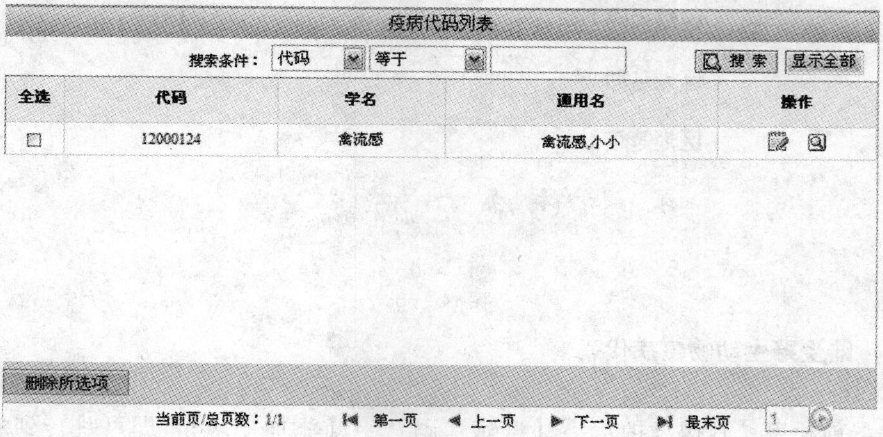

疫病代码列表

搜索条件：代码 等于 搜 索 显示全部

全选	代码	学名	通用名	操作
☐	12000124	禽流感	禽流感,小小	

删除所选项

当前页/总页数：1/1 第一页 上一页 下一页 最末页 1

图 14－70

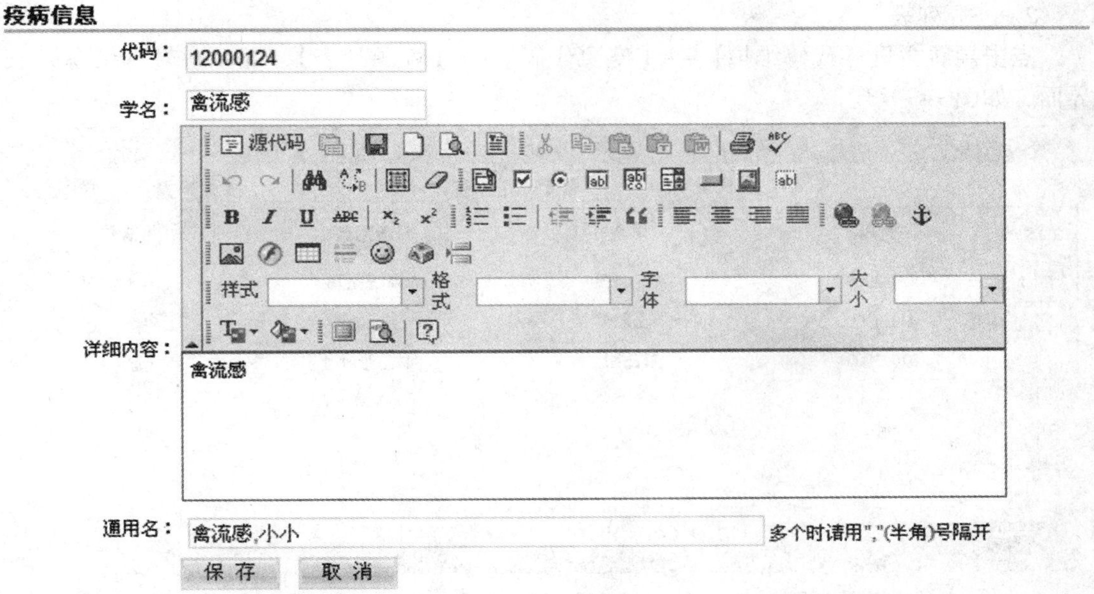

疫病信息

代码：12000124

学名：禽流感

源代码

样式 格式 字体 大小

详细内容：禽流感

通用名：禽流感,小小 多个时请用","(半角)号隔开

保 存 取 消

图 14－71

（三）陆生野生动物疫源代码

1．添加疫源

点击导航栏里【代码维护】→【疫源代码】→【添加疫源】，即可跳转到疫源代码添加界面，如图 14－72。

【添加】在疫源代码添加界面中“代码”、“学名”和“通用名”为必填项，方便其他功能使用时完成自动提示功能。填写完整信息后点击“保存”按钮，即可完成疫源代码的添加。

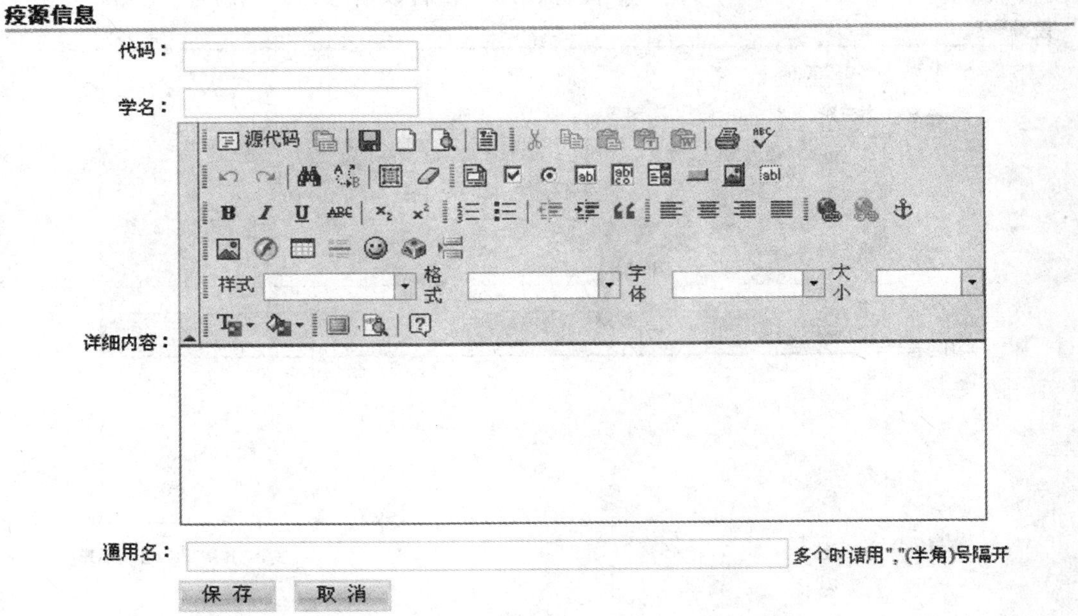

疫源信息

代码：

学名：

源代码

样式 格式 字体 大小

详细内容：

通用名： 多个时请用","(半角)号隔开

保 存 取 消

图 14－72

2. 疫源列表

点击导航栏里【代码维护】→【疫源代码】→【疫源列表】，即可跳转到疫源列表界面，如图 14－73。

疫源代码列表

代码 等于 搜索 显示全部

全选	代码	学名	通用名	操作
□	020530001	林三趾鹑	林三趾鹑	
□	020530002	林三趾鹤	林三趾鹤	
□	020530004	林三趾	林三趾,小小	

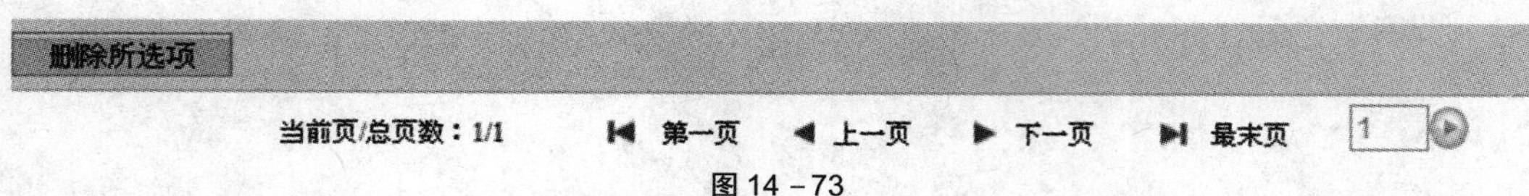

图 14－73

（1）搜索：进入列表界面后，设置搜索条件，然后在后面的文本框输入选择条件相对应的内容，点击“搜索”按钮，即可在列表中显示符合条件的内容。

（2）删除：在列表中选择要删除的信息，点击“删除所选项”按钮即可。

（3）修改：点击列表内的 图标进入修改界面（见图 14－74），即可对陆生野生动物疫病进行修改。

（4）保存：完成修改后，点击“保存”按钮，即可完成修改信息的保存。

（5）查看：在列表界面内点击 图标，即可查看该信息的详细内容。

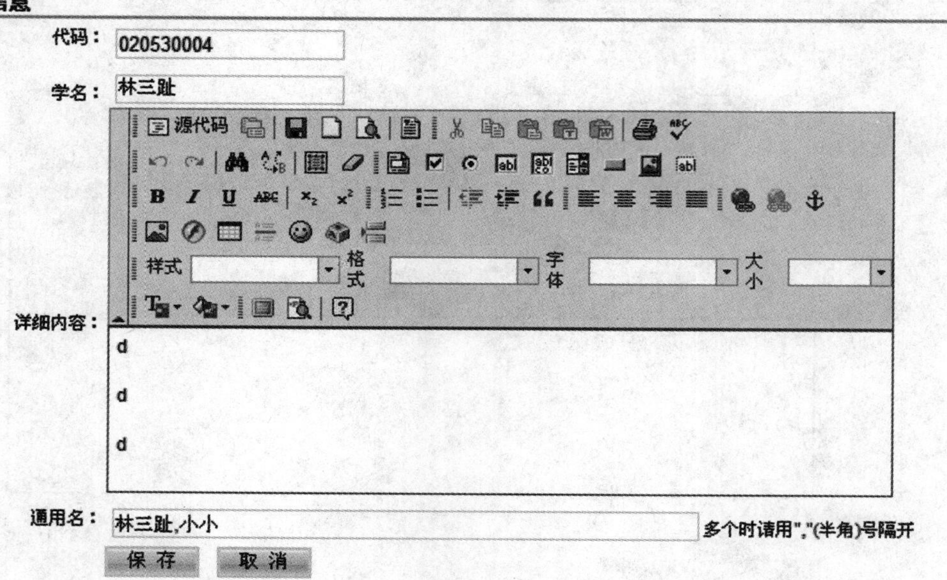

图 14－74

第五篇

附　录

附录 1

中华人民共和国野生动物保护法

（2004 年 8 月 28 日第十届全国人民代表大会常务委员会第十一次会议通过）

第一章　总　则

第一条　为保护、拯救珍贵、濒危野生动物，保护、发展和合理利用野生动物资源，维护生态平衡，制定本法。

第二条　在中华人民共和国境内从事野生动物的保护、驯养繁殖、开发利用活动，必须遵守本法。

本法规定保护的野生动物，是指珍贵、濒危的陆生、水生野生动物和有益的或者有重要经济、科学研究价值的陆生野生动物。

本法各条款所提野生动物，均系指前款规定的受保护的野生动物。

珍贵、濒危的水生野生动物以外的其他水生野生动物的保护，适用渔业法的规定。

第三条　野生动物资源属于国家所有。

国家保护依法开发利用野生动物资源的单位和个人的合法权益。

第四条　国家对野生动物实行加强资源保护、积极驯养繁殖、合理开发利用的方针，鼓励开展野生动物科学研究。

在野生动物资源保护、科学研究和驯养繁殖方面成绩显著的单位和个人，由政府给予奖励。

第五条　中华人民共和国公民有保护野生动物资源的义务，对侵占或者破坏野生动物资源的行为有权检举和控告。

第六条　各级政府应当加强对野生动物资源的管理，制定保护、发展和合理利用野生动物资源的规划和措施。

第七条　国务院林业、渔业行政主管部门分别主管全国陆生、水生野生动物管理工作。

省、自治区、直辖市政府林业行政主管部门主管本行政区域内陆生野生动物管理工作。自治州、县和市政府陆生野生动物管理工作的行政主管部门，由省、自治区、直辖市政府确定。

县级以上地方政府渔业行政主管部门主管本行政区域内水生野生动物管理工作。

第二章　野生动物保护

第八条　国家保护野生动物及其生存环境，禁止任何单位和个人非法猎捕或者破坏。

第九条　国家对珍贵、濒危的野生动物实行重点保护。国家重点保护的野生动物分为一级保护野生动物和二级保护野生动物。国家重点保护的野生动物名录及其调整，由国务院野生动物行政主管部门制定，报国务院批准公布。

地方重点保护野生动物，是指国家重点保护野生动物以外，由省、自治区、直辖市重点保护的野生动物。地方重点保护野生动物名录，由省、自治区、直辖市政府制定并公布，报国务院备案。

国家保护的有益的或者有重要经济、科学研究价值的陆生野生动物名录及其调整，由国务院野生动物行政主管部门制定并公布。

第十条　国务院野生动物行政主管部门和省、自治区、直辖市政府，应当在国家和地方重点保护野生动物的主要生息繁衍的地区和水域，划定自然保护区，加强对国家和地方重点保护野生动物及其生存环境的保护管理。

自然保护区的划定和管理，按照国务院有关规定办理。

第十一条　各级野生动物行政主管部门应当监视、监测环境对野生动物的影响。由于环境影响对野生动物造成危害时，野生动物行政主管部门应当会同有关部门进行调查处理。

第十二条　建设项目对国家或者地方重点保护野生动物的生存环境产生不利影响的，建设单位应当提交环境影响报告书；环境保护部门在审批时，应当征求同级野生动物行政主管部门的意见。

第十三条　国家和地方重点保护野生动物受到自然灾害威胁时，当地政府应当及时采取拯救措施。

第十四条　因保护国家和地方重点保护野生动物，造成农作物或者其他损失的，由当地政府给予补偿。补偿办法由省、自治区、直辖市政府制定。

第三章　野生动物管理

第十五条　野生动物行政主管部门应当定期组织对野生动物资源的调查，建立野生动物资源档案。

第十六条　禁止猎捕、杀害国家重点保护野生动物。因科学研究、驯养繁殖、展览或者其他特殊情况，需要捕捉、捕捞国家一级保护野生动物的，必须向国务院野生动物行政主管部门申请特许猎捕证；猎捕国家二级保护野生动物的，必须向省、自治区、直辖市政府野生动物行政主管部门申请特许猎捕证。

第十七条　国家鼓励驯养繁殖野生动物。驯养繁殖国家重点保护野生动物的，应当持有许可证。许可证的管理办法由国务院野生动物行政主管部门制定。

第十八条　猎捕非国家重点保护野生动物的，必须取得狩猎证，并且服从猎捕量限额管理。

持枪猎捕的，必须取得县、市公安机关核发的持枪证。

第十九条　猎捕者应当按照特许猎捕证、狩猎证规定的种类、数量、地点和期限进行猎捕。

第二十条　在自然保护区、禁猎区和禁猎期内，禁止猎捕和其他妨碍野生动物生息繁衍的活动。

禁猎区和禁猎期以及禁止使用的猎捕工具和方法，由县级以上政府或者其野生动物行政主管部门规定。

第二十一条　禁止使用军用武器、毒药、炸药进行猎捕。

猎枪及弹具的生产、销售和使用管理办法，由国务院林业行政主管部门会同公安部门制定，报国务院批准施行。

第二十二条　禁止出售、收购国家重点保护野生动物或者其产品。因科学研究、驯养繁殖、展览等特殊情况，需要出售、收购、利用国家一级保护野生动物或者其产品的，必须经国务院野生动物行政主管部门或者其授权的单位批准；需要出售、收购、利用国家二级保护野生动物或者其产品的，必须经省、自治区、直辖市政府野生动物行政主管部门或者其授权的单位批准。

驯养繁殖国家重点保护野生动物的单位和个人可以凭驯养繁殖许可证向政府指定的收购单位，按照规定出售国家重点保护野生动物或者其产品。

工商行政管理部门对进入市场的野生动物或者其产品，应当进行监督管理。

第二十三条　运输、携带国家重点保护野生动物或者其产品出县境的，必须经省、自治区、直辖市政府野生动物行政主管部门或者其授权的单位批准。

第二十四条　出口国家重点保护野生动物或者其产品的，进出口中国参加的国际公约所限制进出口的野生动物或者其产品的，必须经国务院野生动物行政主管部门或者国务院批准，并取得国家濒危物种进出口管理机构核发的允许进出口证明书。海关凭允许进出口证明书查验放行。

涉及科学技术保密野生动物物种的出口，按照国务院有关规定办理。

第二十五条　禁止伪造、倒卖、转让特许猎捕证、狩猎证、驯养繁殖许可证和允许进出口证明书。

第二十六条　外国人在中国境内对国家重点保护野生动物进行野外考察或者在野外拍摄电影、录像，必须经国务院野生动物行政主管部门或者其授权的单位批准。

建立对外国人开放的猎捕场所，应当报国务院野生动物行政主管部门备案。

第二十七条　经营利用野生动物或者其产品的，应当缴纳野生动物资源保护管理费。收费标准和办法由国务院野生动物行政主管部门会同财政、物价部门制定，报国务院批准后施行。

第二十八条　因猎捕野生动物造成农作物或者其他损失的，由猎捕者负责赔偿。

第二十九条　有关地方政府应当采取措施，预防、控制野生动物所造成的危害，保障人畜安全和农业、林业生产。

第三十条 地方重点保护野生动物和其他非国家重点保护野生动物的管理办法，由省、自治区、直辖市人民代表大会常务委员会制定。

第四章 法律责任

第三十一条 非法捕杀国家重点保护野生动物的，依照关于惩治捕杀国家重点保护的珍贵、濒危野生动物犯罪的补充规定追究刑事责任。

第三十二条 违反本法规定，在禁猎区、禁猎期或者使用禁用的工具、方法猎捕野生动物的，由野生动物行政主管部门没收猎获物、猎捕工具和违法所得，处以罚款；情节严重、构成犯罪的，依照刑法第一百三十条的规定追究刑事责任。

第三十三条 违反本法规定，未取得狩猎证或者未按狩猎证规定猎捕野生动物的，由野生动物行政主管部门没收猎获物和违法所得，处以罚款，并可以没收猎捕工具，吊销狩猎证。

违反本法规定，未取得持枪证猎捕野生动物的，由公安机关比照治安管理处罚条例的规定处罚。

第三十四条 违反本法规定，在自然保护区、禁猎区破坏国家或者地方重点保护野生动物主要生息繁衍场所的，由野生动物行政主管部门责令停止破坏行为，限期恢复原状，处以罚款。

第三十五条 违反本法规定，出售、收购、运输、携带国家或者地方重点保护野生动物或者其产品的，由工商行政管理部门没收实物和违法所得，可以并处罚款。

违反本法规定，出售、收购国家重点保护野生动物或者其产品，情节严重、构成投机倒把罪、走私罪的，依照刑法有关规定追究刑事责任。

没收的实物，由野生动物行政主管部门或者其授权的单位按照规定处理。

第三十六条 非法进出口野生动物或者其产品的，由海关依照海关法处罚；情节严重、构成犯罪的，依照刑法关于走私罪的规定追究刑事责任。

第三十七条 伪造、倒卖、转让特许猎捕证、狩猎证、驯养繁殖许可证或者允许进出口证明书的，由野生动物行政主管部门或者工商行政管理部门吊销证件，没收违法所得，可以并处罚款。

伪造、倒卖特许猎捕证或者允许进出口证明书，情节严重、构成犯罪的，比照刑法第一百六十七条的规定追究刑事责任。

第三十八条 野生动物行政主管部门的工作人员玩忽职守、滥用职权、徇私舞弊的，由其所在单位或者上级主管机关给予行政处分；情节严重、构成犯罪的，依法追究刑事责任。

第三十九条 当事人对行政处罚决定不服的，可以在接到处罚通知之日起十五日内，向作出处罚决定机关的上一级机关申请复议；对上一级机关的复议决定不服的，可以在接到复议决定通知之日起十五日内，向法院起诉。当事人也可以在接到处罚通知之日起十五日内，直接向法院起诉。当事人逾期不申请复议或者不向法院起诉又不履行处罚决定的，由作出处罚决定的机关申请法院强制执行。

对海关处罚或者治安管理处罚不服的，依照海关法或者治安管理处罚条例的规定办理。

第五章 附 则

第四十条 中华人民共和国缔结或者参加的与保护野生动物有关的国际条约与本法有不同规定的，适用国际条约的规定，但中华人民共和国声明保留的条款除外。

第四十一条 国务院野生动物行政主管部门根据本法制定实施条例，报国务院批准施行。

省、自治区、直辖市人民代表大会常务委员会可以根据本法制定实施办法。

第四十二条 本法自一九八九年三月一日起施行。

附录2

中华人民共和国陆生野生动物保护实施条例

(1992年2月12日国务院批准,1992年3月1日林业部发布)

第一章 总 则

第一条 根据《中华人民共和国野生动物保护法》(以下简称《野生动物保护法》)的规定,制定本条例。

第二条 本条例所称陆生野生动物,是指依法受保护的珍贵、濒危、有益的和有重要经济、科学研究价值的陆生野生动物(以下简称野生动物);所称野生动物产品,是指陆生野生动物的任何部分及其衍生物。

第三条 国务院林业行政主管部门主管全国陆生野生动物管理工作。

省、自治区、直辖市人民政府林业行政主管部门主管本行政区域内陆生野生动物管理工作。自治州、县和市人民政府陆生野生动物管理工作的行政主管部门,由省、自治区、直辖市人民政府确定。

第四条 县级以上各级人民政府有关主管部门应当鼓励、支持有关科研、教学单位开展野生动物科学研究工作。

第五条 野生动物行政主管部门有权对《野生动物保护法》和本条例的实施情况进行监督检查,被检查的单位和个人应当给予配合。

第二章 野生动物保护

第六条 县级以上地方各级人民政府应当开展保护野生动物的宣传教育,可以确定适当时间为保护野生动物宣传月、爱鸟周等,提高公民保护野生动物的意识。

第七条 国务院林业行政主管部门和省、自治区、直辖市人民政府林业行政主管部门,应当定期组织野生动物资源调查,建立资源档案,为制定野生动物资源保护发展方案、制定和调整国家和地方重点保护野生动物名录提供依据。

野生动物资源普查每十年进行一次,普查方案由国务院林业行政主管部门或者省、自治区、直辖市人民政府林业行政主管部门批准。

第八条 县级以上各级人民政府野生动物行政主管部门,应当组织社会各方面力量,采取生物技术措施和工程技术措施,维护和改善野生动物生存环境,保护和发展野生动物资源。

禁止任何单位和个人破坏国家和地方重点保护野生动物的生息繁衍场所和生存条件。

第九条 任何单位和个人发现受伤、病弱、饥饿、受困、迷途的国家和地方重点保护野生动物时,应当及时报告当地野生动物行政主管部门,由其采取救护措施;也可以就近送具备救护条件的单位救护。救护单位应当立即报告野生动物行政主管部门,并按照国务院林业行政主管部门的规定办理。

第十条 有关单位和个人对国家和地方重点保护野生动物可能造成的危害,应当采取防范措施。因保护国家和地方重点保护野生动物受到损失的,可以向当地人民政府野生动物行政主管部门提出补偿要求。经调查属实并确实需要补偿的,由当地人民政府按照省、自治区、直辖市人民政府的有关规定给予补偿。

第三章 野生动物猎捕管理

第十一条 禁止猎捕、杀害国家重点保护野生动物。

有下列情形之一,需要猎捕国家重点保护野生动物的,必须申请特许猎捕证:

(一)为进行野生动物科学考察、资源调查,必须猎捕的;

(二)为驯养繁殖国家重点保护野生动物,必须从野外获取种源的;

(三)为承担省级以上科学研究项目或者国家医药生产任务,必须从野外获取国家重点保护野生动物的;

(四)为宣传、普及野生动物知识或者教学、展览的需要,必须从野外获取国家重点保护野生动物的;

（五）因国事活动的需要，必须从野外获取国家重点保护野生动物的；

（六）为调控国家重点保护野生动物种群数量和结构，经科学论证必须猎捕的；

（七）因其他特殊情况，必须捕捉、猎捕国家重点保护野生动物的。

第十二条 申请特许猎捕证的程序如下：

（一）需要捕捉国家一级保护野生动物的，必须附具申请人所在地和捕捉地的省、自治区、直辖市人民政府林业行政主管部门签署的意见，向国务院林业行政主管部门申请特许猎捕证；

（二）需要在本省、自治区、直辖市猎捕国家二级保护野生动物的，必须附具申请人所在地的县级人民政府野生动物行政主管部门签署的意见，向省、自治区、直辖市人民政府林业行政主管部门申请特许猎捕证；

（三）需要跨省、自治区、直辖市猎捕国家二级保护野生动物的，必须附具申请人所在地的省、自治区、直辖市人民政府林业行政主管部门签署的意见，向猎捕地的省、自治区、直辖市人民政府林业行政主管部门申请特许猎捕证。

动物园需要申请捕捉国家一级保护野生动物的，在向国务院林业行政主管部门申请特许猎捕证前，须经国务院建设行政主管部门审核同意；需要申请捕捉国家二级保护野生动物的，在向申请人所在地的省、自治区、直辖市人民政府林业行政主管部门申请特许猎捕证前，须经同级政府建设行政主管部门审核同意。

负责核发特许猎捕证的部门接到申请后，应当在三个月内作出批准或者不批准的决定。

第十三条 有下列情形之一的，不予发放特许猎捕证：

（一）申请猎捕者有条件以合法的非猎捕方式获得国家重点保护野生动物的种源、产品或者达到所需目的的；

（二）猎捕申请不符合国家有关规定或者申请使用的猎捕工具、方法以及猎捕时间、地点不当的；

（三）根据野生动物资源现状不宜捕捉、猎捕的。

第十四条 取得特许猎捕证的单位和个人，必须按照特许猎捕证规定的种类、数量、地点、期限、工具和方法进行猎捕，防止误伤野生动物或者破坏其生存环境。猎捕作业完成后，应当在十日内向猎捕地的县级人民政府野生动物行政主管部门申请查验。

县级人民政府野生动物行政主管部门对在本行政区域内猎捕国家重点保护野生动物的活动，应当进行监督检查，并及时向批准猎捕的机关报告监督检查结果。

第十五条 猎捕非国家重点保护野生动物的，必须持有狩猎证，并按照狩猎证规定的种类、数量、地点、期限、工具和方法进行猎捕。狩猎证由省、自治区、直辖市人民政府林业行政主管部门按照国务院林业行政主管部门的规定印制，县级以上地方人民政府野生动物行政主管部门或者其授权的单位核发。

狩猎证每年验证一次。

第十六条 省、自治区、直辖市人民政府林业行政主管部门，应当根据本行政区域内非国家重点保护野生动物的资源现状，确定狩猎动物种类，并实行年度猎捕量限额管理。狩猎动物种类和年度猎捕量限额，由县级人民政府野生动物行政主管部门按照保护资源、永续利用的原则提出，经省、自治区、直辖市人民政府林业行政主管部门批准，报国务院林业行政主管部门备案。

第十七条 县级以上地方各级人民政府野生动物行政主管部门应当组织狩猎者有计划地开展狩猎活动。

在适合狩猎的区域建立固定狩猎场所的，必须经省、自治区、直辖市人民政府林业行政主管部门批准。

第十八条 禁止使用军用武器、气枪、毒药、炸药、地枪、排铳、非人为直接操作并危害人畜安全的狩猎装置、夜间照明行猎、歼灭性围猎、火攻、烟熏以及县级以上各级人民政府或者其野生动物行政主管部门规定禁止使用的其他狩猎工具和方法狩猎。

第十九条 科研、教学单位对国家重点保护野生动物进行野外考察、科学研究，涉及国家一级保护野生动物的，由国务院林业行政主管部门统一安排；涉及国家二级保护野生动物的，由省、自治区、直辖市人民政府林业行政主管部门统一安排。当地野生动物行政主管部门应当给予支持。

第二十条 外国人在中国境内对国家重点保护野生动物进行野外考察、标本采集或者在野外拍摄电影、录像的,必须向国家重点保护野生动物所在地的省、自治区、直辖市人民政府林业行政主管部门提出申请,经其审核后,报国务院林业行政主管部门或者其授权的单位批准。

第二十一条　外国人在中国境内狩猎,必须在国务院林业行政主管部门批准的对外国人开放的狩猎场所内进行,并遵守中国有关法律、法规的规定。

第四章　野生动物驯养繁殖管理

第二十二条　驯养繁殖国家重点保护野生动物的,应当持有驯养繁殖许可证。以生产经营为主要目的驯养繁殖国家重点保护野生动物的,必须凭驯养繁殖许可证向工商行政管理部门申请登记注册。

国务院林业行政主管部门和省、自治区、直辖市人民政府林业行政主管部门可以根据实际情况和工作需要,委托同级有关部门审批或者核发国家重点保护野生动物驯养繁殖许可证。动物园驯养繁殖国家重点保护野生动物的,林业行政主管部门可以委托同级建设行政主管部门核发驯养繁殖许可证。

驯养繁殖许可证由国务院林业行政主管部门印制。

第二十三条　从国外或者外省、自治区、直辖市引进野生动物进行驯养繁殖的,应当采取适当措施,防止其逃至野外;需要将其放生于野外的,放生单位应当向所在省、自治区、直辖市人民政府林业行政主管部门提出申请,经省级以上人民政府林业行政主管部门指定的科研机构进行科学论证后,报国务院林业行政主管部门或者其授权的单位批准。

擅自将引进的野生动物放生于野外或者因管理不当使其逃至野外的,由野生动物行政主管部门责令限期捕回或者采取其他补救措施。

第二十四条　从国外引进的珍贵、濒危野生动物,经国务院林业行政主管部门核准,可以视为国家重点保护野生动物;从国外引进的其他野生动物,经省、自治区、直辖市人民政府林业行政主管部门核准,可以视为地方重点保护野生动物。

第五章　野生动物经营利用管理

第二十五条　收购驯养繁殖的国家重点保护野生动物或者其产品的单位,由省、自治区、直辖市人民政府林业行政主管部门商有关部门提出,经同级人民政府或者其授权的单位批准,凭批准文件向工商行政管理部门申请登记注册。

依照前款规定经核准登记的单位,不得收购未经批准出售的国家重点保护野生动物或者其产品。

第二十六条　经营利用非国家重点保护野生动物或者其产品的,应当向工商行政管理部门申请登记注册。

经核准登记经营利用非国家重点保护野生动物或者其产品的单位和个人,必须在省、自治区、直辖市人民政府林业行政主管部门或者其授权单位核定的年度经营利用限额指标内,从事经营利用活动。

第二十七条　禁止在集贸市场出售、收购国家重点保护野生动物或者其产品。

持有狩猎证的单位和个人需要出售依法获得的非国家重点保护野生动物或者其产品的,应当按照狩猎证规定的种类、数量向经核准登记的单位出售,或者在当地人民政府有关部门指定的集贸市场出售。

第二十八条　县级以上各级人民政府野生动物行政主管部门和工商行政管理部门,应当对野生动物或者其产品的经营利用建立监督检查制度,加强对经营利用野生动物或者其产品的监督管理。

对进入集贸市场的野生动物或者其产品,由工商行政管理部门进行监督管理;在集贸市场以外经营野生动物或者其产品,由野生动物行政主管部门、工商行政管理部门或者其授权的单位进行监督管理。

第二十九条　运输、携带国家重点保护野生动物或者其产品出县境的,应当凭特许猎捕证、驯养繁殖许可证,向县级人民政府野生动物行政主管部门提出申请,报省、自治区、直辖市人民政府林业行政主管部门或者其授权的单位批准。动物园之间因繁殖动物,需要运输国家重点保护野生动物的,可以由省、自治区、直辖市人民政府林业行政主管部门授权同级建设行政主管部门审批。

第三十条　出口国家重点保护野生动物或者其产品的,以及进出口中国参加的国际公约所限制进出口的野生动物或者其产品的,必须经进出口单位或者个人所在地的省、自治区、直辖市人民政府林业行政主管部门审核,报国务院林业行政主管部门或者国务院批准;属于贸易性进出口活动的,必须由具有有关商品进出口权的单位承担。

动物园因交换动物需要进出口前款所称野生动物的，国务院林业行政主管部门批准前或者国务院林业行政主管部门报请国务院批准前，应当经国务院建设行政主管部门审核同意。

第三十一条　利用野生动物或者其产品举办出国展览等活动的经济收益，主要用于野生动物保护事业。

第六章　奖励和惩罚

第三十二条　有下列事迹之一的单位和个人，由县级以上人民政府或者其野生动物行政主管部门给予奖励：

（一）在野生动物资源调查、保护管理、宣传教育、开发利用方面有突出贡献的；

（二）严格执行野生动物保护法规，成绩显著的；

（三）拯救、保护和驯养繁殖珍贵、濒危野生动物取得显著成效的；

（四）发现违反野生动物保护法规行为，及时制止或者检举有功的；

（五）在查处破坏野生动物资源案件中有重要贡献的；

（六）在野生动物科学研究中取得重大成果或者在应用推广科研成果中取得显著效益的；

（七）在基层从事野生动物保护管理工作五年以上并取得显著成绩的；

（八）在野生动物保护管理工作中有其他特殊贡献的。

第三十三条　非法捕杀国家重点保护野生动物的，依照全国人民代表大会常务委员会关于惩治捕杀国家重点保护的珍贵、濒危野生动物犯罪的补充规定追究刑事责任；情节显著轻微危害不大的，或者犯罪情节轻微不需要判处刑罚的，由野生动物行政主管部门没收猎获物、猎捕工具和违法所得，吊销特许猎捕证，并处以相当于猎获物价值十倍以下的罚款，没有猎获物的处一万元以下罚款。

第三十四条　违反野生动物保护法规，在禁猎区、禁猎期或者使用禁用的工具、方法猎捕非国家重点保护野生动物，依照《野生动物保护法》第三十二条的规定处以罚款的，按照下列规定执行：

（一）有猎获物的，处以相当于猎获物价值八倍以下的罚款；

（二）没有猎获物的，处二千元以下罚款。

第三十五条　违反野生动物保护法规，未取得狩猎证或者未按照狩猎证规定猎捕非国家重点保护野生动物，依照《野生动物保护法》第三十三条的规定处以罚款的，按照下列规定执行：

（一）有猎获物的，处以相当于猎获物价值五倍以下的罚款；

（二）没有猎获物的，处一千元以下罚款。

第三十六条　违反野生动物保护法规，在自然保护区、禁猎区破坏国家或者地方重点保护野生动物主要生息繁衍场所，依照《野生动物保护法》第三十四条的规定处以罚款的，按照相当于恢复原状所需费用三倍以下的标准执行。

在自然保护区、禁猎区破坏非国家或者地方重点保护野生动物主要生息繁衍场所的，由野生动物行政主管部门责令停止破坏行为，限期恢复原状，并处以恢复原状所需费用二倍以下的罚款。

第三十七条　违反野生动物保护法规，出售、收购、运输、携带国家或者地方重点保护野生动物或者其产品的，由工商行政管理部门或者其授权的野生动物行政主管部门没收实物和违法所得，可以并处相当于实物价值十倍以下的罚款。

第三十八条　伪造、倒卖、转让狩猎证或者驯养繁殖许可证，依照《野生动物保护法》第三十七条的规定处以罚款的，按照五千元以下的标准执行。伪造、倒卖、转让特许猎捕证或者允许进出口证明书，依照《野生动物保护法》第三十七条的规定处以罚款的，按照五万元以下的标准执行。

第三十九条　违反野生动物保护法规，未取得驯养繁殖许可证或者超越驯养繁殖许可证规定范围驯养繁殖国家重点保护野生动物的，由野生动物行政主管部门没收违法所得，处三千元以下罚款，可以并处没收野生动物、吊销驯养繁殖许可证。

第四十条　外国人未经批准在中国境内对国家重点保护野生动物进行野外考察、标本采集或者在野外拍摄电影、录像的，由野生动物行政主管部门没收考察、拍摄的资料以及所获标本，可以并处五万元以下罚款。

第四十一条　有下列行为之一，尚不构成犯罪的，由公安机关依照《中华人民共和国治安管理处罚条例》的规定处罚：

（一）拒绝、阻碍野生动物行政管理人员依法执行职务的；

（二）偷窃、哄抢或者故意损坏野生动物保护仪器设备或者设施的；

（三）偷窃、哄抢、抢夺非国家重点保护野生动物或者其产品的；

（四）未经批准猎捕少量非国家重点保护野生动物的。

第四十二条　违反野生动物保护法规，被责令限期捕回而不捕的，被责令限期恢复原状而不恢复的，野生动物行政主管部门或者其授权的单位可以代为捕回或者恢复原状，由被责令限期捕回者或者被责令限期恢复原状者承担全部捕回或者恢复原状所需的费用。

第四十三条　违反野生动物保护法规，构成犯罪的，依法追究刑事责任。

第四十四条　依照野生动物保护法规没收的实物，按照国务院林业行政主管部门的规定处理。

第七章　附　则

第四十五条　本条例由国务院林业行政主管部门负责解释。

第四十六条　本条例自发布之日起施行。

附录3

重大动物疫情应急条例

（2005年11月16日国务院第113次常务会议通过）

第一章　总　则

第一条　为了迅速控制、扑灭重大动物疫情，保障养殖业生产安全，保护公众身体健康与生命安全，维护正常的社会秩序，根据《中华人民共和国动物防疫法》，制定本条例。

第二条　本条例所称重大动物疫情，是指高致病性禽流感等发病率或者死亡率高的动物疫病突然发生，迅速传播，给养殖业生产安全造成严重威胁、危害，以及可能对公众身体健康与生命安全造成危害的情形，包括特别重大动物疫情。

第三条　重大动物疫情应急工作应当坚持加强领导、密切配合，依靠科学、依法防治，群防群控、果断处置的方针，及时发现，快速反应，严格处理，减少损失。

第四条　重大动物疫情应急工作按照属地管理的原则，实行政府统一领导、部门分工负责，逐级建立责任制。

县级以上人民政府兽医主管部门具体负责组织重大动物疫情的监测、调查、控制、扑灭等应急工作。

县级以上人民政府林业主管部门、兽医主管部门按照职责分工，加强对陆生野生动物疫源疫病的监测。

县级以上人民政府其他有关部门在各自的职责范围内，做好重大动物疫情的应急工作。

第五条　出入境检验检疫机关应当及时收集境外重大动物疫情信息，加强进出境动物及其产品的检验检疫工作，防止动物疫病传入和传出。兽医主管部门要及时向出入境检验检疫机关通报国内重大动物疫情。

第六条　国家鼓励、支持开展重大动物疫情监测、预防、应急处理等有关技术的科学研究和国际交流与合作。

第七条　县级以上人民政府应当对参加重大动物疫情应急处理的人员给予适当补助，对作出贡献的人员给予表彰和奖励。

第八条　对不履行或者不按照规定履行重大动物疫情应急处理职责的行为，任何单位和个人有权检举控告。

第二章　应急准备

第九条　国务院兽医主管部门应当制定全国重大动物疫情应急预案，报国务院批准，并按照不同动物疫病病种及其流行特点和危害程度，分别制定实施方案，报国务院备案。

县级以上地方人民政府根据本地区的实际情况，制定本行政区域的重大动物疫情应急预案，报上一级人民政府兽医主管部门备案。县级以上地方人民政府兽医主管部门，应当按照不同动物疫病病种及其流行特点和危害程度，分别制定实施方案。

重大动物疫情应急预案及其实施方案应当根据疫情的发展变化和实施情况，及时修改、完善。

第十条　重大动物疫情应急预案主要包括下列内容：

（一）应急指挥部的职责、组成以及成员单位的分工；

（二）重大动物疫情的监测、信息收集、报告和通报；

（三）动物疫病的确认、重大动物疫情的分级和相应的应急处理工作方案；

（四）重大动物疫情疫源的追踪和流行病学调查分析；

（五）预防、控制、扑灭重大动物疫情所需资金的来源、物资和技术的储备与调度；

（六）重大动物疫情应急处理设施和专业队伍建设。

第十一条 国务院有关部门和县级以上地方人民政府及其有关部门，应当根据重大动物疫情应急预案的要求，确保应急处理所需的疫苗、药品、设施设备和防护用品等物资的储备。

第十二条 县级以上人民政府应当建立和完善重大动物疫情监测网络和预防控制体系，加强动物防疫基础设施和乡镇动物防疫组织建设，并保证其正常运行，提高对重大动物疫情的应急处理能力。

第十三条 县级以上地方人民政府根据重大动物疫情应急需要，可以成立应急预备队，在重大动物疫情应急指挥部的指挥下，具体承担疫情的控制和扑灭任务。

应急预备队由当地兽医行政管理人员、动物防疫工作人员、有关专家、执业兽医等组成；必要时，可以组织动员社会上有一定专业知识的人员参加。公安机关、中国人民武装警察部队应当依法协助其执行任务。

应急预备队应当定期进行技术培训和应急演练。

第十四条 县级以上人民政府及其兽医主管部门应当加强对重大动物疫情应急知识和重大动物疫病科普知识的宣传，增强全社会的重大动物疫情防范意识。

第三章 监测、报告和公布

第十五条 动物防疫监督机构负责重大动物疫情的监测，饲养、经营动物和生产、经营动物产品的单位和个人应当配合，不得拒绝和阻碍。

第十六条 从事动物隔离、疫情监测、疫病研究与诊疗、检验检疫以及动物饲养、屠宰加工、运输、经营等活动的有关单位和个人，发现动物出现群体发病或者死亡的，应当立即向所在地的县(市)动物防疫监督机构报告。

第十七条 县(市)动物防疫监督机构接到报告后，应当立即赶赴现场调查核实。初步认为属于重大动物疫情的，应当在2小时内将情况逐级报省、自治区、直辖市动物防疫监督机构，并同时报所在地人民政府兽医主管部门；兽医主管部门应当及时通报同级卫生主管部门。

省、自治区、直辖市动物防疫监督机构应当在接到报告后1小时内，向省、自治区、直辖市人民政府兽医主管部门和国务院兽医主管部门所属的动物防疫监督机构报告。

省、自治区、直辖市人民政府兽医主管部门应当在接到报告后1小时内报本级人民政府和国务院兽医主管部门。

重大动物疫情发生后，省、自治区、直辖市人民政府和国务院兽医主管部门应当在4小时内向国务院报告。

第十八条 重大动物疫情报告包括下列内容：

(一)疫情发生的时间、地点；

(二)染疫、疑似染疫动物种类和数量、同群动物数量、免疫情况、死亡数量、临床症状、病理变化、诊断情况；

(三)流行病学和疫源追踪情况；

(四)已采取的控制措施；

(五)疫情报告的单位、负责人、报告人及联系方式。

第十九条 重大动物疫情由省、自治区、直辖市人民政府兽医主管部门认定；必要时，由国务院兽医主管部门认定。

第二十条 重大动物疫情由国务院兽医主管部门按照国家规定的程序，及时准确公布；其他任何单位和个人不得公布重大动物疫情。

第二十一条 重大动物疫病应当由动物防疫监督机构采集病料，未经国务院兽医主管部门或者省、自治区、直辖市人民政府兽医主管部门批准，其他单位和个人不得擅自采集病料。

从事重大动物疫病病原分离的，应当遵守国家有关生物安全管理规定，防止病原扩散。

第二十二条 国务院兽医主管部门应当及时向国务院有关部门和军队有关部门以及各省、自治区、直辖市人民政府兽医主管部门通报重大动物疫情的发生和处理情况。

第二十三条 发生重大动物疫情可能感染人群时，卫生主管部门应当对疫区内易受感染的人群进行监测，并采取相应的预防、控制措施。卫生主管部门和兽医主管部门应当及时相互通报情况。

第二十四条　有关单位和个人对重大动物疫情不得瞒报、谎报、迟报，不得授意他人瞒报、谎报、迟报，不得阻碍他人报告。

第二十五条　在重大动物疫情报告期间，有关动物防疫监督机构应当立即采取临时隔离控制措施；必要时，当地县级以上地方人民政府可以作出封锁决定并采取扑杀、销毁等措施。有关单位和个人应当执行。

第四章　应急处理

第二十六条　重大动物疫情发生后，国务院和有关地方人民政府设立的重大动物疫情应急指挥部统一领导、指挥重大动物疫情应急工作。

第二十七条　重大动物疫情发生后，县级以上地方人民政府兽医主管部门应当立即划定疫点、疫区和受威胁区，调查疫源，向本级人民政府提出启动重大动物疫情应急指挥系统、应急预案和对疫区实行封锁的建议，有关人民政府应当立即作出决定。

疫点、疫区和受威胁区的范围应当按照不同动物疫病病种及其流行特点和危害程度划定，具体划定标准由国务院兽医主管部门制定。

第二十八条　国家对重大动物疫情应急处理实行分级管理，按照应急预案确定的疫情等级，由有关人民政府采取相应的应急控制措施。

第二十九条　对疫点应当采取下列措施：

（一）扑杀并销毁染疫动物和易感染的动物及其产品；

（二）对病死的动物、动物排泄物、被污染饲料、垫料、污水进行无害化处理；

（三）对被污染的物品、用具、动物圈舍、场地进行严格消毒。

第三十条　对疫区应当采取下列措施：

（一）在疫区周围设置警示标志，在出入疫区的交通路口设置临时动物检疫消毒站，对出入的人员和车辆进行消毒；

（二）扑杀并销毁染疫和疑似染疫动物及其同群动物，销毁染疫和疑似染疫的动物产品，对其他易感染的动物实行圈养或者在指定地点放养，役用动物限制在疫区内使役；

（三）对易感染的动物进行监测，并按照国务院兽医主管部门的规定实施紧急免疫接种，必要时对易感染的动物进行扑杀；

（四）关闭动物及动物产品交易市场，禁止动物进出疫区和动物产品运出疫区；

（五）对动物圈舍、动物排泄物、垫料、污水和其他可能受污染的物品、场地，进行消毒或者无害化处理。

第三十一条　对受威胁区应当采取下列措施：

（一）对易感染的动物进行监测；

（二）对易感染的动物根据需要实施紧急免疫接种。

第三十二条　重大动物疫情应急处理中设置临时动物检疫消毒站以及采取隔离、扑杀、销毁、消毒、紧急免疫接种等控制、扑灭措施的，由有关重大动物疫情应急指挥部决定，有关单位和个人必须服从；拒不服从的，由公安机关协助执行。

第三十三条　国家对疫区、受威胁区内易感染的动物免费实施紧急免疫接种；对因采取扑杀、销毁等措施给当事人造成的已经证实的损失，给予合理补偿。紧急免疫接种和补偿所需费用，由中央财政和地方财政分担。

第三十四条　重大动物疫情应急指挥部根据应急处理需要，有权紧急调集人员、物资、运输工具以及相关设施、设备。

单位和个人的物资、运输工具以及相关设施、设备被征集使用的，有关人民政府应当及时归还并给予合理补偿。

第三十五条　重大动物疫情发生后，县级以上人民政府兽医主管部门应当及时提出疫点、疫区、受威胁区的处理方案，加强疫情监测、流行病学调查、疫源追踪工作，对染疫和疑似染疫动物及其同群动物和其他易感染动物的扑杀、销毁进行技术指导，并组织实施检验检疫、消毒、无害化处理和紧急免疫接种。

第三十六条 重大动物疫情应急处理中，县级以上人民政府有关部门应当在各自的职责范围内，做好重大动物疫情应急所需的物资紧急调度和运输、应急经费安排、疫区群众救济、人的疫病防治、肉食品供应、动物及其产品市场监管、出入境检验检疫和社会治安维护等工作。

中国人民解放军、中国人民武装警察部队应当支持配合驻地人民政府做好重大动物疫情的应急工作。

第三十七条 重大动物疫情应急处理中，乡镇人民政府、村民委员会、居民委员会应当组织力量，向村民、居民宣传动物疫病防治的相关知识，协助做好疫情信息的收集、报告和各项应急处理措施的落实工作。

第三十八条 重大动物疫情发生地的人民政府和毗邻地区的人民政府应当通力合作，相互配合，做好重大动物疫情的控制、扑灭工作。

第三十九条 有关人民政府及其有关部门对参加重大动物疫情应急处理的人员，应当采取必要的卫生防护和技术指导等措施。

第四十条 自疫区内最后一头(只)发病动物及其同群动物处理完毕起，经过一个潜伏期以上的监测，未出现新的病例的，彻底消毒后，经上一级动物防疫监督机构验收合格，由原发布封锁令的人民政府宣布解除封锁，撤销疫区；由原批准机关撤销在该疫区设立的临时动物检疫消毒站。

第四十一条 县级以上人民政府应当将重大动物疫情确认、疫区封锁、扑杀及其补偿、消毒、无害化处理、疫源追踪、疫情监测以及应急物资储备等应急经费列入本级财政预算。

第五章 法律责任

第四十二条 违反本条例规定，兽医主管部门及其所属的动物防疫监督机构有下列行为之一的，由本级人民政府或者上级人民政府有关部门责令立即改正、通报批评、给予警告；对主要负责人、负有责任的主管人员和其他责任人员，依法给予记大过、降级、撤职直至开除的行政处分；构成犯罪的，依法追究刑事责任：

(一)不履行疫情报告职责，瞒报、谎报、迟报或者授意他人瞒报、谎报、迟报，阻碍他人报告重大动物疫情的；

(二)在重大动物疫情报告期间，不采取临时隔离控制措施，导致动物疫情扩散的；

(三)不及时划定疫点、疫区和受威胁区，不及时向本级人民政府提出应急处理建议，或者不按照规定对疫点、疫区和受威胁区采取预防、控制、扑灭措施的；

(四)不向本级人民政府提出启动应急指挥系统、应急预案和对疫区的封锁建议的；

(五)对动物扑杀、销毁不进行技术指导或者指导不力，或者不组织实施检验检疫、消毒、无害化处理和紧急免疫接种的；

(六)其他不履行本条例规定的职责，导致动物疫病传播、流行，或者对养殖业生产安全和公众身体健康与生命安全造成严重危害的。

第四十三条 违反本条例规定，县级以上人民政府有关部门不履行应急处理职责，不执行对疫点、疫区和受威胁区采取的措施，或者对上级人民政府有关部门的疫情调查不予配合或者阻碍、拒绝的，由本级人民政府或者上级人民政府有关部门责令立即改正、通报批评、给予警告；对主要负责人、负有责任的主管人员和其他责任人员，依法给予记大过、降级、撤职直至开除的行政处分；构成犯罪的，依法追究刑事责任。

第四十四条 违反本条例规定，有关地方人民政府阻碍报告重大动物疫情，不履行应急处理职责，不按照规定对疫点、疫区和受威胁区采取预防、控制、扑灭措施，或者对上级人民政府有关部门的疫情调查不予配合或者阻碍、拒绝的，由上级人民政府责令立即改正、通报批评、给予警告；对政府主要领导人依法给予记大过、降级、撤职直至开除的行政处分；构成犯罪的，依法追究刑事责任。

第四十五条 截留、挪用重大动物疫情应急经费，或者侵占、挪用应急储备物资的，按照《财政违法行为处罚处分条例》的规定处理；构成犯罪的，依法追究刑事责任。

第四十六条 违反本条例规定，拒绝、阻碍动物防疫监督机构进行重大动物疫情监测，或者发现动物出现群体发病或者死亡，不向当地动物防疫监督机构报告的，由动物防疫监督机构给予警告，并处 2000 元以上5000元以下的罚款；构成犯罪的，依法追究刑事责任。

第四十七条 违反本条例规定，擅自采集重大动物疫病病料，或者在重大动物疫病病原分离时不遵守国家有关生物安全管理规定的，由动物防疫监督机构给予警告，并处5000元以下的罚款；构成犯罪的，依法追究刑事责任。

第四十八条 在重大动物疫情发生期间，哄抬物价、欺骗消费者，散布谣言、扰乱社会秩序和市场秩序的，由价格主管部门、工商行政管理部门或者公安机关依法给予行政处罚；构成犯罪的，依法追究刑事责任。

第六章 附 则

第四十九条 本条例自公布之日起施行。

附录 4

陆生野生动物疫源疫病监测防控管理办法

（2012 年 12 月 25 日国家林业局局务会议审议通过，
2013 年 1 月 22 日以国家林业局令第 31 号公布）

第一条　为了加强陆生野生动物疫源疫病监测防控管理，防范陆生野生动物疫病传播和扩散，维护公共卫生安全和生态安全，保护野生动物资源，根据《中华人民共和国野生动物保护法》、《重大动物疫情应急条例》等法律法规，制定本办法。

第二条　从事陆生野生动物疫源疫病监测防控活动，应当遵守本办法。

本办法所称陆生野生动物疫源是指携带危险性病原体，危及野生动物种群安全，或者可能向人类、饲养动物传播的陆生野生动物；本办法所称陆生野生动物疫病是指在陆生野生动物之间传播、流行，对陆生野生动物种群构成威胁或者可能传染给人类和饲养动物的传染性疾病。

第三条　国家林业局负责组织、指导、监督全国陆生野生动物疫源疫病监测防控工作。县级以上地方人民政府林业主管部门按照同级人民政府的规定，具体负责本行政区域内陆生野生动物疫源疫病监测防控的组织实施、监督和管理工作。

陆生野生动物疫源疫病监测防控实行统一领导，分级负责，属地管理。

第四条　国家林业局陆生野生动物疫源疫病监测机构按照国家林业局的规定负责全国陆生野生动物疫源疫病监测工作。

第五条　县级以上地方人民政府林业主管部门应当按照有关规定确立陆生野生动物疫源疫病监测防控机构，保障人员和经费，加强监测防控工作。

第六条　县级以上人民政府林业主管部门应当建立健全陆生野生动物疫源疫病监测防控体系，逐步提高陆生野生动物疫源疫病检测、预警和防控能力。

第七条　乡镇林业工作站、自然保护区、湿地公园、国有林场的工作人员和护林员、林业有害生物测报员等基层林业工作人员应当按照县级以上地方人民政府林业主管部门的要求，承担相应的陆生野生动物疫源疫病监测防控工作。

第八条　县级以上人民政府林业主管部门应当按照有关规定定期组织开展陆生野生动物疫源疫病调查，掌握疫病的基本情况和动态变化，为制定监测规划、预防方案提供依据。

第九条　省级以上人民政府林业主管部门应当组织有关单位和专家开展陆生野生动物疫情预测预报、趋势分析等活动，评估疫情风险，对可能发生的陆生野生动物疫情，按照规定程序向同级人民政府报告预警信息和防控措施建议，并向有关部门通报。

第十条　县级以上人民政府林业主管部门应当按照有关规定和实际需要，在下列区域建立陆生野生动物疫源疫病监测站：

（一）陆生野生动物集中分布区；

（二）陆生野生动物迁徙通道；

（三）陆生野生动物驯养繁殖密集区及其产品集散地；

（四）陆生野生动物疫病传播风险较大的边境地区；

（五）其他容易发生陆生野生动物疫病的区域。

第十一条　陆生野生动物疫源疫病监测站，分为国家级陆生野生动物疫源疫病监测站和地方级陆生野生动物疫源疫病监测站。

国家级陆生野生动物疫源疫病监测站的设立，由国家林业局组织提出或者由所在地省、自治区、直辖市人民政府林业主管部门推荐，经国家林业局组织专家评审后批准公布。

地方级陆生野生动物疫源疫病监测站按照省、自治区、直辖市人民政府林业主管部门的规定设立和管理，并报国家林业局备案。

陆生野生动物疫源疫病监测站统一按照“××（省、自治区、直辖市）××（地名）××级（国家级、省级、市级、县级）陆生野生动物疫源疫病监测站”命名。

第十二条　陆生野生动物疫源疫病监测站应当配备专职监测员，明确监测范围、重点、巡查线路、监测点，开展陆生野生动物疫源疫病监测防控工作。

陆生野生动物疫源疫病监测站可以根据工作需要聘请兼职监测员。

监测员应当经过省级以上人民政府林业主管部门组织的专业技术培训；专职监测员应当经省级以上人民政府林业主管部门考核合格。

第十三条　陆生野生动物疫源疫病监测实行全面监测、突出重点的原则，并采取日常监测和专项监测相结合的工作制度。

日常监测以巡护、观测等方式，了解陆生野生动物种群数量和活动状况，掌握陆生野生动物异常情况，并对是否发生陆生野生动物疫病提出初步判断意见。

专项监测根据疫情防控形势需要，针对特定的陆生野生动物疫源种类、特定的陆生野生动物疫病、特定的重点区域进行巡护、观测和检测，掌握特定陆生野生动物疫源疫病变化情况，提出专项防控建议。

日常监测、专项监测情况应当按照有关规定逐级上报上级人民政府林业主管部门。

第十四条　日常监测根据陆生野生动物迁徙、活动规律和疫病发生规律等分别实行重点时期监测和非重点时期监测。

日常监测的重点时期和非重点时期，由省、自治区、直辖市人民政府林业主管部门根据本行政区域内陆生野生动物资源变化和疫病发生规律等情况确定并公布，报国家林业局备案。

重点时期内的陆生野生动物疫源疫病监测情况实行日报告制度；非重点时期的陆生野生动物疫源疫病监测情况实行周报告制度。但是发现异常情况的，应当按照有关规定及时报告。

第十五条　国家林业局根据陆生野生动物疫源疫病防控工作需要，经组织专家论证，制定并公布重点监测陆生野生动物疫病种类和疫源物种目录；省、自治区、直辖市人民政府林业主管部门可以制定本行政区域内重点监测陆生野生动物疫病种类和疫源物种补充目录。

县级以上人民政府林业主管部门应当根据前款规定的目录和本辖区内陆生野生动物疫病发生规律，划定本行政区域内陆生野生动物疫源疫病监测防控重点区域，并组织开展陆生野生动物重点疫病的专项监测。

第十六条　本办法第七条规定的基层林业工作人员发现陆生野生动物疑似因疫病引起的异常情况，应当立即向所在地县级以上地方人民政府林业主管部门或者陆生野生动物疫源疫病监测站报告；其他单位和个人发现陆生野生动物异常情况的，有权向当地林业主管部门或者陆生野生动物疫源疫病监测站报告。

第十七条　县级人民政府林业主管部门或者陆生野生动物疫源疫病监测站接到陆生野生动物疑似因疫病引起异常情况的报告后，应当及时采取现场隔离等措施，组织具备条件的机构和人员取样、检测、调查核实，并按照规定逐级上报到省、自治区、直辖市人民政府林业主管部门，同时报告同级人民政府，并通报兽医、卫生等有关主管部门。

第十八条　省、自治区、直辖市人民政府林业主管部门接到报告后，应当组织有关专家和人员对上报情况进行调查、分析和评估，对确需进一步采取防控措施的，按照规定报国家林业局和同级人民政府，并通报兽医、卫生等有关主管部门。

第十九条　国家林业局接到报告后，应当组织专家对上报情况进行会商和评估，指导有关省、自治区、直辖市人民政府林业主管部门采取科学的防控措施，按照有关规定向国务院报告，并通报国务院兽医、卫生等有关主管部门。

第二十条　县级以上人民政府林业主管部门应当制定突发陆生野生动物疫病应急预案，按照有关规定报同级人民政府批准或者备案。

陆生野生动物疫源疫病监测站应当按照不同陆生野生动物疫病及其流行特点和危害程度，分别制定实施方案。实施方案应当报所属林业主管部门备案。

陆生野生动物疫病应急预案及其实施方案应当根据疫病的发展变化和实施情况，及时修改、完善。

第二十一条　县级以上人民政府林业主管部门应当根据陆生野生动物疫源疫病监测防控工作需要和应急预案的要求，做好防护装备、消毒物品、野外工作等应急物资的储备。

第二十二条　发生重大陆生野生动物疫病时，所在地人民政府林业主管部门应当在人民政府的统一领导下及时启动应急预案，组织开展陆生野生动物疫病监测防控和疫病风险评估，提出疫情风险范围和防控措施建议，指导有关部门和单位做好事发地的封锁、隔离、消毒等防控工作。

第二十三条　在陆生野生动物疫源疫病监测防控中，发现重点保护陆生野生动物染病的，有关单位和个人应当按照野生动物保护法及其实施条例的规定予以救护。

处置重大陆生野生动物疫病过程中，应当避免猎捕陆生野生动物；特殊情况确需猎捕陆生野生动物的，应当按照有关法律法规的规定执行。

第二十四条　县级以上人民政府林业主管部门应当采取措施，鼓励和支持有关科研机构开展陆生野生动物疫源疫病科学研究。

需要采集陆生野生动物样品的，应当遵守有关法律法规的规定。

第二十五条　县级以上人民政府林业主管部门及其监测机构应当加强陆生野生动物疫源疫病监测防控的宣传教育，提高公民防范意识和能力。

第二十六条　陆生野生动物疫源疫病监测信息应当按照国家有关规定实行管理，任何单位和个人不得擅自公开。

第二十七条　林业主管部门、陆生野生动物疫源疫病监测站等相关单位的工作人员玩忽职守，造成陆生野生动物疫情处置延误，疫情传播、蔓延的，或者擅自公开有关监测信息、编造虚假监测信息，妨碍陆生野生动物疫源疫病监测工作的，依法给予处分；构成犯罪的，依法追究刑事责任。

第二十八条　本办法自2013年4月1日起施行。

附录5

陆生野生动物疫源疫病监测规范(试行)

第一章 总 则

第一条 为维护国家公共卫生安全、饲养动物卫生安全,保护野生动物资源,依据《中华人民共和国动物防疫法》和《重大动物疫情应急条例》等有关法律法规,特制定本规范。

第二条 本规范所称疫源是指携带并有可能向人类、饲养动物传播危险性病原体的陆生野生动物;本规范所称疫病是指在野生动物之间传播、流行,对野生动物种群构成威胁或可能传染给人类和饲养动物的传染性疾病。

陆生野生动物疫源疫病监测系指,在监测野生动物物种种群中发现行为异常或不正常死亡时,记录信息、科学取样、检验检测、报告结果、应急处理、发布疫情的全过程。

第三条 陆生野生动物疫源疫病监测的主要任务是,对野生动物疫源疫病进行严密监测,及时准确掌握野生动物疫源疫病发生及流行动态。

第四条 执行陆生野生动物疫源疫病监测任务的人员必须经过相关专业培训,合格后方能上岗。

第五条 县级以上林业主管部门负责陆生野生动物疫源疫病监测工作。国家陆生野生动物疫源疫病监测体系主要由以下机构组成。

(一)国家林业局野生动物疫源疫病监测总站,以下简称监测总站。

(二)省级野生动物疫源疫病监测管理机构,以下简称省级监测管理机构。

(三)国家级、省级和市县级监测站。

(四)技术支撑机构。

第六条 国家林业局根据监测工作需要,聘请有关专家组成国家林业局野生动物疫源疫病监测专家委员会。专家委员会负责提供技术咨询,进行技术指导。

第二章 疫源疫病监测

第七条 监测的陆生野生动物疫源疫病范围包括:

(一)作为储存宿主、携带者能向人或饲养动物传播造成严重危害病原体的野生动物。

(二)已知的野生动物与人类、饲养动物共患的重要疫病。

(三)对野生动物自身具有严重危害的疫病。

(四)在国外发生,有可能在我国发生的与野生动物密切相关的人或饲养动物的新的重要传染性疾病。

(五)突发性的未知重要疫病。

第八条 监测的疫源疫病主要种类包括:

(一)鸟类

细菌性传染病:巴氏杆菌病(禽霍乱)、肉毒梭菌中毒、沙门氏杆菌病、结核、丹毒等。

病毒性传染病:禽流感、冠状病毒感染、副粘病毒感染、禽痘、鸭瘟、新城疫、东部马脑炎、西尼罗河病毒感染、网状内皮增生病毒感染等。

衣原体病:禽衣原体病(鸟疫)等。

立克次氏体病:Q 热病等。

(二)兽类

细菌性传染病:鼠疫、猪链球菌病、结核、野兔热、布鲁氏菌病、炭疽、巴氏杆菌病等。

病毒性传染病:流感、口蹄疫、副粘病毒感染、汉坦病毒感染、冠状病毒感染、狂犬病、犬瘟热、登革热、黄热病、马尔堡病毒感染、艾博拉病毒感染、西尼罗河病毒感染、猴 B 病毒感染等。

（三）其他可引起野生动物发病或死亡的不明原因的疫病。

（四）国家要求监测的疫源疫病。

第九条 监测的主要野生动物物种包括：

兽类（灵长类、有蹄类、啮齿类、食肉类和翼手类等）和鸟类，特别是候鸟等迁徙物种和珍贵濒危野生动物。

第十条 监测的主要区域包括：

（一）监测物种的集中分布区域，如：集中繁殖地、越冬地、夜栖地、取食地及迁徙中途停歇地等。

（二）监测物种与人和饲养动物密切接触的重点区域。

（三）曾经发生过重大疫病的区域及周边地区。

第十一条 监测方法

采取点面结合的监测方式，分线路巡查和定点观测两种方法开展监测工作。

（一）线路巡查。根据野生动物种类、习性及当地生境特点科学设立巡查线路，定期按路线进行巡查。

（二）定点观测。在野生动物种群聚集地或迁徙通道设立固定观测点进行定点观测。

各监测机构应向社会公布监测电话，一旦接到群众报告野生动物发生异常情况，应立即赶赴现场进行处理。

第十二条 监测强度

一般情况下，每7～15天一次路线巡查或定点观测。必要时，对重点路线的巡查和重点区域的定点观测一日一次。紧急情况下，要对重点区域和路线实行24小时监控。

第十三条 野外监测具体内容

（一）监测区域内和周边地区野生动物的种群动态和活动规律。

（二）监测区域内和周边地区野生动物的发病、非正常死亡情况。

（三）监测区域内和周边地区野生动物行为异常、外部形态特征异常变化，或种群数量严重波动等异常情况。

第十四条 野外监测人员应在监测工作结束后及时将监测情况填入监测记录表（见附件1）。

第三章 样本采集、保存、包装和检测

第十五条 陆生野生动物疫源疫病监测的样本采集原则：

（一）怀疑为重大动物疫情的应立即报告当地动物卫生防疫部门，由其组织开展取样；确认非重大疫病致死的，各级监测站点可根据自身条件组织取样。

（二）对于国家级或省级重点保护野生动物，紧急情况下实行死亡动物采样与报批同步；正常情况下，应在获得国家相关部门的行政许可后，根据国家有关要求确定具体采样方式和强度。

（三）对于非重点保护野生动物，采样强度可根据野生动物种群大小，结合疫源疫病调查的需要进行确定。

第十六条 陆生野生动物的捕捉，根据监测取样的需要，针对不同的野生动物特点，采用不同的方法进行。为了从业人员和野生动物的安全，野生动物的捕捉必须由专业人员进行。

第十七条 样本的采集强度

（一）病原检测样本必须采集不低于2～5个野生动物的样本，珍贵濒危野生动物不低于2个样本。

（二）非重点保护野生动物的血清学检测样本不低于30个有效样本，且必须保证每个样本有一个复制品。珍贵濒危野生动物根据具体情况决定。

第十八条 陆生野生动物疫源疫病监测样本的采集种类，根据监测疫病的种类可采集血液、组织或脏器、分泌物、排泄物、渗出物、肠内容物、粪便或羽毛等。

第十九条 陆生野生动物疫源疫病监测样本的采样方式包括：

（一）活体野生动物的非损伤采样方式，如拭子、粪便和血样的采集。

（二）活体野生动物和尸检野生动物的损伤采样方式，如脾、肺、肝、肾和脑等组织的采集。

国家重点保护野生动物、珍贵濒危野生动物活体原则上不采用损伤性采样方式。

第二十条　尸体采样必须在动物死亡后24小时内进行。

第二十一条　活体野生动物被采样后，根据情况及时将其放归自然生境或进行救护。

第二十二条　采样所用物品和死亡野生动物需进行消毒和无害化处理。

第二十三条　采样人员应认真填写野外样本采集记录表（见附件2）。

第二十四条　采集样本的处理

（一）血清样本：无菌采取的动物血样，将盛血容器放于37℃温箱1小时后，置于4℃冰箱内3～4小时，待血块凝固，经3000rpm离心15分钟后，吸取血清。

（二）拭子样本：进行某些特定病原检测时，通常采喉气管拭子或肛拭子。将棉拭子插入咽喉部或肛部，轻轻擦拭并慢慢旋转，沾上分泌物或排泄物，然后将样本端剪下，置于盛有含抗菌素的pH为7.0～7.4的样本保存溶液的冰盒容器中。保存溶液中的抗菌素种类和浓度视情况而定。

（三）组织样本：对死亡不久的病死野生动物应采取组织样本，所采组织样本尽可能取自具有典型性病变的部位并放于样本袋或平皿中。

（四）粪便样本：对于小型珍贵野生动物，可只采集新鲜粪便样本，置于内含有抗菌素的样本保存溶液的容器中。

（五）动物样本：对于小型的野生动物，可直接将病死或发病野生动物装入双层塑料袋内。

（六）非病毒性疫病样本：处理时，必须无菌操作，不能使用抗菌素。

第二十五条　样本的保存

样本应密封于防渗漏的容器中保存，如塑料袋或瓶。能在24小时内送到实验室的样本可在2～8℃条件下保存运输；否则，应冷冻后运输。长期保存应冷冻（最好－70℃或以下），并避免反复冻融。

第二十六条　样本的包装

（一）保存样本的容器应注意密封，容器外贴封条，封条由贴封人（单位）签字（盖章），并注明贴封日期。

（二）包装材料应防水、防破损、防外渗。必须在内包装的主容器和辅助包装之间填充充足的吸附材料，确保能够吸附主容器中所有的液体。多个主容器装入一个辅助包装时，必须将它们分别包裹。外包装强度应充分满足对于其容器、重量及预期使用方式的要求。

（三）如样本中可能含有高致病性病原微生物，包装材料上应当印有国务院卫生主管部门或者兽医主管部门规定的生物危险标识、警告用语和提示用语。

第二十七条　待检样本的运输应根据国家有关规定实施。

第二十八条　样本由国家指定的实验室或当地动物防疫机构进行检测。疑似高致病性病原微生物感染的样本，需由具有从事高致病性病原微生物实验活动资格的实验室检测。

第二十九条　样本移交至检测单位时，应与样本接受单位办理移交手续，填写《报检记录表》（见附件3），并关注实验结果，及时上报、归档。

第四章　防护措施

第三十条　野外防护。

（一）一般防护：

1. 采样之前应了解采样环境和气候条件，对可能造成的意外采取预防措施。对采样环境中具有危险性的野生动物有所了解，并采取相应保护措施。

2. 密切接触感染野生动物的人员，应注意洗手消毒。

3. 长期从业人员应进行相关疫病的免疫接种和定期的健康体检。

（二）特殊防护：采样人员在采样时配备相应的防护服、护目镜、N95口罩或标准手术用口罩、可消毒的橡胶手套和可消毒的胶靴等。

第三十一条　室内防护

（一）实验室设计和建造应满足中华人民共和国国家标准GB 50346—2004《生物安全实验室建筑技术

规范》和 GB 19489—2004《实验室生物安全通用要求》的有关规定。

(二)参与野生动物疫源分离的实验室,应严格执行《病原微生物实验室生物安全管理条例》和国务院卫生主管部门及兽医主管部门发布的病原微生物名录的规定;实验室入口处须贴上生物危险标志,内部显著位置须贴上有关的生物危险信息、负责人姓名和电话号码。

第五章　监测信息报告及处理

第三十二条　监测信息报告是指各级监测站点将监测工作中发现的野生动物行为异常和异常死亡情况、采样信息和疫情上报。监测信息处理是指对监测站点报告的监测信息进行分类汇总、分析,得出信息处理结果或疫病的传播扩散趋势分析报告的过程。

第三十三条　监测信息报告实行日报、月报、年报和快报制度。记录信息中有关技术术语和调查数据处理方法按照原林业部公布的《全国陆生野生动物资源调查与监测技术规程》(修订版)执行。

(一)日报(见附件4)是由监测总站根据监测工作需要,规定在某一时期内实行的每日零报告制度。各监测站点将当日日常巡查和定点观察中所获得的监测信息,每日向所在地的省级监测管理机构报告。省级监测管理机构统计汇总分析各监测站点的监测信息后,按规定时间及时向监测总站报告。监测总站根据各省级监测管理机构的日报信息统计汇总分析后,在规定时间内向国家林业局报告。

(二)月报(见附件5)是各监测站点将上月日常巡查和定点观察中所获得的信息,在每月的 3 日之前,向省级监测管理机构报告。省级监测管理机构汇总后于每月 5 日前,报告监测总站。监测总站将全国汇总分析结果于每月 10 日前报国家林业局。

(三)年报是各监测站点于每年 1 月 5 日前将上年全年工作总结、疫源疫病监测汇总年报表(见附件6),向省级监测管理机构报告。省级监测管理机构于每年 1 月 10 日前将全年工作总结、疫源疫病监测汇总年报表、疫源疫病分析,报监测总站;监测总站将各单位的监测总结和分析报告汇总后形成全国的监测工作总结和分析报告,于 1 月 20 日前报国家林业局。

第三十四条　突发(紧急)事件实行快报制度。

(一)各监测站点发现野生动物大量行为异常或异常死亡等情况时,必须立即组织两名或两名以上专业技术人员赶赴现场,进行流行病学现场调查和野外初步诊断,确认为疑似传染病疫情后立即向当地动物防疫部门报告,并在 2 小时内,将《监测信息快报》(见附件 7)报送监测总站,并同时抄报省级监测管理机构和当地林业主管部门。

(二)省级监测管理机构在收到各监测站点《监测信息快报》后,应在 2 小时内汇总报送监测总站。监测总站接到《监测信息快报》后,应在 2 小时内向国家林业局报告。

第三十五条　病原鉴定机构收到送检样本应及时进行检测检验,并将结果和处理建议按有关规定及时通报相关业务主管部门和报检单位。

第三十六条　报检单位接到鉴定结果后,应将情况报省级监测管理机构;省级监测管理机构向监测总站报告。如确诊为传染病疫情,报检单位应在 2 小时内将情况向省级监测管理机构报告;省级监测管理机构应在 1 小时内向监测总站报告;监测总站应在 1 小时内向国家林业局报告。

第三十七条　监测总站对报告的疫情数据,在野生动物资源数据库、野生动物迁徙(移)数据库和野生动物疫源疫病数据库的支持下或经与有关专家会商,得出疫病传播扩散趋势分析报告。

第三十八条　监测总站和省级监测管理机构应逐步建设和完善相应的野生动物资源数据库、野生动物迁徙(移)数据库和野生动物疫源疫病数据库,建立监测信息处理平台。

第三十九条　遇有国内或周边国家发生重大疫情,监测总站应召集有关专家进行疫情发展趋势分析,并提出处理措施建议,报国家林业局。

第四十条　种群死亡率或种群带菌或带毒(病毒)率的计算。

种群死亡率是指在某一野生动物种群中,因某种疫病死亡个体数量占种群数量的百分率。种群死亡率=(死亡个体数量/种群数量)×100%

种群带菌(毒)率是指在某一野生动物种群中,经检测携带有某种疫病个体数量占种群数量的百分率。

种群带菌(毒)率=[带菌(毒)数量/种群数量]×100%。

第六章 异常情况应急处理

第四十一条 发生野生动物异常,经现场初检疑似或不能排除疫病因素时,应对发生地点实行消毒并隔离封锁。异常动物尸体应作无害化处理。对感病的野生动物应根据保护级别采取扑杀或隔离救护措施。确诊为重大动物疫情的,应立即启动应急预案,现场封锁时间不短于21天。

第四十二条 发生野生动物异常情况后,应按要求及时逐级向上级监测管理机构上报相关信息。

第四十三条 无害化处理

无害化处理可选择深埋、焚化、焚烧等方法,饲料、粪便也可以发酵处理。在处理过程中,应防止病原扩散,涉及运输、装卸等环节要避免洒漏,对运输装卸工具要彻底消毒。

(一)深埋 深埋点应远离居民区、水源和交通要道,避开公众视野,清楚表示;坑的覆盖土层厚度应大于1.5米,坑底铺垫生石灰,覆盖土以前在撒一层生石灰。坑的位置和类型应有利于防洪。野生动物尸体置于坑中,浇油焚烧,然后用土覆盖,与周围持平。填土不要太实,以免尸腐产气造成气泡冒出和液体渗漏。饲料、污染物以及野生动物所产卵等置于坑中,喷洒消毒剂后掩埋。

(二)焚烧焚化 根据异常情况发生地实际情况,充分考虑到环境保护原则下,采用浇油焚烧或焚尸炉焚化等焚烧方法进行。

(三)发酵 应在指定地点堆积,20℃以上环境条件下密封发酵至少42天。

第七章 疫情发布

第四十四条 陆生野生动物疫情信息由国家林业局通报国家相关部门,依法予以发布。其他任何单位和个人不得以任何方式公布陆生野生动物疫情。

第八章 附 则

第四十五条 本规范适用于我国境内陆生野生动物疫源疫病监测工作。

第四十六条 本规范由国家林业局负责解释。

附件 1

野生动物疫病野外监测记录表

监测人：　　　　　　　　　　　　　　　　　　　监测日期：　年　　月　　日

<table>
<tr><td>监测站点</td><td colspan="9"></td></tr>
<tr><td>监测区域</td><td colspan="6"></td><td>地理坐标</td><td colspan="2"></td></tr>
<tr><td>生境特征</td><td colspan="9"></td></tr>
<tr><td rowspan="3">种　类</td><td rowspan="3">种群数量</td><td rowspan="3">种群特征</td><td colspan="7">异常情况记录</td></tr>
<tr><td colspan="3">症状和数量</td><td rowspan="2">现场初步检查结论</td><td rowspan="2">是否取样</td><td rowspan="2">现场处理情况</td><td rowspan="2">异常动物处理</td></tr>
<tr><td>症状</td><td>死亡数量</td><td>其他异常数量</td></tr>
<tr><td></td><td></td><td></td><td></td><td></td><td></td><td></td><td></td><td></td><td></td></tr>
<tr><td></td><td></td><td></td><td></td><td></td><td></td><td></td><td></td><td></td><td></td></tr>
<tr><td></td><td></td><td></td><td></td><td></td><td></td><td></td><td></td><td></td><td></td></tr>
<tr><td></td><td></td><td></td><td></td><td></td><td></td><td></td><td></td><td></td><td></td></tr>
<tr><td></td><td></td><td></td><td></td><td></td><td></td><td></td><td></td><td></td><td></td></tr>
<tr><td></td><td></td><td></td><td></td><td></td><td></td><td></td><td></td><td></td><td></td></tr>
<tr><td>备　注</td><td colspan="9"></td></tr>
</table>

负责人：

填表说明：

1. 在监测区域内所有监测到的野生动物情况都应填入该表。
2. 生境特征：按《全国陆生野生动物资源调查与监测技术规程》（修订版）执行。
3. 种群特征：指种群是否为迁徙以及年龄垂直结构。
4. 异常动物处理情况：对初步检查发现异常的野生动物进行掩埋、焚烧等处理措施。
5. 现场处理情况：是否采取消毒、隔离等现场处理措施。

附件2

野外样本采集记录表

编号：

年 月 日 ～ 年 月 日

<table>
<tr><td>动物种类</td><td colspan="3"></td><td>采样地点</td><td></td><td>地理坐标</td><td></td></tr>
<tr><td>生境特征</td><td colspan="3"></td><td>迁徙/非迁徙</td><td colspan="3"></td></tr>
<tr><td>样本类别</td><td></td><td></td><td></td><td></td><td></td><td></td><td></td></tr>
<tr><td>样本数量</td><td></td><td></td><td></td><td></td><td></td><td></td><td></td></tr>
<tr><td>样本编号</td><td></td><td></td><td></td><td></td><td></td><td></td><td></td></tr>
<tr><td>包装种类</td><td></td><td></td><td></td><td></td><td></td><td></td><td></td></tr>
<tr><td rowspan="2">野生动物来源情况</td><td>抓捕时间</td><td>抓捕地点</td><td>人工养殖时间</td><td>人工养殖地 点</td><td>饲料、饮水来源</td><td>养殖区附近的其他动物</td><td>有无与家畜家禽接触史</td></tr>
<tr><td></td><td></td><td></td><td></td><td></td><td></td><td></td></tr>
<tr><td>野生动物免疫情况</td><td colspan="2">有无接种过疫苗，接种的疫苗类型、时间及剂量</td><td colspan="5"></td></tr>
<tr><td>与之密切接触的其他动物的免疫状况</td><td colspan="7"></td></tr>
<tr><td>采样动物处理情况</td><td colspan="7"></td></tr>
<tr><td colspan="4">填表人：</td><td colspan="4">负责人：</td></tr>
</table>

填表说明：

1. 样本数量：即取样动物的数量。
2. 样本类别：为血液、组织或脏器、分泌物、排泄物、渗出物、肠内容物、粪便或羽毛等。
3. 包装种类：样本的包装材质，如eppendorf管、西林瓶、离心管、塑料袋等。

附件3

报检记录表

监测站点				日　期	
异常地点				地理坐标	
野生动物名称	采样动物数	样本种类	样本数	样本编号	包装种类
异常动物/样本 接受单位			接受人签字		
现场检测结果					
备　注					

填表说明：

1. 样本种类：为尸体、血液、组织或脏器、分泌物、排泄物、渗出物、肠内容物、粪便或羽毛等。
2. 包装种类：样本的包装材质，如 eppendorf 管、西林瓶、离心管、塑料袋等。

附件 4

野生动物疫源疫病监测日报表

编号：

填报单位：

填报日期：　　年　　月　　日

监测地点	地理坐标	生境描述	监测物种			异常数量		异常情况描述和初检结论	动物防疫现场检测		现场处理情况	异常动物处理情况	监测人
			种类	种群特征	种群数量	死亡	其他		单位名称	结论			

填表人：　　　　　　　　　　负责人：

填表说明：

1. 监测地点：在日常巡查或定点观测中，野生动物集中地或发现异常情况之地。要准确详细填写。
2. 种类：要准确填写。
3. 异常数量：死亡和其他的数量。
4. 地理坐标：监测地点的 GPS 记录数据。

附件5

野生动物疫源疫病监测信息(　　)月报表

填报单位:

填报日期:　　年　月　日

发现日期	疫病名称或不明原因	监测站点	发生地	地理坐标	染病野生动物				异常动物处理	现场处理	控制效果	样本情况	确诊机构	监测人
					种类	种群数量	染病数	死亡数						
合计														

填表人:　　　　　　　　　　负责人:

填表说明:

1. 月报表为上月监测数据。
2. 发生地,以乡镇、林场为单位。
3. 备注:有无扩散感染至人或畜禽等其他需说明的情况。

附件6

野生动物疫源疫病监测信息(   )年报表

填报单位:

填报日期: 年 月 日

项目 疫病名称	发生起数	发现时间	发生地	野生动物				异常动物和现场处理情况	控制效果	确诊机构	备注
				名称	种群数量	死亡数	染病数				

填表人: 负责人:

填表说明:

1. 疫区范围:落实到乡(镇)、林场。

2. 发现时间:第一时间发现疫病的时间。

附件7

监测信息快报

编号： 报告时间： 年 月 日

<table>
<tr><td>监测单位</td><td colspan="4"></td></tr>
<tr><td>发现时间</td><td colspan="4"></td></tr>
<tr><td>发现地点</td><td colspan="2"></td><td>地理坐标</td><td></td></tr>
<tr><td colspan="5">异常野生动物</td></tr>
<tr><td>种类名称</td><td>种群特征</td><td>种群数量</td><td>异常数量</td><td>死亡数量</td></tr>
<tr><td></td><td></td><td></td><td></td><td></td></tr>
<tr><td></td><td></td><td></td><td></td><td></td></tr>
<tr><td></td><td></td><td></td><td></td><td></td></tr>
<tr><td>症状描述</td><td colspan="4"></td></tr>
<tr><td>初检结论</td><td colspan="4"></td></tr>
<tr><td>异常动物和现场处理情况</td><td colspan="4"></td></tr>
<tr><td>报检情况</td><td colspan="4"></td></tr>
<tr><td>现场检验结果</td><td colspan="4"></td></tr>
<tr><td>监测人</td><td></td><td>负责人</td><td colspan="2"></td></tr>
</table>

填表说明：

1. 每例异常事件填报一份该表。
2. 同一地点，同一连续时间段发现(发生)的事件为1例。
3. 发现地点：尽可能写明发生地地址。

附录6

国家重点保护野生动物名录

（1988 年 12 月 10 日国务院批准，1989 年 1 月 14 日中华人民共和国林业部、农业部令第 1 号发布，自 1989 年 1 月 14 日施行）

目	科	中文名	学名	保护级别
兽纲 MAMMALIA				
灵长目 PRIMATES	懒猴科 Loridae	蜂猴（所有种）	*Nycticebus spp.*	Ⅰ
	猴科 Cercopithecidae	短尾猴（红面短尾猴）	*Macaca arctoides*	Ⅱ
		熊猴	*Macaca assamensis*	Ⅰ
		台湾猴	*macaca cyclopis*	Ⅰ
		猕猴	*Macaca mulatta*	Ⅱ
		豚尾猴	*Macaca nemestrina*	Ⅰ
		藏酋猴	*Macaca thibetana*	Ⅱ
		叶猴（所有种）	*Presbyitis spp.*	Ⅰ
		金丝猴（所有种）	*Rhinopithecus spp.*	Ⅰ
	猩猩科 Pongidae	长臂猿（所有种）	*Hylobates spp.*	Ⅰ
鳞甲目 PHOLIDOTA	鲮鲤科 Manidae	穿山甲	*Manis pentadactyla*	Ⅱ
食肉目 CARNIVORA	犬科 Canidae	豺	*Cuon alpinus*	Ⅱ
	熊科 Ursidae	黑熊	*Selenaretos thibetanus*	Ⅱ
		棕熊	*Ursus arctos*	Ⅱ
		（包括马熊）	（*U. a. pruinosus*）	
		马来熊	*Helarctos malayanus*	Ⅰ
	浣熊科 Procynidae	小熊猫	*Ailurus fulgens*	Ⅱ
	大熊猫科 Ailuropodidae	大熊猫	*Ailuropoda melanoleuca*	Ⅰ
	鼬科 *Mustelidae*	石貂	*Martes foina*	Ⅱ
		紫貂	*Martes zibellina*	Ⅰ
		黄喉貂	*Martes flavigula*	Ⅱ
		貂熊	*Gulo gulo*	Ⅰ
		*水獭（所有种）	*Lutra spp.*	Ⅱ
		*小爪水獭	*Aonyx cinerea*	Ⅱ
	灵猫科 Viverridae	斑灵猫	*Prionodon pardicolor*	Ⅱ
		大灵猫	*Viverra zibetha*	Ⅱ
		小灵猫	*Viverricula indica*	Ⅱ
		熊狸	*Vrctictis binturong*	Ⅰ

续表

目	科	中文名	学名	保护级别
食肉目 CARNIVORA	猫科 Felidae	草原斑猫	*Felis lybica* (= *silvesiris*)	Ⅱ
		荒漠猫	*Felis bieti*	Ⅱ
		丛林猫	*Felis chaus*	Ⅱ
		猞猁	*Felis lynx*	Ⅱ
		兔狲	*Felis manul*	Ⅱ
		金猫	*Felis temmincki*	Ⅱ
		渔猫	*Felis viverrinus*	Ⅱ
		云豹	*Neofelis nebulosa*	Ⅰ
		豹	*Panthera pardus*	Ⅰ
		虎	*Panthera tigris*	Ⅰ
		雪豹	*Panthera uncia*	Ⅰ
＊鳍足目(所有种) PINNIIEDIA				Ⅱ
海牛目 SIRENIA	儒艮科 Dugongidae	＊儒艮	*Dugong dugon*	Ⅰ
鲸目 CETACEA	喙豚科 Platanistidae	＊白鳍豚	*Lipotes vexillifer*	Ⅰ
	海豚科 Delphinidae	＊中华白海豚	*Sousa chinensis*	Ⅰ
		＊其他鲸类 (Cetacea)		Ⅱ
长鼻目 PROBOSCIDEA	象科 Elephantidae	亚洲象	*Elphas maximus*	Ⅰ
奇蹄目 PERISSODACTYLA	马科 Equidae	蒙古野驴	*Equus hemionus*	Ⅰ
		西藏野驴	*Equus kiang*	Ⅰ
		野马	*Equus caballus*	Ⅰ
偶蹄目 ARTIODACTYLA	驼科 Camelidae	野骆驼	*Camelus feruse*(= *bactrianus*)	Ⅰ
	鼷鹿科 Tragulidae	鼷鹿	*Tragulus javanicus*	Ⅰ
	麝科 Moschidae	麝(所有种)	*Moschus spp.*	Ⅱ
	鹿科 Cerviae	河麂	*Hydropotes inermis*	
		黑麂	*Muntiacus crinifrons*	Ⅰ
		白唇鹿	*Cervus albirostris*	Ⅰ
		马鹿	*Cervus elaphus*	Ⅱ
		(包括白臂鹿)	(*C. e. macneilli*)	
		坡鹿	*Cervus eldi*	Ⅰ
		梅花鹿	*Cervus nippon*	Ⅰ
		豚鹿	*Cervus porcinus*	Ⅰ

续表

<table>
<tr><th>目</th><th>科</th><th>中文名</th><th>学名</th><th>保护级别</th></tr>
<tr><td rowspan="22">偶蹄目
ARTIODACTYLA</td><td rowspan="3">鹿科 Cerviae</td><td>水鹿</td><td>Cervus unicolor</td><td>Ⅱ</td></tr>
<tr><td>麋鹿</td><td>Elaphurus davidianus</td><td>Ⅰ</td></tr>
<tr><td>驼鹿</td><td>Alces alces</td><td>Ⅱ</td></tr>
<tr><td rowspan="19">牛科 Bovidae</td><td>野牛</td><td>Bos gaurus</td><td>Ⅰ</td></tr>
<tr><td>野牦牛</td><td>Bos mutus（=grunniens）</td><td>Ⅰ</td></tr>
<tr><td>黄羊</td><td>Procapra gutturosa</td><td>Ⅱ</td></tr>
<tr><td>普氏原羚</td><td>Procapra przewalskii</td><td>Ⅰ</td></tr>
<tr><td>藏原羚</td><td>Procapra picticaudate</td><td>Ⅱ</td></tr>
<tr><td>鹅喉羚</td><td>Gazella subgutturosa</td><td>Ⅱ</td></tr>
<tr><td>藏羚</td><td>Pantholops hodgsoni</td><td>Ⅰ</td></tr>
<tr><td>高鼻羚羊</td><td>Saiga tatarica</td><td>Ⅰ</td></tr>
<tr><td>扭角羚</td><td>Budorcas taxicolor</td><td>Ⅰ</td></tr>
<tr><td>鬣羚</td><td>Capricornis sumatraensis</td><td>Ⅱ</td></tr>
<tr><td>台湾鬣羚</td><td>Capricornis crispus</td><td>Ⅰ</td></tr>
<tr><td>赤斑羚</td><td>Naemorhedus cranbrooki</td><td>Ⅰ</td></tr>
<tr><td>斑羚</td><td>Naemorhedus goral</td><td>Ⅱ</td></tr>
<tr><td>塔尔羊</td><td>Hemitragus jemlahicus</td><td>Ⅰ</td></tr>
<tr><td>北山羊</td><td>Capra ibex</td><td>Ⅰ</td></tr>
<tr><td>岩羊</td><td>Pseudois nayaur</td><td>Ⅱ</td></tr>
<tr><td>盘羊</td><td>Ovis ammon</td><td>Ⅱ</td></tr>
<tr><td rowspan="3">兔形目
LAGOMORPHA</td><td rowspan="3">兔科 Leporidae</td><td>海南兔</td><td>Lepus peguensis hainanus</td><td>Ⅱ</td></tr>
<tr><td>雪兔</td><td>Lepus timidus</td><td>Ⅱ</td></tr>
<tr><td>塔里木兔</td><td>Lepus yarkandensis</td><td>Ⅱ</td></tr>
<tr><td rowspan="2">啮齿目 RODENTLA</td><td>松鼠科 Sciuridae</td><td>巨松鼠</td><td>Ratufa bicolor</td><td>Ⅱ</td></tr>
<tr><td>河狸科 Castoridae</td><td>河狸</td><td>Castor fiber</td><td>Ⅰ</td></tr>
<tr><td colspan="5">鸟纲 AVES</td></tr>
<tr><td rowspan="2">䴙䴘目
PODICIPEDIFORMES</td><td rowspan="2">䴙䴘科 Podicipedidae</td><td>角䴙䴘</td><td>Podiceps auritus</td><td>Ⅱ</td></tr>
<tr><td>赤颈䴙䴘</td><td>Podiceps grisegena</td><td>Ⅱ</td></tr>
<tr><td>鹱形目
PROCELLARIIFORMES</td><td>信天翁科 Diomedeidae</td><td>短尾信天翁</td><td>Diomedea albatrus</td><td>Ⅰ</td></tr>
</table>

续表

目	科	中文名	学名	保护级别
鹈形目 PELECANIFORMES	鹈鹕科 Pelecanidae	鹈鹕(所有种)	*Pelecanus spp.*	Ⅱ
	鲣鸟科 Sulidae	鲣鸟(所有种)	*Suls spp.*	Ⅱ
	鸬鹚科 Phalacrocoracidae	海鸬鹚	*Phalacrocorax pelagious*	Ⅱ
		黑颈鸬鹚	*Phalacrocorax niger*	Ⅱ
	军舰鸟科 Fregatidae	白腹军舰鸟	*Fregata andrewsi*	Ⅰ
鹳形目 CICONIIFORMES	鹭科 Ardeidae	黄嘴白鹭	*Egretta eulophotes*	Ⅱ
		岩鹭	*Egretta sacra*	Ⅱ
		海南虎斑鳽	*Gorsachius magnificus*	Ⅱ
		小苇鳽	*Ixobrychus minutus*	Ⅱ
	鹳科 Ciconiidae	彩鹳	*Ibis leucocephalus*	Ⅱ
		白鹳	*Ciconia ciconia*	Ⅰ
		黑鹳	*Ciconia nigra*	Ⅰ
	鹮科 Threskiornithidae	白鹮	*Threskiornis melanocephalus*	Ⅱ
		黑鹮	*Pseudibis davisoni*	Ⅱ
		朱鹮	*Nipponia nippon*	Ⅰ
		彩鹮	*Plegadis falcinellus*	Ⅱ
		白琵鹭	*Platalea leucorodia*	Ⅱ
		黑脸琵鹭	*Platalea minor*	Ⅱ
雁形目 ANSERIFORMEA	鸭科 Anatidae	红胸黑雁	*Branta ruficollis*	Ⅱ
		白额雁	*Anser albifrons*	Ⅱ
		天鹅(所有种)	*Cygnus spp.*	Ⅱ
		鸳鸯	*Aix galericulata*	Ⅱ
		中华秋沙鸭	*Mergus squamatus*	Ⅰ
隼形目 FALCONIFORMES	鹰科 Accipitridae	金雕	*Aquila chrysaetos*	Ⅰ
		白肩雕	*Aquila heliaca*	Ⅰ
		玉带海雕	*Haliaeetus leucoryphus*	Ⅰ
		白尾海雕	*Haliaeetus albicilla*	Ⅰ
		虎头海雕	*Haliaeetus pelagicus*	Ⅰ
		拟兀鹫	*Pseudogyps bengalensis*	Ⅰ
		胡兀鹫	*Gypaetus barbatus*	Ⅰ
	其他鹰类(Accipitridae)			Ⅱ
	隼科(所有种) Falconidae			Ⅱ

续表

目	科	中文名	学名	保护级别
鸡形目 GALLIFORMES	松鸡科 Tetraonidae	细嘴松鸡	*Tetrao parvirostris*	Ⅰ
		黑琴鸡	*Tetrao tetrix*	Ⅱ
		柳雷鸟	*Lagopus lagopus*	Ⅱ
		岩雷鸟	*Lagopus mutus*	Ⅱ
		镰翅鸡	*Falcipennis falcipennis*	Ⅱ
		花尾榛鸡	*Tetrastes bonasia*	Ⅱ
		斑尾榛鸡	*Tetrastes sewerzowi*	Ⅰ
	雉科 Phasianidae	雪鸡(所有种)	*Tetraogallus spp.*	Ⅱ
		雉鹑	*Tetraophasis obscurus*	Ⅰ
		四川山鹧鸪	*Arborophila rufipectus*	Ⅰ
		海南山鹧鸪	*Arborophila ardens*	Ⅰ
		血雉	*Ithaginis cruentus*	Ⅱ
		黑头角雉	*Tragopan melanocephalus*	Ⅰ
		红胸角雉	*Tragopan satyra*	Ⅰ
		灰腹角雉	*Tragopan blythii*	Ⅰ
		红腹角雉	*Tragopan femminckii*	Ⅱ
		黄腹角雉	*Tragopan caboti*	Ⅰ
		虹雉(所有种)	*Lophophorus spp.*	Ⅰ
		藏马鸡	*Crossoptilon crossoptilon*	Ⅱ
		蓝马鸡	*Crossptilon auritum*	Ⅱ
		褐马鸡	*Crossoptilon mantchuricum*	Ⅰ
		黑鹇	*Lophura leucomelanos*	Ⅱ
		白鹇	*Lophura nycthemera*	Ⅱ
		蓝鹇	*Lophura swinhoii*	Ⅰ
		原鸡	*Gallus gallus*	Ⅱ
		勺鸡	*Pucrasia macrolopha*	Ⅱ
		黑颈长尾雉	*Syrmaticus humiae*	Ⅰ
		白冠长尾雉	*Syrmaticus reevesii*	Ⅱ
		白颈长尾雉	*Syrmaticus ellioti*	Ⅰ
		黑长尾雉	*Syrmaticus mikado*	Ⅰ

续表

目	科	中文名	学名	保护级别
鸡形目 GALLIFORMES	雉科 Phasianidae	锦鸡(所有种)	*Chrysolophus spp.*	Ⅱ
		孔雀雉	*Polyplectron bicalcaratum*	Ⅰ
		绿孔雀	*Pavo muticus*	Ⅰ
鹤形目 GRUIFORMES	鹤科 Gruidac	灰鹤	*Grus grus*	Ⅱ
		黑颈鹤	*Grus nigricollis*	Ⅰ
		白头鹤	*Grus monacha*	Ⅰ
		沙丘鹤	*Grus canadensis*	Ⅱ
		丹顶鹤	*Grus japonensis*	Ⅰ
		白枕鹤	*Grus vipio*	Ⅱ
		白鹤	*Grus leucogeranus*	Ⅰ
		赤颈鹤	*Grus antigone*	Ⅰ
		蓑羽鹤	*Anthropoides virgo*	Ⅱ
	秧鸡科 Rallidae	长脚秧鸡	*Crex crex*	Ⅱ
		姬田鸡	*Porzana parva*	Ⅱ
		棕背田鸡	*Porzana bicolor*	Ⅱ
		花田鸡	*Coturnicops noveboracensis*	Ⅱ
	鸨科 Otiade	鸨(所有种)	*Otis spp.*	Ⅰ
鸻形目 CHARADRIIFORMES	雉鸻科 Jacanidae	铜翅水雉	*Metopidius indicus*	Ⅱ
	鹬科 Soolopacidae	小杓鹬	*Numenius borealis*	Ⅱ
		小青脚鹬	*Tringa guttifer*	Ⅱ
	燕鸻科 Glareolidae	灰燕鸻	*Glareola lactea*	Ⅱ
鸥形目 LARIFORMES	鸥科 Laridae	遗鸥	*Larus relictus*	Ⅰ
		小鸥	*Larus minutus*	Ⅱ
		黑浮鸥	*Chlidonias niger*	Ⅱ
		黄嘴河燕鸥	*Sterna aurantia*	Ⅱ
		黑嘴端凤头燕鸥	*Thalasseus zimmermanni*	Ⅱ
鸽形目 COLUMBIFORMES	沙鸡科 Pteroclididae	黑腹沙鸡	*Pterocles orientalis*	Ⅱ
	鸠鸽科 Columbidae	绿鸠(所有种)	*Treron spp.*	Ⅱ
		黑颏果鸠	*Ptilinopus leclancheri*	Ⅱ
		皇鸠(所有种)	*Ducula spp.*	Ⅱ
		斑尾林鸽	*Columba palumbus*	Ⅱ
		鹃鸠(所有种)	*Macropygia spp.*	Ⅱ

续表

目	科	中文名	学名	保护级别
鹦形目 PSITTACIFORMES	鹦鹉科(所有种) Psittacidae			Ⅱ
鹃形目 CUCULIFORMES	杜鹃科 Cuculidae	鸦鹃(所有种)	*Centropus spp.*	Ⅱ
鸮形目(所有种) STRIGIFORMES				Ⅱ
雨燕目 APODIFORMES	雨燕科 Apodidae	灰喉针尾雨燕	*Hirundapus cochinchinensis*	Ⅱ
	风头雨燕科 Hemiprocnidae	凤头树燕	*Hemiprocne longipennis*	Ⅱ
咬鹃目 TROGONIFORMES	咬鹃科 Trogonidae	橙胸咬鹃	*Harpactes oreskios*	Ⅱ
佛法僧目 CORACIIFOEMES	翠鸟科 Alcedinidae	蓝耳翠鸟	*Alcedo meninting*	Ⅱ
		鹳嘴翠鸟	*Pelargopsis capensis*	Ⅱ
	蜂虎科 Meropidae	黑胸蜂虎	*Merops leschenaulti*	Ⅱ
		绿喉蜂虎	*Merops orientalis*	Ⅱ
	犀鸟科(所有种) Bucerotidae			Ⅱ
䴕形目 PICIFORMES	啄木鸟科 Picidae	白腹黑啄木鸟	*Dryocopus javensis*	Ⅱ
雀形目 PASSERIFORMES	阔嘴鸟科(所有种) Eurylaimidae			Ⅱ
	八色鸫科(所有种) Pittidae			Ⅱ
爬行纲 REPTILIA				
龟鳖目 TESTUDOFORMES	龟科 Emydidae	*地龟	*Geoemyda spengleri*	Ⅱ
		*三线闭壳龟	*Cuora trifasciata*	Ⅱ
		*云南闭壳龟	*Cuora yunnanensis*	Ⅱ
	陆龟科 Testudinidae	四爪陆龟	*Testudo horsfieldi*	Ⅰ
		凹甲陆龟	*Manouria impressa*	Ⅱ
	海龟科 Cheloniidae	*蠵龟	*Caretta caretta*	Ⅱ
		*绿海龟	*Chelonia mydas*	Ⅱ
		*玳瑁	*Erctmochelys imbricata*	Ⅱ
		*太平洋丽龟	*Lepidochelys olivacea*	Ⅱ
	棱皮龟科 Dermochelyidae	*棱皮龟	*Dermochelys coriacea*	Ⅱ

续表

目	科	中文名	学名	保护级别
龟鳖目 TESTUDOFORMES	鳖科 Trionychidae	*鼋	*Pelochelys bibroni*	Ⅰ
		*山瑞鳖	*Trionyx steindachneri*	Ⅱ
蜥蜴目 LACERTIFORMES	壁虎科 Gekkonidae	大壁虎	*Gekko gecko*	Ⅱ
	鳄蜥科 Shinisauridae	蜥鳄	*Shinisaurus crocodilurus*	Ⅰ
	巨蜥科 Varanidae	巨蜥	*Varanus salvator*	Ⅰ
蛇目 SERPENTIFORMES	蟒科 Boidae	蟒	*Python molurus*	Ⅰ
鳄目 CROCODILIFORMES	鼍科 Alligatoridae	扬子鳄	*Alligator sinensis*	Ⅰ
		两栖纲 AMPHIBIA		
有尾目 CAUDATA	隐鳃鲵科 Cryptobranchidac	*大鲵	*Andrias davidianus*	Ⅱ
	蝾螈科 Salamandridae	*细痣疣螈	*Tylototriton asperrimus*	Ⅱ
		*镇海疣螈	*Tylototriton chinhaiensis*	Ⅱ
		*贵州疣螈	*Tylototriton kweichowensis*	Ⅱ
		*大凉疣螈	*Tylototriton taliangensis*	Ⅱ
		*细瘰疣螈	*Tylototriton verrucosus*	Ⅱ
无尾目 ANURA	蛙科 Ranidae	虎纹蛙	*Rana tigrina*	Ⅱ
		鱼纲 PLSCES		
鲈形目 PERCIFORMES	石首鱼科 Sciaenidae	*黄唇鱼	*Bahaba flavolabiata*	Ⅱ
	杜父鱼科 Cottidae	*松江鲈鱼	*Trachidermus fasciatus*	Ⅱ
海龙鱼目 SYNGNATHIFORMES	海龙鱼科 Syngnathidae	*克氏海马鱼	*Hippocampus kelloggi*	Ⅱ
鲤形目 CYPRINIFORMES	胭脂鱼科 Catostomidae	*胭脂鱼	*Myxocyprinus asiaticus*	Ⅱ
	鲤科 Cyprinidae	*唐鱼	*Tanichthys albonubes*	Ⅱ
		*大头鲤	*Cyprinus pellegrini*	Ⅱ
		*金线鲃	*Sinocyclocheilus grahami grahami*	Ⅱ
		*新疆大头鱼	*Aspiorhynchus laticeps*	Ⅰ
		*大理裂腹鱼	*Schizothorax taliensis*	Ⅱ

续表

目	科	中文名	学名	保护级别
鳗鲡目 ANGUILLIFOMES	鳗鲡科 Anguillidae	＊花鳗鲡	*Anguilla marmorata*	Ⅱ
鲑形目 SALMONIFORMES	鲑科 Salmonidae	＊川陕哲罗鲑	*Hucho bleekeri*	Ⅱ
		＊秦岭细鳞鲑	*Brachymystax lenok tsinlingensis*	Ⅱ
鲟形目 ACIPENSERIFORMES	鲟科 Acipenseridae	＊中华鲟	*Acipenser sinensis*	Ⅰ
		＊达氏鲟	*Acipenser dabryanus*	Ⅰ
	匙吻鲟科 Polyodontidae	＊白鲟	*Psephurus gladius*	Ⅰ
文昌鱼纲 APPENDICULARIA				
文昌鱼目 AMPHIOXIFORMES	文昌鱼科 Branchiostomatidae	＊文昌鱼	*Branchiostoma belcheri*	Ⅱ
珊瑚纲 ANTHOZOA				
柳珊瑚目 GORGONACEA	红珊瑚科 Coralliidae	＊红珊瑚	*Corallium spp.*	Ⅰ
瓣鳃纲 LAMELLIBRANCHIA				
异柱目 ANISOMYARIA	珍珠贝科 Pteriidae	＊大珠母贝	*Pinctada maxima*	Ⅱ
真瓣鳃目 EULAMELLIBRANCHIA	砗磲科 Tridacnidae	＊库氏砗磲	*Tridacna cookiana*	Ⅰ
	蚌科 Unionidae	＊佛耳丽蚌	*Lamprotula mansuyi*	Ⅱ
头足纲 CEPHALOPODA				
四鳃目 TETRABRANCHIA	鹦鹉螺科 Nautilidae	＊鹦鹉螺	*Nautilus pompilius*	Ⅰ
昆虫纲 INSECTA				
双尾目 DIPLURA	铗虮科 Japygidae	伟铗虮	*Atlasjapyx atlas*	Ⅱ
蜻蜓目 ODONATA	箭蜓科 Gomphidae	尖板曦箭蜓	*Heliogomphus retroflexus*	Ⅱ
		宽纹北箭蜓	*Ophiogomphus spinicorne*	Ⅱ
缺翅目 ZORAPTERA	缺翅虫科 Zorotypidae	中华缺翅虫	*Zorotypus sinensis*	Ⅱ
		墨脱缺翅虫	*Zorotypus medoensis*	Ⅱ
蛩蠊目 GRYLLOBLATTODEA	蛩蠊科 Grylloblattidae	中华蛩蠊	*Galloisiana sinensis*	Ⅰ
鞘翅目 COLEOPTERA	步甲科 Carabidae	拉步甲	*Carabus* （*Coptolabrus*）*lafossei*	Ⅱ
		硕步甲	*Carabus* （*Apotopterus*）*davidi*	Ⅱ

续表

目	科	中文名	学名	保护级别
鞘翅目 COLEOPTERA	臂金龟科 Euchiridae	彩臂金龟(所有种)	*Cheirotonus spp.*	Ⅱ
	犀金龟科 Dynastidae	叉犀金龟	*Allomyrina davidis*	Ⅱ
鳞翅目 LEPIDOPTERA	凤蝶科 Papilionidae	金斑啄凤蝶	*Teinopalpus aureus*	Ⅰ
		双尾褐凤蝶	*Bhutanitis mansfieldi*	Ⅱ
		三尾褐凤蝶	*Bhutanitts thaidina dongchuanensis*	Ⅱ
		中华虎凤蝶	*Luchdorfina huashancnsis*	Ⅱ
	绢蝶科 Parnassidae	阿波罗绢蝶	*Parnassius apollo*	Ⅱ
肠鳃纲 ENTEROPNEUSTA				
	柱头虫科 Balanoglossidae	＊多鳃孔舌形虫	*Glossobalanus polybranchioporus*	Ⅰ
	玉钩虫科 Harrimaniidae	＊黄岛长吻虫	*Saccoglossus hwangtauensis*	Ⅰ

注:标“＊”者,由渔业行政主管部门主管;未标“＊”者,由林业行政主管部门主管。

附录7

国家保护的有益的或者有重要经济、科学研究价值的陆生野生动物名录

(2000年8月1日国家林业局令7号发布)

目、科	序号	中文名	学名	备注
兽纲 MAMMALIA 6目14科88种				
食虫目 INSECTIVORA				
猬科 Erinaceidae	1	刺猬	*Erinaceus europaeus*	
	2	达乌尔猬	*Hemiechinus dauuricus*	
	3	大耳猬	*Hemiechinus auritus*	
	4	侯氏猬	*Hemiechinus hughi*	
树鼩目 SCANDENTIA				
树鼩科 Tupaiidae	5	树鼩	*Tupaia belangeri*	
食肉目 CARNIVORA				
犬科 Canidae	6	狼	*Canis lupus*	
	7	赤狐	*Vulpes vulpes*	
	8	沙狐	*Vulpes corsac*	
	9	藏狐	*Vulpes ferrilata*	
	10	貉	*Nyctereutes procyonoides*	
鼬科 Mustelidae	11	香鼬	*Mustela altaica*	
	12	白鼬	*Mustela erminea*	
	13	伶鼬	*Mustela nivalis*	
	14	黄腹鼬	*Mustela kathiah*	
	15	小艾鼬	*Mustela amurensis*	
	16	黄鼬	*Mustela sibirica*	
	17	纹鼬	*Mustela strigidorsa*	
	18	艾鼬	*Mustela eversmanni*	
	19	虎鼬	*Vormela peregusna*	
	20	鼬獾	*Melogale moschata*	
	21	缅甸鼬獾	*Melogale personata*	
	22	狗獾	*Meles meles*	
	23	猪獾	*Arctonyx collaris*	
灵猫科 Viverridae	24	大斑灵猫	*Viverra megaspila*	
	25	椰子狸	*Paradoxurus hermaphroditus*	
	26	果子狸	*Paguma larvata*	
	27	小齿椰子猫	*Arctogalidia trivirgata*	
	28	缟灵猫	*Chrotogale owstoni*	
	29	红颊獴	*Herpestes javanicus*	
	30	食蟹獴	*Herpestes urva*	
猫科 Felidae	31	云猫	*Felis marmorata*	
	32	豹猫	*Felis bengalensis*	

续表

目、科	序号	中文名	学名	备注
偶蹄目 ARTIODACTYLA				
猪科 Suidae	33	野猪	*Sus scrofa*	
鹿科 Cervidae	34	赤麂	*Muntiacus muntjak*	
	35	小麂	*Muntiacus reevesi*	
	36	菲氏麂	*Muntiacus feae*	
	37	毛冠鹿	*Elaphodus cephalophus*	
	38	狍	*Capreolus capreolus*	
	39	驯鹿	*Rangifer tarandus*	
兔形目 LAGOMORPHA				
兔科 Leporidae	40	草兔	*Lepus capensis*	
	41	灰尾兔	*Lepus oiostolus*	
	42	华南兔	*Lepus sinensis*	
	43	东北兔	*Lepus mandschuricus*	
	44	西南兔	*Lepus comus*	
	45	东北黑兔	*Lepus melainus*	
啮齿目 RODENTIA				
鼯鼠科 Petauristidae	46	毛耳飞鼠	*Belomys pearsoni*	
	47	复齿鼯鼠	*Trogopterus xanthipes*	
	48	棕鼯鼠	*Petaurista petaurista*	
	49	云南鼯鼠	*Petaurista yunanensis*	
	50	海南鼯鼠	*Petaurista hainana*	
	51	红白鼯鼠	*Petaurista alborufus*	
	52	台湾鼯鼠	*Petaurista pectoralis*	
	53	灰鼯鼠	*Petaurista xanthotis*	
	54	栗褐鼯鼠	*Petaurista magnificus*	
	55	灰背大鼯鼠	*Petaurista philippensis*	
	56	白斑鼯鼠	*Petaurista marica*	
	57	小鼯鼠	*Petaurista elegans*	
	58	沟牙鼯鼠	*Aeretes melanopterus*	
	59	飞鼠	*Pteromys volans*	
	60	黑白飞鼠	*Hylopetes alboniger*	
	61	羊绒鼯鼠	*Eupetaurus cinereus*	
	62	低泡飞鼠	*Petinomys electilis*	
松鼠科 Sciuridae	63	松鼠	*Sciurus vulgaris*	
	64	赤腹松鼠	*Callosciurus erythraeus*	
	65	黄足松鼠	*Callosciurus phayrei*	
	66	蓝腹松鼠	*Callosciurus pygerythrus*	
	67	金背松鼠	*Callosciurus caniceps*	
	68	五纹松鼠	*Callosciurus quinquestriatus*	
	69	白背松鼠	*Callosciurus finlaysoni*	
	70	明纹花松鼠	*Tamiops macclellandi*	
	71	隐纹花松鼠	*Tamiops swinhoei*	
	72	橙腹长吻松鼠	*Dremomys lokriah*	
	73	泊氏长吻松鼠	*Dremomys pernyi*	
	74	红颊长吻松鼠	*Dremomys rufigenis*	
	75	红腿长吻松鼠	*Dremomys pyrrhomerus*	
	76	橙喉长吻松鼠	*Dremomys gularis*	
	77	条纹松鼠	*Menetes berdmorei*	
	78	岩松鼠	*Sciurotamias davidianus*	
	79	侧纹岩松鼠	*Sciurotamias forresti*	
	80	花鼠	*Eutamias sibiricus*	

续表

目、科	序号	中文名	学名	备注
啮齿目 RODENTIA				
豪猪科 Hystricidae	81	扫尾豪猪	*Atherurus macrourus*	
	82	豪猪	*Hystrix hodgsoni*	
	83	云南豪猪	*Hystrix yunnanensis*	
竹鼠科 Rhizomyidae	84	花白竹鼠	*Rhizomys pruinosus*	
	85	大竹鼠	*Rhizomys sumatrensis*	
	86	中华竹鼠	*Rhizomys sinensis*	
	87	小竹鼠	*Cannomys badius*	
鼠科 Muridae	88	社鼠	*Rattus niviventer*	
鸟纲 AVES 18 目 61 科 707 种				
潜鸟目 GAVIIFORMES				
潜鸟科 Gaviidae	1	红喉潜鸟	*Gavia stellata*	
	2	黑喉潜鸟	*Gavia arctica*	
䴙䴘目 PODICIPEDIFORMES				
䴙䴘科 Podicipedidae	3	小䴙䴘	*Tachybaptus ruficollis*	
	4	黑颈䴙䴘	*Podiceps nigricollis*	
	5	凤头䴙䴘	*Podiceps cristatus*	
鹱形目 PROCELLARIIFORMES				
信天翁科 Diomedeidae	6	黑脚信天翁	*Diomedea nigripes*	
鹱科 Procellariidae	7	白额鹱	*Puffinus leucomelas*	
	8	灰鹱	*Puffinus griseus*	
	9	短尾鹱	*Puffinus tenuirostris*	
	10	纯褐鹱	*Bulweria bulwerii*	
海燕科 Hydrobatidae	11	白腰叉尾海燕	*Oceanodroma leucorhoa*	
	12	黑叉尾海燕	*Oceanodroma monorhis*	
鹈形目 PELECANIFORMES				
鹲科 Phaethontidae	13	白尾鹲	*Phaethon lepturus*	
鸬鹚科 Phalacrocoracidae	14	普通鸬鹚	*Phalacrocorax carbo*	
	15	暗绿背鸬鹚	*Phalacrocorax capillatus*	
	16	红脸鸬鹚	*Phalacrocorax urile*	
军舰鸟科 Fregatidae	17	小军舰鸟	*Fregata minor*	
	18	白斑军舰鸟	*Fregata ariel*	
鹳形目 CICONIIFORMES				
鹭科 Ardeidae	19	苍鹭	*Ardea cinerea*	
	20	草鹭	*Ardea purpurea*	
	21	绿鹭	*Butorides striatus*	
	22	池鹭	*Ardeola bacchus*	
	23	牛背鹭	*Bubulcus ibis*	
	24	大白鹭	*Egretta alba*	
	25	白鹭	*Egretta garzetta*	
	26	中白鹭	*Egretta intermedia*	
	27	夜鹭	*Nycticorax nycticorax*	
	28	栗鳽	*Gorsachius goisagi*	
	29	黑冠鳽	*Gorsachius melanolophus*	
	30	黄苇鳽	*Ixobrychus sinensis*	
	31	紫背苇鳽	*Ixobrychus eurhythmus*	
	32	栗苇鳽	*Ixobrychus cinnamomeus*	
	33	黑鳽	*Ixobrychus flavicollis*	
	34	大麻鳽	*Botaurus stellaris*	

续表

目、科	序号	中文名	学名	备注
鹳形目 CICONIIFORMES				
鹭科 Ardeidae	35	东方白鹳	*Ciconia boyciana*	
	36	秃鹳	*Leptoptilos javanicus*	
红鹳科 Phoenicopteridae	37	大红鹳	*Phoenicopterus ruber*	
雁形目 ANSERIFORMES				
鸭科 Anatidae	38	黑雁	*Branta bernicla*	
	39	鸿雁	*Anser cygnoides*	
	40	豆雁	*Anser fabalis*	
	41	小白额雁	*Anser erythropus*	
	42	灰雁	*Anser anser*	
	43	斑头雁	*Anser indicus*	
	44	雪雁	*Anser caerulescens*	
	45	栗树鸭	*Dendrocygna javanica*	
	46	赤麻鸭	*Tadorna ferruginea*	
	47	翘鼻麻鸭	*Tadorna tadorna*	
	48	针尾鸭	*Anas acuta*	
	49	绿翅鸭	*Anas crecca*	
	50	花脸鸭	*Anas formosa*	
	51	罗纹鸭	*Anas falcata*	
	52	绿头鸭	*Anas platyrhynchos*	
	53	斑嘴鸭	*Anas poecilorhyncha*	
	54	赤膀鸭	*Anas trepera*	
	55	赤颈鸭	*Anas penelope*	
	56	白眉鸭	*Anas querquedula*	
	57	琵嘴鸭	*Anas clypeata*	
	58	云石斑鸭	*Marmaronetta angustirostris*	
	59	赤嘴潜鸭	*Netta rufina*	
	60	红头潜鸭	*Aythya ferina*	
	61	白眼潜鸭	*Aythya nyroca*	
	62	青头潜鸭	*Aythya baeri*	
	63	凤头潜鸭	*Aythya fuligula*	
	64	斑背潜鸭	*Aythya marila*	
	65	棉凫	*Nettapus coromandelianus*	
	66	瘤鸭	*Sarkidiornis melanotos*	
	67	小绒鸭	*Polysticta stelleri*	
	68	黑海番鸭	*Melanitta nigra*	
	69	斑脸海番鸭	*Melanitta fusca*	
	70	丑鸭	*Histrionicus histrionicus*	
	71	长尾鸭	*Clangula hyemalis*	
	72	鹊鸭	*Bucephala clangula*	
	73	白头硬尾鸭	*Oxyura leucocephala*	
	74	白秋沙鸭	*Mergus albellus*	
	75	红胸秋沙鸭	*Mergus serrator*	
	76	普通秋沙鸭	*Mergus merganser*	
鸡形目 GALLIFORMES				
松鸡科 Tetraonidae	77	松鸡	*Tetrao urogallus*	
雉科 Phasianidae	78	雪鹑	*Lerwa lerwa*	
	79	石鸡	*Alectoris chukar*	

续表

目、科	序号	中文名	学名	备注
鸡形目 GALLIFORMES				
雉科 Phasianidae	80	大石鸡	*Alectoris magna*	
	81	中华鹧鸪	*Francolinus pintadeanus*	
	82	灰山鹑	*Perdix perdix*	
	83	斑翅山鹑	*Perdix dauuricae*	
	84	高原山鹑	*Perdix hodgsoniae*	
	85	鹌鹑	*Coturnix coturnix*	
	86	蓝胸鹑	*Coturnix chinensis*	
	87	环颈山鹧鸪	*Arborophila torqueola*	
	88	红胸山鹧鸪	*Arborophila mandellii*	
	89	绿脚山鹧鸪	*Arborophila chloropus*	
	90	红喉山鹧鸪	*Arborophila rufogularis*	
	91	白颊山鹧鸪	*Arborophila atrogularis*	
	92	褐胸山鹧鸪	*Arborophila brunneopectus*	
	93	白额山鹧鸪	*Arborophila gingica*	
	94	台湾山鹧鸪	*Arborophila crudigularis*	
	95	棕胸竹鸡	*Bambusicola fytchii*	
	96	灰胸竹鸡	*Bambusicola thoracica*	
	97	藏马鸡	*Crossoptilon crossoptilon*	
	98	雉鸡	*Phasianus colchicus*	
鹤形目 GRUIFORMES				
秧鸡科 Rallidae	99	普通秧鸡	*Rallus aquaticus*	
	100	蓝胸秧鸡	*Rallus striatus*	
	101	红腿斑秧鸡	*Rallina fasciata*	
	102	白喉斑秧鸡	*Rallina eurizonoides*	
	103	小田鸡	*Porzana pusilla*	
	104	斑胸田鸡	*Porzana porzana*	
	105	红胸田鸡	*Porzana fusca*	
	106	斑胁田鸡	*Porzana paykullii*	
	107	红脚苦恶鸟	*Amaurornis akool*	
	108	白胸苦恶鸟	*Amaurornis phoenicurus*	
	109	董鸡	*Gallicrex cinerea*	
	100	黑水鸡	*Gallinula chloropus*	
	111	紫水鸡	*Porphyrio porphyrio*	
	112	骨顶鸡	*Fulica atra*	
鸻形目 CHARADRIIFORMES				
雉鸻科 Jacanidae	113	水雉	*Hydrophasianus chirurgus*	
彩鹬科 Rostratulidae	114	彩鹬	*Rostratula benghalensis*	
蛎鹬科 Haematopodidae	115	蛎鹬	*Haematopus ostralegus*	
鸻科 Charadriidae	116	凤头麦鸡	*Vanellus vanellus*	
	117	灰头麦鸡	*Vanellus cinereus*	
	118	肉垂麦鸡	*Vanellus indicus*	
	119	距翅麦鸡	*Vanellus duvaucelii*	
	120	灰斑鸻	*Pluvialis squatarola*	
	121	金[斑]鸻	*Pluvialis dominica*	
	122	剑鸻	*Charadrius hiaticula*	
	123	长嘴剑鸻	*Charadrius placidus*	

续表

目、科	序号	中文名	学名	备注
鸻形目 CHARADRIIFORMES				
鸻科 Charadriidae	124	金眶鸻	*Charadrius dubius*	
	125	环颈鸻	*Charadrius alexandrinus*	
	126	蒙古沙鸻	*Charadrius mongolus*	
	127	铁嘴沙鸻	*Charadrius leschenaultii*	
	128	红胸鸻	*Charadrius asiaticus*	
	129	东方鸻	*Charadrius veredus*	
	130	小嘴鸻	*Charadrius morinellus*	
鹬科 Scolopacidae	131	中杓鹬	*Numenius phaeopus*	
	132	白腰杓鹬	*Numenius arquata*	
	133	大杓鹬	*Numenius madagascariensis*	
	134	黑尾塍鹬	*Limosa limosa*	
	135	斑尾塍鹬	*Limosa lapponica*	
	136	鹤鹬	*Tringa erythropus*	
	137	红脚鹬	*Tringa totanus*	
	138	泽鹬	*Tringa stagnatilis*	
	139	青脚鹬	*Tringa nebularia*	
	140	白腰草鹬	*Tringa ochropus*	
	141	林鹬	*Tringa glareola*	
	142	小黄脚鹬	*Tringa flavipes*	
	143	矶鹬	*Tringa hypoleucos*	
	144	灰尾[漂]鹬	*Heteroscelus brevipes*	
	145	漂鹬	*Heteroscelus incanus*	
	146	翘嘴鹬	*Xenus cinereus*	
	147	翻石鹬	*Arenaria interpres*	
	148	半蹼鹬	*Limnodromus semipalmatus*	
	149	长嘴鹬	*Limnodromus scolopaeus*	
	150	孤沙锥	*Gallinago solitaria*	
	151	澳南沙锥	*Gallinago hardwickii*	
	152	林沙锥	*Gallinago nemoricola*	
	153	针尾沙锥	*Gallinago stenura*	
	154	大沙锥	*Gallinago megala*	
	155	扇尾沙锥	*Gallinago gallinago*	
	156	丘鹬	*Scolopax rusticola*	
	157	姬鹬	*Lymnocryptes minimus*	
	158	红腹滨鹬	*Calidris canutus*	
	159	大滨鹬	*Calidris tenuirostris*	
	160	红颈滨鹬	*Calidris ruficollis*	
	161	西方滨鹬	*Calidris mauri*	
	162	长趾滨鹬	*Calidris subminuta*	
	163	小滨鹬	*Calidris minuta*	
	164	青脚滨鹬	*Calidris temminckii*	
	165	斑胸滨鹬	*Calidris melanotos*	
	166	尖尾滨鹬	*Calidris acuminata*	
	167	岩滨鹬	*Calidria ptilocnemis*	
	168	黑腹滨鹬	*Calidris alpina*	
	169	弯嘴滨鹬	*Calidris ferruginea*	
	170	三趾鹬	*Crocethia alba*	
	171	勺嘴鹬	*Eurynorhynchus pygmeus*	
	172	阔嘴鹬	*Limicola falcinellus*	
	173	流苏鹬	*Philomachus pugnax*	

续表

目、科	序号	中文名	学名	备注
鸻形目 CHARADRIIFORMES				
反嘴鹬科 Recurvirostridae	174	鹮嘴鹬	*Ibidorhyncha struthersii*	
	175	黑翅长脚鹬	*Himantopus himantopus*	
	176	反嘴鹬	*Recurvirostra avosetta*	
瓣蹼鹬科 Phalaropodidae	177	红颈瓣蹼鹬	*Phalaropus lobatus*	
	178	灰瓣蹼鹬	*Phalaropus fulicarius*	
石鸻科 Burhinidae	179	石鸻	*Burhinus oedicnemus*	
	180	大石鸻	*Esacus magnirostris*	
燕鸻科 Glareolidae	181	领燕鸻	*Glareola pratincola*	
	182	普通燕鸻	*Glareola maldivarum*	
鸥形目 LARIFORMES				
贼鸥科 Stercorariidae	183	中贼鸥	*Stercorarius pomarinus*	
鸥科 Laridae	184	黑尾鸥	*Larus crassirostris*	
	185	海鸥	*Larus canus*	
	186	银鸥	*Larus argentatus*	
	187	灰背鸥	*Larus schistisagus*	
	188	灰翅鸥	*Larus glaucescens*	
	189	北极鸥	*Larus hyperboreus*	
	190	渔鸥	*Larus ichthyactus*	
	191	红嘴鸥	*Larus ridibundus*	
	192	棕头鸥	*Larus brunnicephalus*	
	193	细嘴鸥	*Larus genei*	
	194	黑嘴鸥	*Larus saundersi*	
	195	楔尾鸥	*Rhodostethia rosea*	
	196	三趾鸥	*Rissa tridactyla*	
	197	须浮鸥	*Chlidonias hybrida*	
	198	白翅浮鸥	*Chlidonias leucoptera*	
	199	鸥嘴噪鸥	*Gelochelidon nilotica*	
	200	红嘴巨鸥	*Hydroprogne caspia*	
	201	普通燕鸥	*Sterna hirundo*	
	202	粉红燕鸥	*Sterna dougallii*	
	203	黑枕燕鸥	*Sterna sumatrana*	
	204	黑腹燕鸥	*Sterna acuticauda*	
	205	白腰燕鸥	*Sterna aleutica*	
	206	褐翅燕鸥	*Sterna anaethetus*	
	207	乌燕鸥	*Sterna fuscata*	
	208	白额燕鸥	*Sterna albifrons*	
	209	大凤头燕鸥	*Thalasseus bergii*	
	210	小凤头燕鸥	*Thalasseus bengalensis*	
	211	白顶玄鸥	*Anous stolidus*	
	212	白玄鸥	*Gygis alba*	
海雀科 Alcidae	213	斑海雀	*Brachyramphus marmoratus*	
	214	扁嘴海雀	*Synthliboramphus antiquus*	
	215	冠海雀	*Synthliboramphus wumizusume*	
	216	角嘴海雀	*Cerorhinca monocerata*	
鸽形目 COLUMBIFORMES				
沙鸡科 Pteroclididae	217	毛腿沙鸡	*Syrrhaptes paradoxus*	
	218	西藏毛腿沙鸡	*Syrrhaptes tibetanus*	
鸠鸽科 Columbidae	219	雪鸽	*Columba leuconota*	
	220	岩鸽	*Columba rupestris*	
	221	原鸽	*Columba livia*	

续表

目、科	序号	中文名	学名	备注
鸽形目 COLUMBIFORMES				
鸠鸽科 Columbidae	222	欧鸽	*Columba oenas*	
	223	中亚鸽	*Columba eversmanni*	
	224	点斑林鸽	*Columba hodgsonii*	
	225	灰林鸽	*Columba pulchricollis*	
	226	紫林鸽	*Columba punicea*	
	227	黑林鸽	*Cloumba janthina*	
	228	欧斑鸠	*Streptopelia turtur*	
	229	山斑鸠	*Streptopelia orientalis*	
	230	灰斑鸠	*Streptopelia decaocto*	
	231	珠颈斑鸠	*Streptopelia chinensis*	
	232	棕斑鸠	*Streptopelia senegalensis*	
	233	火斑鸠	*Oenopopelia tranquebarica*	
	234	绿翅金鸠	*Chalcophaps indica*	
鹃形目 CUCULIFORMES				
杜鹃科 Cuculidae	235	红翅凤头鹃	*Clamator coromandus*	
	236	斑翅凤头鹃	*Clamator jacobinus*	
	237	鹰鹃	*Cuculus sparverioides*	
	238	棕腹杜鹃	*Cuculus fugax*	
	239	四声杜鹃	*Cuculus micropterus*	
	240	大杜鹃	*Cuculus canorus*	
	241	中杜鹃	*Cuculus saturatus*	
	242	小杜鹃	*Cuculus poliocephalus*	
	243	栗斑杜鹃	*Cuculus sonneratii*	
	244	八声杜鹃	*Cuculus merulinus*	
	245	翠金鹃	*Chalcites maculatus*	
	246	紫金鹃	*Chalcites xanthorhynchus*	
	247	乌鹃	*Surniculus lugubris*	
	248	噪鹃	*Eudynamys scolopacea*	
	249	绿嘴地鹃	*Phaenicophaeus tristis*	
夜鹰目 CAPRIMULGIFORMES				
蛙嘴鸱科 Podargidae	250	黑顶蛙嘴鸱	*Batrachostomus hodgsoni*	
夜鹰科 Caprimulgidae	251	毛腿夜鹰	*Eurostopodus macrotis*	
	252	普通夜鹰	*Caprimulgus indicus*	
	253	欧夜鹰	*Caprimulgus europaeus*	
	254	中亚夜鹰	*Caprimulgus centralasicus*	
	255	埃及夜鹰	*Caprimulgus aegyptius*	
	256	长尾夜鹰	*Caprimulgus macrurus*	
	257	林夜鹰	*Caprimulgus affinis*	
雨燕目 APODIFORMES				
雨燕科 Apodidae	258	爪哇金丝燕	*Aerodramus fuciphagus*	
	259	短嘴金丝燕	*Aerodramus brevirostris*	
	260	大金丝燕	*Aerodramus maximus*	
	261	白喉针尾雨燕	*Hirundapus caudacutus*	
	262	普通楼燕	*Apus apus*	
	263	白腰雨燕	*Apus pacificus*	
	264	小白腰雨燕	*Apus affinis*	
	265	棕雨燕	*Cypsiurus parvus*	
咬鹃目 TROGONIFORMES				
咬鹃科 Trogonidae	266	红头咬鹃	*Harpactes erythrocephalus*	
	267	红腹咬鹃	*Harpactes wardi*	

续表

目、科	序号	中文名	学名	备注
佛法僧目 CORACIIFORMES				
翠鸟科 Alcedinidae	268	普通翠鸟	*Alcedo atthis*	
	269	斑头大翠鸟	*Alcedo hercules*	
	270	蓝翡翠	*Halcyon pileata*	
蜂虎科 Meropidae	271	黄喉蜂虎	*Merops apiaster*	
	272	栗喉蜂虎	*Merops philippinus*	
	273	蓝喉蜂虎	*Merops viridis*	
	274	[蓝须]夜蜂虎	*Nyctyornis athertoni*	
佛法僧科 Coraciidae	275	蓝胸佛法僧	*Coracias garrulus*	
	276	棕胸佛法僧	*Coracias benghalensis*	
	277	三宝鸟	*Eurystomus orientalis*	
戴胜科 Upupidae	278	戴胜	*Upupa epops*	
䴕形目 PICIFORMES				
须䴕科 Capitonidae	279	大拟啄木鸟	*Megalaima virens*	
	280	[斑头]绿拟啄木鸟	*Magalaima zeylanica*	
	281	黄纹拟啄木鸟	*Megalaima faiostricta*	
	282	金喉拟啄木鸟	*Megalaima franklinii*	
	283	黑眉拟啄木鸟	*Megalaima oorti*	
	284	蓝喉拟啄木鸟	*Megalaima asiatica*	
	285	蓝耳拟啄木鸟	*Megalaima australis*	
	286	赤胸拟啄木鸟	*Megalaima haemacephala*	
啄木鸟科 Picidae	287	蚁䴕	*Jynx torquilla*	
	288	斑姬啄木鸟	*Picumnus innominatus*	
	289	白眉棕啄木鸟	*Sasia ochracea*	
	290	栗啄木鸟	*Celeus brachyurus*	
	291	鳞腹啄木鸟	*Picus squamatus*	
	292	花腹啄木鸟	*Picus vittatus*	
	293	鳞喉啄木鸟	*Picus xanthopygaeus*	
	294	灰头啄木鸟	*Picus canus*	
	295	红颈啄木鸟	*Picus rabieri*	
	296	大黄冠啄木鸟	*Picus flavinucha*	
	297	黄冠啄木鸟	*Picus chlorolophus*	
	298	金背三趾啄木鸟	*Dinopium javanense*	
	299	竹啄木鸟	*Gecinulus grantia*	
	300	大灰啄木鸟	*Mulleripicus pulverulentus*	
	301	黑啄木鸟	*Dryocopus martius*	
	302	大斑啄木鸟	*Picoides major*	
	303	白翅啄木鸟	*Picoides leucopterus*	
	304	黄颈啄木鸟	*Picoides darjellensis*	
	305	白背啄木鸟	*Picoides leucotos*	
	306	赤胸啄木鸟	*Picoides cathpharius*	
	307	棕腹啄木鸟	*Picoides hyperythrus*	
	308	纹胸啄木鸟	*Picoides atratus*	
	309	小斑啄木鸟	*Picoides minor*	
	310	星头啄木鸟	*Picoides canicapillus*	
	311	小星头啄木鸟	*Picoides kizuki*	
	312	三趾啄木鸟	*Picoides tridactylus*	
	313	黄嘴栗啄木鸟	*Blythipicus pyrrhotis*	
	314	大金背啄木鸟	*Chrysocolaptes lucidus*	
雀形目 PASSERIFORMES				
百灵科 Alaudidae	315	歌百灵	*Mirafra javanica*	

续表

目、科	序号	中文名	学名	备注
雀形目 PASSERIFORMES				
百灵科 Alaudidae	316	[蒙古]百灵	*Melanocorypha mongolica*	
	317	云雀	*Alauda arvensis*	
	318	小云雀	*Alauda gulgula*	
	319	角百灵	*Eremophila alpestris*	
燕科 Hirundinidae	320	褐喉沙燕	*Riparia paludicola*	
	321	崖沙燕	*Riparia riparia*	
	322	岩燕	*Ptyonoprogne rupestris*	
	323	纯色岩燕	*Ptyonoprogne concolor*	
	324	家燕	*Hirundo rustica*	
	325	洋斑燕	*Hirundo tahitica*	
	326	金腰燕	*Hirundo daurica*	
	327	斑腰燕	*Hirundo striolata*	
	328	白腹毛脚燕	*Delichon urbica*	
	329	烟腹毛脚燕	*Delichon dasypus*	
	330	黑喉毛脚燕	*Delichon nipalensis*	
鹡鸰科 Motacillidae	331	山鹡鸰	*Dendronanthus indicus*	
	332	黄鹡鸰	*Motacilla flava*	
	333	黄头鹡鸰	*Motacilla citreola*	
	334	灰鹡鸰	*Motacilla cinerea*	
	335	白鹡鸰	*Motacilla alba*	
	336	日本鹡鸰	*Motacilla grandis*	
	337	印度鹡鸰	*Motacilla maderaspatensis*	
	338	田鹨	*Anthus novaeseelandiae*	
	339	平原鹨	*Anthus campestris*	
	340	布莱氏鹨	*Anthus godlewskii*	
	341	林鹨	*Anthus trivialis*	
	342	树鹨	*Anthus hodgsoni*	
	343	北鹨	*Anthus gustavi*	
	344	草地鹨	*Anthus pratensis*	
	345	红喉鹨	*Anthus cervinus*	
	346	粉红胸鹨	*Anthus roseatus*	
	347	水鹨	*Anthus spinoletta*	
	348	山鹨	*Anthus sylvanus*	
山椒鸟科 Campephagidae	349	大鹃䴗	*Coracina novaehollandiae*	
	350	暗灰鹃䴗	*Coracina melaschistos*	
	351	粉红山椒鸟	*Pericrocotus roseus*	
	352	小灰山椒鸟	*Pericrocotus cantonensis*	
	353	灰山椒鸟	*Pericrocotus divaricatus*	
	354	灰喉山椒鸟	*Pericrocotus solaris*	
	355	长尾山椒鸟	*Pericrocotus ethologus*	
	356	短嘴山椒鸟	*Pericrocotus brevirostris*	
	357	赤红山椒鸟	*Pericrocotus flammeus*	
	358	褐背鹟䴗	*Hemipus picatus*	
	359	钩嘴林䴗	*Tephrodornis gularis*	

续表

目、科	序号	中文名	学名	备注
雀形目 PASSERIFORMES				
鹎科 Pycnonotidae	360	凤头雀嘴鹎	*Spizixos canifrons*	
	361	领雀嘴鹎	*Spizixos semitorques*	
	362	红耳鹎	*Pycnonotus jocosus*	
	363	黄臀鹎	*Pycnonotus xanthorrhous*	
	364	白头鹎	*Pycnonotus sinensis*	
	365	台湾鹎	*Pycnonotus taivanus*	
	366	白喉红臀鹎	*Pycnonotus aurigaster*	
	367	黑短脚鹎	*Hypsipetes madagascariensis*	
和平鸟科 Irenidae	368	黑翅雀鹎	*Aegithina tiphia*	
	369	大绿雀鹎	*Aegithina lafresnayei*	
	370	蓝翅叶鹎	*Chloropsis cochinchinensis*	
	371	金额叶鹎	*Chloropsis aurifrons*	
	372	橙腹叶鹎	*Chloropsis hardwickii*	
	373	和平鸟	*Irena puella*	
太平鸟科 Bombycillidae	374	太平鸟	*Bombycilla garrulus*	
	375	小太平鸟	*Bombycilla japonica*	
伯劳科 Laniidae	376	虎纹伯劳	*Lanius tigrinus*	
	377	牛头伯劳	*Lanius bucephalus*	
	378	红背伯劳	*Lanius collurio*	
	379	红尾伯劳	*Lanius cristatus*	
	380	荒漠伯劳	*Lanius isabellious*	
	381	栗背伯劳	*Lanius collurioides*	
	382	棕背伯劳	*Lanius schach*	
	383	灰背伯劳	*Lanius tephronotus*	
	384	黑额伯劳	*Lanius minor*	
	385	灰伯劳	*Lanius excubitor*	
	386	楔尾伯劳	*Lanius sphenocercus*	
黄鹂科 Oriolidae	387	金黄鹂	*Oriolus oriolus*	
	388	黑枕黄鹂	*Oriolus chinensis*	
	389	黑头黄鹂	*Oriolus xanthornus*	
	390	朱鹂	*Oriolus traillii*	
	391	鹊色鹂	*Oriolus mellianus*	
卷尾科 Dicruridae	392	黑卷尾	*Dicrurus macrocercus*	
	393	灰卷尾	*Dicrurus leucophaeus*	
	394	鸦嘴卷尾	*Dicrurus annectens*	
	395	古铜色卷尾	*Dicrurus aeneus*	
	396	发冠卷尾	*Dicrurus hottentottus*	
	397	小盘尾	*Dicrurus remifer*	
	398	大盘尾	*Dicrurus paradiseus*	
椋鸟科 Sturnidae	399	灰头椋鸟	*Sturnus malabaricus*	
	400	灰背椋鸟	*Sturnus sinensis*	
	401	紫背椋鸟	*Sturnus philippensis*	
	402	北椋鸟	*Sturnus sturninus*	
	403	粉红椋鸟	*Sturnus roseus*	

续表

目、科	序号	中文名	学名	备注
雀形目 PASSERIFORMES				
椋鸟科 Sturnidae	404	紫翅椋鸟	*Sturnus vulgaris*	
	405	黑冠椋鸟	*Sturnus pagodarum*	
	406	丝光椋鸟	*Sturnus sericeus*	
	407	灰椋鸟	*Sturnus cineraceus*	
	408	黑领椋鸟	*Sturnus nigricollis*	
	409	红嘴椋鸟	*Sturnus burmannicus*	
	410	斑椋鸟	*Sturnus contra*	
	411	家八哥	*Acridotheres tristis*	
	412	八哥	*Acridotheres cristatellus*	
	413	林八哥	*Acridotheres grandis*	
	414	白领八哥	*Acridotheres albocinctus*	
	415	金冠树八哥	*Ampeliceps coronatus*	
	416	鹩哥	*Gracula religiosa*	
鸦科 Corvidae	417	黑头噪鸦	*Perisoreus internigrans*	
	418	短尾绿鹊	*Cissa thalassina*	
	419	蓝绿鹊	*Cissa chinensis*	
	420	红嘴蓝鹊	*Urocissa erythrorhyncha*	
	421	台湾蓝鹊	*Urocissa caerulea*	
	422	灰喜鹊	*Cyanopica cyana*	
	423	喜鹊	*Pica pica*	
	424	灰树鹊	*Dendrocitta formosae*	
	425	白尾地鸦	*Podoces biddulphi*	
	426	秃鼻乌鸦	*Corvus frugilegus*	
	427	达乌里寒鸦	*Corvus dauurica*	
	428	渡鸦	*Corvus corax*	
岩鹨科 Prunellidae	429	棕眉山岩鹨	*Prunella montanella*	
	430	贺兰山岩鹨	*Prunella koslowi*	
鹟科 Muscicapidae	431	栗背短翅鸫	*Brachypteryx stellata*	
鸫亚科 Turdinae	432	锈腹短翅鸫	*Brachypteryx hyperythra*	
	433	日本歌鸲	*Luscinia akahige*	
	434	红尾歌鸲	*Luscinia sibilans*	
	435	红喉歌鸲	*Luscinia calliope*	
	436	蓝喉歌鸲	*Luscinia svecica*	
	437	棕头歌鸲	*Luscinia ruficeps*	
	438	金胸歌鸲	*Luscinia pectardens*	
	439	黑喉歌鸲	*Luscinia obscura*	
	440	蓝歌鸲	*Luscinia cyane*	
	441	红胁蓝尾鸲	*Tarsiger cyanurus*	
	442	棕腹林鸲	*Tarsiger hyperythrus*	
	443	台湾林鸲	*Tarsiger johnstoniae*	
	444	鹊鸲	*Copsychus saularis*	
	445	贺兰山红尾鸲	*Phoenicurus alaschanicus*	
	446	北红尾鸲	*Phoenicurus auroreus*	
	447	蓝额长脚地鸲	*Cinclidium frontale*	

续表

目、科	序号	中文名	学名	备注
雀形目 PASSERIFORMES				
鹟科 Muscicapidae				
鸫亚科 Turdinae	448	紫宽嘴鸫	*Cochoa purpurea*	
	449	绿宽嘴鸫	*Cochoa viridis*	
	450	白喉石鵖	*Saxicola insignis*	
	451	黑喉石鵖	*Saxicola torquata*	
	452	黑白林鵖	*Saxicola jerdoni*	
	453	台湾紫啸鸫	*Myiophoneus insularis*	
	454	白眉地鸫	*Zoothera sibirica*	
	455	虎斑地鸫	*Zoothera dauma*	
	456	黑胸鸫	*Turdus dissimilis*	
	457	灰背鸫	*Turdus hortulorum*	
	458	乌灰鸫	*Turdus cardis*	
	459	棕背黑头鸫	*Turdus kessleri*	
	460	褐头鸫	*Turdus feae*	
	461	白腹鸫	*Turdus pallidus*	
	462	斑鸫	*Turdus naumanni*	
	463	白眉歌鸫	*Turdus iliacus*	
	464	宝兴歌鸫	*Turdus mupinensis*	
画眉亚科 Timaliinae	465	剑嘴鹛	*Xiphirhynchus superciliaris*	
	466	丽星鹩鹛	*Spelaeornis formosus*	
	467	楔头鹩鹛	*Sphenocicla humei*	
	468	宝兴鹛雀	*Moupinia poecilotis*	
	469	矛纹草鹛	*Babax lanceolatus*	
	470	大草鹛	*Babax waddelli*	
	471	棕草鹛	*Babax koslowi*	
	472	黑脸噪鹛	*Garrulax perspicillatus*	
	473	白喉噪鹛	*Garrulax albogularis*	
	474	白冠噪鹛	*Garrulax leucolophus*	
	475	小黑领噪鹛	*Garrulax monileger*	
	476	黑领噪鹛	*Garrulax pectoralis*	
	477	条纹噪鹛	*Garrulax striatus*	
	478	白颈噪鹛	*Garrulax strepitans*	
	479	褐胸噪鹛	*Garrulax maesi*	
	480	黑喉噪鹛	*Garrulax chinensis*	
	481	黄喉噪鹛	*Garrulax galbanus*	
	482	杂色噪鹛	*Garrulax variegatus*	
	483	山噪鹛	*Garrulax davidi*	
	484	黑额山噪鹛	*Garrulax sukatschewi*	
	485	灰翅噪鹛	*Garrulax cineraceus*	
	486	斑背噪鹛	*Garrulax lunulatus*	
	487	白点噪鹛	*Garrulax bieti*	
	488	大噪鹛	*Garrulax maximus*	
	489	眼纹噪鹛	*Garrulax ocellatus*	
	490	灰胁噪鹛	*Garrulax caerulatus*	
	491	棕噪鹛	*Garrulax poecilorhynchus*	

续表

目、科	序号	中文名	学名	备注
雀形目 PASSERIFORMES				
鹟科 Muscicapidae				
画眉亚科 Timaliinae	492	栗颈噪鹛	*Garrulax ruficollis*	
	493	斑胸噪鹛	*Garrulax merulinus*	
	494	画眉	*Garrulax canorus*	
	495	白颊噪鹛	*Garrulax sannio*	
	496	细纹噪鹛	*Garrulax lineatus*	
	497	蓝翅噪鹛	*Garrulax squamatus*	
	498	纯色噪鹛	*Garrulax subunicolor*	
	499	橙翅噪鹛	*Garrulax elliotii*	
	500	灰腹噪鹛	*Garrulax henrici*	
	501	黑顶噪鹛	*Garrulax affinis*	
	502	玉山噪鹛	*Garrulax morrisonianus*	
	503	红头噪鹛	*Garrulax erythrocephalus*	
	504	丽色噪鹛	*Garrulax formosus*	
	505	赤尾噪鹛	*Garrulax milnei*	
	506	红翅薮鹛	*Liocichla phoenicea*	
	507	灰胸薮鹛	*Liocichla omeiensis*	
	508	黄痣薮鹛	*Liocichla steerii*	
	509	银耳相思鸟	*Leiothrix argentauris*	
	510	红嘴相思鸟	*Leiothrix lutea*	
	511	棕腹鵙鹛	*Pteruthius rufiventer*	
	512	灰头斑翅鹛	*Actinodura souliei*	
	513	台湾斑翅鹛	*Actinodura morrisoniana*	
	514	金额雀鹛	*Alcippe variegaticeps*	
	515	黄喉雀鹛	*Alcippe cinerea*	
	516	棕头雀鹛	*Alcippe ruficapilla*	
	517	棕喉雀鹛	*Alcippe rufogularis*	
	518	褐顶雀鹛	*Alcippe brunnea*	
	519	灰奇鹛	*Heterophasia gracilis*	
	520	白耳奇鹛	*Heterophasia auricularis*	
	521	褐头凤鹛	*Yuhina brunneiceps*	
	522	红嘴鸦雀	*Conostoma aemodium*	
	523	三趾鸦雀	*Paradoxornis paradoxus*	
	524	褐鸦雀	*Paradoxornis unicolor*	
	525	斑胸鸦雀	*Paradoxornis flavirostris*	
	526	点胸鸦雀	*Paradoxornis guttaticollis*	
	527	白眶鸦雀	*Paradoxornis conspicillatus*	
	528	棕翅缘鸦雀	*Paradoxornis webbianus*	
	529	褐翅缘鸦雀	*Paradoxornis brunneus*	
	530	暗色鸦雀	*Paradoxornis zappeyi*	
	531	灰冠鸦雀	*Paradoxornis przewalskii*	
	532	黄额鸦雀	*Paradoxornis fulvifrons*	
	533	黑喉鸦雀	*Paradoxornis nipalensis*	
	534	短尾鸦雀	*Paradoxornis davidianus*	
	535	黑眉鸦雀	*Paradoxornis atrosuperciliaris*	

续表

目、科	序号	中文名	学名	备注
雀形目 PASSERIFORMES				
鹟科 Muscicapidae				
画眉亚科 Timaliinae	536	红头鸦雀	*Paradoxornis ruficeps*	
	537	灰头鸦雀	*Paradoxornis gularis*	
	538	震旦鸦雀	*Paradoxornis heudei*	
	539	山鹛	*Rhopophilus pekinensis*	
莺亚科 Sylviinae	540	鳞头树莺	*Cettia squameiceps*	
	541	巨嘴短翅莺	*Bradypterus major*	
	542	斑背大尾莺	*Megalurus pryeri*	
	543	北蝗莺	*Locustella ochotensis*	
	544	矛斑蝗莺	*Locustella lanceolata*	
	545	苍眉蝗莺	*Locustella fasciolata*	
	546	大苇莺	*Acrocephalus arundinaceus*	
	547	黑眉苇莺	*Acrocephalus bistrigiceps*	
	548	细纹苇莺	*Acrocephalus sorghophilus*	
	549	叽咋柳莺	*Phylloscopus collybita*	
	550	东方叽咋柳莺	*Phylloscopus sindianus*	
	551	林柳莺	*Phylloscopus sibilatrix*	
	552	黄腹柳莺	*Phylloscopus affinis*	
	553	棕腹柳莺	*Phylloscopus subaffinis*	
	554	灰柳莺	*Phylloscopus griseolus*	
	555	褐柳莺	*Phylloscopus fuscatus*	
	556	烟柳莺	*Phylloscopus fuligiventer*	
	557	棕眉柳莺	*Phylloscopus armandii*	
	558	巨嘴柳莺	*Phylloscopus schwarzi*	
	559	橙斑翅柳莺	*Phylloscopus pulcher*	
	560	黄眉柳莺	*Phylloscopus inornatus*	
	561	黄腰柳莺	*Phylloscopus proregulus*	
	562	甘肃柳莺	*Phylloscopus gansunensis*	
	563	四川柳莺	*Phylloscopus sichuanensis*	
	564	灰喉柳莺	*Phylloscopus maculipennis*	
	565	极北柳莺	*Phylloscopus borealis*	
	566	乌嘴柳莺	*Phylloscopus magnirostris*	
	567	暗绿柳莺	*Phylloscopus trochiloides*	
	568	双斑绿柳莺	*Phylloscopus plumbeitarsus*	
	569	灰脚柳莺	*Phylloscopus tenellipes*	
	570	冕柳莺	*Phylloscopus coronatus*	
	571	冠纹柳莺	*Phylloscopus reguloides*	
	572	峨眉柳莺	*Phylloscopus emeiansis*	
	573	海南柳莺	*Phylloscopus hainanus*	
	574	白斑尾柳莺	*Phylloscopus davisoni*	
	575	黑眉柳莺	*Phylloscopus ricketti*	
	576	戴菊	*Regulus regulus*	
	577	台湾戴菊	*Regulus goodfellowi*	
	578	宽嘴鹟莺	*Tickellia hodgsoni*	
	579	凤头雀莺	*Leptopoecile elegans*	

续表

目、科	序号	中文名	学名	备注
雀形目 PASSERIFORMES				
鹟科 Muscicapidae				
鹟亚科 Muscicapinae	580	白喉林鹟	*Rhinomyias brunneata*	
	581	白眉[姬]鹟	*Ficedula zanthopygia*	
	582	黄眉[姬]鹟	*Ficedula narcissina*	
	583	鸲[姬]鹟	*Ficedula mugimaki*	
	584	红喉[姬]鹟	*Ficedula parva*	
	585	棕腹大仙鹟	*Niltava davidi*	
	586	乌鹟	*Muscicapa sibirica*	
	587	灰纹鹟	*Muscicapa griseisticta*	
	588	北灰鹟	*Muscicapa latirostris*	
	589	褐胸鹟	*Muscicapa muttui*	
	590	寿带[鸟]	*Terpsiphone paradisi*	
	591	紫寿带鸟	*Terpsiphone atrocaudata*	
山雀科 Paridae	592	大山雀	*Parus major*	
	593	西域山雀	*Parus bokharensis*	
	594	绿背山雀	*Parus monticolus*	
	595	台湾黄山雀	*Parus holsti*	
	596	黄颊山雀	*Parus spilonotus*	
	597	黄腹山雀	*Parus venustulus*	
	598	灰蓝山雀	*Parus cyanus*	
	599	煤山雀	*Parus ater*	
	600	黑冠山雀	*Parus rubidiventris*	
	601	褐冠山雀	*Parus dichrous*	
	602	沼泽山雀	*Parus palustris*	
	603	褐头山雀	*Parus montanus*	
	604	白眉山雀	*Parus superciliosus*	
	605	红腹山雀	*Parus davidi*	
	606	杂色山雀	*Parus varius*	
	607	黄眉林雀	*Sylviparus modestus*	
	608	冕雀	*Melanochlora sultanea*	
	609	银喉[长尾]山雀	*Aegithalos caudatus*	
	610	红头[长尾]山雀	*Aegithalos concinnus*	
	611	黑眉[长尾]山雀	*Aegithalos iouschistos*	
	612	银脸[长尾]山雀	*Aegithalos fuliginosus*	
䴓科 Sittidae	613	淡紫䴓	*Sitta solangiae*	
	614	巨䴓	*Sitta magna*	
	615	巨䴓	*Sitta formosa*	
	616	滇䴓	*Sitta yunnanensis*	
攀雀科 Remizidae	617	攀雀	*Remiz pendulinus*	
太阳鸟科 Nectariniidae	618	紫颊直嘴太阳鸟	*Anthreptes singalensis*	
	619	黄腹花蜜鸟	*Nectarinia jugularis*	
	620	紫色蜜鸟	*Nectarinia asiatica*	
	621	蓝枕花蜜鸟	*Nectarinia hypogrammica*	
	622	黑胸太阳鸟	*Aethopyga saturata*	
	623	黄腰太阳鸟	*Aethopyga siparaja*	

续表

目、科	序号	中文名	学名	备注
雀形目 PASSERIFORMES				
太阳鸟科 Nectariniidae	624	火尾太阳鸟	*Aethopyga ignicauda*	
	625	蓝喉太阳鸟	*Aethopyga gouldiae*	
	626	绿喉太阳鸟	*Aethopyga nipalensis*	
	627	叉尾太阳鸟	*Aethopyga christinae*	
	628	长嘴捕蛛鸟	*Arachnothera longirostris*	
	629	纹背捕蛛鸟	*Arachnothera magna*	
绣眼鸟科 Zosteropidae	630	暗绿绣眼鸟	*Zosterops japonica*	
	631	红胁绣眼鸟	*Zosterops erythropleura*	
	632	灰腹绣眼鸟	*Zosterops palpebrosa*	
文鸟科 Ploceidae	633	[树]麻雀	*Passer montanus*	
	634	山麻雀	*Passer rutilans*	
	635	[红]梅花雀	*Estrilda amandava*	
	636	栗腹文鸟	*Lonchura malacca*	
雀科 Fringillidae	637	燕雀	*Fringilla montifringilla*	
	638	金翅[雀]	*Carduelis sinica*	
	639	黄雀	*Carduelis spinus*	
	640	白腰朱顶雀	*Carduelis flammea*	
	641	极北朱顶雀	*Carduelis hornemanni*	
	642	黄嘴朱顶雀	*Carduelis flavirostris*	
	643	赤胸朱顶雀	*Carduelis cannabina*	
	644	桂红头岭雀	*Leucosticte sillemi*	
	645	粉红腹岭雀	*Leucosticte arctoa*	
	646	大朱雀	*Carpodacus rubicilla*	
	647	拟大朱雀	*Carpodacus rubicilloides*	
	648	红胸朱雀	*Carpodacus puniceus*	
	649	暗胸朱雀	*Carpodacus nipalensis*	
	650	赤朱雀	*Carpodacus rubescens*	
	651	沙色朱雀	*Carpodacus synoicus*	
	652	红腰朱雀	*Carpodacus rhodochlamys*	
	653	点翅朱雀	*Carpodacus rhodopeplus*	
	654	棕朱雀	*Carpodacus edwardsii*	
	655	酒红朱雀	*Carpodacus vinaceus*	
	656	玫红眉朱雀	*Carpodacus rhodochrous*	
	657	红眉朱雀	*Carpodacus pulcherrimus*	
	658	曙红朱雀	*Carpodacus eos*	
	659	白眉朱雀	*Carpodacus thura*	
	660	普通朱雀	*Carpodacus erythrinus*	
	661	北朱雀	*Carpodacus roseus*	
	662	斑翅朱雀	*Carpodacus trifasciatus*	
	663	藏雀	*Kozlowia roborowskii*	
	664	松雀	*Pinicola enucleator*	
	665	红交嘴雀	*Loxia curvirostra*	
	666	白翅交嘴雀	*Loxia leucoptera*	
	667	长尾雀	*Uragus sibiricus*	

续表

目、科	序号	中文名	学名	备注
雀形目 PASSERIFORMES				
雀科 Fringillidae	668	血雀	*Haematospiza sipahi*	
	669	金枕黑雀	*Pyrrhoplectes epauletta*	
	670	褐灰雀	*Pyrrhula nipalensis*	
	671	灰头灰雀	*Pyrrhala erythaca*	
	672	红头灰雀	*Pyrrhula erythrocephala*	
	673	灰腹灰雀	*Pyrrhula griseiventris*	
	674	红腹灰雀	*Pyrrhula pyrrhula*	
	675	黑头蜡嘴雀	*Eophona personata*	
	676	黑尾蜡嘴雀	*Eophona migratoria*	
	677	锡嘴雀	*Coccothraustes coccothraustes*	
	678	朱鹀	*Urocynchramus pylzowi*	
	679	黍鹀	*Emberiza calandra*	
	680	白头鹀	*Emberiza leucocephala*	
	681	黑头鹀	*Emberiza melanocephala*	
	682	褐头鹀	*Emberiza bruniceps*	
	683	栗鹀	*Emberiza rutila*	
	684	黄胸鹀	*Emberiza aureola*	
	685	黄喉鹀	*Emberiza elegans*	
	686	黄鹀	*Emberiza citrinella*	
	687	灰头鹀	*Emberiza spodocephala*	
	688	硫黄鹀	*Emberiza sulphurata*	
	689	圃鹀	*Emberiza hortulana*	
	690	灰颈鹀	*Emberiza buchanani*	
	691	灰眉岩鹀	*Emberiza cia*	
	692	三道眉草鹀	*Emberiza cioides*	
	693	栗斑腹鹀	*Emberiza jankowskii*	
	694	栗耳鹀	*Emberiza fucata*	
	695	田鹀	*Emberiza rustica*	
	696	小鹀	*Emberiza pusilla*	
	697	黄眉鹀	*Emberiza chrysophrys*	
	698	灰鹀	*Emberiza variabilis*	
	699	白眉鹀	*Emberiza tristrami*	
	700	藏鹀	*Emberiza koslowi*	
	701	红颈苇鹀	*Emberiza yessoensis*	
	702	苇鹀	*Emberiza pallasi*	
	703	芦鹀	*Emberiza schoeniclus*	
	704	蓝鹀	*Latoucheornis siemsseni*	
	705	凤头鹀	*Melophus lathami*	
	706	铁爪鹀	*Calcarius lapponicus*	
	707	雪鹀	*Plectrophenax nivalis*	
两栖纲 AMPHIBIA　3 目 10 科 291 种				
无足目 APODA or GYMNOPHIONA				
鱼螈科 Ichthyophidae	1	版纳鱼螈	*Ichthyophis bannanica*	

续表

目、科	序号	中文名	学名	备注
有尾目 CAUDATA(URODELA)				
小鲵科 Hynobiidae	2	无斑山溪鲵	*Batrachuperus karlschmidti*	
	3	龙洞山溪鲵	*Batrachuperus longdongensis*	
	4	山溪鲵	*Batrachuperus pinchonii*	
	5	北方山溪鲵	*Batrachuperus tibetanus*	
	6	盐源山溪鲵	*Batrachuperus yenyuanensis*	
	7	安吉小鲵	*Hynobius amjiensis*	
	8	中国小鲵	*Hynobius chinensis*	
	9	台湾小鲵	*Hynobius formosanus*	
	10	东北小鲵	*Hynobius leechii*	
	11	满洲小鲵	*Hynobius mantchuricus*	
	12	能高山小鲵	*Hynobius sonani*	
	13	巴鲵	*Liua shihi*	
	14	爪鲵	*Onychodactylus fischeri*	
	15	商城肥鲵	*Pachyhynobius shangchengensis*	
	16	新疆北鲵	*Ranodon sibiricus*	
	17	秦巴北鲵	*Ranodon tsinpaensis*	
	18	极北鲵	*Salamandrella keyserlingii*	
蝾螈科 Salamandridae	19	呈贡蝾螈	*Cynops chenggongensis*	
	20	蓝尾蝾螈	*Cynops cyanurus*	
	21	东方蝾螈	*Cynops orientalis*	
	22	潮汕蝾螈	*Cynops orphicus*	
	23	滇池蝾螈	*Cynops wolterstorffi*	
	24	琉球棘螈	*Echinotriton andersoni*	
	25	黑斑肥螈	*Pachytriton brevipes*	
	26	无斑肥螈	*Pachytriton labiatus*	
	27	尾斑瘰螈	*Paramesotriton caudopunctatus*	
	28	中国瘰螈	*Paramesotriton chinesis*	
	29	富钟瘰螈	*Paramesotriton fuzhongensis*	
	30	广西瘰螈	*Paramesotriton guangxiensis*	
	31	香港瘰螈	*Paramesotriton hongkongensis*	
	32	棕黑疣螈	*Tylototriton verrucosus*	
无尾目 SALIENTIA(ANURA)				
铃蟾科 Bombinidae	33	强婚刺铃蟾	*Bombina fortinuptialis*	
	34	大蹼铃蟾	*Bombina maxima*	
	35	微蹼铃蟾	*Bombina microdeladigitora*	
	36	东方铃蟾	*Bombina orientalis*	
角蟾科 Megophryidae	37	沙坪无耳蟾	*Atympanophrys shapingensis*	
	38	宽头短腿蟾	*Brachytarsophrys carinensis*	
	39	缅北短腿蟾	*Brachytarsophrys feae*	
	40	平顶短腿蟾	*Brachytarsophrys platyparietus*	
	41	沙巴拟髭蟾	*Leptobrachium chapaense*	
	42	东南亚拟髭蟾	*Leptobrachium hasseltii*	
	43	高山掌突蟾	*Leptolalax alpinus*	
	44	峨山掌突蟾	*Leptolalax oshanensis*	
	45	掌突蟾	*Leptolalax pelodytoides*	
	46	腹斑掌突蟾	*Leptolalax ventripunctatus*	
	47	淡肩角蟾	*Megophrys boettgeri*	

续表

目、科	序号	中文名	学名	备注
无尾目 SALIENTIA(ANURA)				
角蟾科 Megophryidae	48	短肢角蟾	*Megophrys brachykolos*	
	49	尾突角蟾	*Megophrys caudoprocta*	
	50	大围山角蟾	*Megophrys daweimontis*	
	51	大花角蟾	*Megophrys giganticus*	
	52	腺角蟾	*Megophrys glandulosa*	
	53	肯氏角蟾	*Megophrys kempii*	
	54	挂墩角蟾	*Megophrys kuatunensis*	
	55	白颌大角蟾	*Megophrys lateralis*	
	56	莽山角蟾	*Megophrys mangshanensis*	
	57	小角蟾	*Megophrys minor*	
	58	南江角蟾	*Megophrys nankiangensis*	
	59	峨眉角蟾	*Megophrys omeimontis*	
	60	突肛角蟾	*Megophrys pachyproctus*	
	61	粗皮角蟾	*Megophrys palpebralespinosa*	
	62	凹项角蟾	*Megophrys parva*	
	63	棘指角蟾	*Megophrys spinatus*	
	64	小口拟角蟾	*Ophryophryne microstoma*	
	65	突肛拟角蟾	*Ophryophryne pachyproctus*	
	66	川北齿蟾	*Oreolalax chuanbeiensis*	
	67	棘疣齿蟾	*Oreolalax granulosus*	
	68	景东齿蟾	*Oreolalax jingdongensis*	
	69	利川齿蟾	*Oreolalax lichuanensis*	
	70	大齿蟾	*Oreolalax major*	
	71	密点齿蟾	*Oreolalax multipunctatus*	
	72	峨眉齿蟾	*Oreolalax omeimontis*	
	73	秉志齿蟾	*Oreolalax pingii*	
	74	宝兴齿蟾	*Oreolalax popei*	
	75	红点齿蟾	*Oreolalax rhodostigmatus*	
	76	疣刺齿蟾	*Oreolalax rugosus*	
	77	无蹼齿蟾	*Oreolalax schrmidti*	
	78	乡城齿蟾	*Oreolalax xiangchengensis*	
	79	高山齿突蟾	*Scutiger alticola*	
	80	西藏齿突蟾	*Scutiger boulengeri*	
	81	金项齿突蟾	*Scutiger chintingensis*	
	82	胸腺齿突蟾	*Scutiger glandulatus*	
	83	贡山齿突蟾	*Scutiger gongshanensis*	
	84	六盘齿突蟾	*Scutiger liupanensis*	
	85	花齿突蟾	*Scutiger maculatus*	
	86	刺胸齿突蟾	*Scutiger mammatus*	
	87	宁陕齿突蟾	*Scutiger ningshanensis*	
	88	林芝齿突蟾	*Scutiger nyingchiensis*	
	89	平武齿突蟾	*Scutiger pingwuensis*	
	90	皱皮齿突蟾	*Scutiger ruginosus*	
	91	锡金齿突蟾	*Scutiger sikkimmensis*	

续表

目、科	序号	中文名	学名	备注
无尾目 SALIENTIA（ANURA）				
角蟾科 Megophryidae	92	圆疣齿突蟾	*Scutiger tuberculatus*	
	93	巍氏齿突蟾	*Scutiger weigoldi*	
	94	哀牢髭蟾	*Vibrissaphora ailaonica*	
	95	峨眉髭蟾	*Vibrissaphora boringii*	
	96	雷山髭蟾	*Vibrissaphora leishanensis*	
	97	刘氏髭蟾	*Vibrissaphora liui*	
蟾蜍科 Bufonidae	98	哀牢蟾蜍	*Bufo ailaoanus*	
	99	华西蟾蜍	*Bufo andrewsi*	
	100	盘谷蟾蜍	*Bufo bankorensis*	
	101	隐耳蟾蜍	*Bufo cryptotympanicus*	
	102	头盔蟾蜍	*Bufo galeatus*	
	103	中华蟾蜍	*Bufo gargarizans*	
	104	喜山蟾蜍	*Bufo himalayanus*	
	105	沙湾蟾蜍	*Bufo kabischi*	
	106	黑眶蟾蜍	*Bufo melanostictus*	
	107	岷山蟾蜍	*Bufo minshanicus*	
	108	新疆蟾蜍	*Bufo nouettei*	
	109	花背蟾蜍	*Bufo raddei*	
	110	史氏蟾蜍	*Bufo stejnegeri*	
	111	西藏蟾蜍	*Bufo tibetanus*	
	112	圆疣蟾蜍	*Bufo tuberculatus*	
	113	绿蟾蜍	*Bufo viridis*	
	114	卧龙蟾蜍	*Bufo wolongensis*	
	115	鳞皮厚蹼蟾	*Pelophryne scalpta*	
	116	无棘溪蟾	*Torrentophryne aspinia*	
	117	疣棘溪蟾	*Torrentophryne tuberospinia*	
树蟾科 Hylidae	118	华西树蟾	*Hyla annectans annectans*	
	119	中国树蟾	*Hyla chinensis*	
	120	贡山树蟾	*Hyla gongshanensi*	
	121	日本树蟾	*Hyla japonica*	
	122	三港树蟾	*Hyla sanchiangensis*	
	123	华南树蟾	*Hyla simplex*	
	124	秦岭树蟾	*Hyla tsinlingensis*	
	125	昭平树蟾	*Hyla zhaopingensis*	
姬蛙科 Microhylidae	126	云南小狭口蛙	*Calluella yunnanensis*	
	127	花细狭口蛙	*Kalophrynus interlineatus*	
	128	孟连细狭口蛙	*Kalophrynus menglienicus*	
	129	北方狭口蛙	*Kaloula borealis*	
	130	花狭口蛙	*Kaloula pulchra*	
	131	四川狭口蛙	*Kaloula rugifera*	
	132	多疣狭口蛙	*Kaloula verrucosa*	
	133	大姬蛙	*Microhyla berdmorei*	
	134	粗皮姬蛙	*Microhyla butleri*	
	135	小弧斑姬蛙	*Microhyla heymonsi*	

续表

目、科	序号	中文名	学名	备注
无尾目 SALIENTIA（ANURA）				
姬蛙科 Microhylidae	136	合征姬蛙	*Microhyla mixtura*	
	137	饰纹姬蛙	*Microhyla ornata*	
	138	花姬蛙	*Microhyla pulchra*	
	139	德力娟蛙	*Micryletta inornata*	
	140	台湾娟蛙	*Microhyla steinegeri*	
蛙科 Ranidae	141	西域湍蛙	*Amolops afghanus*	
	142	崇安湍蛙	*Amolops chunganensis*	
	143	棘皮湍蛙	*Amolops granulosus*	
	144	海南湍蛙	*Amolops hainanensis*	
	145	香港湍蛙	*Amolops hongkongensis*	
	146	康定湍蛙	*Amolops kangtinggensis*	
	147	凉山湍蛙	*Amolops liangshanensis*	
	148	理县湍蛙	*Amolops lifanensis*	
	149	棕点湍蛙	*Amolops loloensis*	
	150	突吻湍蛙	*Amolops macrorhynchu*	
	151	四川湍蛙	*Amolops mantzorum*	
	152	勐养湍蛙	*Amolops mengyangensis*	
	153	山湍蛙	*Amolops monticola*	
	154	华南湍蛙	*Amolops ricketti*	
	155	小湍蛙	*Amolops torrentis*	
	156	绿点湍蛙	*Amolops viridimaculatus*	
	157	武夷湍蛙	*Amolops wuyiensis*	
	158	北小岩蛙	*Micrixalus borealis*	
	159	刘氏小岩蛙	*Micrixalus liui*	
	160	网纹小岩蛙	*Micrixalus reticulatus*	
	161	西藏小岩蛙	*Micrixalus xizangensis*	
	162	高山倭蛙	*Nanorana parkeri*	
	163	倭蛙	*Nanorana pleskei*	
	164	腹斑倭蛙	*Nanorana ventripunctata*	
	165	尖舌浮蛙	*Occidozyga lima*	
	166	圆舌浮蛙	*Occidozyga martensii*	
	167	缅北棘蛙	*Paa arnoldi*	
	168	大吉岭棘蛙	*Paa blanfordii*	
	169	棘腹蛙	*Paa boulengeri*	
	170	错那棘蛙	*Paa conaensis*	
	171	小棘蛙	*Paa exilispinosa*	
	172	眼斑棘蛙	*Paa feae*	
	173	九龙棘蛙	*Paa jiulongensis*	
	174	棘臂蛙	*Paa liebigii*	
	175	刘氏棘蛙	*Paa liui*	
	176	花棘蛙	*Paa maculosa*	
	177	尼泊尔棘蛙	*Paa polunini*	
	178	合江棘蛙	*Paa robertingeri*	
	179	侧棘蛙	*Paa shini*	

续表

目、科	序号	中文名	学名	备注
无尾目 SALIENTIA(ANURA)				
蛙科 Ranidae	180	棘胸蛙	*Paa spinosa*	
	181	双团棘胸蛙	*Paa yunnanensis*	
	182	弹琴蛙	*Rana adenopleura*	
	183	阿尔泰林蛙	*Rana altaica*	
	184	黑龙江林蛙	*Rana amurensis*	
	185	云南臭蛙	*Rana andersonii*	
	186	安龙臭蛙	*Rana anlungensis*	
	187	中亚林蛙	*Rana asiatica*	
	188	版纳蛙	*Rana bannanica*	
	189	海蛙	*Rana cancrivora*	
	190	昭觉林蛙	*Rana chaochiaoensis*	
	191	中国林蛙	*Rana chensinensis*	
	192	峰斑蛙	*Rana chevronta*	
	193	仙姑弹琴蛙	*Rana daunchina*	
	194	海参崴蛙	*Rana dybowskii*	
	195	脆皮蛙	*Rana fragilis*	
	196	叶邦蛙	*Rana gerbillus*	
	197	无指盘臭蛙	*Rana grahami*	
	198	沼蛙	*Rana guentheri*	
	199	合江臭蛙	*Rana hejiangensis*	
	200	桓仁林蛙	*Rana huanrenensis*	
	201	日本林蛙	*Rana japonica*	
	202	光务臭蛙	*Rana kuangwuensis*	
	203	大头蛙	*Rana kuhlii*	
	204	昆嵛林蛙	*Rana kunyuensis*	
	205	阔褶蛙	*Rana latouchii*	
	206	泽蛙	*Rana limnocharis*	
	207	江城蛙(暂名)	*Rana lini*	
	208	大绿蛙	*Rana livida*	
	209	长肢蛙	*Rana longicrus*	
	210	龙胜臭蛙	*Rana lungshengensis*	
	211	长趾蛙	*Rana macrodactyla*	
	212	绿臭蛙	*Rana margaretae*	
	213	小山蛙	*Rana minima*	
	214	多齿蛙(暂名)	*Rana multidenticulata*	
	215	黑斜线蛙	*Rana nigrolineata*	
	216	黑斑蛙	*Rana nigromaculata*	
	217	黑耳蛙	*Rana nigrotympanica*	
	218	黑带蛙	*Rana nigrovittata*	
	219	金线蛙	*Rana plancyi*	
	220	滇蛙	*Rana pleuraden*	
	221	八重山弹琴蛙	*Rana psaltes*	
	222	隆肛蛙	*Rana quadranus*	
	223	湖蛙	*Rana ridibunda*	

续表

目、科	序号	中文名	学名	备注
无尾目 SALIENTIA（ANURA）				
蛙科 Ranidae	224	粗皮蛙	*Rana rugosa*	
	225	库利昂蛙	*Rana sanguinea*	
	226	桑植蛙	*Rana sangzhiensis*	
	227	梭德氏蛙	*Rana sauteri*	
	228	花臭蛙	*Rana schmackeri*	
	229	胫腺蛙	*Rana shuchinae*	
	230	细刺蛙	*Rana spinulosa*	
	231	棕背蛙	*Rana swinhoana*	
	232	台北蛙	*Rana taipehensis*	
	233	腾格里蛙	*Rana tenggerensis*	
	234	滇南臭蛙	*Rana tiannanensis*	
	235	天台蛙	*Rana tientaiensis*	
	236	凹耳蛙	*Rana tormotus*	
	237	棘肛蛙	*Rana unculuanus*	
	238	竹叶蛙	*Rana versabilis*	
	239	威宁蛙	*Rana weiningensis*	
	240	雾川臭蛙	*Rana wuchuanensis*	
	241	明全蛙	*Rana zhengi*	
树蛙科 Rhacophoridae	242	日本溪树蛙	*Buergeria japonica*	
	243	海南溪树蛙	*Buergeria oxycephala*	
	244	壮溪树蛙	*Buergeria robusta*	
	245	背条跳树蛙	*Chirixalus doriae*	
	246	琉球跳树蛙	*Chirixalus eiffingeri*	
	247	面天跳树蛙	*Chirixalus idiootocus*	
	248	侧条跳树蛙	*Chirixalus vittatus*	
	249	白斑小树蛙	*Philautus albopunctatus*	
	250	安氏小树蛙	*Philautus andersoni*	
	251	锯腿小树蛙	*Philautus cavirostris*	
	252	黑眼睑小树蛙	*Philautus gracilipes*	
	253	金秀小树蛙	*Philautus jinxiuensis*	
	254	陇川小树蛙	*Philautus longchuanensis*	
	255	墨脱小树蛙	*Philautus medogensis*	
	256	勐腊小树蛙	*Philautus menglaensis*	
	257	眼斑小树蛙	*Philautus ocellatus*	
	258	白颊小树蛙	*Philautus palpebralis*	
	259	红吸盘小树蛙	*Philautus rhododiscus*	
	260	香港小树蛙	*Philautus romeri*	
	261	经甫泛树蛙	*Polypedates chenfui*	
	262	大泛树蛙	*Polypedates dennysi*	
	263	杜氏泛树蛙	*Polypedates dugritei*	
	264	棕褶泛树蛙	*Polypedates feae*	
	265	洪佛泛树蛙	*Polypedates hungfuensis*	
	266	斑腿泛树蛙	*Polypedates megacephalus*	
	267	无声囊泛树蛙	*Polypedates mutus*	

续表

目、科	序号	中文名	学名	备注
无尾目 SALIENTIA(ANURA)				
树蛙科 Rhacophoridae	268	黑点泛树蛙	*Polypedates nigropunctatus*	
	269	峨眉泛树蛙	*Polypedates omeimontis*	
	270	屏边泛树蛙	*Polypedates pingbianensis*	
	271	普洱泛树蛙	*Polypedates puerensis*	
	272	昭觉泛树蛙	*Polypedates zhaojuensis*	
	273	民雄树蛙	*Rhacophorus arvalis*	
	274	橙腹树蛙	*Rhacophorus aurantiventris*	
	275	双斑树蛙	*Rhacophorus bipunctatus*	
	276	贡山树蛙	*Rhacophorus gongshanensis*	
	277	大吉岭树蛙	*Rhacophorus jerdonii*	
	278	白颌树蛙	*Rhacophorus maximus*	
	279	莫氏树蛙	*Rhacophorus moltrechti*	
	280	伊伽树蛙	*Rhacophorus naso*	
	281	翡翠树蛙	*Rhacophorus prasinatus*	
	282	黑蹼树蛙	*Rhacophorus reinwardtii*	
	283	红蹼树蛙	*Rhacophorus rhodopus*	
	284	台北树蛙	*Rhacophorus taipeianus*	
	285	横纹树蛙	*Rhacophorus translineatus*	
	286	疣腿树蛙	*Rhacophorus tuberculatus*	
	287	疣足树蛙	*Rhacophorus verrucopus*	
	288	瑶山树蛙	*Rhacophorus yaoshanensis*	
	289	马来疣斑树蛙	*Theloderma asperum*	
	290	广西疣斑树蛙	*Theloderma kwangsiensis*	
	291	西藏疣斑树蛙	*Theloderma moloch*	
爬行纲 REPTILIA 2 目 20 科 395 种				
龟鳖目 TESTUDINES				
平胸龟科 Platysternidae	1	平胸龟	*Platysternon megacephalum*	
淡水龟科 Bataguridae	2	大头乌龟	*Chinemys megalocephala*	
	3	黑颈水龟	*Chinemys nigricans*	
	4	乌龟	*Chinemys reevesii*	
	5	黄缘盒龟	*Cistoclemmys flavomarginata*	
	6	黄额盒龟	*Cistoclemmys galbinifrons*	
	7	金头闭壳龟	*Cuora aurocapitata*	
	8	百色闭壳龟	*Cuora mccordi*	
	9	潘氏闭壳龟	*Cuora pani*	
	10	琼崖闭壳龟	*Cuora serrata*	
	11	周氏闭壳龟	*Cuora zhoui*	
	12	齿缘龟	*Cyclemys dentata*	
	13	艾氏拟水龟	*Mauremys iversoni*	
	14	黄喉拟水龟	*Mauremys mutica*	
	15	腊戍拟水龟	*Mauremys pritchardi*	
	16	缺颌花龟	*Ocadia glyphistoma*	
	17	菲氏花龟	*Ocadia philippeni*	
	18	中华花龟	*Ocadia sinensis*	
	19	锯缘摄龟	*Pyxidea mouhotii*	

续表

目、科	序号	中文名	学名	备注
龟鳖目 TESTUDINES				
淡水龟科 Bataguridae	20	眼斑龟	*Sacalia bealei*	
	21	拟眼斑龟	*Sacalia pseudocellata*	
	22	四眼斑龟	*Sacalia quadriocellata*	
陆龟科 Testudinidae	23	缅甸陆龟	*Indotestudo elongata*	
鳖科 Trionychidae	24	砂鳖	*Pelodiscus axenaria*	
	25	东北鳖	*Pelodiscus maackii*	
	26	小鳖	*Pelodiscus parviformis*	
	27	鳖	*Pelodiscus sinensis*	
	28	斑鳖	*Rafetus swinhoei*	
有鳞目 SQUAMATA				
蜥蜴亚目 LACERTILIA				
壁虎科 Gekkonidae	29	隐耳漠虎	*Alsophylax pipiens*	
	30	新疆漠虎	*Alsophylax przewalskii*	
	31	蝎虎	*Cosymbotus platyurus*	
	32	长裸趾虎	*Cyrtodactylus elongatus*	
	33	卡西裸趾虎	*Cyrtodactylus khasiensis*	
	34	墨脱裸趾虎	*Cyrtodactylus medogensis*	
	35	灰裸趾虎	*Cyrtodactylus russowii*	
	36	西藏裸趾虎	*Cyrtodactylus tibetanus*	
	37	莎车裸趾虎	*Cyrtodactylus yarkandensis*	
	38	截趾虎	*Gehyra mutilata*	
	39	耳疣壁虎	*Gekko auriverrucosus*	
	40	中国壁虎	*Gekko chinensis*	
	41	铅山壁虎	*Gekko hokouensis*	
	42	多疣壁虎	*Gekko japonicus*	
	43	兰屿壁虎	*Gekko kikuchii*	
	44	海南壁虎	*Gekko similignum*	
	45	蹼趾壁虎	*Gekko subpalmatus*	
	46	无蹼壁虎	*Gekko swinhonis*	
	47	太白壁虎	*Gekko taibaiensis*	
	48	原尾蜥虎	*Hemidactylus bowringii*	
	49	密疣蜥虎	*Hemidactylus brookii*	
	50	疣尾蜥虎	*Hemidactylus frenatus*	
	51	锯尾蜥虎	*Hemidactylus garnotii*	
	52	台湾蜥虎	*Hemidactylus stejneger*	
	53	沙坝半叶趾虎	*Hemiphyllodactylus chapaensis*	
	54	云南半叶趾虎	*Hemiphyllodactylus yunnanensis*	
	55	鳞趾虎	*Lepidodactylus lugubris*	
	56	雅美鳞趾虎	*Lepidodactylus yami*	
	57	新疆沙虎	*Teratoscincus przewalskii*	
	58	吐鲁番沙虎	*Teratoscincus roborowskii*	
	59	伊犁沙虎	*Teratoscincus scincus*	
	60	托克逊沙虎	*Teratoscincus toksunicus*	
睑虎科 Eublepharidae	61	睑虎	*Goniurosaurus hainanensis*	
	62	凭祥睑虎	*Goniurosaurus luii*	
鬣蜥科 Agamidae	63	长棘蜥	*Acanthosaura armata*	
	64	丽棘蜥	*Acanthosaura lepidogaster*	

续表

目、科	序号	中文名	学名	备注
有鳞目 SQUAMATA				
蜥蜴亚目 LACERTILIA				
鬣蜥科 Agamidae	65	短肢树蜥	*Calotes brevipes*	
	66	棕背树蜥	*Calotes emma*	
	67	绿背树蜥	*Calotes jerdoni*	
	68	蚌西树蜥	*Calotes kakhienensis*	
	69	西藏树蜥	*Calotes kingdonwardi*	
	70	墨脱树蜥	*Calotes medogensis*	
	71	细鳞树蜥	*Calotes microlepis*	
	72	白唇树蜥	*Calotes mystaceus*	
	73	变色树蜥	*Calotes versicolor*	
	74	裸耳飞蜥	*Draco blanfordii*	
	75	斑飞蜥	*Draco maculatus*	
	76	长肢攀蜥	*Japalura andersoniana*	
	77	短肢攀蜥	*Japalura brevipes*	
	78	裸耳攀蜥	*Japalura dymondi*	
	79	草绿攀蜥	*Japalura flaviceps*	
	80	宜宾攀蜥	*Japalura grahami*	
	81	喜山攀蜥	*Japalura kumaonensis*	
	82	宜兰攀蜥(新拟)	*Japalura luei*	
	83	溪头攀蜥	*Japalura makii*	
	84	米仓山攀蜥	*Japalura micangshanensis*	
	85	琉球攀蜥	*Japalura polygonata*	
	86	丽纹攀蜥	*Japalura splendida*	
	87	台湾攀蜥	*Japalura swinhonis*	
	88	四川攀蜥	*Japalura szechwanensis*	
	89	昆明攀蜥	*Japalura varcoae*	
	90	云南攀蜥	*Japalura yunnanensis*	
	91	喜山岩蜥	*Laudakia himalayana*	
	92	西藏岩蜥	*Laudakia papenfussi*	
	93	拉萨岩蜥	*Laudakia sacra*	
	94	新疆岩蜥	*Laudakia stoliczkana*	
	95	塔里木岩蜥	*Laudakia tarimensis*	
	96	南亚岩蜥	*Laudakia tuberculata*	
	97	吴氏岩蜥	*Laudakia wui*	
	98	蜡皮蜥	*Leiolepis reevesii*	
	99	异鳞蜥	*Oriocalotes paulus*	
	100	白条沙蜥	*Phrynocephalus albolineatus*	
	101	叶城沙蜥	*Phrynocephalus axillaris*	
	102	红尾沙蜥	*Phrynocephalus erythrurus*	
	103	南疆沙蜥	*Phrynocephalus forsythii*	
	104	草原沙蜥	*Phrynocephalus frontalis*	
	105	奇台沙蜥	*Phrynocephalus grumgrzimailoi*	
	106	居延沙蜥	*Phrynocephalus guentheri*	
	107	乌拉尔沙蜥	*Phrynocephalus guttatus*	
	108	旱地沙蜥	*Phrynocephalus helioscopus*	
	109	红原沙蜥	*Phrynocephalus hongyuanensis*	
	110	无斑沙蜥	*Phrynocephalus immaculatus*	
	111	白梢沙蜥	*Phrynocephalus koslowi*	

续表

目、科	序号	中文名	学名	备注
有鳞目 SQUAMATA				
蜥蜴亚目 LACERTILIA				
鬣蜥科 Agamidae	112	库车沙蜥	*Phrynocephalus ludovici*	
	113	大耳沙蜥	*Phrynocephalus mystaceus*	
	114	宽鼻沙蜥	*Phrynocephalus nasatus*	
	115	荒漠沙蜥	*Phrynocephalus przewalskii*	
	116	西藏沙蜥	*Phrynocephalus theobaldi*	
	117	变色沙蜥	*Phrynocephalus versicolor*	
	118	青海沙蜥	*Phrynocephalus vlangalii*	
	119	泽当沙蜥	*Phrynocephalus zetangensis*	
	120	长鬣蜥	*Physignathus cocincinus*	
	121	喉褶蜥	*Ptyctolaemus gularis*	
	122	草原蜥	*Trapelus sanguinolentus*	
蛇蜥科 Anguidae	123	台湾脆蛇蜥	*Ophisaurus formosensis*	
	124	细脆蛇蜥	*Ophisaurus gracilis*	
	125	海南脆蛇蜥	*Ophisaurus hainanensis*	
	126	脆蛇蜥	*Ophisaurus harti*	
巨蜥科 Varanidae	127	孟加拉巨蜥	*Varanus bengalensis*	
双足蜥科 Dibamidae	128	香港双足蜥	*Dibamus bogadeki*	
	129	白尾双足蜥	*Dibamus bourreti*	
蜥蜴科 Lacertidae	130	丽斑麻蜥	*Eremias argus*	
	131	敏麻蜥	*Eremias arguta*	
	132	山地麻蜥	*Eremias brenchleyi*	
	133	喀什麻蜥	*Eremias buechneri*	
	134	网纹麻蜥	*Eremias grammica*	
	135	密点麻蜥	*Eremias multiocellata*	
	136	荒漠麻蜥	*Eremias przewalskii*	
	137	快步麻蜥	*Eremias velox*	
	138	虫纹麻蜥	*Eremias vermiculata*	
	139	捷蜥蜴	*Lacerta agilis*	
	140	胎生蜥蜴	*Lacerta vivipara*	
	141	峨眉地蜥	*Platyplacopus intermedius*	
	142	台湾地蜥	*Platyplacopus kuehnei*	
	143	崇安地蜥	*Platyplacopus sylvaticus*	
	144	黑龙江草蜥	*Takydromus amurensis*	
	145	台湾草蜥	*Takydromus formosanus*	
	146	雪山草蜥	*Takydromus hsuehshanensis*	
	147	恒春草蜥	*Takydromus sauteri*	
	148	北草蜥	*Takydromus septentrionalis*	
	149	南草蜥	*Takydromus sexlineatus*	
	150	蓬莱草蜥	*Takydromus stejnegeri*	
	151	白条草蜥	*Takydromus wolteri*	
石龙子科 Scincidae	152	阿赖山裂脸蜥	*Asymblepharus alaicus*	
	153	光蜥	*Ateuchosaurus chinensis*	
	154	岩岸岛蜥	*Emoia atrocostatata*	
	155	黄纹石龙子	*Eumeces capito*	
	156	中国石龙子	*Eumeces chinensis*	
	157	蓝尾石龙子	*Eumeces elegans*	
	158	刘氏石龙子	*Eumeces liui*	

续表

目、科	序号	中文名	学名	备注
有鳞目 SQUAMATA				
蜥蜴亚目 LACERTILIA				
石龙子科 Scincidae	159	崇安石龙子	*Eumeces popei*	
	160	四线石龙子	*Eumeces quadrilineatus*	
	161	大渡石龙子	*Eumeces tunganus*	
	162	长尾南蜥	*Mabuya longicaudata*	
	163	多棱南蜥	*Mabuya multicarinata*	
	164	多线南蜥	*Mabuya multifasciata*	
	165	昆明滑蜥	*Scincella barbouri*	
	166	长肢滑蜥	*Scincella doriae*	
	167	台湾滑蜥	*Scincella formosensis*	
	168	喜山滑蜥	*Scincella himalayana*	
	169	桓仁滑蜥	*Scincella huanrenensis*	
	170	拉达克滑蜥	*Scincella ladacensis*	
	171	宁波滑蜥	*Scincella modesta*	
	172	山滑蜥	*Scincella monticola*	
	173	康定滑蜥	*Scincella potanini*	
	174	西域滑蜥	*Scincella przewalskii*	
	175	南滑蜥	*Scincella reevesii*	
	176	瓦山滑蜥	*Scincella schmidti*	
	177	锡金滑蜥	*Scincella sikimmensis*	
	178	秦岭滑蜥	*Scincella tsinlingensis*	
	179	墨脱蜓蜥	*Sphenomorphus courcyanus*	
	180	股鳞蜓蜥	*Sphenomorphus incognitus*	
	181	铜蜓蜥	*Sphenomorphus indicus*	
	182	斑蜓蜥	*Sphenomorphus maculata*	
	183	台湾蜓蜥	*Sphenomorphus taiwanensis*	
	184	缅甸棱蜥	*Tropidophorus berdmorei*	
	185	广西棱蜥	*Tropidophorus guangxiensis*	
	186	海南棱蜥	*Tropidophorus hainanus*	
	187	中国棱蜥	*Tropidophorus sinicus*	
有鳞目 SQUAMATA				
蛇亚目 SERPENTES				
盲蛇科 Typhlopidae	188	白头钩盲蛇	*Ramphotyphlops albiceps*	
	189	钩盲蛇	*Ramphotyphlops braminus*	
	190	大盲蛇	*Typhlops diardii*	
	191	恒春盲蛇	*Typhlops koshunensis*	
瘰鳞蛇科 Acrochordidae	192	瘰鳞蛇	*Acrochordus granulatus*	
闪鳞蛇科 Xenopeltidae	193	海南闪鳞蛇	*Xenopeltis hainanensis*	
	194	闪鳞蛇	*Xenopeltis unicolor*	
盾尾蛇科 Uropeltidae	195	红尾筒蛇	*Cylindrophis ruffus*	
蟒科 Boida	196	红沙蟒	*Eryx miliaris*	
	197	东疆沙蟒	*Eryx orentalis – xinjiangensis*	
	198	东方沙蟒	*Eryx tataricus*	
游蛇科 Colubridae	199	青脊蛇	*Achalinus ater*	
	200	台湾脊蛇	*Achalinus formosanus*	
	201	海南脊蛇	*Achalinus hainanus*	
	202	井冈山脊蛇	*Achalinus jinggangensis*	
	203	美姑脊蛇	*Achalinus meiguensis*	
	204	阿里山脊蛇	*Achalinus niger*	

续表

目、科	序号	中文名	学名	备注
有鳞目 SQUAMATA				
蛇亚目 SERPENTES				
游蛇科 Colubridae	205	棕脊蛇	*Achalinus rufescens*	
	206	黑脊蛇	*Achalinus spinalis*	
	207	绿瘦蛇	*Ahaetulla prasina*	
	208	无颞鳞腹链蛇	*Amphiesma atemporale*	
	209	黑带腹链蛇	*Amphiesma bitaeniatum*	
	210	白眉腹链蛇	*Amphiesma boulengeri*	
	211	绣链腹链蛇	*Amphiesma craspedogaster*	
	212	棕网腹链蛇	*Amphiesma johannis*	
	213	卡西腹链蛇	*Amphiesma khasiense*	
	214	瓦屋山腹链蛇	*Amphiesma metusium*	
	215	台北腹链蛇	*Amphiesma miyajimae*	
	216	腹斑腹链蛇	*Amphiesma modestum*	
	217	八线腹链蛇	*Amphiesma octolineatum*	
	218	丽纹腹链蛇	*Amphiesma optatum*	
	219	双带腹链蛇	*Amphiesma parallelum*	
	220	平头腹链蛇	*Amphiesma platyceps*	
	221	坡普腹链蛇	*Amphiesma popei*	
	222	棕黑腹链蛇	*Amphiesma sauteri*	
	223	草腹链蛇	*Amphiesma stolatum*	
	224	缅北腹链蛇	*Amphiesma venningi*	
	225	东亚腹链蛇	*Amphiesma vibakari*	
	226	白眶蛇	*Amphiesmoides ornaticeps*	
	227	滇西蛇	*Atretium yunnanensis*	
	228	珠光蛇	*Blythia reticulata*	
	229	绿林蛇	*Boiga cyanea*	
	230	广西林蛇	*Boiga guangxiensis*	
	231	绞花林蛇	*Boiga kraepelini*	
	232	繁花林蛇	*Boiga multomaculata*	
	233	尖尾两头蛇	*Calamaria pavimentata*	
	234	钝尾两头蛇	*Calamaria septentrionalis*	
	235	云南两头蛇	*Calamaria yunnanensis*	
	236	金花蛇	*Chrysopelea ornata*	
	237	花脊游蛇	*Coluber ravergieri*	
	238	黄脊游蛇	*Coluber spinalis*	
	239	纯绿翠青蛇	*Cyclophiops doriae*	
	240	翠青蛇	*Cyclophiops major*	
	241	横纹翠青蛇	*Cyclophiops multicinctus*	
	242	喜山过树蛇	*Dendrelaphis gorei*	
	243	过树蛇	*Dendrelaphis pictus*	
	244	八莫过树蛇	*Dendrelaphis subocularis*	
	245	黄链蛇	*Dinodon flavozonatum*	
	246	粉链蛇	*Dinodon rosozonatum*	
	247	赤链蛇	*Dinodon rufozonatum*	
	248	白链蛇	*Dinodon septentrionale*	
	249	赤峰锦蛇	*Elaphe anomala*	
	250	双斑锦蛇	*Elaphe bimaculata*	
	251	王锦蛇	*Elaphe carinata*	

续表

目、科	序号	中文名	学名	备注
有鳞目 SQUAMATA				
蛇亚目 SERPENTES				
游蛇科 Colubridae	252	团花锦蛇	*Elaphe davidi*	
	253	白条锦蛇	*Elaphe dione*	
	254	灰腹绿锦蛇	*Elaphe frenata*	
	255	南峰锦蛇	*Elaphe hodgsonii*	
	256	玉斑锦蛇	*Elaphe mandarina*	
	257	百花锦蛇	*Elaphe moellendorffi*	
	258	横斑锦蛇	*Elaphe perlacea*	
	259	紫灰锦蛇	*Elaphe porphyracea*	
	260	绿锦蛇	*Elaphe prasina*	
	261	三索锦蛇	*Elaphe radiata*	
	262	红点锦蛇	*Elaphe rufodorsata*	
	263	棕黑锦蛇	*Elaphe schrenckii*	
	264	黑眉锦蛇	*Elaphe taeniura*	
	265	黑斑水蛇	*Enhydris bennettii*	
	266	腹斑水蛇	*Enhydris bocourti*	
	267	中国水蛇	*Enhydris chinensis*	
	268	铅色水蛇	*Enhydris plumbea*	
	269	滑鳞蛇	*Liopeltis frenatus*	
	270	白环蛇	*Lycodon aulicus*	
	271	双全白环蛇	*Lycodon fasciatus*	
	272	老挝白环蛇	*Lycodon laoensis*	
	273	黑背白环蛇	*Lycodon ruhstrati*	
	274	细白环蛇	*Lycodon subcinctus*	
	275	颈棱蛇	*Macropisthodon rudis*	
	276	水游蛇	*Natrix natrix*	
	277	棋斑水游蛇	*Natrix tessellata*	
	278	喜山小头蛇	*Oligodon albocinctus*	
	279	方花小头蛇	*Oligodon bellus*	
	280	菱斑小头蛇	*Oligodon catenata*	
	281	中国小头蛇	*Oligodon chinensis*	
	282	紫棕小头蛇	*Oligodon cinereus*	
	283	管状小头蛇	*Oligodon cyclurus*	
	284	台湾小头蛇	*Oligodon formosanus*	
	285	昆明小头蛇	*Oligodon kunmingensis*	
	286	圆斑小头蛇	*Oligodon lacroixi*	
	287	龙胜小头蛇	*Oligodon lungshenensis*	
	288	黑带小头蛇	*Oligodon melanozonatus*	
	289	横纹小头蛇	*Oligodon multizonatus*	
	290	宁陕小头蛇	*Oligodon ningshanensis*	
	291	饰纹小头蛇	*Oligodon ornatus*	
	292	山斑小头蛇	*Oligodon taeniatus*	
	293	香港后棱蛇	*Opisthotropis andersonii*	
	294	横纹后棱蛇	*Opisthotropis balteata*	
	295	莽山后棱蛇	*Opisthotropis cheni*	
	296	广西后棱蛇	*Opisthotropis guangxiensis*	
	297	沙坝后棱蛇	*Opisthotropis jacobi*	
	298	挂墩后棱蛇	*Opisthotropis kuatunensis*	

续表

目、科	序号	中文名	学名	备注
有鳞目 SQUAMATA				
蛇亚目 SERPENTES				
游蛇科 Colubridae	299	侧条后棱蛇	*Opisthotropis lateralis*	
	300	山溪后棱蛇	*Opisthotropis latouchii*	
	301	福建后棱蛇	*Opisthotropis maxwelli*	
	302	老挝后棱蛇	*Opisthotropis praemaxillaris*	
	303	平鳞钝头蛇	*Pareas boulengeri*	
	304	棱鳞钝头蛇	*Pareas carinatus*	
	305	钝头蛇	*Pareas chinensis*	
	306	台湾钝头蛇	*Pareas formosensis*	
	307	缅甸钝头蛇	*Pareas hamptoni*	
	308	横斑钝头蛇	*Pareas macularius*	
	309	横纹钝头蛇	*Pareas margaritophorus*	
	310	喜山钝头蛇	*Pareas monticola*	
	311	福建钝头蛇	*Pareas stanleyi*	
	312	颈斑蛇	*Plagiopholis blakewayi*	
	313	缅甸颈斑蛇	*Plagiopholis nuchalis*	
	314	福建颈斑蛇	*Plagiopholis styani*	
	315	云南颈斑蛇	*Plagiopholis unipostocularis*	
	316	紫沙蛇	*Psammodynastes pulverulentus*	
	317	花条蛇	*Psammophis lineolatus*	
	318	横纹斜鳞蛇	*Pseudoxenodon bambusicola*	
	319	崇安斜鳞蛇	*Pseudoxenodon karlschmidti*	
	320	斜鳞蛇	*Pseudoxenodon macrops*	
	321	花尾斜鳞蛇	*Pseudoxenodon stejnegeri*	
	322	灰鼠蛇	*Ptyas korros*	
	323	滑鼠蛇	*Ptyas mucosus*	
	324	海南颈槽蛇	*Rhabdophis adleri*	
	325	喜山颈槽蛇	*Rhabdophis himalayanus*	
	326	缅甸颈槽蛇	*Rhabdophis leonardi*	
	327	黑纹颈槽蛇	*Rhabdophis nigrocinctus*	
	328	颈槽颈槽蛇	*Rhabdophis nuchalis*	
	329	九龙颈槽蛇	*Rhabdophis pentasupralabialis*	
	330	红脖颈槽蛇	*Rhabdophis subminiatus*	
	331	台湾颈槽蛇	*Rhabdophis swinhonis*	
	332	虎斑颈槽蛇	*Rhabdophis tigrinus*	
	333	黄腹杆蛇	*Rhabdops bicolor*	
	334	尖喙蛇	*Rhynchophis boulengeri*	
	335	黑头剑蛇	*Sibynophis chinensis*	
	336	黑领剑蛇	*Sibynophis collaris*	
	337	环纹华游蛇	*Sinonatrix aequifasciata*	
	338	赤链华游蛇	*Sinonatrix annularis*	
	339	华游蛇	*Sinonatrix percarinata*	
	340	温泉蛇	*Thermophis baileyi*	
	341	山坭蛇	*Trachischium monticola*	
	342	小头坭蛇	*Trachischium tenuiceps*	
	343	渔游蛇	*Xenochrophis piscator*	
	344	黑网乌梢蛇	*Zaocys carinatus*	
	345	乌梢蛇	*Zaocys dhumnades*	
	346	黑线乌梢蛇	*Zaocys nigromarginatus*	

续表

目、科	序号	中文名	学名	备注
有鳞目 SQUAMATA				
蛇亚目 SERPENTES				
眼镜蛇科 Elapidae				
眼镜蛇亚科 Elapinae	347	金环蛇	*Bungarus fasciatus*	
	348	银环蛇	*Bungarus multicinctus*	
	349	福建丽纹蛇	*Calliophis kelloggi*	
	350	丽纹蛇	*Calliophis macclellandi*	
	351	台湾丽纹蛇	*Calliophis sauteri*	
	352	舟山眼镜蛇	*Naja atra*	
	353	孟加拉眼镜蛇	*Naja kaouthia*	
	354	眼镜王蛇	*Ophiophagus hannah*	
扁尾海蛇亚科 Laticaudinae	355	蓝灰扁尾海蛇	*Laticauda colubrina*	
	356	扁尾海蛇	*Laticauda laticaudata*	
	357	半环扁尾海蛇	*Laticauda semifasciata*	
海蛇亚科 Hydrophiinae	358	棘眦海蛇	*Acalyptophis peronii*	
	359	棘鳞海蛇	*Astrotia stokesii*	
	360	龟头海蛇	*Emydocephalus ijimae*	
	361	青灰海蛇	*Hydrophis caerulescens*	
	362	青环海蛇	*Hydrophis cyanocinctus*	
	363	环纹海蛇	*Hydrophis fasciatus*	
	364	小头海蛇	*Hydrophis gracilis*	
	365	黑头海蛇	*Hydrophis melanocephalus*	
	366	淡灰海蛇	*Hydrophis ornatus*	
	367	截吻海蛇	*Kerilia jerdonii*	
	368	平颏海蛇	*Lapemis curtus*	
	369	长吻海蛇	*Pelamis platurus*	
	370	海蝰	*Praescutata viperina*	
蝰科 Viperidae				
白头蝰亚科 Azemiopinae	371	白头蝰	*Azemiops feae*	
蝮亚科 Crotalinae	372	尖吻蝮	*Deinagkistrodon acutus*	
	373	短尾蝮	*Gloydius brevicaudus*	
	374	中介蝮	*Gloydius intermedius*	
	375	六盘山蝮	*Gloydius liupanensis*	
	376	秦岭蝮	*Gloydius qinlingensis*	
	377	岩栖蝮	*Gloydius saxatilis*	
	378	蛇岛蝮	*Gloydius shedaoensis*	
	379	高原蝮	*Gloydius strauchi*	
	380	乌苏里蝮	*Gloydius ussuriensis*	
	381	莽山烙铁头蛇	*Ermia mangshanensis*	
	382	山烙铁头蛇	*Ovophis monticola*	
	383	察隅烙铁头蛇	*Ovophis zayuensis*	
	384	菜花原柔头蝮	*Protobothrops jerdonii*	
	385	原柔头蝮	*Protobothrops mucrosquamatus*	
	386	乡城原矛头蝮	*Protobothrops xiangchengensis*	
	387	白唇竹叶青蛇	*Trimeresurus albolabris*	
	388	台湾竹叶青蛇	*Trimeresurus gracilis*	
	389	墨脱竹叶青蛇	*Trimeresurus medoensis*	
	390	竹叶青蛇	*Trimeresurus stejnegeri*	

续表

目、科	序号	中文名	学名	备注
有鳞目 SQUAMATA				
蛇亚目 SERPENTES				
蝰科 Viperidae				
蝮亚科 Crotalinae	391	西藏竹叶青蛇	*Trimeresurus tibetanus*	
	392	云南竹叶青蛇	*Trimeresurus yunnanensis*	
蝰亚科 Viperinae	393	极北蝰	*Vipera berus*	
	394	圆斑蝰	*Vipera russelii*	
	395	草原蝰	*Vipera ursinii*	
昆虫纲 INSECTA 17 目 72 科 21 属 110 种				
襀翅目 Plecoptera				
襀科 Perlidae	1	江西叉突䗛	*Furcaperla jiangxiensis*	
	2	海南华钮䗛	*Sinacronearia hainana*	
扁襀科 Peltoperlidae	3	吉氏小扁䗛	*Microperla jeei*	
	4	史氏长卷䗛	*Perlomyer smithae*	
螳螂目 Mantodea				
怪螳科 Amorphoscelidae		怪螳属(所有种)	*Amorphoscelis spp.*	
竹节虫目 Phasmatodea				
竹节虫科 Phasmatidae	5	魏氏巨䗛	*Tirachoidea westwoodi*	
	6	四川无肛䗛	*Paraentoria sichuanensis*	
	7	尖峰岭彪䗛	*Pharnacia jianfenglingensis*	
	8	污色无翅刺䗛	*Cnipsus colorantis*	
叶虫䗛科 Phyllidae		叶䗛属(所有种)	*Phyllium spp.*	
杆虫䗛科 Bacilli	9	广西瘤䗛	*Datames guangxiensis*	
异虫䗛科 Heteronemiidae	10	褐脊瘤胸䗛	*Trachythorax fuscocarinatus*	
	11	中华仿圆筒䗛	*Paragongylopus sinensis*	
啮虫目 Psocoptera				
围啮科 Peripsocidae	12	食蚧双突围啮	*Diplopsocus phagococcus*	
啮科 Psocidae	13	线斑触啮	*Psococerastis linearis*	
缨翅目 Thysanoptera				
纹蓟马科 Aeolothripidae	14	黄脊扁角纹蓟马	*Mymarothrips fiavidonotus*	
同翅目 Homoptera				
蛾蜡蝉科 Flatidae	15	墨脱埃蛾蜡蝉	*Exoma medogensis*	
蜡蝉科 Fulgoridae	16	红翅梵蜡蝉	*Aphaena rabiala*	
颜蜡蝉科 Eurybrachidae	17	漆点旌翅颜蜡蝉	*Ancyra annamensis*	
蝉科 Cicadidae		碧蝉属(所有种)	*Hea spp.*	
		彩蝉属(所有种)	*Gallogaena spp.*	
		琥珀蝉属(所有种)	*Ambrogaena spp.*	
		硫磺蝉属(所有种)	*Sulphogaena spp.*	
		拟红眼蝉属(所有种)	*Paratalainga spp.*	
		笃蝉属(所有种)	*Tosena spp.*	
犁胸蝉科 Aetalionidae	18	西藏管尾犁胸蝉	*Darthula xizangensis*	
角蝉科 Membracidae	19	周氏角蝉	*Choucentrus sinensis*	
棘蝉科 Machaerotidae	20	新象棘蝉	*Neosigmasoma manglunensis*	
毛管蚜科 Greenideidae	21	野核桃声毛管蚜	*Mollitrichosiphum juglandisuctum*	
扁蚜科 Hormaphididae	22	柳粉虱蚜	*Aleurodaphis sinisalicis*	
半翅目 Hemiptera				
负子蝽科 Belostomatidae	23	田鳖	*Lethocerus indicus*	
盾蝽科 Scutelleridae	24	山字宽盾蝽	*Poecilocoris sanszesingatus*	
猎蝽科 Reduviidae	25	海南杆䗛猎蝽	*Ischnobaenella hainana*	

续表

目、科	序号	中文名	学名	备注
广翅目 Megaloptera				
齿蛉科 Corydalidae	26	中华脉齿蛉	*Neuromus sinensis*	
蛇蛉目 Raphidioptera				
盲蛇蛉科 Inocelliidae	27	硕华盲蛇蛉	*Sininocellia gigantos*	
脉翅目 Neuroptera				
旌蛉科 Nemopteridae	28	中华旌蛉	*Nemopistha sinica*	
鞘翅目 Coleoptera				
虎甲科 Cicindelidae	29	双锯球胸虎甲	*Therates biserratus*	
步甲科 Carabidae		步甲属拉步甲亚属（所有种）	*Carabus spp.*	*Coptolabrus spp.*
		步甲属硕步甲亚属（所有种）	*Carabus spp.*	*Aptomopterus spp.*
两栖甲科 Amphizoidae	30	大卫两栖甲	*Amphizoa davidi*	
	31	中华两栖甲	*Amphizoa sinica*	
叩甲科 Elateridae	32	大尖鞘叩甲	*Oxynopterus annamensis*	
	33	凹头叩甲	*Ceropectus messi*	
	34	丽叩甲	*Campsosternus auratus*	
	35	黔丽叩甲	*Campsosternus guizhouensis*	
	36	二斑丽叩甲	*Campsosternus bimaculatu*	
	37	朱肩丽叩甲	*Campsosternus gemma*	
	38	绿腹丽叩甲	*Campsosternus fruhstorferi*	
	39	眼纹斑叩甲	*Cryptalaus larvatus*	
	40	豹纹斑叩甲	*Cryptalaus sordidus*	
	41	木棉梳角叩甲	*Pectocera fortunei*	
吉丁虫科 Buprestidae	42	海南硕黄吉丁	*Megaloxantha hainana*	
	43	红绿金吉丁	*Chrysochroa vittata*	
	44	北部湾金吉丁	*Chrysochroa tonkinensis*	
	45	绿点椭圆吉丁	*Sternocera aequisignata*	
瓢虫科 Coccinellidae	46	三色红瓢虫	*Amida tricolor*	
	47	龟瓢虫	*Epiverta chelonia*	
拟步甲科 Tenebrionidae	48	李氏长足甲	*Adesmia lii*	*Oteroselis lii*
臂金龟科 Euchiridae		彩壁金龟属（所有种）	*Cheirotonus spp.*	
	49	戴褐臂金龟	*Propomacrus davidi*	
犀金龟科 Dynastidae	50	胫晓扁犀金龟	*Eophileurus tibialis*	
		叉犀金龟属（所有种）	*Allomyrina spp.*	
	51	葛蚌犀金龟	*Oryctes gnu*	
	52	细角尤犀金龟	*Eupatorus gracilicornis*	
鳃金龟科 Melolonthidae	53	背黑正鳃金龟	*Malaisius melanodiscus*	
花金龟科 Cetoniidae	54	群斑带花金龟	*Taeniodera coomani*	
	55	褐斑背角花金龟	*Neophaedimus auzouxi*	
	56	四斑幽花金龟	*Iumnos ruckeri*	
锹甲科 *Lucanidae*	57	中华奥锹甲	*Odontolabis sinensis*	
	58	巨叉锹甲	*Lucanus planeti*	
	59	幸运锹甲	*Lucanida fortunei*	
天牛科 Cerambycidae	60	细点音天牛	*Heterophilus punctulatus*	
	61	红腹膜花天牛	*Necydalis rufiabdominis*	
	62	畸腿半鞘天牛	*Merionoeda splendida*	
叶甲科 Chrysomelidae	63	超高萤叶甲	*Galeruca altissima*	
锥象科 Brentidae	64	大宽喙象	*Baryrrhynchus cratus*	

续表

目、科	序号	中文名	学名	备注
捻翅目 Strepsiptera				
栉蝙科 Halictophagidae	65	拟蚤蝼蝙	*Tridactyloxenos coniferus*	
长翅目 Mecoptera				
蝎蛉科 Parnorpidae	66	周氏新蝎蛉	*Neopanorpa choui*	
毛翅目 Trichoptera				
石蛾科 Phryganeidae	67	中华石蛾	*Phryganea sinensis*	
鳞翅目 Lepidoptera				
蛉蛾科 Neopseustidae	68	梵净蛉蛾	*Neopseustis fanjingshana*	
小翅蛾科 Micropterygidae	69	井冈小翅蛾	*Paramartyria jinggangana*	
长角蛾科 Adelidae	70	大黄长角蛾	*Nemophora amurensis*	
举肢蛾科 Heliodinidae	71	北京举肢蛾	*Beijinga utila*	
燕蛾科 Uraniidae	72	巨燕蛾	*Nyctalemon patroclus*	
灯蛾科 Arctiidae	73	紫曲纹灯蛾	*Gonerda bretaudiaui*	
桦蛾科 Endromidae	74	陇南桦蛾	*Mirina longnanensis*	
大蚕蛾科 Saturniidae	75	半目大蚕蛾	*Antheraea yamamai*	
	76	乌桕大蚕蛾	*Attacus atlas*	
	77	冬青大蚕蛾	*Attacus edwardsi*	
萝纹蛾科 Brahmaeidae	78	黑褐萝纹蛾	*Brahmaea christophi*	
凤蝶科 Papilionidae		喙凤蝶属（所有种）	*Teinopalpus spp.*	
		虎凤蝶属（所有种）	*Luehdorfia spp.*	
	79	锤尾凤蝶	*Losaria coon*	
	80	台湾凤蝶	*Papilio thaiwanus*	
	81	红斑美凤蝶	*Papilio rumanzovius*	
	82	旖凤蝶	*Iphiclides podalirius*	
		尾凤蝶属（所有种）	*Bhutanitis spp.*	
		曙凤蝶属（所有种）	*Atrophaneura spp.*	
		裳凤蝶属（所有种）	*Troides spp.*	
		宽尾凤蝶属（所有种）	*Agehana spp.*	
	83	燕凤蝶	*Lamproptera curia*	
	84	绿带燕凤蝶	*Lamproptera meges*	
粉蝶科 Pieridae		眉粉蝶属（所有种）	*Zegris spp.*	
蛱蝶科 Nymphalidae	85	最美紫蛱蝶	*Sasakia pulcherrima*	
	86	黑紫蛱蝶	*Sasakia funebris*	
	87	枯叶蛱蝶	*Kallima inachus*	
绢蝶科 Parnassidae		绢蝶属（所有种）	*Parnassius spp.*	
眼蝶科 Satyridae	88	黑眼蝶	*Ethope henrici*	
		岳眼蝶属（所有种）	*Orinoma spp.*	
	89	豹眼蝶	*Nosea hainanensis*	
环蝶科 Amathusiidae		箭环蝶属（所有种）	*Stichophthalma spp.*	
	90	森下交脉环蝶	*Amathuxidia morishitai*	
灰蝶科 Lycaenidae		陕灰蝶属（所有种）	*Shaanxiana spp.*	
	91	虎灰蝶	*Yamamotozephyrus kwangtungensis*	
弄蝶科 Hesperiidae	92	大伞弄蝶	*Bibasis miracula*	
双翅目 Diptera				
食虫虻科 Asilidae	93	古田钉突食虫虻	*Euscelidia gutianensis*	
突眼蝇科 Diopsidae	94	中国突眼蝇	*Diopsis chinica*	
甲蝇科 Celyphidae	95	铜绿狭甲蝇	*Spaniocelyphus cupreus*	

续表

目、科	序号	中文名	学名	备注
膜翅目 Hymenoptera				
叶蜂科 Tenthredinidae	96	海南木莲枝角叶蜂	*Cladiucha manglietiae*	
姬蜂科 Ichneumonidae	97	蝙蛾角突姬蜂	*Megalomya hepialivora*	
	98	黑蓝凿姬蜂	*Xorides* (*Epixorides*) *nigricaerul eus*	
	99	短异潜水蜂	*Atopotypus succinatus*	
茧蜂科 Braconidae	100	马尾茧蜂	*Euurobracon yokohamae*	
	101	梵净山华甲茧蜂	*Siniphanerotomella fanjingshana*	
	102	天牛茧蜂	*Parabrulleia shibuensis*	
金小蜂科 Pteromalidae	103	丽锥腹金小蜂	*Solenura ania*	
离颚细蜂科 Vanhornidae	104	贵州华颚细蜂	*Vanhornia guizhouensis*	
蟓蜂科 Sclerogibbidae	105	中华新蟓蜂	*Caenosclerogibba sinica*	
泥蜂科 Sphecidae	106	叶齿金绿泥蜂	*Chlorion lobatum*	
蚁科 Formicidae	107	双齿多刺蚁	*Polyrhachis dives*	
	108	鼎突多刺蚁	*Polyrhachis vicina*	
蜜蜂科 Apidae	109	伪猛熊蜂	*Bombus* (*Subterraneo bombus*) *persoatus*	
	110	中华蜜蜂	*Apis cerana*	

附录8

动物病原微生物分类名录

（2005 年农业部令第 53 号）

根据《病原微生物实验室生物安全管理条例》第七条、第八条的规定，对动物病原微生物分类如下：

一、一类动物病原微生物

口蹄疫病毒、高致病性禽流感病毒、猪水泡病病毒、非洲猪瘟病毒、非洲马瘟病毒、牛瘟病毒、小反刍兽疫病毒、牛传染性胸膜肺炎丝状支原体、牛海绵状脑病病原、痒病病原。

二、二类动物病原微生物

猪瘟病毒、鸡新城疫病毒、狂犬病病毒、绵羊痘/山羊痘病毒、蓝舌病病毒、兔病毒性出血症病毒、炭疽芽孢杆菌、布氏杆菌。

三、三类动物病原微生物

多种动物共患病病原微生物：低致病性流感病毒、伪狂犬病病毒、破伤风梭菌、气肿疽梭菌、结核分枝杆菌、副结核分枝杆菌、致病性大肠杆菌、沙门氏菌、巴氏杆菌、致病性链球菌、李氏杆菌、产气荚膜梭菌、嗜水气单胞菌、肉毒梭状芽孢杆菌、腐败梭菌和其他致病性梭菌、鹦鹉热衣原体、放线菌、钩端螺旋体。

牛病病原微生物：牛恶性卡他热病毒、牛白血病病毒、牛流行热病毒、牛传染性鼻气管炎病毒、牛病毒腹泻/黏膜病病毒、牛生殖器弯曲杆菌、日本血吸虫。

绵羊和山羊病病原微生物：山羊关节炎/脑脊髓炎病毒、梅迪/维斯纳病病毒、传染性脓疱皮炎病毒。

猪病病原微生物：日本脑炎病毒、猪繁殖与呼吸综合征病毒、猪细小病毒、猪圆环病毒、猪流行性腹泻病毒、猪传染性胃肠炎病毒、猪丹毒杆菌、猪支气管败血波氏杆菌、猪胸膜肺炎放线杆菌、副猪嗜血杆菌、猪肺炎支原体、猪密螺旋体。

马病病原微生物：马传染性贫血病毒、马动脉炎病毒、马病毒性流产病毒、马鼻炎病毒、鼻疽假单胞菌、类鼻疽假单胞菌、假皮疽组织胞浆菌、溃疡性淋巴管炎假结核棒状杆菌。

禽病病原微生物：鸭瘟病毒、鸭病毒性肝炎病毒、小鹅瘟病毒、鸡传染性法氏囊病病毒、鸡马立克氏病病毒、禽白血病/肉瘤病毒、禽网状内皮组织增殖病病毒、鸡传染性贫血病毒、鸡传染性喉气管炎病毒、鸡传染性支气管炎病毒、鸡减蛋综合征病毒、禽痘病毒、鸡病毒性关节炎病毒、禽传染性脑脊髓炎病毒、副鸡嗜血杆菌、鸡毒支原体、鸡球虫。

兔病病原微生物：兔黏液瘤病病毒、野兔热土拉杆菌、兔支气管败血波氏杆菌、兔球虫。

水生动物病病原微生物：流行性造血器官坏死病毒、传染性造血器官坏死病毒、马苏大麻哈鱼病毒、病毒性出血性败血症病毒、锦鲤疱疹病毒、斑点叉尾鮰病毒、病毒性脑病和视网膜病毒、传染性胰脏坏死病毒、真鲷虹彩病毒、白鲟虹彩病毒、中肠腺坏死杆状病毒、传染性皮下和造血器官坏死病毒、核多角体杆状病毒、虾产卵死亡综合征病毒、鳖鳃腺炎病毒、Taura 综合征病毒、对虾白斑综合征病毒、黄头病病毒、草鱼出血病毒、鲤春病毒血症病毒、鲍球形病毒、鲑鱼传染性贫血病毒。

蜜蜂病病原微生物：美洲幼虫腐臭病幼虫杆菌、欧洲幼虫腐臭病蜂房蜜蜂球菌、白垩病蜂球囊菌、蜜蜂微孢子虫、跗腺螨、雅氏大蜂螨。

其他动物病病原微生物：犬瘟热病毒、犬细小病毒、犬腺病毒、犬冠状病毒、犬副流感病毒、猫泛白细胞减少综合征病毒、水貂阿留申病病毒、水貂病毒性肠炎病毒。

四、四类动物病原微生物

是指危险性小、低致病力、实验室感染机会少的兽用生物制品、疫苗生产用的各种弱毒病原微生物以及不属于第一、二、三类的各种低毒力的病原微生物。

附录 9

鸟类环志管理办法（试行）

（国家林业局 2002 年 2 月 22 日印发）

第一条 为加强和规范鸟类环志活动，促进鸟类资源的保护与管理，根据国家有关规定，制定本办法。

第二条 凡开展鸟类环志活动的，应当遵守本办法。

本办法所称鸟类环志系指将国际通行的印有特殊标记的材料佩带或植入鸟类身体对其进行标记，然后将鸟放归自然，通过再捕获、野外观察、无线电跟踪或卫星跟踪等方法获得鸟类生物学和生态学信息的科研活动。

第三条 国家鼓励自然保护区、科研机构、大中专院校、野生动物保护组织等单位结合科研项目及教学实践开展鸟类环志活动。

第四条 国家林业局主管全国鸟类环志管理工作。

县级以上林业行政主管部门负责辖区内鸟类环志管理工作。

第五条 全国鸟类环志中心是全国鸟类环志的技术管理机构，负责组织和指导全国鸟类环志活动。

第六条 全国鸟类环志中心的职责：

（一）负责编制全国鸟类环志规划和技术规程，并组织实施、指导和协调鸟类环志活动；

（二）监制和发放环志工具、标记物；

（三）收集和管理全国鸟类环志信息；

（四）制定全国鸟类环志培训计划，组织培训鸟类环志人员；

（五）开展国际合作与信息交流；

（六）承担国家林业局委托的其他工作。

第七条 在下列区域，县级以上林业行政主管部门可以建立鸟类环志站：

（一）重要的水禽湿地；

（二）鸟类集中的繁殖地、越冬地和迁徙停歇地；

（三）自然保护区；

（四）具备环志条件的其他区域。

第八条 鸟类环志站的职责：

（一）制定并组织实施辖区内鸟类环志计划，组织开展鸟类环志活动，掌握鸟类资源动态；

（二）汇总、上报鸟类环志记录及回收信息；

（三）普及鸟类环志知识；

（四）承担县级以上林业行政主管部门委托的其他鸟类调查、监测、培训、鉴定和研究工作。

第九条 建立鸟类环志站应具备下列条件：

（一）2 名以上具有鸟类环志合格证书的工作人员；

（二）稳定的环志事业费；

（三）必要的办公设备、环志工具。

第十条 鸟类环志站的建立，由所在地林业行政主管部门提出申请，经省、自治区、直辖市林业行政主管部门审核同意后，报国家林业局批准。

第十一条 鸟类环志站的名称使用“地名＋鸟类环志站”。

第十二条 国家鼓励与支持多渠道筹集资金开展鸟类环志工作。

鸟类环志工作是社会公益事业，其经费纳入事业经费预算。

第十三条　从事鸟类环志活动的人员，必须持有全国鸟类环志中心颁发的鸟类环志合格证书。鸟类环志合格证书由全国鸟类环志中心统一印制。

第十四条　全国鸟类环志中心按年度向国家林业局提交全国鸟类环志计划，经批准后实施鸟类环志的，不再另行办理《特许猎捕证》、《狩猎证》。

第十五条　开展鸟类环志活动，应当遵守国家有关鸟类环志的技术规程。

第十六条　开展鸟类环志活动，必须使用全国鸟类环志中心监制的鸟环或者其认可的其他标记物。

第十七条　国外组织或个人在中国境内开展鸟类环志活动的，应向全国鸟类环志中心提交环志活动申请及方案，报国家林业局批准后，由全国鸟类环志中心统一安排环志活动。

第十八条　鸟类环志站按年度向全国鸟类环志中心提交工作报告。

其他经批准开展鸟类环志活动的，应在环志活动结束后三个月内，向全国鸟类环志中心提交工作报告。

第十九条　禁止假借鸟类环志活动，非法猎捕鸟类。

第二十条　本办法由国家林业局负责解释。

第二十一条　本办法自发布之日起施行。

附录 10

东亚—澳洲迁徙路线上迁徙海滨鸟彩色旗标议定书

Colour Flagging Protocol for Migratory Shorebirds in the East Asian – Australasian Flyway

人们认识到需要协调整个迁徙路线上迁徙水鸟的所有彩色标记活动。本协议书内容，我们只试图涉及迁徙海滨鸟的彩色旗标。如果此处体现的原则能够被所有鸟类环志组织和研究人员接受，那时，试图在东亚—澳洲迁徙路线上也开展彩色环志方面的国际合作将是合适的。

一、定义（Definitions）

下列定义适用于本协议书的目的：

彩色标记（Colour marking）是总称，系指使用任何彩色记号或装置达到可以识别野外鸟类个体的目的。本文件中，我们利用下列一些术语描述不同形式的彩色标记：

彩色旗标（Colour flagging）是在鸟腿部安置一块小的彩色塑料突起或旗。看起来像彩色环上有个小突起。彩色旗标被用来标记群体且主要用于迁徙研究。

彩色环志（Colour banding）是指在鸟腿上使用彩色鸟环。使用唯一的彩色环组合标记每只鸟，广泛用于繁殖和行为学研究。进行上述研究时需要识别大量的个体，彩色环的耐久性（Durability）及稳定性（Stability）取决于使用的材料。

二、地理覆盖区域（Geographic Coverage）

本彩色标记协议书草案为东亚—澳洲迁徙路线制定，这一路线包括下列国家：

澳大利亚	巴比亚新几内亚
孟加拉	朝鲜
文莱	中华人民共和国
柬埔寨	菲律宾
印度尼西亚	韩国
日本	俄罗斯
老挝	新加坡
马来西亚	泰国
蒙古	美国（阿拉斯加）
缅甸	越南
新西兰	

三、包括的海滨鸟（Shorebirds included）

- 协议书草案包括 60 种迁徙性海滨鸟的 72 个种群（附件 1）。
- 彩色旗标将只限定用于分布地区内生态学上数量明显多的种群（附件 2）。
- 由于许多种类（75%）也出现在其他迁徙路线，因此，需要与世界其他地区的彩色标记协调人进行高层次的磋商（附件 3）。

四、彩色旗标方法（Colour Flagging methods）

- 应该被确定是迁徙路线研究项目，且必须使用彩色旗标标记大群个体。
- □ 彩色旗标不应用于行为或其他研究种的个体标记。
- □ 彩色塑料环不能与彩色旗标组合使用。
- 彩色旗标组合将按地区确定。
- 已经在整个迁徙路线内确定 34 个地区作为当前或潜在的旗标区域（附件 4）。

● 将按商定的尺寸，用标准材料（Darvic）制作旗标。

● 建议使用6种颜色的双旗系统，用于全部34个地区的彩色组合已经确定（附表11和附表12）。

● 除了使用双旗系统的34个地区以外，另有3个地区保留使用单旗，因为这三个地区有使用单旗的协议。近些年来，这些地区的大量海滨鸟已经被彩色旗标标记（澳大利亚东南部，澳大利亚西北部，日本北部）。单个旗标将放在左腿胫部。

● 旗标组合将放在右腿。大型鸟类的旗标放在右腿胫部。对于小型海滨鸟，一个旗标放在右腿胫部，另外一个放在右腿跗蹠部位（附件5），金属环应放在左腿跗蹠部位。

五、彩色旗标项目的管理（Administration of Colour Flagging project）（附件6）

● 彩色旗标只允许用于被批准的迁徙研究项目。

● 项目建议书将由适当的国家环志机构进行评估。

● 每个环志机构应该设有“彩色旗标项目的国家注册”（制度）。

● 应该建立“东亚—澳洲迁徙路线的彩色旗标项目注册”（制度）。

● 将于2003年进行整个项目的总结。

六、交流（Communication）

● 将由迁徙路线上每个参加的研究小组代表组成一个非正式的联络组。也应该包括环志机构和关于再发现方面的政府联络人员。联络组的作用是交流迁徙研究小组的活动和工作结果。

● 电子信件应该是彩色标记的主要交流工具。

七、再发现（Resightings）

● 由政府联络彩色标记海滨鸟的报告将被确认。

● 环志机构和研究人员应该制定一些增加再发现彩色标记鸟的项目。

八、结果的整理和出版（Collation and publication of results）

● 将由彩色旗标联络组负责定期出版有关标记海滨鸟的数量和标记海滨鸟再发现数量的报告。

● 需要公布彩色标记活动和再发现的通讯或定期杂志。应该考虑利用现有的出版物。

附件 1

亚—太区域的海滨鸟种群

种名	学名	种群	状态	路线
冠水雉 Comb – crested Jacana	*Irediparra gallinacea gallinacea*	南菲律宾,东印尼	定居	东—澳
	Irediparra gallinacea novaeguinea	北、中新几内亚及岛屿	定居	东—澳
	Irediparra gallinacea novaehillandiae	南新几内亚及北、东澳大利亚	定居	东—澳
水雉 Pheasant – tailed Jacana	*Hydrophasianus chirurgus*	南亚,西、东南亚,东亚南部	迁徙	中—印,东—澳
铜翅水雉 Bronze – winged Jacana	*Metopidius indicus*	南亚,东南亚最西部	定居	中—印,东—澳
彩鹬 Painted Snipe	*Rostratula benghalensis benghalensis*	亚洲	迁徙	中—印,东—澳
彩鹬 Painted Snipe	*Rostratula benghalensis benghalensis*	澳大利亚	定居	东—澳
蟹鸻 Crab Plover	*Dromas ardeola*	印度洋西北,红海,海湾	迁徙	西—欧,中—印,东—澳
蛎鹬 Eurasian Oystercatcher	*Haematopus ostralegus longipes*	东非,西南亚,南亚(非繁殖)	迁徙	西—欧,中—印
	Haematopus ostralegus osculans	东亚	定居	中—印,东—澳
蛎鹬 South Is. Pied Oystercatcher	*Haematopus finschii*	新西兰	定居	东—澳
澳洲斑蛎鹬 Pied Oystercatcher	*Haematopus longirostris*	澳大利亚	定居	东—澳
新西兰蛎鹬 Variable Oystercatcher	*Haematopus unicolor unicolor*	新西兰	定居	东—澳
	Haematopus unicolor chathamensis	Chatham 岛	定居	东—澳
澳洲黑蛎鹬 Sooty Oystercatcher	*Haematopus fuiginosus fuiginosus*	澳大利亚	定居	东—澳
	Haematopus fuiginosus ophthalmicus	东北澳大利亚	定居	东—澳
鹮嘴鹬 Ibisbill	*Ibidorhyncha struthersii*	东亚高地南部	定居	中—印,东—澳
黑翅长脚鹬 Black – winged Stilt	*Himantopus himantopus himantopus*	南亚	迁徙	中—印
	Himantopus himantopus himantopus	东南亚(非繁殖)	迁徙	东—澳
	Himantopus himantopus ceylonensis	斯里兰卡	定居	中—印
	Himantopus himantopus knudseni	夏威夷	定居	西太平洋
澳大利亚长脚鹬 Australian Stilt	*Himantopus leucocephalus*	新西兰,澳大利亚,新几内亚	迁徙	东—澳
黑长脚鹬 Black Stilt	*Himantopus novaezelandiae*	新西兰	定居	东—澳
斑长脚鹬 Banded Stilt	*Cladorhynchus leucocephalus*	澳大利亚	定居	东—澳
反嘴鹬 Pied Avocet	*Recurvirostra avosetta*	中亚,南亚(非繁殖)	迁徙	中—印
	Recurvirostra avosetta	东亚(繁殖鸟)	迁徙	东—澳
红颈反嘴鹬 Red – necked Avocet	*Recurvirostra novaehollandiae*	澳大利亚	定居	东—澳
石鸻 Stone Curlew	*Burhinus oedicnemus harterti*	西亚(繁殖鸟)	迁徙	西—欧,中—印
	Burhinus oedicnemus indicus	南亚,东南亚	定居	中—印,东—澳
长尾石鸻 Bush Stone Curlew	*Burhinus grallarius grallarius*	澳大利亚	定居	东—澳
	Burhinus grallarius rufecens	西澳大利亚北部	定居	东—澳
	Burhinus grallarius ramsayi	昆士兰北	定居	东—澳
大石鸻 Great Thick – knee	*Burhinus recurvirostris*	伊朗东南部、南部,东南亚北部	定居	中—印,东—澳
滩石鸻 Beach Thick – knee	*Burhinus giganteus*	澳北部,巴比亚新几内亚,东南亚,菲律宾	定居	东—澳,西太平洋
杰氏燕鸻 Jerdon's Courser	*Rhinoptilus bitorquatus*	印度东南部	定居	中—印
乳色走鸻 Cream – colour Courser	*Cursorius cursor bogulubovi*	伊朗北部,里海盆地东部(繁殖鸟)	迁徙	中—印
印度走鸻 Indian Courser	*Cursorius coromandelicus*	亚洲南部	定居	中—印
普通燕鸻 Oriental Pratincole	*Glareola maldivarum*	南亚(不繁殖)	迁徙	中—印

续表

种名	学名	种群	状态	路线
普通燕鸻 Oriental Pratincole	*Glareola maldivarum*	南亚,东南亚,澳(不繁殖)	迁徙	东一澳
黑翅燕鸻 Black - winged Pratincole	*Glareola nordmanni*	西、中亚,西、南非	定居	中一印
灰燕鸻 Little Pratincole	*Glareola lactea*	南亚,西北、东南亚	迁徙	中一印,东一澳
澳洲燕鸻 Australian Pratincole	*Stiltia isabella*	澳大利亚,巴新,印尼东部	迁徙	东一澳
金鸻 Pacific Golden Plover	*Pluvialis fulva*	非洲东,西南亚,南亚(非繁殖)	迁徙	西一欧,中一印
金鸻 Pacific Golden Plover	*Pluvialis fulva*	南亚,东南亚,澳(非繁殖)	迁徙	东一澳,西太平洋
灰鸻 Grey Plover	*Pluvialis squatarola*	南亚(非繁殖)	迁徙	中一印
灰鸻 Grey Plover	*Pluvialis squatarola*	南亚,东南亚,澳(非繁殖)	迁徙	东一澳
新西兰鸻 New Zealand Dotterel	*Charadrius obscurus*	新西兰(繁殖)	定居	东一澳
新西兰鸻 New Zealand Dotterel	*Charadrius obscurus*	S岛(繁殖)	定居	东一澳
长嘴剑鸻 Long - billed Plover	*Charadrius placidus*	南亚,东南亚北部(非繁殖)	迁徙	东一澳
金眶鸻 Little Ringed Plover	*Charadrius dubius dubius*	东南亚(非繁殖)	定居	中一印
金眶鸻 Little Ringed Plover	*Charadrius dubius curonicus*	东非,西亚,西南亚(非繁殖)	迁徙	西一欧,中一印,东一澳
金眶鸻 Little Ringed Plover	*Charadrius dubius jerdoni*	南亚,东南亚(非繁殖)	迁徙	中一印,东一澳
金眶鸻 Little Ringed Plover	*Charadrius dubius papuans*	巴比亚新几内亚	定居	东一澳
环颈鸻 Kentish Plover	*Charadrius alexandrinus alexandrinus*	南亚(非繁殖)	迁徙	中一印,东一澳
环颈鸻 Kentish Plover	*Charadrius alexandrinus dealbatus*	南亚,东南亚(非繁殖)	迁徙	东一澳
环颈鸻 Kentish Plover	*Charadrius alexandrinus seebohmi*	斯里兰卡,东南印度	定居	中一印
红帽鸻 Red - capped Dotterel	*Charadrius ruficapillus*	澳大利亚	定居	东一澳
马来鸻 Malaysian Sand Plover	*Charadrius peronii*	东南亚(非繁殖)	定居	东一澳
爪哇鸻 Javanese Plover	*Charadrius javanicus*	爪哇	定居	东一澳
栗斑鸻 Double - banded Plover	*Charadrius bicinctus bicinctus*	新西兰(繁殖)	迁徙	东一澳
栗斑鸻 Double - banded Plover	*Charadrius bicinctus exilis*	A岛(繁殖)	定居	东一澳
蒙古沙鸻 Lesser Sand Plover	*Charadrius mongolus mongolus*	东亚,南亚,东南亚(非繁殖)	迁徙	东一澳
蒙古沙鸻 Lesser Sand Plover	*Charadrius mongolus pamirensis*	东非,南亚,东南亚(非繁殖)	迁徙	西一欧,中一印,
蒙古沙鸻 Lesser Sand Plover	*Charadrius mongolus atrifrons*	南亚,东南亚北部(非繁殖)	迁徙	中一印,东一澳
蒙古沙鸻 Lesser Sand Plover	*Charadrius mongolus Schaeferi*	泰国,孟加拉(非繁殖)	迁徙	东一澳
蒙古沙鸻 Lesser Sand Plover	*Charadrius mongolus stegmanni*	东南亚东部,澳(非繁殖)	迁徙	东一澳
铁嘴沙鸻 Greater Sand Plover	*Charadrius leschenaultii leschenaultii*	亚洲南部(非繁殖)	迁徙	中一印
铁嘴沙鸻 Greater Sand Plover	*Charadrius leschenaultii leschenaultii*	东亚,东南亚,澳(非繁殖)	迁徙	东一澳
东方鸻 Eastern Sand Plover	*Charadrius veredus*	东亚,东南亚,澳(非繁殖)	迁徙	东一澳
冠鸻 Hooded Plover	*Charadrius rubicollis*	澳大利亚	定居	东一澳
岸鸻 Shore Plover	*Charadrius novaeseelandiae*	Chatham 岛	定居	东一澳
红膝鸻 Red - kneed Dotterel	*Erythrogonys cinctus*	澳大利亚	定居	东一澳
弯嘴鸻 Wrybill	*Anarhynchus frontalis*	新西兰	定居	东一澳

续表

种名	学名	种群	状态	路线
内陆鸻 Inland Dotterel	*Pelthohyas australis*	澳大利亚	定居	东—澳
黑额鸻 Black - fronted Plover	*Elseyornis melanops*	澳大利亚,新西兰	定居	东—澳
凤头麦鸡 Northem lapwing	*Vanellus vanellus*	南亚(非繁殖)	迁徙	中—印
凤头麦鸡 Northem lapwing	*Vanellus vanellus*	东亚,东南亚(非繁殖)	迁徙	东—澳
黄锤麦鸡 Yellow - wattled lapwing	*Vanellus malabaricus*	南亚	定居	中—印
爪哇垂麦鸡 Javaness - wattled lapwing	*Vanellus macropterus*	爪哇	绝灭	东—澳
三色麦鸡 Banded Lapwing	*Vanellus tricolor*	澳大利亚	定居	东—澳
装脸麦鸡 Masked Plover	*Vanellus miles miles*	巴比亚新几内亚,澳北部	定居	东—澳
装脸麦鸡 Masked Plover	*Vanellus miles novaehollandiae*	东、南澳大利亚,新西兰	定居	东—澳
河麦鸡 River Lapwing	*Vanellus duvaucelli*	南亚东部,东南亚北部	定居	中—印,东—澳
灰头麦鸡 Grey - headed Lapwing	*Vanellus cinereus*	东,东南亚,南亚东北部(非繁殖)	迁徙	东—澳
红垂麦鸡 Red - wattled Lapwing	*Vanellus indicus indicus*	南亚	定居	中—印
红垂麦鸡 Red - wattled Lapwing	*Vanellus indicus lankae*	斯里兰卡	定居	中—印
红垂麦鸡 Red - wattled Lapwing	*Vanellus indicus atronuchalis*	东南亚	定居	东—澳
长脚麦鸡 Sociable Plover	*Vanellus gregarius*	南亚(非繁殖)	迁徙	中—印
白尾长脚麦鸡 White - tailed Plover	*Vanellus leucurus*	南亚(非繁殖)	迁徙	中—印
丘鹬 Eurasian Woodcock	*Scolopax rusticola*	亚洲	迁徙	中—印,东—澳
琉球丘鹬 Anami Woodcock	*Scolopax mira*	日本	定居	东—澳
暗色丘鹬 Dusky Woodcock	*Scolopax saturata saturata*	苏门答腊,爪哇	定居	东—澳
暗色丘鹬 Dusky Woodcock	*Scolopax saturata rosenbergii*	巴比亚新几内亚北部	定居	东—澳
苏拉丘鹬 Celebes Woodcock	*Scolopax celebensis celebensis*	苏拉维西南部	定居	东—澳
苏拉丘鹬 Celebes Woodcock	*Scolopax celebensis henrichi*	苏拉维西西北	定居	东—澳
摩鹿加丘鹬 Obi Woodcock	*Scolopax rochussenii*	毛里求斯	绝灭	东—澳
孤沙锥 Solitary Snipe	*Gallinago solitania solitania*	南亚北部,东南亚,东亚(非繁殖)	迁徙	中—印,东—澳
孤沙锥 Solitary Snipe	*Gallinago solitania japonica*	日本(非繁殖)	迁徙	东—澳
澳南沙锥 Japanese Snipe	*Gallinago hardwickii*	日本/澳大利亚东部	迁徙	东—澳
林沙锥 Wood Snipe	*Gallinago nemoricola*	南亚东部,西南亚北部	迁徙	中—印,东—澳
针尾沙锥 Pintail Snipe	*Gallinago stenura*	非洲东部,南亚(非繁殖)	迁徙	中—印
针尾沙锥 Pintail Snipe	*Gallinago stenura*	东亚,东南亚(非繁殖)	迁徙	东—澳
大沙锥 Swinhoe's Snipe	*Gallinago megala*	东,南,东南亚,澳北部(非繁殖)	迁徙	中—印,东—澳
扇尾沙锥 Common Snipe	*Gallinago gallinago gallinago*	南亚(非繁殖)	迁徙	中—印
扇尾沙锥 Common Snipe	*Gallinago gallinago gallinago*	东亚,东南亚(非繁殖)	迁徙	东—澳
姬鹬 Jack Snipe	*Lymnocryptes minimus*	南亚(非繁殖)	迁徙	中—印
姬鹬 Jack Snipe	*Lymnocryptes minimus*	东亚,东南亚(非繁殖)	迁徙	东—澳
亚南极沙锥 Chatham island Snipe	*Coenocorypha pusilla*	Chatham 岛	定居	东—澳
亚南极沙锥 New Zealand Snipe	*Coenocorypha a. aucklandica*	奥克兰岛	定居	东—澳
亚南极沙锥 New Zealand Snipe	*Coenocorypha a. meinertzhagenae*	Antipodes 岛	定居	东—澳
亚南极沙锥 New Zealand Snipe	*Coenocorypha a. heuegeli*	小岛	定居	东—澳
亚南极沙锥 New Zealand Snipe	*Coenocorypha a. barrierensis*	小岛	绝灭	东—澳
亚南极沙锥 New Zealand Snipe	*Coenocorypha a. iredalei*	小岛	绝灭	东—澳
黑尾塍鹬 Black - tailed Godwit	*Limosa limosa limosa*	南亚(非繁殖)	迁徙	中—印,东—澳

续表

种名	学名	种群	状态	路线
黑尾塍鹬 Black - tailed Godwit	*Limosa limosa melanuroides*	东,东南亚,巴—新,澳(非繁殖)	迁徙	东—澳
斑尾塍鹬 Bar - tailed Godwit	*Limosa lapponica. lapponica*	东非,西南亚(非繁殖)	迁徙	西—欧,中—印
斑尾塍鹬 Bar - tailed Godwit	*Limosa l. menzbieri*	东南亚,西澳(非繁殖)	迁徙	东—澳
斑尾塍鹬 Bar - tailed Godwit	*Limosa l. baueri*	东澳,新西兰(非繁殖)	迁徙	西太平洋
小杓鹬 Little Godwit	*Numenius minutus*	东南亚,巴—新,澳(非繁殖)	迁徙	东—澳
中杓鹬 Whimbrel	*Numenius phaeopus phaeopus*	南亚(非繁殖)	迁徙	中—印,东—澳
中杓鹬 Whimbrel	*Numenius phaeopus variegatus*	东南亚,巴—新,澳(非繁殖)	迁徙	东—澳
太平洋杓鹬 Bristle - thighed Curlew	*Numenius tahitiensis*	阿拉斯加西部/大洋洲	迁徙	西太平洋
白腰杓鹬 Eurasian Curlew	*Numenius arquata orientalis*	南亚(非繁殖)	迁徙	中—印
白腰杓鹬 Eurasian Curlew	*Numenius arquata orientalis*	东亚,东南亚(非繁殖)	迁徙	东—澳
红腰杓鹬 Far Eastern Curlew	*Numenius madagascariensis*	东亚,东南亚,澳(非繁殖)	迁徙	东—澳
鹤鹬 Spotted Redshank	*Tringa erythropus*	南亚(非繁殖)	迁徙	中—印
鹤鹬 Spotted Redshank	*Tringa erythropus*	东亚,东南亚(非繁殖)	迁徙	东—澳
红脚鹬 Common Redshank	*Tringa totanus ussuriensis*	南,东南亚,东亚(非繁殖)	迁徙	中—印,东—澳
红脚鹬 Common Redshank	*Tringa totanus terrignotae*	中国东部(繁殖)	迁徙	东—澳
红脚鹬 Common Redshank	*Tringa totanus craggi*	Sinklang 西北(繁殖)	迁徙	中—印,东—澳
红脚鹬 Common Redshank	*Tringa totanus eurthinus*	克斯米尔,中国西部(繁殖)	迁徙	西—欧,中—印,东—澳
泽鹬 Marsh Sandpiper	*Tringa stagnatilis*	南亚(非繁殖)	迁徙	中—印
泽鹬 Marsh Sandpiper	*Tringa stagnatilis*	东亚,东南亚,澳(非繁殖)	迁徙	东—澳
青脚鹬 Common Greenshank	*Tringa nebularia*	南亚(非繁殖)	迁徙	中—印
青脚鹬 Common Greenshank	*Tringa nebularia*	东亚,东南亚,澳(非繁殖)	迁徙	东—澳
小青脚鹬 Spotted Greenshank	*Tringa guttifer*	萨哈林岛,孟加拉—马来西亚	迁徙	东—澳
白腰草鹬 Green Sandpiper	*Tringa ochropus*	南亚(非繁殖)	迁徙	中—印
白腰草鹬 Green Sandpiper	*Tringa ochropus*	东亚,东南亚(非繁殖)	迁徙	东—澳
林鹬 Wood Sandpiper	*Tringa glareola*	南亚(非繁殖)	迁徙	中—印
林鹬 Wood Sandpiper	*Tringa glareola*	东亚,东南亚,澳(非繁殖)	迁徙	东—澳
翘嘴鹬 Terek Sandpiper	*Tringa cinereus*	南亚(非繁殖)	迁徙	中—印
翘嘴鹬 Terek Sandpiper	*Tringa cinereus*	东,东南亚,巴—新,澳(非繁殖)	迁徙	东—澳
姬鹬 Common Sandpiper	*Tringa hypoleucos*	南亚(非繁殖)	迁徙	中—印
姬鹬 Common Sandpiper	*Tringa hypoleucos*	东亚,东南亚,澳(非繁殖)	迁徙	东—澳
灰尾漂鹬 Grey - tailed Tattler	*Tringa brevipes*	东,东南亚,巴—新,澳(非繁殖)	迁徙	东—澳
漂鹬 Wandering Tattler	*Tringa incanus*	北美西北/太平洋中南	迁徙	东—澳,西太平洋
土岛鹬 Tuamotu Sandpiper	*Prosobonia cancellata*	土阿群岛	定居	西太平洋
白翅鹬 White - winged Sandpiper	*Probonia leucoptera*	塔希提岛(南太平洋)	绝灭	西太平洋

续表

种名	学名	种群	状态	路线
翻石鹬 Ruddy Turnstone	*Arenania interpres interpres*	南亚(非繁殖)	迁徙	东—澳
翻石鹬 Ruddy Turnstone	*Arenania interpres interpres*	东,东南亚,澳,新(非繁殖)	迁徙	西太平洋
半蹼鹬 Asian Dowitcher	*Limnodromus semipalmatus*	东南亚(非繁殖)	迁徙	东—澳
大滨鹬 Great Knot	*Calidris tenuirostris*	西南亚,西亚、南亚(非繁殖)	迁徙	中—印
大滨鹬 Great Knot	*Calidris tenuirostris*	东,东南亚,巴—新,澳(非繁殖)	迁徙	中—印,东—澳
红腹滨鹬 Red Knot	*Calidris canutus rogersi*	巴—新,澳,新西兰(非繁殖)	迁徙	东—澳
三趾滨鹬 Sanderling	*Calidris alba*	南亚(非繁殖)	迁徙	中—印
三趾滨鹬 Sanderling	*Calidris alba*	东亚,东南亚,澳(非繁殖)	迁徙	东—澳
小滨鹬 Little Stint	*Calidris minuta*	南亚(非繁殖)	迁徙	中—印
红颈滨鹬 Red – necked Stint	*Calidris ruficollis*	东西伯利亚/东南亚,南亚,澳	迁徙	中—印,东—澳
青脚滨鹬 Temminck's Stint	*Calidris temminckii*	南亚,东南亚,澳(非繁殖)	迁徙	中—印,东—澳
长趾滨鹬 Long – toed Stint	*Calidris subminuta*	西伯利亚/东亚,南亚,澳	迁徙	中—印,东—澳
斑胸滨鹬 Pectoral Sandpiper	*Calidris melanotos*	东亚,澳(非繁殖)	迁徙	东—澳
尖尾滨鹬 Sharp – tailed Sandpiper	*Calidris acuminata*	东西伯利亚/巴新,澳	迁徙	东—澳
岩滨鹬 Rock Sandpiper	*Calidris ptilocnemis ptilocnemis*	P 岛(繁殖)	定居	西太平洋
岩滨鹬 Rock Sandpiper	*Calidris ptilocnemis tschuktschorum*	东西伯利亚,阿拉斯加(繁殖)	迁徙	西太平洋
岩滨鹬 Rock Sandpiper	*Calidris ptilocnemis couesi*	阿留申岛(繁殖)	定居	西太平洋
岩滨鹬 Rock Sandpiper	*Calidris ptilocnemis quarta*	K 岛(繁殖)	定居	西太平洋
黑腹滨鹬 Dunlin	*Calidris alpina alpina*	亚洲南部(非繁殖)	迁徙	中—印
黑腹滨鹬 Dunlin	*Calidris alpina sakhalina*	东亚,东南亚(非繁殖)	迁徙	东—澳
弯嘴滨鹬 Curlew Sandpiper	*Calidris ferruginea*	亚洲南部(非繁殖)	迁徙	中—印
弯嘴滨鹬 Curlew Sandpiper	*Calidris ferruginea*	东亚,东南亚,澳(非繁殖)	迁徙	东—澳
勺嘴鹬 Spoon – billed Sandpiper	*Eurynorhynchus pygmaeus*	远东西伯利亚/孟加拉湾	迁徙	中—印,东—澳
阔嘴鹬 Broad – billed Sandpiper	*Limicola falcinellus falcinellus*	西伯利亚中部/南亚	迁徙	中—印
阔嘴鹬 Broad – billed Sandpiper	*Limicola falcinellus sibirica*	东西伯利亚/东、东南亚,澳	迁徙	东—澳
流苏鹬 Ruff	*Philomachus pugnax*	亚洲南部(非繁殖)	迁徙	中—印,东—澳
红颈瓣蹼鹬 Red – necked Phalarope	*Phalaropus lobatus*	欧亚(繁殖)	迁徙	西—欧,中—印,东—澳

附件2

建议各国使用旗标的海滨鸟种群

拉丁名	1%标准	俄 RFE	孟 BAN	缅甸 MYA	泰国 THA	马 MAS	新加 SIN	印尼 INA	澳 AUS	新西 NZD	巴新 PNG	文莱 BRU	菲律 PHI	柬 CAM	越南 VIE	老挝 LAO	中国 CHN	蒙古 MGL	日本 JAP	韩国 KOR	朝鲜 PRK	阿拉斯加 ALA
Hydrophasianus chirurgus	250		X	X	X								X	X	X	X	X					
Rostratula benghalensis benghalensis	250			X	X	X	X	X				X	X	X	X	X	X		X			
Dromas ardeola	430		X																			
Himantopus himantopus himantopus	100			X	X								X	X	X	X	X					
Himantopus leucocephalus	1000						X	X	X	X												
Recurvirostra avosetta	100			X													X	X				
Glareola maldivarum	670				X	X		X	X		X	X	X	X	X	X	X		X			
Glareola lacteal	100		X	X	X									X	X	X	X					
Stiltia isabella	600							X	X		X											
Pluvialis fulva	1000	X		X	X	X	X	X	X	X	X		X				X	X	X			X
Pluvialis squatarola	250	X		X	X	X		X	X				X		?		X	X	X	X		X
Charadrius placidus	100	X	X	X	X	X						X			X	X	X		X	X	X	
Charadrius dubius curonicus	100	X	X	X	X	X		X					X	X	X	X	X	X	X	X	X	
Charadrius dubius jerdoni	250		X	X	X									X	X	X						
Charadrius alexandrinus alexandrinus	250	X	X	X	X												X	X				
Charadrius alexandrinus dealbatus	250					X		X				X	X	X	X	X	X		X	X	X	
Charadrius mongolus mongolus	250	X						X	X		X		X				X		X	?	?	
Charadrius mongolus atrifrons	1000		X	X	X	X		X				X		X	X		X					
Charadrius mongolus Schaeferi	100		X	X	X	X		X	?			X		X	X		X					
Charadrius mongolus stegmanni	100	X							X								X		X	X	X	

续表

拉丁名	1%标准	俄 RFE	孟 BAN	缅甸 MYA	泰国 THA	马 MAS	新加 SIN	印尼 INA	澳 AUS	新西 NZD	巴新 PNG	文莱 BRU	菲律 PHI	柬 CAM	越南 VIE	老挝 LAO	中国 CHN	蒙古 MGL	日本 JAP	韩国 KOR	朝鲜 PRK	阿拉斯加 ALA
Charadrius leschenaulti eschenaultii	990	X		X	X	X		X	X		X	?	X	X	X		X	X				
Charadrius veredus	440	X							X								X	X				
Vanellus vanellus	250	X	?	X													X	X	X			
Vanellus cinereus	100	X	X	X	X	X	X					X	X		X	X	X	?	X	X		
Scolopax rusticola	100	X		X										?	X	X	X	X	X			
Galinago solitania solitania	100	X	X	X													X	X				
Galinago solitania japonica		X															X		X	X	X	
Galinago hardwickii	360	X							X										X			
Galinago nemoricola			X	X											X	X	?					
Galinago stenura	250	X		X	X	X	X	X	X			X	X	X	X	X	X	X	X	X	X	
Galinago megala	250	X		X	?	X	X	X	X			X	X	X			X	X				
Galinago gallinago gallinago	1000	X		X	X	X	X	X				X	X	X	X	X	X	X	X	X	X	?
Lymnocryptes minimus	100	X		X											?		X	X				
Limosa limosa limosa	1000	X	X	X													X					
Limosa limosa melanuroides	1600	X	X	X	X	X		X	X		X				X		X	X	X	X	?	
Limosa lapponica menzbieri	1800	X	X	X	X	X		X	X				?		?		X			?	?	
Limosa l. baueri	1500	X							X	X	?		?						X	X	X	X
Numenius minutus	2000	X						X	X								X	?				
Numenius phaeopus phaeopus	250	X	X	X	X	X											?					
Numenius phaeopus variegatus	400	X	X	X	X	X		X	X		X		X		X		X		X	X	X	?
Numenius arquata orientalis	100	X		X	X	X		X					X	?	X		X	X	?	X	X	
Numenius madagascariensis	210	X				X		X	X	X	X		X				X		X	X		

续表

拉丁名	1%标准	俄 RFE	孟 BAN	缅甸 MYA	泰国 THA	马 MAS	新加 SIN	印尼 INA	澳 AUS	新西 NZD	巴新 PNG	文莱 BRU	菲律 PHI	柬 CAM	越南 VIE	老挝 LAO	中国 CHN	蒙古 MGL	日本 JAP	韩国 KOR	朝鲜 PRK	阿拉斯加 ALA
Tringa erythropus	100	X	X	X										?	X		X		X	X		
Tringa totanus ussuriensis	100																					
Tringa totanus terrignotae	100			X	X	X		X					X	?	X		X		X			
Tringa totanus craggi	100			X	X	X											?	?	?			
Tringa totanus eurthinus	250		X	X	X	X								?	X		X		X			
Tringa stagnatilis	900	X		X	X	X	X	X	X		x		X	X	X		X					
Tringa nebularia	400	X		X	X	X		X	X		X		X	X	X	?	X		X	X	X	
Tringa guttifer	10	X	X	X	X	X	X	X					X		X		X		X	X	X	
Tringa ochropus	250	X		X	X								X		X		X	X				
Tringa glareola	1000	X		X	X	X		X	X		X	X	X	X	X	X	X	X	X	X		
Tringa cinereus	360	X		X	X	X	X	X	X		X		X		X		X		X	X	?	
Tringa hypoleucos	300	X		X	X	X	X	X	X		X	X	X	X	X	?	X	X	X	X	?	
Tringa brevipes	250	X				X		X	X			X	X				X		X	X		
Arenania interpres interpres	100	X	X	X	X	X		X	X	X	X		X		X		X		X	X		?
Limnodromus semipalmatus	180	X	?		X	X		X	X						?		X	X				
Calidris tenuirostris	3300	X						X	X		?						X		X	X	?	
Calidris canutus rogersi	2000	X							X	X	?						X					X
Calidris alba	100	X			X	X		X	X		?		X		X		X	X				
Calidris ruficollis	4700	X	X	X	X	X		X	X		X		X	X	X		X		X	X	X	
Calidris temminckii	250	X	X	X	X										X		X		X			
Calidris subminuta	250	X	X	X	X	X		X	X			X	X	X	X		X	?	X			
Calidris melanotos		X						?	?													?

续表

拉丁名	1%标准	俄 RFE	孟 BAN	缅甸 MYA	泰国 THA	马 MAS	新加 SIN	印尼 INA	澳 AUS	新西 NZD	巴新 PNG	文莱 BRU	菲律 PHI	柬 CAM	越南 VIE	老挝 LAO	中国 CHN	蒙古 MGL	日本 JAP	韩国 KOR	朝鲜 PRK	阿拉斯加 ALA
Calidris acuminata	1700	X						X	X		?		X				X		X	X		X
Calidris alpina sakhalina	1300	X															X		X	X	X	X
Calidris ferruginea	2500	X		X	X	X	X	X	X		X		X	X	X		X		X	X	X	
Eurynorhynchus pygmaeus	50	X	X	X	X	X	X								X		X		X	X	X	
Limicola falcinellus sibirica	160	X	X	X	X	X		X	X				X		?		X		X			
Philomachus pugnax	250	X	X	?	?										?		X					
Phalaropus lobatus	20000	X				X		X			X		X				x					X
Totals 71	68	53	29	48	43	39	12	40	36	6	23	15	36	26	43	17	63	25	40	30	22	11

ALA	阿拉斯加(美国)	AUS	澳大利亚	BAN	孟加拉	BRU	文莱	CAM	柬埔寨	CHN	中国
INA	印度尼西亚	JAP	日本	KOR	韩国	LAO	老挝	MAS	马来西亚	MGL	蒙古
MYA	缅甸	NZD	新西兰	PHI	菲律宾	PNG	巴比亚新几内亚	PRK	朝鲜	RFE	俄罗斯(远东)
SIN	新加坡	THA	泰国	VIE	越南						

附件 3

东亚—澳洲迁徙路线上的种类在世界其他迁徙路线上的分布

种名	学名	非洲—欧亚	中亚—印度	西太平洋	美洲
水雉 Pheasant-tailed Jacana	*Hydrophasianus chirurgus*			*	
彩鹬 Painted Snipe	*Rostratula benghalensis*	*	*		
蟹鸻 Crab Plover	*Dromas ardeola*	*	*		
黑翅长脚鹬 Black-winged Stilt	*Himantopus himantopus*	*	*	*	*
澳洲长脚鹬 Australian Stilt	*Himantopus leucocephalus*				
斑反嘴鹬 Pied Avocet	*Recurvirostra avosetta*	*	*		*
普通燕鸻 Oriental Pratincole	*Glareola maldivarum*				
灰燕鸻 Little Pratincole	*Glareola lactea*		*		
澳洲燕鸻 Australian Pratincole	*Stiltia isabella*				
金鸻 Pacific Golden Plover	*Pluvialis fulva*			*	
灰鸻 Grey Plover	*Pluvialis squatarola*	*	*	*	*
长嘴鸻 Long-billed Plover	*Charadrius placidus*				
金眶鸻 Little Ringed Plover	*Charadrius dubius*	*	*		
环颈鸻 Kentish Plover	*Charadrius alexandrinus*	*	*		*
栗斑鸻 Double-banded Plover	*Charadrius bicinctus*				
蒙古沙鸻 Lesser Sand Plover	*Charadrius mongolus*	*	*	*	
铁嘴沙鸻 Greater Sand Plover	*Charadrius leschenaultii*	*	*		
东方鸻 Easten Sand Plover	*Charadrius veredus*				
凤头麦鸡 Northem lapwing	*Vanellus vanellus*	*	*		
灰头麦鸡 Grey-headed Lapwing	*Vanellus cinereus*				
丘鹬 Eurasian Woodcock	*Scolopax rusticola*	*	*		
孤沙锥 Solitary Snipe	*Gallinago solitania*		*		
澳南沙锥 Japanese Snipe	*Gallinago hardwickii*				
林沙锥 Wood Snipe	*Gallinago nemoricola*		*		
针尾沙锥 Pintail Snipe	*Gallinago stenura*	*	*		
大沙锥 Swinhoe's Snipe	*Gallinago megala*		*		
扇尾沙锥 Common Snipe	*Gallinago gallinago*	*	*		*
姬鹬 Jack Snipe	*Lymnocryptes minimus*	*	*		*
黑尾塍鹬 Black-tailed Godwit	*Limosa limosa*	*	*		
斑尾塍鹬 Bar-tailed Godwit	*Limosa lapponica*	*	*	*	
小杓鹬 Little Godwit	*Numenius minutus*				
中杓鹬 Whimbrel	*Numenius phaeopus*	*	*	*	*
白腰杓鹬 Eurasian Curlew	*Numenius arquata*	*	*		
红腰杓鹬 Far Eastern Curlew	*Numenius madagascariensis*				

续表

种名	学名	非洲—欧亚	中亚—印度	西太平洋	美洲
鹤鹬 Spotted Redshank	*Tringa erythropus*	*	*		
红脚鹬 Common Redshank	*Tringa totanus*	*	*		
泽鹬 Marsh Sandpiper	*Tringa stagnatilis*	*	*		
青脚鹬 Common Greenshank	*Tringa nebularia*	*	*		
小青脚鹬 Spotted Greenshank	*Tringa guttifer*				
白腰草鹬 Green Sandpiper	*Tringa ochropus*	*	*		
林鹬 Wood Sandpiper	*Tringa glareola*	*	*		
翘嘴鹬 Terek Sandpiper	*Tringa cinereus*	*	*		
姬鹬 Common Sandpiper	*Tringa hypoleucos*	*	*		
灰尾漂鹬 Grey-tailed Tattler	*Tringa brevipes*			*	
翻石鹬 Ruddy Turnstone	*Arenania interpres*	*	*	*	*
半蹼鹬 Asian Dowitcher	*Limnodromus semipalmatus*				
大滨鹬 Great Knot	*Calidris tenuirostris*		*		
红腹滨鹬 Red Knot	*Calidris canutus*				
三趾滨鹬 Sanderling	*Calidris alba*	*	*	*	*
红颈滨鹬 Red-necked Stint	*Calidris ruficollis*		*		
青脚滨鹬 Temminck's Stint	*Calidris temminckii*	*	*		
长趾滨鹬 Long-toed Stint	*Calidris subminuta*		*		
斑胸滨鹬 Pectoral Sandpiper	*Calidris melanotos*			*	*
尖尾滨鹬 Sharp-tailed Sandpiper	*Calidris acuminata*				
黑腹滨鹬 Dunlin	*Calidris alpina*	*	*		*
弯嘴滨鹬 Curlew Sandpiper	*Calidris ferruginea*	*	*		
勺嘴鹬 Spoon-billed Sandpiper	*Eurynorhynchus pygmaeus*		*		
阔嘴鹬 Broad-billed Sandpiper	*Limicola falcinellus*	*	*		
流苏鹬 Ruff	*Philomachus pugnax*	*	*		
红颈瓣蹼鹬 Red-necked Phalarope	*Phalaropus lobatus*	*	*	*	*
总计	60	34	50	12	12
	重叠百分率(%)	57	83	17	20

附件 4

东亚—澳洲迁徙路线上建议开展彩色标记的地区

（符号意义见附表 11）

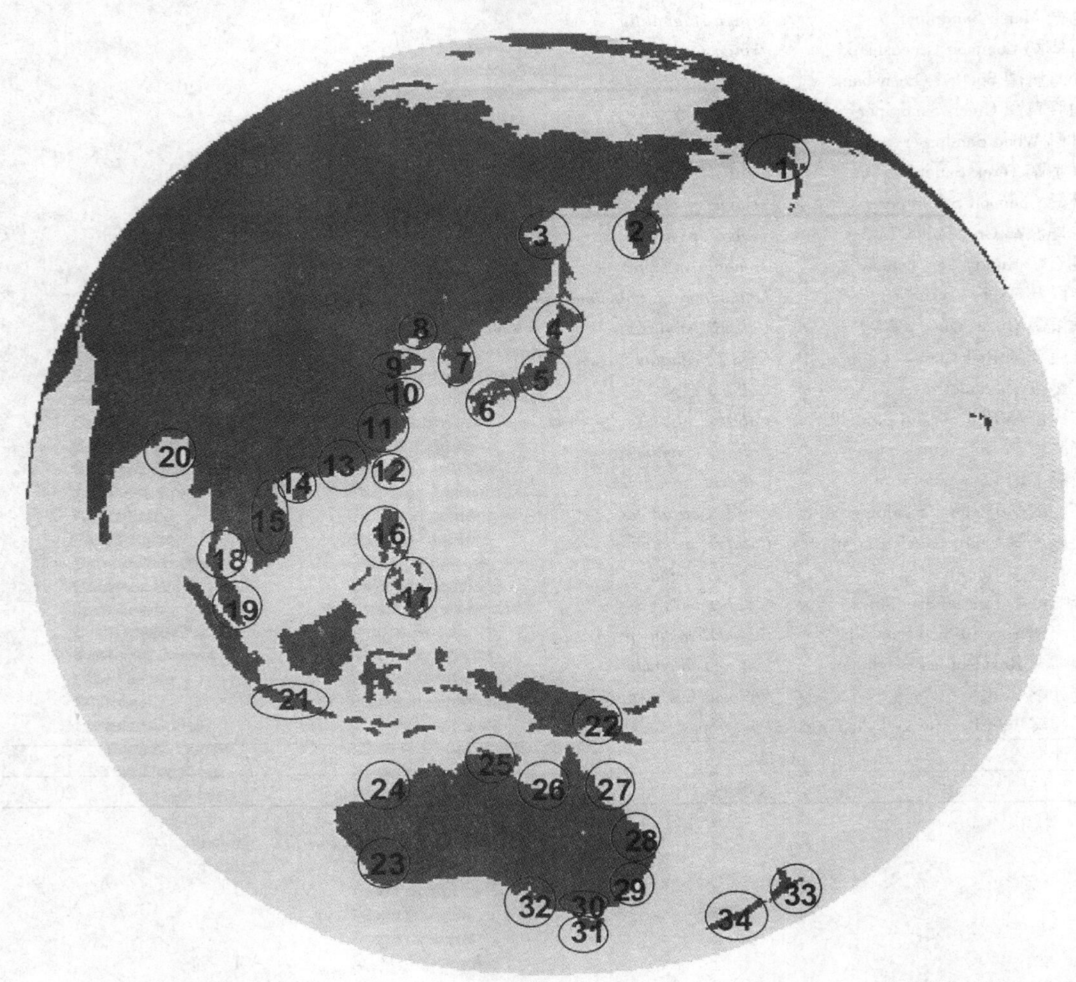

附件5

胫骨上旗标的个数

种名	学名	胫骨上的旗标
水雉 Pheasant-tailed Jacana	*Hydrophasianus chirurgus*	1
彩鹬 Painted Snipe	*Rostratula benghalensis*	1
蟹鸻 Crab Plover	*Dromas ardeola*	1
黑翅长脚鹬 Black-winged Stilt	*Himantopus himantopus*	2
澳洲长脚鹬 Australian Stilt	*Himantopus leucocephalus*	2
反嘴鹬 Pied Avocet	*Recurvirostra avosetta*	2
普通燕鸻 Oriental Pratincole	*Glareola maldivarum*	1
灰燕鸻 Little Pratincole	*Glareola lactea*	1
澳洲燕鸻 Australian Pratincole	*Stiltia isabella*	1
金鸻 Pacific Golden Plover	*Pluvialis fulva*	1
灰鸻 Grey Plover	*Pluvialis squatarola*	2
长嘴剑鸻 Long-billed Plover	*Charadrius placidus*	1
金眶鸻 Little Ringed Plover	*Charadrius dubius*	1
环颈鸻 Kentish Plover	*Charadrius alexandrinus*	1
蒙古沙鸻 Lesser Sand Plover	*Charadrius mongolus*	1
铁嘴沙鸻 Greater Sand Plover	*Charadrius leschenaultii*	1
东方鸻 Easten Sand Plover	*Charadrius veredus*	1
凤头麦鸡 Northem lapwing	*Vanellus vanellus*	1
灰头麦鸡 Grey-headed Lapwing	*Vanellus cinereus*	1
丘鹬 Eurasian Woodcock	*Scolopax rusticola*	1
孤沙锥 Solitary Snipe	*Gallinago solitania*	1
澳南沙锥 Japanese Snipe	*Gallinago hardwickii*	1
林沙锥 Wood Snipe	*Gallinago nemoricola*	1
针尾沙锥 Pintail Snipe	*Gallinago stenura*	1
大沙锥 Swinhoe's Snipe	*Gallinago megala*	1
扇尾沙锥 Common Snipe	*Gallinago gallinago*	1
姬鹬 Jack Snipe	*Lymnocryptes minimus*	1
黑尾塍鹬 Black-tailed Godwit	*Limosa limosa*	2
斑尾塍鹬 Bar-tailed Godwit	*Limosa lapponica*	2
小杓鹬 Little Godwit	*Numenius minutus*	2
中杓鹬 Whimbrel	*Numenius phaeopus*	2
白腰杓鹬 Eurasian Curlew	*Numenius arquata*	2
大杓鹬 Far Eastern Curlew	*Numenius madagascariensis*	2
鹤鹬 Spotted Redshank	*Tringa erythropus*	2

续表

种名	学名	胫骨上的旗标
红脚鹬 Common Redshank	*Tringa totanus*	2
泽鹬 Marsh Sandpiper	*Tringa stagnatilis*	2
青脚鹬 Common Greenshank	*Tringa nebularia*	2
小青脚鹬 Spotted Greenshank	*Tringa guttifer*	2
白腰草鹬 Green Sandpiper	*Tringa ochropus*	1
林鹬 Wood Sandpiper	*Tringa glareola*	1
翘嘴鹬 Terek Sandpiper	*Tringa cinereus*	1
矶鹬 Common Sandpiper	*Tringa hypoleucos*	1
灰尾漂鹬 Grey-tailed Tattler	*Tringa brevipes*	1
翻石鹬 Ruddy Turnstone	*Arenania interpres*	1
半蹼鹬 Asian Dowitcher	*Limnodromus semipalmatus*	2
大滨鹬 Great Knot	*Calidris tenuirostris*	1
红腹滨鹬 Red Knot	*Calidris canutus rogersi*	1
三趾鹬 Sanderling	*Calidris alba*	1
红颈滨鹬 Red-necked Stint	*Calidris ruficollis*	1
青脚滨鹬 Temminck's Stint	*Calidris temminckii*	1
长趾滨鹬 Long-toed Stint	*Calidris subminuta*	1
斑胸滨鹬 Pectoral Sandpiper	*Calidris melanotos*	1
尖尾滨鹬 Sharp-tailed Sandpiper	*Calidris acuminata*	1
黑腹滨鹬 Dunlin	*Calidris alpina*	1
弯嘴滨鹬 Curlew Sandpiper	*Calidris ferruginea*	1
勺嘴鹬 Spoon-billed Sandpiper	*Eurynorhynchus pygmaeus*	1
阔嘴鹬 Broad-billed Sandpiper	*Limicola falcinellus*	1
流苏鹬 Ruff	*Philomachus pugnax*	1
红颈瓣蹼鹬 Red-necked Phalarope	*Phalaropus lobatus*	1

附件 6

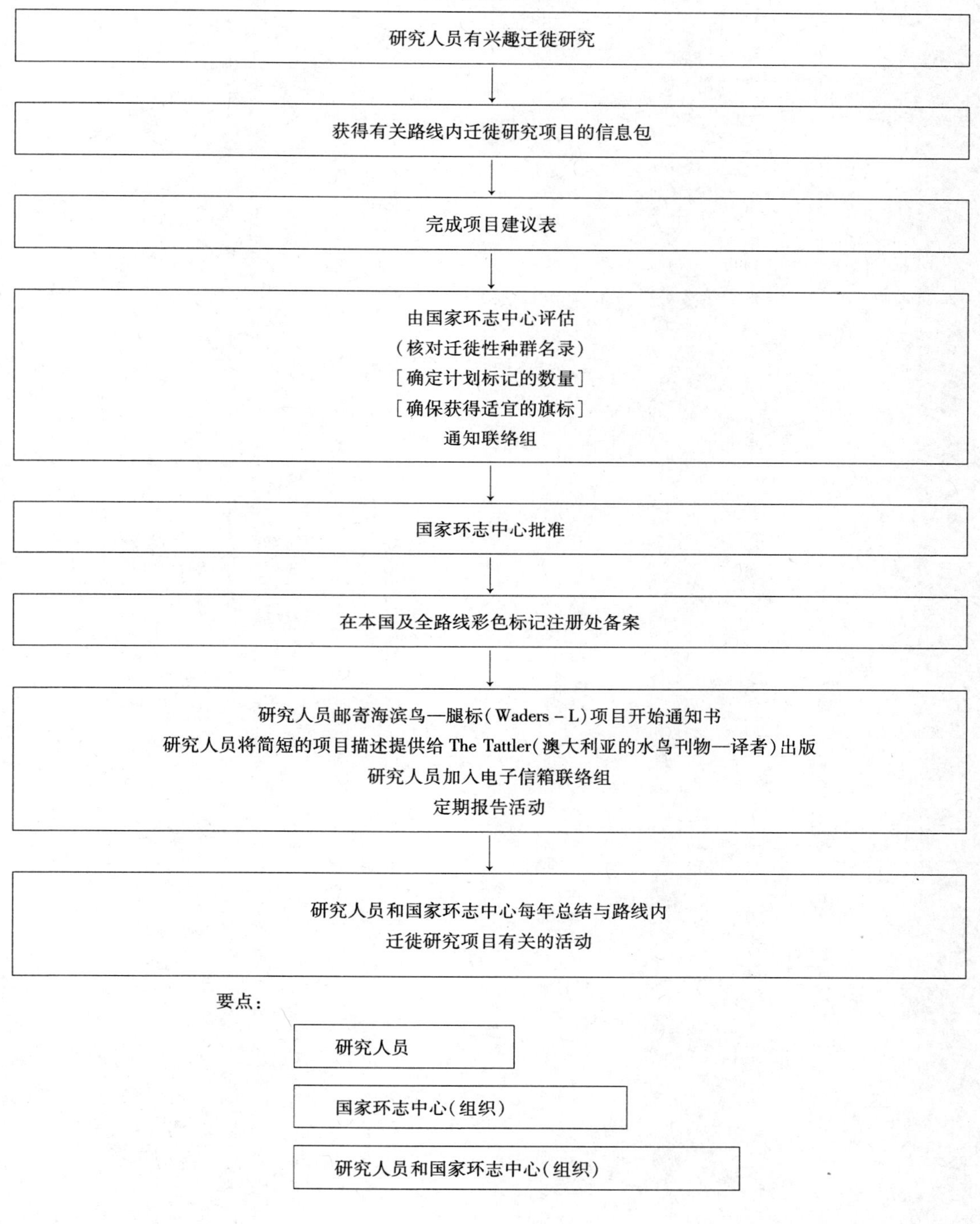

申请加入路线内迁徙研究项目的程序
（使用彩色旗标）
研究人员有兴趣迁徙研究
获得有关路线内迁徙研究项目的信息包
完成项目建议表
由国家环志中心评估
（核对迁徙性种群名录）
［确定计划标记的数量］
［确保获得适宜的旗标］
通知联络组
国家环志中心批准
在本国及全路线彩色标记注册处备案
研究人员邮寄海滨鸟—腿标（Waders - L）项目开始通知书
研究人员将简短的项目描述提供给 The Tattler（澳大利亚的水鸟刊物—译者）出版
研究人员加入电子信箱联络组
定期报告活动
研究人员和国家环志中心每年总结与路线内
迁徙研究项目有关的活动
要点：
研究人员
国家环志中心（组织）
研究人员和国家环志中心（组织）

FUBIAOFUBIAO

第六篇 附表

附表 1　中国鸟环规格型号及适合鸟种
附表 2　鸟类环志证申请表
附表 3　环志登记表
附表 4　环志地点总表
附表 5　环志回收通知
附表 6　环志回收感谢信
附表 7　鸟类环志日志
附表 8　羽衣和鸟体外部描述表
附表 9　鸟类换羽记录表
附表 10　各羽带或羽区及不同换羽阶段的代码
附表 11　东亚—澳洲迁徙路线彩色旗标分配建议
附表 12　东亚—澳洲迁徙路线彩色腿标位置小结

附表 1

中国鸟环规格型号及适合鸟种

型号	内径（mm）	厚度（mm）	宽度（mm）	周径（mm）	开口（mm）	适用鸟种
A	2.0	0.5	4.5	6.3	2.5	家燕、金腰燕、毛脚燕、短嘴山椒鸟、棕眉山岩鹨、黄眉［姬］鹟、白眉［姬］鹟、白腹［姬］鹟、红喉［姬］鹟（黄点颏）、黄喉［姬］鹟、鸲［姬］鹟、乌鹟、方尾鹟、白尾鹟、北灰鹟、灰纹鹟、斑胸鹟、白喉林鹟、山蓝仙鹟、棕腹仙鹟、灰蓝鹟、红尾歌鸲、蓝喉歌鸲、蓝歌鸲、北红尾鸲、矛斑蝗莺、黑眉苇莺、稻田苇莺、日本树莺、鳞头树莺、黄腰柳莺、棕腹柳莺、冠纹柳莺、褐柳莺、冕柳莺、黄眉柳莺、灰脚柳莺、极北柳莺、金眶鹟莺、戴菊、红胁绣眼鸟、暗绿绣眼鸟、银喉［长尾］山雀、煤山雀、小鹀
B	2.5	0.5	5.0	7.9	2.8	金腰燕、白鹡鸰、黄鹡鸰、山鹡鸰、黄头鹡鸰、树鹨、棕眉山岩鹨、小云雀、云雀、小沙百灵、灰山椒鸟、鹪鹩、寿带、红胁蓝尾鸲、红喉歌鸲（红点颏）、蓝喉歌鸲、蓝歌鸲、红尾歌鸲、北红尾鸲、斑背大苇莺、棕扇苇莺、巨嘴柳莺、小蝗莺、苍眉蝗莺、白腹蓝［姬］鹟、鸲［姬］鹟、红喉鹟、黑喉石即鸟、棕头鸦雀、普通䴓、旋木雀、大山雀、黄腹山雀、沼泽山雀、煤山雀、褐头山雀、杂色山雀、长尾雀、燕雀、金翅雀、黄雀、普通朱雀、白眉鹀、黄喉鹀、黄胸鹀、三道眉草鹀、灰头鹀、白头鹀、铁爪鹀、黄眉鹀、田鹀、栗鹀、芦鹀、苇鹀、红颈苇鹀、灰眉岩鹀、小鹀
C	3.0	0.5	5.0	9.4	3.0	棕三趾鹑、须浮鸥、白额燕鸥、三趾鹬、阔嘴鹬、白腰草鹬、环颈鸻、剑鸻、燕鸻、蚁䴕、小斑啄木鸟、小星头啄木鸟、星头啄木鸟、蒙古沙百灵、凤头百灵、田鹨、林鹨、领岩鹨、太平鸟、红尾伯劳、灰背伯劳、牛头伯劳、赤红山椒鸟、白头鹎、蓝喉歌鸲、红喉歌鸲、黑喉歌鸲、栗腹歌鸲、灰背鸫、蓝头矶鸫、蓝矶鸫、白喉矶鸫、淡脚树莺、厚嘴苇莺、大苇莺、东方大苇莺、北朱雀、蜡嘴雀、栗耳鹀
D	3.5	0.6	6.0	11.0	3.5	小田鸡、花田鸡、黑叉尾海燕、铁嘴沙鸻、翻石鹬、林鹬、矶鹬、漂鹬、勺嘴鹬、阔嘴鹬、红胸滨鹬、尖尾滨鹬、湾嘴滨鹬、黑腹滨鹬、灰瓣蹼鹬、白翅浮鸥、普通燕鸥、白喉针雨燕、楼燕、戴胜、蚁䴕、虎纹伯劳、棕背伯劳、灰伯劳、黑额伯劳、北椋鸟、白眉鸫、灰背鸫、锡嘴雀
E	4.0	0.7	7.0	12.0	4.0	黄脚三趾鹑、斑胁田鸡、金眶鸻、灰斑鸻、彩鹬、红脚鹬、泽鹬、青脚鹬、小青脚鹬、鹤鹬、翘嘴鹬、大滨鹬、红腹滨鹬、孤沙锥、黑尾塍鹬、斑尾塍鹬、小杜鹃、白背啄木鸟、大斑啄木鸟、灰头啄木鸟、白眉地鸫、乌斑鸫、赤颈鸫、白腹鸫、黑卷尾、楔尾伯劳、楼燕、黑头蜡嘴雀
F	5.0	0.7	7.0	15.0	5.0	黄脚三趾鹑、鹌鹑、白喉斑秧鸡、红胸田鸡、针尾沙锥、扇尾沙锥、孤沙锥、松雀鹰（雄）、黄脚隼、燕隼、燕鸥、普通夜鹰、红翅凤头鹃、棕腹杜鹃、四声杜鹃、大杜鹃、鹰杜鹃、中杜鹃、白背啄木鸟、绿啄木鸟、灰头啄木鸟、三宝鸟、戴胜、白腰雨燕、黑枕黄鹂、发冠卷尾、松鸦、灰喜鹊、白眉地鸫、斑鸫、白腹鸫、紫啸鸫、灰翅鸫、虎斑地鸫、光背地鸫、白眉地鸫、橙头地鸫

续表

型号	内径（mm）	厚度（mm）	宽度（mm）	周径（mm）	开口（mm）	适用鸟种
G	6.0	0.7	10.0	18.7	6.0	扁嘴海雀、绿鹭、黄苇鳽、水雉、凤头麦鸡、灰头麦鸡、栗胸田鸡、棕背田鸡、蓝胸秧鸡、斑胁田鸡、花尾榛鸡、赤腹鹰、松雀鹰（雌）、松鹰（雄）、红隼、红脚隼、灰背隼、燕隼、黑翅燕长脚鹬、反嘴鹬、中杓鹬、林鹬、丘鹬、黑嘴鸥、红嘴鸥、白顶黑燕鸥、小鸦鹃、火斑鸠、普通夜鹰、红角鸮、东方角鸮、鹰鸮、大斑啄木鸟、蓝翡翠、松鸦、星鸦
H	7.0	0.7	10.0	22.0	6.4	白额鹱、紫背苇鳽、黄苇鳽、白胸苦恶鸟、黑水鸡、董鸡、山斑鸠、绿翅鸭、雀鹰（雌）、白腰杓鹬、红腰杓鹬、丘鹬、红角鸮、领角鸮、鹰鸮、纵纹腹小鸮、斑头鸺鹠、小鸦鹃
I	8.0	1.0	10.0	25.1	7.8	角鸊鷉、绿鹭、小白鹭、池鹭、赤颈鸭、普通秋沙鸭、罗纹鸭、鸳鸯、灰脸鵟鹰、白头鹞、白尾鹞、黑尾鸥、灰背鸥、银鸥、山斑鸠、大嘴乌鸦
J	10.0	1.0	10.0	31.4	10.0	小鸊鷉、黄嘴白鹭、大白鹭、夜鹭、牛背鹭、绿鹭、苍鹭、草鹭、斑头秋沙鸭、赤麻鸭、针尾鸭、苍鹰（雄）、普通鵟、灰脸鵟鹰、游隼、灰背鸥、短耳鸮、长耳鸮、灰林鸮、长尾林鸮、林鸮
K	12.0	1.0	13.0	37.6	12.0	白斑军舰鸟、赤颈鸊鷉、黑脸琵鹭、黑脸鸬鹚、苍鹭、草鹭、栗树鸭、中华秋沙鸭、斑嘴鸭、翘鼻麻鸭、翘嘴鸭、白眉鸭、白骨顶、白额雁、小白额雁、苍鹰（雌）、普通鵟、猎隼、棕头鸥、长耳鸮
L	14.0	1.0	13.0	44.0	15.0	信天翁、白鹮、白琵鹭、黑鹳、黑鹮、大麻鳽、黑雁、大鸨、蜂鹰、毛脚鵟、大鵟、白肩雕、猎隼、长尾林鸮、褐林鸮、雕鸮
M	18.0	1.0	13.0	56.5	20.0	凤头鸊鷉、短尾信天翁、黑脚信天翁、鸬鹚、灰鹤、蓑羽鹤、豆雁、鸿雁、斑头雁、绿喉潜鸭、红头潜鸭、红喉潜鸭、乌雕、白尾海雕、草原雕、鱼鸥
N	22.0	1.0	15.0	69.0	21.5	斑头鸬鹚、东方白鹳、黑颈鹤、白头鹤、丹顶鹤、白枕鹤、小天鹅、灰雁、金雕、玉带海雕
Q	26.0	1.0	15.0	81.6	25.0	疣鼻天鹅、大天鹅、斑嘴鹈鹕、秃鹫
R	3.5	0.5	4.0	11.0	4.4	普通翠鸟、小杜鹃
S	6.0	0.6	6.0	18.7	6.0	鹰鹃、中杜鹃

附表2

鸟类环志证申请表

年 月 日

申请人姓名： 性别： 年龄： 身份证号码：
工作单位： 通讯地址： 邮编： 电话： 传真：
环志目的：（包括：任务来源；可能的环志地点，环志时间，环志鸟种及数量等。）
鸟类环志简历： 以往未参加过鸟类环志工作□； 从 年至 年参加过鸟类环志，个人环志过鸟类 种，总计约 只。
推荐单位或个人意见：
全国鸟类环志中心意见： 年 月 日（盖章）

附表3

环 志 登 记 表

年　　月　　日,第　　页,共　　页

环志人员姓名:　　　　环志证号码:　　　　环志地点:(1)　　　　(2)　　　　(3)　　　　(4)　　　　(5)

环型与环号		重捕	种　名	鸟种编号	年龄	判别方法	性别	判别方法	环志时间 年 月 日	环志地点	放飞时间	捕捉方法	鸟的状况	称重	量　测						备注
														鸟=(袋+鸟)-袋	喙长	头喙	翅长	体长	尾长	跗蹠	

附表 4

环 志 地 点 总 表

年 月 日

环志人员姓名：

环志证号码：

环志日期：从 年 月 日到 年 月 日 环志地点数量：

环志地点（1）：名称： 地理坐标________°________′N，________°________′E

最近城镇名称： 环志点到该城镇的直线距离： km

海拔高度：

环志地点（2）：名称： 地理坐标________°________′N，________°________′E

最近城镇名称： 环志点到该城镇的直线距离： km

海拔高度：

环志地点（3）：名称： 地理坐标________°________′N，________°________′E

最近城镇名称： 环志点到该城镇的直线距离： km

海拔高度：

环志地点（4）：名称： 地理坐标________°________′N，________°________′E

最近城镇名称： 环志点到该城镇的直线距离： km

海拔高度：

环志地点（5）：名称： 地理坐标________°________′N，________°________′E

最近城镇名称： 环志点到该城镇的直线距离： km

海拔高度：

环志地点（6）：名称： 地理坐标________°________′N，________°________′E

最近城镇名称： 环志点到该城镇的直线距离： km

海拔高度：

附表 5

环 志 回 收 通 知

Notification of Bird Banding Recovery

________年（Year）________月（Mon.）________日（Day）

北京·万寿山·中国林业科学研究院
全国鸟类环志中心　北京 1928 信箱
邮政编码：100091
电话：010·62889530
传真：010·62889528
电子信箱：bird. hz@ caf. ac. cn

National Bird Binding center of China
P. O. Box：1928 Wan Shou Shan
Beijing，P. R. CHINA 100091
Tel：86·010·62889530
Fax：86·010·62889528
E-mail：bird. hz@ caf. ac. cn

现回收到你处的环志鸟，具体情况如下：

（Now we recovered your banded bird，the details are as following：）

环号（Band No.）：________________ 种类（Species）：________________

____

报告人（Recoverd by）：________________

报告日期（Date Recovered）：________年（Year）________月（Mon.）________日（Day）

回收地点（Where Recovered）：

________°________′N，________′E

回收方式（How Recovered）：

回收鸟状况（Status）：

致　礼（Yours Sincerely）

全国鸟类环志中心主任（签名）

（Director of NBBC）

附表6

环 志 回 收 感 谢 信

编号：________.

________：

十分感谢您将环志回收鸟的信息报告给全国鸟类环志中心。您提供的环志回收信息将帮助我们鸟类环志人员进一步了解我国鸟类的生活及其活动状况。

鸟类是人类的朋友，保护鸟类资源是我们每一公民的神圣职责。鸟类环志是研究鸟类行为、数量变化、栖息地需要、活动规律等方面知识的重要手段。鸟类环志回收到的信息，可为我国政府及有关研究单位制定鸟类资源保护政策等提供重要依据。您以自己的实际行动为鸟类资源保护作出了贡献。

请核实您提供的下列信息，如果有误，请在表上更正并寄回全国鸟类环志中心。

回收信息：
环号：____________回收人：__________报告人：__________
回收时间：__________
回收地点：__________（__________°__________′N，__________°__________′E）
回收方式：__________回收鸟的状况__________
回收鸟的处理情况：______________鸟环的处理情况__________
环志信息：
环志人姓名：__________通讯地址：____________邮编：__________
鸟种名称：__________________环志时间__________________
环志地点：____________________
（__________°__________′N，__________°__________′E）
环志目的：
其他情况：

如果您需要了解此环志鸟的详细情况，请与环志者直接联系。

再次对您表示感谢。

全国鸟类环志中心主任

年 月 日

附：全国鸟类环志中心的通讯地址：

北京1928信箱

全国鸟类环志中心。

或：北京·万寿山·中国林业科学研究院

全国鸟类环志中心。

邮编：100091

电话：010－62889530，传真：010－62889528

电子信箱：bird. hz@ caf. ac. cn

附表6－1

Appreciations for Bird's Recovery

National Bird Binding center of China
P. O. Box：1928 Wan Shou Shan
Beijing，P. R. CHINA 100091
Tel：86 · 010 · 62889530
Fax：86 · 010 · 62889528
E-mail：bird. hz@ caf. ac. cn

Dear ______________________________：

Thank you for your letter in which you reported the finding of a band bird. We apprecitae your action in report this find which will contribute to our underdtanding of China birds.

Please check the details given below. If there are any discrepancies please amend and return it to us.

Finding details：

Band No. ______________________

Species：______________________

Recovered by：______________________

Where recovered：______________________

(________°________′N，________°________′E)

Date recovered：____

How recovered：____

Banding details：

Species：____________Sex：____________Age：____________

Banded by：____________Address：____________

Where banded：__________ (__________°__________′N，__________°__________′E)

Date banded：______________________________

Why banded：______________________________

Thank you for participating in the Bird Banding Programme of China. Please do not hesitate to contact us should you need to know more about the activities of the programme.

Yours sincerely

Director of NBBC

附表7

鸟 类 环 志 日 志

环志人员：________环志证编号：________

环志地点：________省________市________（________°________′N，________°________′E）

环志日期：________年________月________日 网捕地点编号：____________________________

设网情况： 网捕时间：

粘网数量	粘网规格（m）	孔径（mm）	总面积（m^2）

上午：首次张网________收网时间：________ 下午：首次张网________收网时间：________

网捕期内不下雨的总时间：________小时 网捕强度（粘网面积×无雨小时数）：________

植被/栖息地描述（在适宜的格内填写主要植物名称）：

最高植被层	最高层植被叶面密度投影			
	稠密（70%～100%）	中等密度（30%～70%）	稀疏（10%～30%）	很稀疏（≤10%）
高大乔木（>30m）				
中高乔木（10～30m）				
小乔木（5～10m）				
较高灌木（2～8m）				
低矮灌木（0～2m）				
草本植物				

天气情况：

风力：微 □；轻风 □；中等 □；强风 □ 云量：无 □；薄 □；中等 □；浓云 □

阴影下温度（℃）：________相对湿度（%）：降雨：小雨 □；中雨 □；大雨 □；降雪 □

地面积雪（cm）：无 □；<5 □；5～10 □；10～15 □；>15□

月 相：0 □；1/4 □；1/2 □；3/4 □；全 □

日出时间：________ 日落时间：________ 其他：____________________________

影响捕捉的特殊情况（详细描述）：

（如附近有开花植物；长时间降雨；火烧；干旱；靠近市区；水源；上空有猛禽飞过；网中鸟惊叫等）

附表 8

羽衣和鸟体外部描述表

年　月　日　第　页　共　页

鸟种：________ 年龄：________ 性别：________ 环号：________

捕捉地点：________省________市（县）________捕捉方法：________鸟的状态：________

环志日期：________环志人员：________环志许可证号码：________描述人：________

喙：
上喙________
下喙________
蜡膜________
嘴裂缘________
腭________

眼：
内虹膜________
外虹膜________
环眼皮________
环眼毛________
一般________

前头
顶
眼先
耳羽
后颈
颏
翕
喉
肩
上背
上胸
下背
下胸
腰
胁
腹
尾上覆羽
胫
尾下表面
跗蹠
趾
尾下覆羽
*被翅羽覆盖
足下
爪

头和上背：
眼先________
前头________
头顶________
耳羽________
枕________
翕________
肩________
其他表面特征________
背：
上背________
下背________
腰________
尾上覆羽________
尾上表面________
尾下覆羽________
尾下表面________

腿和足：
胫________
跗蹠________
趾________
爪________
足下________

下部：
颏________
喉________
上胸________
下胸________
胁________
腹________

小翼羽
小覆羽
初级覆羽
中覆羽
三级飞羽
初级飞羽
次级飞羽
次级覆羽

翅上表面：
初级飞羽________
次级飞羽________
三级飞羽________
初级覆羽________
次级覆羽________
小翼羽________
中翼羽________
小覆羽________

翅下覆羽
腋羽
次级飞羽
初级飞羽

翅下表面：
初级飞羽________
次级飞羽________
腋　羽________
翅下覆羽________

喙：
上喙______
下喙______
蜡膜______
嘴裂缘______
腭______
眼：
内虹膜______
外虹膜______
环眼皮______
环眼毛______
一般特征______
头和上背：
眼先______
前头______
头顶______
耳羽______
枕______
翕______
肩______
其他特征______
背：
上背______
下背______
腰______
尾上覆羽______
尾上表面______
尾下覆羽______
尾下表面______
身体下部：
颏______
喉______
上胸______
下胸______
胁______
腹______
翅上表面：
初级飞羽______
次级飞羽______
三级飞羽______
初级覆羽______
次级覆羽______
小翼羽______
中覆羽______
小覆羽______
翅下表面：
初级飞羽______
次级飞羽______
腋羽______
翅下覆羽______
腿和足：
胫______
跗蹠______
趾______
爪______
足下______
备注：

附表9

鸟类换羽记录表（类型1）

年 月 日 第 页 共 页

鸟种：________年龄：________性别：________环号：________

捕捉地点：________省________市（县）________捕捉方法：________鸟的状态：________环志日期：________

环志人员：________环志证号码：________描述人：________

鸟体：

前头________□
眼先________□
颏________□
喉________□
上胸________□
下胸________□
胁________□
腹________□
尾下覆羽________□
* 图中被翅羽覆盖

头顶________□
耳羽________□
枕________□
翕________□
肩羽________□
背________□
腰________□
尾上覆羽________□
右侧尾羽________□
左侧尾羽________□

翅膀正面：

小翼羽________□
初级覆羽________□
初级飞羽________□
右翅________□
左翅________□

小覆羽________□
中覆羽________□
大覆羽________□
次级飞羽________□
左翅________□

翅膀背面：

翅下覆羽________□
腋羽________□

备注：

记录代码：翅和尾：0＝旧羽；1＝羽毛脱落或针状新羽；2＝新羽小于1/3生长；3＝新羽1/3～2/3生长；4＝新羽2/3～全部生长，但还具蜡质羽鞘；5＝新羽完全生长

体羽更换（包括翅膀覆羽）：O＝无换羽；S＝轻微换羽；A＝换羽；C＝换羽完成

鸟类换羽记录表(类型2)

环志人： 环志证号码： 年 月 日 第 页 共 页

日期年月日	环型与环号	种名	环志地点	初级飞羽	次级飞羽	尾	前头	头顶	耳羽	背与翕	腰	翅上覆羽	翅下覆羽	腹	胁	颏	初级覆羽	小翼羽	次级覆羽	中覆羽	小覆羽	翅下覆羽	腋羽	评论

附表 10

各羽带或羽区及不同换羽阶段的代码

头体部	前头和眼先	forehead & lore
	头顶，冠	crown
	耳羽	ear covert
	后颈，枕部	nape
	翕和背	mantle & back
	肩	scapular
	腰	rump
	尾上覆羽	uppertail covert
	尾下覆羽	undertail covert
	腹	belly
	胁	flank
	上胸	upper breast
	下胸	lower breast
	喉	throat
	颏	chin
翅和尾	初级飞羽	primary
	次级和三级飞羽	secondary& tertial
	初级覆羽	primary covert
	次级覆羽	secondary covert
	尾	tail
	小翼羽	alula
	翅上中覆羽	median upperwing covert
	翅上小覆羽	lesser upperwing covert
	翅下覆羽	underwing covert
	腋羽	axillary

换羽过程：

O = 无换羽

S = 轻微换羽

A = 换羽

C = 换羽完成

附表 11

东亚—澳洲迁徙路线彩色旗标分配建议

地区	彩色			地 点
1	蓝 / 绿			阿拉斯加，美国
2	黄 / 黑			堪察加半岛，俄罗斯
3	黄 / 白			阿穆尔河地区，俄罗斯
4	蓝			日本北部
5	蓝 / 白			日本中部
6	蓝 / 橙			日本南部
7	白 / 橙			朝鲜半岛
8	蓝 / 黄			丹东—唐山，中国
9	绿 / 橙			黄河三角洲，中国
10	绿 / 蓝			江苏，中国
11	白 / 黑			上海—浙江，中国
12	白 / 蓝			台北—高雄，中国
13	白 / 黄			广东，中国
14	蓝 / 黑			海南—广西，中国
15	黄 / 绿			越南
16	黑 / 蓝			菲律宾北部
17	黑 / 白			菲律宾南部
18	黑 / 绿			泰国湾
19	黑 / 黄			新加坡，马来西亚西部
20	橙 / 黑			孟加拉国
21	黑 / 橙			爪哇，印度尼西亚
22	绿 / 白			巴布亚新几内亚
23	黄 / 橙			澳大利亚西南
24	黄			西澳大利亚北部
25	黄 / 蓝			达尔文地区，澳大利亚
26	绿 / 黄			Carpentaria 湾，澳大利亚
27	绿 / 黑			昆士兰沿岸中部，澳大利亚
28	绿 / 绿			布里斯班地区，澳大利亚
29	橙 / 绿			新南威尔士，澳大利亚
30	橙			澳大利亚东南
31	橙 / 蓝			塔斯马尼亚岛，澳大利亚
32	橙 / 黄			澳大利亚南部
33	白 / 白			北岛，新西兰
34	白 / 绿			南岛，新西兰

附表 12

东亚—澳洲迁徙路线彩色腿标位置小结

上腿/下腿	橙	橙 / 黄	橙 / 绿	橙 / 蓝	橙 / 黑	橙 / 白
地区编号	30	32	29	31	20	
区域	东南 澳大利亚	南 澳大利亚	新南威尔士 （澳大利亚）	塔斯马尼亚岛 （澳大利亚）	孟加拉	未定

上腿/下腿	黄 / 橙	黄	黄 / 绿	黄 / 蓝	黄 / 黑	黄 / 白
地区编号	23	24	15	25	2	3
区域	西南 澳大利亚	西北 澳大利亚	越南	达尔文 澳大利亚	堪察加半岛 俄罗斯	阿穆尔河 俄罗斯

上腿/下腿	绿 / 橙	绿 / 黄	绿 / 绿	绿 / 蓝	绿 / 黑	绿 / 白
地区编号	9	26	28	10	27	22
区域	黄河三角洲 中国	Carpentaria 湾 澳大利亚	布里斯班 澳大利亚	江苏 中国	中昆士兰 澳大利亚	巴布亚 新几内亚

上腿/下腿	蓝 / 橙	蓝 / 黄	蓝 / 绿	蓝	蓝 / 黑	蓝 / 白
地区编号	6	8	1	4	14	5
区域	日本南部	丹东—唐山 中国	阿拉斯加 美国	日本北部	海南—广西 中国	日本中部

上腿/下腿	黑 / 橙	黑 / 黄	黑 / 绿	黑 / 蓝	黑 / 黑	黑 / 白
地区编号	21	19	18	16		17
区域	爪哇 印度尼西亚	新加坡/马来 西亚西部	泰国湾	北部 菲律宾	未定	南部 菲律宾

上腿/下腿	白 / 橙	白 / 黄	白 / 绿	白 / 蓝	白 / 黑	白
地区编号	7	13	34	12	11	33
区域	朝鲜半岛	广东 中国	南岛 新西兰	台北—高雄 中国	上海—江苏 中国	北岛 新西兰

第七篇

附　图

附图1　换羽后正在生长的羽毛
（渔鸥，秋季迁徙前换羽。青海省青海湖）

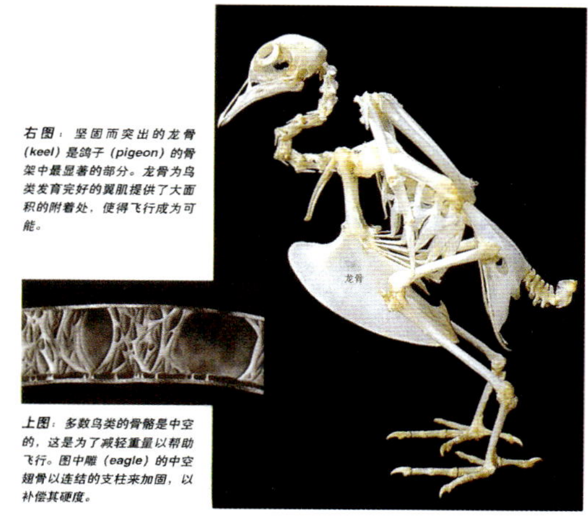

右图：坚固而突出的龙骨（keel）是鸽子（pigeon）的骨架中最显著的部分。龙骨为鸟类发育完好的翼肌提供了大面积的附着处，使得飞行成为可能。
龙骨
上图：多数鸟类的骨骼是中空的，这是为了减轻重量以帮助飞行。图中雕（eagle）的中空翅骨以连结的支柱来加固，以补偿其硬度。

附图2　家鸽的骨骼

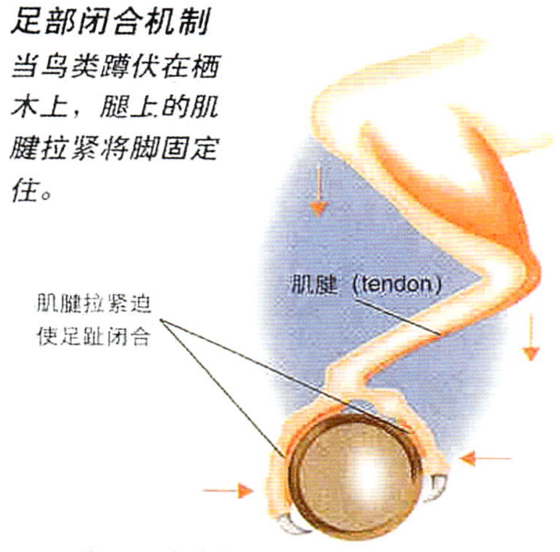

足部闭合机制
当鸟类蹲伏在栖木上，腿上的肌腱拉紧将脚固定住。
肌腱（tendon）
肌腱拉紧迫使足趾闭合

附图3　家鸽的骨骼及足部闭合机制

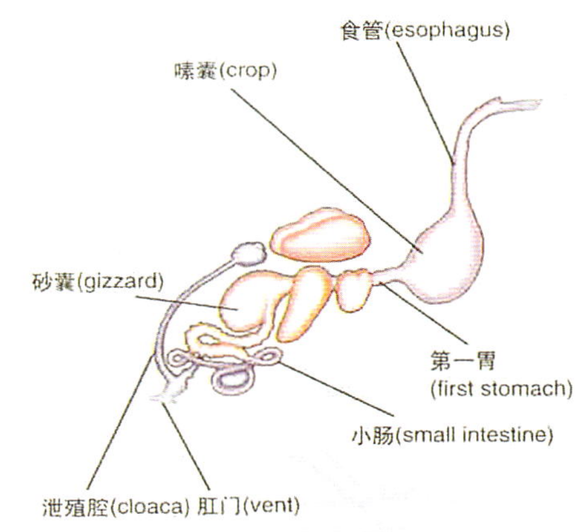

附图4　鸟类消化道模式图

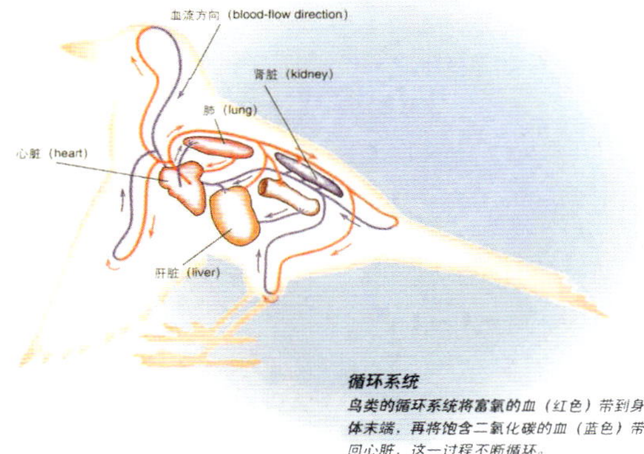

附图5　鸟类循环系统模式图

附图6　鸟类的繁殖周期

附图7 “看图识鸟”——秋冬季节水面上的鸟类

附图8 “看图识鸟”——秋冬季节水边的鸟类

斑嘴（斑嘴鸭）

斑头（斑头雁）

凤头（凤头潜鸭）

附图9　鸟的野外识别特征

附图10　红喉潜鸟

附图11　小䴙䴘

附图12　短尾信天翁

附图13　钩嘴圆尾鹱

附图14　黑叉尾海燕

附图15　短尾鹲

附图16　斑嘴鹈鹕

附图17　红脚鲣鸟

附图18 普通鸬鹚

附图19 小军舰鸟

附图20 池鹭

附图21 栗苇鳽

附图22A 黑鹳

附图22B 白鹳

附图23 朱鹮

附图24 大红鹳
(又称火烈鸟)

附图25 大天鹅

附图26 鸿雁

附图27 针尾鸭

附图28 鹗

附图29　苍鹰

附图30　高山兀鹫

附图31　红隼

附图32　黑嘴松鸡

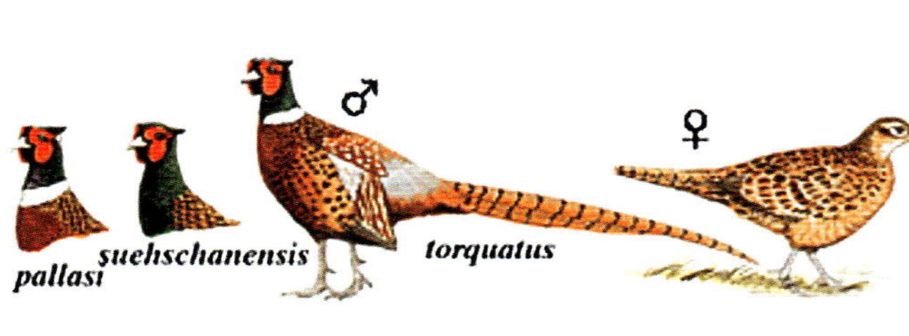

附图33　雉鸡（环颈雉）

附图34　黄脚三趾鹑

附图35　丹顶鹤

附图36　灰胸秧鸡

附图37　白骨顶

附图38 大鸨(俗称地鵏)

附图39 水雉

附图40 彩鹬

附图41 蛎鹬

附图42 鹮嘴鹬

附图43 黑翅长脚鹬

附图44 大石鸻

附图45 普通燕鸻

附图46 金眶鸻

附图47 矶鹬

附图48 中贼鸥

附图49　红嘴鸥

附图50　普通燕鸥

附图51　剪嘴鸥

附图52　扁嘴海雀

附图53　毛腿沙鸡

附图54　山斑鸠

附图55　绯胸鹦鹉

附图56　大杜鹃

附图57　草鸮

附图58　长耳鸮

附图59　黑顶蟆口鸱

附图60 普通夜鹰

附图61 普通楼燕

附图62 凤头雨燕

附图63 红腹咬鹃

附图64A 普通翠鸟

附图64B 蓝翡翠

附图65 栗喉蜂虎

附图66 三宝鸟

附图67 戴胜

附图68 冠斑犀鸟

附图69 大拟啄木鸟

附图70 黄腰响蜜䴕

附图71A　大斑啄木鸟

附图71B　灰头绿啄木鸟

附图72A　长尾阔嘴鸟

附图72B　银胸丝冠鸟

附图73　仙八色鸫

附图74　凤头百灵

附图75　家燕

附图76　树鹨

附图77　赤红山椒鸟

附图78　白头鹎

附图79　大绿雀鹎

附图80　橙腹叶鹎

附图81 和平鸟

附图82 太平鸟

附图83 红尾伯劳

附图84 钩嘴林鵙

附图85 黑枕黄鹂

附图86 发冠卷尾

附图87 北椋鸟

附图88 灰燕鵙

附图89 秃鼻乌鸦

附图90 褐河乌

附图91 鹪鹩

附图92 棕眉山岩鹨

附图93A 红喉歌鸲

附图93B 斑鸫

附图94 白眉姬鹟

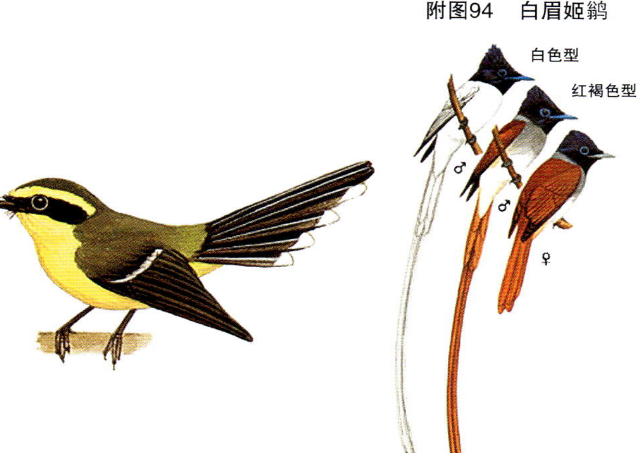

附图95 黄腹扇尾鹟

附图96 寿带

附图97 红嘴相思鸟

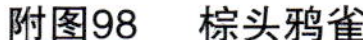

附图98 棕头鸦雀

附图99 棕扇尾莺

附图100 黄腰柳莺

附图101 戴菊

附图102 暗绿绣眼鸟

附图103 攀雀

附图104 银喉长尾山雀

附图105 大山雀

附图106 普通鳾

附图107 红翅旋壁雀

附图108 旋木雀

附图109 红胸啄花鸟

附图110 叉尾太阳鸟

附图111 黄雀

附图112 黄胸织雀

附图113 红梅花雀

附图114 燕雀

附图115 白腰朱顶雀

附图116 黄喉鹀

附图117 麻雀

附图118 普通䴓

附图119 小杜鹃

附图120A 灰背鸫（雄）

附图120B 灰背鸫（雌）

附图121 灰鹡

附图122 红翅凤头鹃

附图123 小鸦鹃

附图124 猛鸮

附图125 鸟与鸟环

示右腿绿色旗标和红色彩环
左腿金属环

示左腿带有编号的红色彩环
右腿金属环

示带有编号的红色颈环

附图126 彩色标记（引自俄罗斯鸟类环志中心）

附图127 带有彩色塑料环的黑嘴鸥
（日本山阶鸟类研究所提供）

附图128 带有无线电信号发射器的朱鹮

附图129 背负卫星信号发射器的天鹅

附图130　辽宁双台河口标记的黑嘴鸥

附图131　江苏盐城标记的黑嘴鸥

附图132　遗鸥

附图133　佩带橙色旗标的遗鸥雏鸟

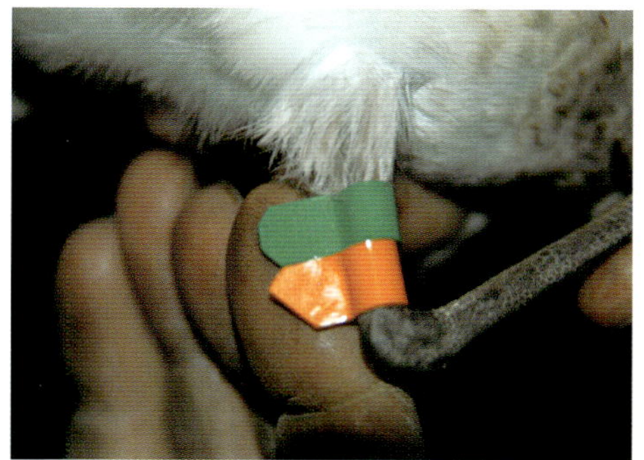

附图134　辽宁丹东彩色旗标组合

附图135　上海崇明东滩彩色旗标组合
(厦门大学 林清贤摄)

附图136　普通鸬鹚(青海湖鸬鹚岛)

附图137　在青海湖繁殖的斑头雁

附图138 鹰鸮

附图139 雀鹰

附图140 松雀鹰

附图141 红胁蓝尾鸲

附图142 煤山雀（郭玉民 摄）

附图143 银喉长尾山雀东北亚种

附图144 北朱雀

附图145 田鹀

附图146 黄喉鹀（郭玉民 摄）

附图147 灰头鹀（郭玉民 摄）

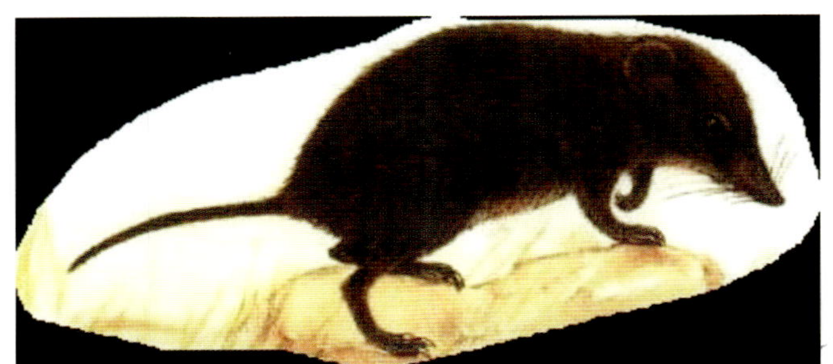
附图148 鼩猬

附图149 东北刺猬

附图150 长吻鼩鼹

附图151 黑齿鼩鼱

附图152 棕果蝠

附图153 犬蝠

附图154 马铁菊头蝠

附图155 鲁氏菊头蝠

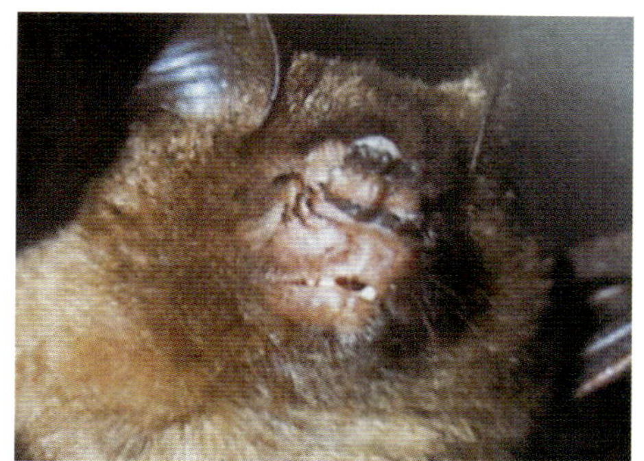
附图156　大蹄蝠

附图157　长耳蝠

附图158　猕猴

附图159　熊猴

附图160　豚尾猴

附图161　红面猴

附图162　藏酋猴

附图163　滇金丝猴

附图164A　川金丝猴

附图164B　川金丝猴

附图165　黔金丝猴

附图166　白头叶猴

附图167　黑叶猴

附图168　黑长臂猿

附图169　白颊长臂猿

附图170　白眉长臂猿

附图171　狼

附图172　赤狐

附图173　豺

附图174　黑熊

附图175　棕熊

附图176　马来熊

附图177　小熊猫

附图178　青鼬

附图179　黄腹鼬

附图180 鼬獾

附图181 猪獾

附图182 水獭

附图183 小爪水獭

附图184 大斑灵猫

附图185 花面狸

附图186 斑林狸

椰子狸　Paradoxurus hermaphroditus
别名：棕榈猫、花果狸、香狸、椰子猫、花白脸

附图187　椰子狸

附图188　熊狸

附图189　食蟹獴

附图190　豹猫

附图191　金猫

附图192　猞猁

附图193　云豹

附图194　豹

附图195　虎

附图196 巨松鼠

附图197 红白鼯鼠

附图198 银星竹鼠

附图199 长尾仓鼠

附图200 大仓鼠

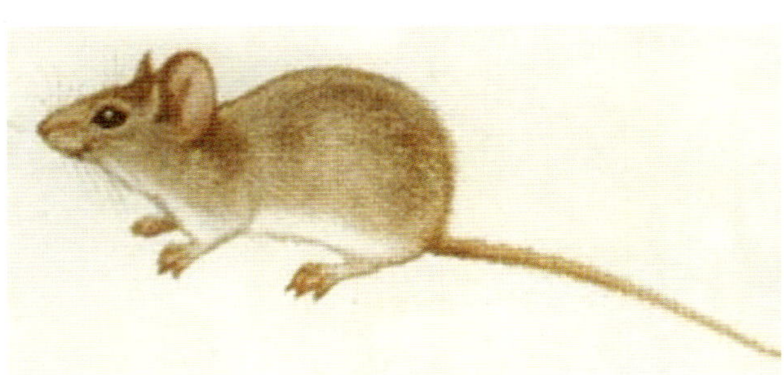
附图201 小家鼠

附图202 普通豪猪

附图203 亚洲象

附图204 蒙古野驴

附图205 野猪

附图206 双峰驼

附图207　小鼷鹿

附图208　林麝

附图209　马麝

附图210　毛冠鹿

附图211　小麂

附图212　赤麂

附图213　黑麂

附图214　水鹿

附图215　梅花鹿

附图216 马鹿

附图217 豚鹿

附图218 坡鹿

附图219 白唇鹿

附图220 驼鹿

附图221 野牦牛

附图222 印度野牛

附图223 羚牛

附图224 鬣羚

附图225 斑羚

附图226 北山羊

附图227 岩羊

附图228 盘羊

附图229 黄羊

附图230 藏羚羊

附图231 普氏原羚